유닉스 리눅스 명령어 사전

UNIX&LINUX

| 우종경 박종오 공저 |

한빛미디어
Hanbit Media, Inc.

저자 • **우종경** jongkyung.woo@gmail.com

유니컴 네트워크 시스템과 한컴리눅스를 거쳐 ㈜한글과컴퓨터의 선임연구원으로 재직 중이다. 아시아눅스와 한컴 모바일 OS에서 시스템 및 커널 관련 기술을 개발하였고, 현재 안드로이드와 아이폰 기반의 모바일 프로젝트에 참여하고 있다.

저자 • **박종오** andrewpark@thunderst.com

대학 2학년 때 처음으로 리눅스를 접한 이후 리눅스의 매력에 사로잡혔다. 제5회 리눅스 공동체 세미나를 준비했으며 한컴리눅스, ㈜한글과컴퓨터에서리눅스 관련 기술을 개발했다. 현재 모바일 소프트웨어 전문 개발 업체인 ThunderSoft Technology Co., Ltd에 근무 중이다.

유닉스 리눅스 명령어 사전 (개정판)

지은이 우종경, 박종오
펴낸이 김태헌
펴낸곳 한빛미디어(주)
주소 서울시 서대문구 연희로2길 62 한빛미디어(주) IT출판사업부
전화 IT전문서팀 02-325-5544 / **팩스** 02-336-7124
등록 1999년 6월 24일 제25100-2017-000058호
개정판 1쇄 발행 2010년 11월 30일
개정판 6쇄 발행 2019년 06월 10일
정가 32,000원

ISBN 978-89-7914-793-3   93560

기획 최현우
표지 디자인 디박스
내지 디자인 여동일
조판 디자인 결

Published by HANBIT Media, Inc. Printed in Korea

이 책에 대한 의견을 주시거나 오탈자 및 잘못된 내용의 수정 정보는 한빛미디어㈜의 홈페이지나 아래 이메일로 연락주십시오. 잘못된 책은 구입하신 서점에서 교환해 드립니다.

http://www.hanb.co.kr
ask@hanb.co.kr

추천사

　컴퓨터의 발전사에서 빼놓을 수 없는 것이 C와 유닉스다. C는 C++로 발전하고, 이후 Java나 C#등의 컴퓨터 언어 발전에 큰 영향을 주었고, 여전히 C 자체로도 큰 역활을 담당하고 있다. 유닉스도 여러 OS의 발전에 큰 영향을 주었고, 특히 리눅스의 탄생에 큰 영향을 주었다. 유닉스와 리눅스는 데스크톱보다 서버 쪽에서 더 중요한 역활을 담당하고 있고, 앞으로도 그 영향력은 줄지 않을 것으로 생각한다.

　유닉스와 리눅스는 지나간 이야기가 아니다. 우리가 모르는 사이에 생활 속에 들어와 있다. 레드햇 등 공개 배포판 등이 그렇고, 스마트폰 OS인 안드로이드나 맥 OS도 그렇다.

　이렇게 널리 보급된 리눅스 건만, 콘솔을 통해 강력하고 빠른 명령어를 활용하여 개발하던 모습은 신규 진입 개발자에게는 이제 낯설지 않겠는가? 콘솔 화면을 볼 기회가 얼마나 있을까? GUI가 많이 발전해서 콘솔 명령어를 쓸 일이 많이 줄어들었기 때문이다. 입문단계의 초급 리눅서로 남고자 한다면 모를까, 여전히 유닉스나 리눅스를 제대로 다루는 고수가 되려면 콘솔 명령어를 필수적으로 익혀야 하고, 이를 적절히 사용할 줄도 알아야 한다.

　미사여구에 익숙하지 않아 멋지게 그리고 길게 추천사를 쓰지는 못한다. 유닉스 리눅스 명령어를 제대로 참고할 만한 서적이 부족한 상황에서 이 책이 단비 같은 역할을 할 것만은 확실하다. 리눅스에 관심이 있거나, 서버관리자 또는 리눅스 고수가 되려는 분께 이 책을 추천한다.

2010년 11월 ㈜한글과컴퓨터 CTO, **양왕성**

저자 서문

이 책은 다양한 유닉스, 리눅스 명령어를 사전처럼 빠르게 찾아 보고 예제로 쉽게 활용할 수 있도록 도와주게 구성했다. 명령어뿐만 아니라 소스버전관리 시스템으로 가장 많이 사용되는 SVN과 Git의 사용법과 VI 에디터의 사용법, RPM과 DEB 패키지 관리자의 사용법, 서버 데몬 등의 설명도 같이 담아 활용도를 높였다.

발전을 거듭한 리눅스는 오늘날 세상 어떠한 OS와 비교해도 뒤쳐지지 않을 뛰어난 성능과 GUI 환경을 갖추게 되었다. 또한 사용 영역도 확장되어 시장의 주류를 이루는 스마트폰의 기반 시스템으로 사용되고 있다. 물론 전통적으로 강했던 서버 시스템에서 그 입지가 더욱 확고해졌음을 말할 필요도 없을 것이다.

설치만으로도 머리가 아프던 때가 엊그제 같다. 그 때는 리눅스가 그만큼 전문가만의 전유물일 수밖에 없었고 일반이 사용한다는 것은 상상하지도 못했다. 그러나 시간은 모든 것을 바꾸어 놓았다. 이제는 웹서핑이나 스마트폰을 통해 마우스 클릭 혹은 손가락 터치만으로 누구나 매일매일 리눅스를 사용하고 있으니 말이다. 오랜 시간이 흘렀음에도 변하지 않는 것이 있다면, 여전히 유닉스나 리눅스를 이용해 개발하거나 서버로 활용한다면 까만 바탕의 하얀 글씨로 되어있는 터미널 환경을 벗어 날 수 없다는 것이다.

그 이유는, 몇 개의 유용한 명령어만 알아도 신속하게 자신이 원하는 작업을 수행할 수 있기 때문이다. 윈도우의 경우 아무리 능숙해지더라도 작업 시간을 단축하는데 한계가 있지만, 리눅스에서는 명령어를 조금만 응용하고 조합하면 작업의 효율성을 훨씬 높일 수 있다.

세상의 모든 일이 마찬가지겠지만 유닉스와 리눅스 실력을 키우는 데에도 자신 만의 노력이 필요하다. 여러 상황에서 많은 명령어를 다루어 보고 나름대로의 고민을 거쳐 자신의 것으로 습득해 나가다 보면 하루가 다르게 파워유저로 성장해 나갈 것이다. 이 책이 그런 노력을 아끼지 않는 유닉스, 리눅스 유저들에게 큰 보탬이 되기를 바란다.

감사의 말씀

2002년『유닉스, 리눅스 명령어 사전』 1판이 처음 세상에 나왔을 때에는 이렇게 오랜 기간 동안 여러 분들께 사랑을 받을 것이라고는 감히 상상하지 못했습니다. 그러나 지난 8년 동안 꾸준히 사랑해주신 독자 여러분 덕분에 이렇게 개정판까지 나올 수 있게 되어 누구보다 먼저 독자 분들께 감사의 말씀을 전하고 싶습니다.

"사랑하는 부모님과 멀리 타지에서 결혼 생활하는 사랑하는 아내에게 감사의 말씀을 전합니다."_박종오

"집필을 핑계로 거의 1년동안 주말에도 놀아주지도 못한 맏이 재현, 귀여운 쌍둥이 재민, 재윤에게 미안하고, 떼쓰는 세 아이를 돌보면서도 아름다운 내조를 다해준 남궁홍일님께 그리고 멀리 대구에서도 항상 든든한 지원군이신 아버님과 어머님께 감사의 말씀을 드립니다."_우종경

제 3의 저자와 편집자로서 해박한 지식과 격려로 이 책이 나오는데 까지 큰 수고를 해주신 한빛미디어 최현우 과장님께 진심으로 감사의 말씀을 드립니다.

2010년 11월, **우종경, 박종오**

명령어 사전 보는 방법

경로

외부 명령어일 때, 해당 명령어의 파일
위치를 나타냅니다. 내부 명령어일 때는
경로 대신 bash로 표시했습니다.

제목

명령어 이름입니다.
특수한 경우를 제외하면 명령어를 사용
할 때 입력하는 이름이며, 대개의 경우
명령 실행 파일의 이름과 같습니다.

이렇게 써요

명령어의 사용법과 옵션을 볼 수 있습니
다. 핵심만 모은 부분이니, 바로 찾아 바
로 쓸 때 참고하세요.

설명 및 예제

명령어에 대한 다양한 설명과 예제를 제
공합니다.

TIP

본문에 소개된 내용을 실습할 때 주의할
내용이나 바로 참고할 만한 내용을 알려
줍니다. 꼭 읽어 보세요.

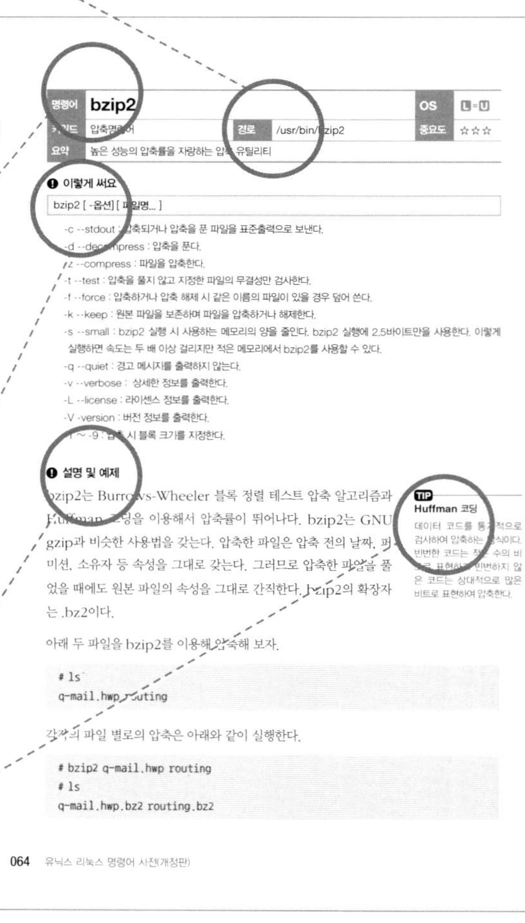

bzip2 -d 명령으로 파일의 압축 해제한다.

```
# bzip2 -d q-mail.hwp.bz2
# ls
q-mail.hwp routing.bz2
```

-d 옵션은 bunzip2 명령어와 같다.

```
# bunzip2 routing.bz2
# ls
q-mail.hwp routing
```

bz2로 압축된 patch-2.6.29.diff.bz2라는 커널 패치 파일을 받았다. 이 패치 파일의 압축을 해제한 후 커널에 적용해도 되지만, 좀 더 빠르게 작업하려면 파이프를 이용하여 아래와 같이 하나의 명령으로 시스템 커널에 패치를 바로 적용할 수 있다.

이 명령은 /usr/src/linux-커널버전/으로 이동하여, 커널 디렉터리 안에서 실행해야 한다.

```
$ bzip2 -dc patch-2.6.29.diff.bz2 | patch -p1
```

❶ 관련 명령어

compress : 압축 유틸리티. 확장자 .Z
gzip : 표준 GNU/UNIX 압축 유틸리티. 확장자 .gz
less : more와 같은 기능을 하지만, 몇 가지 기능이 더 있다.
more : 한 페이지씩 파일을 출력한다.
tail : 파일의 끝 부분부터 지정한 행만큼 출력한다.

여기서 잠깐

bzip2 압축 파일이 손상되었을 경우

bzip2recover를 사용하여 손상된 압축 파일을 복구한다. bzip2recover [손상된 압축 파일명]처럼 쓴다.

```
# bzip2recover test.bz2
bzip2recover 1.0: extracts blocks from damaged .bz2 files.
bzip2recover: searching for block boundaries ... block 1 runs from 80 to 607
bzip2recover: splitting into blocks writing block 1 to 'rec0001test.bz2' ...
bzip2recover: finished
```

복구된 파일이 rec0001test.bz2로 만들어진 것을 확인할 수 있다. rec0001test.bz2의 무결성을 -t(테스트) -v(작업내용보기() 옵션으로 검사한다.

테스트 환경

이 책의 명령어는 아래와 같은 환경에서 검증하였습니다.

Linux

Redhat Enterprise Linux 5
CentOS 5.x
Oracle Enterprise OS 5
Fedora
Ubuntu 10.04

Unix

Open Solaris 10

유닉스 리눅스 명령어 호환 표기

이 책의 명령어는 테스트 환경에서 제시한 리눅스 배포판을 기준으로 설명했습니다.
유닉스 호환 여부는 아래와 같이 표기했습니다.

- **U** : 유닉스에서만 지원
- **L** : 리눅스에서만 지원
- **L≠U** : 해당 명령어는 같지만 옵션이 다름
- **L=U** : 유닉스와 리눅스 모두에서 명령어와 옵션이 같음

L≠U 일 때는 대체 명령어를 부록 '유닉스 대체 명령어 표'에 제공했습니다.

이 책의 구성

1 브 **일반 명령어**

자주 사용하는 명령어를 누구나 쉽게 책만 가지고도 이해할 수 있고, 바로 실무에 사용할 수 있도록 주로 실전에서 사용하는 예제와 함께 설명한다.

2 브 **데몬 및 서버설정**

실무에서 리눅스 서버 구축을 위해 자주 사용하는 서버 데몬을 쉽게 이해하고 사용할 수 있도록 예제와 함께 설명한다.

3 브 **RPM & DEB**

RPM과 DEB는 리눅스 패키지 매니저의 양대 산맥으로 거의 모든 리눅스 배포판에서 사용한다. 패키지 매니저는 특정 소프트웨어를 구성하는 최소단위의 묶음으로 쉽고 빠르게 소프트웨어의 설치, 관리, 삭제를 수행할 수 있다.

4 브 **VI 에디터**

리눅스, 유닉스 환경의 커맨드 환경에서 가장 많이 사용하는 VI 에디터의 사용법을 익힐 수 있도록 예제와 함께 설명한다.

5 부 **SVN & Git**

소프트웨어 개발에서 빠질 수 없는 소스 버전 관리 시스템 중 리눅스 유닉스 기반 개발에서 가장 많이 사용하는 버전 관리 시스템 중 하나인 Git의 사용법과 주요 명령어를 예제와 함께 설명한다.

6 부 **셸 프로그래밍**

리눅스, 유닉스 환경에서 셸 프로그래밍을 사용하면 많은 명령어를 자동화하여 쓸 수 있어 매우 효율적이다. 이에 대한 기반 지식을 습득할 수 있도록 설명과 예제를 곁들였다.

목차

1부 일반 명령어

Ⓐ

Ⓑ

Ⓒ

목차

목차

목차

2부 데몬 및 서버설정

3부 RPM & DEB

DEB

RPM

목차

1부

일반 명령어

유닉스, 리눅스 시스템을 얼마나 자주, 잘 사용하고 있는지를 알아보는 가장 좋은 방법
은 이 사람이 어떤 상황에서 어떤 명령어로 어떻게 효과적으로 해결하는지 살펴보는 것
이다. 많은 명령어를 아는 것도 중요하지만, 한 개의 명령어를 알더라도 주어진 상황에
서 가장 효과적으로 사용하는 것이 더욱 중요할 것이다. 명령어와, 명령어를 사용하는
방법을 차근차근 따라가며 살펴 보자.

명령어	**access**			OS	Ⓛ
키워드	권한(퍼미션) 확인	경로	/usr/bin/access	중요도	☆☆
요약	지정한 파일의 존재 유무와 권한을 확인한다				

❶ 이렇게 써요

```
access [모드] [파일명]
```

--help : 사용법을 출력한다.
--version : 버전 정보를 출력한다.

❶ 설명 및 예제

현재 사용자 권한으로 지정한 파일이 존재 하는지, 읽기/쓰기/실행 권한이 있는지를 확인할 수 있다. 독립적으로 사용되기보다 셸 스크립트 안에서 사용된다. "모드" 인수에는 r(읽기), w(쓰기), x(실행)을 대입하여 파일에 권한이 있는지를 질의할 수 있다. 읽기(r), 쓰기(w) 권한이 있는 테스트 파일을 access 명령어를 이용하여 권한을 확인해보자.

```
$ ls -l testfile
-rw-rw-r--  1 pirania pirania 0 Mar 3 01:58 testfile
```

현재 터미널 사용자는 pirania이며, 아래와 같이 testfile은 pirania 사용자와 그룹에 읽기(r)와 쓰기(w) 권한이 있는 것을 알 수 있다. access 명령어를 실행하면, 인수를 제대로 입력하여도 아무런 결과도 출력되지 않는다. **echo "$?"** 명령어를 이용하여 access 명령어의 결과가 성공(0)했는지, 실패(1)했는지 확인할 수 있다.

```
$ access rw testfile
$ echo "$?"
0
```

testfile에 읽기(r), 쓰기(w) 권한은 있지만 실행(x) 권한은 없으므로, 모든 인수를 rwx로 질의할 경우 결과는 실패(1)를 출력한다.

```
$ access rwx testfile
$ echo "$?"
1
```

TIP
모드에 대한 자세한 설명은 chmod를 참고하자.

<table>
<tr><td>명령어</td><td>alias</td><td></td><td></td><td>OS</td><td>L=U</td></tr>
<tr><td>키워드</td><td>명령어 단축</td><td>경로</td><td>내부 명령어</td><td>중요도</td><td>☆☆☆</td></tr>
<tr><td>요약</td><td colspan="5">복잡한 명령어와 옵션을 짧은 문자열로 바꿔준다</td></tr>
</table>

❶ 이렇게 써요

```
alias name[=value]
```

❶ 설명 및 예제

옵션을 포함한 긴 명령어를 자주 사용한다면, 매번 입력하지 않고 짧은 문자열로 바꿔주는 alias를 이용한다. 예를 들어 터미널에서 rm 명령어를 이용하여 파일을 삭제할 때, 파일을 지울 것인지 다시 물어보는 옵션을 별도로 사용하지 않아도 rm 명령어가 이 옵션을 사용하고 있다. 또한 ls 명령어를 이용해 파일 목록을 보았을 때 색으로 구분되는 것은 시스템 환경에서 미리 alias로 해당 옵션을 예약해 놓았기 때문이다.

셸은 내부 명령어 alias와 unalias를 이용하여 단축 명령어를 목록에 추가하고 삭제한다. 어떠한 명령어가 입력되면 이 명령어의 앞에서부터 문자열과 일치하는 알리아스된 문자열이 목록에 있는지 확인하고, 일치하면 원래의 명령어로 바꿔서 실행한다. 셸 프롬프트에서 alias를 입력해보자. 현재 시스템에 정의된 알리아스 목록을 볼 수 있다.

```
# alias
alias cp = 'cp -i'
alias l. = 'ls -d .* --color = tty'
alias ll = 'ls -l --color = tty'
alias ls = 'ls --color = tty'
alias mv = 'mv -i'
alias rm = 'rm -i'
alias which = 'alias | /usr/bin/which --tty-only --read-alias --show-dot
--show-tilde'
```

이전에 alias 관련 명령을 실행해본 적이 없다면, 위 내용은 운영체제에 기본 설정된 내용일 것이다. 원래 cp명령은 복사할 파일이 이미 있는지를 고려하지 않고 덧쓰지만, **cp -i** 옵션은 같은 이름의 파일이 있을 때 덧쓸 것인지를 물어본다.

이 옵션을 사용하면 기존 파일을 무시하고 덧쓰는 실수를 막을 수 있으므로, 운영체제에서 미리 alias를 이용하여 **cp -i** 를 cp로 지정하였다. 그러면 cp의 알리아스를 삭제해보

자. 알리아스 삭제 명령은 unalias이다.

```
# unalias cp
```

삭제 후 alias 명령을 내리면 cp 알리아스가 목록에서 사라진 것을 확인 할 수 있다. 그럼 다시 cp 알리아스를 목록에 추가해보자.

```
# alias cp = 'cp -i'
```

다시 alias 명령으로 확인하면 추가 된 cp 알리아스를 볼 수 있다. 위와 같은 방법으로 자주 쓰는 명령어와 옵션을 간단한 문자열로 줄여 쓸 수 있다. 예를 들어 자주 쓰는 tar 명령과 옵션을 다음과 같이 만들어 놓으면 편리하다.

```
# alias tarx = 'tar xvpf'
# alias tarc = 'tar cvpf'
# alias tarz = 'tar xvpfz'
```

다른 명령어도 같은 방식으로 응용해보자. 또한 알리아스가 설정되었어도 다음과 같은 방법으로 원래의 명령어를 사용할 수 있다.

```
#\cp
```

혹은

```
# /bin/cp
```

명령어 앞에 \(백슬래시)가 붙어 있으면 알리아스를 무시하고 원래의 명령을 실행하라는 뜻이다. 또한 명령어가 위치한 절대 경로를 입력하여 명령어를 실행해도 알리아스를 무시한다.

❶ 관련 명령어

unalias : 알리아스를 해제한다.

<table>
<tr><td>명령어</td><td colspan="4">alsactl</td><td>OS</td><td>L</td></tr>
<tr><td>키워드</td><td>사운드 카드 설정</td><td>경로</td><td>/sbin/alsactl</td><td></td><td>중요도</td><td>☆☆</td></tr>
<tr><td>요약</td><td colspan="6">사운드 카드의 설정 정보를 초기화하거나 저장하고 읽는다</td></tr>
</table>

❶ 이렇게 써요

```
alsactl [옵션] command [카드]
```

-d, --debug : 디버그 모드, 더 많은 정보를 출력한다.

-E var=value, --env var=value : 환경 변수를 설정한다. ALSA_CONFIG_PATH 환경 변수를 덮쓴다.

-f file, --f=file : 설정 파일(file)을 지정한다(기본값은 /etc/asound.state이다).

-F, --force : restore와 함께 사용하며 설정을 강제 복원한다. 기본 값이다.

-g, --ignore : store와 restore를 함께 사용하며, 에러를 보여주지 않고 에러 출력 코드를 설정하지 않는다.

-i file, --initfile=file : init를 위한 설정 파일을 지정한다. 설정하지 않으면 /usr/share/alsa/init/00main 파일을 사용한다.

-p, --pedantic : restore와 함께 사용하며 적절하지 않은 설정을 무시한다.

-r file, --runstate=file : restore와 init 에러를 지정한 파일에 저장한다. 새로운 에러는 파일의 맨 뒤에 추가된다(-R을 사용할 경우는 예외).

-R , --remove : restore와 init를 수행하기 전에 동작 상태에 runstate 파일(-r 옵션에 지정된 파일)을 먼저 지운다.

-h, --help : 사용법을 출력한다.

-v, --version : 버전 정보를 출력한다.

❶ 설명 및 예제

ALSA^{Advanced Linux Sound Architecture}를 사용하는 사운드 카드를 위한 고급 설정 관리자이다. 드라이버 설정 정보는 설정 파일에 있다. 카드 번호, id, 디바이스로 카드를 지정할 수 있다. 만일 지정된 카드가 없으면 설치된 모든 카드의 설정을 저장하고 읽어 온다. 기본 설정 파일은 /etc/asound.state이다. 관련 명령어는 아래와 같다.

init	모든 사운드 카드의 초기화를 시도한다.
restore	설정 파일로부터 드라이버 정보를 읽어 온다.
store	현재 드라이버 정보를 설정 파일에 저장한다.

alsactl의 -f 옵션을 이용하여 현재 드라이버 정보를 특정 파일에 저장해보자. 저장된 파일은 텍스트 에디터나 cat 등의 명령어로 내용을 확인할 수 있다. alsa-util을 직접 빌드하여 사용하는 경우, 빌드 후에 **alsactl store**를 실행해서 설정 파일을 만들어야 한다.

```
$ alsactl -f asound.state.temp store
$ cat asound.state.temp | more
```

명령어	**alsamixer**			OS	L
키워드	사운드 볼륨 조절	경로	/usr/bin/alsamixer	중요도	☆☆
요약	텍스트 기반의 ncureses 인터페이스를 사용하여 사운드 볼륨을 조절한다				

❶ 이렇게 써요

```
alsamixer [옵션]
```

-c cardnum : 사용 중인 사운드 카드의 번호 또는 id를 지정한다. 만약 여러 카드가 있다면, 카드 번호는 기본 값인 0부터 시작한다.

-D deviceid : 믹서 디바이스의 id를 지정한다.

-g : alsamixer의 UI 색을 흑백으로 바꾼다. 이 옵션을 사용하지 않았을 때 기본 값은 컬러이다.

-h, --help : 사용법을 출력한다.

-s : alsamixer 윈도우 크기를 최소화한다. 스크린이 작은 모바일 환경에서 유용하다.

-V mode : playback, capture, all 등의 뷰 모드를 지정한다.

❶ 설명 및 예제

ALSA 믹서는 텍스트 기반에서 직관적인 UI를 지원하는 ncureses를 사용하여 개발된 볼륨 조절기이다. alsamixer는 시스템에 설치된 다양한 드라이버와 사운드 카드를 지원한다. alsamixer를 실행하면 다음과 같은 화면을 볼 수 있고 Esc를 누르면 종료된다.

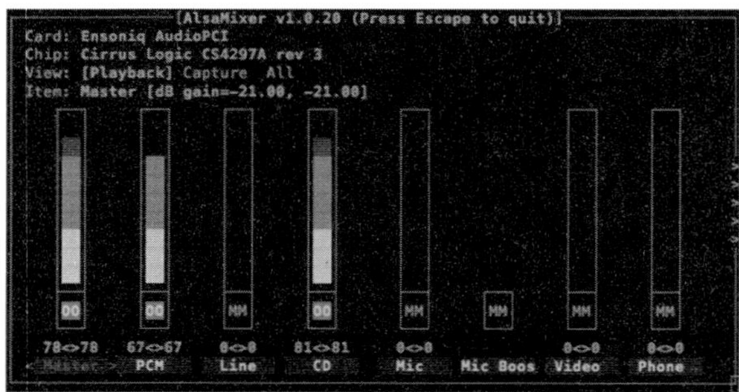

키보드의 좌우 방향키 ←, →를 이용하여 조절을 원하는 항목으로 이동할 수 있다. 키보드의 상하 방향키를 이용하여 볼륨을 조절할 수 있다. 스피커의 좌우 볼륨을 따로 조절하고 싶다면 다음 표를 참고하자.

	좌측	전체	우측
볼륨을 높게	Q	W	E
볼륨을 낮게	Z	X	C

<table>
<tr><td>명령어</td><td colspan="3">amixer</td><td>OS</td><td>L</td></tr>
<tr><td>키워드</td><td>사운드 볼륨 조절</td><td>경로</td><td>/usr/bin/amixer</td><td>중요도</td><td>☆☆</td></tr>
<tr><td>요약</td><td colspan="5">텍스트 기반에서 사운드 볼륨을 조절한다</td></tr>
</table>

❶ 이렇게 써요

amixer [옵션] command

-c n : 조절을 원하는 사운드 카드의 번호를 지정한다. 0부터 시작한다.

-D devicename : 디바이스의 이름을 지정한다.

-h : 사용법을 출력한다.

-q : 변경된 결과를 출력하지 않는다.

-s, --stdin : 표준입력으로 읽어 차례대로 수행한다.

❶ 설명 및 예제

텍스트 기반의 사운드 볼륨 조절 명령어이다. 그래픽 인터페이스를 원한다면 alsamixer
를 사용하자. amixer를 이용하면 설치된 사운드 카드와 드라이버의 믹서 설정을 출력하
거나 변경할 수 있다. 아무런 옵션이나 명령 없이 amixer를 실행하면 모든 믹서 설정 내
용을 출력한다. 지원하는 명령어는 다음 표과 같다.

contents	카드 컨트롤 내용을 출력한다.
controls	카드 컨트롤 목록을 출력한다. cset 명령어로 설정을 변경할 수 있다.
cget [control]	지정된 카드 컨트롤의 내용을 출력한다.
cset [control] 파라미터	카드 컨트롤을 지정된 파라미터 값으로 설정한다. 파라미터 값은 일반적으로 숫자나 퍼센트이다.
get, sget [control]	지정된 믹서 컨트롤의 현재 값을 출력한다.
help	도움말을 출력한다.
info	현재 설치된 사운드 카드에 대한 정보를 출력한다. -c 옵션을 같이 사용하면 특정 카드를 지정할 수 있다.
scontents	심플 믹서 컨트롤 내용을 출력한다.
scontrols	심플 믹서 컨트롤 목록을 출력한다. set 또는 sset을 사용하여 믹서 컨트롤을 설정할 수 있다.
set, sset [control] 파라미터	scontrols의 컨트롤 목록 중 하나를 설정할 수 있다. 파라미터 값에 0% ~ 100%까지 넣어 볼륨을 조절할 수 있으며, 숫자를 입력하여 변경할 수 있다. 추가로 파라미터에 cap, nocap, mute, unmute, toggle 등을 넣어 설정할 수 있다.

심플 믹서 컨트롤을 이용하여 마이크 볼륨을 조절해보자. 마이크의 컨트롤 이름이 무엇인지 모를 경우 scontrols 명령어를 이용하여 목록을 출력한다.

```
$ amixer -c 0 scontrols
Simple mixer control 'Master',0
Simple mixer control 'PCM',0
Simple mixer control 'Line',0
Simple mixer control 'CD',0
Simple mixer control 'Mic',0
Simple mixer control 'Mic Boost (+20dB)',0
Simple mixer control 'Video',0
Simple mixer control 'Phone',0
Simple mixer control 'IEC958',0
Simple mixer control 'Aux',0
Simple mixer control 'Capture',0
Simple mixer control 'Mix',0
Simple mixer control 'Mix Mono',0
```

사운드 카드가 여러 개 있는 경우 -c 옵션으로 카드를 지정할 수 있다. 카드 번호는 0부터 시작한다. 아래 명령을 보면, 볼륨 조절을 위해 sset 명령어와 마이크의 컨트롤 이름인 Mic를 사용했다. 볼륨을 70%로 설정하고 음소거 기능을 껐다.

```
$ amixer -c 0 sset Mic 70% unmute
Simple mixer control 'Mic',0
  Capabilities: pvolume pswitch pswitch-joined cswitch cswitch-exclusive
  Capture exclusive group: 0
  Playback channels: Front Left - Front Right
. Capture channels: Front Left - Front Right
  Limits: Playback 0 - 63
  Front Left: Playback 45 [71%] [33.00dB] [on] Capture [on]
Front Right: Playback 45 [71%] [33.00dB] [on] Capture [on]
```

카드 컨트롤을 통해서 설정된 내용을 출력한다. 먼저 마이크의 numid를 확인한다.

```
$ amixer controls
numid=1,iface=MIXER,name='Master Playback Switch'
```

```
numid=5,iface=MIXER,name='Mic Playback Switch'
numid=6,iface=MIXER,name='Mic Playback Volume'
numid=3,iface=MIXER,name='Phone Playback Switch'
--------------------- 중 략 ---------------------
```

마이크 볼륨의 numid는 6이므로 아래의 명령어로 설정된 내용을 갖고 와서, values가 45인 것을 확인할 수 있다.

```
$ amixer cget numid=6
numid=6,iface=MIXER,name='Mic Playback Volume'
  ; type=INTEGER,access=rw---R--,values=2,min=0,max=63,step=0
  : values=45,45
| dBscale-min=-34.50dB,step=1.50dB,mute=0
```

여기서 잠깐

whatis DB

명령어와 명령어의 요약 설명을 모아놓은 파일이다. 라인별로 구분되어 있는 텍스트 DB 파일로 /var/cache/man/whatis에 있다. apropos와 whatis 명령은 이 파일의 내용을 검색하여 결과를 보여준다. whatis DB는 makewhatis 명령으로 파일을 생성하거나 업데이트할 수 있다. makewhatis는 시스템에 등록된 최신의 man 페이지를 검색하여 whatis DB를 업데이트한다.

```
#/usr/sbin/makewhatis -u
```

명령어	**aplay**			OS	Ⓛ
키워드	사운드 재생	경로	/usr/bin/aplay	중요도	☆
요약	텍스트 기반의 사운드 재생한다				

❶ 이렇게 써요

aplay [옵션] 파일

-c, --channels=n : 모노는 1, 스테레오는 2로 지정한다.

-d, --duration=n : 사운드 재생이 시작되고 n초 후에 종료된다.

-D, --device=devicename : PCM 디바이스를 선택한다.

-f, --format=format : 심플 포맷을 지정한다. 하드웨어 장치인 CD로 지정하고 싶으면 cd, DAT는 dat로 써
주면 된다.

-h, --help : 사용법을 출력한다.

-l, --list-pcms : 정의된 모든 PCM(pulse-coded modulation이나 digital audio)을 출력한다. 보통
.asoundrc 파일에 정의한다.

-q, --quiet : 메시지 없이 실행된다.

-r, --rate=n : 주파수 값을 설정한다. 기본 값은 8000Hz이다.

-t, --file-type=type : voc, wav, raw, au 등으로 파일 타입 이름을 지정한다.

--version : 버전 정보를 출력한다.

❶ 설명 및 예제

텍스트 환경에서 사운드 파일을 ALSA 사운드 시스템을 이용하여 재생한다. 디바이스에
ALSA 사운드 시스템의 동작을 검증할 때 주로 사용된다.

test.wav 파일을 모노, wav 타입으로 재생하는 명령어는 다음과 같다.

```
$ aplay -c 1 -t wav test.wav
Playing WAVE 'test.wav' : Unsigned 8 bit, Rate 16000 Hz, Mono
```

<table>
<tr><td>명령어</td><td colspan="2">apm</td><td>OS</td><td>L=U</td></tr>
<tr><td>키워드</td><td>노트북 전원관리</td><td>경로 /usr/bin/apm</td><td>중요도</td><td>☆☆</td></tr>
<tr><td>요약</td><td colspan="4">노트북 등 이동식 장치에서 배터리 잔여량을 보여주고, 상태에 따라 시스템을 대기/종료시킨다</td></tr>
</table>

❗ 이렇게 써요

```
apm [-옵션]
```

-V, --version : 버전 정보를 출력한다.
-v, --verbose : 자세한 APM 바이오스의 버전과 전원 상태 정보를 출력한다.
-m, --minutes : 배터리의 남은 시간을 출력한다(분 단위).
-M, --monitor : 배터리 상태 정보를 계속해서 모니터하고 업데이트 한다.
-s, --suspend : 시스템을 서스펜드 상태로 만든다.
-S, --standby : 시스템을 스탠바이 상태로 만든다.
-d, --debug : 디버깅에 유용하도록 세부적인 APM 상태 정보를 출력한다.

❗ 설명 및 예제

노트북 사용자의 경우 배터리 관리는 아주 중요한 문제이다. apm은 APM$^{Advanced\ Power}$ ^{Management} BIOS의 정보가 있는 /proc/apm 파일을 읽어 시스템의 전원 상태를 출력한다. 이 명령어로 배터리의 현재 잔여량을 알 수 있으며 시스템을 정지상태나 대기상태로 만들 수 있다. 노트북에서 리눅스를 사용할 때 꼭 필요한 명령어이다. 그러면 다음과 같이 배터리의 남은 시간을 확인해보자.

```
# apm -m
5
```

여기에서 5는 현재 상태에서 전원 연결 없이 배터리로 사용할 수 있는 시간을 분 단위로 나타낸 것이다. 만약에 데스크탑 환경이나 전원이 연결된 노트북에서 이 명령어를 실행하면 다음과 같은 메시지를 출력한다.

```
# apm -m
apm 19AC on-line, no system battery
```

❗ 관련 명령어

apmd : 전원 관리 데몬

명령어	**appletviewer**			OS	L
키워드	자바 애플릿 실행	경로	/usr/java/bin/appletviewer	중요도	☆
요약	웹 페이지를 읽어 자바 애플릿을 실행하고 디버깅한다				

❶ 이렇게 써요

```
/usr/java/bin/appletviewer [옵션] URL
```

URL : 작동할 자바 애플릿이 있는 주소 또는 경로.

-debug : Java debugger^{jdb}에서 애플릿을 실행한다.

-encoding name : 입력되는 HTML 파일 인코딩을 지정한다.

-j option : Java 명령에 사용하는 옵션을 연결한다.

❶ 설명 및 예제

appletviewer는 인터넷에 있는 자바 애플릿 혹은 자신의 컴퓨터에 있는 자바 애플릿이 정상적으로 동작하는지 확인하고 디버깅하기 위해 사용된다. 애플릿을 컴파일한 후, 웹 브라우저에서 테스트해도 되지만, appletviewer를 이용하면 터미널 환경에서 빠르게 확인할 수 있다. 원래는 솔라리스에서 사용하던 명령어지만, 지금은 리눅스에서도 JDK 를 설치하여 사용할 수 있다. 애플릿은 단독으로 실행할 수 없다. 그러므로 사용할 때에 는 html 파일 안에 다음과 같은 내용을 삽입하여 불러들여야 한다.

```
<object width = "pixelWidth" height = "pixelHeight">
  <param name = "code" value = "MyClass.class">
  <param name = "object" value = "serializedObjectOrJavaBean">
  <param name = "codebase" value = "classFileDirectory">
  ...
  (기타 필요한 내용)
</object>
```

> **TIP**
> JDK란 Sun에서 제공하는 Java 개발 환경을 뜻한다. Java 컴파일러와 Java 가 상머신, 디버거 등 응용프로 그램 개발을 위한 도구가 포 함되어 있다.

직접 만든 애플릿인 MyClass를 시험해 보고 싶다면, 위와 같은 내용으로 MyClass. html을 작성한다. 그 다음 이 MyClass.html을 불러들여 애플릿을 확인한다.

```
# appletviewer MyClass.html
```

> **TIP**
> JDK를 설치했는데도 appletviewer 명령어를 사용할 수 없다면 환경 변수 PATH를 확인하자.

자바 애플릿이 있는 웹 페이지를 디버깅하려고 불러올 때에는 URL 과 -debug 옵션을 함께 사용한다.

```
# appletviewer -debug http://www.hanbitbook.co.kr
```

명령어	**apropos**			OS	L=U
키워드	관련 명령 찾기	경로	/usr/bin/apropos	중요도	☆
요약	검색어와 관련있는 명령어를 설명과 함께 출력한다				

❶ 이렇게 써요

```
apropos [검색어]
```

검색어 : 검색하고 싶은 문자열

❶ 설명 및 예제

apropos는 검색어와 관련 있는 명령어를 whatis DB에서 검색하여 간단한 설명과 함께 출력한다. whatis는 검색어가 whatis DB의 명령어 리스트와 이름이 동일한 경우만을 출력하지만, apropos는 검색어 일부가 명령어나 설명에 포함된 경우까지 모두 출력한다. 예를 들어 리눅스에서는 GIMP 등의 그래픽 툴을 사용하지 않고도 비트맵bmp 파일을 jpeg 파일로 변경 할 수 있다. 그런데 그 명령어가 생각나지 않을 경우 다음과 같이 입력한다.

> **TIP**
> GIMP는 GNU Image Manipulation Program의 약자로서 리눅스/유닉스용 그래픽 편집 프로그램이다.

```
# apropos jpeg
cjpeg           (1) - compress an image file to a JPEG file
djpeg           (1) - decompress a JPEG file to an image file
gd              (rpm) - A graphics library for quick creation of PNG or JPEG
images
jng             (5) - JPEG Network Graphics (JNG) sub-format
jpeg2ktopam     (1) - convert JPEG-2000 code stream to PAM/PNM
jpegicc         (1) - little cms ICC profile applier for JPEG
------------------------------ 중 략 ------------------------------
```

apropos 명령어에 검색어로 jpeg을 사용하면, 명령어나 요약 설명에 jpeg이라는 단어가 들어있는 모든 명령어를 출력한다. 우리가 찾는 이미지를 jpeg 파일로 만들어 주는 명령어는 가장 위에 있는 cjpeg임을 알 수 있다. 또한 반대로 jpeg 파일을 비트맵이나 그 외의 파일로 만드는 djpeg이라는 명령어가 있다는 것도 알 수 있다.

❶ 관련 명령어

man : -k 옵션을 사용하면 apropos와 같은 기능을 한다.
whatis : whatis DB에서 명령어와 일치하는 요약 내용을 검색하여 출력한다.

명령어	**arch**			OS	L = U
키워드	CPU 타입 보기	경로	/bin/arch	중요도	☆☆
요약	시스템 아키텍처를 확인한다				

❶ 이렇게 써요

```
arch
```

❶ 설명 및 예제

시스템의 CPU 타입을 보여준다. x86의 인텔 계열 CPU는 i386, i486, i586, i686 등으로 출력하며, 그 외는 alpha, sparc, arm, m68k, mips, ppc 등과 같이 출력한다.

인텔 펜티엄 시스템에서 arch 명령어를 이용하여 CPU 타입을 확인해 보자.

```
# arch
i686
```

여기서 잠깐

i386

RPM 파일 등을 설치하면 i386이라는 말을 자주 보게 된다. 이것은 이 RPM 파일이 80386에 하위 호환성을 갖는 대부분의 컴퓨터에서 원활하게 설치될 수 있도록 80386 환경에서 만들어졌다는 뜻으로, RPM 파일을 패키징할 때 기본 설정이다(그 외 i686 등으로 패키징 하려면 따로 옵션을 적어야 한다). i386기반의 패키징은 인텔 계열 CPU를 사용하는 대부분의 컴퓨터에서 원활히 동작하지만 최신의 컴퓨터, 즉 펜티엄 이후의 환경에 최적화된 것은 아니다.

인텔 계열 CPU

CPU는 여러 회사에서 많은 종류가 쏟아져 나오지만, 그 중 마이크로 프로세서의 변천에서 빼놓을 수 없으며 지금도 널리 사용되는 인텔 계열 CPU에 대해 간단히 알아보자.

4004(1971년)	인텔이 첫 번째로 만든 프로세서 4비트 프로세서이며 기본적인 산술계산만 가능
8008(1972년)	4004의 8 bit 버전. 0.2 MHz로 동작
8080(1974년)	첫 번째 PC용 운영체제인 CP/M의 기반 플랫폼이다.
8086(1978년)	최초의 16비트 데이터 버스 사용. IBM PC-XT로 더욱 유명하다. 4.77, 8, 10MHz 속도로 동작하는 다양한 모델이 있다.
8088(1979년)	8086과 같은 16비트 레지스터를 사용하지만 70년대 후반기 하드웨어와 호환성을 유지하기 위해 외부 버스를 8비트로 다시 디자인한 제품이다.

80186/80188 (1979년)	8086과 8088을 기반으로 내부 마이크로 코드를 개선하고 CPU 모양을 PGA의 형태로 만든 제품이다.
80286(1979년)	16비트 데이터 버스에 24비트 어드레싱과 16비트 레지스터 용량 제공. 6 MHz로 동작하지만 4.77MHz의 8088 프로세서의 4배 성능을 낼 수 있으며 클럭 속도는 6MHz부터 20MHz에 이르기까지 다양하다. IBM PC-AT로 더욱 유명하다.
80386(DX/SX/SL) (1985년)	최초의 32비트 인텔 프로세서. real, protected 모드 외에 virtual 8086 모드(여러 개의 가상 8086 모드를 에뮬레이트 할 수 있음)를 채용하여 최초로 멀티태스킹을 제공한 칩이 되었다. 이 프로세스와 호환되는 아키텍쳐를 i386 또는 x86이라고 부른다.
80486 (DX/SX/DX2/DX4) (1989년)	80386에 L1 캐시 내장, clock multiple, 3.3V 지원 등을 추가하였으며, 현재의 펜티엄 프로세서 및 이후 프로세서의 설계 모델이 되었다.
Pentium(1993)	내부나 외부에서 모두 64비트로 동작하며 윈도우95와 함께 선풍적인 인기를 끌었다.
Pentium II(1997)	L2 캐시가 내장되기 시작했다.
Celeron 950(1998)	슬롯방식도 함께 출시되었다.
Pentium III 6000(1999)	133MHz 버스, 370핀 플립칩 PGA가 내장되었다.
Pentinum IIII(2000)	512KB L2 캐시, 478핀 FC-PGA2가 내장되었다.
Pentinum D(2005)	제조 공정 65nm, 두 개의 완벽한 프로세스 코어가 탑재된 최초의 데스크톱 듀얼 코어 CPU이다.
인텔 코어2 듀오, 코어 2 익스트림 에디션 (2006)	LGA 775, 90nm 내장, 멀티미디어 기능 강화, 저전력 설계, 나노 공정 도입과 듀얼 쿼드 코어 제품이다.
쿼드 코어 2 익스트림, 코어 2 쿼드 프로세스 (2006)	인텔 코어 마이크로 아키텍쳐의 모든 기능을 구현하는 네 개의 완벽한 개별 시행 코어로 구현되었다.
Core i7(2008)	그래픽 코어가 없고, 쿼드코어에 하이퍼스레딩 터보부스트가 적용되었다.
Core i5(2009)	코어 i3에 터보부스트 기능이 들어갔다.
Core i3(2010)	그래픽 코어가 포함되어 있고 듀얼코어에 하이퍼스레딩이 적용되었다. 터보부스트 기능이 빠져 있다.

명령어	**arecord**			OS	Ⓛ
키워드	사운드 녹음	경로	/usr/bin/arecord	중요도	☆
요약	사운드를 녹음한다				

❶ 이렇게 써요

arecord [옵션] 파일

-c, --channels=n : 모노는 1, 스테레오는 2로 지정한다.

-d, --duration=n : 사운드 재생이 시작되고 n초 후에 종료된다.

-D, --device=devicename : PCM 디바이스를 선택한다.

-f, --format=format : 심플 포맷을 지정한다. 하드웨어 의존적으로 CD로 지정하고 싶으면 cd, DAT는 dat
로 써주면 된다.

-h, --help : 도움말을 출력한다.

-l, --list-pcms : 정의된 모든 PCM을 출력한다. 일반적으로 .asoundrc 파일에 정의된다.

-q, --quiet : 메시지 없이 실행된다.

-r, --rate=n : 주파수 값을 설정한다. 기본 값은 8,000Hz이다.

-t, --file-type=type : voc, wav, raw, au 등의 파일 타입 이름을 지정한다.

--version : 버전 정보를 출력한다.

❶ 설명 및 예제

디바이스에 ALSA 사운드 시스템의 동작을 검증할 때 주로 사용하며, 텍스트 환경에서
녹음할 때 이용한다.

```
$ arecord -c 1 -d 15 -f cd -t wav -r 16000 test.wav
Recording WAVE 'test.wav' : Unsigned 8 bit, Rate 16000 Hz, Mono
```

위 예제는 모노(-c 1)로 15초 동안(-d 15) 녹음하며 16,000Hz(-r 16000)에 CD 품질
(-f cd)로 타입은 wave(-t wav)로 녹음하라는 뜻이다.

<table>
<tr><td>명령어</td><td colspan="4">arp</td><td>OS</td><td>L~U</td></tr>
<tr><td>키워드</td><td>ARP 캐싱</td><td>경로</td><td>/sbin/arp</td><td></td><td>중요도</td><td>☆☆</td></tr>
<tr><td>요약</td><td colspan="6">연결하려는 시스템의 MAC 주소 확인한다</td></tr>
</table>

❶ 이렇게 써요

```
arp [옵션]
```

-v : ARP 상태를 출력한다.

-t type : ARP 캐시에 올라와 있는 타입을 검색한다. ether(Ethernet), ax25(AX.25 packet radio) 등이 있으며 ether가 기본 타입이다.

-a [hosts] : 등록된 호스트 중 지정한 호스트의 내용을 보여준다. 호스트를 지정하지 않으면 등록된 모든 호스트를 출력한다.

-d [host] : 지정한 호스트를 목록에서 삭제한다.

-s host hardware-address : 호스트의 하드웨어 주소 즉 호스트 MAC 주소를 추가한다. 이더넷 카드의 경우 6자리의 16진수로 되어있다.

-f file : 파일에 있는 목록을 추가한다.

❶ 설명 및 예제

TCP/IP 명령어이다. 시스템 사이의 통신에는 상대방의 MAC 주소가 필요하다. 이때 **arp**는 ARP를 이용하여 상대 시스템 IP에 신호를 보내 MAC 주소를 받아온다. 서브넷의 ARP 정보는 연결 효율을 높이기 위해 /proc/net/arp에 저장된다. 캐시에 저장된 정보는 추가/삭제할 수 있다. 이와 같이 저장된 ARP 캐시의 내용을 자세히 보고 싶다면 다음과 같이 실행한다.

```
# arp -v
Address
pirania.hanbitbook.    HWtype    Hwaddress           Flags Mask   Iface
co.kr                  ether     00:04:76:71:F4:88   C             eth0
211.40.61.1            ether     00:00:0C:76:BF:6C   C             eth0
211.40.61.36           ether     00:50:DA:90:44:2A   C             eth0
211.40.61.211          ether     00:04:76:72:3B:85   C             eth0
Entries: 4             Skipped:0  Found: 4
```

pirania.hanbitbook.co.kr라는 호스트에 대한 정보만 알고 싶다면 다음과 같이 한다.

```
# arp -a pirania
pirania.hanbitbook.co.kr(211.40.61.108) at
00:04:76:71:F4:88 [ether] on eth0
```

시스템에 이더넷 카드를 교체했을 때 내부 네트워크 연결이 잘 안 되는 경우가 있다. ARP 캐시가 기존 이더넷 카드의 MAC 주소를 저장하고 있어서 같은 IP를 사용하더라도 인식하지 못하는 것이다. 이 경우에는 -d 옵션을 사용하여 정보를 삭제한 뒤 다시 시도한다. 호스트 명이 pirania인 정보를 삭제하려면 다음과 같이 입력한다.

```
#arp -d pirania
```

이 명령을 실행한 뒤 -v 옵션으로 삭제된 내용을 아래와 같이 확인할 수 있다.

```
# arp -v
Address                         HWtype    Hwaddress        Flags Mask    Iface
pirania.hanbitbook.co.kr                  (incomplete)     eth0
------------------------------- 중 략 ---------------------------------
Entries: 4                      Skipped:0 Found: 4
```

❗ 관련 명령어

arping : 대상 주소에 ARP패킷을 보낸다.
arpwatch : Ethernet/IP 주소의 진로를 추적한다.
arpsnmp : Ethernet/IP 주소의 진로를 추적한다.
tcpdump : 네트워크 인터페이스에서의 패킷 헤더를 출력한다

여기서 잠깐

ARP

Address Resolution Protocol의 약자로 네트워크 상에서 IP 주소와 MAC 주소의 연관성을 만들기 위해 사용하는 프로토콜이다. 예를 들어 호스트 A가 호스트 B에게 IP 패킷을 전송하려고 하는데, A가 B의 MAC 주소를 모르는 경우, ARP 프로토콜을 사용하여 목적지 B의 IP 주소와 브로드캐스팅된 MAC 주소 0xFFFFFFFFFFFF를 가지는 ARP 패킷을 네트워크 상에 전송한다. B는 ARP 패킷에서 자신의 IP 주소를 발견하면 자신의 MAC 주소를 A에게 돌려보낸다. 이와 같은 방식으로 수집된 IP 주소와 이에 해당하는 MAC 주소 정보는 각 호스트의 ARP 캐시라 불리는 메모리에 테이블 형태로 저장되어 다음 패킷을 전송할 때 다시 사용한다. ARP와는 역으로, 호스트가 자신의 물리 네트워크 주소는 알지만 IP 주소를 모르는 경우, 서버로부터 IP주소를 요청하기 위해서는 RARP[Reverse ARP]를 사용한다.

<table>
<tr><td>명령어</td><td colspan="4">arping</td><td>OS</td><td>L=U</td></tr>
<tr><td>키워드</td><td>네트워크 연결 확인</td><td>경로</td><td>/sbin/arping</td><td></td><td>중요도</td><td>☆</td></tr>
<tr><td>요약</td><td colspan="6">ARP 요청을 이용한 네트워크 연결 확인한다</td></tr>
</table>

❶ 이렇게 써요

arping [옵션]

-c count : arping의 개수를 지정한다

-w timeout : w 옵션 뒤 시간(초)을 지정하여 그 시간(초)까지만 apring를 실행한다.

-I device : 이더넷 장치를 지정한다.

-s source : 소스(source) IP를 지정한다.

❶ 설명 및 예제

ping의 변형으로 ICMP 패킷 대신 ARP 요청과 응답을 이용하여 해당 IP 주소의 MAC 주소를 찾거나, MAC 주소가 있을 때 IP 주소를 찾는다. 또한 ICMP 패킷을 차단한 호스트라도 단지 연결성만을 검사하고 싶은 경우라면, arping를 써도 좋다. 다음은 자신의 시스템으로 arping을 3번 보내서 확인하는 예제이다.

```
# arping -c 3 localhost
ARPING 127.0.0.1 from 211.255.253.58 eth0
Unicast reply from 127.0.0.1 [00:01:96:72:47:C3]  2.101ms
Unicast reply from 127.0.0.1 [00:01:96:72:47:C3]  2.025ms
Unicast reply from 127.0.0.1 [00:01:96:72:47:C3]  2.049ms
Sent 3 probes (1 broadcast(s))
Received 3 response(s)
```

시스템에 네트워크 디바이스가 여러 개 있어 각 장치별 연결성을 테스트하고 싶다면 -I 옵션을 이용하여 장치를 지정한다.

```
# arping -I eth1 -c 3 www.hanbitbook.co.kr
ARPING 211.255.252.57 from 211.255.253.58 eth0
Unicast reply from 211.255.252.57 [00:01:96:72:47:C3]  2.231ms
Unicast reply from 211.255.252.57 [00:01:96:72:47:C3]  2.245ms
Unicast reply from 211.255.252.57 [00:01:96:72:47:C3]  2.119ms
Sent 3 probes (1 broadcast(s))
Received 3 response(s)
```

❶ 관련 명령어

ping : 네트워크 연결성을 분석한다.

여기서 잠깐

ICMP

Internet Control Message Protocol의 약어다. 호스트 서버와 인터넷 게이트웨이 사이에서 메시지를 제어하고 에러를 알려주는 프로토콜이다. 라우터가 네트워크 경로를 설정할 수 없거나 데이터를 전달할 수 없을 때, 네트워크 상의 문제를 해결하도록 정보를 보내는데 이용하는 프로토콜이다. ping 명령도 이 프로토콜을 사용한다. MAC에 대한 설명은 arp 명령어를 참고하자.

TCP

Transmission Control Protocol의 약어다. 인터넷 상의 컴퓨터 사이에서 데이터를 메시지의 형태로 보내기 위해 IP와 함께 사용되는 프로토콜로, OSI 통신모델에서, TCP는 4번째 층인 트랜스포트 계층에 속한다. TCP는 메시지가 각 단의 응용 프로그램 사이에서 교환되는 동안 연결이 유지되기 때문에 연결 지향 프로토콜이라고 알려져 있으며 데이터 패킷의 순서를 제공한다.

UDP

User Datagram Protocol의 약어다. IP를 사용하는 네트워크 내에서 컴퓨터 간에 메시지가 교환될 때, 제한된 서비스만을 제공하는 통신 프로토콜이다. TCP와는 달리 도착하는 데이터 패킷의 순서를 제공하지 않는다. 대신, 처리 속도가 빠르므로 교환해야 할 데이터가 매우 적은 경우 유용하다.

MAC 주소

Media Access Control address의 약어다. 네트워크 카드 제조 회사에서 카드마다 부여한 48비트의 고유번호이다. 네트워크가 IP 주소만으로 운영되다가 장애가 발생하면 시스템을 구분할 수 있는 정보가 부족해서 대처하기 힘들다. 가장 쉬운 예로 IP 충돌이 일어났을 때, 장치를 구분할 수 있는 다른 정보가 필요하고 이 때 MAC 주소로 구분한다. 만일 실수로 시스템 두 대의 IP를 같게 했을 때, 이 네트워크 카드의 MAC 주소로 구분할 수 있다.

프로토콜

프로토콜Protocol은 정보기기 사이 즉, 컴퓨터와 컴퓨터나 컴퓨터와 단말기 사이에 정보를 교환할 때 필요한 통신 규약이다. 통신 규약이란 연결된 서로 간의 접속이나 절단, 통신 방식, 주고 받을 자료의 형식, 오류 검출 방식, 코드 변환 방식, 전송 속도 등에 대하여 정하는 것으로서, 기종이 다른 컴퓨터가 서로 통신을 하기 위해서는 표준 프로토콜을 사용하여 통신망을 구축해야 한다. 이와 같은 표준 프로토콜 중 대표적인 것이 네트워크의 TCP/IP를 들 수 있다.

<table>
<tr><td>명령어</td><td colspan="4">at</td><td>OS</td><td>L=U</td></tr>
<tr><td>키워드</td><td>작업 예약</td><td>경로</td><td colspan="2">/usr/bin/at</td><td>중요도</td><td>☆☆</td></tr>
<tr><td>요약</td><td colspan="6">명령어나 스크립트의 실행 예약한다</td></tr>
</table>

❶ 이렇게 써요

at [옵션] [시간] [날짜] [+증가시간]

> 시간 날짜 : 명령어나 스크립트를 실행할 시간과 날짜를 지정한다.
>
> +증가 시간 : 앞서 명시한 시간을 기준으로 증가 시간 만큼이 지난 후 실행한다.
>
> -q queue : queue 이름을 지정한다. 큐 이름으로는 a~z, A~Z가 쓰일 수 있다. 큐 이름을 지정하지 않으면 at는 a, batch는 b를 사용한다. 알파벳 순서로 뒤의 이름을 갖는 큐는 더 큰 niceness 값을 갖는다. '=' 큐는 현재 수행되는 작업에 대한 큐로 예약된다. 대문자 이름의 큐에 추가된 작업은 batch의 작업처럼 처리된다.
>
> -m : 출력 결과가 없더라도 작업이 완료될 때 사용자에게 메일을 보낸다.
>
> -f 파일명 : 스크립트 파일 등을 실행해 줄 때 사용한다.
>
> -l : 예약된 작업 목록을 보여준다. atq 명령어와 같다.
>
> -v : 작업이 수행될 시간을 보여준다.
>
> -d : 예약된 작업을 삭제한다(리눅스 명령). atrm 명령어와 같다.
>
> -r : 예약된 작업을 삭제한다(유닉스 명령). atrm 명령어와 같다.

❶ 설명 및 예제

at는 명령어와 스크립트 파일을 특정 시간에 실행할 수 있도록 예약하는 기능을 한다. 즉 시스템의 부하가 적은 시간에 실행하거나 예약된 시간에 꼭 실행해야 하는 작업을 자동으로 처리하고자 할 때 사용한다.

at으로 실행할 시간 설정

예약 작업 기능이므로 시간 설정이 중요하다. at 시간 설정은 날짜와 시간을 정해주는 시간 설정과 현재 시간이나 정해진 시간에서 증가 시간을 설정해 주는 방법이 있다.

시간 표현 방법

분류	형식	설명	예
시간	hh:mm	hh(시간):mm(분)으로 설정	16:18
	am, pm	표시가 없는 경우 리눅스나 유닉스에서는 하루를 24시간으로 표현한다. am, pm을 이용하여 12시간 단위로 표현할 수 있다.	4:18pm
	midnight noon teatime now	midnight(00:00), noon(12:00), teatime (16:00), now(현재) 같은 서술형 시간으로도 지정할 수도 있다. 서술형 시간 다음에는 주로 증가 시간을 설정해서 사용한다.	

날짜	yyyy-mm-dd	일반적인 날짜 구성으로 표현	2012-4-13
	month num	4월 13일은 "April 13"이나 약자로 "Apr 13"으로 표현한다.	April 13
	today, tomorrow	오늘이나 내일로 지정할 수 있다. 각 요일 별로도 표현할 수 있다.	

test1 파일을 만들어 주는 명령어인 **touch test1** 명령어를 at에 등록하여 2012년 4월 13일 0시에 실행한다. 2012년 4월 13일 0시는 "00:00 2012-04-13"이나 "midnight April 13" 등으로 표현할 수 있다.

at 명령으로 수행한 작업을 atd 데몬이 처리한다. atd는 작업 실행 시간과 작업 대기 행렬을 유지/관리한다. atd의 스풀 디렉터리는 보통 /var/spoll/at에 위치한다. 만일 atd 데몬이 실행 중이지 않다면 아래 에러를 출력한다.

```
# at 00:00 2012-04-13
at> echo "it's midnight"
at> <ctrl+d>
job 3 at 2012-04-13 00:00
Can't open /var/run/atd.pid to signal atd. No atd running?
```

atd 데몬을 실행하고 at 명령을 다시 실행해보자.

```
# /etc/init.d/atd start
starting atd....... [ OK ]
# at 00:00 2012-04-13
at> echo "it's midnight"
at> <ctrl+d>
job 4 at 2012-04-13 00:00
```

그리고 등록된 예약 작업을 확인해보자.

```
# at -l
3     2012-04-13 00:00 a root
4     2012-04-13 00:00 a root
```

2012년 4월 13일 자정에 echo 명령어가 "It's midnight"을 화면에 출력할 것이다. 시간은 00:00을 대신하여 midnight을 넣어도 무관하다.

작업번호	날짜	시간	큐 이름	사용자
3	2012-04-13	00:00	a	root

· 작업 번호 : at에 등록된 작업 번호. 등록된 순서로 매겨지며 **at -d**나 **atrm**을 이용해
  at 작업을 삭제할 때 사용
· 날짜/시간 : 등록된 명령이 실행될 시간
· 큐 이름 : -q 옵션을 이용하여 큐 이름을 지정
· 사용자 : at에 작업을 예약한 사용자

증가 시간을 이용한 설정

지금부터 6시간 뒤에 Control.sh 스크립트를 실행하고 싶으면 -f 옵션을 사용하여 예약
작업으로 등록한다.

```
# at now + 6 hours -f Control.sh
```

리다이렉션(◇)을 이용해도 된다.

```
# at now + 6 hours < Control.sh
```

4번 예약 작업을 삭제하고 싶다면 -d 옵션 다음에 삭제할 작업 번호를 지정한다.

```
# at -d 4
```

at의 사용 권한 설정

at 명령어는 at.allow와 at.deny 두 파일을 이용해 일반 사용자의 사용 권한을 지정해
줄 수 있다. /etc/at.allow 파일이 있으면 at.allow에 기록된 사용자만 at 명령어를 사
용할 수 있으며, 이 파일이 없으면 /etc/at.deny에 기록되지 않은 사용자만 사용할 수
있다. 두 파일 모두 없다면 관리자만 사용할 수 있다.

❶ 관련 명령어

atq : 예약된 작업 목록을 출력한다.
atrm : 예약된 작업 목록을 삭제한다.
batch : 시스템 부하가 일정 이하일 때 명령을 실행한다.
cron : 정기적으로 예약된 작업을 수행한다.

여기서 잠깐

at과 cron

at과 cron은 작업을 예약해서 실행한다. at는 특정 시간을 정하기가 쉽기 때문에 비정기적인 시간을 예약하기 편리하며, 정기적으로 수행해야 하는 작업일 경우 cron을 사용하는 것이 더 편리하다. cron은 월 단위, 주 단위, 일 단위, 시간 단위로 정기적인 시간을 설정할 수 있다.

	at	**cron**
공통점	작업을 예약하여 실행한다.	
사용처	비정기적인 작업 예약	정기적인 작업 예약
관련 데몬	atd	crond
사용 권한 설정	/etc/at.allow /etc/at.deny	/etc/cron.allow /etc/cron.deny

유닉스 타임

date+%s 명령을 사용하여 확인할 수 있다. 유닉스의 time( ) 함수는 1970년 1월 1일 0시부터 현재까지 경과된 시간을 초 단위(정수 값)로 반환하여 시간을 계산하고 있다. 이를 이용하여 파일 이름을 겹치지 않게 만들기 위해 유닉스 타임의 타임 스탬프를 파일 이름에 붙이는 경우도 많이 있다.

그러나 문제는 있다. 유닉스 날짜 값은 4바이트 공간에 저장되어 있어, 이 초 카운터를 32비트의 Signed Integer로 표현하는 현재 상태로는 2038년까지의 시간만 계산할 수 있다. 물론 몇몇 대안이 제시되었고, 기존 프로그램간의 호환성을 고려한 해결책도 조만간 만들어져 큰 문제가 되지 않을 것이라 믿는다.

<table>
<tr><td>명령어</td><td>atq</td><td>OS</td><td>L=U</td></tr>
<tr><td>키워드</td><td>예약 작업 보기</td><td>경로</td><td>/usr/bin/atq</td><td>중요도</td><td>☆☆</td></tr>
<tr><td>요약</td><td colspan="5">at를 사용하여 예약한 작업 목록을 출력한다</td></tr>
</table>

❶ 이렇게 써요

```
atq [옵션]
```

[Linux]

-q queue : 지정된 큐에 예약된 작업만 출력한다.

-V : 버전 정보를 출력한다.

[Unix]

-c : 예약된 작업을 시간 별로 정렬하여 출력한다.

-n : queue에 예약된 모든 작업 개수를 출력한다.

❶ 설명 및 예제

at로 예약된 작업 목록을 출력한다. **at -l**와 같은 기능이다. 특정 큐에 예약된 작업을 보기 위해서는 **atq -q**라고 입력한다. 아래는 t 큐에 예약된 작업을 출력한다.

```
# atq -q t
27    2012-04-16 10:00 t root
```

❶ 관련 명령어

at : 작업을 특정 시간에 예약한다.

atrm : 예약된 작업을 삭제한다.

여기서 잠깐

예약 작업 시간의 결정

예약 작업을 등록하는 이유는 많은 경우가 시스템의 과부하를 피해 한가한 시간에 작업을 실행하기 위해서이다. 그러므로 거의 밤이나 새벽 시간으로 설정하는 경우가 대부분이다. 그런데 대부분의 사용자는 예약 작업을 보통 새벽 3시나 4시로 정한다. 한 시스템에서 여러 사용자가 예약 작업을 하면서 야간이라도 이렇게 같은 시간대에 설정을 하면 시스템에 부하가 걸릴 수 있다. 그러므로 예약 작업 시간 설정은 새벽 3시 36분과 같이 분까지 설정하여 같은 시간에 작업이 몰리는 것을 피하는 게 좋다.

명령어	**atrm**			OS	**L=U**
키워드	예약된 작업 삭제	경로	/usr/bin/atrm	중요도	☆☆
요약	at로 예약한 작업을 삭제한다				

❶ 이렇게 써요

```
atrm [작업번호]
```

작업 번호 : atq를 사용하여 확인할 수 있다.

❶ 설명 및 예제

at로 예약한 작업을 삭제하는 명령어이다. **at -d** 명령과 같다. atq로 예약된 작업 목록을
확인한다. 첫 번째 필드에 있는 번호가 작업번호이다.

```
# atq
29   2012-04-13 12:00 A root
25   2012-04-14 05:28 A root
27   2012-04-16 10:00 t root
28   2012-04-15 12:00 A root
```

이 중에서 2012년 4월 16일 10시에 예약된 작업을 삭제해보자. 이 예약의 작업 번호는
27이므로 다음과 같이 삭제하자.

```
# atrm 27
```

다시 atq 명령어를 실행하면 작업 번호 27이 삭제된 것을 확인할 수 있다.

```
# atq
29    2012-04-13 12:00 A root
25    2012-04-14 05:28 A root
28    2012-04-15 12:00 A root
```

❶ 관련 명령어

at : 작업을 특정 시간에 예약한다.
atq : 예약된 작업 목록을 보여준다.
batch : 시스템 부하가 일정 이하일 때 명령을 실행한다.
cron : 정기적으로 예약된 작업을 실행한다.

<table>
<tr><td>명령어</td><td colspan="4">awk</td><td>OS</td><td>L-U</td></tr>
<tr><td>키워드</td><td>패턴 처리 언어</td><td>경로</td><td colspan="2">/bin/awk</td><td>중요도</td><td>☆ ☆ ☆</td></tr>
<tr><td>요약</td><td colspan="5">원본 문서에서 패턴을 검사해 원하는 값을 얻는다</td></tr>
</table>

❶ 이렇게 써요

```
awk [옵션] -F 'script' [변수=값] [파일]
awk [옵션] -f 스크립트 파일 [변수=값] [파일]
```

> 스크립트 파일 : awk 스크립트로 작성된 파일
>
> 변수 : awk 내의 변수를 지정한다.
>
> 파일 : 대상 파일
>
> -F : 구분자를 나타낸다. -F로 구분자를 지정하지 않을 경우에는 공백을 구분자로 사용한다.
>
> -f : 스크립트 파일을 이용할 경우 사용한다.

❶ 설명 및 예제

표준입력으로 값을 받아 awk 스크립트를 통해 원하는 표준출력을 내보낼 수 있다. awk
는 1977년에 AT&T 연구소의 Alfred V. Aho, Peter J. Weinverger, Brian W.
Kernighan 세 사람이 만들었다. awk라는 이름도 세 사람 이름의 앞 글자이다. 이 후
1986년 Paul Rubin과 Jay Fenlason이 GNU 버전의 awk를 만들어서 리눅스에서
사용했다.

awk는 일정한 규칙을 가지고 있는 데이터를 처리하여 계산, 통계, 비교 분석, 필터링
을 통한 데이터 추출 등에 다양하게 사용될 수 있다. sed와 비슷한 기능을 한다고 할 수
있으며 awk와 sed의 장점을 묶어서 perl로 발전시켰지만 데이터 구조가 단순할 때는
awk이 더 효과적이어서 지금도 많이 사용되고 있다.

awk는 단순히 명령어로 사용되거나, 스크립트 내에서 sed와 함께 이용될 수 있고 awk
만의 스크립트 파일을 작성할 수도 있다. 현재 디렉터리에 있는 파일 목록을 보기 위해 **ls
-al** 명령을 사용한다.

```
# ls -l
total 8
drwxr-xr-x 2 pirania pirania 4096 May 25 15:54 Desktop
-rw-r--r-- 1 pirania pirania   15 May 26 03:15 pirania_test
```

ls -al 명령을 사용해서 현재 디렉터리에 있는 파일 목록을 본 다음에, awk를 사용하여

이 목록 중 파일 권한과 파일명만 출력 할 수 있다. **ls -al** 명령으로 출력되는 데이터를 파이프(|)로 awk가 받아서 파일의 공백을 기준으로 나누어 첫 번째 필드와 아홉 번째 필드만 출력한다.

```
# ls -l
total 8
drwxr-xr-x 2 pirania pirania 4096 May 25 15:54 Desktop
-rw-r--r-- 1 pirania pirania   15 May 26 03:15 pirania_test
# ls -l | awk '{print $1, $9}'
total
drwxr-xr-x Desktop
-rw-r--r-- pirania_test
```

위와 같이 awk는 라인을 받아서 구분자를 통해 구분하고 print 명령으로 출력하게 된다. **ls -al**로 출력되는 행을 공백으로 구분하면 아래와 같이 $1~$9까지 필드로 나뉜다. 각 필드는 공백을 기준으로 아래처럼 번호로 구분된다. $0은 모든 필드를 말한다.

-rw------	2	root	root	23376	May	28	02:30	mbox
파일 권한	하드링크번호	사용자	그룹	용량	월	일	시간	파일명
$1	$2	$3	$4	$5	$6	$7	$8	$9

파일 목록 중 1MB가 넘는 파일의 파일명과 용량을 출력하고 싶다면 awk의 조건문을 사용하면 된다. 용량을 나타내는 다섯 번째 필드값이 $1,048,576(1MB=1,048,576bit)$보다 큰 숫자를 갖고 있는 라인의 다섯 번째와 아홉 번째 필드만 출력한다.

```
# ls -al | awk '$5 > 1048576{print $5, $9}'
5782608 libqt-mt.so.2.3
5761641 libqt.so.2.3.2
1698368 memoryinfo
```

이처럼 검색하여 특정 라인과 필드만 출력할 수 있다. awk를 이용하면 문서의 특정 문자나 문자열을 검색하여 그 부분만 출력할 수 있다. 예를 들어 다음과 같이 하면 /etc/group 파일에서 root를 포함한 라인만 출력된다.

```
# awk /root/ /etc/group
root:x:0:root
bin:x:1:root,bin,daemon
daemon:x:2:root,bin,daemon

sys:x:3:root,bin,adm
adm:x:4:root,adm,daemon
disk:x:6:root
wheel:x:10:root
```

위 출력 결과에서 ":"을 구분자로 하여 분리한 필드 중 첫 번째 필드만 출력하는 awk 명령어를 만들어 보자. 첫 번째 필드는 그룹 명이고 -F 옵션을 사용해서 ":"를 구분자로 지정한다.

```
# awk -F: /root/'{print $1}' /etc/group
root
bin
daemon
sys
adm
disk
wheel
```

/root/로 검색한 패턴 부분에, 정규표현식을 사용하면 더욱 자세한 패턴을 검색할 수 있다.

스크립트 파일 이용

awk의 스크립트 구조는 시작, 실행, 마무리의 3단계로 나누어져 있다. awk는 연산자나 루프 사용법 등이 C 언어와 같아, C 언어를 알고 있는 사용자라면 쉽게 사용할 수 있다.

시작(**Begin**)	시작 단계로서 전체 스크립트를 위한 정의 단계이다(Preprocessor).
실행(**Routin**)	실행단계로 이 스크립트의 기능을 수행하는 단계라고 할 수 있다.
끝(**End**)	마무리 단계로 결과를 출력한다.

word.awk라는 이름으로 파일 내에 단어의 개수를 알아보는 awk 스크립트를 만들어 보자. 사실 단어 개수를 셀 때는 wc 명령어를 사용하면 쉽다.

```
#!/bin/awk
BEGIN {
word = 0;
}
{ word += NF; }
END { print "Word Count: " word;(End) }
```

awk 스크립트의 구조를 분석하면 아래와 같이 나눌 수 있다.

awk 스크립트	구조	설명
#!/bin/awk	선언	awk로 스크립트가 실행될 수 있게 선언한다.

BEGIN {
word = 0;
}
	시작	변수 word를 0으로 초기화 한다.

{ word += NF; }	실행	NF는 각 라인마다의 필드 수를 나타내는 awk 시스템 변수이다. 구분자 정의가 없으면 공백을 구분자로 사용하므로 각 라인의 단어 수가 NF로 들어가고 "+=" 연산자에 의해서 마지막 라인의 단어 수까지 더해 준다.
END { print "Word Count: " word:(End) }	끝	마무리 단계이다. 결과를 출력한다.

작성된 스크립트는 -f 옵션으로 실행한다. wordcount.txt라는 임의의 텍스트 문서를 방금 작성한 스크립트로 검사해보자. 작성된 awk 스크립트 파일은 **awk -f [스크립트 파일] [대상 파일]**로 실행한다.

```
# awk -f word.awk wordcount.txt
Word Count: 580
```

awk 시스템 변수

변수	내용
$0	입력 라인 모두
$n	입력 라인에서 n번째 필드 값
ARGC	명령 라인 인자 수를 갖는 변수
ARGV	명령 라인의 인자를 포함하는 배열
ENVIRON	환경 변수들을 모아둔 관계형 배열
FILENAME	현재 파일명

FS	구분자 정의, 공백을 기본으로 사용
FNR	입력 파일의 레코드 총수(라인 수)
NF	현재 레코드 필드 수
NR	현재 레코드 번호
OFMT	숫자에 대한 출력 포맷
OFS	출력 필드 구분, 빈 라인을 기본으로 사용
ORS	출력 레코드 구분 (newline을 기본으로 사용)
RLENGTH	지정한 패턴으로 검색되어 나온 문자열의 길이
RS	입력 레코드 구분 (newline을 기본으로 사용)
RSTART	지정한 패턴으로 검색되어 나온 문자열의 가장 앞부분

awk 연산자

C 언어를 참조하여 만들어 졌으므로 C 언어와 사용법이나 종류가 거의 같다.

연산자	설명
?	조건연산 사용자로 등록된 아이디가 user1, user2, user3로 되어 있고 그 중 검색하고 싶은 내용이 1/2/3 중 어떤 것일지 명확하지 않을 경우 ?를 이용하여 모두 검색 할 수 있다. #awk/user?//etc/passwd user1:x:516:516::/home/user1:/bin/bash user2:x:517:517::/home/user2:/bin/bash user3:x:518:518::/home/user3:/bin/bash
||, &&, !	논리 연산자, or, and, not
~, !~	검색된 패턴에 부합되는 것을 참으로 사용하려면 "~", 거짓으로 사용 하려면 "!~"을 사용 한다 .
<,<=,>,>=,!=,==	비교 연산자
+,-,*,/,%,^	더하기, 빼기, 곱하기, 나누기, 나머지, 제곱
++,--	증가 연산자, 감소 연산자

명령어	**a2p**			OS	L
키워드	awk-perl 변환	경로	/usr/bin/a2p	중요도	☆
요약	awk 스크립트를 perl 스크립트로 바꾼다				

❶ 이렇게 써요

a2p [옵션] 파일명

-F〈문자〉 : 구분자를 정의한다. awk의 필드를 나누는 기준이 되는 구분자 변수인 FS 변수를 지정된 문자로 정의한다.

-o : awk 형식의 스크립트를 변환한다.

❶ 설명 및 예제

awk 스크립트를 perl 스크립트로 변환하는 명령어이다. awk 명령어에서 예제로 만든 word.awk 스크립트를 가져와 변환해보자. 이 예제는 문서의 단어 개수를 체크하는 스크립트이다. wordcount.txt 문서의 단어 개수를 확인해보자.

```
# awk -f word.awk wordcount.txt
Word Count: 580
```

a2p 명령어를 이용하여 awk 스크립트를 perl 스크립트로 변환한다.

```
# a2p word.awk
#!/usr/bin/perl
eval 'exec /usr/bin/perl -S $0 ${1+"$@"}'
    if $running_under_some_shell;
                        # this emulates #! processing on NIH machines.
                        # (remove #! line above if indigestible)

eval '$'.$1.'$2;' while $ARGV[0] =~ /^([A-Za-z_0-9]+=)(.*)/ && shift;
                        # process any FOO=bar switches

$[ = 1;                 # set array base to 1
$, = ' ';               # set output field separator
$\ = "\n";              # set output record separator

$word = 0;
while (<>) {
    chomp;              # strip record separator
```

```
    @Fld = split(' ', $_, -1);
    $word += $#Fld;
}

print 'Word Count: ' . $word;
($End);
```

a2p는 awk 스크립트를 perl 스크립트로 변환하여 화면에 출력한다. 이 표준출력을 word.perl이라는 perl 스크립트 파일로 만들어 실행하면 같은 결과를 얻을 수 있다.

```
# a2p word.awk > word.perl
#perl word.perl wordcount.txt
Word Count : 580
```

❶ 관련 명령어

s2p : sed 스크립트를 perl 스크립트로 변환

명령어	**badblocks**			OS	L
키워드	배드 블록 검사	경로	/sbin/badblocks	중요도	☆☆
요약	저장 장치의 배드 블록을 검사한다				

❗ 이렇게 써요

```
badblocks [옵션] [장치] [블록 개수]
```

장치 : 검사할 장치를 지정한다.

블록 개수: 검사 할 장치의 블록 수

-b 블록 크기 : 지정한 블록 크기로 지정한다. 기본값은 1,024이다.

-o 파일 : 배드 블록 체크 내용을 파일에 저장한다.

-v : 배드 블록 체크 내용을 상세히 출력한다.

-w : 각 블록에 몇 가지 패턴으로 쓰기, 읽기를 하면서 테스트한다.

❗ 설명 및 예제

badblocks는 각 디스크의 배드 블록을 검사하는 명령어이다. 예를 들어 /dev/hda2 디스크의 배드 블록을 검사 해 보자. 먼저 블록 개수를 알기 위해 fdisk를 실행하여 디스크 정보를 확인한다.

```
# fdisk -l /dev/had
Device      Boot    Start   End     Blocks      Id  System
/dev/hda1   *       1       261     2096451     83  Linux
/dev/hda2           262     587     2618595     83  Linux
/dev/hda3           588     848     2096482+    83  Linux
/dev/hda4           849     1027    1437817+    5   Extended
/dev/hda5           849     913     522081      83  Linux
/dev/hda6           914     1027    915673+     83  Linux swap
```

> **TIP**
> 파일 시스템이 있는 장치에 -w 옵션을 사용할 경우 파일 시스템과 데이터가 함께 삭제되니 데이터가 있는 장치에 사용하면 안 된다.

위 명령의 결과로 /dev/hda2에는 2,618,595개의 블록이 있다는 사실을 알 수 있다.

아래와 같이 badblocks 명령어로 /dev/had2를 검사하면 136,521 디스크 블록에 1개의 배드 블록이 발견되었다(예시일 뿐 모든 컴퓨터에 배드 블록이 나오는 것은 아니다).

```
# badblocks -v /dev/hda2 2618595
Checking for bad blocks in read-only mode
From block 0 to 136521
136520 : 배드 블록이 발견 디스크 블록
Pass completed, 1 bad blocks found.
1개의 배드 블록이 발견되었다.
```

여기서 잠깐

배드 블록 Bad Block

디스크의 물리적 손상을 말한다. 디스크는 블록별로 정보가 저장 되는데 충격이나 노후로 배드 블록이 생길 수 있다. 요즘 나오는 하드디스크는 대부분 자체적으로 배드 블록을 관리한다. 리눅스에서는 파일시스템 생성 시 배드 블록에 관한 정보를 초기화하게 되며 하드 디스크의 노후로 특정 부분에 배드 블록이 많을 경우 파티션을 나누어 그 부분의 사용을 막기도 한다.

블록

블록이란 파일 시스템이 항상 연속적으로 할당하는 데이터의 크기를 뜻한다. 예를 들어 파일 시스템의 블록 크기가 8KB라면, 8KB까지의 파일 크기는 디스크의 여러 부분에 나뉘어 있지 않고 항상 물리적으로 같은 자리에 연속으로 존재한다. 이것은 디스크의 물리적 블록과는 또 다른 것이다.

블록의 크기가 크다면 파일 시스템 접근성은 좋아지지만 블록 기본 크기보다 작은 파일을 생성할 때도 블록 하나가 낭비되므로 용량의 효율은 떨어진다. 또한 블록의 크기가 작으면 공간 낭비는 최소화할 수 있으나 성능이 떨어지는 점이 있다. 유닉스나 리눅스에서는 보통 512바이트 크기의 블록을 사용한다.

MD5

Message Digest 5의 약어이다. 입력 데이터에서 128비트 암호로 만들어 데이터 무결성을 검증하는데 사용되는 알고리즘으로, MIT의 **Ronald Lorin Rivest** 교수가 개발하였다. MD5 규격은 현재 IETF RFC 1321에 명시되어 있다. 이 규격에 따르면 MD5 알고리즘에 대입했을 때 서로 다른 메시지가 같은 MD5 결과를 만드는 것은 '이론적으로 불가능'하다고 한다. 그러므로 인터넷에서 프로그램 등을 다운로드 받은 후, MD5를 이용해 자료 손상 여부를 확인할 수 있다.

고로 서버의 checksum 데이터와 자신의 시스템에서 md5sum을 이용해 만든 데이터가 틀리면 내려받은 파일에 문제가 있는 것이다.

<table>
<tr><td>명령어</td><td colspan="4">basename</td><td>OS</td><td>L=U</td></tr>
<tr><td>키워드</td><td>파일 이름 추출</td><td>경로</td><td colspan="2">/bin/basename</td><td>중요도</td><td>☆</td></tr>
<tr><td>요약</td><td colspan="6">경로와 확장자를 제거한 순수 파일 이름만 돌려받는다</td></tr>
</table>

❶ 이렇게 써요

```
basename [경로+파일 이름] [확장자]
```

경로+파일 이름 : 경로를 포함한 파일 이름

확장자 : 선택 옵션으로 확장자까지 제거하고 싶을 때 사용한다. 이 확장자로 파일 이름의 맨 마지막에 오는 문자열은 삭제한다.

--help : 도움말을 출력한다.

--vesion : 버전 정보를 출력한다.

❶ 설명 및 예제

basename 명령어는 경로를 포함한 파일 이름을 인수로 받아, 파일 경로를 제거하고 필요에 따라서는 확장자도 삭제하여 순수하게 파일명만 남게 한다.

basename을 이용하여 /etc/issue.net에서 파일 경로와 확장자를 지워보자.

```
# basename /etc/issue.net .net
issue
```

셸 스크립트 등을 작성할 때, 경로를 포함한 파일 이름을 가진 어떤 변수에서 파일 이름만 추출하여 사용하고 싶을 때 basename을 사용하면 편리하다. 시스템 변수 중 MAIL은 로그인 사용자의 mail 파일과 경로를 저장한다. 이중 로그인 사용자 명만 추출하고 싶다면 다음과 같이 할 수 있다.

```
# echo $MAIL
/var/spool/mail/root
# basename $MAIL
root
```

❶ 관련 명령어

dirname : 경로+파일명에서 경로만 추출한다.

pwd : 지정한 파일의 절대 경로를 알려준다.

<table>
<tr><td>명령어</td><td colspan="4">batch</td><td>OS</td><td>L~U</td></tr>
<tr><td>키워드</td><td>명령 실행 예약</td><td>경로</td><td>/usr/bin/batch</td><td></td><td>중요도</td><td>☆</td></tr>
<tr><td>요약</td><td colspan="6">시스템 부하가 일정 이하가 되면 예약 명령을 실행한다</td></tr>
</table>

❶ 이렇게 써요

```
batch [-V] [-q 큐 이름] [-f 파일명] [-mv] [시간]
```

-q queue : 큐 이름을 지정한다. 큐 이름으로는 a~z, A~Z만 쓸 수 있다. 큐 이름을 지정하지 않으면 at은 a를 batch는 b를 사용한다. 알파벳 순서로 뒤의 이름을 갖는 큐는 더 큰 niceness 값을 갖는다. "="큐는 현재 수행되는 작업에 대한 큐로 예약되어 있다. 대문자 이름의 큐에 추가된 작업은 batch의 작업처럼 처리된다.

-m : 출력 결과가 없어도 작업이 완료되면 사용자에게 메일을 보낸다.

-f 파일명 : 스크립트 파일 등을 실행할 때 사용한다.

❶ 설명 및 예제

batch는 시스템의 평균 부하가 0.8 이하로 내려가면 예약한 내용을 실행한다. 시스템 부하가 많이 걸리는 명령을 실행할 때 유용하다. 먼저 현재 시스템의 평균 부하를 살펴보자.

```
# uptime
3:51am up 19 days, 3:30, 14 users, load average: 6.00, 6.00, 5.93
```

평균 부하가 6 정도인 것을 확인 할 수 있다. batch를 이용해 시스템의 부하를 피해 실행할 스크립트를 등록한다. 등록 후 atq 명령어를 사용해서 예약한 작업 목록을 확인할 수 있다.

```
# batch -f system_backup -m now
job 9 at 2010-06-25 04:01
# atq
9 2010-06-25 04:01 b root
```

> **TIP**
> 시스템 평균 부하는 1분, 5분, 15분간의 평균값이다.

등록된 시간을 보고 예약한 내용을 확인할 수 있다.

❶ 관련 명령어

at : 특정 시간에 명령어 실행을 예약한다.

atq : 예약된 작업 목록을 보여준다.

atrm : 예약된 작업을 삭제한다.

cron : 정기적으로 예약된 작업을 수행한다.

명령어	**bc**			OS	Ⓛ=Ⓤ
키워드	텍스트 계산기	경로	/usr/bin/bc	중요도	☆☆☆
요약	터미널에서 사용하는 대화형 계산기				

❶ 이렇게 써요

```
bc [ -lws ] [ 파일... ]
```

-h, --help : 사용법을 출력한다.

-i, --interactive : 상호 대화형 모드로 실행한다.

-l, --mathlib : 표준 수학 라이브러리를 정의한다.

-w, --warn : POSIX bc에서 확장한 경고 메시지를 출력한다.

-s, --standard : 정확하게 POSIX bc 언어로만 프로세싱한다.

-q, --quiet : GNU bc 환영 메시지를 출력하지 않는다.

-v, --version : 버전 정보를 출력한다.

❶ 설명 및 예제

bc는 대화형으로 실행되는 계산기로서 높은 정확도와 넓은 범위의 수를 지원한다. 문법은 C언어에서 사용하는 연산과 비슷하며, 명령 행 옵션을 주면 표준 수학 라이브러리 함수를 사용할 수도 있다. 그러나 계산기로 사용할 때에는 계산 순서대로 식을 입력하면 답을 얻어낼 수 있다.

그럼 bc를 이용하여 이자를 계산해 보자. 1,000,000원의 돈이 있다고 하자. 이것을 연리 5%로 10년 동안 예치하면 얼마가 되는지 보자. 이자를 계산하는 방법은 여러 가지가 있겠지만, 우리는 단순하게 **원금 * ((1+이자)^기간)**의 식으로 계산해 보겠다. 사용방법은 상당히 단순하여, 수식을 그대로 써주는 것으로 계산할 수 있다. bc는 대화형 계산기이므로 엔터를 치면 연산이 시작된다.

```
# bc
bc 1.06
Copyright 1991-1994, 1997, 1998, 2000 Free Software Foundation, Inc.
This is free software with ABSOLUTELY NO WARRANTY.
For details type 'warranty'.
1000000*((1+0.05)^10)
1620000.00
```

또한 scale 변수를 변경하여 결과 값의 소수점 자릿수를 지정할 수 있다. 기본 scale은 소수점 아랫자리가 없는 0이지만 scale을 변경해서 결과 값의 소수점 자릿수가 변경되는 것을 볼 수 있다.

```
# bc
bc 1.06
Copyright 1991-1994, 1997, 1998, 2000 Free Software Foundation, Inc.
This is free software with ABSOLUTELY NO WARRANTY.
For details type `warranty '.
scale
0
1/4
0
scale = 1
1/4
0.2
scale = 3
0.250
```

여기서 잠깐

부동 소수점과 고정 소수점

부동 소수점은 실수$^{\text{real number}}$를 우리가 알고 있는 가수^{mantissa}와 지수^{exponent}로 분리해서 나타낸 것이다. 이 방식은 한정된 비트 수로 정밀도가 높은 계산을 하기 위한 것이다. 여기에서 가수는 수의 정밀도를, 지수는 수의 실제 크기를 표현한다. 부동 소수는 IEEE754 규격 포맷을 통해 정수 부분과 지수 부분으로 나뉘어 기억 장소에 저장된다. 이 때 전체 62비트 중 첫 비트에는 부호를, 2에서 11 비트에는 10의 승수를, 나머지는 유효숫자를 저장한다.

반면 고정 소수점은 일반적으로 사용하는 실수의 꼴과 비슷하여, 수를 정수부와 소수부로 나누어 사용하는 방법이다.

아파치 서버의 정보 출력하지 않기

보통 telnet IP 80으로 접속하면, 해당 IP 아파치 서버의 정보를 알 수 있다. 이 웹 서버 정보를 출력하는 것을 막아보자. 아파치 서버의 설정 파일 httpd.conf 파일에서 ServerTokens 찾아서, OS를 Prod로 변경한다.

```
#ServerTokens OS
ServerTokens Prod
```

변경 후 httpd 데몬을 다시 시작하면 설정이 끝난다.

<table>
<tr><td>명령어</td><td>bzip2</td><td></td><td></td><td>OS</td><td>L=U</td></tr>
<tr><td>키워드</td><td>압축명령어</td><td>경로</td><td>/usr/bin/bzip2</td><td>중요도</td><td>☆☆☆</td></tr>
<tr><td>요약</td><td colspan="5">높은 성능의 압축률을 자랑하는 압축 유틸리티</td></tr>
</table>

❶ 이렇게 써요

```
bzip2 [ -옵션] [ 파일명... ]
```

-c --stdout : 압축되거나 압축을 푼 파일을 표준출력으로 보낸다.

-d --decompress : 압축을 푼다.

-z --compress : 파일을 압축한다.

-t --test : 압축을 풀지 않고 지정한 파일의 무결성만 검사한다.

-f --force : 압축하거나 압축 해제 시 같은 이름의 파일이 있을 경우 덮어 쓴다.

-k --keep : 원본 파일을 보존하며 파일을 압축하거나 해제한다.

-s --small : bzip2 실행 시 사용하는 메모리의 양을 줄인다. bzip2 실행에 2.5바이트만을 사용한다. 이렇게 실행하면 속도는 두 배 이상 걸리지만 적은 메모리에서 bzip2를 사용할 수 있다.

-q --quiet : 경고 메시지를 출력하지 않는다.

-v --verbose : 상세한 정보를 출력한다.

-L --license : 라이센스 정보를 출력한다.

-V -version : 버전 정보를 출력한다.

-1 ～ -9 : 압축 시 블록 크기를 지정한다.

❶ 설명 및 예제

bzip2는 Burrows-Wheeler 블록 정렬 테스트 압축 알고리즘과 Huffman 코딩을 이용해서 압축률이 뛰어나다. bzip2는 GNU gzip과 비슷한 사용법을 갖는다. 압축한 파일은 압축 전의 날짜, 퍼미션, 소유자 등 속성을 그대로 갖는다. 그러므로 압축한 파일을 풀었을 때에도 원본 파일의 속성을 그대로 간직한다. bzip2의 확장자는 .bz2이다.

Huffman 코딩

데이터 코드를 통계적으로 검사하여 압축하는 방식이다. 빈번한 코드는 적은 수의 비트로 표현하고 빈번하지 않은 코드는 상대적으로 많은 비트로 표현하여 압축한다.

아래 두 파일을 bzip2를 이용해 압축해 보자.

```
# ls
q-mail.hwp routing
```

각각의 파일 별로의 압축은 아래와 같이 실행한다.

```
# bzip2 q-mail.hwp routing
# ls
q-mail.hwp.bz2 routing.bz2
```

bzip2 -d 명령으로 파일의 압축 해제한다.

```
# bzip2 -d q-mail.hwp.bz2
# ls
q-mail.hwp routing.bz2
```

-d 옵션은 bunzip2 명령어와 같다.

```
# bunzip2 routing.bz2
# ls
q-mail.hwp routing
```

bz2로 압축된 patch-2.6.29.diff.bz2라는 커널 패치 파일을 받았다. 이 패치 파일의 압축을 해제한 후 커널에 적용해도 되지만, 좀 더 빠르게 작업하려면 파이프를 이용하여 아래와 같이 하나의 명령으로 시스템 커널에 패치를 바로 적용할 수 있다.

이 명령은 /usr/src/linux-커널버전/으로 이동하여, 커널 디렉터리 안에서 실행해야 한다.

```
$ bzip2 -dc patch-2.6.29.diff.bz2 | patch -p1
```

❶ **관련 명령어**

compress : 압축 유틸리티. 확장자 .Z
gzip : 표준 GNU/UNIX 압축 유틸리티. 확장자 .gz

여기서 잠깐

bzip2 압축 파일이 손상되었을 경우

bzip2recover를 사용하여 손상된 압축 파일을 복구한다. **bzip2recover [손상된 압축 파일명]**처럼 쓴다.

```
# bzip2recover test.bz2
bzip2recover 1.0: extracts blocks from damaged .bz2 files.
bzip2recover: searching for block boundaries ... block 1 runs from 80 to 607
bzip2recover: splitting into blocks writing block 1 to 'rec0001test.bz2' ...
bzip2recover: finished
```

복구된 파일이 rec0001test.bz2로 만들어진 것을 확인할 수 있다. rec0001test.bz2의 무결성을 -t(테스트) -v(작업내용보기) 옵션으로 검사한다.

```
# bzip2 -tv rec0001test.bz2
rec0001test.bz2: ok
```

손상된 압축 파일이 정상적으로 복구된 것을 확인할 수 있다.

명령어	**cal**			OS	L=U
키워드	달력 보기	경로	/usr/bin/cal	중요도	☆
요약	달력의 기능을 한다				

❶ 이렇게 써요

```
cat [옵션] [[month] year]
```

-3 : 이전 달, 현재 달, 그리고 다음 달을 하나의 행으로 출력한다.

-h : 오늘 날짜를 하이라이트로 표시하는 기능을 비활성화한다.

-J : 율리우스력Julian Calendar 형식으로 출력한다.

-j : 쥴리안 일자Julian days 형식으로 출력한다.

-m month : 지정한 달(month)을 출력한다.

-y : 현재 연도의 달을 모두 출력한다.

-V : 버전 정보를 출력한다.

❶ 설명 및 예제

cal은 달력보기 명령어로 사용할 수 있는 연도는 서기 원년에서 9999년까지이다. 9999년 이후의 달력을 볼 수 없는 것은 아쉽지만, 틀림없이 9999년이 오기 전에 9999년 이후의 달력을 볼 수 있도록 수정되리라 생각한다. 1999년을 보고자 한다면 **cal 99**가 아니라, **cal 1999**라고 입력해야 한다. 아무런 인자가 없으면 시스템의 현재 달을 출력한다. 서기 8888년의 달력을 출력해 보자.

```
# cal 8888
                              8888
      January               February                 March
Su Mo Tu We Th Fr Sa    Su Mo Tu We Th Fr Sa    Su Mo Tu We Th Fr Sa
          1  2  3     1  2  3  4  5  6  7              1  2  3  4  5  6
 4  5  6  7  8  9 10     8  9 10 11 12 13 14     7  8  9 10 11 12 13
11 12 13 14 15 16 17    15 16 17 18 19 20 21    14 15 16 17 18 19 20
18 19 20 21 22 23 24    22 23 24 25 26 27 28    21 22 23 24 25 26 27
25 26 27 28 29 30 31    29                      28 29 30 31


       April                   May                     June
Su Mo Tu We Th Fr Sa    Su Mo Tu We Th Fr Sa    Su Mo Tu We Th Fr Sa
          1  2  3                       1           1  2  3  4  5
 4  5  6  7  8  9 10     2  3  4  5  6  7  8     6  7  8  9 10 11 12
11 12 13 14 15 16 17     9 10 11 12 13 14 15    13 14 15 16 17 18 19
18 19 20 21 22 23 24    16 17 18 19 20 21 22    20 21 22 23 24 25 26
```

```
25 26 27 28 29 30        23 24 25 26 27 28 29        27 28 29 30
                         30 31

        July                     August                   September
Su Mo Tu We Th Fr Sa     Su Mo Tu We Th Fr Sa     Su Mo Tu We Th Fr Sa
             1  2  3       1  2  3  4  5  6  7                1  2  3  4
 4  5  6  7  8  9 10       8  9 10 11 12 13 14       5  6  7  8  9 10 11
11 12 13 14 15 16 17      15 16 17 18 19 20 21      12 13 14 15 16 17 18
18 19 20 21 22 23 24      22 23 24 25 26 27 28      19 20 21 22 23 24 25
25 26 27 28 29 30 31      29 30 31                 26 27 28 29 30

       October                  November                  December
Su Mo Tu We Th Fr Sa     Su Mo Tu We Th Fr Sa     Su Mo Tu We Th Fr Sa
                1  2       1  2  3  4  5  6                   1  2  3  4
 3  4  5  6  7  8  9       7  8  9 10 11 12 13       5  6  7  8  9 10 11
10 11 12 13 14 15 16      14 15 16 17 18 19 20      12 13 14 15 16 17 18
17 18 19 20 21 22 23      21 22 23 24 25 26 27      19 20 21 22 23 24 25
24 25 26 27 28 29 30      28 29 30                 26 27 28 29 30 31
31
```

특정 연도의 지정한 달을 입력하여 원하는 달력을 볼 수도 있다. 1973년의 8월을 보려면 **cal 8 1973**이라고 실행하면 된다.

```
# cal 8 1973
      August 1973
Su Mo Tu We Th Fr Sa
             1  2  3  4
 5  6  7  8  9 10 11
12 13 14 15 16 17 18
19 20 21 22 23 24 25
26 27 28 29 30 31
```


8888년도 달력을 프린터로 출력하고 싶다면 달력 데이터를 lpr 명령으로 넘기면 된다.

```
# cal 8888 | lpr
```

❶ 관련 명령어

date 오늘 날짜나 지정한 날의 날짜를 출력한다.

여기서 잠깐

쥴리안 일자와 율리우스력

쥴리안 일자 : 1583년에 조셉 스캘리저에 의해 고안된 방법으로 7,980년 동안 주기가 시작하는 날로부터 특정 일자까지 경과한 일수를 말하는데, 컴퓨터에서는 특정한 연도의 시작으로부터 경과된 일수를 말한다. 쥴리안 일자는 아래와 같이 출력한다.

```
$ cal -j
            9월  2010
   일   월   화   수   목   금   토
                  244  245  246  247
  248  249  250  251  252  253  254
  255  256  257  258  259  260  261
  262  263  264  265  266  267  268
  269  270  271  272  273
```

율리우스력 : 율리우스 카이사르가 이집트력을 기초로하여 BC 45년 로마력을 변경한 것으로 1년을 365로, 4년에 1일 윤일을 2월 23일 뒤에 지정하였고, 춘분을 3월 25일로 고안하였다. 아래와 같이 -J 옵션으로 율리우스력을 출력한다.

```
$ ncal -J 9 2010
        9월  2010
월        7  14  21  28
화    1   8  15  22  29
수    2   9  16  23  30
목   16  10  17  24
금    4  11  18  25
토    5  12  19  26
일    6  13  20  27
```

<table>
<tr><td>명령어</td><td colspan="3">cardctl</td><td>OS</td><td>L</td></tr>
<tr><td>키워드</td><td>PCMCIA 카드 관리</td><td>경로</td><td>/sbin/cardctl</td><td>중요도</td><td>☆</td></tr>
<tr><td>요약</td><td colspan="5">느트북 컴퓨터나 일반 시스템에서 PCMCIA 카드 설정을 관리한다</td></tr>
</table>

❶ 이렇게 써요

```
cardctl [옵션] 명령어
```

status [소켓] : 현재 소켓 상태를 출력한다.

config [소켓] : 현재 소켓 설정을 출력한다.

ident [소켓] : 카드 설정 정보를 출력한다. 제품 정의, 제조사 ID 코드 등을 포함한다.

suspend [소켓] : 장치를 끄고, 장치에 전원을 내린다.

resume [소켓] : 소켓에 전원을 넣고, 사용을 위해 재설정한다.

reset [소켓] : 소켓에 초기화 신호를 보낸다.

eject [소켓] : 카드 제거를 모든 드라이버에 알린다. 그리고 카드에 전원을 내린다.

insert [소켓] : 카드 장착을 모든 드라이버에 알린다.

scheme [소켓] : 스키마 이름이 지정되지 않으면, 현재 PCMCIA 설정 스키마를 출력한다. 스키마 이름을 지정하면, 모든 PCMCIA 장치를 새로운 스키마에 맞게 재설정한다.

-V : 버전 정보를 출력한다.

-c config : /etc/pcmcia 대신 지정한 디렉터리에서 설정 데이터베이스와 설정 스크립트를 불러온다.

-f scheme : /var/lib/pcmcia/scheme 대신 지정한 파일에 현재설정 스키마를 저장한다.

-s stab : /var/lib/pcmcia/stab이 아닌 지정된 파일에서 소켓 정보를 읽는다.

❶ 설명 및 예제

다음은 cardctl 설정 정보를 갖고 있는 디렉터리다.

```
# ls -F /etc/pcmcia/
cis/  config.opts  ide.opts  ieee1394.opts  network*  parport*  scsi*
serial*  shared  wireless.opts
config  ide*  ieee1394*  isdn*  network.opts  parport.opts  scsi.opts
serial.opts  wireless*
```

config 파일을 열면 설정 가능한 PCMCIA 카드 목록을 살펴볼 수 있다.

```
# cat /etc/pcmcia/config
#
# PCMCIA Card Configuration Database
#
# config 1.154 2001/01/05 00:03:17 (David Hinds)
#
```

```
# config.opts is now included at the very end

#
# Device driver definitions
#
device "3c589_cs"
class "network" module "3c589_cs"
----------------- 중 략 ------------------
```

cardctl status 명령을 사용하면 PCMCIA 카드의 상태를 확인할 수 있다. 만일, 인식한 PCMCIA 카드가 없다면 다음과 같은 메시지를 출력한다.

```
# cardctl status
no pcmcia driver in /proc/devices
```

그러나 제대로 장착되었다면 다음과 같이 현재 상태와 정보를 출력한다.

```
# cardctl status
Socket 0:
5V 16-bit card present
Function 0: ready, write protect
Socket 1:
no card
```

그러면 cardctl config 명령으로 현재설정 상태를 살펴보자.

```
# cardctl config
Socket 0:
Vcc = 5.0, Vpp1 = 5.0, Vpp2 = 5.0
Socket 1:
not configured
```

cardctl ident 명령은 카드 설정 정보, 제품 정의, 제조사 고유 코드 등을 출력한다.

```
# cardctl ident
Socket 0:
product info : "RP", "1625B Ethernet NE2000
Compatible", "EP401"," "
```

```
function : 6(network)
Socket 1:
no product info available
```


PCMCIA

PCMCIA란 Personal Computer Memory Card International Association을 줄인 말로, 국제 컴퓨터 메모리 카드 협회를 말한다. 개인 컴퓨터에 쓰이는 각종 카드 제품의 표준 규격을 다루는 1989년에 구성된 국제적인 규격 제정 협회로, PCMCIA 카드란 PCMCIA에서 추천한 제품을 의미한다.

신용 카드 크기 정도의 PCMCIA 카드는 간단한 데이터 저장 장치부터 GPS, GMS 등의 외부 모뎀 등으로 다양하게 사용되었지만 USB와 SD 카드의 사용 확대로 현재는 사라졌다.

<table>
<tr><td>명령어</td><td>cardmgr</td><td colspan="2"></td><td>OS</td><td>L</td></tr>
<tr><td>키워드</td><td>PCMCIA 장치 관리자</td><td>경로</td><td>/sbin/cardmgr</td><td>중요도</td><td>☆</td></tr>
<tr><td>요약</td><td colspan="5">PCMCIA 카드에 대한 설정과 모듈 관리를 담당한다</td></tr>
</table>

❶ 이렇게 써요

```
cardmgr [옵션]
```

-V : 버전 정보를 출력한다.

-q : 카드를 삽입할 때 비프음을 내지 않는다.

-v : 정상적으로 동작할 동안 좀 더 많은 정보를 출력한다.

-d : 드라이버 모듈을 로딩할 때, 관련 모듈 의존성이 따라온다(cardmgr은 insmod 명령 대신 modprobe 명령을 사용한다).

-f : 포그라운드 모드로 실행된다.

-o : 카드설정과 변경 내용 적용 후 빠져 나온다.

-c configpath : /etc/pcmcia 대신 지정한 디렉터리에서 설정 데이터베이스와 설정 스크립트를 불러온다.

-m modpath : '/lib/modules/커널버전' 디렉터리 대신 지정한 디렉터리에서 커널 모듈을 로딩한다.

-p pidfile : /var/run/cardmgr.pid 대신 지정한 파일에 cardmgr 프로세스 PID를 저장한다.

-s stabfile : /var/lib/pcmcia/stab 대신 지정한 파일에 현재 소켓 정보를 저장한다.

❶ 설명 및 예제

cardmgr은 /etc/rc.d/init.d/pcmcia 데몬과 관련이 있다. /sbin/cardmgr은 pcmcia 카드 삽입과 제거를 감지한다. 카드를 삽입하면 /etc/pcmcia/config 안의 카드 정보를 살펴보고 적절한 모듈을 올려준다. 보통 데몬이 실행 중이면 스크립트가 PCMCIA 카드를 자동 인식한다. cardctl ident 명령으로 PCMCIA 카드의 인식 여부를 확인할 수 있다.

```
# cardctl ident
Socket 0:
no product info available
Socket 1:
product info: "RP", "1625B Ethernet NE2000 Compatible", "EP401", " "
function: 6 (network)
```

현재 소켓 0번에는 아무 것도 없고 1번에는 NE2000 Compatible 랜카드가 있다. 만일 제대로 인식하지 못했다면 /etc/pcmcia/config 파일을 살펴 본 후 시스템에 맞게 편집한다.

```
card "1625B Ethernet NE2000 Compatible"
version "RP", "1625B Ethernet NE2000 Compatible", "EP401"
bind "pcnet_cs"
```

설정이 끝났으면 pcmcia 데몬을 띄워 보자.

```
# /etc/init.d/pcmcia restart
```

PCMCIA의 주요 설정 관련 파일

/etc/pcmcia/config	카드 설정 데이터베이스
/etc/pcmcia/config.opts	PCMCIA 장치를 위한 로컬 소스 세팅
/var/run/cardmgr.pid	현재 cardmgr 프로세스 PID
/var/lig/pcmcia/stab	각 소켓의 현재 카드와 장치 정보

<table>
<tr><td>명령어</td><td colspan="4">cat</td><td>OS</td><td>L=U</td></tr>
<tr><td>키워드</td><td>파일보기</td><td>경로</td><td>/bin/cat</td><td></td><td>중요도</td><td>☆☆☆</td></tr>
<tr><td>요약</td><td colspan="6">텍스트 파일 내용을 출력한다</td></tr>
</table>

❶ 이렇게 써요

```
cat [옵션] [파일] ...
```

- -A, --show-all : -vET 옵션과 같다.
- -b, --number-nonblank : 각 문장 앞에 번호를 표시해 준다. 공백 줄은 번호를 표시하지 않는다.
- -e : -vE와 같다.
- -E, --show-ends : 개행 문자를 $로 표시한다. 줄 바꿈 표시이다.
- -n, --number : 각 문장 앞에 번호를 표시해 준다. 공백 줄도 번호를 표시한다.
- -s, --squeeze-blank : 공백이 여러 줄인 경우. 한 줄만 공백으로 보여주고 나머지 줄은 무시한다.
- -t : -vT 옵션과 같다.
- -T, --show-tabs : 탭 문자를 ^I로 출력한다.
- -v, --show-nonprinting : ^와 M 표시법으로 출력한다. 줄 바꿈 문자와 탭 문자는 표시하지 않는다.
- --help : 사용법을 출력한다.
- --version : 버전 정보를 출력한다.

❶ 설명 및 예제

cat은 파일 내용을 출력하는 대표적인 명령어이다. cat은 파일 내용을 한 번에 출력해서 문서의 양이 많을 경우 제대로 볼 수가 없다. 이때는 more 명령이나 less, tail 명령어를 사용하거나, 출력 내용을 파이프를 통해 다른 명령과 조합하여 사용한다.

다음의 query 파일을 cat으로 살펴보자. 한 줄이 너무 길 때 어디서 개행(줄바꿈)되었는지 구별이 쉽지 않다.

```
# cat query
select date_format(uregdate,'%Y%m') date,count(uid) from cst_users u,
cst_productregs p, cst_productregdetail d
where u.uno = p.preguno
and p.pregno = d.preggno
group by date
```

이런 경우 -n 옵션으로 줄 번호를 붙여준다. 이 파일은 총 4 줄이다.

```
# cat -n query
   1  select date_format(uregdate,'%Y%m') date,count(uid) from cst_users
      u, cst_productregs p, cst_productregdetail d
```

```
2  where u.uno=p.preguno
3  and p.pregno=d.preggno
4  group by date
```

문서의 양이 많은 경우 파이프를 통해 more 명령어에 출력을 넘겨 한 페이지씩 살펴 볼 수 있다. 다음 페이지를 보려면 Space Bar 키를 입력하고, 한 줄씩 내려가려면 Enter 키를 입력한다.

```
# cat /etc/httpd/conf/httpd.conf | more
#
# This is the main Apache server configuration file.  It contains the
# configuration directives that give the server its instructions.
# See <URL:http://httpd.apache.org/docs/2.2/> for detailed information.
# In particular, see
# <URL:http://httpd.apache.org/docs/2.2/mod/directives.html>
# for a discussion of each configuration directive.
#
#
# Do NOT simply read the instructions in here without understanding
# what they do. They're here only as hints or reminders. If you are unsure
# consult the online docs. You have been warned.
#
# The configuration directives are grouped into three basic sections:
--More--
```

cat은 간단한 라인 편집기의 역할을 할 수 있다. 라인 편집기란 현재 입력하고 있는 행은 수정할 수 있지만 이미 지나 온 행은 수정할 수 없는 것으로, 지금은 거의 쓰지 않지만, 나우누리나, 하이텔 등의 PC 통신을 사용했던 사람이라면 한 번쯤은 경험해 보았을 것이다. 사용 방법은 다음과 같다.


```
# cat > [파일명]
```

그러면 실제로 파일을 만들어 저장해 보자. 파일을 다 쓰고 나서는 Ctrl + D 를 눌러 cat 명령을 종료한다.

```
# cat > boa.txt
You Still my No.1,
날 찾지 말아 줘.
나의 슬픔 가려줘, 저구름 뒤에
너를 숨겨 빛을 닫아 줘.
Ctrl + D
```

노래 가사를 입력해 보았다. 그러면 제대로 저장이 되었는지, 새로 만들어진 boa.txt 파일을 읽어보면 저장 내용을 확인 할 수 있다.

```
# cat boa.txt
You Still my No.1,
날 찾지 말아 줘.
나의 슬픔 가려줘, 저 구름 뒤에
너를 숨겨 빛을 닫아 줘.
```

그러나 리다이렉션(>)으로 저장 할 때 주의할 점은 추가할 때 마다 기존 파일의 내용을 덧씌운다는 것이다. 100m.txt 파일의 내용을 화면에 출력하는 대신 리다이렉션으로 boa.txt 파일에 입력하고 저장해 보자.

```
# cat 100m.txt > boa.txt
# cat boa.txt
저기 보이는 노란 찻집
오늘은 그녀를 세 번째 만나는 날
```

앞서 작성한 boa.txt의 내용이 사라지고 100m.txt의 내용이 저장되었다. 그렇다면 기존 내용에 새 내용을 추가하려면 어떻게 해야 할까? 이 때에는 >를 두 개 사용한다.

```
# cat sarah.txt >> boa.txt
```

❶ **관련 명령어**

less : more와 같은 기능을 하지만, 몇 가지 기능이 더 있다.
more : 한 페이지씩 파일을 출력한다.
tail : 파일의 끝 부분부터 지정한 행만큼 출력한다.

명령어	**cd**			OS	Ⓛ=Ⓤ
키워드	디렉터리 이동	경로	내부 명령어	중요도	☆☆☆
요약	디렉터리를 이동한다				

❶ 이렇게 써요

```
cd [디렉터리 경로]
```

❶ 설명 및 예제

디렉터리를 이동하는 명령어이다. 단순하지만 기본적인 명령어로 가장 자주 사용된다.

명령	설명
cd [디렉터리 경로]	이동하려는 디렉터리로 이동한다.
cd .	현재 디렉터리
cd ..	상위 디렉터리로 이동한다.
cd $ 변수명	변수에 지정된 디렉터리로 이동한다.
cd /	가장 상위 디렉터리로 이동한다.
cd ~ **cd $HOME** **cd**	사용자의 홈 디렉터리로 이동한다.
cd ~사용자 계정	지정된 사용자의 홈 디렉터리로 이동한다.

아래 예제를 살펴보자. pwd로 현재 디렉터리를 확인한다. **cd ..** 명령은 한 단계 상위 디렉터리로 이동할 수 있다. 또한, **cd ~ 사용자계정** 명령은 어떤 위치에서도 지정한 사용자의 HOME 디렉터리로 이동할 수 있다. 이와 비슷하게 **cd ~** 명령은 현재 로그인한 사용자의 홈 디렉터리로 이동한다.

```
# pwd
/usr/local
# cd ..
# pwd
/usr
# cd ~songsari
# pwd
/home/songsari
# echo $HOME
```

```
# /root
# cd ~
# pwd
/root
```

여기서 잠깐

웹 서버의 종류

현재 많은 종류의 웹 서버가 운영되고 있다. 그 중 가장 많이 사용하는 서버는 아파치[apache]이고 다음으로 MS의 IIS이다. 이와 같은 정보는 http://www.netcraft.com에서 확인할 수 있다. 이 사이트에서는 현재 운영 중인 웹 서버 정보를 수집하여 통계를 보여준다. 참고 삼아 한번 들려보는 것도 재미있을 것이다. 지금 현재(2010년 8월 기준) 는 아파치가 전체 웹 서버의 54.9%, IIS가 25.9% 정도다.

<table>
<tr><td>명령어</td><td colspan="3">cfgadm</td><td>OS</td><td>U</td></tr>
<tr><td>키워드</td><td>관리 설정</td><td>경로</td><td>/usr/sbin/cfgadm</td><td>중요도</td><td>☆☆</td></tr>
<tr><td>요약</td><td colspan="5">유닉스 기반의 관리를 설정한다</td></tr>
</table>

❶ 이렇게 써요

```
/usr/sbin/cfgadm [-f] [-y | -n] [-v] [-o hardware_options] -c function ap_id…
/usr/sbin/cfgadm [-f] [-y | -n] [-v] [-o hardware_options] -x hardware_function ap_id…
/usr/sbin/cfgadm [-v] [-a] [-s listing_options] [-o hardware_options] [-l [ap_id | ap_type]]
/usr/sbin/cfgadm [-v] [-o hardware_options] -t ap_id…
/usr/sbin/cfgadm [-v] [-o hardware_options] -h [ap_id | ap_type]
```

-a : -l 옵션과 함께 사용한다.

-c function : ap_id로 지정된 연결 포인트를 지정한 값(function)으로 상태 변경한다. 값으로는 insert, remove, disconnect, connect, configure, unconfigure가 있다.

-h [ap_id | ap_type …] : 사용법을 출력한다. 만일 ap_id나 ap_type을 지정하면, 인자로 지정된 연결 포인트에 대한 사용법을 출력한다.

-l [ap_id | ap_type …] : 지정한 연결 포인트의 상태나 조건을 출력한다.

-n : 상호 확인 모드interactive confirmation로 답변을 no로 가정한다.

-t : 하나 이상의 연결 포인트를 테스트 모드로 실행한다.

-v : 상세한 정보를 출력한다.

-y : 상호 확인 모드로 답변을 yes로 가정한다.

❶ 설명 및 예제

시스템에 하드웨어 리소스를 장착/제거하거나 바꾸는 경우 해당 시스템을 종료해야 한다. 하지만 cfgadm은 핫-플러그hot-plugging 형식으로 시스템을 종료하지 않고, 하드웨어 리소스를 동적 재설정dynamic reconfiguration할 수 있다. 이처럼 cfgadm 명령어는 장치의 상태 정보, 초기화 테스트, 변경된 설정 상태, 하드웨어 특수 함수, 도움말 등을 볼 수 있다. 관리 설정은 연결 포인트attachment points에서 실행되는데, 이 연결 포인트는 솔라리스가 계속적으로 동작하는 동안 하드웨어 리소스를 동적 재설정하는데 필요한 시스템 소프트웨어다. cfgadm은 동적 연결 포인트를 제외한 모든 연결 포인트를 출력한다.

```
# cfgadm
Ap_Id              Type         Receptacle    Occupant      Cond
system:slot0       cpu/mem      connected     configured    ok
system:slot1       sbus-upa     connected     configured    ok
system:slot2       cpu/mem      connected     configured    ok
system:slot3       unknown      connected     unconfigured  unknown
```

system:slot4	dual-sbus	connected	configured	failing
system:slot5	cpu/mem	connected	configured	ok
system:slot6	unknown	disconnected	unconfigured	unusable
system:slot7	unknown	empty	unconfigured	ok
c0		scsi-bus	connected	configured	unknown
c1		scsi-bus	connected	configured	unknown

여기에서 occupant는 시스템에 장치가 장착되거나 제거되었는지 여부를 확인할 수 있고, receptacle은 occupant에서 발생한 슬롯이나 커넥터의 위치로 empty, disconnected, connected 등 3 가지의 상태를 출력한다. 아래 예제는 동적 연결 포인트를 포함한 현재 설정할 수 있는 모든 하드웨어 정보를 출력한다.

```
# cfgadm -al
Ap_Id                 Type          Receptacle     Occupant       Cond
system:slot0          cpu/mem       connected      configured     ok
system:slot1          sbus-upa      connected      configured     ok
system:slot2          cpu/mem       connected      configured     ok
system:slot3          unknown       connected      unconfigured   unknown
system:slot4          dual-sbus     connected      configured     failing
system:slot5          cpu/mem       connected      configured     ok
system:slot6          unknown       disconnected   unconfigured   unusable
system:slot7          unknown       empty          unconfigured   ok
c0                    scsi-bus      connected      configured     unknown
c0::disk/c0t14d0      disk          connected      configured     unknown
c0::disk/c0t11d0      disk          connected      configured     unknown
c0::disk/c0t8d0       disk          connected      configured     unknown
c0::rmt/0             tape          connected      configured     unknown
c1                    scsi-bus      connected      configured     unknown
```

아래 예제는 scsi로 시작하는 클래스, c로 시작하는 ap_id 그리고 scsi로 시작하는 type 필드의 모든 연결 포인트를 출력한다. -s 옵션은 쌍 따옴표(")로 묶는다.

```
# cfgadm -s "match=partial,select=class(scsi):ap_id(c):type(scsi)"
Ap_Id     Type       Receptacle     Occupant       Cond
c0        scsi-bus   connected      configured     unknown
c1        scsi-bus   connected      configured     unknown
```

-v와 -l 옵션은 현재설정 가능한 ap-type system의 하드웨어 정보를 상세히 출력한다.

```
# cfgadm -v -l system
Ap_Id           Receptacle Occupant   Condition Information
When            Type       Busy       Phys_id
system:slot1    connected  configured ok
 Apr 4 23:50    sbus-upa   n          /devices/central/fhc/sysctrl:slot1
```

아래 예제는 하드웨어를 지정하여 occupant 여부를 테스트할 수 있다.

```
# cfgadm -v -o extended -t system:slot3 system:slot5
Testing attachment point system:slot3 ... ok
Testing attachment point system:slot5 ... ok
```

아래는 -f 옵션을 사용하여 occupant를 설정하는 예이다.

```
# cfgadm -f -c configure system:slot3
```

시스템에서 occupant의 설정 해제는 다음과 같다.

```
# cfgadm -c unconfigure system:slot4
```

<table>
<tr><td>명령어</td><td colspan="2">chage</td><td>OS</td><td>L</td></tr>
<tr><td>키워드</td><td>패스워드 만기일 지정</td><td>경로 /usr/bin/chage</td><td>중요도</td><td>☆</td></tr>
<tr><td>요약</td><td colspan="4">시스템 보안을 위해 사용자 패스워드의 만기일을 설정하거나 변경한다</td></tr>
</table>

❶ 이렇게 써요

```
chage [옵션] user
```

-m [최소 날짜] : 패스워드 변경 후 다시 변경할 수 있는 최소 날짜를 지정한다. 값을 0으로 설정하면 매번 패스워드를 변경해야 한다.

-M [최대 날짜] : 패스워드가 유효한 최대 날짜를 지정한다.

-d [마지막 날짜] : 패스워드의 마지막 변경 날짜를 YYYY-MM-DD 형태로 나타낸다.

-E [만료 날짜] : 사용자 계정의 사용 만료 날짜를 지정한다. 만료 날짜에 -1을 넣으면 만료 일자 설정이 해제된다.

-I [비활성화기간] : 사용자 계정이 비활성화되는 기간을 설정한다. 비활성화기간에 -1을 넣으면 비활성화기간 설정이 해제 된다.

-W [경고날짜] : 패스워드 만기 전에 안내 메시지 보낼 날짜를 지정한다.

-l user : 사용자의 패스워드 만기 정보를 출력한다.

❶ 설명 및 예제

chage는 사용자 패스워드 만료 정보를 보거나 만료일을 설정 및 변경한다. 이는 /etc/passwd와 /etc/shadow 파일을 참조한다. 시스템 보안적인 측면에서 패스워드 관리는 매우 중요하다. 하지만 많은 사용자의 패스워드 관리는 그만큼 번거로운 작업이다. chage 명령어는 미리 지정한 날짜가 지나면 패스워드를 변경하게 유도하여, 보다 효율적으로 시스템을 관리할 수 있게 도와준다. 먼저 admin 계정의 패스워드 만료일 정보를 살펴보자.

```
# chage -l admin
Last password change                                       : May 29, 2010
Password expires                                           : never
Password inactive                                          : never
Account expires                                            : never
Minimum number of days between password change             : 0
Maximum number of days between password change             : 99999
Number of days of warning before password expires          : 7
```

그럼 admin 계정 패스워드 만료일을 최대날짜수:7일, 최소날짜수:1일, 경고번호:7로 변경해 보자.

```
# chage -M 7 -m 1 -W 7 admin
# chage -l admin
Last password change                                        : May 29, 2010
Password expires                                            : Jun 05, 2010
Password inactive                                           : never
Account expires                                             : never
Minimum number of days between password change              : 1
Maximum number of days between password change              : 7
Number of days of warning before password expires           : 7
```

chage -I 0으로 설정하면, 패스워드 만료 날짜 이후에는 바로 계정을 사용할 수 없게 한다. 경각심을 불러일으키기 좋은 방법이다.

```
# chage -I 0 admin
```

admin 계정 만료일을 2012년 6월 30일로 설정해 보자.

```
# chage -E 2012-06-30 admin
```

아래 명령어를 이용하여 만료일 설정을 해제할 수 있다.

```
# chage -E -1 admin
```

<table>
<tr><td>명령어</td><td colspan="3">chattr</td><td>OS</td><td>L</td></tr>
<tr><td>키워드</td><td>파일 보호</td><td>경로</td><td>/usr/bin/chattr</td><td>중요도</td><td>☆</td></tr>
<tr><td>요약</td><td colspan="5">파일시스템의 파일 속성을 변경하여 파일 손상을 방지한다</td></tr>
</table>

❶ 이렇게 써요

```
chattr [옵션] [±속성] 파일 ...
```

-R : 현재 디렉터리 이하의 모든 디렉터리와 파일의 속성을 변환한다.

-V : 변환된 속성의 자세한 정보를 출력한다.

-v : 버전 정보를 출력한다.

속성

a : 파일을 추가 모드로만 열 수 있다.

c : 커널에 의해 디스크 상에 압축 상태로 저장한다.

d : dump 명령 수행 시 백업하지 않는다.

i : 파일의 수정을 방지한다. 오직 수퍼 유저만이 다시 이 속성을 변경할 수 있다.

s : 파일이 지워질 때 일단 블록 들이 모두 0이 된 다음 디스크에 기록한다.

S : 파일이 수정될 때 그 변화가 디스크 상에 동기화한다.

u : 파일이 지워지면 내용을 저장한다.

❶ 설명 및 예제

파일시스템의 파일 속성을 변경하는 명령어이다. 보호해야 하는 파일을 실수로 지우거나 덧쓰지 않게 한다. + 속성은 파일에 속성을 추가하고, − 속성은 파일에서 속성을 제거한다. =속성은 파일이 오로지 주어진 속성만 갖도록 한다.

chattr +i 명령으로 /root/passwd_backup 파일에 수정 방지 속성을 부여해 보자. 이 속성을 추가하면 파일을 지우거나 이름을 변경하지 못하며, 내용의 추가나 링크를 생성할 수도 없다.

```
# chattr +i /root/passwd_backup
```

> **TIP**
> 이 명령어는 reiserFS 파일 시스템에서는 제대로 동작하지 않을 수 있다. ext2, ext3 파일시스템에서는 문제없이 실행된다.

lsattr 명령으로 파일 속성을 확인할 수 있다.

```
# lsattr /root/passwd_backup
----i--------- /root/passwd_backup
```

/root/passwd_backup 파일을 삭제해 보자. 속성을 제거하기 전까지는 삭제할 수는 없다. 마찬가지로 파일 내용 변경도 불가능하다. VI 에디터로 파일을 열어도, 읽기 전용으로 열린다.

> **TIP**
> 경험이 적은 관리자는 크래커가 설치한 백도어에 이 속성이 걸려 있을 경우 삭제하지 못해 난처해하기도 한다. 수상한 파일을 관리자의 권한으로도 삭제하거나 수정할 수 없다면 반드시 lsattr을 사용하여 확인해 보자.

```
# rm -rf /etc/passwd
rm: cannot unlink '/etc/passwd': Operation
not permitted
```

그럼 **chattr −i**로 수정 방지 속성을 제거해 보자.

```
# chattr -i /etc/passwd
# lsattr /etc/passwd
-------------- /etc/passwd
```

❗ 관련 명령어

lsattr : 리눅스 파일시스템의 파일 속성을 보는 명령어

<table>
<tr><td>명령어</td><td colspan="4">chfn</td><td>OS</td><td>L</td></tr>
<tr><td>키워드</td><td>사용자 정보 변경</td><td>경로</td><td colspan="2">/usr/bin/chfn</td><td>중요도</td><td>☆☆</td></tr>
<tr><td>요약</td><td colspan="6">패스워드 파일 등의 변경 없이 사용자 기본 정보를 변경한다.</td></tr>
</table>

❶ 이렇게 써요

```
chfn [옵션] [사용자계정]
```

사용자계정 : 정보를 변경하고 싶은 사용자 이름. 공백일 경우 현재 계정의 정보를 변경한다.

-f, --full-name : 사용자 전체 이름을 변경한다(사용자 계정과 다름).

-h, --home-phone : 사용자 집 전화번호를 변경한다.

-o, --office : 사용자의 직장명을 변경한다.

-p, --office-phone : 사용자의 직장 전화번호를 변경한다.

-u, --help : 사용법을 출력한다.

-v, --version : 버전 정보를 출력한다.

❶ 설명 및 예제

chfn 명령어는 등록된 사용자의 정보를 변경할 때 사용한다. 서버 관리자라면 모든 계정의 사용자 정보를 변경할 수 있다. chfn 명령은 /etc/passwd에 저장된 정보를 변경하므로 텍스트 에디터로 이 파일을 열어 변경해도 된다.

admin 계정의 사용자 정보를 변경해 보자. 각 항목에 해당하는 정보를 입력하고 엔터를 누르면 다음 항목으로 넘어 간다.


```
# chfn admin
Changing finger information for admin.
Name []: 박종오
Office []: HanbitBook
Office Phone []: 02-2115-2826
Home Phone []: 02-457-4584


Finger information changed.
```

사용자 정보 중 이름만 변경할 경우에는 -f 옵션을 사용한다.

```
# chfn -f "송사리" admin
Changing finger information for admin.
Finger information changed.
```

사용자 정보를 확인할 때는 finger 명령어를 이용한다.

```
# finger admin
Login: admin                        Name: 송사리
Directory: /home/admin              Shell: /bin/bash
Office: HanbitBook, 02-2115-2826    Home Phone: 02-457-4584
```

❶ 관련 명령어

adduser : 사용자 추가
chgrp : 파일의 그룹 변경
chmod : 파일의 권한 변경
chown : 파일의 소유자 변경
chsh : 셸 변경
finger : 사용자 정보 확인

<table>
<tr><td>명령어</td><td colspan="2">chgrp</td><td>OS</td><td>L=U</td></tr>
<tr><td>키워드</td><td>그룹 변경</td><td>경로</td><td>/bin/chgrp</td><td>중요도</td><td>☆☆☆</td></tr>
<tr><td>요약</td><td colspan="4">파일이나 디렉터리의 그룹을 변경한다. chmod와 함께 사용하여 파일 접근 권한을 설정한다</td></tr>
</table>

❶ 이렇게 써요

```
chgrp [옵션] [그룹명] 파일명
```

> 그룹명 : 변경될 그룹명 혹은 그룹 ID(GID).
> 파일명 : 그룹을 변경하고 싶은 파일 혹은 디렉터리 이름
>
> -c, --changes : 그룹이 변경되는 파일만 출력한다.
> -f, --silent, --quiet : 그룹이 변경되지 않는 경우에도 에러를 출력하지 않는다.
> --help : 사용법을 출력한다.
> -R, --recursive : 하위 디렉터리에 있는 모든 디렉터리와 파일의 그룹을 변경한다.
> --reference=filename : 지정한 파일을 참조하여 그룹을 변경한다.
> -v, --verbose : 명령어의 실행 결과를 상세하게 출력한다.
> --version : 버전 정보를 출력한다.

❶ 설명 및 예제

chgrp는 파일이나 디렉터리의 그룹을 변경하는 명령어이다. 모든 파일이나 디렉터리에는 그룹 속성이 있고, 현재 사용자가 속한 그룹에 따라 파일 읽기, 쓰기 권한이 달라진다. 그룹에 대한 정보는 /etc/group에서 얻을 수 있다. 그룹은 그룹 이름이나 그룹 ID^{GID}로 지정된다. 그룹의 변경은 파일의 소유자나 시스템 관리자만이 할 수 있다. **chgrp -R** 명령은 하위 디렉터리에 있는 모든 파일과 디렉터리의 그룹을 변경한다. songsari 디렉터리와 하위 디렉터리와 파일을 모두 fish 그룹으로 바꾸고, 변경된 그룹을 확인해 보겠다.

```
# chgrp -R fish songsari
# ls -l
drwx------      17      pirania    pirania    4.0K    May 29 22:08 .
drwxr-xr-x      4       root       root       4.0K    May 29 18:07 ..
drwxr-xr-x      2       root       fish       4.0K    May 29 22:08 songsari
------------------------------- 중 략 -------------------------------
```

❶ **관련 명령어**

adduser : 사용자 추가

chmod : 파일의 권한 변경

chown : 파일의 소유자 변경

chsh : 셸 변경

groupadd : 그룹 추가

groupdel : 그룹 삭제

finger : 사용자 정보 확인

newgrp : 현재 사용자가 속한 그룹을 변경

여기서 잠깐

기본 그룹

/etc/group 파일을 살펴보면 우리가 지정하지 않은 그룹이 많이 눈에 띌 것이다. 다음은 설치하는 중에 자동으로 생성되는 기본 그룹이다.

그룹	GID	구성원
root	0	root
bin	1	root, bin, daemon
daemon	2	root, bin, daemon
sys	3	root, bin, adm
adm	4	root, adm, daemon
tty	5	
disk	6	root
lp	7	daemon, lp
mem	8	
kmem	9	
wheel	10	root
mail	12	mail
news	13	news
uucp	14	uucp
man	15	
games	20	
gopher	30	

dip	40	
ftp	50	ftp
nobody	99	
users	100	

이와 같은 기본 그룹은 대개 시스템의 기본 사용자와 관련 있는 것으로, 대부분은 특정 프로그램을 구동하기 위해 사용된다. 이 내역은 어떤 프로그램을 설치하느냐에 따라 달라지지만, root와 deamon, sys, adm, disk, bin, wheel 등 root와 관련 있는 대부분 그룹은 필수적으로 설치된다. 보안상 일반 사용자 계정을 위와 같은 기본 그룹에 포함시키면 안 된다.

명령어	**chkconfig**		OS	L
키워드	구동 프로그램 설정	경로 /sbin/chkconfig	중요도	☆☆
요약	시스템을 부팅할 때 부팅 레벨별로 자동으로 실행할 서비스를 살펴보고 업데이트한다			

❶ 이렇게 써요

```
chkconfig --list [서비스 이름]
chkconfig --add [서비스 이름]
chkconfig --del [서비스 이름]
chkconfig [--level 레벨] [서비스 이름] 〈on|off|reset〉
chkconfig [--level 레벨] [서비스 이름]
```

❶ 설명 및 예제

부팅 시 실행할 데몬은 /etc/rc.d 밑의 각 디렉터리에 모여 있다. rc 뒤에 붙은 숫자는 런레벨 번호로 rc0.d는 런레벨이 0이며, rc1.d는 1, rc5.d는 런레벨 5에 해당하는 서비스를 모아놓은 디렉터리다.

레드햇 계열 배포판 기준으로 GUI 모드로 부팅하는 rc5.d 디렉터리를 살펴보자. 여기서 K로 시작하는 파일은 부팅 시 실행하지 않는 데몬이며, S로 시작하는 파일이 부팅 시 실행하는 서비스이다. S 다음의 숫자는 시작 순서이다.

```
$ ls /etc/rc5.d/
K01dnsmasq         K10radiusd          K35smb             K74nscd
K89rdisc           S10network          S18rpcidmapd       S26hidd
S90crond           S99smartd           K02NetworkManager  K10tcsd
K35vncserver       K74ntpd             K91capi            S11auditd
S19rpcgssd         S26lm_sensors       S90xfs             K02avahi-dnsconfd
K12dc_client       K35winbind          K80kdump           S02lvm2-monitor
S12restorecond     S22messagebus       S28autofs          S95anacron
K02oddjobd         K15httpd            K36lisa            K85mdmpd
S04readahead_early S12syslog           S23setroubleshoot  S50hplip
S95atd             K05conman           K20nfs             K50ibmasm
K87multipathd      S05kudzu            S13cpuspeed        S25bluetooth
S55sshd            S96readahead_later  K05innd            K20rwhod
K50netconsole      K87named            S07iscsid          S13irqbalance
S25netfs           S56cups             S97libvirtd        K05saslauthd
K24irda            K50tux              K88wpa_supplicant  S08ip6tables
S13iscsi           S25pcscd            S56rawdevices      S97yum-updatesd
```

```
K05wdaemon         K25squid          K50vsftpd          K89dund
S08iptables        S13portmap        S26acpid           S56xinetd
S98avahi-daemon    K10dc_server      K30spamassassin    K69rpcsvcgssd
K89netplugd        S08mcstrans       S14nfslock         S26apmd
S80sendmail        S99firstboot      K10psacct          K35dovecot
K73ypbind          K89pand           S09isdn            S15mdmonitor
S26haldaemon       S85gpm            S99local
```

이 파일명을 수정하여 런레벨별 서비스를 설정할 수도 있지만, chkconfig 명령을 사용하면 좀 더 편리하게 바꿀 수 있다.

```
# chkconfig --list | more
NetworkManager   0:off   1:off   2:off   3:off   4:off   5:off   6:off
acpid            0:off   1:off   2:on    3:on    4:on    5:on    6:off
anacron          0:off   1:off   2:on    3:on    4:on    5:on    6:off
apmd             0:off   1:off   2:on    3:on    4:on    5:on    6:off
atd              0:off   1:off   2:off   3:on    4:on    5:on    6:off
auditd           0:off   1:off   2:on    3:on    4:on    5:on    6:off
```

위 목록 중 NetworkManager 서비스를 런레벨 3, 5에서 활성화하고 해당 서비스 활성화 정보를 살펴보자.

chkconfig --level [런레벨] [서비스 이름] on으로 해당 서비스를 활성화할 수 있고, **chkconfig --list [서비스 이름]**으로 상태를 출력한다.

TIP
ntsysv 프로그램을 사용하면 메뉴 방식으로 쉽게 설정할 수 있다.

```
# chkconfig --level 35 NetworkManager on
# chkconfig --list NetworkManager
NetworkManager   0:off    1:off    2:off    3:on    4:off    5:on
6:off
```

NetworkManager 서비스를 런레벨 5에서 해제해 보자.

```
# chkconfig --level 5 NetworkManager off
# chkconfig --list NetworkManager
NetworkManager   0:off    1:off    2:off    3:on    4:off    5:off
6:off
```

만일 특정 서비스를 모든 실행 레벨에서 삭제하고 싶다면 **chkconfig --del** 명령을 사용하면 된다.

```
# chkconfig --del NetworkManager
# chkconfig --list NetworkManager
service NetworkManager supports chkconfig, but is not referenced in any
runlevel (run 'chkconfig --add NetworkManager')
```

모든 레벨에서 삭제했던 NetworkManager에 다시 런레벨을 설정하려면 **chkconfig --add** 명령으로 NetworkdManager 서비스를 먼저 추가하고 런레벨 설정을 해야 한다.

```
# chkconfig --add NetworkManager
```

❶ 관련 명령어

ntsysv : 런레벨 서비스 설정 유틸리티

<table>
<tr><td>명령어</td><td colspan="4">chmod</td><td>OS</td><td>L=U</td></tr>
<tr><td>키워드</td><td>권한 변경</td><td>경로</td><td colspan="2">/bin/chmod</td><td>중요도</td><td>☆☆☆</td></tr>
<tr><td>요약</td><td colspan="6">파일의 접근 권한을 변경한다</td></tr>
</table>

❶ 이렇게 써요

```
chmod [옵션] [모드] [파일명]
```

모드 : 새로운 모드(접근 권한)

파일명 : 모드를 변경하고 싶은 파일이나 디렉터리 이름

-c, --changes : 변경된 파일 정보를 출력한다.

-f, --silent, --quiet : 대부분의 에러 메시지를 출력하지 않는다.

--help : 사용법을 출력한다.

-R, --recursive : 하위 디렉터리에 있는 모든 디렉터리/파일을 변경한다.

--reference=filename : 지정한 파일을 참조하여 퍼미션을 변경한다.

-v, --verbose : 각 파일 정보를 상세히 출력한다.

--version : 버전 정보를 출력한다.

❶ 설명 및 예제

chmod 명령어는 파일/디렉터리의 접근 권한을 변경하는 명령어이다. 파일의 소유자나 시스템 관리자만이 chmod를 사용할 수 있으며, 지정한 파일이나 디렉터리에 대한 파일 소유자, 파일 그룹, 다른 사용자의 접근 권한을 각각 설정할 수 있다. chmod를 이용한 파일/디렉터리의 권한 변경은 8진수를 이용한 변경법과 기호에 의한 변경법이 있다. 방식은 달라도 결과는 같다.

파일이나 디렉터리는 모두 각각의 권한을 가지고 있다. 파일이나 디렉터리의 권한은 ls -l 명령으로 볼 수 있다.

모드(권한, permissions) 보기

```
# ls -l
-rwxr-xr-- 1 pirania fish 89 May 29 06:22 word.awk
```

ls -l 명령은 모드(-rwxr-xr--), 디렉터리 안의 파일개수(1), 소유자(pirania), 그룹(fish), 용량(89) 마지막 파일 수정 시간(May 29 06:22), 파일명(word.awk) 순으로 정보를 출력해 준다. word.awk 파일은 소유자인 pirania에게 읽기, 쓰기, 실행 권한이 있고, fish 그룹 사용자에게는 읽기, 실행 권한이 있으며, 기타 사용자에게는 읽기 권한만 있다.

디렉터리 안의 파일 개수에 대해 좀 더 살펴보자. 위 예제에서처럼 파일일 때는 1로 표시한다. ../은 상위 디렉터리 안의 파일 개수이고 ./은 현재 디렉터리 안의 파일 개수이며, test 디렉터리는 그 안에 포함된 파일 개수를 출력한다. 참고로 디렉터리 개수는 하위의 ./과 ../을 포함한다. 그러므로 test 디렉터리 안에는 실제 파일이 없다.

```
$ ls -alhF
합계 56K
drwxr-xr-x  3 user user  4.0K 2010-07-28 01:58 ./
drwxr-xr-x 33 user user  4.0K 2010-07-28 00:30 ../
drwxr-xr-x  2 user user  4.0K 2010-07-28 01:58 test/
-rw-r--r--  1 user user  1.1K 2010-07-04 06:47 typescript
```

모드는 파일 접근 권한을 뜻한다. 모드는 총 10개 칸으로 이루어져 있고, 파일인지 디렉터리인지를 구분하는 첫 칸을 제외하고 3칸씩 나누어 소유자/그룹/다른사용자에 대한 권한을 설정할 수 있다.

모드	설명	8진수표현
d---------	파일/디렉터리 구분(파일: -, 디렉터리: d)	
-r--------	파일/디렉터리 소유자에게 읽기 권한이 있다.	400
--w-------	파일/디렉터리 소유자에게 쓰기 권한이 있다.	200
---x------	파일/디렉터리 소유자에게 실행 권한이 있다.	100
----r-----	파일/디렉터리 그룹에게 읽기 권한이 있다.	40
-----w----	파일/디렉터리 그룹에게 쓰기 권한이 있다.	20
------x---	파일/디렉터리 그룹에게 실행 권한이 있다.	10
-------r--	다른 사용자에게 읽기 권한이 있다.	4
--------w-	다른 사용자에게 쓰기 권한이 있다.	2
---------x	다른 사용자에게 실행 권한이 있다.	1

기호(rwx)를 사용한 접근 권한 변경

8진수 표현을 사용하는 것 보다 직관적으로 접근 권한을 변경 할 수 있다. 파일의 소유자 (User), 그룹(Group), 다른 사용자(Other)의 첫 글자를 약자로 사용하여 접근 권한을 설정한다. 먼저 다른 사용자에게 test.txt 파일에 대한 읽기 권한을 추가해 보자.

```
# chmod o+r test.txt
```

소유자, 그룹, 다른 사용자의 접근 권한 설정을 한꺼번에 처리할 수 있다. 소유자와 그룹에 읽기/쓰기 권한을 주고, 다른 사용자에게서 읽기 권한을 제거해 보자. 중복 설정 구분은 쉼표(,)를 사용한다.

TIP

웹 페이지 구성 파일은 기본적으로 644 상태이다. 웹 서버 데몬(nobody 등)은 other이기 때문이다.

```
# chmod ug+rw,o-r test.txt
```

사용자 기호

u	user	파일/디렉터리의 소유자
g	group	파일/디렉터리의 그룹
o	other	다른 사용자
a	all	소유자, 그룹, 다른 사용자 모두 (아무 표시 안 할 경우 기본으로 설정됨)

퍼미션 기호

r	read	파일/디렉터리에 읽기 권한을 준다.
w	write	파일/디렉터리에 쓰기 권한을 준다.
x	execute	파일/디렉터리에 실행 권한을 준다.
s	set user(group) ID	파일 실행 시 파일의 소유자 혹은 그룹 권한으로 실행한다.
t	sticky bit	sticky 비트를 설정한다.
u	user	현재 소유자의 퍼미션 설정과 같은 내용으로 변경한다.
g	group	현재 그룹의 퍼미션 설정과 같은 내용으로 변경한다.
o	other	현재 다른 사용자의 퍼미션 설정과 같은 내용으로 변경한다.
l	locking	강제로 파일을 잠근다.

설정기호

+	퍼미션 허가	지정한 퍼미션을 허가한다.
-	퍼미션 금지	지정된 퍼미션을 금지시킨다.
=	퍼미션 지정	지정된 퍼미션만 허가하고 나머지는 금지시킨다.

8진수를 이용한 권한 변경

네 자리의 8진수를 이용하여 파일/디렉터리의 권한을 변경한다. 기본 8진수 테이블에 있는 숫자를 더해서 사용한다. 예로 test.txt라는 파일에 소유자는 읽기/쓰기/실행 권한을, 그룹은 읽기/실행 권한을, 다른 사용자는 읽기 권한을 준다면 파일 소유자 위치에 읽기(4), 쓰기(2), 실행(1)을 더하여 7을 넣는다. 그룹에는 읽기(4), 실행(1)을 더해서 5를, 다른 사용자 위치에는 읽기 권한만 주어 4를 넣어 준다.

```
# chmod 754 test.txt
```

8진수 모드 변경

8진수를 사용하여 모드를 변경할 수도 있다. 자세한 사항은 표로 대체한다.

파일/디렉터리 소유자

0400	파일/디렉터리의 소유자에게 읽기 권한을 준다.
0200	파일/디렉터리의 소유자에게 쓰기 권한을 준다.
0100	파일/디렉터리의 소유자에게 실행 권한을 준다.

파일/디렉터리 그룹

0040	파일/디렉터리의 그룹에게 읽기 권한을 준다.
0020	파일/디렉터리의 그룹에게 쓰기 권한을 준다.
0010	파일/디렉터리의 그룹에게 실행 권한을 준다.

다른 사용자

0004	다른 사용자에게 읽기 권한을 준다.
0002	다른 사용자에게 쓰기 권한을 준다.
0001	다른 사용자에게 실행 권한을 준다.

소유자 권한 실행 모드

4000	파일 실행 시 파일의 소유자 혹은 그룹 권한으로 실행된다.
2000	파일 실행 시 파일의 소유자 혹은 그룹 권한으로 실행된다.
1000	sticky 비트

TIP
setUID(4000), setGID (2000)로 설정된 파일에 셸을 띄울 수 있는 코드가 들어 있으면 보안에 취약하다. 꼭 필요한 경우가 아니라면 사용하지 않는 것이 안전하다.

word.awk 파일의 접근 권한을 소유자는 읽기/쓰기/실행으로, 그룹은 읽기/쓰기로, 다른 사용자는 실행으로 변경해 보자. 먼저 기호를 사용하면 다음과 같이 설정할 수 있다.

소유자(u) = 읽기(r)쓰기(w)실행(x), 그룹(g) = 읽기(r)쓰기(w), 다른사용자(o) = 실행(x)

```
# chmod u=rwx,g=rw,o=x word.awk
```

다음으로 8진수를 사용하면 소유자에게는 읽기(400) 쓰기(200) 실행(100) 권한을, 그룹에는 읽기(40) 쓰기(20) 권한을, 다른 사용자에게는 실행(1) 권한을 주어 각 자릿수별로 더하면 된다.

```
소유자의 읽기+쓰기+실행 : 400+200+100 = 700
그룹의 읽기+쓰기 : 40+20 = 60
다른사용자의 실행 : 1 = 1
```

```
# chmod 761 word.awk
```

❶ 관련 명령어

adduser : 사용자 추가

chgrp : 파일의 그룹 변경

chown 파일의 소유자 변경

chsh : 셸 변경

finger : 사용자 정보 확인

groupadd : 그룹 추가

groupdel : 그룹 삭제

newgrp : 현재 사용자가 속한 그룹을 변경

여기서 잠깐

SetUID와 SetGID

파일이나 디렉터리의 파일 형식과 권한에 대한 내용은 해당 파일의 inode에 16비트로 저장되어 있다. 이 중 첫 번째부터 12번째 비트는 다음 그림에서 볼 수 있듯이 파일의 실행 권한에 대한 것이다.

파일 ID 비트	파일 실행 비트	소유자 권한 비트	그룹 권한 비트	기타 권한 비트
16 15 14 13	12 11 10	9 8 7	6 5 4	3 2 1

그 중 10부터 12번째 비트는 실행 파일을 어떤 방식으로 실행시킬지에 대한 내용을 정의한다. 이 부분의 포맷은 앞서 말한 setuid(4000), setgid(2000), sticky(1000) 비트이다. 이 비트는 이 파일의 속성이 디렉터리일 경우 무시된다. 한편 UID와 GID는 다음과 같이 설명할 수 있다.

· RUID, RGID : 실제 소유자와 그룹. 실제 사용자를 체크하며 이들의 값은 로그인할 때 얻는다.
· EUID, EGID, SGID : 파일 접근 권한을 체크하는데 사용한다. 운영 체제가 이 파일을 실행된 프로세스로 다른 파일에 접근할 때 사용하는 권한이다. 보안과 관련이 있다.

실행 파일이 실행되면 메모리에 적재되어 프로세스가 생성된다. 이 실행 파일을 소유주 외의 사람이 실행하다 저장해야 할 경우를 처리하기 위해 프로세스와 파일 간에 권한을 체크할 수 있는 통로로 사용하는 것이 EUID/EGID이다. 어떤 프로그램을 실행할 때 프로세스의 EUID/EGID는 대개 RUID/RGID이다.

그러나 프로그램에 따라서는 이 파일이 실행될 때 프로세스의 EUID가 파일 소유주가 되도록 설정하거나, EGID가 파일 그룹이 되도록 설정할 수도 있다. 예를 들어 passwd 같은 프로그램은 어떤 사람이 실행하더라도 프로세스는 관리자의 권한으로 동작한다. 즉 이 프로세스가 실행되며 내리는 모든 명령과 권한은 관리자가 사용하는 것과 동일하다는 것이다. 이때 프로그램의 내부에 셸을 띄우는 코드가 있다면 이렇게 만들어지는 셸은 관리자의 셸이 된다. 때문에 함부로 이와 같은 권한을 사용하는 것은 위험한 일이다.

<table>
<tr><td>명령어</td><td>chown</td><td>OS</td><td>L=U</td></tr>
<tr><td>키워드</td><td>소유자 변경</td><td>경로</td><td>/bin/chown</td><td>중요도</td><td>☆☆☆</td></tr>
<tr><td>요약</td><td colspan="5">파일 사용자와 그룹을 변경한다</td></tr>
</table>

❶ 이렇게 써요

```
chown [옵션...] 소유자 : [그룹] 파일 ...
chown [옵션...]. 그룹파일 ...
```

-f, --silent, --quiet : 파일 권한 변경 실패 시 에러를 출력하지 않는다.

--help : 사용법을 출력한다.

-R, --recursive : 하위 디렉터리에 있는 모든 디렉터리와 파일을 변경한다.

-v, --verbose : 각 파일에 대해 변경한 정보나 변경되지 않은 정보를 상세히 출력한다.

--version : 버전 정보를 출력한다.

❶ 설명 및 예제

chown는 파일의 소유자와 그룹을 변경하는 명령어이다.

/var/www/html/index.html의 소유자와 그룹은 모두 admin이다.

```
# ls -al /var/www/html/index.html
-rw-r--r--  1 admin  admin  408 12월   3 09:34 /var/www/html/index.htm
```

index.html의 소유자와 그룹을 모두 webm으로 변경해보자.

```
# chown webm:webm /var/www/html/index.html
# ls -l /var/www/html/index.html
-rw-r--r--  1 webm  webm  408 12월 3 09:36/var/www/html/ index.html
```

index.html 파일의 소유자와 그룹이 모두 webm으로 변경되었다. 소유자만 변경하려면 다음과 같이 한다.

```
# chown admin index.html
# ls -l /var/www/html/index.html
-rw-r--r--  1 admin  webm  408 12월 3 09:36/var/www/html/index.html
```

그룹만 변경할 경우도 있다. 이때는 점(.)으로 시작하여 그룹명을 지정한다.

```
# chown .webmin index.html
# ls -al /var/www/html/index.html
-rw-r--r--  1 admin  webmin 408 12월   3 09:36/var/www/html/index.html
```

모든 하위 디렉터리와 파일의 소유권을 변경하려면 -R 옵션을 사용한다.

/var/www/html 디렉터리를 포함하여 그 하위 디렉터리 및 파일의 소유권과 그룹을 webmaster로 변경해보자.

```
# chown -R webmaster:webmaster /var/www/html/
```

❶ 관련 명령어

adduser : 사용자 추가
chmod : 파일 접근 권한 설정
chgrp : 파일의 그룹 변경
chsh : 셸 변경
groupadd : 그룹 추가
groupdel : 그룹 삭제
finger : 사용자 정보 확인
newgrp : 현재 사용자가 속한 그룹을 변경

<table>
<tr><td>명령어</td><td colspan="3">chroot</td><td>OS</td><td>Ⓛ=Ⓤ</td></tr>
<tr><td>키워드</td><td>가상 루트 디렉터리</td><td>경로</td><td>/usr/sbin/chroot</td><td>중요도</td><td>☆</td></tr>
<tr><td>요약</td><td colspan="5">가상의 루트 디렉터리를 생성한다</td></tr>
</table>

❶ 이렇게 써요

```
chroot [새로운 루트 경로] [명령어]
chroot [옵션]
```

--help : 도움말을 보여준다.
--version : 버전 정보를 출력한다.

❶ 설명 및 예제

chroot는 가상의 root를 만드는 명령어이다. 가상으로 설정할 루트 경로에 시스템 운영에 필요한 라이브러리와 실행 파일을 복사해 놓고 **chroot [새로운 루트경로]** 명령을 내리면 가상 root 시스템으로 들어가게 된다. 시스템 '/' 아래의 구조가 같고, 환경이 구성되어 있으면, 그 위에서 프로그램을 동작시킬 수 있다. 실행되는 프로그램들을 통해서 기반 시스템의 셸에 접근하지 못하기 때문에 보안상 유리하다. 또한 **chroot [새로운 루트경로] [명령어]**로 지정한 명령어를 새로운 루트 경로상에서 실행할 수 있다.

현재는 가상화 기술의 발달로 뛰어난 기술의 다양한 버츄얼 머신이 더 나은 보안성과 편리성을 주어 chroot의 활용도는 계속 떨어지고 있다.

<table>
<tr><td>명령어</td><td colspan="4">chsh</td><td>OS</td><td>L</td></tr>
<tr><td>키워드</td><td>로그인 셸 변경</td><td>경로</td><td colspan="2">/usr/bin/chsh</td><td>중요도</td><td>☆☆</td></tr>
<tr><td>요약</td><td colspan="6">로그인 셸을 변경한다</td></tr>
</table>

❶ 이렇게 써요

chsh [옵션] [사용자명]

-s, --shell : 지정하는 셸을 로그인 셸로 사용한다.

-l, --list-shells : /etc/shells 파일 안에 셸 목록을 나열하고 마친다.

-u, --help : 사용법을 출력한다.

-v, --version : 버전 정보를 출력한다.

❶ 설명 및 예제

chsh 명령어는 로그인 셸을 변경한다. /etc/shells에 등록되어 있는 셸 중에 하나로 변경할 수 있다. 만일 /etc/shells 파일에 존재하지 않는 셸을 지정하면 에러 메시지를 보여준다. 셸을 지정할 때는 절대 경로를 적어야 한다. 먼저 지금 시스템에서 사용할 수 있는 셸을 살펴보자.

```
# cat /etc/shells
/bin/sh
/bin/bash
----------- 중략 -----------
/bin/csh
/bin/ksh
/bin/zsh
```

chsh -l 명령은 /etc/shells의 셸 목록과 같은 내용을 출력한다.

```
# chsh -l
/bin/sh
/bin/bash
----------- 중략 -----------
/bin/csh
/bin/ksh
/bin/zsh
```

chsh 명령어를 이용하여 jopark 유저의 셸을 /bin/csh로 변경해 보자. 다음 로그인 때 변경한 셸이 적용된다.

```
$ chsh jopark
Changing shell for jopark.
New shell [/bin/bash]: /bin/csh
Shell changed.
$ cat /etc/passwd | grep jopark
jopark:x:535:536::/home/jopark:/bin/csh
```

-s 옵션으로 셸을 바로 지정할 수도 있다.

```
# chsh -s /bin/bash jopark
Changing shell for root.
Shell changed.
```

현재 시스템에서 사용하는 셸을 보려면 echo 명령어를 사용한다.

```
# echo $SHELL
/bin/bash
```

여기서 잠깐

셸의 종류

셸은 포크, 시스템 호출, 열기, 읽기, 쓰기, 닫기라는 기본 기능으로 명령어를 해석하여 프로세스를 생성하고 커널과 사용자 사이를 연결하는 도구이다. 우리가 리눅스에서 사용할 수 있는 셸은 다양하다. 그 중 대표적인 것은 다음과 같다.

· Bourne shell (sh) : 벨 연구소의 Steve Bourne이 만든 오리지널 셸
· C shell (csh) : 버클리 대학에서 만든 C와 유사한 셸
· TC shell (tcsh) : 프리웨어로 C shell의 모든 기능을 제공
· Korn shell (ksh) : 벨 연구소의 David Korn이 제작한 유닉스 표준 셸
· Bourne Again SHell (bash) : **리누스 토발즈**가 리눅스 최초 커널을 위해 Bourne shell을 새롭게 만들었고, 이 것을 가지고 FSF에서 발전시켰다. 최종 목적은 IEEE Posix Shell을 대신 하는 것이다.

	Bourne	**C**	**TC**	**Korn**	**BASH**
명령 히스토리	no	yes	yes	yes	yes
알리아스 alias	no	yes	yes	yes	yes
셸 스크립트	yes	yes	yes	yes	yes
파일 이름 자동 완성	no	yes	yes	yes	yes
명령행 편집	no	no	yes	yes	no
job 제어	no	yes	yes	yes	yes

<table>
<tr><td>명령어</td><td colspan="3">chvt</td><td>OS</td><td>L</td></tr>
<tr><td>키워드</td><td>가상 터미널 변경</td><td>경로</td><td>/bin/chvt</td><td>중요도</td><td>☆☆</td></tr>
<tr><td>요약</td><td colspan="5">여러 가상 터미널 간에 이동한다</td></tr>
</table>

❶ 이렇게 써요

```
chvt N
```

> N : 가상 터미널 번호

❶ 설명 및 예제

가상 터미널 간 이동할 경우는 Alt + Fn 이나 Ctrl + Alt + Fn 을 사용한다. 키를 입력하여 가상 터미널 간 이동이 가능하지만, chvt 명령을 이용하여 가상 터미널 사이를 이동할 수 있다. openvt 명령어로 가상 터미널을 지정하여 생성할 수 있고, 생성되어 있는 가상 터미널 중 지정한 터미널로 이동할 경우 chvt 명령어를 사용한다.

아래 명령은 4번째 가상 터미널로 이동한다.

```
# chvt 4
```

이는 일반적인 명령어보다 셸 스크립트에서 쓰임새가 더 많다.

❶ 관련 명령어

deallocvt : 가상 콘솔을 제거한다.
openvt: 새로운 가상 테이블로 프로그램을 시작한다.

<table>
<tr><td>명령어</td><td>clear</td><td>OS</td><td>L=U</td></tr>
<tr><td>키워드</td><td>화면 지우기</td><td>경로</td><td>/usr/bin/clear</td><td>중요도</td><td>☆☆</td></tr>
<tr><td>요약</td><td colspan="5">터미널의 텍스트 화면을 깨끗이 지운다</td></tr>
</table>

❶ 이렇게 써요

```
clear
```

❶ 설명 및 예제

clear 명령어는 도스의 cls 명령어와 같으며, 터미널의 화면을 깨끗이 지워준다. 화면의 내용을 모두 지운 후, 프롬프트와 커서는 화면 제일 위 왼쪽에 위치한다. 사용법은 간단하다. **ls -a** 명령으로 목록을 출력하고 화면에 가득 찬 내용을 clear 명령을 사용해 깨끗이 지워보자.

```
$ ls -a
.               .bash_history .bashrc .gnupg    .lftp     .vimrc   iptable_test weddingvideo
..              .bash_logout  .canna  .gtkrc-2.0 .qt      .zshrc   test
.Xresources .bash_profile .emacs  .kde      .viminfo Desktop  wedding
$ clear
```

<table>
<tr><td>명령어</td><td colspan="3">cmp</td><td>OS</td><td>L=U</td></tr>
<tr><td>키워드</td><td>파일 비교</td><td>경로</td><td>/usr/bin/cmp</td><td>중요도</td><td>☆☆</td></tr>
<tr><td>요약</td><td colspan="5">파일을 비교하여 다른 부분을 알려 준다</td></tr>
</table>

❶ 이렇게 써요

```
cmp [옵션]
```

-l : 각 차이점에 대한 바이트 넘버와 다른 바이트 값을 출력한다.

-s : 아무런 메시지를 출력하지 않는다. 단지 종료 상태만 남긴다(0: 차이 없음, 1: 차이점 있음).

❶ 설명 및 예제

cmp 명령어는 diff 명령어의 간단한 버전이라고 할 수 있다. diff가 두 파일 간의 차이점을 상세하게 보여 주는 반면, cmp는 차이점이 있고 없고 만을 확인할 수 있다.

cmp를 이용한 파일 비교를 위해 간단한 텍스트 파일을 만들어 보자. echo 명령을 이용하여 간단한 텍스트가 삽입된 파일을 만든다.

```
# echo "hello world" > cmp_test
# echo "hello world friend" > cmp_test2
```

두 파일을 cmp 명령으로 비교한다. 첫 번째 줄의 열두 번째 글자부터 다르다는 것을 표시해준다.

```
# cmp cmp_test cmp_test2
cmp_test cmp_test2 differ: char 12, line 1
```

❶ 관련 명령어

diff : 파일 내용의 차이점을 보여준다.

<table>
<tr><td>명령어</td><td colspan="3">col</td><td>OS</td><td>L=U</td></tr>
<tr><td>키워드</td><td>개행 문자 변환</td><td>경로</td><td>/usr/bin/col</td><td>중요도</td><td>☆</td></tr>
<tr><td>요약</td><td colspan="5">텍스트 파일의 개행 문자와 공백 문자 등을 변환하여 문서 속성을 변경한다</td></tr>
</table>

❶ 이렇게 써요

```
col [옵션]
```

-b : 어떠한 백스페이스 문자도 출력하지 않고, 각 열 위치에 쓰여진 마지막 문자만을 출력한다.

-h : 중복되는 공백을 출력하지 않는다.

-x : 탭을 대신하여 여러 스페이스로 변경하여 출력한다.

-l 숫자 : 버퍼 값을 지정한다. 메모리에 한 번에 올릴 수 있는 최대 줄 수를 지정한다. 초기값은 128줄이다.

❶ 설명 및 예제

col 필터는 \n\r 문자를 \n 문자로 바꾸거나, 공백문자를 탭 문자로, 백스페이스 문자를 없애는 기능을 한다.

아래는 맨페이지를 입력으로 받아들여 파일로 저장한 예이다.

```
# man httpd | col > httpd.man
```

명령어	**colcrt**			OS	Ⓛ
키워드	밑줄 문자 변환	경로	/usr/bin/colcrt	중요도	☆
요약	밑줄(_) 문자를 감추거나 다음 줄에 반줄(–) 속성으로 변환해 주는 필터이다				

❶ 이렇게 써요

colcrt [옵션] [파일]

- : 밑줄 속성이 있는 문자열을 출력하지 않는다.

-2 : 인쇄상 줄 간격이 이상한 오류가 발생하기 때문에, 밑줄 속성이 있는 줄의 다음 줄에 반줄(-) 속성을 부여하
였고, 없는 줄에는 공백 줄을 추가한다.

❶ 설명 및 예제

colcrt 필터는 밑줄(_) 속성을 반줄(-) 속성으로 바꾸어 주거나, 밑줄 속성을 보이지 않
게 할 수 있다. 예를 들어 현재 query라는 파일에는 밑줄 문자가 3개가 포함되어 있다고
하자. date_format과 cst_users, 그리고 cst_productregs 문자이다.

```
# cat query
select date_format(uregdate,'%Y%m') date,count(uid) from cst_users u,
cst_productregs p, cst-productregdetail d
where u.uno=p.preguno
and p.pregno=d.preggno
```

colcrt 필터를 사용하여 밑줄 문자가 한 줄 아래 (-)로 표시된 것을 볼 수 있다.

```
# cat query | colcrt
select date format(uregdate,'%Y%m') date,count(uid) from cst users u,
cst productregs p, cst-productregdetail d
          -                                    -              -
where u.uno=p.preguno
and p.pregno=d.preggno
```

colcrt -은 밑줄 문자를 출력하지 않게 해준다.

```
# cat query | colcrt -
select date format(uregdate,'%Y%m') date,count(uid) from cst users u,
cst productregs p, cst-productregdetail d
where u.uno=p.preguno
and p.pregno=d.preggno
```

-2 옵션은 밑줄 속성이 있는 줄의 다음 줄에 (-) 속성을 부여하고, 없는 줄에는 공백 줄을
추가한다.

```
# cat query | colcrt -2
select date format(uregdate,'%Y%m') date,count(uid) from cst users u,
cst productregs p, cst-productregdetail d
          -                              -                    -
where u.uno = p.preguno
and p.pregno = d.preggno
```

<table>
<tr><td>명령어</td><td colspan="4">colrm</td><td>OS</td><td>L</td></tr>
<tr><td>키워드</td><td>특정 열 삭제</td><td>경로</td><td>/usr/bin/colrm</td><td></td><td>중요도</td><td>☆</td></tr>
<tr><td>요약</td><td colspan="6">파일에서 선택된 열column을 삭제하는 필터이다</td></tr>
</table>

❶ 이렇게 써요

```
colrm [시작 열 번호] [종료 열 번호]
```

❶ 설명 및 예제

colrm 명령어 다음에 숫자가 하나면 지정한 숫자부터 끝까지 열을 삭제한다. 시작 열 번호와 종료 열 번호를 지정하면, 시작 열부터 종료 열까지 삭제한다.

uname -a 명령은 시스템 정보를 출력한다. 이 중 첫 번째는 시스템의 타입을, 두 번째는 시스템 호스트 이름을 출력한다. colrm 명령으로 호스트 이름만을 필터링해 보자.

```
# uname -a
Linux ns.linuxroot.co.kr 2.4.13-1hl #1 2001. 11. 04. (일) 04:04:58 KST i686
unknown
```

먼저 맨 앞에 "Linux"를 삭제하기 위해 **colrm 1 6**을 쓰고, 다음으로 호스트 명 이후에 정보를 삭제 하기 위해 **colrm 19**로 19열 이후는 모두 삭제하자.

```
# uname -a | colrm 1 6 | colrm 19
ns.linuxroot.co.kr
```

<table>
<tr><td>명령어</td><td>column</td><td>OS</td><td>L</td></tr>
<tr><td>키워드</td><td>파일 정렬</td><td>경로</td><td>/usr/bin/column</td><td>중요도</td><td>☆</td></tr>
<tr><td>요약</td><td colspan="5">텍스트 파일의 내용을 가로로 보기 좋게 정렬하여 출력한다</td></tr>
</table>

❶ 이렇게 써요

```
column [옵션] [파일 ... ]
```

-c num : 지정한 숫자만큼의 열Column 폭으로 포맷을 출력한다.

-s char : -t 옵션을 위한 열의 구분자로 지정한 문자를 사용한다.

-t : 입력되는 내용의 열 개수를 조사하여 출력 양식을 정한다. 입력되는 내용의 열 수는 공백 문자로 구분한다.

-x : 가로로 먼저 나열하고, 세로로 나열한다.

❶ 설명 및 예제

column 명령어는 열을 형식화하는 명령어이다. 먼저 세로로 나열하고 그 다음 가로로 나열한다. 텍스트의 결과에 적당한 탭 구분자를 넣어 보기 좋게 한다.

다음은 **ls –l** 명령으로 출력되는 파일 목록 정보에 열 제목을 붙여보았다. **sed 1d** 명령으로 합계 부분을 모두 삭제하고, printf 명령으로 각각의 필드에 대한 열 제목을 아래와 같이 추가하였다.

```
# printf "PERM LINKS OWNER GROUP SIZE MONTH DAY HH:MM NAME\n" ;ls -l | sed 1d
PERM LINKS OWNER GROUP SIZE MONTH DAY HH:MM NAME
-rw------- 1 root root  1160 May 30 01:43 anaconda-ks.cfg
drwxr-xr-x 2 root root  4096 May 30 01:55 Desktop
-rw-r--r-- 1 root root  4738 May 30 02:12 html_col
```

이 결과를 **column –t** 명령을 사용하여 정리할 때와 하지 않을 때로 비교하면 확연히 차이가 나는 것을 알 수 있다.

```
# (printf "PERM LINKS OWNER GROUP SIZE MONTH DAY HH:MM NAME\n" ;ls -l | sed 1d) | column -t
PERM          LINKS  OWNER  GROUP  SIZE  MONTH  DAY  HH:MM  NAME
-rw-------    1      root   root   1160  May    30   01:43  anaconda-ks.cfg
drwxr-xr-x    2      root   root   4096  May    30   01:55  Desktop
-rw-r--r--    1      root   root   4738  May    30   02:12  html_col
```

❶ 이렇게 써요

comm [옵션] 파일1 파일2

-1 : 파일2를 기준으로 파일1과 비교하여 같지 않은 부분을 출력하고, 다음 열에 같은 부분을 출력한다.

-2 : 파일1을 기준으로 파일2와 비교하여 같지 않은 부분을 출력하고, 다음 열에 같은 부분을 출력한다.

-3 : 파일1과 파일2를 비교하여 첫 번째 열에 파일1의 유일한 부분과, 두 번째 열에 파일2에 유일한 내용을 출력한다.

--help : 사용법을 출력한다.

--version : 버전 정보를 출력한다.

❶ 설명 및 예제

comm 명령어는 다목적 파일 비교 유틸리티로 이 명령을 수행하기 전에 비교할 두 파일이 정렬되어 있어야 정확하게 결과를 얻을 수 있다.

예제를 통해 살펴보자. 텍스트 파일 comm1과 comm2를 아래와 같이 만들자.

```
# cat comm1
1
3
5
6
7
7
# cat comm2
2
4
6
7
7
8
9
```

-1 옵션을 사용해서 comm2를 기준으로 comm1과 다른 부분은 첫 번째 열에, 같은 내용은 2번째 열에 출력한다.

```
# comm -1 comm1 comm2
2
4
        6
        7
        7
8
9
```

-2 옵션을 사용해 보자. comm1을 기준으로 첫 번째 열에 comm2과 다른 부분을 출력하고, 2번째 열에 같은 내용을 출력한다.

```
# comm -2 comm1 comm2
1
3
5
        6
        7
        7
```

-12 옵션을 이용하여 comm1과 comm2의 공통된 내용을 출력한다. 여기에 uniq 명령어로 열에 중복되는 내용을 삭제하고 comm3에 저장하고 확인한다.

```
# comm -12 comm1 comm2
6
7
7
# comm -12 comm1 comm2 | uniq > comm3
# cat comm3
6
7
```

<table>
<tr><td>명령어</td><td colspan="2">compress</td><td>OS</td><td>L=U</td></tr>
<tr><td>키워드</td><td>파일 압축</td><td>경로 /usr/bin/compress</td><td>중요도</td><td>☆☆</td></tr>
<tr><td>요약</td><td colspan="4">파일을 압축한다</td></tr>
</table>

❶ 이렇게 써요

```
compress [옵션] 파일…
```

-b maxbits : 최대 비트 수를 제한한다.

-c : 기본 생성 파일인 .Z의 형태가 아닌, 지정한 파일로 생성한다.

-d : 압축된 파일의 압축을 해제한다. 이는 uncompress 명령과 같다.

-f : 기존에 압축한 파일이 존재해도 이를 무시하고 압축 파일을 생성한다.

-r : 디렉터리를 지정했을 때, 하위 디렉터리와 파일까지 모두 압축한다.

-v : 압축 통계를 출력한다.

-V : 버전과 명령어에 대한 정보를 출력한다.

❶ 설명 및 예제

compress 명령어는 하나 이상의 파일을 압축하여 압축 파일을 생성한다. 확장자는 .Z
이다. 다음과 같은 파일이 있다고 가정하자.

```
# ls
20100417_Command.hwp 20110608.hwp 20110612titlesample1.hwp
20100620.hwp Planning.hwp
```

먼저 파일을 **tar -cf** 명령으로 하나의 파일로 묶어보자.

```
# tar -cf test.tar *
```

test.tar 파일로 각 hwp 파일이 묶인 것을 볼 수 있다.

```
# ls test.tar
test.tar
```

파일 압축

묶인 파일을 **compress -f** 명령으로 압축하면 압축 파일이 생성되고 원본 파일은 지워
진다. -f 옵션과 -v 옵션을 함께 사용하여 압축율과 압축 진행 과정을 볼 수 있다.

```
# compress -f -v test.tar
sum.awk:            -- replaced with test.tar.Z Compression: 28.07%
# ls test.tar*
test.tar.Z
```

파일 압축 해제

압축한 test.tar.Z 파일은 **uncompress** 명령어나 **compress -d** 명령으로 압축을 해제한다. 이때도 -v 옵션으로 진행 과정을 볼 수 있다.

```
# uncompress -v test.tar.Z
sum.awk.Z:         -- replaced with sum.awk
```

압축 해제한 test.tar 파일은 **tar -xf** 명령으로 풀면 원본 파일이 나온다.

```
# tar -xf test.tar
```

명령어	**cp**				OS	**L=U**
키워드	파일 복사		경로	/bin/cp	중요도	☆☆☆
요약	파일을 지정된 경로에 복사한다					

❶ 이렇게 써요

```
cp [옵션] 원본 파일 복사파일
cp [옵션] 파일 ... 디렉터리
```

-a, --archive : -dR --preserve=all 옵션과 같다.
-b, --backup : 복사 대상 파일이 있을 경우를 대비하여 백업 파일을 만든다.
-d, --no-deference : 원본 파일이 소프트링크 파일이면 소프트링크 원본을 복사한다.
-f, --force : 복사 대상 파일이 있으면 복사 대상 파일을 강제로 지우고 복사한다.
-i, --interactive : 복사 대상 파일이 있으면 사용자에게 복사 여부를 물어본다.
-l, --link : 심볼릭 링크 형식으로 복사한다.
--parents : 원본 파일명에 디렉터리 경로도 같이 입력했다면 그 경로를 그대로 복사한다.
-p, --preserve : 원본 파일의 소유자, 그룹, 권한, 시간 정보를 그대로 보존하여 복사한다.
-s, --symbolic-link : 디렉터리가 아닌 일반 파일을 심볼릭 링크 형식으로 복사한다.
-u, --update : 변경일이 같거나 더 최신의 복사 대상 파일이 있으면 복사하지 않는다.
-v, --verbose : 복사 상태를 자세하게 출력한다.
-x, --one-file-system : . 원본 파일과 대상 파일의 파일시스템이 서로 다를 경우에는 파일을 복사하지 않는다.
-R, -r, --recursive : 디렉터리를 복사할 경우 하위 디렉터리와 파일을 모두 복사한다.
--help : 사용법을 출력한다.
--version : 버전 정보를 출력한다.

❶ 설명 및 예제

cp는 파일을 다른 파일이나 디렉터리로 복사하는 명령어이다. 복사할 때 같은 이름의 대상 파일이 이미 있는 경우에도 사용자에게 물어보지 않고 바로 덮어쓴다. 만일 이 복사를 취소했어도 이미 덮어쓴 파일은 복구할 수 없다. 이 같은 실수를 방지하기 위해 기본 알리아스 설정을 cp='cp -i'로 해두고 있다.

```
# alias | grep cp
alias cp='cp -i'
```

여러 파일을 지정하면 마지막 경로에 앞서 지정했던 파일이 복사된다. 다음과 같이 아파치 설정 파일과 네임 서버 설정 파일을 홈 디렉터리에 복사해보자.

```
# cp /etc/httpd.conf /etc/named.conf ~
```

cp -R 명령은 지정한 디렉터리의 하위 디렉터리에 있는 모든 파일과 디렉터리를 같이 복사한다. 웹 서버 기본 디렉터리인 /var/www/html의 모든 하위 디렉터리와 파일을 /backup 디렉터리로 복사해보자.

```
# cp -R /var/www/html /backup
```

여기서 잠깐

inode

리눅스나 유닉스에서 파일을 나타내는 것은 파일명이 아니다. 파일시스템에서 어떤 파일을 인식하는 것은 아이노드라는 숫자이다. 간단히 말해서 파일명은 아이노드 구조체 테이블에 저장된 파일 정보를 인간이 인식하기 쉽게 만든 것에 지나지 않는다는 뜻이다. 여기에서 재미있는 현상을 하나 확인할 수 있는데 직접 다음과 같은 경우를 실험해 보기 바란다.

먼저 touch 명령어로 적당한 이름의 빈 파일을 하나 만들고 **ls -i [파일]** 명령으로 아이노드를 확인해 보자. 잊어버릴지 모르니 기록해 놓고 mv 명령어로 이 파일을 다른 이름으로 바꾸고 다시 아이노드를 확인해 보자. 두 파일의 이름은 다르지만 같은 아이노드라는 사실을 알 수 있다. 즉 우리가 어떤 이름을 사용하던 간에 시스템에서는 같은 파일로 인식하고 있다는 것이다.

```
# touch test
# ls -i test
13792815 test
# mv test other
# ls -i other
13792815 other
```

그렇다면 이번에는 cp 명령을 사용하여 원래의 이름으로 파일을 복사하고 다시 비교해 보자. 이 때에는 아이노드가 달라졌음을 알 수 있다. 이는 같은 이름이었어도 시스템은 서로 다른 두 파일로 인식한다는 뜻이다.

```
# cp other test
# ls -i test
13794359 test
```

<table>
<tr><td>명령어</td><td>cpio</td><td></td><td></td><td>OS</td><td>L=U</td></tr>
<tr><td>키워드</td><td>사본 만들기</td><td>경로</td><td>/bin/cpio</td><td>중요도</td><td>☆☆</td></tr>
<tr><td>요약</td><td>파일을 복사하고 압축한다</td><td></td><td></td><td></td><td></td></tr>
</table>

❶ 이렇게 써요

cpio [옵션] [대상디렉터리]

-0, --null : 파일명의 끝이 줄 바꿈 문자가 아니라 NULL로 끝난다.

-a, --reset-access-time : 파일 접근 시간을 재설정한다.

-A, --append : 압축된 파일에 파일을 추가한다. -o 옵션에만 작동한다.

-B : I/O 블록을 5,120바이트로 지정한다. 초기치는 512바이트이다.

--block-size=BLOCK-SIZE : I/O 블록사이즈를 BLOCK-SIZE * 512바이트로 지정한다.

-c : SVR4 포맷을 사용하기 위해 -H newc 옵션을 이용한다. 이전의 아스키 포맷을 사용하려면, -H odc를 사용한다.

-C IO-SIZE, --io-size=IO-SIZE : I/O 블록 사이즈를 지정한 IO-SIZE로 지정한다.

-d, --make-directories : 지정한 디렉터리를 생성한다.

-E FILE, --pattern-file=FILE : -i 옵션에서 사용하며, 지정한 패턴의 형식에 맞는 파일을 읽는다.

-f, --nonmatching : 주어진 패턴에 상관없이 파일을 복사한다.

-F, --file=archive : 표준입력이나 표준출력 대신 주어진 파일명으로 압축한다.

--force-local : -F, -I, -O 옵션과 함께 압축된 파일을 로컬 파일로 인식한다.

-H FORMAT, --format=FORMAT : 주어진 FORMAT 형식으로 압축한다.

· bin : 바이너리 형식

· odc : 옛 POSIX 이식 형식

· newc : 새로운 SVR4 이식 형식

· crc : 새로운 SVR4 이식 형식에 체크섬 추가

· tar : tar 형식

· ustar : POSIX.1 tar 형식

· hpbin : HPUX의 cpio에 쓰이는 바이너리 형식

· hpodc : HPUX의 cpio에 사용되는 이식 형식

-I archive : 표준입력 대신 archive 파일명을 쓴다. 복구 시 다중 볼륨을 효과적으로 처리할 수 있다.

-i, --extract [옵션] [패턴] : 지정한 패턴의 형태에 맞는 압축 파일에서 입력을 받아 압축을 푼 파일로 복사한다.

-l, --link : 복사하기보다 파일을 링크한다.

-L, --dereference : 링크를 복사하는 것이 아니라 원본 파일을 복사한다.

-m, --preserve-modification-time : 파일을 만들 때 파일 수정 횟수를 같이 보존한다.

-M MESSAGE, --message=MESSAGE : 테이프나 플로피 디스크와 같이 미디어 백업 크기에 도달했을 때, 지정한 MESSAGE를 출력한 후 프롬프트를 띄워 새로운 것을 삽입하게 한다.

-n, --numeric-uid-gid : 실행 시 작동되는 상세 파일명을 출력하는 것이 아니라, UID와 GID를 출력한다.

-O archive : 표준출력 대신 archive 파일명을 사용한다. 백업이나 파일 보관 시 다중 볼륨을 효과적으로 처리할 수 있다.

-o, --create [옵션] : 표준입력으로 받은 파일 목록을 압축 파일 출력 형태로 복사한다.

-p, --pass-through [옵션] [디렉터리] : 동일한 시스템에서 지정한 다른 디렉터리로 파일을 복사한다.

--quiet : 복사된 블록 개수를 출력하지 않는다.

-r, --rename : 상호 대화식으로 파일을 다시 지정한다.

-R [user] [:.] [group], --owner [user] [:.] [group] : -o과 -p 옵션에서 지정한 소유권으로 파일을 생성한다.

-t, --list : 입력 목차 테이블을 출력한다.

-u, --unconditional : 이전의 파일이 유무와 상관 없이 무조건 파일을 복구한다.

-v, --verbose : 실행하는 동안 파일들을 보여 주거나, -t 옵션과 함께 쓰여 **ls -l** 스타일로 리스트를 보여준다.

--version : 버전 정보를 출력한다.

❶ 설명 및 예제

cpio는 시스템 백업에 자주 사용되는 명령어로 복잡한 백업 전략과 융통성을 지원한다.
백업한 내용을 저장할 디렉터리를 만들고 '/var/www/' 디렉터리를 백업해 보자.

```
# mkdir /tmp/www_backup
# cd /var/www
# find . -depth -print | cpio -pmdvl /tmp/www_backup
```

cpio 명령으로 부트 디스크에 있는 커널 모듈을 압축한 modules.cgz를 풀어 보자.

```
# zcat modules.cgz | cpio -iv -make-directories
```

압축 해제한 디렉터리에서 모듈을 교체한 후, modules.cgz 파일로 다시 압축할 수도
있다.

```
# cpio -o Hcrc < list | gzip -c9 > modules.cgz
```

또 한가지 예제로 아래와 같이 /boot 디렉터리에 있는 initrd.img 램디스크 파일을 풀
어보자.

```
# cd /boot
# gzip -dc initrd.img > initrd
# mkdir tmp
# cd tmp
# cpio -idm < ../initrd
# ls
bin conf etc init lib sbin scripts usr
```

<table>
<tr><td>명령어</td><td colspan="3">crontab</td><td>OS</td><td>L=U</td></tr>
<tr><td>키워드</td><td>crontab 관리</td><td>경로</td><td>/usr/bin/crontab</td><td>중요도</td><td>☆☆</td></tr>
<tr><td>요약</td><td colspan="5">사용자의 개별 crontab 파일을 관리한다</td></tr>
</table>

❶ 이렇게 써요

crontab [-u 사용자ID] 파일, crontab [-u 사용자ID] { -l | -r | -e }

-l : 현재 crontab 내용을 표준출력한다.

-r : 현재 crontab 내용을 지운다.

-e : .crontab 파일의 내용을 편집한다. 편집기는 VISUAL이나 EDITOR 환경 변수의 편집기를 사용한다.

❶ 설명 및 예제

cron은 백업과 같이 주기적으로 실행하는 명령들을 정해진 시간에 자동으로 실행해 주는 도구로써 다음과 같이 서비스를 실행한다.

```
# /etc/initd/crond start
Starting crond....................[OK]
```

cron 기본 설정 파일은 레드햇의 경우 /etc/crontab에 있다. crontab은 주기적으로 지정한 시간에 지정한 작업을 하도록 설정한다. 이에 반해 at 명령은 지정한 시간에 한 번만 시행된다.

```
# cat /etc/crontab
SHELL = /bin/bash
PATH = /sbin:/bin:/usr/sbin:/usr/bin
MAILTO = root
HOME = /

# run-parts
01 * * * * root run-parts /etc/cron.hourly
02 4 * * * root run-parts /etc/cron.daily
22 4 * * 0 root run-parts /etc/cron.weekly
42 4 1 * * root run-parts /etc/cron.monthly

0-59/5 * * * * root /usr/bin/mrtg /etc/mrtg/mrtg.cfg
```

위의 설정 파일 중 02 4 * * * root run-parts /etc/cron.daily를 살펴보면, 매일 4시 2분에 /etc/cron.daily 디렉터리의 내용을 실행하는 의미이다. 두 번째 22 4 * * 0의

의미는 매주 일요일 4시 22분에 실행한다는 의미이다. 또 하나 42 4 1 * *는 매월 1일 4시 42분에 실행한다는 의미이다. 이처럼 매일 실행되는 작업은 /etc/cron.daily, 매주 실행되는 작업은 /etc/cron.weekly, 매월 실행되는 작업은 /etc/cron.monthly 디렉터리에 등록한다. 그럼 root 계정에 새로운 작업 스케줄을 등록해 보자. 먼저 이전에 crontab에 설정되어 있는 작업이 있는지 확인해 보자. 아래의 메시지가 뜬다면 등록된 작업은 없는 것이다.

```
# crontab -l
no crontab for root
```

crontab -e 명령을 실행하면, 편집기가 실행되어 새로운 cron 작업을 등록할 수 있다.

```
# crontab -e
no crontab for root - using an empty one
```

다음과 같이 입력해 보자.

```
0 4 * * * echo crontab testing
```

저장하고 나오게 되면 아래의 메시지를 볼 수 있을 것이다.

```
"crontab.1314" 1L, 31C written
crontab: installing new crontab
```

그럼, 등록된 작업 목록을 -l 옵션으로 살펴보자.

```
# crontab -l
# DO NOT EDIT THIS FILE - edit the master and reinstall.
# (/tmp/crontab.1314 installed on Sun Jun 30 23:45:32 2002)
```

cron 스케줄에 등록하는 시간지정에 대한 각 항목은 다음과 같다.

분(**Minutes**)	0-59
시(**Hour**)	0-23
일(**Day of month**)	1-31
월(**Month**)	1-12로 숫자 표기하거나 Jan, Feb, Mar 등으로 표기
요일(**Day of week**)	0-6(0은 일요일)로 숫자 표기하거나 Sun, Mon, Tue 등으로 표기

<table>
<tr><td>명령어</td><td colspan="4">csplit</td><td>OS</td><td>L=U</td></tr>
<tr><td>키워드</td><td>파일 분할</td><td>경로</td><td>/usr/bin/csplit</td><td></td><td>중요도</td><td>☆</td></tr>
<tr><td>요약</td><td colspan="6">지정하는 기준을 바탕으로 파일을 나눈다</td></tr>
</table>

❶ 이렇게 써요

```
cspilt [옵션] ... 파일 인자...
```

- - : 표준입력으로부터 입력을 받는다.
- -b suffix, --suffix-format＝suffix : 새롭게 생성되는 파일의 접미사를 지정한다. 보통 파일은 00으로 시작해서 99까지 생성된다. 다음과 같이 형식을 지정할 수 있다.
  - · %d, %i : 부호 있는 10진수
  - · %u : 부호 없는 10진수
  - · %o : 8진수
  - · %x, %X : 16진수
- -f prefix, --prefix＝prefix : 새롭게 생성되는 파일의 접두사를 지정할 수 있다. prefix00에서 prefix99까지 중 prefix 부분을 지정하는 것이다.
- -k, --keep-files : 생성 도중 에러가 발생하여도 새롭게 생성된 파일들을 유지한다.
- -n, --digits＝num : 생성되는 파일의 길이를 지정한다. 기본값은 두 자리이다.
- -s, --quiet, --silent : 문자 개수를 출력하지 않는다.
- -z, --elide-empty-files : 빈 파일을 제거한다.
- --help : 사용법을 출력한다.
- --version : 버전 정보를 출력한다.

❶ 설명 및 예제

csplit은 파일의 내용에서 지정하는 기준으로 파일을 여러 개로 나눈다. 아래에 csplit 명령어의 인수인 파일명 다음에 올 수 있는 인자를 설명하였다. 이 인자는 파일을 나누는 기준이 된다.

- · n : 현재 라인부터 n번째 라인까지의 범위를 새로운 파일로 생성한다.
- · 정규표현식/[+n/-n] : 현재 라인부터 정규표현식을 포함하는 라인까지 파일을 생성한다. +n이면 정규표현식을 기준으로 n번째 줄까지 더 포함하며, -n이면 정규표현식을 기준으로 n번째 줄까지를 제외하게 된다.
- · %정규표현식%/[+n/-n] : 정규표현식의 라인 앞 부분은 저장되지 않는다.
- · {n} : n번 반복한다.
- · {*} : 입력이 있을 때까지 반복한다.

예제를 통해 알아보자. 다음의 song.txt 파일은 노래 가사를 저장해 놓은 것이다. 이 노래를 단락별로 나누어 파일로 저장해 보겠다.

```
# cat song.txt
song.1
어린 시절 우리 고왔던
시간 저 편의 추억들은

song.2
늘 행복하기를 모두 바라고 있어
수많은 축복에 미소 짓는
아름다운 내사랑

song.3
부드러운 손길 달콤한 속삭임
내가 원한 것은 그것만은 아니었지
```

이 파일을 각 단락 별로 나누어 보겠다.

```
# csplit song.txt %song.1% /song.2/ /song.3/
156
176
158
```

csplit 명령으로 xx00, xx01, xx02 파일이 생성되었다.

```
# cat xx00
song.1
어린시절 우리 고왔던
시간 저 편의 추억들은

# cat xx01
song.2
늘 행복하기를 모두 바라고 있어
수많은 축복에 미소짓는
아름다운 내사랑

# cat xx02
song.3
부드러운 손길 달콤한 속삭임
내가 원한 것은 그것만은 아니었지
```

<table>
<tr><td>명령어</td><td colspan="4">ctags</td><td>OS</td><td>L=U</td></tr>
<tr><td>키워드</td><td>소스 태그 파일 생성</td><td>경로</td><td>/usr/bin/ctags</td><td>중요도</td><td>☆☆</td></tr>
<tr><td>요약</td><td colspan="5">소스 코드에서 태그 파일을 생성한다</td></tr>
</table>

❶ 이렇게 써요

```
ctags [옵션] [파일...]
etags [옵션] [파일...]
```

-R : 하위 디렉토리에 있는 모든 소스 코드의 태그를 생성한다.
-u, --sort=no : 정렬하지 않는다.
-V, --verbose : 상세한 정보를 출력한다.
--version : 버전 정보를 출력한다.
--help : 사용법을 출력한다.

❶ 설명 및 예제

ctags와 etags는 동일한 명령으로 프로그래밍 소스 코드의 태그 즉, 전역 변수, 함수, 매크로 등의 데이터베이스를 생성하여, 대규모 크기의 소스 분석에 유용한 기능을 제공한다. 먼저 -R 옵션을 이용하여 현재 디렉터리뿐 아니라 모든 하위 디렉터리에서 태그 정보를 가지는 tags 파일을 만들어보자. 아래와 같이 태그를 모아 놓은 tags 파일이 생성된 것을 확인할 수 있다.

```
$ cd /build/kernel/linux-2.6.git
$ ctags --c-kinds=+p -R .
$ ls -alh tags
-rw-r--r-- 1 user user 138M 2010-04-27 16:40 tags
```

소스를 연 후 해당하는 변수나 함수의 원형을 찾고자 한다면, 두 가지 방법이 있다. 찾을 문자에 커서를 두고 Ctrl +] 를 입력하면 태그를 참조하여 함수가 정의되어 있는 원본 파일을 찾아간다. 아래 예제에서 unregister_chrdev로 커서를 이동하고, Ctrl +] 를 입력한다.

```
$ vi drivers/scsi/megaraid.c
static void __exit megaraid_exit(void)
{
        /*
         * Unregister the character device interface to the driver.
         */
        unregister_chrdev(major, "megadev_legacy");
```

```
        pci_unregister_driver(&megaraid_pci_driver);
#ifdef CONFIG_PROC_FS
        remove_proc_entry("megaraid", NULL);
#endif
}


module_init(megaraid_init);
module_exit(megaraid_exit);
```

Ctrl +] 를 입력하면 아래와 같이 태그 파일에서 세 가지 후보를 보여준다.

```
tag 1 of 3 or more
"include/linux/fs.h" 2489 lines, 86760 characters
```

엔터키를 입력하면 .unregister_chardev 함수가 정의된 첫 번째 후보인 include/
linux/fs.h 파일로 이동한다.

```
static inline void unregister_chrdev(unsigned int major, const char *name)
{
        __unregister_chrdev(major, 0, 256, name);
}


/* fs/block_dev.c */
#define BDEVNAME_SIZE   32    /* Largest string for a blockdev identifier */
#define BDEVT_SIZE      10    /* Largest string for MAJ:MIN for blkdev */


#ifdef CONFIG_BLOCK
#define BLKDEV_MAJOR_HASH_SIZE  255
extern const char *__bdevname(dev_t, char *buffer);
```

아래와 같이 콜론(:)을 입력하고 tn를 입력하면, 자동으로 다음의 태그의 후보로 찾아간다.

```
static inline void unregister_chrdev(unsigned int major, const char *name)
{
        __unregister_chrdev(major, 0, 256, name);
}
```

```
/* fs/block_dev.c */
#define BDEVNAME_SIZE   32    /* Largest string for a blockdev identifier */
#define BDEVT_SIZE      10    /* Largest string for MAJ:MIN for blkdev */

#ifdef CONFIG_BLOCK
#define BLKDEV_MAJOR_HASH_SIZE  255
extern const char *__bdevname(dev_t, char *buffer);
:tn
```

:tn + Enter 키를 입력하면, 아래와 같이 다음의 예비 후보인 Ubuntu/lirc/kcompat.h
파일로 이동한다.

```
static inline void unregister_chrdev(unsigned int major, const char *name)
{
        __unregister_chrdev(major, 0, 256, name);
}

/* fs/block_dev.c */
#define BDEVNAME_SIZE   32    /* Largest string for a blockdev identifier */
#define BDEVT_SIZE      10    /* Largest string for MAJ:MIN for blkdev */

#ifdef CONFIG_BLOCK
#define BLKDEV_MAJOR_HASH_SIZE  255
extern const char *__bdevname(dev_t, char *buffer);
tag 2 of 3 or more
"ubuntu/lirc/kcompat.h" 402 lines, 9935 characters
```

만일, 이전 단계의 파일로 다시 돌아가려면 Ctrl + t 를 입력한다. 이외에도 아래 예제와
같이 tj 키는 관련된 함수나 구조체 정보를 모두 보여준다. 〉 표시는 현재의 파일 위치를
알려주며, 아라비아 숫자를 입력하면 해당하는 위치로 바로 점프할 수 있다.

```
module_init(megaraid_init);
module_exit(megaraid_exit);

  # pri kind tag                  file
  1 F   f    unregister_chrdev  include/linux/fs.h
            static inline void unregister_chrdev(unsigned int major,
            const char *name)
```

```
> 2 F   d    unregister_chrdev  ubuntu/lirc/kcompat.h
            161
  3 F   d    unregister_chrdev  ubuntu/lirc/kcompat.h
            163
Type number and <Enter> (empty cancels):
```

또 다른 단축키인 sts는 tj와 동일하나 새로운 창을 열어 보여주고, stj는 지정한 페이지를 수평창으로 새롭게 분할하여 보여준다. 이외에도 많은 단축키가 있는데, 위의 단축키만으로 소스 정보를 찾기에는 충분하다.

❗ 관련 명령어

deallocvt : 가상 콘솔을 제거한다.
openvt : 새로운 가상 터미널로 프로그램을 시작한다.

<table>
<tr><td>명령어</td><td>cut</td><td>OS</td><td>L=U</td></tr>
<tr><td>키워드</td><td>필드 골라보기</td><td>경로</td><td>/bin/cut</td><td>중요도</td><td>☆☆</td></tr>
<tr><td>요약</td><td colspan="5">파일에서 원하는 필드를 뽑아낸다</td></tr>
</table>

❶ 이렇게 써요

```
cut [옵션]... [파일]..
```

- -b, --bytes=LIST : 바이트 단위로 나타낸다.
- -c, --characters=LIST : 문자 단위로 나타낸다.
- -d, --delimiter=DELIM : 기본 필드 구분자는 탭이지만 이를 사용하지 않고 지정하는 필드 구분자를 사용한다.
- -f, --fields=LIST : 지정한 필드만을 출력한다.
- -s, --only-delimited : 필드 구분자에 포함되지 않는 행은 출력하지 않는다.
- --output-delimiter=STRING : 출력되는 필드 구분자(STRING)를 지정한다.
- --help : 사용법을 출력한다.
- --version : 버전 정보를 출력한다.

❶ 설명 및 예제

cut 명령어는 awk에서 **print $N**과 비슷하지만, awk보다 더 간단하게 사용할 수 있다.
-b, -c, -f 옵션에서는 다음과 같이 특정 숫자 범위를 사용할 수 있다.

- N : N번째
- N- : N번째부터 마지막까지의 범위
- N-M : N번째부터 M번째까지의 범위
- -M : 첫 번째부터N번째까지의 범위

uname –a 명령으로 보여지는 시스템 정보에서 cut 명령을 이용하여 OS와 커널 버전만 보이게 할 수 있다. 유의할 점은 -d 옵션은 구분자를 공백으로 둔다는 의미이므로, 따옴표(')와 따옴표 사이는 공백으로 띄워야 구분할 수 있다. 또한 따옴표 대신 쌍따옴표(")로 묶을 수도 있다.

```
# uname -a
Linux user-desktop 2.6.31-20-generic #58-Ubuntu SMP Fri Mar 12 05:23:09
UTC 2010 i686 GNU/Linux
# uname -a | cut ?d ' ' -f1,3
Linux 2.6.31-20-generic
```

-f1,3은 공백으로 구분자를 두어 첫 번째와 세 번째 필드만 뽑아서 본다는 의미이다.

만일 -f3- 이라면 세 번째 필드부터 마지막까지 본다는 의미이고, -f-3은 첫 번째부터 세 번째 필드까지, -f1-3은 첫 번째, 두 번째, 세 번째 필드만 본다는 의미이다.

/etc/mtab 파일의 내용 중 마운트 된 파일시스템의 목록만 뽑아서 살펴 볼 수도 있다.

```
# cat /etc/mtab | cut -d" " -f1,2
/dev/sda1 /
proc /proc
none /sys
none /sys/fs/fuse/connections
none /sys/kernel/debug
none /sys/kernel/security
udev /dev
none /dev/pts
none /dev/shm
none /var/run
none /var/lock
none /lib/init/rw
/dev/sda4 /build
gvfs-fuse-daemon /home/jkwoo/.gvfs
nfsd /proc/fs/nfsd
binfmt_misc /proc/sys/fs/binfmt_misc
```

<table>
<tr><td>명령어</td><td>date</td><td></td><td></td><td>OS</td><td>L=U</td></tr>
<tr><td>키워드</td><td>날짜보기</td><td>경로</td><td>/bin/date</td><td>중요도</td><td>☆☆</td></tr>
<tr><td>요약</td><td colspan="5">시스템 날짜와 시간을 출력하거나 설정한다</td></tr>
</table>

❶ 이렇게 써요

```
date [옵션] [+포맷] [날짜]
```

-d, --date=string : 지정한 날짜(string)를 출력한다.

-f, --file=datefile : 지정한 파일(datefile)에서 각의 행에 대한 날짜를 출력한다.

-I, --iso-8601[=timespec] : ISO-8601 형식으로 출력한다. 만일 timespec을 지정하면, 날짜나 시, 분, 초 중 하나를 출력한다.

-r, --reference=file : 지정한 파일(file)이 마지막으로 수정된 날짜를 출력한다.

-R, --rfc-822 : RFC-822 데이트 문자열로 출력한다.

-s, --set=string : 지정한 값(string)으로 시간을 맞춘다.

-u, --utc, --universal : 국제 표준시로 출력 또는 설정한다.

--help : 사용법을 출력한다.

--version : 버전 정보를 출력한다.

❶ 설명 및 예제

date는 시간과 날짜를 알려 준다. 만일 옵션이 없으면, 시스템의 현재 시간과 날짜를 출력하며, +로 시작되는 옵션은 지정한 포맷 형식으로 출력한다.

아래 예제는 date 명령의 기본 출력이다.

```
$ date
2010. 07. 07. (수) 22:31:13 PDT
```

%j는 현재 연도에서 오늘이 며칠째인지 알 수 있다. 즉, date %j 값이 188이면 2010.01.01일에서 188일이 지났다는 의미이다.

```
$ date +%j
188
```

%H는 시간을 24시로 표기하고, %M은 분을 출력한다. 또한 아래와 같은 방법으로 오늘 날짜를 "연-월-일" 형식으로 표현할 수도 있다.

```
$ date +%H%M
2236
$ date +%Y-%m-%d
2010-07-07
```

아래는 --date 옵션으로 시스템 시간에서 15일 후의 날짜를 알 수 있다.

```
$ date --date '15 days day'
2010. 07. 23. (금) 22:42:49 PDT
```

그럼 현재시간으로부터 3년 2개월 전의 날짜가 어떻게 될까?

```
$ date --date '3years ago 2months ago'
2007. 05. 07. (월) 22:44:46 PDT
```

또한 결과를 다양한 포맷으로 출력할 수 있다. 특히 셸 스크립트와 cron을 이용한 백업이나 시스템 작업에 다양한 포맷이 필요할 때 더욱 유용하다.

지원하는 포맷 형식에 대해서는 아래 표를 참고하자.

포맷	설명
%	% 문자를 표시한다.
-	필드를 채우지 않는다(기본적으로 0으로 채운다).
_	필드를 공백으로 채운다.
%a	로케일에 맞는 약식 요일 이름(Sun…Sat)
%b	로케일에 맞는 약식 월 이름(Jan…Dec)
%c	로케일에 맞는 날짜와 시간(Mon Jun 01 10:42:09 KST 2002)
%d	월 기준 일(01..31)
%h	%b와 같다.
%j	년 기준 일(001…366)
%k	24시간 기준 시간(0…23)
%l	12시간 기준 시간(1…12)
%m	년 기준 월(01…12)
%n	새로운 줄 입력
%p	AM 또는 PM
%r	2시간 표현 형식(hh:mm:ss[AM|PM]
%s	1970-01-01 00:00:00 UTC로부터 경과된 초
%t	탭을 입력한다.
%w	요일의 숫자(일요일은 0)

%x	로케일의 날짜 표현식(mm/dd/yy)
%y	년 표현의 뒤에서 2자리(00-99)
%z	RFC 822 표현의 숫자 시간대
%A	로케일에 맞는 완전한 요일 이름 표현(Sunday...Saturday)
%B	로케일에 맞는 완전한 월 표현(January...December)
%D	%m/%d/%y 날짜 표현식
%H	24시간 표현형식(00...23)
%I	12시간 표현방식(01...12)
%M	분 표현(00...59)
%S	초 표현(00...59)
%T	%H:%M:%S 형태의 시간 표현
%U	년 기준 주일의 숫자(일요일을 주일의 시작. 00...53)
%V	년 기준 주일의 숫자(월요일을 주일의 시작. 01...52)
%W	년 기준 주일의 숫자(월요일을 주일의 시작. 00...53)
%X	정의한 시간의 표현(%H:%M:%S)
%Y	년 표현의 네 자리 숫자(예 2002)
%Z	시간대의 이름(예 KST)

<table>
<tr><td>명령어</td><td colspan="4">dd</td><td>OS</td><td>L=U</td></tr>
<tr><td>키워드</td><td>블록 단위의 복사</td><td>경로</td><td>/bin/dd</td><td></td><td>중요도</td><td>☆☆</td></tr>
<tr><td>요약</td><td colspan="6">블록 단위의 파일 변환 및 복사한다</td></tr>
</table>

❶ 이렇게 써요

```
dd [옵션]
```

--help : 사용법을 출력한다.
--version : 버전 정보를 출력한다.

of=file : 표준출력 대신 지정한 파일에 작성한다.
if=file : 표준입력 대신 지정한 파일에서 불러들인다.
ibs=size : 지정한 크기(size)만큼 읽는다.
obs=size : 지정한 크기(size)만큼 쓴다
bs=size : 지정한 크기(size)만큼 읽고 쓴다(ibs, obs 값은 무시된다).
count=n : 입력 블록의 ibs 크기만큼 복사한다.
conv=ascii : EBCDIC 코드를 ASCII 코드로 변환한다.
conv=ebcdic : ASCII코드를 EBCDIC 코드로 변환한다.
conv=ibm : ASCII 코드를 호환 EBCDIC 코드로 변환한다.
conv=swab : 입력되는 두 바이트의 순서를 바꾼다. 입력 파일에서 짝이 맞지 않는 하나의 바이트가 남으면, 마지막 바이트는 그냥 단순히 복사된다.

❶ 설명 및 예제

dd는 부트 플로피나 스왑 파일을 만드는 작업에 유용한 명령어로, 변환 과정을 거쳐 파일 혹은 표준 입출력을 복사한다. ASCII-EBCDIC 간 변환, 대소문자 간 변환, 입출력 바이트 쌍 바꾸기, 입력 파일의 처음이나 끝을 건너 뛰거나 잘라내서 출력 파일을 만드는 등의 다양한 변환을 할 수 있다. 또한 백업처럼 대량 데이터를 복사할 때도 사용한다. 아래와 같이 dd는 파일 내용을 장치에 그대로 쓰는 특징이 있다.

1.44인치 부트 플로피 만들기

kernel-image는 /boot 디렉터리에 있는 커널 이미지 이름을 지정한다.

```
# pwd
/boot
# dd if=kernel-image of=/dev/fd0 bs=1440
```

TIP
윈도우에서 부트 플로피를 작성할 때는 rawrite를 사용한다.

512MB의 스왑 파일 만들기

```
# dd if=/dev/zero of=/swap bs=1024 count=524288
# mkswap /swap 524288
# sync
# swapon /swap
```

free 명령으로 작성된 스왑 파일을 확인한다.

```
# free
```

USB 메모리에 부팅 이미지 파일 쓰기

아래와 같이 다운로드한 부팅 이미지를 USB 메모리에 쓸 수 있다. /dev/sdb는 USB
메모리의 장치명이다.

```
# dd if=meego-netbook-ia32-1.0.0.20100524.1.img of=/dev/sdb
```

❶ 관련 명령어

tar : 빠르고 간단한 파일 묶기 명령어
cpio : 시스템 백업에 사용하는 명령어
mt : 자기테이프 조작 명령어

<table>
<tr><td>명령어</td><td>deallocvt</td><td>OS</td><td>L</td></tr>
<tr><td>키워드</td><td>가상 콘솔 제거</td><td>경로</td><td>/usr/bin/deallocvt</td><td>중요도</td><td>☆</td></tr>
<tr><td>요약</td><td colspan="5">가상 콘솔을 제거한다</td></tr>
</table>

❶ 이렇게 써요

```
deallocvt [N…]
```

❶ 설명 및 예제

새로운 가상 콘솔을 생성할 때 openvt 명령어를 사용한다. 시스템 내의 가상 콘솔간 이동은 Ctrl + Alt + Fn 를 쓰면 된다. 사용하지 않는 콘솔을 제거할 때는 deadallocvt 명령어를 사용한다.

deallocvt 명령어는 사용하지 않는 모든 가상 콘솔의 커널 메모리와 데이터 구조를 제거한다. 만일 하나 이상의 인자 N을 지정하면, 정확히 일치하는 콘솔 /dev/ttyN이 제거된다.

아래 예제는 openvt 8 명령으로 생성한 콘솔을 deallocvt /dev/tty8 명령으로 제거한 것이다.

```
# openvt 8
# deallocvt /dev/tty8
```

❶ 관련 명령어

chvt : 여러 가상 터미널 간에 이동한다.
openvt : 새로운 가상 터미널로 프로그램을 시작한다.

<table>
<tr><td>명령어</td><td>debugfs</td><td>OS</td><td>L</td></tr>
<tr><td>키워드</td><td>파일시스템 디버거</td><td>경로</td><td>/sbin/debugfs</td><td>중요도</td><td>☆</td></tr>
<tr><td>요약</td><td colspan="5">ext2/ext3/ext4 파일시스템을 디버깅한다</td></tr>
</table>

❶ 이렇게 써요

debugfs [[-옵션] 장치명]

-w : 읽기/쓰기 모드로 파일시스템을 연다.

❶ 설명 및 예제

debugfs은 ext2, ext3, ext4 파일시스템을 직접 확인하고 제어하는 상호 대화형 디버거이다.

debugfs 명령어를 실행 후 나오는 debugfs: 셸에서 다음 명령어를 사용할 수 있다.

> **TIP**
> 이 명령은 파일시스템을 직접 제어하므로 블록 등을 잘못 삭제할 경우 연관된 파일을 사용할 수 없을 수도 있으니 주의하자.

cat 파일명	inode 하나의 내용을 표준출력으로 덤프한다.
cd 디렉터리	작업 디렉터리를 변경한다.
chroot 디렉터리	지정한 inode로 루트 디렉터리를 변화시킨다.
close	열린 파일시스템을 닫는다.
clri 파일명	파일에 해당하는 아이노드의 내용을 지운다.
dump 파일명 출력 파일명	inode의 내용을 파일로 덤프한다.
expand_dir 파일명	디렉터리를 확장한다.
find_free_block [목표]	목표로부터 시작해서 첫 번째 빈 블록을 찾아 할당한다.
find_free_inode [디렉터리 [모드]]	빈 아이노드를 찾아서 할당한다.
freeb 블록	블록을 할당하지 않은 것으로 표시한다.
freei 파일명	파일 명에 해당하는 아이노드를 해제한다.
help	사용할 수 있는 명령어 목록을 출력한다.
check 블록	블록을 아이노드로 변환하여 수행한다.
iname inode	아이노드에 해당하는 파일 명을 출력한다.
initialize 장치명 블록크기	장치 명에 ext2 파일시스템을 생성한다.
kill_file 파일명	파일을 삭제하고 사용한 블록을 해제한다.
ln 원본 파일 목표파일	링크를 만든다.
ls [경로명]	ls 명령어를 에뮬레이트한다.

명령	설명
modify_inode 파일명	파일명에 해당하는 아이노드의 내용을 수정한다.
mkdir 디렉터리명	지정한 디렉터리명으로 디렉터리를 생성한다.
mknod 파일명 [p|[[c|b] 메이저번호 마이너번호]]	특별한 장치 파일을 지정한 메이저 번호와 마이너 번호로 생성한다.
ncheck inode	아이노드에서 이름으로 변환을 수행한다
open [-w] 장치명	파일시스템을 연다.
pw	현재 작업 디렉터리를 출력한다.
quit	debugfs를 종료한다.
rm 파일명	지정한 파일을 지운다.
rmdir 디렉터리	지정한 디렉터리를 삭제한다.
setb 블록	지정한 블록을 할당한 것으로 표시한다.
seti 파일명	파일명에 해당하는 아이노드를 사용하는 것으로 표시한다.
show_super_stats	슈퍼 블록의 목록을 출력한다.
stat 파일명	지정한 파일명으로 아이노드의 목록을 덤프한다.
testb 블록	블록이 할당되어 있는지 테스트한다.
testi 파일명	파일명에 해당하는 아이노드가 할당되어 있다고 표시되어 있는지 테스트한다.
unlink 파일	지정한 파일의 링크를 제거한다.
write 원본 파일 대상파일	파일명을 갖는 파일시스템에 파일 하나를 만들고 나서 원본 파일의 내용을 대상파일에 복사한다.

여기서 잠깐

rm 명령으로 삭제된 파일 복구하기

리눅스에서 삭제된 파일은 복구가 거의 불가능하니 주의해야 한다. debugfs 명령어로 방금 삭제된 파일을 한번 복구해 보자.

삭제할 디렉터리로 이동한다.

```
# cd /hdc1/mp3-data
```

삭제할 파일을 살펴본다.

```
# ls
The Palace of Versailles.mp3  Rare Bird.mp3 hanbitbook.mp3
```

hanbitbook.mp3 파일을 삭제하여 보겠다.

```
# rm -rf hanbitbook.mp3
```

삭제한 파일이 있는 파티션에서 debugfs 명령어로 디버깅을 실행한다.

```
# debugfs /dev/hdc1
Inode    Owner    Mode    Size    Blocks          Time deleted
1 deleted inodes found.
649121   500      100644  3125376  765/ 765 Thu Jun   6 18:33:04 2010
```

lsdel 명령어로 삭제된 파일을 살펴볼 수 있다. 649121의 아이노드 값을 가진 파일이 2010년 6월 6일 저녁 6시 33분쯤 삭제된 것을 볼 수 있다.

```
debugfs: lsdel
Inode    Owner    Mode    Size    Blocks          Time deleted
1 deleted inodes found.
649121   500      100644  3125376  765/ 765 Thu Jun   6 18:33:04 2010
```

dump 명령으로 649121 파일을 다른 파일시스템으로 복구한다.

```
debugfs: dump<649121>/root/recovery.dump
```

그리고 나서 디버그를 종료한다.

```
debugfs: quit
```

이전에 삭제된 파일인 hanbitbook.mp3 파일이 recovery.dump 파일로 복구되었다.

```
# ls -al /root/recovery.dump
-rw-r--r--   1 root    root    3125376   6월 6 18:37 /root/recovery.dump
```

<table>
<tr><td>명령어</td><td colspan="4">depmod</td><td>OS</td><td>L</td></tr>
<tr><td>키워드</td><td>modules.dep</td><td>경로</td><td>/sbin/depmod</td><td></td><td>중요도</td><td>☆</td></tr>
<tr><td>요약</td><td colspan="6">modules.dep와 맵 파일을 생성한다</td></tr>
</table>

❶ 이렇게 써요

```
depmod [옵션] 모듈명
```

> -a, --all : /etc/modules.conf에 있는 모든 모듈의 의존성을 생성한다.
> -A, --quick : modules.dep 파일보다 새롭게 추가된 모듈이 있으면 이를 검색하여 출력한다.
> -b, --basedir basedir : 모듈 이미지 디렉터리(basedir)를 지정한다.
> -C, --config 파일 or 디렉터리 : 기본 설정 파일(/etc/depmod.conf)나 디렉터리(/etc/depmod.d/)를 지정한 파일이나 디렉터리로 변경한다.
> -e, --errsym : -F 옵션과 조합으로, 커널이나 모듈에서 제공하지 않는 모듈이 필요한 경우(심볼 에러일 때)를 출력한다.
> -F, --filesyms System.map : 현재 커널 심볼 파일 대신 지정한 System.map을 지정하고, -e 옵션과 함께 "unresolved symbols" 목록을 출력한다.
> -h, --help : 사용법을 출력한다.
> -n, --dry-run : modules.dep와 map 파일 결과를 출력한다.
> -v, --verbose : 상세한 정보를 출력한다.
> -V, --version : 버전 정보를 출력한다.

❶ 설명 및 예제

depmod 명령어는 커널 모듈의 의존성을 다루는 명령어로 /lib/modules/커널버전/ modules.dep 파일과 관련 있다. 아래 예제와 같이 **depmod -a** 명령으로 modules. dep 파일과 맵 파일을 새롭게 생성한다. 생성된 파일을 한번 살펴보자.

```
# depmod -a
# cat modules.dep
kernel/arch/x86/kernel/cpu/mcheck/mce-xeon75xx.ko:
kernel/arch/x86/kernel/cpu/mcheck/mce-inject.ko:
kernel/arch/x86/kernel/cpu/cpufreq/e_powersaver.ko:
kernel/arch/x86/kernel/cpu/cpufreq/p4-clockmod.ko:
kernel/arch/x86/kernel/msr.ko:
kernel/arch/x86/kernel/cpuid.ko:
```

그 중 modules.dep 파일은 **/lib/modules/커널버전/** 디렉터리를 루트 디렉터리로 생각하고, 하위 커널 모듈 파일의 위치를 정리해 놓은 파일이다.

modprobe 명령어는 depmod 명령어로 생성된 modules.dep 파일에서 해당 모듈의 위치를 파악하고 모듈을 메모리에 적재한다. modinfo 명령어도 파일에서 해당 모듈의 위치를 파악하고 모듈의 정보를 출력한다. 그러므로 개인이 개발한 드라이버를 해당 시스템에 설치할 경우는 depmod 명령어 사용을 권장한다.

❶ 관련 명령어

insmod : 모듈 적재 명령어
modprobe : insmod보다 뛰어난 모듈 적재 명령어

여기서 잠깐

크롬 OS와 웹 OS

2009년 7월 7일 크롬 OS(Chrome OS)가 처음으로 세상에 소개되었다. 크롬 OS는 구글에서 개발 중인 데스크탑용 웹OS이다. 현재는 Ubuntu를 기반으로 개발 중이며, 기능이 확장된 크롬 브라우저가 OS의 다른 기능 없이 바로 부팅되기 때문에 낮은 사양의 하드웨어에서도 빠르게 부팅한다. 구글은 크롬 OS를 오픈 소스로 개발하고자 크로미엄 OS(Chromium OS)라는 오픈소스 프로젝트를 같이 운영하고 있다.

크롬 OS의 가장 큰 장점은 사용자의 컴퓨터 환경이 노트북, 타블렛 등의 장치 기반 환경에서 서비스 기반으로 옮겨 간다는 것이다. 언제 어디서나 장치에 상관없이 브라우저만 있으면 나만의 컴퓨터 환경을 유지 할 수 있다. 물론 이것은 크롬 OS 이외의 다른 웹 OS의 장점이기도 하다. 또한 어플리케이션의 개발이 쉽다는 것이다. 개발자가 C, C++, Java 등의 언어를 잘 몰라도 배우기 쉬운 HTML 등으로 개발 할 수 있어, 웹 OS가 활성화되면 누구나 쉽게 어플리케이션을 개발하는 시대가 올 것이다.

그러나 크롬 OS 등의 웹 OS가 성공하기 위해서는 항상 고속 인터넷 환경이 보장되어야 하며, 사생활 보고에 대한 사용자 신뢰가 필수적이다. 아직 인프라가 확충되지 않았거나 통신 가격이 비싸고, 사용자 인식도 기존 컴퓨터 환경에 익숙하여 보편적으로 보급되는데 오랜 시간이 걸릴 것으로 생각된다.

<table>
<tr><td>명령어</td><td colspan="4">df</td><td>OS</td><td>L=U</td></tr>
<tr><td>키워드</td><td>남은 용량 보기</td><td>경로</td><td>/bin/df</td><td></td><td>중요도</td><td>☆☆☆</td></tr>
<tr><td>요약</td><td colspan="6">파일시스템 디스크 공간의 사용량을 출력한다</td></tr>
</table>

❶ 이렇게 써요

> df [옵션] [파일명…]

- -a, --all : 0 블록의 파일시스템을 포함하여, 모든 파일시스템을 출력한다.
- -B, --block-size=SIZE : 지정한 크기(SIZE)를 블록단위로 정하여 용량을 표시한다(예: --block-size=1m).
- --total : 총계를 출력한다.
- -h, --human-readable : 사람이 읽을 수 있는 형태의 크기로 출력한다(예를 들어 1K, 234M, 2G).
- -H, --si : 1KB는 1,024바이트이지만 사용자가 보기 편하도록 1,000 단위로 용량을 표시한다.
- -i, --inodes : 아이노드의 남은 공간, 사용 공간, 사용 퍼센트 정보를 출력한다.
- -k, --kilobytes : 1KB 단위로 출력한다.
- -l, --local : 출력하는 목록을 로컬 파일시스템으로 제한한다.
- --no-sync : 사용 정보를 얻기 전에 싱크를 하지 않는다(기본값이다).
- -P, --portability : POSIX에서 사용되는 형태로 출력한다.
- --sync : 사용 정보를 얻기 전에 싱크를 한다.
- -t, --type=TYPE : 보여 주는 목록을 파일시스템의 타입(TYPE)으로 제한한다.
- -T, --print-type : 파일시스템의 형태를 추가하여 각각의 파티션 정보를 출력한다.
- -x, --exclude-type=TYPE : 지정한 형태(TYPE)를 제외하고 나머지 모든 파일시스템 정보를 출력한다.
- --help : 사용법을 출력한다.
- --version : 버전 정보를 출력한다.

❶ 설명 및 예제

df 명령어는 시스템에 마운트되어 있는 파일시스템의 사용 정보를 출력하는 명령어로 1,024 바이트의 블록 단위로 출력한다.

```
# df
파일시스템        1K-블럭   사용됨  사용가능  사용%  마운트 됨
/dev/sda1       19737268  3835608  14899064   21%  /
none              508976      248    508728    1%  /dev
none              513196     1128    512068    1%  /dev/shm
none              513196      104    513092    1%  /var/run
none              513196        0    513196    0%  /var/lock
none              513196        0    513196    0%  /lib/init/rw
```

TIP

대부분의 배포판은 파일시스템의 총 용량이 5%이하로 남았을 때 일반 사용자의 로그인을 제한한다. 이럴 경우를 대비하여 쿼터를 사용하거나 일정 인원별로 사용자 파티션을 나누어 놓는 방법도 있다.

아래와 같이 -i 옵션으로 아이노드의 사용정보를 확인할 수 있다.

참고로 하드디스크의 사용공간이 남아 있더라도 아이노드가 부족하면, 더 이상의 파일을 생성할 수 없다. 때문에 -i 옵션으로 아이노드의 정보를 살펴볼 필요가 있다.

```
# df -i
파일시스템       I노드        I사용됨    I미사용      I사용율% 마운트 됨
/dev/sda1      1253376    206124    1047252    17% /
none           127244     666       126578     1% /dev
none           128299     6         128293     1% /dev/shm
none           128299     62        128237     1% /var/run
none           28299      1         128298     1% /var/lock
none           128299     1         128298     1% /lib/init/rw
```

아래와 같이 -h 옵션은 사람이 읽기 쉬운 단위(예를 들어 1K, 234M, 2G와 같은)로 파일시스템의 용량을 확인할 수 있다.

```
# df -h
파일시스템       크기       사용됨 사용가능 사용율% 마운트 됨
/dev/sda1      19G       3.7G    15G      21% /
none           498M      248K    497M     1% /dev
none           502M      1.2M    501M     1% /dev/shm
none           502M      104K    502M     1% /var/run
none           502M      0       502M     0% /var/lock
none           502M      0       502M     0% /lib/init/rw
```

❶ 관련 명령어

du : 디스크 사용 현황을 출력한다.
free : 현재의 메모리 사용 상태를 출력한다.

<table>
<tr><td>명령어</td><td colspan="3">diff</td><td>OS</td><td>L=U</td></tr>
<tr><td>키워드</td><td>줄 단위 파일 비교</td><td>경로</td><td>/usr/bin/diff</td><td>중요도</td><td>☆☆</td></tr>
<tr><td>요약</td><td colspan="5">파일을 줄 단위로 비교하여 출력한다</td></tr>
</table>

❶ 이렇게 써요

diff [옵션] 기준파일 비교파일

-lines : 문맥의 행을 출력한다.

-a, --text : 모든 파일을 텍스트 파일로 취급한다.

-b, --ignore-all-space : 중복된 공백과 행의 끝에 있는 공백을 무시한다.

-B, --ignore-blank-lines : 파일에 있는 공백을 무시한다.

-c, -C num, --context[=num] : 문맥상으로 바뀐 줄(num)만큼 출력한다(기본은 2줄이다).

-d, --minimal : 세세하게 바뀐 것도 찾도록 한다.

-D name, --ifdef=name : C 원본 파일 내에서의 #ifdef로 정의한 문자열(name)에서도 출력한다.

-e, --ed : ed 스크립트를 이용하여 출력한다.

-F regexp, --show-fuction-linux=regexp : 지정한 정규표현식(regexp)에 맞는 가장 최근의 줄부터 출력한다.

-H, --speed-large-files : 큰 파일을 빠르게 처리하기 다루기 위해 사용된다.

--help : 간단한 사용법을 출력한다.

--horizon-lines=lines : 공통된 부분의 앞 부분에 속한 맨 마지막 줄과 공통된 부분의 끝 부분에 속한 첫 번째 줄을 버리지 않는다.

-i, --ignore-case : 대문자와 소문자를 구별하지 않는다.

-I regexp , --ignore-matching-lines=regexp : 지정한 정규표현식 형태로 바뀐 부분은 무시한다.

-l, --paginate : pr을 통해 페이지를 매긴다.

-L label, --label=label : 파일 이름 대신 지정한 라벨(label)를 사용한다.

-n, --rcs : RCS diff 포맷으로 출력한다.

-N , --new-file : 존재하지 않는 파일을 빈 파일로 인식한다.

-p, --show-c-function : 변경된 내용을 포함하고 있는 함수 이름을 출력한다.

-q, --brief : 파일이 차이가 있을 경우에만 출력한다.

-r, --recusive : 비교 대상 디렉터리의 하위 디렉터리나 파일까지 비교한다.

-s, --report-identical-files : 두 파일이 같을 경우에 출력한다.

-S file, --starting-file=filename : 디렉터리 비교 시, 지정한 파일명을 우선적으로 출력한다.

-t, --expand-tabs : 입력 파일에서 탭 정렬을 지키기 위해 출력 시 탭 공간을 확장한다.

-T, --initial-tab : 들여쓰기를 위해 초기 탭을 삽입한다.

-u, -U n, --unified[=n] : 지정한 줄 수만큼 두 파일의 중복되는 문맥을 출력한다(기본은 3줄이다).

-v, --version : 버전 정보를 출력한다.

-w, --ignore-all-space : 공백을 무시한다.

-W n, --width=n : 한 열의 최대 문자 수를 n으로 지정한다(기본은 130이다).

-x regexp, --exclude=regexp : 지정한 정규표현식과 같은 파일은 제외한다.

-X filename, --exclude-from=filename : 지정한 파일명과 일치하는 파일과 디렉터리는 비교하지 않는다.

-y, --side-by-side : 비교 결과로써 두 개의 열을 출력한다.

diff는 두 파일을 비교하여 다른 부분을 비교하여 출력하는 명령어이다. 아래와 같이 커널 소스를 수정하는 예제를 통해 살펴보자. 3c3는 Makefile.orig의 세 번째 줄과 Makefile 세 번째 줄의 내용이 변경되었다는 의미로 c 를 표시한다. 각 파일의 줄은 --- 으로 구분하였다. ---으로 구분된 줄의 〈는 앞의 비교 대상 파일(Makefile.orig) 내용이고, 〉는 뒤의 비교 대상 파일(Makefile) 내용이다.

```
$ diff Makefile.orig Makefile
3c3
< SUBLEVEL = 32
---
> SUBLEVEL = 32.hanbit
```

파일보다 디렉터리 전체를 비교하는 편이 더 일반적이다. 먼저 원본 소스커널에서 수정할 소스를 복사한다.

```
$ cp -ap linux-2.6.32 linux-2.6.32.orig
```

아래는 가장 많이 사용하는 옵션으로 디렉터리를 비교하고(N), 변경된 내용을 포함하는 C함수 이름을 출력하고(p), 변경된 내용을 중복되는 행으로 출력하고(u), 하위 디렉터리까지 비교(r)하는 옵션이다.

```
$ diff -Npur linux-2.6.32.orig linux-2.6.32
diff -Npur linux-2.6.32.orig/Makefile linux-2.6.32/Makefile
--- linux-2.6.32.orig/Makefile
2010-07-03 21:58:13.000000000 -0700
+++ linux-2.6.32/Makefile
2010-07-08 02:38:01.069144655 -0700
@@ -1,6 +1,6 @@
 VERSION = 2
 PATCHLEVEL = 6
-SUBLEVEL = 32
+SUBLEVEL = 32.hanbit
 EXTRAVERSION = .15+drm33.5
 NAME = Man-Eating Seals of Antiquity
```

위의 파일에서 "@@ -1,6 +1,6 @@"의 의미는 다음과 같다.

-1,6은 먼저 지정된 파일의 여섯 라인 중 -1 즉, 뒤에 지정한 파일과 비교하여 삭제되었다는 뜻이다. +1,6은 뒤에 지정된 파일의 여섯 라인 중 +1 즉, 앞의 지정한 파일과 비교하여 추가된 내용을 보여준다는 뜻이다.

"@@ -1,6 +1,6 @@" 아래 줄에서 맨 앞의 문자가 마이너스(-)이면 이전 파일에서 삭제된 내용이고, 플러스(+)이면 추가된 내용이다.

수정된 내용을 포함하는 diff 명령어는 추후 원본 소스를 수정된 내용으로 적용하는 patch 명령어에서 유용하게 사용된다. patch 명령어와 함께 살펴보도록 하자.

<table>
<tr><td>명령어</td><td colspan="3">diff3</td><td>OS</td><td>L=U</td></tr>
<tr><td>키워드</td><td>세 파일의 차이점 비교</td><td>경로</td><td>/usr/bin/diff3</td><td>중요도</td><td>☆</td></tr>
<tr><td>요약</td><td colspan="5">지정한 세 파일의 차이점을 비교하여 출력한다</td></tr>
</table>

❶ 이렇게 써요

```
diff3 [옵션] 파일1 파일2 파일3
```

-a, --text : 파일을 텍스트 파일로 간주하여 비교한다.

-e, --ed : 병합되지 않은 파일2와 파일3 사이의 차이점을 출력한다.

-x, --overlap-only : -e 옵션과 비슷하나, 중첩된 부분에 대한 차이점을 출력한다.

-A, --show-all : 모든 차이점을 포함하여 출력한다.

-E, ---show-overlap : 병합되지 않은 차이점을 포함하여 출력한다.

--help : 사용법을 출력한다.

-v, --version : 버전 정보를 출력한다.

❶ 설명 및 예제

세 파일을 비교하여 차이점을 보여주는 명령어로서 diff와 비슷하다. diff3를 이용하여 세 파일을 비교하는 경우를 예로 들어보자. 파일1이라는 소스를 가져다가 수정하여 A개발자는 파일2를 만들고, B개발자는 파일3를 만들었다면 두 개발자가 수정한 파일과 원본 소스를 비교하여 차이점을 원본 소스에 적용하고 싶을 것이다.

아래 예에서처럼 testfile2에서는 두 번째 줄에 Modified가 추가 되었고, testfile3에서는 세 번째 줄에 Added가 추가되었다.

Testfile	testfile2	testfile3
Line 1	Line 1	Line 1
Line 2	Line 2 : Modified	Line 2
		Line 3 : Added

아래와 같이 세 파일의 모든 차이점을 볼 수 있는 -A 옵션을 이용하면 파일2와 파일3에서 어떤 부분이 수정되고 추가되었는지 확인할 수 있다.

```
$ diff3 -A testfile testfile2 testfile3
2a
|||||||| testfile2
Line 2 : Midified
= = = = = = =
Line 2
```

```
Line 3 : Added
>>>>>>> testfile3
.
1a
<<<<<<< testfile
.
```


Internet Protocol version 6

현재 사용 중인 IPv4의 주소는 32비트 기반으로 하여 43억개 정도의 IP 주소를 생성할 수 있다. 그러나 전 세계적으로 인터넷이 빠르게 확장되면서 2011년 5월경부터는 더 이상 IPv4의 신규 할당이 불가능해질 것이라는 예상이 나오고 있다. 이를 대비 하기 위해 주소의 길이를 128비트로 확장한 IPv6가 도입되었으며 우리나라도 한국인터넷진흥원 등을 통해 교육과 보급을 하고 있다.

한국인터넷 진흥원에서 운영 중인 IPv6 관련 홈페이지 : www.vsix.net

<table>
<tr><td>명령어</td><td colspan="4">diffstat</td><td>OS</td><td>L</td></tr>
<tr><td>키워드</td><td>diff 파일 통계</td><td>경로</td><td>/usr/bin/diffstat</td><td></td><td>중요도</td><td>☆ ☆</td></tr>
<tr><td>요약</td><td colspan="6">diff 명령으로 생성된 파일의 통계를 살펴본다</td></tr>
</table>

❶ 이렇게 써요

```
diffstat [옵션] [파일]
```

-b : xxx와 yyy의 diff 파일에서 라인 매치를 무시한다.

-c :각 라인의 앞에 # 출력을 한다.

-e file : 표준 에러를 지정한 file로 출력한다.

-f format : 히스토그램의 형식을 지정한다.

    0 : 각 히스토그램 코드에 삽입은 (+), 삭제는 (-), 수정은 (!)를 출력한다.

    1 : 정상적으로 출력한다.

    2 : 히스토그램에 점(.)을 채운다.

    4 : 히스토그램에 각 값을 출력한다.

-h : 사용법을 출력한다.

-l : 파일명만 출력한다.

-o file : 표준출력을 파일(file)로 저장한다.

-v : 진행 상황을 출력한다.

-V : 버전 정보를 출력한다.

❶ 설명 및 예제

diffstat는 diff가 만들어낸 패치 파일에서 다양한 통계를 제공한다. 특히 패치에서 추가한 횟수, 제거한 횟수, 변경한 전체 횟수를 출력한다. 이 명령어는 프로그램에서 어떤 것이 변경되었는지 찾고자 할 때 유용하다.

```
$ diff -Npur Makefile.orig Makefile > Makefile.diff
$ diffstat Makefile.diff
 Makefile |    2 +-
 1 file changed, 1 insertion(+), 1 deletion(-)
$ cat Makefile.diff
--- Makefile.orig        2010-05-13 18:58:42.000000000 +0900
+++ Makefile     2010-05-13 18:58:48.000000000 +0900
@@ -1,6 +1,6 @@
 VERSION = 2
 PATCHLEVEL = 6
-SUBLEVEL = 31
+SUBLEVEL = 31.test
 EXTRAVERSION = .6
```

```
NAME = Man-Eating Seals of Antiquity
```

아래 예제와 같이 각 히스토그램의 출력 형식을 -f 옵션으로 변경할 수 있다.

```
$ diffstat -f 0 Makefile.diff
 Makefile |    2 1 +      1 -       0 !
 1 file changed, 1 insertion(+), 1 deletion(-)
$ diffstat -f 1 Makefile.diff
 Makefile |    2 +-
 1 file changed, 1 insertion(+), 1 deletion(-)
$ diffstat -f 2 Makefile.diff
 Makefile |    2 +-...................................................
 1 file changed, 1 insertion(+), 1 deletion(-)
$ diffstat -f 4 Makefile.diff
 Makefile |    2    1    1    0 +-
 1 file changed, 1 insertion(+), 1 deletion(-)
```

❶ 관련 명령어

diff : 파일을 줄 단위로 비교하여 출력한다.

<table>
<tr><td>명령어</td><td>dig</td><td>OS</td><td>L=U</td></tr>
<tr><td>키워드</td><td>네임 서버 진단 유틸리티</td><td>경로</td><td>/usr/bin/dig</td><td>중요도</td><td>☆☆☆</td></tr>
<tr><td>요약</td><td colspan="5">네임 서버(DNS) 진단을 위한 룩업 유틸리티이다</td></tr>
</table>

❶ 이렇게 써요

> dig [@서버] [옵션] [쿼리 대상 도메인 이름] [타입] [클래스] [쿼리 옵션]

- -b IP주소 : 쿼리를 위한 소스 IP 주소를 설정한다
- -c 클래스 : 클래스는 IN(internet), CS(CSnet), CH(Chaos), HS(HeSiod)가 있고 주로 사용하는 것은 IN 이다.
- -f 파일명 : 파일에 정의된 쿼리를 일괄 처리한다.
- -p 포트번호 : 쿼리를 위한 포트 번호 선택, 기본값은 기본 DNS 포트 번호인 53이다.
- -t 타입 : 쿼리 인수와 함께 쿼리 타입 설정, 기본값은 A이지만 BIND9에서 유효한 값을 설정할 수 있다.
- -x IP주소 : IPv4나 IPv6의 IP 주소를 이용하여 역으로 룩업^{lookup}할 수 있다. 이름, 클래스, 타입 등의 인수는 필요 없다.
- -k 파일명 : 정의된 TSIG keyfile를 이용하여 보안 연결한다. -y 옵션을 사용할 수 있으나 보안상 취약하다.
- -y keyname: keyvalue : 실제 key 이름과 key 값으로 보안 연결한다. 이 경우 ps 출력으로 key 이름과 key 값이 노출될 수 있기 때문에 여러 사람이 사용하는 시스템에서는 사용하지 말고 -k를 쓰도록 한다.

❶ 설명 및 예제

TCP/IP 명령어로써 네임 서버$^{Domain\ Name\ Services}$로부터 다양한 정보를 얻어 오는데 사용된다. nslookup보다 다양하고 정확한 동작을 수행한다. 다음 세 인수를 잘 활용하면 웬만한 기본동작은 쓸 수 있다. 만약 인수를 넣지 않으면 root 서버를 검색하게 된다.

@서버	네임 서버에서 dig 명령어가 쿼리를 한다. 만약 네임 서버 주소를 넣지 않을 경우 시스템의 /etc/resolv.conf 파일 안에 있는 네임 서버 정보를 이용하고 네임 서버 설정이 안되어 있는 경우 localhost를 이용한다. IPv4와 IPv6 주소도 지원한다.
쿼리 대상 도메인 이름	쿼리의 대상이 되는 도메인 이름을 입력한다. 만약 지정하지 않으면 루트 도메인에 대한 쿼리를 수행한다.
타입	쿼리 타입을 지정한다. A, ANY, MX, NS 등이 있으며 지정하지 않으면 기본값은 A이다. - A : IPv4의 32비트인 IP 주소 - AAAA : IPv6의 128비트인 IP 주소 - ANY : 지정된 도메인의 모든 정보 - MX : 지정된 도메인의 메일 서버 정보 - NS : 네임 서버 정보 - SOA : 권한 개시 정보

dig 명령어를 이용하여 google.com의 네임 서버 정보를 알아 보자. 쿼리를 수행하는 데 KT의 DNS 서버를 이용하며 네임 서버 정보 타입인 NS를 인수로 사용한다.

```
$ dig @kns.kornet.net google.com NS

; <<>> DiG 9.2.4 <<>> @kns.kornet.net google.com NS
; (1 server found)
;; global options:  printcmd
;; Got answer:
;; ->>HEADER<<- opcode: QUERY, status: NOERROR, id: 58231
;; flags: qr rd ra; QUERY: 1, ANSWER: 1, AUTHORITY: 0, ADDITIONAL: 1

;; QUESTION SECTION:
;google.com.                          IN      NS

;; ANSWER SECTION:
google.com.                 155360    IN      NS      ns1.google.com.

;; ADDITIONAL SECTION:
ns1.google.com.             152958    IN      A       216.239.32.10

;; Query time: 2 msec
;; SERVER: 168.126.63.1#53(168.126.63.1)
;; WHEN: Wed Mar 31 15:55:15 2010
;; MSG SIZE  rcvd: 164
```

각 주요 항목별 의미는 다음과 같다.

QUESTION SECTION:	요청한 쿼리 내용을 출력한다. 여기서는 google.com의 NS 타입을 쿼리 한 것을 알 수 있다.
ANSWER SECTION:	쿼리에 대한 답을 출력한다. google.com의 DNS서버 정보는 ns1.google.com임을 알 수 있다.
ADDITIONAL SECTION:	추가 정보를 제공한다. 여기서는 ns1.google.com의 네트워크 정보(A)를 출력한다.

헤더 부분에 주요 정보는 다음과 같다.

DiG 9.2.4	dig 버전 정보를 출력한다.
opcode	DNS 응답 메시지의 연산 코드를 뜻하는 말로 쿼리 타입을 출력한다. - QUERY : Standard Query - STATUS: Server Status Request - NOTIFY: DNS Notify Message - UPDATE: DNS Dynamic Update Message

<table>
<tr><td>status</td><td>응답 메시지에 쿼리 결과를 RCODE^{Response Code}로 표시한다.
- NOERROR : 정상 응답 메세지.
- NXDOMAIN : 존재 하지 않는 도메인
- REFUSED : 쿼리 거부</td></tr>
<tr><td>그 외</td><td>flag 필드 값을 표시하여 qr(Query/Response bit), rd(Recursion Desired, 반복요청), ra(Recursion Available, 반복 가능) 등을 보여준다. 또한 QUERY: 1, ANSWER: 1, AUTHORITY: 0, ADDITIONAL: 1으로 각 섹션의 RR^{Resource Record, 자원레코드} 수를 보여준다.</td></tr>
</table>

그 외에도 마지막 부분을 보고 응답 소요 시간(Query time), 쿼리를 수행한 서버 주소 (SERVER), 응답 메시지 수신 시간(WHEN), 메시지 사이즈(MSG SIZE) 등을 알 수 있다.

IP 주소를 이용해 쿼리하여 도메인 네임 등을 찾고자 한다면 -x 옵션을 사용하자. 아래 예제는 네임 서버와 타입을 지정하지 않았기 때문에 기본값으로 사용자 시스템에 등록된 네임 서버를 이용하여 A 타입을 검색한 결과를 출력한다.

```
$ dig -x 2001:DCC:5::100

; <<>> DiG 9.2.4 <<>> -x 2001:DCC:5::100
;; global options:  printcmd
;; Got answer:
;; ->>HEADER<<- opcode: QUERY, status: NOERROR, id: 20162
;; flags: qr rd ra; QUERY: 1, ANSWER: 1, AUTHORITY: 2, ADDITIONAL: 2

;; QUESTION SECTION:
;0.0.1.0.0.0.0.0.0.0.0.0.0.0.0.0.0.0.0.0.0.0.0.5.0.0.0.c.c.d.0.1.0.0.2.ip6.arpa.
IN PTR

;; ANSWER SECTION:
0.0.1.0.0.0.0.0.0.0.0.0.0.0.0.0.0.0.0.0.0.0.0.5.0.0.0.c.c.d.0.1.0.0.2.ip6.arpa.
42908 IN PTR e.dns.kr.

;; AUTHORITY SECTION:
c.c.d.0.1.0.0.2.ip6.arpa. 86108          IN      NS      ns2.nic.or.kr.
c.c.d.0.1.0.0.2.ip6.arpa. 86108          IN      NS      ns1.nic.or.kr.

;; ADDITIONAL SECTION:
ns1.nic.or.kr.                  8        IN      A       202.30.50.51
```

```
ns2.nic.or.kr.                   8        IN       A        61.74.72.161


;; Query time: 0 msec
;; SERVER: 222.122.46.224#53(222.122.46.224)
;; WHEN: Thu Apr  1 00:47:09 2010
;; MSG SIZE  rcvd: 187
```

얻어온 정보를 반대로 응용하면 서버가 IPv6로 잘 등록되었는지 확인할 수 있다.

```
$ dig e.dns.kr AAAA


; <<>> DiG 9.2.4 <<>> e.dns.kr AAAA
;; global options:  printcmd
;; Got answer:
;; ->>HEADER<<- opcode: QUERY, status: NOERROR, id: 20070
;; flags: qr rd ra; QUERY: 1, ANSWER: 1, AUTHORITY: 6, ADDITIONAL: 5


;; QUESTION SECTION:
;e.dns.kr.                                 IN       AAAA


;; ANSWER SECTION:
e.dns.kr.                        85834    IN       AAAA     2001:dcc:5::100


;; AUTHORITY SECTION:
dns.kr.             50731    IN       NS       f.dns.kr.
dns.kr.             50731    IN       NS       g.dns.kr.
dns.kr.             50731    IN       NS       b.dns.kr.
dns.kr.             50731    IN       NS       c.dns.kr.
dns.kr.             50731    IN       NS       d.dns.kr.
dns.kr.             50731    IN       NS       e.dns.kr.


;; ADDITIONAL SECTION:
b.dns.kr.                        50731    IN       A        61.74.75.1
c.dns.kr.                        50731    IN       A        203.248.246.220
d.dns.kr.                        50731    IN       A        203.83.159.1
e.dns.kr.                        50731    IN       A        202.30.124.100
f.dns.kr.                        50731    IN       A        218.38.181.90
```

```
;; Query time: 0 msec
;; SERVER: 222.122.46.224#53(222.122.46.224)
;; WHEN: Thu Apr  1 01:17:20 2010
;; MSG SIZE  rcvd: 228
```

쿼리 옵션

+tcp (+notcp)	TCP 프로토콜을 이용. 기본값은 +notcp로 UDP를 이용한다.
+domain=searchdomain **+search(+nosearch)**	명시된 도메인에서 검색 수행. 두 옵션은 같은 기능을 수행하며 +search 의 경우 /tc/resolv.conf 파일 내의 도메인을 검색한다. 기본값은 +nosearch이다.
+time=t	쿼리 타임아웃을 지정한 t초로 설정한다. 단위는 초이며 기본값은 5초이다. 최소 1초부터 설정할 수 있다.
+tries=n	UDP 쿼리를 시도하는 횟수를 -n으로 설정. 기본값은 3번이며, 최소값은 1이다.

dig의 출력 내용 설정

아래 옵션을 추가하면 출력 내용이 변경되는 것을 확인할 수 있다.

+cmd(+nocmd)	명령행 출력 혹은 출력 안함(기본값 : +cmd)
+comments(+nocomments)	주석 출력 혹은 출력 안함(기본값 : +comments)
+question(+noquestion) **+answer(+noanswer)** **+authority(+noauthority)** **+additional(+noadditional)**	Question, Answer, Authority, Additional Section 내용 출력 혹은 출력 안함(기본값 : +question +answer +authority +additional)
+stats(+nostats)	마지막 부분에 표시되는 쿼리 소요 시간 등 출력 혹은 출력 안함(기본값 : +stats)
+short(noshort)	간단한 결과만 요약 출력 혹은 요약 안함(기본값 : +noshort)
+short +identity	요약 출력 시 쿼리를 수행한 네임 서버 주소 출력
+qr(+noqr)	Question Section에 대한 자세한 쿼리 내용 출력 혹은 출력 안함(기본값 : +noqr)
+multiline(+nomultiline)	리소스 레코드(Resource Record) 출력 시 확장된 형식으로 출력(기본값 : +nomultiline)

타입에 관한 좀 더 자세한 정보는 nslookup 명령어를 참고하자.

<table>
<tr><td>명령어</td><td colspan="2">dir</td><td>OS</td><td>L=U</td></tr>
<tr><td>키워드</td><td>파일 목록 보기</td><td>경로</td><td>/usr/bin/dir</td><td>중요도</td><td>☆</td></tr>
<tr><td>요약</td><td colspan="4">디렉터리와 파일의 목록을 출력한다</td></tr>
</table>

❶ 이렇게 써요

dir [옵션] 파일

-a, --all : .로 시작하는 목록을 출력한다.

-A, --almost-all : .과 ..으로 시작하는 목록은 포함하지 않는다.

--author : -l 옵션과 함께 각 파일을 처음 만든 사용자를 출력한다.

-b, --escape : nongraphic 문자를 위한 8진수 이스케이프 문자를 출력한다.

--block-size=SIZE : 지정한 크기(SIZE)를 블록 단위로 정하여 용량을 표시한다.

-B, --ignore-backups : ~로 끝나는 백업 파일을 출력하지 않는다.

-c : -lt 옵션과 함께 ctime (마지막으로 변경된 파일정보) 정보를 출력한다. -l과 함께 ctime을 보여주고 이름을 기준으로 정렬한다. 그렇지 않으면 ctime 기준으로 정렬한다.

-C : 열 목록을 출력한다.

--color[=WHEN] : 파일 타입을 구별할 컬러를 컨트롤한다. WHEN은 never, always나 auto가 될 수 있다.

-d, --directory : 디렉터리 목록을 출력한다.

-D, --dired : Emacs의 dired 모드로 출력한다.

-f : 정렬을 하지 않는다. -aU와 같이 쓰면 활성화되고 -ls --color와 같이 쓰면 비활성화된다.

-F, --classify : 목록에서 */=>@| 중 하나의 표시를 출력한다. 참고로 디렉터리는 /이다.

--file-type : 위와 비슷하지만 "*"은 추가되지 않는다.

--format=WORD : WORD에 올 수 있는 across는 -x, commas는 -m, horizontal은 -x, long은 -l, single-column은 -1, verbose는 -l, vertical은 -C 옵션과 같다.

--full-time : -l --time-style=full-iso와 비슷하다.

-g : -l와 비슷하지만, 소유자를 출력하지 않는다.

--group-directories-first : 파일 전에 디렉터리 그룹을 출력한다.

-G, --no-group : 긴 목록으로 출력하는데, 그룹 이름은 출력하지 않는다.

-h, --human-readable : 사람이 읽기 쉬운 포맷으로 크기를 출력한다.

--si : -h 옵션과 비슷하다. 1KB는 1,024바이트지만 사용자가 보기에 편하도록 1,000단위로 용량을 표시한다.

-H, --dereference-command-line : 심볼릭 링크의 원본 파일을 출력한다.

--hide=PATTERN : 지정한 형식(PATTERN)을 출력하지 않는다(-a나 -A 옵션이 우선한다).

-i, --inode : 파일의 인덱스 번호를 보여준다.

-I, --ignore=PATTERN : 형식(PATTERN)과 일치하는 목록을 출력한다.

-k : --block-size:1K와 비슷하다.

-l : 자세한 목록의 형식으로 출력한다.

-L, --dereference : 심볼릭 링크의 파일 정보를 출력할 때, 원본 파일의 정보를 출력한다.

-m : 전체 리스트를 콤마(,)로 구분하여 출력한다.

-n, --numeric-uid-gid : -l와 비슷하지만, 사용자와 그룹의 숫자 ID를 출력한다.

-N, --literal : 로우raw 엔트리 이름을 출력한다.

-o : -l와 비슷하나 그룹 정보를 출력하지 않는다.

-p, --indicator-style=slash 디렉터리에 / 지시자를 추가한다.
-q, --hide-control-chars : nongraphic 문자 대신 ?를 출력한다.
-Q, --quote-name : 쌍따옴표(")로 목록 이름을 감싸서 출력한다.
-r, --reverse : 정렬할 때 기준의 역으로 정렬한다.
-R, --recursive : 하위 디렉터리를 모두 포함하여 출력한다.
-s, --size : 파일의 사이즈를 블록 단위로 출력한다.
-S : 파일 크기를 기준으로 정렬한다.
--sort=WORD : 이름 대신 지정한 단어(WORD)로 정렬한다. 단어에 들어갈 수 있는 none은 -U,
    extension은 -X, size는 -S, time은 -t, version은 -v와 같다.
--time=WORD : -l 옵션과 함께 수정한 시간 대신 지정한 단어(WORD)로 출력한다. 단어에 들어갈 수 있는
    atime은 -u, access는 -u, use는 -u, ctime은 -c, status는 -c와 같다.
--time-style=STYLE : -l 옵션과 함께, 지정한 스타일(STYLE) 시간을 출력한다. full-iso, long-iso, iso,
    locale, +FORMAT이 올 수 있다.
-t : 수정된 시간을 기준으로 정렬한다.
-T, --tabsize=COLS 기본값 8 대신 지정한 탭(COLS)만큼 지정한다.
-u : -lt 옵션과 함께, 접근 시간을 기준으로 정렬한다. -l 옵션과 함께 이름을 기준으로 정렬한다.
-U : 정렬하지 않는다. 디렉터리를 기준으로 정렬한다.
-v : 텍스트 안의 버전 번호로 정렬한다.
-w, --width=COLS : 현재 값 대신 스크린 너비를 COLS로 지정한다.
-x : 열 대신 라인 목록으로 출력한다.
-X : 알파벳으로 정렬한다.
-Z, --context : SELinux 보안 콘텍스트를 출력한다.
-1 : 각 줄 별로 하나의 파일만 출력한다.
--help : 사용법을 출력한다.
--version : 버전 정보를 출력한다.

❶ 설명 및 예제

dir은 디렉터리와 파일 목록을 출력하는 명령어로 사용법과 결과가 ls와 같다. DOS에서도 같은 명령어를 쓰기 때문에 DOS와 MS 윈도우의 터미널 환경에 친숙한 사용자라면 편하게 이용할 수 있다.

<table>
<tr><td>명령어</td><td colspan="4">dircolors</td><td>OS</td><td>L=U</td></tr>
<tr><td>키워드</td><td>LS_COLORS 환경 변수 내용 출력</td><td>경로</td><td colspan="2">/usr/bin/dircolors</td><td>중요도</td><td>☆</td></tr>
<tr><td>요약</td><td colspan="6">정의된 LS_COLORS 내용을 출력한다</td></tr>
</table>

❶ 이렇게 써요

dircolors [옵션] 파일

-b, --sh, --bourne-shell : LS_COLORS 설정을 위한 본 셸$^{Bourne\ shell}$ 코드를 출력한다.

-c, --csh, --c-shell : LS_COLORS 설정을 위한 C 셸 코드를 출력한다.

-p, --print-database : 현재 정의된 LS_COLORS 환경 변수 내용을 출력한다.

--help : 사용법을 출력한다.

--version : 버전 정보를 출력한다.

❶ 설명 및 예제

만약 파일을 지정하면 파일 타입이나 확장자에 따라 어떤 색으로 지정하였는지 출력한다. 자세한 정보를 보고 싶으면 -p를 사용하여 화면에 출력해 보자.

```
$ dircolors -p | more
# Configuration file for dircolors, a utility to help you set the
# LS_COLORS environment variable used by GNU ls with the --color option.
# Copyright (C) 1996, 1999-2008
# Free Software Foundation, Inc.
# Copying and distribution of this file, with or without modification,
# are permitted provided the copyright notice and this notice are
preserved.
# The keywords COLOR, OPTIONS, and EIGHTBIT (honored by the
# slackware version of dircolors) are recognized but ignored.
# Below, there should be one TERM entry for each termtype that is
colorizable
TERM Eterm
TERM ansi
TERM color-xterm
TERM con132x25
------------------------------- 중 략 -------------------------------
# image formats
.jpg 01;35
.jpeg 01;35
.gif 01;35
```

❶ 이렇게 써요

```
dirname 파일명
```

--help : 사용법을 출력한다.
--version : 버전 정보를 출력한다.

❶ 설명 및 예제

dirname은 전체 경로의 파일이름에서 디렉터리가 아닌 접미사를 제거하는 명령어이다. 아래 예제는 상대 경로와 절대 경로에 따른 dirname 명령의 차이점을 출력하는데, 전체 절대 경로를 지정하지 않으면 현재 디렉터리 표시인 점(.)을 출력한다.

```
$ dirname linux-2.6.32
.
$ dirname ~/sources.pkgs/linux-2.6.32
/home/user/sources.pkgs
```

여기서 잠깐

절대 경로와 상대 경로

컴퓨터 운영체제에서 path란 파일시스템에서 지정한 파일에 이르는 경로를 말한다. 유닉스 기반의 시스템에서 경로의 형식은 다음과 같다.

```
/directory/subdirectory/filename
```

절대 경로란 루트(/) 디렉터리부터 시작하는 파일이나 디렉터리의 완전히 기술된 경로명을 말한다. 상대 경로는 현재 위치에서 시작하는(디렉터리명이나 점(.)으로 시작하는) 지정된 파일이나 디렉터리의 경로를 말한다.

<table>
<tr><td>명령어</td><td colspan="3">dmesg</td><td>OS</td><td>L=U</td></tr>
<tr><td>키워드</td><td>부팅 로그 보기</td><td>경로</td><td>/bin/dmesg</td><td>중요도</td><td>☆☆☆</td></tr>
<tr><td>요약</td><td colspan="5">커널 링^{ring} 버퍼를 출력하거나 제어한다</td></tr>
</table>

❶ 이렇게 써요

```
dmesg [옵션]
```

-c : 메시지 내용을 출력하고 링 버퍼를 모두 비운다.

-r : 로우^{raw} 메시지 버퍼를 출력한다.

-s bufsize : 커널 링 버퍼 쿼리를 위한 크기(bufsize)를 지정한다. 기본값은 16,392이다.

-n level : 지정한 로그 레벨(level) 메시지를 출력한다.

❶ 설명 및 예제

dmesg는 커널 링 버퍼를 보거나 제어하는 명령어로, 시스템이 부팅할 때마다 로딩되는 시스템 정보의 로그 메시지를 가지고 있다. 이 버퍼에는 리눅스 커널 버전과 gcc 버전 CPU 정보 등 부팅 시의 내용을 포함하고 있어 시스템 정보를 살펴볼 때 유용하다.

```
$ dmesg
[    0.000000] Initializing cgroup subsys cpuset
[    0.000000] Initializing cgroup subsys cpu
[    0.000000] Linux version 2.6.32-23-generic (buildd@rothera) (gcc
version 4.4.3 (Ubuntu 4.4.3-4ubuntu5) ) #37-Ubuntu SMP Fri Jun 11 07:54:58
UTC 2010 (Ubuntu 2.6.32-23.37-generic 2.6.32.15+drm33.5)
[    0.000000] KERNEL supported cpus:
[    0.000000]   Intel GenuineIntel
[    0.000000]   AMD AuthenticAMD
[    0.000000]   NSC Geode by NSC
[    0.000000]   Cyrix CyrixInstead
[    0.000000]   Centaur CentaurHauls
[    0.000000]   Transmeta GenuineTMx86
[    0.000000]   Transmeta TransmetaCPU
[    0.000000]   UMC UMC UMC UMC
[    0.000000] BIOS-provided physical RAM map:
[    0.000000]  BIOS-e820: 0000000000000000 - 000000000009f800 (usable)
[    0.000000]  BIOS-e820: 000000000009f800 - 00000000000a0000 (reserved)
[    0.000000]  BIOS-e820: 00000000000ca000 - 00000000000cc000 (reserved)
[    0.000000]  BIOS-e820: 00000000000dc000 - 00000000000e4000 (reserved)
```

위 시스템은 리눅스 커널 2.6.32-23-generic에 gcc 4.4.3을 사용하고 있다.

부팅 때부터의 커널 로그를 버퍼에 저장하고 있다가 출력하는데, 이 정보는 -c 옵션으로
정보를 출력한 후에 기존 버퍼 정보를 삭제할 수 있다. 이는 디버깅을 위해 버퍼에 쌓인
이전의 많은 정보를 삭제하고 초기화할 때 유용하다.

```
$ dmesg -c
```

여기서 잠깐

커널 버전의 의미

먼저 현재 최신의 커널 버전을 확인해 보자

```
# finger @finger.kernel.org
```

위와 같이 최신의 안정 버전과 개발 버전을 확인할 수 있다. 커널 버전은 2.6.34이라면 아래와 같이 세 부분으로
버전의 의미를 나눌 수 있다.

> 2 : 획기적인 변화가 있을 때 바뀐다.
> 6 : 안정 버전인지 개발 버전인지를 나타낸다(홀수 : 개발, 짝수 : 안정).
> 34 : 몇 번의 패치가 있었는지 나타낸다.

이는 2.6대의 안정 버전으로 서른넷 번의 공식 패치가 있었다는 뜻이다. 일반적으로 커널 개발자가 아닌 이상 안
정 버전을 사용한다. 개발 버전에 충분한 패치와 실험이 이루어져 안정화되면 짝수 버전으로 바뀐다.

<table>
<tr><td>명령어</td><td>dmidecode</td><td></td><td>OS</td><td>L</td></tr>
<tr><td>키워드</td><td>DMI 테이블 디코더</td><td>경로 /usr/sbin/dmidecode</td><td>중요도</td><td>☆</td></tr>
<tr><td>요약</td><td colspan="4">DMI 테이블의 시스템 정보를 출력한다</td></tr>
</table>

❶ 이렇게 써요

```
dmidecode [옵션]
```

-d, --dev-mem FILE : 디바이스 파일(FILE)에서 메모리를 읽는다(기본값 : /dev/mem).

-q, --quiet : 자세한 정보를 출력하지 않는다.

-s, --string KEYWORD : 키워드(KEYWORD)로 정의된 DMI 스트링의 값을 출력한다.

-t, --type TYPE : 지정한 타입(TYPE) 엔트리를 출력한다.

-h, --help : 사용법를 출력한다.

-V, --version : 버전 정보를 출력한다.

❶ 설명 및 예제

dmidecode 명령은 컴퓨터의 DMI$^{Desktop\ Management\ Interface}$를 사람이 읽기 쉬운 시스템 정보로 출력한다. 아무 옵션 없이 명령어를 실행하면, 많은 정보가 한꺼번에 지나가기 때문에 more 명령어와 조합해서 페이지별로 확인하는 편이 낫다.

```
# dmidecode | more
# dmidecode 2.9
SMBIOS 2.6 present.
49 structures occupying 2211 bytes.
Table at 0x000DF010.
Handle 0x0000, DMI type 0, 24 bytes
BIOS Information
        Vendor: Phoenix Technologies Ltd.
        Version: 07SZ.M007.20100305.XW
        Release Date: 03/05/2010
        Address: 0xE27A0
        Runtime Size: 120928 bytes
        ROM Size: 4096 kB
------ 이하 생략 ------
```

아래 예제와 같이 -s는 키워드로 정의된 DMI 스트링 정보를 출력한다.

키워드

bios-vendor, bios-version, bios-release-date, system-manufacturer,

system-product-name, system-version, system-serial-number,
system-uuid, baseboard-manufacturer, baseboard-product-name,
baseboard-version, aseboard-serial-number, baseboard-asset-tag,
chassis-manufacturer, chassis-type, chassis-version,
chassis-serial-number, chassis-asset-tag, processor-family,
processor-manufacturer, processor-version, processor-frequency

-s 옵션으로 바이오스 버전을 확인해 보자.

```
# dmidecode -s bios-version
07SZ.M007.20100305.XW
```

-t 옵션은 아래 예제와 같이 타입을 지정하여 정보를 출력한다.

```
# dmidecode -t
dmidecode: option requires an argument -- 't'
Type number or keyword expected
Valid type keywords are:
  bios
  system
  baseboard
  chassis
  processor
  memory
  cache
  connector
 slot
```

아래는 DMI 타입과 정보에 대한 설명이다.

타입	정보
0	바이오스
1	시스템
2	베이스 보드
3	섀시[Chassis]
4	프로세서

5	메모리 컨트롤러
6	메모리 모듈
7	캐쉬
8	포트 컨넥터
9	시스템 포트
10	온 보드 디바이스
11	OEM 스트링
12	시스템 설정 옵션
13	바이오스 언어
14	그룹 조합
15	시스템 이벤트 로그
16	물리적 메모리 배열

아래 예제는 --type 13 옵션을 지정하여 어떤 바이오스 언어를 사용했는지 확인한다.

```
# dmidecode --type 13
# dmidecode 2.9
SMBIOS 2.6 present.
```

<table>
<tr><td>명령어</td><td colspan="3">dnsdomainname</td><td>OS</td><td>L</td></tr>
<tr><td>키워드</td><td>DNS 도메인 확인</td><td>경로</td><td>/bin/dnsdomainname</td><td>중요도</td><td>☆☆</td></tr>
<tr><td>요약</td><td colspan="5">시스템의 DNS 도메인 이름을 출력한다</td></tr>
</table>

❶ 이렇게 써요

```
dnsdomainname [-v]
```

❶ 설명 및 예제

dnsdomainname 명령어는 시스템의 DNS 서버에 대한 정보를 출력한다. 이 시스템의 DNS 서버를 알아보자.

```
# dnsdomainname

hanbitbook.co.kr
```

-v 옵션은 더 상세한 정보를 출력한다.

```
# dnsdomainname -v
gethostname( ) = 'ns.hanbitbook.co.kr'
Resolving 'ns.hanbitbook.co.kr' ...
Result: h_name = 'ns.hanbitbook.co.kr'
Result: h_addr_list = '192.168.1.2'
hanbitbook.co.kr
```

❶ 관련 명령어

hostname : 시스템의 호스트 네임을 설정하거나 출력한다.
domainname : 시스템의 NIS/YP 도메인 네임을 설정하거나 출력한다.
nisdomainname : 시스템의 NIS/YP 도메인 네임을 설정하거나 출력한다.
ypdomainname : 시스템의 NIS/YP 도메인 네임을 설정하거나 출력한다.

<table>
<tr><td>명령어</td><td colspan="3">domainname</td><td>OS</td><td>L=U</td></tr>
<tr><td>키워드</td><td>NIS 도메인 보기</td><td>경로</td><td>/bin/domainname</td><td>중요도</td><td>☆</td></tr>
<tr><td>요약</td><td colspan="5">시스템의 NIS/YP 도메인 네임을 설정하거나 출력한다</td></tr>
</table>

❶ 이렇게 써요

```
domainname [옵션] [이름]
```

-s, --short : 간략한 호스트명을 출력한다.
-a, --alias : 알리아스 명을 출력한다.
-i, --ip-address : 호스트명의 IP 주소를 출력한다.
-f, --fqdn, --long : 전체 호스트명을 출력한다.
-d, --domain : DNS 도메인명을 출력한다.
-y, --yp, --nis : NIS/YP 도메인명을 출력한다.
-F, --file : file로 지정된 파일에서 읽어 호스트용이나 NIS 도메인명을 출력한다.

❶ 설명 및 예제

domainname 명령어는 NIS/YP 명령어로 현재의 NIS 도메인이나 설정된 내용을 출력한다. 아래는 NIS의 도메인명 정보를 옵션별로 확인하는 예제이다.

```
# domainname
hanbitbook.co.kr
# domainname -s
ns
# domainname -i
192.168.1.2
# domainname -f
ns.hanbitbook.co.kr
```

아래는 NIS 도메인을 변경하는 예제이다.

```
# domainname test.co.kr
# domainname
test.co.kr
```

❶ 관련 명령어

hostname : 시스템의 호스트 네임을 설정하거나 출력한다.
dnsdomainname : 시스템의 DNS 서버이름과 정보를 출력한다.
nisdomainname : 시스템의 NIS/YP 도메인 네임을 설정하거나 출력한다.
ypdomainname : 시스템의 NIS/YP 도메인 네임을 설정하거나 출력한다.

NIS/ YP

NIS는 Sun사(2010년 오라클이 인수함)에서 개발한 네트워크 정보 서비스로 Network Information service의 약어다. 원래는 YPYellow Pages라는 이름으로 불리기도 했지만 Yellow Pages라는 이름이 이미 등록되어 있어 허가 없이는 사용할 수 없었기 때문에 이후 NIS라는 이름으로 상표 등록을 하였다.

NIS는 네트워크에서 다른 컴퓨터에 정보를 전달하는 방식으로, 네트워크 상에 있는 모든 시스템에 서버의 /etc/passwd에 저장된 로그인 이름과 패스워드, 홈 디렉터리 정보와 /etc/group에 저장된 그룹 정보를 제공한다. NIS 주 서버는 정보표를 소유하며 그것들을 NIS 대응 (map) 파일들로 변환한다. 이 대응 파일들이 네트워크를 통해 제공됨으로써 NIS 클라이언트 컴퓨터들은 그와 같은 여러 정보를 얻을 수 있는 것이다. NIS를 이용하면 NIS 데이터베이스에 등록된 사용자들은 이 네트워크에서 NIS 클라이언트가 설치되어 있는 어떤 시스템에도 로그인할 수 있으며, 패스워드를 한 번만 바꾸면 그 NIS 영역에 들어 있는 모든 컴퓨터의 로그인 정보를 갱신할 수 있다.

사실대로 말하자면 NIS는 안전한 것이 아니다. 원래부터 안전을 염두에 두고 만들기보다는 사용하기 편리하게 만들었기 때문에 NIS를 사용할 때에는 보안에 세심한 주의를 기울여야 한다. 서버의 NIS 도메인의 이름을 알아낼 수 있는 사람은 여러 방법을 사용하여 패스워드 파일 복사본을 얻을 수 있고, 여러분의 사용자 패스워드를 크랙하기 위해 다양한 패스워드 크랙 툴을 사용할 수도 있다. 이런 점을 조금이나마 방지하기 위해서는 NIS+를 사용할 수도 있다. NIS+에 대해서는 Sun사나 다른 여러 사이트에서 관련 문서를 찾아보기 바란다.

<table>
<tr><td>명령어</td><td>dosfsck</td><td>OS</td><td>L</td></tr>
<tr><td>키워드</td><td>MS-DOS 파일시스템 복구</td><td>경로</td><td>/sbin/dosfsck</td><td>중요도</td><td>☆</td></tr>
<tr><td>요약</td><td colspan="5">MS-DOS 파일시스템을 체크하고 복구한다</td></tr>
</table>

❶ 이렇게 써요

```
dosfsck [옵션...] 장치명
```

-a : 파일시스템을 자동적으로 복구한다.

-d : 파일 할당 테이블에서 지정한 파일을 삭제한다.

-f : 손실된 체인을 파일로 복구한다.

-l : 패스 이름을 출력한다.

-r : 파일시스템 복구 시 일일이 물어본다.

-t : 테스트로 진행한다.

-u file : 지정한 파일을 삭제하지 않는다.

-v : 상세한 정보를 출력한다.

-V : 확인 절차를 생략한다.

-w : 변경된 내용을 즉시 디스크에 쓴다.

-y : -a 옵션과 동일하다.

❶ 설명 및 예제

dosfsck는 시스템 관리 명령어로 fsck 명령과 유사하지만, MS-DOS의 파일시스템에만 적용할 수 있다. 리눅스는 MS-DOS, Sun 솔라리스 등의 다양한 환경에서의 파일시스템을 읽고 쓰거나, 혹은 읽기 전용으로 지원한다. 이것은 후발 운영체제로서 다양한 운영체제의 파일시스템을 지원하여 사용자의 불편을 최소화하자는 뜻이다. 그러나 파일시스템을 검사하고 복구하는 것은 각 고유의 파일시스템별로 특징이 있기 때문에 서로 다른 명령이 필요하다. 리눅스에서는 자주 사용하는 타 운영체제의 파일시스템을 검사하고 복구하는 명령도 발견할 수 있는데, 그 중 대표적인 것이 FAT 파일시스템에 대한 것과, minix 파일시스템에 대한 것이다.

아래와 같이 시스템에 추가적으로 지원하는 fsck 파일시스템은 fsck로 시작하는 명령으로 확인할 수 있다. 사용법은 fsck 명령을 참고하자.

```
# ls /sbin/fsck*
/sbin/fsck          /sbin/fsck.ext3     /sbin/fsck.minix /sbin/fsck.vfat
/sbin/fsck.cramfs  /sbin/fsck.ext4     /sbin/fsck.msdos
/sbin/fsck.ext2     /sbin/fsck.ext4dev /sbin/fsck.nfs
```

<table>
<tr><td>명령어</td><td>du</td><td></td><td></td><td>OS</td><td>L=U</td></tr>
<tr><td>키워드</td><td>내가 쓴 용량 보기</td><td>경로</td><td>/usr/bin/du</td><td>중요도</td><td>☆☆</td></tr>
<tr><td>요약</td><td colspan="5">디스크 사용 현황을 출력한다</td></tr>
</table>

❶ 이렇게 써요

```
du [옵션]
```

-a, --all : 현재 디렉터리 아래의 모든 파일과 디렉터리의 사용 정보를 출력한다.
-B, --block-size=SIZE : 블록의 크기(SIZE)를 지정한다. 지정한 블록의 크기 단위로 용량을 출력한다.
-b, --bytes : 바이트 크기로 출력한다.
-c, --total : 모든 파일의 디스크 사용 정보를 출력하고 나서 합계를 출력한다. 이것은 해당 경로가 얼마만큼의
  디스크 공간을 사용하는지 확인할 때 사용한다.
-D, --dereference-args : 지정한 파일이나 경로가 심볼릭 링크 파일이면 원본의 값을 출력한다.
-h, --human-readable : 파일 용량을 보기 쉬운 형태로 출력한다.
-H, --si : -h와 비슷하나, 1,024단위의 비율로 출력한다.
-k : 출력 단위를 1KB 형태로 한다.
-l, --count-links : 하드 링크되어 있는 파일도 있는 그대로 계산한다.
-L, --dereference : 모든 심볼릭 링크를 따른다.
-S, --separate-dirs : 디렉터리의 총 사용량을 출력할 때, 하위 디렉터리의 사용량은 제외한다.
-s, --summarize : 간단하게 총 사용량만 출력한다.
-x, --one-file-system : 현재 파일시스템의 파일 사용량만을 출력한다.
-X file, --exclude-from=file : 지정한 파일과 일치하는 것은 제외한다.
--help : 사용법을 출력한다.
--version : 버전 정보를 출력한다.

❶ 설명 및 예제

du는 현재 디렉터리의 사용량을 출력하는 명령어로, 옵션을 지정하지 않으면 현재 경로
의 모든 디렉터리의 크기를 MB 단위로 출력한다. 아래와 같이 -a 옵션은 현재 디렉터리
를 포함한 하위의 모든 파일이나 지정한 파일이나 디렉터리를 요약하여 출력한다.

```
$ du -a |more
8          ./linux_2.6.32-23.37.dsc
144        ./grub_0.97-29ubuntu60.diff.gz
4          ./.swp
264        ./grub2_1.98-1ubuntu6.diff.gz
4          ./grub-0.97/grub/Makefile.am
8          ./grub-0.97/grub/main.c
16         ./grub-0.97/grub/Makefile.in
28         ./grub-0.97/grub/asmstub.c
60         ./grub-0.97/grub
```

```
4          ./grub-0.97/Makefile.am
32         ./grub-0.97/config.sub
12         ./grub-0.97/install-sh
24         ./grub-0.97/configure.ac
```

아래와 같이 -s 옵션은 지정한 파일이나 디렉터리의 총 사용량을 출력한다.

```
$ du -s /home/*
4          /home/hanbit
8          /home/hanbit2
1012432  /home/user
```

-s 옵션에서 디렉터리를 지정하지 않으면 현재 디렉터리의 총 사용량을 출력한다.

```
$ cd /var/log
$ sudo du -hs
11M      .
```

du 명령의 -c 옵션은 현재 디렉터리의 총 사용량을 출력하며, h는 알아보기 쉽게 적당한 단위 별로 출력한다.

```
$ du -ch|more
28K        ./gnome-doc-utils/icons/hicolor/48x48/status
32K        ./gnome-doc-utils/icons/hicolor/48x48
124K       ./gnome-doc-utils/icons/hicolor/scalable/status
128K       ./gnome-doc-utils/icons/hicolor/scalable
164K       ./gnome-doc-utils/icons/hicolor
168K       ./gnome-doc-utils/icons
```

--max-depth 옵션을 이용하여 디렉터리의 깊이를 제한할 수 있다. 이 옵션을 지정하지 않으면 현재 디렉터리부터 모든 하위 디렉터리를 출력한다.

```
$ sudo du -h --max-depth=1 /usr
861M       /usr/share
9.9M       /usr/sbin
576K       /usr/games
108K       /usr/local
119M       /usr/bin
162M       /usr/src
```

<table>
<tr><td>명령어</td><td>dumpe2fs</td><td>OS</td><td>L</td></tr>
<tr><td>키워드</td><td>파일시스템 정보 보기</td><td>경로</td><td>/sbin/dumpe2fs</td><td>중요도</td><td>☆☆</td></tr>
<tr><td>요약</td><td colspan="5">ext2/ext3/ext4 파일시스템 정보를 출력한다</td></tr>
</table>

❶ 이렇게 써요

dumpe2fs [옵션] 장치명

-b : 파일시스템에 bad로 예약된 블록(배드블록)을 출력한다.

-o superblock=superblock : 파일시스템을 조사할 때 지정한 슈퍼 블록(superblock)를 사용한다.

-o blocksize=blocksize : 파일시스템을 조사할 때 지정한 블록 크기(blocksize)를 사용한다.

-h : 슈퍼 블록 정보만 출력한다.

-i : e2image로 생성된 이미지 파일로부터 파일시스템 데이터를 출력한다.

-x : 세분화된 그룹 정보의 블록 수를 16진수로 출력한다.

-v : 버전 정보를 출력한다.

❶ 설명 및 예제

dumpe2fs 명령어는 지정한 파일시스템의 슈퍼 블록과 블록 그룹의 정보를 출력한다.

```
# dumpe2fs /dev/sda1
dumpe2fs 1.41.11 (14-Mar-2010)
Filesystem volume name:      <none>
Last mounted on:             /
Filesystem UUID:             2c8f6be7-412a-4497-8d0e-b5c7595d4bd4
Filesystem magic number:     0xEF53
Filesystem revision #:       1 (dynamic)
Filesystem features:         has_journal ext_attr resize_inode dir_
                             index filetype needs_recovery extent
                             flex_bg sparse_super large_file huge_
                             file uninit_bg dir_nlink extra_isize
Filesystem flags:            signed_directory_hash
Default mount options:       (none)
Filesystem state:            clean
Errors behavior:             Continue
Filesystem OS type:          Linux
Inode count:                 1253376
Block count:                 5012992
Reserved block count:        250649
Free blocks:                 863859
Free inodes:                 1014102
```

```
First block:              0
Block size:               4096
```

여기서 잠깐

리눅스 파일시스템

리눅스 파일시스템은 다섯 가지 주요 부분으로 이루어져 있다. 파일시스템의 앞 부분에는 부트 블록이 저장되고, 나머지는 실린더 그룹을 여러 개로 나누어 관리하는 실린더 그룹 블록이 저장된다. 하나의 실린더 그룹은 슈퍼 블록, 실린더 그룹 블록, 아니노드 테이블과 데이터 블록으로 이루어져 있다.

(1) 부트 블록 : 부팅에 필요한 파일들이 존재하며 루트 영역 외에는 해당되지 않는다. 일반 사용자에게는 해당되지 않는 블록이다.

(2) 슈퍼 블록 : 파일시스템의 크기, 아이노드 테이블의 크기, 가용한 블록 리스트 등 파일시스템을 관리하는 데 필수적인 정보가 저장된다. 이 부분에 오류가 생기면 이 실린더를 사용할 수 없으므로, 보통 슈퍼 블록은 여러 블록에 걸쳐 백업을 만든다.

(3) 실린더 그룹 블록 : 실린더 그룹의 유효 블록들의 비트맵 정보나 통계정보를 기록한다.

(4) 아이노드 테이블 : 파일에 대한 중요한 정보를 저장한다. 즉 커널의 파일 관리에 있어서 핵심이 되는 파일 크기, 데이터 위치(디스크 주소), 파일 유형, 사용 허가권, 생성 날짜 등의 자료를 기록한다.

(5) 데이터 블록 : 실제 데이터가 저장되는 공간이다.

<table>
<tr><td>명령어</td><td colspan="2">dumpkeys</td><td>OS</td><td>L</td></tr>
<tr><td>키워드</td><td>키보드 코드값 보기</td><td>경로 /usr/bin/dumpkeys</td><td>중요도</td><td>☆☆</td></tr>
<tr><td>요약</td><td colspan="4">키보드 변환 테이블을 덤프한다</td></tr>
</table>

❶ 이렇게 써요

```
dumpkeys [옵션]
```

-i, --shot-info : 키보드 드라이버에 관한 정보를 출력한다.

-I, --long-info : -i 옵션에 추가적으로 커널에서 지원 가능한 키의 수와 상세 정보를 출력한다.

-n, --numeric : 16진수 표기법으로 활성화된 코드 값을 출력한다.

-f, --full-table : 간략한 형식이 아닌 전체 테이블을 출력한다.

-S, --shape=num : 테이블 형태를 결정하는 값(num)을 이용하여 정보를 출력한다. 각 num의 값은 다음과 같다.

0	기본값
1	--full-table과 같다.
2	--separate-lines와 같다.
3	keycode를 첫 번째 줄에 두고, modifier/keycode 부분을 한 줄씩 출력한다.

-c, --charset=charset : 지정한 캐릭터 셋을 활성화 코드로 해석한다. charset 값은 iso-8859-X로 이때 X는 숫자이다. 만일 charset을 지정하지 않으면 iso-8859-1이다.

-h, --help : 사용법을 출력한다.

-V, --version : 버전 정보를 출력한다.

❶ 설명 및 예제

dumpkeys는 현재 키보드 드라이버의 변환 테이블translation tables 내용을 keymap 명령의 포맷 형식으로 출력한다. 키보드의 코드값과 정보를 보는데 유용하다. 다음은 현재 시스템의 dumpkeys의 내용이다.

```
# dumpkeys
keymaps 0-127
keycode   1 = Escape
      alt       keycode 1 = Meta_Escape
      shift   alt       keycode 1 = Meta_Escape
      altgr   alt       keycode 1 = Meta_Escape
      shift   altgr   alt       keycode 1 = Meta_Escape
      control alt       keycode 1 = Meta_Escape
      shift   control alt       keycode 1 = Meta_Escape
      ------------------ 이하 생략 --------------------
```

<table>
<tr><td>명령어</td><td>e2fsck</td><td>OS</td><td>L</td></tr>
<tr><td>키워드</td><td>리눅스 파일시스템 점검</td><td>경로</td><td>/sbin/e2fsck</td><td>중요도</td><td>☆ ☆ ☆</td></tr>
<tr><td>요약</td><td colspan="3">ext2와 ext3 파일시스템을 점검한다</td></tr>
</table>

❶ 이렇게 써요

```
e2fsck [옵션] 장치 이름,
```

-b superblock : 기본 슈퍼 블록을 사용하지 않고, 지정한 슈퍼 블록을 불러온다

-B blocksize : 슈퍼 블록을 찾기 위해, 지정한 블록 사이즈를 사용한다.

-c : 배드 블록을 체크한다.

-f : 파일시스템에 이상 유무에 상관없이 강제로 파일시스템을 체크한다.

-l bad_blocks_file : 지정한 배드 블록 파일을 배드 블록 목록에 추가한다.

-L bad_block_file : 지정한 배드 블록 파일을 배드 블록 목록으로 설정한다.

-n : 파일시스템을 읽기 전용으로 열고, 질문에 대해 no로 한다.

-p : 사용자 의견을 묻지 않고, 자동으로 파일시스템을 체크한다.

-v : 상세한 정보를 출력한다.

-y : 파일시스템을 읽기 전용으로 열고, 질문에 대해 yes로 답한다.

❶ 설명 및 예제

e2fsck 명령어는 fsck 명령어에 -t ext2 옵션을 붙인 것과 동일한 명령어이다. fsck나 e2fsck는 파일시스템을 검사하는 명령어이기 때문에 사용 중인 파일시스템을 검사할 수 없다. 그러므로 명령어 실행 전에 꼭 파티션을 언마운트해야 한다. 또한 시스템의 부팅 시 파일시스템을 검사하므로 별도로 이 명령을 사용하는 일은 드물다. 시스템 부팅 시 심각한 문제를 만난 경우 다음과 같은 메시지를 출력하며 중단된다.

```
*** An error occurred during the file system check
*** Dropping you to a shell; the system will reboot
*** when you leave the shell.
Give root password for maintence
(or type Control-D for normal startup):      => root 패스워드 입력
(Repair filesystem) #
```

만일 그대로 부팅하려면 Ctrl + D 키를 입력한다. 위의 예제와 같이 루트 패스워드를 입력하면 프롬프트를 볼 수 있다. 이런 경우 fsck 명령을 사용하여 파일시스템을 체크할 수 있다.

```
(Repair filesystem) # fsck /dev/hda1
```

> **TIP**
> 파티션 정보를 보고 싶다면 fdisk -l 명령을 이용한다.

위의 예제에서 /dev/hda1은 리눅스가 설치되어 있는 파티션을 뜻한다.

아래 예제에서 /dev/hdc1 파티션이 /hdc1 디렉터리에 마운트되었다고 가정하면,
e2fsck 명령을 실행하기 앞서 /hdc1 디렉터리는 반드시 언마운트해야 한다.

```
# umount /hdc1
# e2fsck /dev/hdc1
e2fsck 1.39 (29-May-2006)
/hdc was not cleanly unmounted, check forced.
Pass 1: Checking inodes, blocks, and sizes
Pass 2: Checking directory structure
Pass 3: Checking directory connectivity
Pass 4: Checking reference counts
Pass 5: Checking group summary information
/hdc: 5766/794976 files (1.9% non-contiguous), 1293868/1586962 blocks
```

❶ 관련 명령어

fsck : 파일시스템을 점검한다.

<table>
<tr><td>명령어</td><td>e2lable</td><td>OS</td><td>L</td></tr>
<tr><td>키워드</td><td>파일시스템 레이블 변경</td><td>경로</td><td>/sbin/e2lable</td><td>중요도</td><td>☆☆</td></tr>
<tr><td>요약</td><td colspan="5">파일시스템의 레이블을 출력하거나 변경한다</td></tr>
</table>

❶ 이렇게 써요

e2lable 디바이스 [새로운 레이블]

❶ 설명 및 예제

e2lable 명령어는 지정한 파일시스템의 레이블을 출력하거나 새롭게 레이블을 생성할 수 있다. 먼저 fdisk 명령어로 시스템의 파일시스템이 어떻게 구성되어 있는지 확인해보자. 아래 예제의 Linux 시스템은 /dev/sda5와 /dev/sda7 파일시스템으로 파티셔닝되어 있다.

```
# fdisk -l
Disk /dev/sda: 500.1 GB, 500107862016 bytes
255 heads, 63 sectors/track, 60801 cylinders
Units = cylinders of 16065 * 512 = 8225280 bytes
Disk identifier: 0x1cda073d
Device Boot     Start     End      Blocks       Id    System
/dev/sda1       1         1959     15728640     27    Unknown
/dev/sda2   *   1959      1972     102400       7     HPFS/NTFS
/dev/sda3       1972      20500    148832256    7     HPFS/NTFS
```

e2lable에 파일시스템을 지정하면 현재 지정된 레이블을 볼 수 있는데, 지정된 레이블이 없으면 공백으로 출력된다.

```
# e2label /dev/sda7
```

/dev/sda7 파일시스템에 build라는 레이블 이름을 지정할 수 있다.

```
# e2lable /dev/sda7 build
# e2lable /dev/sda7
build
```

❶ 관련 명령어

mke2fs : ext2 파일시스템을 생성한다.
tune2fs : ext2 파일시스템의 파라미터를 설정한다.

<table>
<tr><td>명령어</td><td>echo</td><td>OS</td><td>L=U</td></tr>
<tr><td>키워드</td><td>환경 변수 출력</td><td>경로</td><td>내부 명령어</td><td>중요도</td><td>☆☆</td></tr>
<tr><td>요약</td><td colspan="5">시스템의 환경 변수 또는 입력 내용을 화면에 출력한다</td></tr>
</table>

❶ 이렇게 써요

```
echo [옵션] [문자열]
```

-n : 마지막에 따라오는 개행 문자^newline (화면상에서 커서를 한 줄 아래로 내리도록 하는 코드로서, 아스키 문자 셋에서 10진수로 "10"에 해당하는 값을 갖는다) 문자를 출력하지 않는다.

-e : 문자열에서 역슬래시(₩)와 조합되는 이스케이프 문자^escape sequence를 인용부호(")로 묶어 문자를 인식하도록 한다.

이스케이프 문자 종류

₩a	경고음 (벨) 소리를 낸다.
₩b	백스페이스
₩c	마지막 개행 문자를 출력하지 않는다.
₩f	폼 피드^form feed (프린터에서 용지 바꿈) 형식으로 출력한다.
₩n	개행 문자을 출력한다.
₩r	캐리지 리턴^carriage retrurn(커서를 그 줄의 맨 앞으로 옮기는데 사용되는 특수한 코드로, 아스키 문자 셋에서 CR은 십진수 "13"에 해당되는 값이다)
₩t	수평 탭
₩v	수직 탭
₩₩	역슬래시
₩nnn	ASCII 코드가 nnn (8진수)인 문자

--help : 사용법을 출력한다.

--version : 버전 정보를 출력한다.

❶ 설명 및 예제

echo는 지정한 문자열을 출력하는 명령어로, 문자열과 함께 개행 문자를 덧붙여 출력한다. 이는 셸에서 자체적으로 포함하는 내부 환경 변수를 확인할 경우 주로 사용한다.

내부에서 사용하는 환경 변수를 먼저 살펴보자.

```
# set | more
BASH = /bin/bash
```

```
BASH_ENV = /root/.bashrc
BASH_VERSINFO = ([0] = "2" [1] = "05" [2] = "10" [3] = "1" [4] = "release" [5]
 = "i386- redhat-linux-gnu")
BASH_VERSION = $'2.05.10(1)-release'
COLORS = /etc/DIR_COLORS
COLUMNS = 82
DIRSTACK = ( )
EUID = 0
GROUPS = ( )
HISTFILE = /root/.bash_history
HISTFILESIZE = 1000
HISTSIZE = 1000
HOME = /root
HOSTNAME = ns.linuxroot.co.kr
HOSTTYPE = i386
IFS = $' \t\n'
INPUTRC = /etc/inputrc
JLESSCHARSET = ko
KDEDIR = /usr
LAMHELPFILE = /etc/lam/lam-helpfile
LANG = ko_KR.eucKR
LC_ALL = ko_KR.eucKR
LD_LIBRARY_PATH = /usr/lib/qt/lib:
LESSOPEN = $'|/usr/bin/lesspipe.sh %s'
LINES = 30
LOGNAME = root
```

echo명령으로 HOME 환경 변수를 출력해 보자. 환경 변수를 출력하려면 $문자를 붙
여야 한다.

```
# echo $HOME
/root
```

환경 변수를 보지 않고, 자체 문자열을 출력하려면 다음과 같다.

```
# echo HOME
HOME
```

echo 명령어에서 기본으로 추가되는 개행 문자를 삭제해 보자.

```
# echo -n HOME
HOME#
```

echo -e 명령을 사용하여 이스케이프 문자를 인식할 수도 있다. 이 때에는 시스템에서 경고음을 낸다.

```
# echo -e "\a"
```

\t, \n, \r을 따로따로 사용할 수도 있다.

```
# echo -e "test\ttest\ntest\rtest"
test    test
test
# echo "test\ttest\ntest\rtest"
test\ttest\ntest\rtest
```

<table>
<tr><td>명령어</td><td>egrep</td><td>OS</td><td>L=U</td></tr>
<tr><td>키워드</td><td>문자열 검색</td><td>경로</td><td>/bin/egrep</td><td>중요도</td><td>☆</td></tr>
<tr><td>요약</td><td colspan="5">파일 내의 문자열을 지정한 패턴으로 추출한다</td></tr>
</table>

❶ 이렇게 써요

egrep [옵션] [패턴] 파일

grep과 거의 유사하므로 grep을 참고하자.

❶ 설명 및 예제

egrep 명령어는 정규표현식으로 작성한 검색어를 파일 내에서 검색한다.

이는 ₩(, ₩), ₩n, ₩〈, ₩〉, ₩{, ₩} 형식의 정규표현식은 지원하지 않고 확장된 +, ?, |, ( ) 형식만 지원한다. 또한 정규표현식은 따옴표로 묶어야만 한다. 만일 실행 결과가 0이라면 하나라도 검색된 것이고, 1이면 검색된 내용이 없으며 2라면 오류가 발생했음을 나타낸다.

아래 예제는 egrep으로 testfile 파일에서 HanbitMedia와 hanb을 포함한 문자열을 모두 출력하라는 요청을 보낸 결과이다.

```
# echo -e "hanbit\nHanbitMedia\n www.hanb.co.kr" >testfile
# cat testfile
Hanbit
HanbitMedia
www.hanb.co.kr

# egrep '(HanbitMedia|hanb)' testfile
HanbitMedia
www.hanb.co.kr
```

<table>
<tr><td>명령어</td><td colspan="3">eject</td><td>OS</td><td>L=U</td></tr>
<tr><td>키워드</td><td>CD-ROM 자동 배출</td><td>경로</td><td>/usr/bin/eject</td><td>중요도</td><td>☆☆</td></tr>
<tr><td>요약</td><td colspan="5">미디어의 마운트를 해제하고 제거한다</td></tr>
</table>

❶ 이렇게 써요

```
eject [옵션] [장치]
```

-h, --help : 간단한 사용법을 출력한다.

-v, --verbose : 자세한 설명을 출력한다.

-d, --default : eject가 실행되는 기본 장치명을 출력한다.

-a, --auto on|1|off|0 : auto-eject 모드를 on/off 설정한다.

-c, --changerslot 〈slot〉 : ATAPI/IDE CD-ROM 체인저에서 CD 슬롯을 선택할 수 있다. 이는 리눅스 커널 2.0 이상에서 작동한다. CD-ROM 드라이브가 작동하는 동안 (데이터 CD가 마운트되었거나, 음악 CD가 플레이되고 있는 중)에는 쓰일 수 없다. 참고로 첫 번째 슬롯은 1이 아니라, 0이다.

-t, --trayclose : CD-ROM 트레이를 닫는 옵션으로 모든 장치에 지원되는 것은 아니다.

-x, --cdspeed 〈speed〉 : CD-ROM 스피드를 지정한다. 예를 들어 8배속이라면 8을 입력하나, 모든 장치가 지원되는 것은 아니다.

-n, --noop : 실제 CD-ROM을 꺼내지 않고 eject하는 장치명을 출력한다.

-r, --CD-ROM : CD-ROM을 꺼낸다.

-s, --scsi : 스카시 장치를 꺼낸다.

-f, --floppy : 플로피를 꺼낸다

-p, --proc : /etc/mtab 대신 /proc/mounts 파일을 이용한다.

-V, --version : 버전 정보를 출력한다.

❶ 설명 및 예제

eject는 CD-ROM, 플로피 디스크, 테이프, JAZ나 ZIP 디스크 같은 장치를 명령어를 사용하여 제거할 수 있다. 이는 멀티 디스크 CD-ROM 체인저나 auto-eject를 지원하는 장치를 제어 할 수 있으며, 몇몇 CD-ROM 드라이브의 디스크 트레이를 닫을 수도 있다. 기본 장치인 CD-ROM 트레이를 배출하자.

```
# eject
```

-t 옵션으로 CD-ROM 트레이를 닫아보자.

```
# eject -t
```

d 옵션으로 eject가 실행되는 기본 장치명을 출력한다.

```
# eject -d
eject: default device: 'CD-ROM'
```

SCSI

SCSI란 small computer system interface의 약자로 컴퓨터에서 주변기기를 접속하기 위한 직렬 표준 인터페이스이다. 입출력 버스를 접속하는데 필요한 기계적, 전기적인 요구 사항과 모든 주변 장치에 대한 명령어 집합에 대한 규격을 말하며, 보통 스카시라고 읽는다. SCSI는 주변기기의 번호만 각각 지정해 주면 자료의 충돌 문제를 걱정하지 않고도 주변 장치를 제어할 수 있다.

<table>
<tr><td>명령어</td><td>enable</td><td>OS</td><td>L=U</td></tr>
<tr><td>키워드</td><td>내부 명령어 사용허가 설정</td><td>경로</td><td>shell 내부 명령어</td><td>중요도</td><td>☆</td></tr>
<tr><td>요약</td><td colspan="5">내부 명령어 이름의 사용 허가와 불가를 설정한다</td></tr>
</table>

❶ 이렇게 써요

```
enable [옵션] 이름
```

-a : 모든 내부 명령어를 출력한다.

-n : 해당 이름을 내부 명령어로 사용할 수 없도록 설정한다. 이름을 지정하지 않으면 현재 막아 놓은 명령어 목록을 출력한다.

-f filename : 해당 파일을 내부 명령어에 등록한다.

❶ 설명 및 예제

enable을 이용하면 내부 명령어의 사용을 허가하거나 사용하지 못하도록 설정할 수 있다.

kill이라는 내부 명령어 이름을 더 이상 사용할 수 없게 설정해 보자.

```
# enable -n kill
# enable -n
enable -n kill
```

다시 kill을 내부 명령어로 사용할 수 있게 하고 등록이 잘되었는지 확인해 본다.

```
# enable kill kill
# enable | grep -i kill
enable kill
```

<table>
<tr><td>명령어</td><td>env</td><td>OS</td><td>L=U</td></tr>
<tr><td>키워드</td><td>환경 변수 보기</td><td>경로</td><td>내부 명령어</td><td>중요도</td><td>☆☆</td></tr>
<tr><td>요약</td><td colspan="5">환경 변수 값을 확인 혹은 변경한다</td></tr>
</table>

❶ 이렇게 써요

```
env [옵션] [변수＝값...] [명령 [인수...]]
```

-i, --ignore-environment : 현재 환경을 무시하고 지정한 변수값을 따른다.

-u, --unset name : 지정한 변수를 제거한다.

--help : 사용법을 출력한다.

--version : 버전 정보를 출력한다.

❶ 설명 및 예제

env은 현재 지정되어 있는 환경 변수들을 출력하거나, 새로운 환경 변수를 설정하고 적용된 내용을 출력하는 명령어이다. 이 명령으로 변수를 지정하면 사용 중인 현재 환경에만 적용되고 시스템을 재부팅하면 지정한 내용은 사라진다.

```
# env
PWD=/root HOSTNAME=ns.linuxroot.co.kr
LD_LIBRARY_PATH=/usr/lib/qt/lib:
PVM_RSH=/usr/bin/rsh
QTDIR=/usr/lib/qt
LESSOPEN=¦/usr/bin/lesspipe.sh %s
MANPATH=/usr/lib/qt/man:
------------------------------- 중 략 -------------------------------
PVM_ROOT=/usr/share/pvm3
TERM=vt100
HOME=/root
PATH=/usr/lib/qt/bin:/usr/kerberos/sbin:/usr/kerb
eros/bin:/bin:/sbin:/usr/bin:/usr/sbin:/usr/local/bin
:/usr/local/sbin:/usr/bin/X11:/usr/X11R6/bin:/root/bin

JLESSCHARSET=ko
_=/usr/bin/env
OLDPWD=/mnt/CD-ROM/Hancom/RPMS
```

❶ 관련 명령어

export : 환경 변수를 확인 및 수정한다.

<table>
<tr><td>명령어</td><td colspan="3">ethtool</td><td>OS</td><td>L</td></tr>
<tr><td>키워드</td><td>이더넷 카드 설정 및 보기</td><td>경로</td><td>/usr/sbin/ethtool</td><td>중요도</td><td>☆☆</td></tr>
<tr><td>요약</td><td colspan="5">이더넷 카드의 설정을 출력하거나 변경한다</td></tr>
</table>

❶ 이렇게 써요

```
ethtool ethX
ethtool -A|--pause ethX [autoneg on|off] [rx on|off] [tx on|off]
ethtool -s ethX speed N [duplex half|full] [port tp|aui|bnc|mii] [autoneg on|off] [wol p|u|m|b|a|g|s|d...]
```

-a, --show-pause : 지정한 이더넷 디바이스에서 pause 파라미터 정보를 쿼리한다.

-A, --pause : 지정한 이더넷 디바이스의 pause 파라미터를 변경한다.

-h, --help : 도움말을 출력한다.

파라미터

autoneg on|off : autonegotiation을 on/off를 설정한다.

rx on|off : RX를 on/off를 설정한다.

tx on|off : TX를 on/off를 설정한다.

sg on|off : scatter-gather를 on/off를 설정한다.

tso on|off : TCP segmentation offload를 on/off를 설정한다.

ufo on|off : UDP fragmentation offload를 on/off를 설정한다.

gso on|off : generic segmentation offload를 on/off를 설정한다.

gro on|off : generic receive offload를 on/off를 설정한다.

lro on|off : large receive offload를 on/off를 설정한다.

speed N : 전송 속도를 Mb/s단위로 설정한다.

duplex half|full : full/half도 duplex 모드를 설정한다.

port tp|aui|bnc|mii : 디바이스 포트를 선택한다.

wol p|u|m|b|a|g|s|d... : Wake-on-LAN 옵션을 설정한다.

    p : 물리적 액티비티를 활성화한다.

    u : 유니캐스트 메시지를 활성화한다.

    m : 멀티캐스트 메시지를 활성화한다.

    b : 브로드캐스트 메시지를 활성화한다.

    a : ARP를 활성화한다.

    g : 매직패킷^{MagicPacket}을 활성화한다.

    s : 매직패킷을 위한 시큐어 패스워드를 활성화한다.

    d : wol를 비활성화한다.

> **TIP**
> 매직패킷은 포트 0, 7, 9번 중에 하나를 통해 보내는 브로트 캐스로로 UDP에서 자주 쓴다.

❶ 설명 및 예제

ethtool 명령어는 이더넷의 설정 내용을 보거나 세부적인 설정을 위해 이더넷 장치를 지정한다.

```
# ethtool eth0
Settings for eth0:
```

```
          Supported ports: [ TP ]
          Supported link modes:   10baseT/Half 10baseT/Full
                                  100baseT/Half 100baseT/Full
                                  1000baseT/Half 1000baseT/Full
          Supports auto-negotiation: Yes
          Advertised link modes:  10baseT/Half 10baseT/Full
                                  100baseT/Half 100baseT/Full
                                  1000baseT/Half 1000baseT/Full
          Advertised pause frame use: No
          Advertised auto-negotiation: Yes
          Link partner advertised link modes:  Not reported
          Link partner advertised pause frame use: No
          Link partner advertised auto-negotiation: No
          Speed: 100Mb/s
          Duplex: Full
          Port: Twisted Pair
          PHYAD: 0
          Transceiver: internal
          Auto-negotiation: on
          MDI-X: Unknown
          Supports Wake-on: pg
          Wake-on: d
          Current message level: 0x000000ff (255)
          Link detected: yes
```

아래와 같이 현재 네트워크 전송속도가 100Mb/s로 되어 있다면 이를 1,000Mb/s로 설정할 수 있다.

```
# ethtool -s eth0 speed 1000 autoneg off
# ethtool eth0|grep Speed
        Speed: 1000Mb/s
```

참고로 autoneg 옵션을 다시 on으로 하고, eth0 카드를 확인하면 100Mb/s로 바뀔 때가 있다. 이럴 때는 eth0 카드와 연결된 네트워크의 스위치 설정이 Full Duplex이기 때문이다. 이 외에도 다양한 이더넷 장치의 설정을 출력하거나 변경할 수 있다.

❶ 관련 명령어

mii-tool : 네트워크 인터페이스 상태를 확인한다.

<table>
<tr><td>명령어</td><td colspan="3">ex</td><td>OS</td><td>Ⓛ=Ⓤ</td></tr>
<tr><td>키워드</td><td>라인 편집기</td><td>경로</td><td>/bin/ex</td><td>중요도</td><td>☆</td></tr>
<tr><td>요약</td><td colspan="5">라인 단위의 대화식 텍스트 에디터</td></tr>
</table>

❶ 이렇게 써요

```
ex [파일]
```

❶ 설명 및 예제

ex는 라인 단위의 대화식 텍스트 에디터로 지금은 거의 사용되지 않고 VI 에디터에 내장되었다. 그러므로 ex 에디터의 기능은 VI에서 설명한다.

여기서 잠깐

ed에서 vi까지

ed	유닉스 기본 행 단위 편집기
ex	발전된 형태의 ed^{Extended ed}
VI	화면 편집기. ex 명령을 채택하였다.
VI 클론	발전된 형태의 VI로, 대표적인 것은 VIM. elvis 등이 있다.

커널에 사용자 이름 넣기

uname -a로 배포판의 커널 버전을 확인해 보면 2.6.29-1 혹은 2.6.32-1hl과 같이 커널의 버전 뒤에서 릴리즈 번호를 볼 수 있다. 이와 같이 커널을 컴파일할 때 커널 릴리즈 정보에 사용자의 이니셜이나 원하는 단어 등을 넣을 수 있다. 커널 소스 내의 가장 상위의 Makefile 파일을 열어보면 EXTRAVERSION=가 있다. 이 뒤에 원하는 내용을 입력하면 빌드된 커널 정보에 추가한 내용을 확인 할 수 있다. 예를 들어 다음과 같이 입력하고 저장해 보자.

```
EXTRAVERSION = -linuxguru
```

새롭게 빌드한 커널을 시스템에 설치 후 **uname -a** 명령어로 확인하면 2.6.29-linuxguru와 같이 표시된다.

<table>
<tr><td>명령어</td><td colspan="3">expand</td><td>OS</td><td>L=U</td></tr>
<tr><td>키워드</td><td>문서 변환</td><td>경로</td><td>/usr/bin/expand</td><td>중요도</td><td>☆</td></tr>
<tr><td>요약</td><td colspan="5">탭을 스페이스로 변환한다.</td></tr>
</table>

❶ 이렇게 써요

```
expand [옵션] [파일명...]
```

-t, --tabs=NUMBER : 탭 간격을 조절한다. 기본값은 8이나, 지정한 숫자에 따라 탭의 칸을 조정할 수 있다.

--help : 사용법을 출력한다.

--version : 버전 정보를 출력한다.

❶ 설명 및 예제

expand 명령어는 파일 내의 탭을 지정한 스페이스의 수로 변환한다. 예를 들어 아래 내용을 가진 test 파일이 있다.

첫 줄은 탭이 스페이스로 변하는 것을 확인하기 위해, 단어 사이에 탭 한 개와 같은 너비를 갖는 3개의 스페이스를 두었다. 두 번째 줄은 탭 한개로 단어를 띄어 놓았고, 세번째 줄은 탭 세개로 단어 사이를 띄어 놓았다.

```
$ cat test
Hello   World! : 3 spaces
Hello World! : 1 tab
Hello World! : 3 tabs
```

이 파일에 포함된 탭을 스페이스로 변환해 보자. -t 1은 탭을 스페이스 1개로 변환하라는 옵션이다.

```
$ expand -t 1 test
Hello   World! : 3 spaces
Hello World! : 1 tab
Hello   World! : 3 tabs
```

3개의 탭을 갖고 있던 세번째 줄은 3개의 스페이스로 변경되어 첫 번째 줄과 단어 사이 간격이 같아 진 것을 확인할 수 있다.

<table>
<tr><td>명령어</td><td>expr</td><td></td><td></td><td>OS</td><td>L=U</td></tr>
<tr><td>키워드</td><td>표현식 평가</td><td>경로</td><td>/usr/bin/expr</td><td>중요도</td><td>☆</td></tr>
<tr><td>요약</td><td colspan="5">지정한 인수를 표현식으로 인식한다</td></tr>
</table>

❶ 이렇게 써요

```
expr [인수]
```

❶ 설명 및 예제

이 명령어는 셸 스크립트를 작성할 때 자주 쓰인다. 예를 들어 주어진 인수를 계산식으로 인식하여 연산할 수 있다. 아래는 이에 대한 간단한 예이다.

```
# expr 1 + 2
3
```

일반적으로는 문자열을 연산이 가능한 식으로 인식하여 결과값을 돌려준다.

> **TIP**
> 항목 하나 하나를 띄어 쓸 때만 원하는 결과를 얻을 수 있다. "1 + 2"가 아니라 "1+2"로 쓰면 문자열로 인식한다.

여기서 잠깐

하위 디렉터리 안의 파일 내용 모두 수정하기

여러 파일 안에 있는 "경기도"라는 글자를 "강원도"라고 수정할 때 하위 디렉터리에 있는 파일들까지 모두 수정할 수 있다면 매우 편리할 것이다. 먼저 "경기도"라는 문자가 들어있는지를 하위 디렉터리의 파일까지 모두 검색해 보자.

```
#grep 경기도 * -rls
```

특정 문자열을 다른 문자열로 변경할 때에는 VI 에디터를 사용하여 다음과 같이 할 수 있다. -c 옵션을 사용하면 파일을 열면서 동시에 지시한 vi 명령을 수행한다.

```
vim -c :%s/경기도/강원도/g
```

이 두 가지를 한 번에 연결하여 보자. 다음과 같이 for 문을 사용하여 한 줄에 입력하는 것만으로도 모든 작업을 수행할 수 있다.

```
for i in 'grep 경기도 * -rls' ; do (vim -c :%s/경기도/강원도/g -c :wq $i); done
```

명령어	**fdformat**			OS	L=U
키워드	플로피 디스크 포맷	경로	/usr/bin/fdformat	중요도	☆
요약	플로피 디스크를 포맷한다				

❗ 이렇게 써요

fdformat [-n] 디바이스명

-n : 포맷을 실행한 후에 디스크 표면 검사를 하지 않는다.

❗ 설명 및 예제

리눅스에서 플로피 디스크의 디바이스명은 /dev/fd0, /dev/fd1이다. 하지만 포맷을
하려면 용량을 지정해야 하는데, 만일 1.44MB의 플로피 디스크라면 /dev/fd0H1440
디바이스명을 포맷해야 한다. 아래는 디바이스명을 나열한 것이다. 시스템에 인식되어
있는 디바이스명은 dmesg 명령어로 확인할 수 있다.

```
# dmesg | grep floppy
Floppy drive(s): fd0 is 1.44M
```

현재 시스템이 인식되어 있는 플로피 디스크 디바이스명은 fd0이므로, 이를 포맷해 보자.

```
# fdformat /dev/fd0
Double-sided, 80 tracks, 18 sec/track. Total capacity 1440 kB.
Formatting ... done
Verifying ... Problem reading cylinder 0, expected 18432, read 8192
```

플로피 디스켓을 넣고 /dev/fd0를 포맷한다. 플로피 장치가 1.44M용이므로 /dev/
fd0H1440을 지정하여도 된다.

```
# fdformat /dev/fd0H1440
Duuble-szied, 80 tracks, 18 sec/track. Total capacity 1440 kB.
Formatting...done
Varifying...done
```

ls /dev/fd0* 명령으로 장치를 살펴보면 용량에 따라 아래와 같은 디바이스명을 살
펴 볼 수 있다. 이것은 모두 플로피 디스크에 해당하며, 대부분 사용하는 것은 /dev/
fd0H1440이다.

```
# ls /dev/fd0*
/dev/fd0          /dev/fd0u1120     /dev/fd0u1680     /dev/fd0u1743
/dev/fd0u1840     /dev/fd0u360      /dev/fd0u800      /dev/fd0u830
/dev/fd0u1040     /dev/fd0u1440     /dev/fd0u1722     /dev/fd0u1760
/dev/fd0u1920     /dev/fd0u720      /dev/fd0u820
```

여기서 잠깐

xhost 활용하기

두 대의 컴퓨터가 있을때, 다음의 방법을 이용하면 별도의 설치 없이 B컴퓨터에 설치되어 있는 어플리케이션을 A컴퓨터에서 사용할 수 있다. A컴퓨터의 IP는 192.168.123.1, B컴퓨터의 IP는 192.168.123.1 이라고 하자. 먼저 B컴퓨터에서 A컴퓨터가 접속하는 것을 허용해 주어야 한다. 이 명령은 B컴퓨터에서 수행한다.

```
# xhost + 192.168.123.1
```

그 다음 A컴퓨터에서 B컴퓨터로 접속해야 한다.

```
# ssh -X root@192.168.123.2
```

접속 후 B컴퓨터의 DISPLAY 환경 변수를 A컴퓨터의 주소로 출력하도록 설정한다.

```
# export DISPLAY=192.168.123.1
```

테스트를 위해 xterm을 실행해 보자.

```
# xterm &
```

<table>
<tr><td>명령어</td><td>fdisk</td><td>OS</td><td>L=U</td></tr>
<tr><td>키워드</td><td>파티션 설정</td><td>경로</td><td>/sbin/fdisk</td><td>중요도</td><td>☆☆</td></tr>
<tr><td>요약</td><td colspan="5">파티션을 설정한다</td></tr>
</table>

❶ 이렇게 써요

```
fdisk [옵션] [디바이스명]
```

-b sectorsize : 디스크의 섹터 크기를 지정한다. 512, 1024, 2048, 4096을 쓸 수 있다.

-h : 사용법을 출력한다.

-c : DOS 호환 모드를 비활성화한다.

-C cyls : 디스크의 실린더 수를 지정한다.

-H heads : 디스크의 헤더 수를 지정한다.

-S sects : 디스크의 트랙당 섹터 수를 지정한다.

-l : 현재 시스템의 파티션 테이블을 출력한다. 디바이스를 지정하지 않으면, /proc/partitions의 정보를 출력한다.

-u : 파티션 테이블 목록을 출력할 때, 실린더 대신에 섹터의 크기를 출력한다.

-s 파티션 : 파티션의 크기를 출력한다.

-v : 버전 정보를 출력한다.

❶ 설명 및 예제

리눅스를 설치할 때 파티션 설정은 보통 Disk Druid와 fdisk, cfdisk 명령어를 사용한다. 간단한 설정은 Disk Druid로 할 수 있으나 좀 더 세부적인 파티션 설정은 fdisk를 이용해야 한다. 먼저 설치된 리눅스에서 /dev/hda 디바이스를 fdisk 명령어로 보도록 하자. -l 옵션을 이용하면 지정한 파티션의 정보를 볼 수 있다.

```
# fdisk -l /dev/sda

Disk /dev/sda: 80.0 GB, 80026361856 bytes
255 heads, 63 sectors/track, 9729 cylinders
Units = cylinders of 16065 * 512 = 8225280 bytes

Device Boot      Start       End      Blocks     Id     System
/dev/sda1    *     1         3824     30716248+    83     Linux
/dev/sda2         3825       4085      2096482+    82     Linux swap / Solaris
```

-s 옵션으로 각각 지정한 파티션의 크기를 살펴볼 수 있다.

```
# fdisk -s /dev/sda
78150744
```

```
# fdisk -s /dev/sda1
30716248
```

fdisk를 사용하여 /dev/sda의 파티션을 설정해 보자.

```
# fdisk /dev/sda

The number of cylinders for this disk is set to 9729.
There is nothing wrong with that, but this is larger than 1024,
and could in certain setups cause problems with:
1) software that runs at boot time (e.g., old versions of LILO)
2) booting and partitioning software from other OSs
   (e.g., DOS FDISK, OS/2 FDISK)

Command (m for help):
```

m을 입력하면 사용법을 볼 수 있다.

```
Command (m for help): m
Command action
   a   toggle a bootable flag
   b   edit bsd disklabel
   c   toggle the dos compatibility flag
   d   delete a partition
   l   list known partition types
   m   print this menu
   n   add a new partition
   o   create a new empty DOS partition table
   p   print the partition table
   q   quit without saving changes
   s   create a new empty Sun disklabel
   t   change a partition's system id
   u   change display/entry units
   v   verify the partition table
   w   write table to disk and exit
   x   extra functionality (experts only)
```

p는 현재 파티션 테이블을 출력한다.

```
Command (m for help): p

Disk /dev/sda: 80.0 GB, 80026361856 bytes
255 heads, 63 sectors/track, 9729 cylinders
Units = cylinders of 16065 * 512 = 8225280 bytes


Device Boot      Start      End      Blocks      Id    System
/dev/sda1   *      1        3824     30716248+    83    Linux
/dev/sda2         3825      4085     2096482+     82    Linux swap / Solaris
```

command(m for help) : 다음에 입력할 수 있는 명령어는 아래와 같다.

- a : 부트 가능한 플래그로 변경
- b : bsd 디스크 레이블을 편집
- c : 도스·호환 플래그로 변경
- d : 파티션 삭제
- l : 알려진 파티션 형태의 목록
- m : 커맨드 메뉴 출력
- n : 새로운 파티션 추가
- o : 새로운 도스 파티션 테이블 생성
- p : 파티션 테이블 출력
- q : 변경을 저장하지 않고 종료
- s : 새로운 Sun 디스크 레이블 생성
- t : 파티션 종류 설정
- u : 표시/엔트리 단위 변경
- v : 파티션 테이블 점검
- w : 디스크에 테이블을 기록하고 빠져나감
- x : 전문가 메뉴로 진입(더 자세한 설정이 가능)

파티션을 나누고 파티션의 종류를 선택 할 때 t 를 사용한다. 파티션 종류를 보고 싶으면 아래와 같이 l 을 입력한다.

```
Command (m for help): t
Partition number (1-4): 3
Hex code (type L to list codes): l
```

0 Empty	1e Hidden W95 FAT1	80 Old Minix	bf Solaris
1 FAT12	24 NEC DOS	81 Minix / old Lin	c1 DRDOS/sec (FAT-
2 XENIX root	39 Plan 9	82 Linux swap / So	c4 DRDOS/sec (FAT-
3 XENIX usr	3c PartitionMagic	83 Linux	c6 DRDOS/sec (FAT-
4 FAT16 <32M	40 Venix 80286	84 OS/2 hidden C:	c7 Syrinx
5 Extended	41 PPC PReP Boot	85 Linux extended	da Non-FS data
6 FAT16	42 SFS	86 NTFS volume set	db CP/M / CTOS / .
7 HPFS/NTFS	4d QNX4.x	87 NTFS volume set	de Dell Utility
8 AIX	4e QNX4.x 2nd part	88 Linux plaintext	df BootIt
9 AIX bootable	4f QNX4.x 3rd part	8e Linux LVM	e1 DOS access
a OS/2 Boot Manag	50 OnTrack DM	93 Amoeba	e3 DOS R/0
b W95 FAT32	51 OnTrack DM6 Aux	94 Amoeba BBT	e4 SpeedStor
c W95 FAT32 (LBA)	52 CP/M	9f BSD/OS	eb BeOS fs
e W95 FAT16 (LBA)	53 OnTrack DM6 Aux	a0 IBM Thinkpad hi	ee EFI GPT
f W95 Ext'd (LBA)	54 OnTrackDM6	a5 FreeBSD	ef EFI (FAT-12/16/
10 OPUS	55 EZ-Drive	a6 OpenBSD	f0 Linux/PA-RISC b
11 Hidden FAT12	56 Golden Bow	a7 NeXTSTEP	f1 SpeedStor
12 Compaq diagnost	5c Priam Edisk	a8 Darwin UFS	f4 SpeedStor
14 Hidden FAT16 <3	61 SpeedStor	a9 NetBSD	f2 DOS secondary
16 Hidden FAT16	63 GNU HURD or Sys	ab Darwin boot	fb VMware VMFS
17 Hidden HPFS/NTF	64 Novell Netware	b7 BSDI fs	fc VMware VMKCORE
18 AST SmartSleep	65 Novell Netware	b8 BSDI swap	fd Linux raid auto
1b Hidden W95 FAT3	70 DiskSecure Mult	bb Boot Wizard hid	fe LANstep
1c Hidden W95 FAT3	75 PC/IX	be Solaris boot	ff BBT

그러면 예를 들어 fdisk 사용법 익혀보자. 현재 /dev/sda 하드디스크에는 sda1, sda2 파티션이 있다. 여기에 약 5GB의 FAT32 윈도우 파티션을 만들어보자. 물론 /dev/sda 에 5GB 이상의 공간이 남아 있어야 한다.

```
# fdisk /dev/sda

The number of cylinders for this disk is set to 9729.
There is nothing wrong with that, but this is larger than 1024,
and could in certain setups cause problems with:
1) software that runs at boot time (e.g., old versions of LILO)
2) booting and partitioning software from other OSs
   (e.g., DOS FDISK, OS/2 FDISK)
```

새로 파티션을 생성해야 하므로 n을 입력한다. 그리고 primary partition 수에 여유
가 있으므로 p를 선택한다.

```
Command (m for help): n
Command action
   e   extended
   p   primary partition (1-4)
p
```

파티션 1과 2는 이미 존재하므로 3으로 추가한다. 하드디스크 상의 파티션 추가 위치
는 sda2에 이어서 생성되기를 희망하므로 First cylinder에서 엔터를 입력하고, 추가
하고 싶은 용량을 써준다. 여기서는 약 5GB를 추가하므로 +5000M를 써 주고 엔터를
입력한다.

```
Partition number (1-4): 3
First cylinder (4086-9729, default 4086):
Using default value 4086
Last cylinder or +size or +sizeM or +sizeK (4086-9729, default 9729):
+5000M
```

여기까지 완료하면 파티션의 추가는 완료된 것이다. 다음으로 추가한 파티션의 종류를
설정해야 한다. t를 입력한 후 3번 파티션을 지정한다. 그리고 파티션 타입을 FAT32
로 설정하기 위해 c를 입력한다.

```
Command (m for help): t
Partition number (1-4): 3
Hex code (type L to list codes): c
Changed system type of partition 3 to c (W95 FAT32 (LBA))
```

설정이 끝나면 꼭 w를 입력하여 저장하자. 만약 저장하지 않으면 설정한 내용은 반영되
지 않는다. 저장하기를 원치 않는다면 q를 입력한다.

```
Command (m for help): w
The partition table has been altered!

Calling ioctl() to re-read partition table.
```

```
WARNING: Re-reading the partition table failed with error 16: Device or
resource busy.
The kernel still uses the old table.
The new table will be used at the next reboot.

WARNING: If you have created or modified any DOS 6.x
partitions, please see the fdisk manual page for additional
information.
Syncing disks.
```

fdisk -l 명령으로 추가된 파티션을 확인할 수 있다.

```
# fdisk -l /dev/sda

Disk /dev/sda: 80.0 GB, 80026361856 bytes
255 heads, 63 sectors/track, 9729 cylinders
Units = cylinders of 16065 * 512 = 8225280 bytes

Device Boot      Start       End      Blocks      Id      System
/dev/sda1   *    1          3824      30716248+   83      Linux
/dev/sda2        3825       4085      2096482+    82      Linux swap / Solaris
/dev/sda3        4086       4694      4891792+    c       W95 FAT32 (LBA)
```

<table>
<tr><td>명령어</td><td>fetchmail</td><td>OS</td><td>L</td></tr>
<tr><td>키워드</td><td>메일 긁어오기</td><td>경로</td><td>/usr/bin/fetchmail</td><td>중요도</td><td>☆</td></tr>
<tr><td>요약</td><td colspan="5">서버에서 메일을 검색하여 가져온다.</td></tr>
</table>

❶ 이렇게 써요

```
fetchmail [옵션] [서버명]
```

-V, --version : 버전 정보를 출력한다.

-c, --check : 실제로 메일을 가져오거나 삭제하지 않고 대기한다.

-s, --silent : 진행되는 동안의 상태 메시지를 출력하지 않는다.

-v, --verbose : 상세한 정보를 출력한다.

-u, --username : 메일 서버에 접속할 사용자 계정을 지정한다.

-p, --protocol : 프로토콜을 지정한다. 지정 가능한 프로토콜로는 AUTO, POP2, POP3, APOP, RPOP, KPOP, SDPS, IMAP, ETRN, ODMR이 있다.

-K, --nokeep : 받은 메일을 서버에서 삭제한다.

-k, --keep : 받은 메일을 서버에서 삭제하지 않는다.

❶ 설명 및 예제

fetchmail은 POP2, POP3, IMAP2bis, IMAP4, IMAPrevl 같은 프로토콜을 통해 서버에서 메일을 가져 오고, 메시지는 로컬에 있는 sendmail을 통해 25 포트로 전달하게 된다. 먼저 테스트를 위해 mail 명령을 통해 메일을 발송한다. 다른 메일 클라이언트를 이용해 메일을 발송해도 상관 없다.

```
# mail admin@linuxroot.co.kr
Subject: fetchmail testing
test
.
Cc:
```

fetchmail을 이용하여 메일을 로컬에 저장해 보자. 프로토콜은 POP3로 지정하며, 받은 메일은 서버에서 삭제하지 않는다. 받은 메일은 /var/spool/mail/root 파일에 저장한 내용을 출력한다.

```
# fetchmail -p pop3 -u admin -k mail.linuxroot.co.kr
Enter password for admin@mail.linuxroot.co.kr:
fetchmail: No mail for admin at mail.linuxroot.co.kr
You have new mail in /var/spool/mail/root
```

<table>
<tr><td>명령어</td><td>file</td><td>OS</td><td>L</td></tr>
<tr><td>키워드</td><td>파일 종류 확인</td><td>경로</td><td>/usr/bin/file</td><td>중요도</td><td>☆</td></tr>
<tr><td>요약</td><td colspan="5">파일의 종류와 파일 정보를 출력한다</td></tr>
</table>

❶ 이렇게 써요

```
file [옵션] 파일
```

-b, --brief : 지정한 파일명은 출력하지 않고, 파일의 유형만을 출력한다.

-f, --files-from 파일목록 : 파일목록에서 지정한 파일들에 대해서 명령을 실행한다.

-i, --mime: 사람이 읽을 수 있는 전통적인 형식이 아니라 MIME 타입 문자를 출력한다(예를 들어 ASCII text 를 text/plain; charset=us-ascii 형태로 출력한다).

-L, --dereference : 심볼릭 링크된 파일을 추적하여 원본 파일 정보를 출력한다.

-m, --magic-file 매직파일 : 매직파일을 지정한다(기본값은 /usr/share/file/magic이다).

-v, --version : 버전 정보를 출력한다.

-z, --uncompress : 압축된 파일의 내용을 출력한다.

--help : 사용법을 출력한다.

❶ 설명 및 예제

file 명령어는 파일 종류를 구분 짓는 유틸리티로 file 명령 뒤에 파일명을 입력하면 ascii나 text나 date 같은 파일 속성을 출력한다. /usr/share/magic나 /usr/lib/magic에 저장한 파일 정보를 참고하여 파일 속성을 출력한다. 아래 예제는 test 파일 속성을 알려준다.

```
# file test
test1: ASCII text
```

-b 옵션은 저장한 파일명은 제외하고 유형만을 출력한다.

```
# file -b test
ASCII text
```

-i 옵션은 MIME 타입을 볼 수 있다.

```
# file -i test1
file: Using regular magic file '/usr/share/magic.mime'
test1: text/plain; charset=us-ascii
```

<table>
<tr><td>명령어</td><td colspan="3">find</td><td>OS</td><td>L=U</td></tr>
<tr><td>키워드</td><td>파일 찾기</td><td>경로</td><td>내부 명령어</td><td>중요도</td><td>☆☆</td></tr>
<tr><td>요약</td><td colspan="5">주어진 조건을 검색하여 파일을 찾는다</td></tr>
</table>

❶ 이렇게 써요

```
find [패스] [옵션] [작업]
```

-name name : 지정된 이름의 파일을 찾는다.

-user name : user 소유의 파일을 찾는다.

-type [bcdfls] : 지정된 형식의 파일을 찾는다.

· b : 블록파일

· c : 문자

· d : 디렉터리

· f : 파일

· l : 링크파일

· s : 소켓

-size [+/-]n[bckw] : 지정된 크기의 파일을 찾는다.

· +n : n보다 크다

· -n : n보다 작다

· n : n이다

· b : 512-byte

· c : byte

· k : kilobytes

· w : 2-byte

-inum number : 지정한 아이노드 번호와 파일을 찾는다.

-print : 표준출력으로 검색된 파일명을 출력한다.

-exec command { } ₩; : 찾은 각 파일에 대해 지정된 명령을 실행한다.

-ok command { } ₩; : 실행 여부를 사용자에게 확인한 후 명령을 실행한다.

❶ 설명 및 예제

find는 주어진 조건에 따라 디렉터리를 검색해서 원하는 파일을 찾는 명령어이다. 실제로 find는 단순한 파일 검색 기능보다 다양하고 강력한 기능을 사용자에게 제공한다. 이때 지정한 조건식에 일치하는 파일을 -exec 명령어 형식으로 실행한다.

먼저 파일 이름을 검색하는 find 사용법을 알아보고 명령행을 이용한 find 사용법을 알아보자. find는 먼저 검색할 경로를 정의하고 추가적으로 옵션과 검색 키워드를 사용한다. root 디렉터리에서 word.awk를 검색해 보자. 이름을 기준으로 검색할 경우 -name 옵션을 사용해야 한다.

```
# find /root -name word.awk
 /root/word.awk
```

find 명령어로 찾은 결과값을 또 다른 명령어를 사용하여 처리할 수 있다. exec "command ₩;"는 find가 찾아낸 각각의 파일에 대해 해당 명령을 실행한다. 명령은 "₩;"로 끝나야 한다.

현재 디렉터리에 있는 모든 파일명 나열하기.

```
# find . -print
```

현재 디렉터리에 있는 디렉터리 나열하기.

```
# find . -type d -print
```

현재 디렉터리에서 파일 이름에 공백 문자가 들어간 모든 파일을 삭제하기.

```
# find . -name "* *" -exec rm -f {} \;
```

현재 디렉터리 파일 중 파일명에 비정상적인 글자를 포함한 파일 지우기.

```
# for filename in *
>do
>badname='echo "$filename" | sed -n >/[\+\{\;\"\\\=
\?~\(\)\<\>\&\*\|\$]/p'
>rm $badname 2>/dev/null
>done
```


검색된 파일시스템 모두 복사하기.

```
# mkdir /hdc1
# mount /dev/hdc1 /hdc1
# cd /home
# find . -depth -print l cpio -pmdvl /hdc1
```

지난 24시간 동안 변경된 디렉터리 목록을 changelist 파일로 만들기.

```
# find / -mtime -1 \! -type d -print > changelist
```

시스템에서 최근 5분간 변경된 모든 파일을 목록으로 만들기.

```
# find / -mmin -5 -print > changelist
```

rm 명령으로 지워지지 않는 파일을 find 명령으로 inode를 지정하여 삭제하기.

```
$ ls -i
858752 test.log
$ find . -inum 858752 -exec rm -rf {} \;
```

여기서 잠깐

MIME

아스키 데이터만을 처리할 수 있는 인터넷 전자우편 프로토콜 SMTP를 확장하여 오디오, 비디오, 이미지, 응용 프로그램 등 여러 가지 종류의 데이터 파일을 주고 받을 수 있도록 기능이 확장된 프로토콜이다.

<table>
<tr><td>명령어</td><td colspan="3">finger</td><td>OS</td><td>L=U</td></tr>
<tr><td>키워드</td><td>사용자 정보 보기</td><td>경로</td><td>/usr/bin/finger</td><td>중요도</td><td>☆☆</td></tr>
<tr><td>요약</td><td colspan="5">사용자 정보를 출력한다</td></tr>
</table>

❶ 이렇게 써요

```
finger [옵션] [사용자명] [user@host ...]
```

-l : 멀티라인 형식으로 사용자 홈 디렉터리, 집 전화번호, 로그인 셸, 메일 상태, 홈 디렉터리 파일 등과 함께 -s 옵션으로 보이는 정보를 출력한다.

-s : 사용자의 로그인 이름, 실제 이름, 터미널 이름, 상태, idle 시간, 로그인 시간, 사무실 위치, 사무실 전화를 출력한다.

❶ 설명 및 예제

finger는 특정 사용자 정보를 출력한다.

finger 명령어를 사용하면 사용자 계정 정보와 최근 로그인 정보, 이메일, 예약 작업 정보 등을 볼 수 있다.

```
# finger pirania
Login: pirania                    Name: (null)
Directory: /home/pirania         Shell: /bin/bash
On since Tue Jun  8 02:34 (EDT) on pts/1 from 192.168.1.102
Last login Tue Jun  8 03:18 (EDT) on pts/2 from 192.168.1.102
No mail.
No Plan.
```

<table>
<tr><td>명령어</td><td>free</td><td>OS</td><td>L=U</td></tr>
<tr><td>키워드</td><td>메모리 정보 보기</td><td>경로</td><td>/usr/bin/free</td><td>중요도</td><td>☆</td></tr>
<tr><td>요약</td><td colspan="5">시스템의 메모리 사용 현황을 출력한다</td></tr>
</table>

❶ 이렇게 써요

```
free [옵션]
```

-b : 메모리의 양을 바이트로 표시한다.

-k : 킬로바이트 단위로 표시한다.

-m : 메가바이트 단위로 표시한다.

-t : 총계가 포함된 줄을 출력한다.

-o : 버퍼에 조정된 줄의 출력을 비활성화한다.

-s : 지정된 초마다 출력하게 한다. 어떤 부동 소수점도 사용할 수 있다.

❶ 설명 및 예제

free 명령어는 시스템에서 사용하지 않는 메모리와 이미 사용하고 있는 물리적인 메모리, 스왑 메모리의 전체 용량 등의 메모리 사용 현황을 확인할 때 쓴다. 또한 커널에서 사용하는 공유 메모리와 버퍼 정보도 출력한다.

```
# free
                total     used      free      shared    buffers    cached
Mem:            785408    606716    178692    0         74336      402840
-/+ buffers/cache:        129540    655868
Swap:           2096472   0         2096472
```

free -s 초 명령은 지정한 초 간격으로 메모리 사용 현황을 업데이트하면서 출력한다.

```
# free -s 1
                total     used      free      shared    buffers    cached
Mem:            785408    606716    178692    0         74352      402840
-/+ buffers/cache:        129524    655884
Swap:           2096472   0         2096472

                total     used      free      shared    buffers    cached
Mem:            785408    606716    178692    0         74352      402840
-/+ buffers/cache:        129524    655884
Swap:           2096472   0         2096472
```

<table>
<tr><td>명령어</td><td colspan="3">fsck</td><td>OS</td><td>L≠U</td></tr>
<tr><td>키워드</td><td>파일시스템 점검</td><td>경로</td><td>/sbin/fsck</td><td>중요도</td><td>☆☆</td></tr>
<tr><td>요약</td><td colspan="5">파일시스템을 점검하고 복구한다</td></tr>
</table>

❶ 이렇게 써요

```
fsck [옵션]
```

-s : fsck를 연속으로 실행한다. 이는 두 개 이상의 파일시스템을 상호 대화형으로 실행할 때 유용하다. e2fsck 명령어는 기본값이 상호 대화형 모드이다. -p나 -a 옵션은 비 상호 대화형 모드로 실행하여 에러를 자동으로 수정한다. 만일 자동으로 수정하길 원치 않으면, -n 옵션을 사용한다.

-t 파일시스템 : 체크할 파일시스템의 타입을 지정한다. -A 옵션과 함께 지정한 파일시스템과 매칭되는 것만 체크한다. 파일시스템 파라미터는 콤마(,)로 구분한다. 콤마로 구분된 모든 파일시스템 목록 앞에 "no"나 "!"를 추가하면 검사 목록에서 제외된다.

-A : /etc/fstab에 등록된 내용을 참고하여 시스템에서 사용하는 모든 파일시스템에 대해 검사를 수행한다.

-N : 실제로 실행하지는 않고 작업 내용을 출력한다.

-P : -A 옵션과 함께 루트 파일시스템을 동시에 검사한다. 이 옵션은 루트 파티션의 손상이 의심될 경우에는 안전한 방법이 아니며, 손상된 경우는 루트 파일시스템을 작고 컴팩트하게 재파티셔닝해야 한다.

-R : -A 옵션과 함께 모든 파일시스템을 대상으로 체크할 경우 루트 파일시스템은 제외한다(이미 읽기/쓰기로 마운트되어 있는 경우).

-T : 시작할 때 제목을 출력하지 않는다.

-V : 자세한 정보를 출력한다.

-f : fsck는 파일시스템에 이상이 없다고 판단하면 검사하지 않는다. 이 옵션을 사용하면 무조건 검사한다.

-a : fsck를 수행하는 중 발생한 에러를 자동으로 처리하는 옵션이다. 검사 도중 만나는 질문에 일일이 대답하기가 귀찮거나 모두 y로 처리해도 무방한 경우에 사용한다.

-b : 슈퍼 블록이 손상되었을 경우 사용하는 옵션이다. 슈퍼 블록은 블록의 첫 번째에 위치하는데, 만일 슈퍼 블록이 손상되었다면 매 8192 블록마다 백업된 슈퍼 블록의 복사본을 가지고 슈퍼 블록을 복구해야 한다.

-n : 어떤 문제가 있을 때 이를 수정하지 않고, 문제점을 출력한다.

-r : 파일시스템의 문제를 하나씩 수정할 경우 확인 절차를 거친다.

-y : 파일시스템의 문제를 발견하였을 때 자동적으로 수정한다.

❶ 설명 및 예제

대부분 리눅스 시스템은 부팅 시 자동으로 파일시스템을 검사한다. 이는 /부팅 스크립트 (레드햇 기준으로 /etc/rc.sysinit)에 fsck 명령을 실행하는 설정이 있기 때문이다. 그러므로 수동으로 fsck로 검사하는 경우는 그렇게 많지 않고, 시스템을 시작할 때마다 파일시스템을 검사하고 자동으로 복구한다.

만일 복구 중에 디렉터리가 참조하지 않는 아이노드나 손상된 파일은 /lost+found 디렉터리에 옮겨서 보관한다.

fsck -f 명령을 사용하여 /dev/hdc1 파일시스템의 검사를 강제로 수행해 보자. -V 옵션은 자세한 검사 과정과 결과를 출력한다.

```
# fsck -f -V /dev/hdc1
Parallelizing fsck version 1.23 (15-Aug-2001)
e2fsck 1.23, 15-Aug-2001 for EXT2 FS 0.5b, 95/08/09
Pass 1: Checking inodes, blocks, and sizes
Pass 2: Checking directory structure
Pass 3: Checking directory connectivity
Pass 4: Checking reference counts
Pass 5: Checking group summary information
5766 inodes used (0%)
107 non-contiguous inodes (1.9%)
# of inodes with ind/dind/tind blocks: 1696/155/0
1293868 blocks used (81%)
0 bad blocks
0 large files
4917 regular files
828 directories
0 character device files
0 block device files
0 fifos
0 links
12 symbolic links (12 fast symbolic links)
0 sockets
--------
5757 files
```

❶ 관련 명령어

fsck.ext2 : ext2 파일시스템 점검. fsck -t ext2 명령과 같다.

fsck.ext3 : ext3 파일시스템 점검. fsck -t ext3 명령과 같다.

새로운 하드디스크 연결하기

현재 사용하고 있는 하드디스크는 Primary Master(/dev/hda)에 연결되어 있으며, 추가할 하드디스크는 Primary Slave(/dev/hdb)에 연결했다고 가정한다.

fdisk 실행

새 하드디스크에 리눅스 파티션을 설정한다.

```
# fdisk /dev/hdb
```

파티션 정보 확인

파티션의 정보를 확인한다. 아래 내용은 시스템마다 정보가 다르다.

```
Command (m for help): p
Disk /dev/hda: 255 heads, 63 sectors, 788 cylinders
Units = cylinders of 16065 * 512 bytes
Units = cylinders of 16065 * 512 bytes
Device Boot Start End Blocks Id System
```

새 파티션 생성

새로운 파티션을 생성한다. 아래 내용은 파티션을 하나로 설정한 경우이다.

```
Command (m for help): n
Command action
e extended p primary partition (1-4)
p
(파티션을 Primary로 설정한다)
Partition number (1-4): 1
(사용할 파티션 숫자를 입력한다)
First cylinder (1-788, default 1):
Using default value 1
(초기값을 입력한다.)
Last cylinder or +size or +sizeM or +sizeK (1-788, default 788):
Using default value 788
(마지막 실린더 값을 입력한다.)
```

새 파티션 정보 확인

```
Command (m for help): p
Disk /dev/hda: 255 heads, 63 sectors, 788 cylinders
Units = cylinders of 16065 * 512 bytes
device Boot Start End Blocks Id System
```

```
/dev/hdb1  1  788  6329578+  83  Linux
```

저장 후 종료

파티션 설정을 저장 후 종료한다.

```
Command (m for help): w
```

파일시스템 생성

재부팅 후 분할한 파티션을 ext2 파일시스템으로 생성한다.

```
# mke2fs /dev/hdb1
```

다음과 같은 방법을 사용할 수도 있다. 결과는 같다.

```
# mkfs -t ext2 /dev/hdb1
```

마운트

파일시스템 생성 후 /hdb1에 마운트한다.

```
# mkdir /hdb1
# mount /dev/hdb1 /hdb1
```

<table>
<tr><td>명령어</td><td colspan="4">ftp</td><td>OS</td><td>L=U</td></tr>
<tr><td>키워드</td><td>ftp 클라이언트</td><td>경로</td><td>/usr/bin/ftp</td><td></td><td>중요도</td><td>☆☆</td></tr>
<tr><td>요약</td><td colspan="6">ftp 서비스를 제공하는 클라이언트</td></tr>
</table>

❶ 이렇게 써요

ftp [옵션] [접속 호스트명]

-v : 데이터 전송 통계와 서버의 반응을 모두 출력한다.

❶ 설명 및 예제

최초의 ftp 클라이언트이며, 대부분의 리눅스 배포판에 들어 있다.

아래는 접속 후 사용할 수 있는 명령어이다.

· ? : 전체 사용 가능한 명령어를 출력한다. ?과 함께 명령어를 지정하면 명령어에 대한 사용법을 출력한다.

· ! : 셸로 빠져 나온다.

· $: 매크로를 실행한다.

· account : 원격 서버로 사용자의 명령을 전송한다.

· append : 로컬에 있는 파일을 서버로 보내기 위해 추가한다.

· acsii mode : 아스키ASCII 파일 전송 모드로 전환한다.

· bell : 명령어를 완료했을 때 비프음을 들려준다.

· binary mode : 바이너리binary 파일 전송 모드로 전환한다.

· bye : ftp 세션을 끊고 ftp 클라이언트를 종료한다.

· case : mget 명령어에서 대문자/소문자 구분을 설정 혹은 해제한다.

· cd : 원격의 작업 디렉터리를 변경한다.

· cdup : 원격의 작업 디렉터리 위치를 한 단계 위인 부모 디렉터리로 이동한다.

· chmod : 원격 파일의 퍼미션을 변경한다.

· close : ftp 세션을 종료한다.

· cr : 아스키 모드에서 파일을 받을 때 캐리지 리턴을 설정 혹은 해제한다.

· delete : 원격의 파일을 삭제한다.

· debug : 디버그 모드를 설정/해제한다.

· dir : 원격 디렉터리의 목록을 상세한 출력한다.

· disconnect : ftp 세션을 종료한다.

· exit : ftp 세션을 끊고 ftp 클라이언트를 종료한다.

· form : 파일 전송 형식을 설정한다.

· get [파일명] : ftp 서버에서 파일을 내려받는다.

· get [파일명] [새로운 파일명] : ftp 서버에서 받은 파일을 새로운 파일명으로 저장한다.

· get 파일명1 파일명2 파일명3...파일명N : 지정한 여러 파일을 내려받는다.

· hash : 파일을 전송할 때 각 버퍼의 크기마다 "#"를 출력한다.

· help : 로컬의 도움말 정보를 출력한다.

· idle : 원격에서 대기 상태 타이머idle timer을 확인/설정한다.

· image : 바이너리 전송 타입을 설정한다.

· lcd : 로컬의 작업 디렉터리를 변경한다.

· ls : 원격 디렉터리의 상세한 목록을 출력한다.

· macdef : 매크로를 정의한다.

· mdelete : 한 번에 여러 파일들을 삭제한다.

· mdir : 한 번에 여러 원격 디렉터리의 상세한 목록을 출력한다.

· mget : 한 번에 여러 파일을 내려받는다.

· mkdir : 원격 서버에 디렉터리를 생성한다.

· mls : 한 번에 여러 원격 디렉터리를 목록을 출력한다.

· mode 전송모드 : ASCII나 binary로 전송 모드를 설정한다.

· modtime : 원격 파일의 마지막 변경 시간을 출력한다.

· mput : 한 번에 여러 파일을 전송한다.

· newer : 만일 원격 파일이 로컬 파일보다 최근의 파일이라면 내려받는다.

· open : 원격 ftp 서버로 접속한다.

· passive : 패시브passive 전송 모드로 변경한다.

· put [파일명] : 로컬의 파일을 ftp 서버로 올린다.

· put [파일명] [새로운 파일명] : 파일을 ftp 서버에 지정한 새로운 파일명으로 저장한다.

· put 파일명1 파일명2 파일명3...파일명N : ftp 서버에 지정한 여러 파일을 업로드한다.

· pwd : 원격 서버의 작업 디렉터리 위치를 출력한다.

· quit : ftp 세션을 끊고 ftp 클라이언트를 종료한다.

· recv : 원격 서버에 있는 파일을 내려받는다.

· reget : 마지막 파일을 다시 내려받는다.

· rstatus : 원격 서버의 상태를 출력한다.

· rename : 파일을 이름을 변경한다.

· rmdir : 원격 서버의 디렉터리를 삭제한다.

· send : 하나의 파일을 전송한다.

· size : 원격 파일의 크기를 출력한다.

· status : 현재 상태를 출력한다.

· system : 원격 시스템의 타입을 출력한다.

· tick : 전송 시 바이트 카운트 출력을 설정/해제한다.

· trace : 패킷 추적을 설정/해제한다.

· type : 파일 전송 타입을 설정한다.

· user : 새로운 사용자 정보를 전송한다.

· umask: 원격에서 umask 정보를 출력한다.

· verbose : 상세한 모드로 설정/해제한다.

ftp 서버 접속 방법

linuxroot.co.kr의 FTP 서버에 접근하는 방법은 ftp와 호스트망을 연속해서 입력하는 방법과 ftp 명령어만 실행하여 ftp〉 셸을 열고 open 명령어로 호스트에 접속하는 방법이 있다.

```
# ftp linuxroot.co.kr
```

```
# ftp
ftp> open linuxroot.co.kr
```

ftp 서버 접속 하기

접속 시도를 하면 ftp 서버 정보를 출력하고 사용자 계정을 입력할 때까지 대기 상태가 된다. 만일 계정을 입력하지 않으면, anonymous(대부분의 ftp 서버에 기본으로 열려 있는 익명 계정으로 사용에 제한이 있다) 계정으로 접속한다.

```
# ftp linuxroot.co.kr
Connected to linuxroot.co.kr.
220 (vsFTPd 2.0.5)
530 Please login with USER and PASS.
530 Please login with USER and PASS.
KERBEROS_V4 rejected as an authentication type
Name (linuxroot.co.kr:root):
```

사용자 계정 user을 입력하고, 패스워드를 입력하여 접속을 한다.

```
Name (linuxroot.co.kr:root): user
331 Password required for user.
Password:
230 User admin logged in.
Remote system type is UNIX.
Using binary mode to transfer files.
ftp>
```

파일 전송 유형

ftp 파일 전송 유형의 기본 모드는 ascii로써 아스키 파일 전송에 사용된다. 바이너리 모드로 전환하려면, bin 명령을 입력한다.

```
ftp> bin

200 Type set to I.
```

ftp서버 목록 보기

ftp 서버에 접속해서 파일 목록을 보려면 ls를 입력한다.

```
ftp> ls
227 Entering Passive Mode (127,0,0,1,89,187)
150 Here comes the directory listing.
drwxr-xr-x   20 0         0              4096 May 30 08:46 tmp
```

디렉터리 이동하기

cd 명령을 이용하면 디렉터리를 이동할 수 있다. 250으로 시작하는 메시지는 서버에서 보내는 정보이다.

```
ftp> cd Desktop
250 CWD command successful.
```

파일 받기와 보내기

받기는 get 파일명, 보내기는 put 파일명을 입력한다. 만일 여러 개의 파일을 받거나 보내려면 mget과 mput을 쓴다.

```
ftp> get test.tar.gz
local: test.tar.gz remote: test.tar.gz
227 Entering Passive Mode (211,255,253,59,7,251).
150 Opening BINARY mode data connection for genie (285 bytes).
226 Transfer complete.
285 bytes received in 0.019 seconds (15 Kbytes/s)
```

현재의 로컬 디렉터리를 변경하려면 **!cd** 명령을 쓴다.

```
ftp> !cd /home/file
Local directory now /home/file
```

여기서 잠깐

Hash mark

만일, ftp로 파일을 올리거나 받는 동안 진행 상황을 보고 싶다면, hash 명령어를 쓴다. ftp는 1,024바이트의 데이터마다 해시 마크는 출력한다.

```
ftp> hash
Hash mark printing on (1024 bytes/hash mark).
```

명령어	**fuser**		OS	L≠U
키워드	프로세스 식별	경로	/usr/bin/fuser	중요도	☆☆
요약	파일이나 파일 구조를 사용하여 프로세스를 식별하고 통제한다			

❶ 이렇게 써요

```
fuser [옵션] 이름…
```

-a : 명령행에서 사용하지 않는 파일도 출력한다.

-c : -m과 동일한 기능을 한다(POSIX 호환을 위해).

-f : POSIX 호환을 위해 사용한다.

-i : 프로세스를 죽이기 전에 확인한다(-k 옵션이 없으면 무시됨).

-k : 파일 이름으로 접근된 프로세스를 죽인다.

-l : 가능한 시그널 이름을 출력한다.

-m : 파일시스템이나 블록 디바이스를 사용하고 있는 모든 프로세스를 출력한다.

-n SPACE : 지정된 SPACE(file, udp, 혹은 tcp)에서 검색한다.

-s : 간략한 정보를 출력한다.

-SIGNAL : SIGKILL 대신 시그널(SIGNAL)을 지정한다.

-u : 사용자 ID를 출력한다.

-v : 상세한 정보를 출력한다.

-V : 버전 정보를 출력한다.

-4 : IPv4 소켓만 찾는다.

-6 : IPv6 소켓만 찾는다.

- : 초기화 옵션

❶ 설명 및 예제

fuser 명령은 어떤 파일이나, 파일 집합, 디렉터리에 접근하고 있는 프로세스를 PID로 식별해 준다.

아래는 -mu 옵션으로 해당 파일을 사용하고 있는 모든 프로세스와 사용자 ID를 확인할 수 있다.

```
# fuser -mu /etc/passwd
```

-muv 옵션은 위 예제보다 더 상세한 정보를 출력한다.

```
# fuser -muv /etc/passwd
```

아래 예제는 마운트된 CD-ROM이 "Resource busy" 같은 에러 메시지로 언마운트가 되지 않는 경우이다. 이럴 경우에는 -k 옵션으로 /mnt/CD-ROM 디렉터리 이하에 머무르는 프로세스를 강제로 죽여 언마운트할 수 있다.

```
# umount /mnt/CD-ROM
umount: /mnt/CD-ROM : device is busy
# fuser -km /mnt/CD-ROM
```

여기서 잠깐

TX와 RX

TX는 Transmit Data의 약자로 네트워크에서 데이터 전송을 나타낸다.
RX는 Receive Data의 약자로 네트워크에서 데이터 수신을 나타낸다.

<table>
<tr><td>명령어</td><td colspan="4">gcc</td><td>OS</td><td>L=U</td></tr>
<tr><td>키워드</td><td>컴파일러</td><td>경로</td><td>/usr/bin/gcc</td><td></td><td>중요도</td><td>☆ ☆ ☆</td></tr>
<tr><td>요약</td><td colspan="6">GNU 프로젝트 C와 C++ 컴파일러</td></tr>
</table>

❶ 이렇게 써요

gcc [옵션] 파일…

--help : 사용법을 출력한다.

--target-help : 지정한 타겟에 대한 사용법을 출력한다.

--help={target|optimizers|warnings|params|[^]{joined|separate|undocumented}}[….] : 지정한 옵션에 대한 도움말을 출력한다(하위 프로세스에 대한 옵션을 보려면 -v -help 명령을 사용한다).

--version : 버전 정보를 출력한다.

-Wa,⟨options⟩ : 콤마(,)로 구분된 옵션을 어셈블러에 전달한다.

-Wp,⟨options⟩ : 콤마(,)로 구분된 옵션을 전처리에 전달한다.

-Wl,⟨options⟩ : 콤마(,)로 구분된 옵션을 링커에 전달한다.

-Xassembler ⟨arg⟩ : 어셈블러에 ⟨arg⟩를 전달한다.

-Xpreprocessor ⟨arg⟩ : 전처리에 ⟨arg⟩를 전달한다.

-Xlinker ⟨arg⟩ : 링커에 ⟨arg⟩를 전달한다.

-combine : 다중의 원본 파일을 컴파일러에 전달한다.

-save-temps : 중간 단계의 임시 파일을 삭제하지 않는다.

-pipe : 파이프를 사용한다.

-time : 각 서브 프로세스의 실행 시간을 보여준다.

-specs=⟨file⟩ : ⟨file⟩의 내용을 오버라이딩한다.

-std=⟨standard⟩ : 다른 표준으로 ⟨standard⟩를 지정한다.

--sysroot=⟨directory⟩ : 헤더와 라이브러리 루트 디렉터리를 지정한다.

-B ⟨directory⟩ : 컴파일러의 위치를 추가 지정한다.

-b ⟨machine⟩ : 지정한 타겟 머신의 크로스 컴파일러가 설치되어 있다면 타겟 머신으로 컴파일한다.

-V ⟨version⟩ : 지정한 gcc의 버전으로 실행한다. 이 때 지정한 버전이 없다면 기본 설치된 버전으로 실행한다.

-v : 컴파일러의 버전 정보를 출력한다.

-### : -v와 비슷하게 버전 정보를 출력하고, 실제로 컴파일하지는 않는다.

-E : 전처리만하고 컴파일, 어셈블이나 링크는 하지 않는다.

-S : 컴파일만 하고 어셈블이나 링크는 하지 않는다.

-c : 링크를 실행하지 않고 컴파일과 어셈블만 수행한다. 이 옵션에서 링크와 관련된 -l과 -L 옵션을 무시한다.

-o ⟨file⟩ : 지정한 ⟨file⟩로 출력 파일을 만든다. 이 옵션을 사용하지 않으면 기본으로 a.out 실행 파일이 생성된다.

-g : 실행 파일을 생성할 때, 디버거를 위한 변수 테이블을 함께 생성한다. 이 옵션을 지정하지 않으면 디버깅할 수 없다.

-O 혹은 -ON : 최적화 옵션, N 숫자로 최적화 레벨을 지정한다.

-Idirectory : /usr/include가 아닌 헤더 파일을 찾는 루트 디렉터리를 지정한다.

-Ldirectory : /usr/lib가 아닌 ld 링커에 의해 참조되는 디렉터리로 .so의 동적 라이브러리나 .a 혹은 .sa의 정적 라이브러리 위치를 지정한다.

-llibraryname : -L 옵션과 함께 라이브러리 이름을 지정한다. 참고로 libz.so 라이브러리라면 -lz만 지정한다.

❶ 설명 및 예제

gcc 명령어는 원래 GNU C compiler의 줄임말로 사용되었지만, 1999년 4월에 'GNU Compiler Collection'로 바뀌었다. gcc 패키지에는 C뿐 아니라 C++과 포트란, 오브젝트 C, 자바 등이 포함되어 있다. GNU C 컴파일러는 리처드 스톨먼 등의 GNU 프로젝트에 의해 만들어졌는데, 이 컴파일러는 품질이 매우 우수하고 이식성이 좋은 C, C++ 컴파일러이다. 이는 우선 레지스터 이동 언어로 번역한 후, 그것을 다시 원하는 아키텍처의 어셈블리 코드로 바꿈으로써, 다중 전단 및 후위 처리를 지원한다. 먼저 설치되어 있는 gcc 버전에 대해 알아보자.

```
$ gcc -v
Using built-in specs.
Target: i486-linux-gnu
Configured with: ../src/configure -v --with-pkgversion = 'Ubuntu
4.4.1-4ubuntu9' --with-bugurl = file:///usr/share/doc/gcc-4.4/README.
---------------------------- 중략 ----------------------------
Thread model: posix
gcc version 4.4.1 (Ubuntu 4.4.1-4ubuntu9)
```

-c 옵션은 원본 파일이 foo1.c와 foo2.c가 있다고 가정하고 필요한 소스만 컴파일한다. 특히, 원본 파일이 많을 때 일부만 컴파일하는 데 유용하다.

```
$ gcc -c foo1.c
$ ls foo1.c foo1.o foo2.c
$ gcc -c foo2.c
$ ls foo1.c foo1.o foo2.c foo2.o
```

컴파일한 .o 파일은 -o 옵션으로 실행 파일을 만든다.

```
$ gcc -o foo foo1.o foo2.o
```

위의 모든 과정을 아래와 같이 한 번에 처리할 수도 있다.

```
$ gcc -o foo foo1.c foo2.c
```

컴파일한 파일을 실행하기 위해서 ./foo를 입력한다. 이는 현재 디렉터리에 있는 foo 파일을 실행한다는 의미이다.

```
$ ./foo
      Hello World.
```

-D 옵션은 컴파일 시 매그로를 정의한다. 이 의미는 소스의 #define DEBUG=1과 같다.

```
$ gcc -c -DDEBUG=1 foo1.c foo2.c
```

참고로 -U 옵션은 정의된 매크로를 해제한다.

-I(대문자 i)는 헤더 파일 위치가 기본값인 /usr/include가 아닌 경우에 사용한다. 아래
예제는 현재 디렉터리의 부모 디렉터리에 나만의 헤더 디렉터리를 지정한다.

```
$ gcc -o foo -I../myHeader foo1.c foo2.c
```

-l (소문자 L) 옵션은 필요한 라이브러리 이름을 지정한다. -lm은 /usr/lib/libm.so의
수학 라이브러리를 lib와 .so를 제거하고 m만 지정하여 불러온다.

```
$ ls -ls /usr/lib/libm.so
      0 lrwxrwxrwx 1 root root 14 Jan 11 09:14 /usr/lib/libm.so -> /lib/
      libm.so.6
$ gcc -o foo foo1.c foo2.c -lm
```

-L 옵션은 사용자 정의 라이브러리의 디렉터리 위치를 지정한다.

```
$ ls ../myLib
      libmyfoo.so
$ gcc -o foo -L../myLib foo1.c foo2.c -lmyfoo
```

여기서 잠깐

컴파일 및 실행 과정

전처리기 ⇨ 컴파일러 ⇨ 어셈블러 ⇨ 링커 ⇨ 실행

❶ 전처리: 전처리기가 소스 내의 #define, #include, #if 등의 전처리 구문을 해석한다.
❷ 컴파일: 컴파일러가 프로그래머의 원시 소스를 컴퓨터가 인식할 수 있는 기계어인 오브젝트 파일로 번역한다.
❸ 어셈블: 어셈블러가 어셈블리 파일을 오브젝트 파일로 번역한다.
❹ 링킹: 기계어로 번역된 오브젝트 파일을 실행 파일로 만든다.
❺ 로더: 실행 파일을 메모리에 적재한다.

<table>
<tr><td>명령어</td><td colspan="3">gdb</td><td>OS</td><td>L=U</td></tr>
<tr><td>키워드</td><td>GNU 디버거</td><td>경로</td><td>/usr/bin/gdb</td><td>중요도</td><td>☆☆☆</td></tr>
<tr><td>요약</td><td colspan="5">GNU 디버거</td></tr>
</table>

❶ 이렇게 써요

> gdb [옵션] [실행 파일 [코어파일 혹은 pid]]
> gdb [옵션] -args 실행 파일 [내부 인자…]

-b BAUDRATE : 원격 디버깅용 시리얼 포트의 전송 속도를 설정한다.

--batch : 배치 모드로 디버깅할 프로그램을 실행한다.

--batch-silent : --batch 옵션으로 실행되나 stdout 에러를 출력하지 않는다.

--cd=DIR : 현재 디렉터리를 지정한 DIR로 변경한다.

--command=FILE, -x : 인자로 실행할 명령어를 지정한 파일(FILE)에서 읽어 gdb를 실행한다.

--core=COREFILE : 분석할 코어 덤프 파일(COREFILE)을 지정한다.

--pid=PID : 지정한 PID 프로세서로 접근한다.

--dbx : DBX 호환 모드

--directory=DIR : 원본 파일의 경로(DIR)를 지정한다.

--epoch : epoch emacs-GDB 인터페이스로 정보를 출력한다.

--exec=EXECFILE : 실행 파일(EXECFILE)를 지정한다.

--fullname : emacs GDB 인터페이스로 정보를 출력한다.

--help : 도움말을 출력한다.

--interpreter=INTERP : 인터프리터나 사용자 인터페이스를 지정한다.

-l TIMEOUT : 원격 디버깅의 타임아웃(TIMEOUT)을 설정한다.

--nw : 윈도우 인터페이스를 사용하지 않는다.

--nx : .gdbint 파일을 읽지 않는다.

--quiet : 시작 시 버전 정보를 출력하지 않는다.

--readnow : 첫 번째 엑세스에서 전체 심볼테이블을 읽는다.

--se=FILE : 파일 FILE에서 심볼테이블을 읽고 실행 파일로 사용한다.

--symbols=SYMFILE : 심볼 테이블을 읽을 파일(SYMFILE)을 지정한다.

--tty=TTY : 디버깅을 위한 입/출력 인터페이스로 TTY를 사용한다.

--tui : 터미널 사용자 인터페이스를 사용한다.

--version : 버전 정보를 출력한다.

-w : 윈도우 인터페이스를 이용한다.

--write : 실행 파일과 코어 파일을 쓰기 모드로 지정한다.

--xdb : XDB 호환모드로 설정한다.

❶ 설명 및 예제

gdb 명령어는 리눅스에서 사용하는 대표적인 디버거이다. 디버거란 어떤 프로그램이 수행되는 동안 내부에서 일어나는 작업들을 살펴 볼 수 있으며 프로그램에 문제가 생겼을 때 무슨 일이 일어났는지 확인할 수 있는 프로그램을 말한다.

디버거의 기능은 크게 네 가지로 볼 수 있다.

- · 프로그램을 시작할 때에 특별한 조건을 지정할 수 있다.
- · 사용자가 지정한 특별한 조건에서 프로그램을 정지할 수 있다.
- · 프로그램이 정지되었을 때의 원인을 검사할 수 있다.
- · 프로그램 소스를 변경하여 버그에 대한 결과를 정확하게 테스트할 수 있고 다음의 버그로 넘어 갈 수 있다.

보통 gdb는 C, C++, Modula-2, GNU 포트란Fortran으로 작성된 프로그램을 디버깅할 수 있다.

실행을 위해서는 명령행에서 gdb 명령을 입력하자. gdb가 시작되면, quit 명령으로 종료되기 전까지는 gdb 명령행에서 모든 작업 및 명령을 수행한다.

```
$ gdb
```

gdb 명령행에서 입력 가능한 명령은 help나 h로 확인한다. 각각의 명령어에 대한 도움말은 **help 명령어**를 입력한다.

```
(gdb) help
(gdb) help commands
```

gdb를 종료하려면 quit나 Ctrl + D 를 입력한다.

```
(gdb) quit
```

일반적으로 gdb는 인자로 디버깅할 프로그램을 한 개 이상 지정하여 실행한다.

```
$ gdb program
```

실행 가능 프로그램명과 코어 파일을 동시에 인자로 주어 실행할 수도 있다.

```
$ gdb program core
```

실행 중인 프로세스를 디버깅하려면 첫 번째 인자로 프로그램명을 두 번째 인자로 프로세스 ID를 지정한다.

```
$ gdb program 1234
```

아래는 gdb 프롬프트에서 자주 사용되는 명령어에 대한 설명이다.

명령어	설명
list	현재 위치에서 원본 파일의 코드를 10줄만 보여준다. 만일 list 5, 15라고 입력하면 5번째에서 15번째 줄까지 보여준다.
run	프로그램을 실행한다.
bt	프로그램 스택을 보여준다. backtrace의 약어이다.
break	특정 라인이나 함수에 브레이크포인트를 설정한다.
clear	특정 라인이나 함수에 있던 브레이크포인트를 삭제한다.
print expr	표현식의 값을 보여준다.
c	브레이크포인트로 일시 정지된 프로그램을 계속 진행한다.
next	브레이크포인트에 의해 정지된 상태에서 다음 라인을 실행한다. 이때 함수 호출은 무시한다.
edit [file:]function	브레이크포인트에 의해 정지된 상태에서 실행 라인의 위치를 보여준다.
step	브레이크포인트에 의해 정지된 상태에서 다음 라인을 실행한다. 이때 함수 호출이 있으면 해당 함수로 이동한다.
help	gdb 명령어의 사용법을 출력한다.
quit	gdb에서 빠져 나온다.

<table>
<tr><td>명령어</td><td>getkeycodes</td><td>OS</td><td>L</td></tr>
<tr><td>키워드</td><td>키코드 매핑 보기</td><td>경로</td><td>/usr/bin/getkeycodes</td><td>중요도</td><td>☆</td></tr>
<tr><td>요약</td><td colspan="5">커널 스캔코드의 키코드 매핑 테이블을 출력한다</td></tr>
</table>

❶ 이렇게 써요

```
getkeycodes
```

❶ 설명 및 예제

setkeycodes 명령어는 스캔코드와 키보드 코드 간의 변환에 사용한다. setkeycodes 명령은 16진수로 된 scancode와 10진수로 된 keycode를 인자로 받는다. 명령이 실행되면 키보드 드라이버에서 첫 번째 인자(scancode)는 두 번째 인자(keycode)로 매핑된다. getkeycodes은 스캔코드와 키코드의 매핑 정보 테이블을 출력한다.

```
# getkeycodes
Plain scancodes xx (hex) versus keycodes (dec)
for 1-83 (0x01-0x53) scancode equals keycode

 0x50:    80  81  82  83  99   0  86  87
 0x58:    88 117   0   0  95 183 184 185
 0x60:     0   0   0   0   0   0   0   0
 0x68:     0   0   0   0   0   0   0   0
 0x70:    93   0   0  89   0   0  85  91
 0x78:    90  92   0  94   0 124 121   0

Escaped scancodes e0 xx (hex)

e0 00:     0   0   0   0   0   0   0   0
e0 08:     0   0   0   0   0   0   0   0
e0 10:   165   0   0   0   0   0   0   0
e0 18:     0 163   0   0  96  97   0   0
e0 20:   113 140 164   0 166   0   0   0
e0 28:     0   0 255   0   0   0 114   0
e0 30:   115   0 172   0   0  98 255  99
e0 38:   100   0   0   0   0   0   0   0
e0 40:     0   0   0   0   0 119 119 102
e0 48:   103 104   0 105 112 106 118 107
------------ 중략 ------------
```

<table>
<tr><td>명령어</td><td colspan="3">gpasswd</td><td>OS</td><td>L</td></tr>
<tr><td>키워드</td><td>그룹 사용자 관리</td><td>경로</td><td>/usr/bin/gpasswd</td><td>중요도</td><td>☆☆</td></tr>
<tr><td>요약</td><td colspan="5">/etc/group과 /etc/gshadow의 그룹 패스워드를 관리한다</td></tr>
</table>

❶ 이렇게 써요

```
gpasswd [옵션] 그룹명
```

-a, --add 사용자 : 사용자를 그룹에 추가한다.
-d, --delete 사용자 : 그룹에서 사용자를 삭제한다.
-r, --remove-password : 그룹 비밀번호를 삭제한다.
-R, --restrict : 그룹 접근을 막는다.
-A, --administrators [user,....] : 그룹 관리자를 추가한다.
-M, --member [user,....] : 그룹의 멤버를 추가한다.

❶ 설명 및 예제

gpaswd 명령어는 시스템 명령어로 /etc/group과 /etc/gshadow 파일 관리에 필요하다. 만일 옵션 없이 그룹명만 지정하면 해당 그룹의 새로운 비밀번호를 물어 본다. 참고로 시스템에서 지정할 수 있는 그룹의 최소와 최대 gid 값은 /etc/login.defs에 정의되어 있다.

groupadd 명령으로 hanbit이라는 새로운 그룹을 생성하고, 지정한 그룹이 제대로 추가되었는지 확인해 보자.

```
# groupadd hanbit
# cat /etc/group | grep -i hanbit
hanbit:x:1001:
```

-a 옵션으로 user1 사용자를 hanbit 그룹에 추가하고, 다시 /etc/group 파일을 확인하자.

```
# gpasswd -a user1 hanbit
Adding user user1 to group hanbit
# cat /etc/group | grep -i hanbit
hanbit:x:1001:user1
```

gpasswd에서 지정하는 사용자는 그룹으로 추가하기 전에 시스템에 등록되어 있어야 한다.

```
# gpasswd -a pirania hanbit
gpasswd: user 'pirania' does not exist
# gpasswd -a user2 hanbit
Adding user user2 to group hanbit
```

❶ 관련 명령어

newgrp : 새로운 그룹으로 로그인한다.

groupadd : 새로운 그룹을 추가한다.

groupdel : 그룹을 삭제한다.

groupmod : 그룹 정보를 수정한다.

grpck : /etc/group과 /etc/gshadow 파일을 검사한다.

group : 사용자가 속해있는 그룹들을 보여준다.

gshadow : 그룹 암호를 관리하는 파일이다.

<table>
<tr><td>명령어</td><td colspan="3">grep</td><td>OS</td><td>L=U</td></tr>
<tr><td>키워드</td><td>문자열 검색</td><td>경로</td><td>/bin/grep</td><td>중요도</td><td>☆☆</td></tr>
<tr><td>요약</td><td colspan="5">패턴에 매칭되는 라인을 보여준다</td></tr>
</table>

❶ 이렇게 써요

```
grep [옵션] 패턴 [파일…]
```

-A num, --after-context=num : 일치하는 줄 다음에 지정한 줄 수(num)만큼의 내용을 더 보여준다.

-b, --byte-offset : 일치하는 줄을 출력하는 내용의 맨 앞에 바이트 오프셋^byte offset을 보여준다.

-B num, --before-context=num : 일치하는 줄의 위에 지정한 줄 수만큼의 내용을 더 보여준다.

-c, --count : 일치하는 줄의 수를 보여준다.

-C[num], --before-context=num : 일치하는 줄의 위와 아래에 지정한 줄 수만큼의 내용을 더 보여준다. 기본값은 두 줄이다.

-d action, --directories=action : 읽고자 지정한 파일이 디렉터리일 경우 지정한 값을 실행한다. 기본값은 read이다. 아래는 실행 가능한 값이다.

· read : 디렉터리를 보통 파일처럼 읽는다.

· skip : 디렉터리를 건너뛴다.

· recurse : 디렉터리를 포함하여 하위 디렉터리의 모든 파일을 읽는다.

-e pattern, --regexp=pattern : 하나 이상의 탐색 패턴을 지정한다. 단순한 패턴으로 동작하지만 패턴이 -로 시작할 때 유용하다.

-f file, --file=file : 패턴을 지정한 파일에서 가져 온다.

-h, --no-filename : 패턴의 결과 목록만 보여주고 지정한 파일명은 출력하지 않는다.

-i, --ignore-case : 대소문자의 구별하지 않는다.

-l, --files-with-matches : 일치하는 줄의 파일명만 보여주고, 줄의 내용은 출력하지 않는다.

-n, --line-number : 일치하는 줄의 내용과 해당 줄의 위치를 출력한다.

-q, --quiet, --silent : 결과를 출력하지 않는다.

-r, --recursive : 각 디렉터리의 하위에 존재하는 파일들을 읽는다. -d recurse 옵션과 같다.

-s, --no-message : 존재하지 않거나 읽을 수 없는 파일의 결과로 에러를 출력하지 않는다.

-v, -revert-match : 지정한 패턴과 일치하지 않는 내용을 보여준다.

-w, --word-regexp : 지정한 패턴과 워드 단위로 일치하는 결과만을 보여준다.

-x, --line-regexp : 패턴과 일치하는 전체 줄 수를 보여준다.

-y : -i 옵션과 같다.

❶ 설명 및 예제

grep 명령어는 지정한 특정 문자열을 검색하여 동일한 문자열이 있는 줄의 패턴을 찾아 화면에 출력한다. grep과 비슷한 기능의 명령어로 egrep, fgrep, rgrep, agrep이 있다. 더 자세한 사항은 각각의 명령어 페이지를 참조하자.

아래 예제는 현재 디렉터리에서 하위 디렉터리까지 모두 검색하고(-r), 대소문자를 구분하지 않고(-i), 검색 키워드를 갖는 파일들을 보여준다. 이 때 에러는 출력하지 않는다(-s).

```
# grep -irls "gnome" *
gconf-2.0.pc
gconf-sharp-peditors-2.0.pc
gnome-keyring-sharp-1.0.pc
gnome-keyring-sharp.pc
gnome-panel-sharp-2.24.pc
gnome-panel-sharp.pc
gnome-screensaver.pc
gnome-sharp-2.0.pc
gnome-sharp-2.24.pc
gnome-system-tools.pc
gnome-vfs-sharp-2.0.pc
gtk-sharp-2.0.pc
notify-python.pc
```

❶ 관련 명령어

egrep＝grep -E : 확장 정규식으로 패턴을 검색한다.

fgrep＝grep -F : 정규식을 사용하지 않아 빠르게 검색한다.

여기서 잠깐

grep의 활용

현재 디렉터리 안에 있는 디렉터리 목록 보기

```
# ls -la | grep "^d" 숨은 디렉터리까지 보기
# ls -l | grep "^d" 보통 디렉터리만 보기
```

이것을 알리아스로 만들어 편하게 사용해도 된다.

```
alias la='ls -la | grep "^d" '
```

압축된 파일에서의 검색

zgrep, zegrep, zfgrep, zigrep 명령어는 압축된 파일에서 사용하지만 일반 파일에 대해서도 동작한다. 다만 grep, egrep, fgrep 명령어보다 실행 속도가 약간 느리다. 참고로 bzgrep 명령어를 사용하면 bzip으로 압축된 파일을 검색할 수 있다.

<table>
<tr><td>명령어</td><td>groupadd</td><td>OS</td><td>L=U</td></tr>
<tr><td>키워드</td><td>그룹 추가</td><td>경로</td><td>/usr/sbin/groupadd</td><td>중요도</td><td>☆☆</td></tr>
<tr><td>요약</td><td>새로운 그룹을 추가한다</td></tr>
</table>

❶ 이렇게 써요

```
groupadd [옵션] 그룹
```

-g gid : 지정한 gid로 그룹 ID를 생성한다.

-o : -g 옵션과 함께 사용하며 지정한 gid가 이미 있더라도 중복을 허용한다.

-r : 시스템 관리 영역인 그룹 ID 499 이하에서 그룹을 추가한다.

❶ 설명 및 예제

groupadd 명령어는 시스템에 새로운 그룹을 추가하는 명령어로 /etc/group과 /etc/shadow 파일과 연관성이 많다. 참고로 추가된 그룹은 gpasswd 명령으로 패스워드를 변경할 수 있다.

groupadd로 hanbit이라는 새로운 그룹을 생성하고, /etc/group 파일에서 등록된 그룹을 확인해 보자.

```
# groupadd hanbit
# cat /etc/group | grep -i hanbit
hanbit:x:1001:
```

gpasswd 명령어 예제에서 추가한 hanbit 그룹의 현재 사용자는 user1, user2이다.

```
$ cat /etc/group
root:x:0:root
bin:x:1:root,bin,daemon
----------- 중략 -----------
hanbit:x:1001:user1:user2
smmta:x:123:
smmsp:x:124:
newhanbit:x:1002:
newhanbit2:x:1003:
```

❶ 관련 명령어

groupdel : 그룹을 삭제한다.

groupmod : 그룹의 정보를 변경한다.

groups : 각 사용자가 속한 그룹을 보여준다.

<table>
<tr><td>명령어</td><td colspan="3">groupdel</td><td>OS</td><td>L~U</td></tr>
<tr><td>키워드</td><td>그룹 삭제</td><td>경로</td><td>/usr/sbin/groupdel</td><td>중요도</td><td>☆</td></tr>
<tr><td>요약</td><td colspan="5">그룹을 삭제한다</td></tr>
</table>

❶ 이렇게 써요

```
groupdel 그룹
```

❶ 설명 및 예제

groupdel 명령어는 groupadd로 추가한 /etc/groups 파일의 그룹을 삭제할 수 있다. 명령어 다음에 삭제하고자 하는 그룹명만 지정하면 된다. 아래와 같이 groupadd 명령으로 usergroup 그룹을 추가하보자.

```
# groupadd usergroup
```

/etc/group 파일에서 usergroup에 해당하는 라인을 확인할 수 있다.

```
# cat /etc/group | grep usergroup
usergroup:x:6001:
```

사용자가 추가한 그룹은 groupdel 명령으로 삭제하자.

```
# groupdel usergroup
# cat /etc/group | grep usergroup
```

❶ 관련 명령어

groupadd : 새로운 그룹을 추가한다.
groupmod : 그룹의 정보를 변경한다.
groups : 각 사용자가 속한 그룹을 보여준다.

명령어	**groupmod**			OS	L=U
키워드	그룹 정보 수정	경로	/usr/sbin/groupmod	중요도	☆☆
요약	그룹 정보를 수정한다				

❶ 이렇게 써요

```
groupmod [옵션] 그룹
```

-g gid : 지정한 gid로 그룹의 ID를 변경한다.
-n name : 지정한 name으로 그룹명을 변경한다.
-o : -g 옵션과 같이 사용하며, 지정한 gid가 이미 존재하더라도 중복을 허용한다.

❶ 설명 및 예제

groupmod 명령어는 groupadd로 추가한 그룹명을 변경할 수 있다. 아래와 같이 /etc/group 파일에 groupadd로 추가한 그룹(usergroup)이 있다고 가정하자.

```
# cat /etc/group | grep usergroup
usergroup:x:6001:
```

-n 옵션을 사용하여 그룹명을 hanbitgroup으로 변경해보자.

```
# groupmod -n hanbitgroup usergroup
# grep hanbitgroup /etc/group
hanbitgroup:x:6001:
```

-g 옵션을 사용하면 이미 지정되어 있는 hanbitgroup의 GID 6001을 GID 6002로 변경할 수 있다.

```
# groupmod -g 6002 hanbitgroup
```

❶ 관련 명령어

groupadd : 새로운 그룹을 추가한다.
groupdel : 그룹을 삭제한다.
groups : 각 사용자가 속한 그룹을 보여준다.

❗ 이렇게 써요

```
groups [옵션] [사용자]
```

--help : 도움말을 출력한다.
--version : 버전 정보를 출력한다.

❗ 설명 및 예제

groups 명령어는 사용자를 지정하지 않으면 현재 사용자가 속한 그룹명을 보여주고, 사용자를 지정하면 지정한 사용자의 그룹명을 보여준다.

```
$ groups
user adm dialout CD-ROM plugdev lpadmin admin sambashare
```

아래와 같이 root 관리자가 속한 그룹들을 한번 살펴보자.

```
$ groups root
root : root bin daemon sys adm disk wheel
```

❗ 관련 명령어

groupadd : 새로운 그룹을 추가한다.
groupdel : 그룹을 삭제한다.
groupmod : 그룹의 정보를 변경한다.

<table>
<tr><td>명령어</td><td>grpck</td><td>OS</td><td>L≠U</td></tr>
<tr><td>키워드</td><td>파일 검사</td><td>경로</td><td>/usr/sbin/grpck</td><td>중요도</td><td>☆</td></tr>
<tr><td>요약</td><td colspan="5">/etc/group과 /etc/gshadow 파일을 검사한다</td></tr>
</table>

❶ 이렇게 써요

```
grpck [옵션] [파일]
```

-n : 삭제 여부를 사용자에게 묻지 않는다.

❶ 설명 및 예제

grpck 명령어는 /etc/group과 /etc/gshadow 파일의 내용을 검사해서 잘못된 부분을 검사한다. 만일 잘못된 부분을 찾으면 이 부분을 삭제할 것인지 yes/no로 확인하는데, -n 옵션은 모든 질문의 대답을 no로 한다. 참고로 pwck는 /etc/passwd와 /etc/shadow 파일을 검사한다.

/etc/group 파일에서 관리자가 hanbitgroup 그룹에 root 계정을 추가하려다가 roo라고 잘못 입력했다고 가정해보자.

```
# cat /etc/group | grep hanbitgroup
hanbitgroup:x:6001:roo
```

grpck 명령어를 실행하면, roo 계정이 없다고 에러를 출력한다.

```
# grpck /etc/group
group hanbitgroup: no user roo
delete member 'roo'?
```

y를 입력하고, /etc/group 파일의 잘못된 부분을 수정할 수 있다.

```
# grpck
group hanbitgroup: no user roo
delete member 'roo'? y
grpck: the files have been updated
```

<table>
<tr><td>명령어</td><td colspan="3">grpconv</td><td>OS</td><td>L</td></tr>
<tr><td>키워드</td><td>섀도우 그룹 생성</td><td>경로</td><td>/usr/sbin/grpconv</td><td>중요도</td><td>☆</td></tr>
<tr><td>요약</td><td colspan="5">/etc/group 파일을 /etc/gshadow의 섀도우 파일로 만든다</td></tr>
</table>

❶ 이렇게 써요

```
grpconv
```

❶ 설명 및 예제

grpconv 명령어는 pwconv과 비슷한 기능을 하는데, /etc/group 파일로 /etc/gshadow의 섀도우 파일을 생성한다. 섀도우 기능 해제는 grpunconv 명령으로 한다. 섀도우 파일에 대한 자세한 설명은 pwconv 명령어를 살펴보자.

여기서 잠깐

위험한 패스워드

위험한 패스워드란 크래킹 프로그램을 이용하여 손쉽게 패스워드를 알아낼 수 있는 패스워드를 뜻한다. /etc/shadow 파일을 열어 보았을 때 패스워드 필드에 있는 내용이 7tqNQGFbMOk3s인 계정이 있다고 가정하자. 이것은 원래 우리가 사용하는 암호를 crypt() 함수로 암호화 한 것이다. crypt() 함수는 패스워드를 암호화할 때 사용한 salt 키를 암호화한 내용의 앞 부분에 붙여 /etc/shadow 파일에 저장한다. 그러나 이 함수는 역 암호화 알고리즘이 존재하지 않아, 파일이 유출되더라도 이 파일만으로는 어떤 내용이 들어 있는지 해킹이 불가능하다.

하지만 일부의 크래킹 프로그램은 단어 사전 형식의 파일을 빠른 속도로 암호화하고 유출한 패스 워드 파일과 비교한다. 이 파일은 영어 사전에 나오는 단어는 물론 사람들이 자주 사용할 만한 사람 이름이나 짧은 문장 등을 유추하여 만들어진 사전 파일이다. 크래킹 프로그램은 이 파일을 기반으로 crypt("단어","salt 키") 형식의 파일로 생성하여 비교하는 것이다. 숫자일 때는 일정 범위 안에서는 간단하게 풀어낼 수 있다.

<table>
<tr><td>명령어</td><td colspan="2">grub</td><td>OS</td><td>L≠U</td></tr>
<tr><td>키워드</td><td>grub 명령셸</td><td>경로 /usr/sbin/grub</td><td>중요도</td><td>☆☆☆</td></tr>
<tr><td>요약</td><td colspan="4">GRUB 부트로더 명령어이다</td></tr>
</table>

❶ 이렇게 써요

```
grub [옵션]
```

--batch : 비대화형 모드로 실행하기 위해 배치 모드를 켠다. grub --no-config-file --no-curses --no-pager와 같다.

--boot-drive=DRIVE : 스테이지 2 부트 드라이브를 지정한다(기본값=0x0).

--config-file=FILE : S스테이지 2 설정 파일을 지정한다(기본값=/boot/grub/menu.lst).

--device-map=FILE : 디바이스 맵 파일(FILE)을 지정한다.

--help : 도움말을 출력한다.

--hold : 디버거가 연결될 때까지 대기한다.

--install-partition=PAR : 스테이지 2의 인스톨 파티션을 지정한다(기본값=0x20000).

--no-config-file : 설정 파일을 사용하지 않는다.

--no-curses : 커서를 사용하지 않는다.

--no-floppy : 플로피 디스크를 찾지 않는다.

--no-pager : 내부 페이저를 사용하지 않는다.

--preset-menu : 프리셋^{preset} 메뉴를 사용한다. 예를 들어 사용자 시스템에 콘솔이 없고 시리얼로만 메시지를 보려고 설정하는 경우 사용할 수 있다. 이 옵션을 사용하려면 GRUB를 --enable-preset-menu=file 옵션으로 컴파일해야 한다.

--probe-second-floppy : 두 번째 플로피 드라이브를 찾는다.

--read-only : 디바이스에 아무 것도 쓰지 않는 읽기 모드로 실행한다.

--verbose : 상세한 메시지를 보여준다.

--version : 버전 정보를 출력한다.

❶ 설명 및 예제

GRUB 부트로더는 GRand Unified Bootloader의 약자로 리눅스 이외에 또 다른 OS도 로딩할 수 있다. GRUB은 현재 lilo를 대신하여 대부분의 리눅스 배포판에서 기본으로 사용하고 있다. 아래는 GRUB 명령어를 사용하기 앞서 미리 알고 있어야 할 내용들이다. 먼저, GRUB에서 사용하는 디바이스 이름은 시스템에서 사용하는 디바이스 이름과 조금 다르다. 다음은 시스템 디바이스 이름을 GRUB 디바이스 이름에 일대일로 매칭한 표이다.

시스템에서 사용하는 디바이스 이름	GRUB에서 사용하는 디바이스 이름
/dev/hda	(hd0)
/dev/hda1	(hd0,0)
/dev/hda2	(hd0,1)
/dev/hdb	(hd1)
/dev/hdb1	(hd1,0)
/dev/hdb2	(hd1,1)

GRUB은 2단계 혹은 3단계를 거쳐 OS를 로딩한다. 아래는 단계별로 스테이지 1, 스테이지 1.5 스테이지 2로 나누어 설명한다.

· **스테이지 1**

GRUB이 MBR나 다른 파티션이나 드라이브의 부트 섹터에 존재하는 단계이다. GRUB의 주된 운영이 부트 섹터의 512바이트에 한정되어 있기 때문에, 스테이지 1은 다음 단계인 스테이지 1.5나 스테이지 2로 운영권을 넘긴다.

· **스테이지 1.5**

이 단계는 하드웨어 요구사항이 있는 경우에만 스테이지 1에서 로딩된다. 스테이지 1.5에는 파일시스템 고유 특성이 있다. 이 말은 GRUB이 로딩할 수 있는 각자의 파일시스템을 위한 다른 버전이 있다는 뜻으로, 예를 들어 e2fs_stage1_5, fat_stage1_5와 같이 버전 정보가 파일명에 포함된다. 스테이지 1.5는 스테이지 2를 로딩한다.

· **스테이지 2**

GRUB의 메인 코드를 실행한다. menu를 보여주고 사용자가 OS를 선택하게 하고, 선택한 시스템으로 시작하는 단계이다.

시스템에 있는 stage1, stage2, e2fs_stage1_5 파일을 file 명령어로 살펴보자.

```
$ cd /usr/lib/grub/i386-pc
$ ls
e2fs_stage1_5 jfs_stage1_5   reiserfs_stage1_5 stage2     xfs_stage1_5
fat_stage1_5  minix_stage1_5 stage1        stage2_eltorito
$ file stage1
stage1: x86 boot sector; GRand Unified Bootloader, stage1 version 0x3,
code offset 0x48
```

```
$ file stage2
stage2: GRand Unified Bootloader stage2 version 3.2, identifier 0x0, GRUB
version 0.97, configuration file /boot/grub/menu.lst
$ file e2fs_stage1_5
e2fs_stage1_5: GRand Unified Bootloader stage1_5 version 3.2, identifier
0x2, GRUB version 0.97, configuration file /boot/grub/stage2
```

이제 grub 명령어를 실행해 보자. 아무 인자도 지정하지 않고 grub 명령어를 실행하면
아래와 같이 grub〉로 시작하는 GRUB 명령행으로 들어간다.

```
$ grub

[ Minimal BASH-like line editing is supported.   For
        the  first  word,  TAB  lists  possible  command
completions.  Anywhere else TAB lists the possible
completions of a device/filename. ]

grub>
```

help로 사용 가능한 명령어들을 확인하자.

```
grub> help
```

GRUB 명령행에서 사용하는 명령어

아래는 grub 명령행에서 help 명령으로 확인할 수 있는 명령어들이다. 참고로 GRUB
명령어는 설정 파일이나 명령행 모두에서 사용할 수 있다. 그 중 명령행과 전체[global] 메뉴
에 적용되는 명령어는 회색 배경으로 처리했다. 흰 배경 명령어는 전체 메뉴 내의 각 엔
트리에만 적용된다.

명령어	설명
blocklist FILE	지정한 파일(FILE)의 블록 리스트 표시를 보여준다.
boot	로딩된 OS을 체인로더로 부팅한다. 인터랙티브 명령행 모드에서만 동작한다.
cat FILE	지정한 파일(FILE)의 내용을 보여준다.
chainloader [--force] FILE	체인로더로 지정한 파일(FILE)을 로딩한다. 만일 -force 옵션을 지정하면 부트로더 서명[signature]의 존재 여부와 상관없이 강제로 로딩한다.
clear	화면을 클리어한다.

| **color NORMAL [HIGHLIGHT]** | 메뉴의 컬러를 변경한다. NORMAL로 지정된 색은 메뉴의 대부분 줄에 사용되고, HIGHLIGHT로 지정된 색은 커서가 위치하는 줄을 하이라이팅하는데 쓰인다. 만일 HIGHLIGHT를 지정하지 않으면, NORMAL의 보색을 사용한다. 컬러는 "FG/BG"처럼 슬래쉬(/)로 구분하며, FB과 BG는 심볼릭 컬러 이름이다. 심볼릭 컬러 이름은 반드시 black, blue, green, cyan, red, magenta, brown, light-gray, dark-gray, light-blue, light-green, light-cyan, light-red, light-magenta, yellow, white 중 하나여야 한다. 그러나 첫 번째부터 여덟 번째까지의 이름은 BG에서 사용할 수 있다. 만일 깜박거리는^{blinking} 포그라운드 컬러을 원하면, 접두사로 "blink-"를 FG에 사용할 수 있다. |

예를 들어 보자.

```
grub> color light-gray/blue cyanlak
```

이는 메뉴 줄에서는 포그라운드를 light-gray로 백그라운드를 blue 컬러로, 하이라이트되는 부분에서는 포 그라운드를 blue로 백그라운드를 black으로 사용한다는 의미다.

configfile FILE	지정한 파일(FILE)을 설정 파일로 로딩한다.
device DRIVE DEVICE	지정한 드라이버(DRIVE)를 시스템에 사용하는 디바이스(DEVICE)로 지정한다. 이는 grub 셸에서만 동작한다.
displayapm	APM^{Advanced Power Management} 바이오스 정보를 보여준다.
displaymem	인스톨된 물리 메모리의 영역과 실제 시스템 어드레스 맵을 보여준다. 아래는 실행 실행한 예제이다.

```
grub> displaymem
EISA Memory BIOS Interface is present
Address Map BIOS Interface is present
Lower memory: 640K, Upper memory (to first chipset
hole): 3072K
[Address Range Descriptor entries immediately
follow (values are 64-bit)]
    Usable RAM:  Base Address:  0x0 X 4GB + 0x0,
        Length:  0x0 X 4GB + 0xa0000 bytes
      Reserved:  Base Address:  0x0 X 4GB + 0xa0000,
        Length:  0x0 X 4GB + 0x60000 bytes
    Usable RAM:  Base Address:  0x0 X 4GB + 0x100000,
        Length:  0x0 X 4GB + 0x300000 bytes
```

| **find FILENAME** | 모든 파티션에서 지정한 파일명(FILENAME)을 찾고, 파일이 포함되어 있는 디바이스의 리스트를 출력한다. |

geometry DRIVE [CYLINDER HEAD SECTOR [TOTAL_ SECTOR]]	지정한 DRIVE 드라이브 정보를 출력한다.
halt [--no-apm]	"--no-apm" 옵션을 지정하지 않는 조건으로 시스템을 종료한다. 만일 APM이 지원되면 APM 바이오스를 이용하여 전원을 끊는다.
help[--all] [PATTERN …]	내부 명령어에 대한 정보를 보여준다. "--all" 옵션이 없으면 전체 명령을 보여주지는 않는다. --all 옵션의 추가 명령어는 아래에서 설명한다.
hide PARTITION	파티션 타입 코드에 "hidden" 비트를 셋팅해서 지정한 파티션(PARTITION)을 숨긴다.
initrd FILE [ARG …]	리눅스 포맷 부트 이미지인 초기 램 디스크를 파일(FILE)로 지정하여 로딩하고, 메모리에 있는 리눅스 셋업 영역에 적절한 파라미터를 ARG로 설정한다.
kernel [옵션] FILE [ARG…]	지정한 파일(FILE)에서 프라이머리 부트 이미지를 로딩한다. 추가적으로 지정한 인자들은 "kernel command line"으로 전달된다. 참고로 module 명령은 반드시 kernel 명령어 이후에 로드해야 한다. [옵션] --no-mem-option : GRUB에 커널 "mem =" 옵션을 패스하지 않도록 알려준다. --type=TYPE : 로딩하는 커널의 타입을 알려준다. 이는 "netbsd", "freebsd", "openbsd", "linux", "biglinux", "multiboot" 중 하나여야 한다.
makeactive	root 명령으로 지정한 GRUB의 root 디바이스를 액티브 파티션으로 설정한다.

map TO_DRIVE FROM_DRIVE	드라이브 FROM_DRIVE를 드라이브 TO_DRIVE로 매핑한다. OS가 첫 번째 드라이브에 존재하는 않을 상황에서 체인로딩할 때 필요하다.
	예를 들어 윈도우가 두 번째 하드 드라이브(hd1)에 있다면.
	
	`grub> map (hd0) (hd1)`
	`grub> map (hd1) (hd0)`
	
	위와 같이 첫 번째와 두 번째 하드 드라이브를 바꾸어서, 윈도우를 첫 번째 드라이브인 것처럼 속여 부팅을 할 수 있다.

md5crypt	MD5 포맷으로 패스워드를 생성한다. 아래와 같이 MD5로 생성된 패스워드를 conf 파일에 설정할 수 있다.
	
	`grub> md5crypt`
	`Password: ******`
	`Encrypted: $1$6bTPe/$iWLttW4bTyD9.dDXwTxP01`

module FILE [ARG …]	지정한 파일(FILE)을 멀티부트 포맷 부트 이미지를 위한 부트 모듈로 로딩한다. 추가적으로 지정한 인자들은 "kernel" 명령어와 같이 "module command line"으로 전달된다.
modulenounzip FILE [ARG..]	자동으로 압축을 해제하지 않는 것만 제외하면 module과 같다.

pager [FLAG]	FLAG 인자가 없으면 페이저 모드를 on/off로 번갈아 선택한다. 만일 FLAG가 있으면 on/off를 지정할 수 있다.
partnew PART TYPE START LEN	지정한 시작 주소(START), 길이(LEN), 타입(TYPE)의 프라이머리 파티션을 만든다. 시작 주소와 길이는 섹터 유닛sector units 안에 있어야 한다.
arttype PART TYPE	지정한 파티션(PART)을 제시한 타입(TYPE)으로 변경한다.
quit	GRUB 셸을 빠져나간다.
quietboot	메시지를 출력하지 않는다.
reboot	시스템을 리부팅한다.
root [DEVICE [HDBIAS]]	시스템의 루트 디바이스를 해당 디바이스(DEVICE)로 설정하고 나서, 파티션 사이즈를 얻기 위해 마운트한다. 만약 아래와 같이 디바이스를 지정하였다면, 이는 프라이머리 디스크의 첫 번째 파티션을 루트 디바이스로 설정한 것이다. `grub> root (hd0,0)` 옵션 HDBIAS는 물리적인 디스크의 고유 넘버이다. 예를 들어 하나의 IDE 디스크와 하나의 SCSI 디스크가 있고, 현재의 리눅스 루트 파티션이 SCSI 디스크에 있다면, 2번째 시스템 물리 디스크이므로 HDBIAS로 1을 사용한다. 더 자세한 디바이스 숫자는 설명의 처음 부분에서 언급한 표 시스템에서 사용하는 디바이스 이름을 살펴보자.
rootnoverify [DEVICE[HDBIAS]]	root 명령어와 유사하나 파티션을 마운트하지는 않는다. 이 명령은 GRUB이 읽을 수 있는 디스크의 영역 바깥에 있는 OS를 루트 디바이스로 설정하고자 할 경우에 유용하다.
serial [옵션]	시리얼 디바이스를 초기화한다. **[옵션]** --unit=UNIT : UNIT는 시리얼 디바이스에서 사용하는 아라비아 숫자를 지정한다(기본값은 0으로 COM1과 같다). --port=PORT : PORT는 포트넘버를 지정한다. --speed=SPEED : SPEED는 DTE-DTE 속도를 지정한다(기본값은 9600). --word=WORD : WORD는 5에서 8까지의 길이를 지정한다(기본값은 8). --parity=PARITY : PARITY는 패리티 타입으로 "no", "odd", "even" 중 하나이다(기본값은 no). --stop=STOP : 정지 비트의 길이(STOP)를 지정한다(기본값은 1). --device=DEV : tty 디바이스의 이름(DEV)을 지정한다. grub 셸에서만 사용할 수 있다.
setkey [TO_KEY FROM_KEY]	키보드 맵을 FROM_KEY에서 TO_KEY로 변경한다. 인터내셔널 키보드를 설정할 때 유용하다. 인자를 지정하지 않으면 키 매핑을 리셋한다.
setup [옵션] INSTALL_DEVICE [IMAGE_DEVICE]	자동적으로 GRUB을 인스톨한다. setup 명령은 조금 더 유연한 install 명령을 백엔드로 이용하여 GRUB을 INSTALL_DEVICE로 인스톨한다. install 명령은 사용자가 설정할 내용이 다양하기 때문에 setup 명령을 사용하면 보다 쉽게 설정할 수 있다. GRUB 이미지가 있는 곳은 IMAGE_DEVICE로 지정할 수 있으며, 만약 지정하지 않으면 root 명령어로 설정한 현재의 루트 디바이스를 이용한다.

	[옵션]
	--force-lba : LBA 모드를 사용한다.
	--prefix=DIR : GRUB 이미지가 있는 디렉터리를 지정한다.
	--stage2=STAGE2_FILE : 인스톨 시 지정한 스테이지 2 파일(STAGE2_FILE)을 GRUB에 넘겨준다.
terminal [옵션] [console] [serial] [hercules] [graphics]	터미널을 선택한다. 인자가 없으면 현재 설정을 보여준다. 만일 여러 터미널을 지정하면 어떤 키가 입력될 때까지 대기한다. "console"과 "serial"을 모두 지정하면 먼저 입력한 키의 터미널이 선택된다. 다음은 추가적인 옵션이다. --dumb : 터미널을 덤 터미널dumb terminal로 지정한다. --no-echo : 입력한 문자를 출력하지 않는다. --no-edit : 배쉬 에디팅BASH-like editing 기능을 비활성화한다. --timeout=SECS : 지정한 초 동안 타임아웃을 지정한다. --lines=LINES : 라인의 최대값을 지정한다. --slient : 메시지를 숨긴다.
terminfo [--name=NAME --cursor- address=SEQ [--clear- screen=SEQ] [--enter-standout- mode=SEQ] [--exit-standout- mode=SEQ]]	터미널의 특성을 정의한다. 옵션을 지정하지 않으면 현재의 셋팅을 보여준다.
testvbe MODE	VBEVESA BIOS Extension 모드를 테스트한다. 취소하려면 아무 키나 누른다.
unhide PARTITION	파티션 타입 코드에 있는 "hidden"을 제거하여 PARTTION 숨기기를 해제한다.
uppermem KBYTES	강제로 인스톨된 상위 메모리를 KBTYES 크기로 가장한다.
vbeprobe [MODE]	VBE 정보를 조사한다. MODE가 지정되면 지정한 모드 정보만 보여준다.

아래는 grub 명령행에서 help가 아닌 **help --all** 명령에서만 볼 수 있는 명령어이다.

cmp FILE1 FILE2	두 파일(FILE1과 FILE2)을 비교하고 다른 점을 보여준다.
debug	디버그 모드를 on/off한다.
dump FROM TO	파일(FROM)에서 파일(TO)로 내용을 덤프한다. FROM은 반드시 GRUB 파일이고 TO는 OS 파일이어야 한다.

embed STAGE1_5 DEVICE	지정한 디바이스(DEVICE)가 드라이버이거나 FFS 파티션이면서 부트로더 영역 안에 있다면, 스테이지 1.5(STAGE1_5) 파일을 MBR 이후의 섹터에 포함시킨다. 만일 성공하면, 스테이지 1.5(STAGE1_5) 파일에 채워진 섹터 수를 출력한다. 참고로 사용자가 이 명령을 직접적으로 실행할 일은 거의 없다.
fstest	파일시스템 테스트 모드를 토글한다.

```
grub> fstest
 Filesystem tracing is now on
grub> fstest
 Filesystem tracing is now off
```

impsprobe	인텔 멀티프로세서 스펙 1.1이나 1.4 설정 테이블을 조사하고, 찾은 CPU를 타이트 루프tight loop로 부팅한다. 이 명령은 스테이지 2에서만 사용된다.

```
grub> impsprobe
Scanning from 0x9f000 for 1024 bytes
Scanning from 0xf0000 for 65536 bytes
Found MP Floating Structure Pointer at f3820
Intel MultiProcessor Spec 1.4 BIOS support detected
    APIC config: "Virtual Wire mode"    Local APIC
address: 0xffee00000
  OEMid : OEM00000 Product id : PROD00000000
  Processor [APIC id 0 ver 17]: #0 Bootstrap
Processor (BSP)
  Processor [APIC id 1 ver 17]:
  Bus id 0 is PCI
  Bus id 1 is PCI
  Bus id 2 is PCI
  Bus id 3 is PCI
  Bus id 4 is PCI
  Bus id 5 is PCI
  Bus id 6 is PCI
  I/O APIC id 4 ver 17, address: 0xfec00000
```

install [옵션] STAGE1 [d] DEVICE STAGE2 [ADDR] [p] [CONFIG_FILE] [REAL_CONFIG_FILE]	GRUB을 설치한다. 스테이지 2(STAGE2)나 스테이지 1.5 파일은 반드시 이미지가 설치될 디렉터리에 있어야 한다(예 /boot/grub 디렉터리). 이 명령은 스테이지 1 파일인 STAGE1 파일을 로딩 검증하고, 스테이지 2나 1.5단계에 STAGE2 파일을 로딩하기 위해 스테이지 1 파일에 있는 블록 리스트를 인스톨하고, 완성된 스테이지 1 파일을 디바이스(DEVICE)의 첫 번째 블록에 쓴다. **[옵션]** --force-lba : LBA 모드를 위해 정상성 체크sanity check를 비활성화한다.

--stage2=STAGE2_FILE : 로우raw 디바이스 대신 STAGE_2 파일을 통해 스테이지 2를 다시 쓴다.

[파라미터]
STAGE1 : STAGE1을 스테이지 1 파일로 지정한다.
d : 부팅 드라이브가 없다면, 인스톨된 STAGE2를 실제 디스크로 찾도록 스테이지 1에 알려준다. 스테이지 1단계에서 부팅 드라이브가 없다면, 인스톨되어 있는 STAGE2에서 실제 디스크를 찾는다.
DEVICE : 최종으로 만들어진 스테이지 1 파일을 쓸 목적destination 디바이스를 지정한다.
STAGE2 : 스테이지 1이 로딩할 스테이지 2 파일을 STAGE2로 지정한다.
ADDR : 스테이지 1에서 스테이지 2나 스테이지 1.5를 로딩할 주소를 지정한다. 스테이지 2는 0x8000이, 스테이지 1.5는 0x2000이 가능하다. 생략되면 GRUB은 주소를 자동적으로 결정한다.
p : STAGE2가 위치하고 있는 파티션이 스테이지 2의 첫 번째 블록에 쓰여진다.
CONFIG_FILE : 스테이지 2 설정 파일 위치를 지정한다.
REAL_CONFIG_FILE : STAGE2 파일이 실제 스테이지 1.5 파일이고, READ_CONFIG_FILE을 실제 설정 파일명으로 지정하고 스테이지 2 설정 파일에 이를 기록한다.

ioprobe DRIVE	드라이브(DRIVE)에 사용된 I/O 포트를 찾는다.
lock	사용자 인증이 되지 않았다면 명령 실행을 중지한다.
password **[--md5]** **PASSWD** **[FILE]**	메뉴 파일의 첫 번째 섹션에서 사용되면, 모든 대화형 편집 컨트롤(메뉴 엔트리 에디터와 명령어 라인)이 비활성화된다. 만일 이 명령을 입력하면, FILE을 새로운 설정 파일로 로딩하고 GRUB 스테이지 2를 재시작한다. 또한 FILE 인자를 제외하면, GRUB은 단지 특권 명령어privileged instructions를 해제한다. --md5 옵션은 GRUB에 PASSWD가 md5암호화라고 알려준다.
pause **[MESSGAE ...]**	MESSAGE를 출력하고, 아무 키나 입력될 때까지 대기한다.
print **[MESSAGE ...]**	MESSAGE를 출력한다.
read ADDR	지정한 ADDR 주소에 있는 메모리에서 32비트 만큼 읽고, 16진수로 출력한다.
savedefault **[NUM | 'fallback']**	인자가 주어지지 않으면, 현재 엔트리를 기본 부트 엔트리로 저장한다. 인자가 숫자일 때는 이 숫자가 저장된다. 인자로 폴백이 지정되면 해당 폴백의 엔트리 포인트가 저장된다.
testload FILE	여러 방법으로 지정한 파일(FILE)의 전체 내용을 읽어 파일시스템 코드를 테스트한다. 만일 출력에 에러가 없고, 마지막에 변수 i와 파일 위치(filepos)가 같은 값("i=X filepos=Y)을 리포트하면, 파일시스템은 오류가 없고 커널을 로딩할 수 있다는 뜻이다.

GRUB 설정 파일

데비안 계열에서는 /boot/grub/menu.lst 파일로 존재하며, 레드햇 계열에서는 /etc/

grub.conf에서 menu.lst 파일을 심볼릭 링크로 사용하고 있다.

아래는 간단한 부트 메뉴 설정 파일의 예제이다.

```
# 메뉴 화면을 30초 동안 보여 주고 아무 입력도 없으면 자동적으로 부팅한다.
timeout 30
# 첫 번째 엔트리를 기본 부팅 영역으로 지정한다.
default 0
# 두 번째 엔트리로 폴백(fallback)한다.
fallback 1

title  GNU/Linux
root (hd1,0)
kernel /boot/vmlinuz ro root=/dev/hdb1
initrd /boot/initrd.img
```

위에서 설명한 GRUB 명령어는 설정 파일이나 명령어 셸에서 모두 사용할 수 있다. 추가적으로 메뉴설정을 위해 설정 파일의 전체 섹션에서만 사용할 수 있는 명령어들도 있다. 이는 다음과 같다.

명령어	설명
default num	타이틀로 지정한 메뉴 중 기본으로 선택하고자 하는 메뉴 엔트리(num)를 지정한다. 메뉴 엔트리는 0부터 시작하고, 별도로 지정하지 않으면 첫 번째 엔트리가 선택된다.
fallback num	어떤 이유로 기본 엔트리가 에러가 날 때 사용할 엔트리를 지정한다. 이 값이 지정되어 있고 디폴트 엔트리가 동작하지 않으면, GRUB은 사용자 입력을 기다리지 않고 곧바로 폴백 엔트리로 부팅한다.
hiddenmenu	메뉴를 보이지 않게 한다. 타임아웃 전에 사용자가 Esc 키를 누르면, 화면에 메뉴가 표시된다.
timeout time	타임아웃 기간을 초 단위로 지정한다. 타임아웃은 디폴트 엔트리로 부팅하기 전 사용자 입력을 대기하는 시간이다.

titie name	지정한 이름(name)으로 새로운 부트 엔트리를 시작한다. 아래는 윈도우 멀티 부팅을 위한 예제이다. 설정 파일 맨 하단에 추가하면 된다.
	
	```# Windows 위한 부팅 설정```
	```title Windows boot menu```
	```rootnoverify (hd0,0)```
	```makeactive```
	```chainloader +1```

GRUB 인스톨하기

❶ GRUB 부트 CD 생성하기

a. 현재 디렉터리에서 ISO 파일을 만들 작업 디렉터리를 생성한다.

```
$ mkdir -p iso/boot/grub
```

b. stage2_eltorito 파일이 있는 /usr/lib/grub/i386-pc 디렉터리를 작업 디렉터리로 복사한다.

```
$ cp /usr/lib/grub/i386-pc iso/boot/grub
```

c. ISO 파일을 생성하는 작업을 완료한 후 genisoimage 명령어를 실행한다. 이 명령어는 iso/boot/stage2_eltorito를 부트이미지로 해서 iso 디렉터리 하위 내용들을 isoimage.iso 파일로 생성하는 예제이다.

```
$ genisoimage -R -b boot/grub/stage2_eltorito -no-emul-boot \
-boot-load-size 4 -boot-info-table -o isoimage.iso is
```

❷ GRUB 부트 플로피 생성하기

a. GRUB이 인스톨된 디렉터리(/usr/lib/grub/i386-pc)에서 dd 명령으로 플로피 디스크로 지정된 스테이지 1(stage1) 파일을 쓴다.

```
$ dd if=stage1 of=/dev/fd0 bs=512 count=1
```

b. 지정된 스테이지 2(stage2) 파일을 플로피 디스크에 쓴다. seek=1 옵션으로 첫 번째 블록은 건너뛰어, 스테이지 1(stage1)을 덮어쓰지 않는다.

```
$ dd if=stage2 of=/dev/fd0 bs=512 seek=1
```

위의 a, b는 GRUB 명령어 라인으로 부팅할 수 있으며, GRUB 메뉴로 부팅하려면 아래 예제가 쉽다.

a. 아래와 같이 플로피 디스크를 마운트하고, boot/grub 디렉터리를 만든다.

```
$ mke2fs /dev/fd0
$ mount /dev/fd0 /mnt/floppy
$ mkdir -p /mnt/floppy/boot/grub
```

b. stage1, stage2, menu.lst 파일을 /mnt/floppy/boot/grub 디렉터리에 복
사한다.

```
$ cp stage1 stage2 menu.lst /mnt/floppy/boot/grub
```

c. grub 명령을 다음과 같이 실행한다.

```
$ grub --batch <<EOF
root (fd0)
setup (fd)
quit
EOF
```

❸ GRUB 명령어 셸에서 인스톨하기

grub〉으로 시작하는 명령어 셸에서 GRUB을 인스톨할 수 있다.

```
grub> find /boot/grub/stage1
 (hd0,0)
grub> root (hd0,0)
grub> setup (hd0)
```

❹ grub-install 명령으로 인스톨하기

이는 grub-install 명령을 참조하자.

메인 메뉴 사용하기

부팅 후 메인 메뉴를 보면 등록된 메뉴 타이틀을 볼 수 있는데, 부팅하고자 하는 메뉴로
화살표키를 이용하여 이동한 후, Enter 키를 입력하면 부팅을 시작한다. 만일 timeout 옵
션을 사용하고, hidden 메뉴를 활성화했다면 Esc 키를 입력해야 메뉴를 볼 수 있다.

메인 메뉴 화면에서 e 키는 각 타이틀의 명령을 편집할 수 있다. c 키를 입력하면 grub
명령을 실행한 것처럼 grub〉으로 시작하는 명령행으로 들어간다.

GRUB 2 버전

현재(2010년 8월) GRUB 2는 1.98 베타 버전이 최신이다. 이전 GRUB 버전은 더
이상 개발되지 않으나, 설정 파일 하나로 메뉴를 간단하게 편집할 수 있게 하여 사용
자가 손쉽게 사용할 수 있도록 했다. GRUB 2는 셸 스크립트 문법을 사용하고 변경

된 메뉴를 적용하는 부분이 더 어려워졌다.

새로워진 기능

· 조건식과 함수를 포함한 스크립트를 지원한다.
· 동적 모듈 형식으로 로드할 수 있다. 디렉터리 /boot/grub 밑에서 많은 *.mod 파일을 볼 수 있는데, 이 파일들은 GRUB 2 부트로더가 필요에 따라 로딩한다.
· Rescue 메뉴를 지원한다.
· /etc/grub.d/05_debian_theme 파일로 테마를 컨트롤할 수 있다. 이 파일은 배포판마다 다를 수 있다.
· 그래픽 부트 메뉴 지원 및 splash 성능이 개선되었다.
· 하드 드라이브에서 ISO 이미지로 직접 부팅할 수 있다.
· 새로운 설정 파일 구조를 가진다.
· PowerPC 같은 Non-X86 플랫폼 지원한다.

❶ 이전 GRUB 버전과 달라진 점

기본 메뉴 구조는 GRUB 이전 사용자들이 볼 때 유사해 보이지만, 내부적으로는 아래와 같이 많은 부분이 달라졌다.

· 설치된 OS가 하나뿐이라면 기본 메뉴를 띄우지 않고 곧바로 해당 OS를 부팅한다.
· 부팅 중에 메뉴를 보려면 Shift 키를 입력해야 한다(이전 GRUB에서는 Esc 키).
· /boot/grub/menu.lst 파일은 없다. /boot/grub/grub.cfg가 대신한다.
· grub 프롬프트에서 "find boot/grub/stage1" 명령은 더 이상 없다. 스테이지 1.5는 더 이상 쓰지 않는다.
· 메인 메뉴 파일인 /boot/grub/grub.cfg는 루트 계정으로도 편집할 수 없다. update-grub 명령으로 자동 생성해야 한다.
· grub.cfg는 커널이 추가/제거되거나 혹은 사용자가 update-grub을 실행할 경우 업데이트되어 덮어쓰게 된다.
· 사용자는 /etc/grub.d/40_custom 파일로 커스텀 파일 설정을 해야 한다. 이 파일은 덮어쓰지 않는다.
· 메뉴 디스플레이 설정을 변경하는 주 설정 파일은 /etc/default/grub 파일이다.
· 메뉴 설정은 /etc/defaults/grub 이외에도 /etc/grub.d 디렉터리에 있는 모든 파일을 이용한다.
· 첫 번째 파티션은 0이 아니라 1이다. 첫 번째 디바이스는 0으로 이전 버전에서와 같다.

· **update-grub** 명령을 실행할 때마다 윈도우 같은 타 OS도 자동적으로 찾는다.

· **update-grub** 명령을 실행해야지만 변경된 설정 파일이 적용된다.

❷ GRUB 2 사용하기

아래는 GRUB 2에서 새롭게 추가된 핵심 설정 파일에 대해 알아보자.

파일	설명
/boot/grub/grub.cfg	메인 설정 파일로 이전의 menu.lst 파일을 대신한다. 이 파일은 읽기 전용 파일이므로 사용자가 직접 수정해서는 안 된다.
/etc/grub.d/	GRUB 스크립트를 포함하는 디렉터리로, 이 디렉터리에 포함된 스크립트를 실행하여 grub.cfg 파일을 생성한다.

아래는 /etc/grub.d 디렉터리가 포함하고 있는 파일들이다.

```
$ ls -alh
합계 56K
drwxr-xr-x   2 root root 4.0K 2010-07-01 02:52 .
drwxr-xr-x 129 root root  12K 2010-07-02 22:11 ..
-rwxr-xr-x   1 root root 4.4K 2010-04-13 06:59 00_
header
-rwxr-xr-x   1 root root 1.4K 2010-04-13 06:40 05_
debian_theme
-rwxr-xr-x   1 root root 4.5K 2010-04-13 06:59 10_linux
-rwxr-xr-x   1 root root  918 2010-03-23 02:37 20_
memtest86+
-rwxr-xr-x   1 root root 6.5K 2010-04-13 06:59 30_os-
prober
-rwxr-xr-x   1 root root  214 2010-04-13 06:59 40_custom
-rw-r--r--   1 root root  483 2010-04-13 06:59 README
```

위의 파일들은 모드 실행 퍼미션을 포함하고 있는데, 만일 chmod -x 옵션으로 실행 퍼미션을 제거하면 해당되는 파일의 설정이 메뉴에서 빠지게 된다. 아래와 같이 memtest를 메뉴에서 삭제할 수 있다.

```
$ sudo chmod -x 20_memtest86+
```

아래 표는 위 예제에 있는 파일들에 대한 자세한 설명이다.

파일 이름	설명
00_header	/etc/default/grub에서 GRUB 셋팅을 로딩하는 스크립트이다.
05_debian_theme	백그라운드, 컬러, 테마 등을 정의한다. 배포판마다 이름이 틀릴 수 있다.
10_linux	설치된 배포판의 메뉴 엔트리를 로딩한다.
20_memtest86+	memtest 유틸리티를 로딩한다.
30_os-prober	또 다른 OS를 위한 하드디스크를 스캔하는 스크립트로 부트 메뉴에 추가한다.
40_custom	사용자가 부가적인 엔트리를 부트 메뉴에 추가하기 위한 템플릿이다.

/etc/default/grub

GRUB 메뉴 설정을 포함하는 파일로 전체적인 옵션인 timeout, 기본 부트엔트리 등을 포함하고 있다. 만일 이 파일을 수정하면 update-grub(혹은 grub-mkconfig) 명령으로 /boot/grub/grub.cfg 파일을 업데이트해야 한다.

다음 표는 설정 파일에 포함할 수 있는 값에 대한 자세한 설명이다.

설정값	설명
GRUB_DEFAULT=0	메뉴에서 기본 선택되는 엔트리를 지정한다. 0은 첫 번째 엔트리를 말한다. GRUG_DEFAULT=saved는 사용자가 이전 부트에서 마지막으로 선택한 메뉴를 기본 선택 엔트리로 정한다.
GRUB_HIDDEN_TIMEOUT=0	값이 0이면 GRUB_TIMEOUT 시간 동안 화면에 메뉴를 출력하지 않는다. 이 때 메뉴를 보려면 Shift 를 입력해야 한다. 만일 값이 0이면서 다른 OS 엔트리가 없다면 카운트다운 없이 바로 부팅 된다. GRUB_TIMEOUT 동안 메뉴를 보려면 "="이후에 값을 지정하지 않는다.
GRUB_HIDDEN_TIMEOUT_QUIET=true	true면 카운트다운을 출력하지 않는다.
GRUB_TIMEOUT=10	이전 설정의 timeout 10과 같다. -1으로 설정하면 사용자가 엔트리를 선택할 때까지 무한정 대기한다.
GRUB_DISTRIBUTOR= 'lsb_release -I -s 2〉/dev/null || echo Debian'	메뉴 엔트리에 추가할 배포판 이름을 추출한다.

| GRUB_CMDLINE_LINUX_
DEFAULT="quiet splash" | 정상 모드에서의 이전 GRUB의 kernel 항목 중 linux 항의 끝에 추가한다. |
| GRUB_CMDLINE_LINUX="" | 정상^{normal} 모드와 리커버리 모드에서의 이전 GRUB의 kernel 항목 중 linux 항의 끝에 추가한다. |

❸ 사용자 메뉴 추가하기

사용자 지정 메뉴를 추가하려면 /etc/grub.d/40_custom 파일을 열고 맨 아래에 원하는 내용을 추가 입력하면 된다.

```
#!/bin/sh
exec tail -n +3 $0
# This file provides an easy way to add custom menu entries. Simply type the
# menu entries you want to add after this comment. Be careful not to change
# the 'exec tail' line above.
menuentry "My Test Title" {
set root=(hd0,1)
linux /boot/vmlinuz.test ro quiet splash
initrd /boot/initrd.img.test
}
```

이전 GRUB에서 GRUB 2로 업그레이드되면서 menu.lst 파일에도 다음과 같은 변화가 생겼다.

이전 GRUB에서	GRUB 2에서
title	menuentry menuentry으로 시작하는 첫 번째 라인은 반드시 { 로 끝나야 한다. 이는 menuentry의 마지막 라인에서 } 로 닫는다.
root	set root=
kernel	linux
(hd0,0) 파티션 시작값이 0에서 시작한다.	(hd0,1) 파티션 시작 값이 1에서 시작한다.

만일 /etc/grub.d/40_custom이 수정 완료되었다면, update-grub 명령으로 /boot/grub/grub.cfg 파일에 업데이트를 해줘야 한다.

```
$ sudo update-grub
```

일부 배포판에서 에러가 발생하면 grub-mkconfig 명령을 사용하면 된다.

```
$ sudo grub-mkconfig -o /boot/grub/grub.cfg
```

GRUB 2에 대해 더 자세히 알고 싶으면 http://www.gnu.org/software/grub/index.html를 참조하기 바란다.

❶ 관련 명령어

grub-install : 지정한 드라이브에 GRUB을 설치한다.
grub-mkconfig : grub 설정 파일을 새롭게 생성한다.

<table>
<tr><td>명령어</td><td colspan="2">grub-install</td><td>OS</td><td>L</td></tr>
<tr><td>키워드</td><td>GRUB 인스톨</td><td>경로 /sbin/grub-install</td><td>중요도</td><td>☆☆</td></tr>
<tr><td>요약</td><td colspan="4">지정한 드라이브에 GRUB을 인스톨한다</td></tr>
</table>

❶ 이렇게 써요

```
grub-install [옵션] intall_device
```

   -h, --help : 도움말을 출력한다.

   -v, --version : 버전 정보를 출력한다.

   --root-directory=DIR : GRUB 이미지를 루트 디렉터리 대신 지정한 디렉터리(DIR) 아래에 인스톨한다.

   --grub-shell=FILE : grub 셸 파일(FILE)을 지정한다.

   --no-floppy : 플로피 드라이브를 찾지 않는다.

   --force-lba : GRUB을 LBA 모드로 실행한다. 사용자 시스템에 디스크를 추가하거나 제거하려면 옵션을 사용

      해야 한다.

   --recheck : 이미 존재하더라도 디바이스 맵을 다시 찾는다.

❶ 설명 및 예제

grub-install 명령어는 GRUB 셸을 자동 인스톨한다. install_device은 GRUB을 인
스톨할 디바이스명으로 /dev/hda와 같은 시스템 디바이스 형태나 (hd0) 같은 GRUB
디바이스명 형태를 쓸 수 있다.

```
# grub-install /dev/had
```

--grub-shell 옵션은 GRUB 셸로 사용할 수 있는 파일을 지정한다. 아래는 grub에 추
가적으로 지정한 내용을 옵션으로 추가한 예이다.

```
# grub-install --grub-shell = "grub --read-only" /dev/fd0
```

<table>
<tr><td>명령어</td><td colspan="2">grub-mkconfig</td><td>OS</td><td>L</td></tr>
<tr><td>키워드</td><td>grub 설정 파일 생성</td><td>경로 /usr/sbin/grub-mkconfig</td><td>중요도</td><td>☆☆</td></tr>
<tr><td>요약</td><td colspan="4">grub 설정 파일인 grub.cfg 파일을 새롭게 생성한다</td></tr>
</table>

❶ 이렇게 써요

```
grub-mkconfig [옵션]
```

-o, --output =FILE : 지정한 설정 파일(FILE)로 생성한다.
-h, --help : 사용법을 출력한다.
-v, --version : 버전 정보를 출력한다.

❶ 설명 및 예제

grub-mkconfig는 grub 설정을 생성하는 명령어로 옵션을 지정하지 않으면 메시지를 화면에 출력한다. 데비안 기준으로 grub은 /boot/grub 디렉터리에 설정 파일인 grub.cfg를 저장한다.

```
$ ls -al /boot/grub/grub.cfg
 -r--r--r-- 1 root root 4273 2010-09-04 16:31 /boot/grub/grub.cfg
```

-o 옵션은 지정한 파일 이름으로 설정 파일을 업데이트하여 생성한다.

```
$ sudo grub-mkconfig -o /boot/grub/grub.cfg
$ ls -al /boot/grub/grub.cfg
 -r--r--r-- 1 root root 4339 2010-11-14 02:53 grub.cfg
```

참고로, update-grub 명령은 **grub-mkconfig -o /boot/grub/grub.cfg** 명령과 동일하다.

<table>
<tr><td>명령어</td><td>gzexe</td><td></td><td>OS</td><td>L=U</td></tr>
<tr><td>키워드</td><td>실행 파일 압축</td><td>경로 /usr/bin/gzexe</td><td>중요도</td><td>☆</td></tr>
<tr><td>요약</td><td colspan="4">실행 파일을 적절하게 압축한다</td></tr>
</table>

❶ 이렇게 써요

```
gzexe [파일...]
```

❶ 설명 및 예제

gzexe 유틸리티는 실행 파일을 압축하고 압축한 파일이 이전 파일과 같은 기능을 실행한다. 이 명령어는 디스크 용량을 줄일 수 있다.

아래와 같이 /usr/bin/evince 명령어를 압축해 보자.

```
# ls /usr/bin/evince
-rwxr-xr-x  1 root   root    338K 2010-05-13 12:36 evince


# gzexe /usr/bin/evince
/usr/bin/evince:    59.6%
```


파일을 압축하면, 원본 파일은 파일 맨 끝에 틸드(~)가 붙은 백업 파일을 생성하고, 압축된 파일은 기존의 파일명을 유지한다.

```
$ ls -alh /usr/bin/evince*
-rwxr-xr-x 1 root root 138K 2010-07-15 21:20 /usr/bin/evince
-rwxr-xr-x 1 root root 338K 2010-05-13 12:36 /usr/bin/evince~
```

evince~는 이전의 원본 실행 파일이고 evince는 압축된 실행 파일이다. evince 파일이 문제 없이 동작한다고 생각하면 /usr/bin/evince~ 파일은 삭제할 수도 있다.

<table>
<tr><td>명령어</td><td colspan="3">gzip</td><td>OS</td><td>L=U</td></tr>
<tr><td>키워드</td><td>파일 압축</td><td>경로</td><td>/usr/bin/gzip</td><td>중요도</td><td>☆☆</td></tr>
<tr><td>요약</td><td colspan="5">파일을 압축하거나 해제한다</td></tr>
</table>

❶ 이렇게 써요

```
gzip [옵션] [파일]
```

-c, --stdout : 표준출력에 쓰고, 원본 파일을 변경하지 않는다.

-d, --decompress : 압축을 해제한다.

-f, --force : 출력 파일과 압축 링크를 강제로 덮어쓴다.

-h, --help : 도움말을 출력한다.

-l, --list : 압축된 파일의 내용을 출력한다.

-L, --license : 소프트웨어 라이선스를 출력한다.

-n, --no-name : 원본 이름과 타임스탬프를 저장하거나 복구하지는 않는다.

-N, --name : 원본 이름과 타임스탬프를 저장 혹은 복구한다.

-q, --quiet : 경고 메시지를 출력하지 않는다.

-r, --recursive : 현재 디렉터리를 기준으로 모든 하위 디렉터리와 파일까지 대상으로 한다.

-S, --surfix=SUF : 압축 파일의 접두어로 지정한 SUF를 사용한다.

-t, --test : 실제로 압축하지 않고 테스트만 한다.

-v, --verbose : 상세한 정보를 출력한다.

-V, --version : 버전 정보를 출력한다.

-1, --fast : 빠르게 압축한다. 압축률은 낮다.

-9, --best : 느리게 압축한다. 압축률은 높다.

❶ 설명 및 예제

gzip 명령어는 리눅스에서 사용하는 가장 보편적인 압축 방식으로써 압축률이 매우 뛰어나다. 파일이나 디렉터리를 묶기 위해 자주 사용하는 tar 명령어와 함께 사용하여 tar.gz 확장자를 쓰기도 한다. gzip 명령어는 파일을 압축만 할 뿐 여러 파일이나 디렉터리를 하나로 묶지는 못한다. 파일 전송이나 관리 등의 이유로 여러 파일을 하나로 묶어야 한다면 tar 명령을 사용하자. gzip 명령으로 압축하면 원본 파일은 사라지고 .gz의 확장자를 가진 파일이 생성된다. 이때 파일의 소유권과 퍼미션은 원본 파일과 같다.

아래와 같이 gzip 명령으로 압축해 보자.

```
# ls -alh dmesg
-rw-r----- 1 root adm 44K 2010-05-29 12:36 dmesg
# gzip -c dmesg > dmesg_backup.gz
# ls -alh dmesg_backup.gz
-rw-r--r-- 1 root root 12K 2010-05-29 17:02 dmesg_backup.gz
```

upgrade 디렉터리의 하위에 있는 파일을 확인하고 각각을 .gz 파일로 압축해 보자.

```
# ls upgrade/
apache-1.3.24-1kr.i686.rpm openssh-askpass-3.4p1-1kr.i686.rpm
apache-1.3.26-1kr.i686.rpm openssh-clients-3.4p1-1kr.i686.rpm
apache-devel-1.3.24-1kr.i686.rpm openssh-server-3.4p1-1kr.i686.rpm
apache-devel-1.3.26-1kr.i686.rpm sendmail-8.12.3-2kr.i686.rpm
apache-doc-1.3.26-1kr.i686.rpm sendmail-cf-8.12.3-2kr.i686.rpm
openssh-3.4p1-1kr.i686.rpm
```

gzip -r 명령은 파일들을 개별적으로 압축한다.

```
# gzip -r upgrade
# ls upgrade/
apache-1.3.24-1kr.i686.rpm.gz openssh-askpass-3.4p1-1kr.i686.rpm.gz
apache-1.3.26-1kr.i686.rpm.gz openssh-clients-3.4p1-1kr.i686.rpm.gz
apache-devel-1.3.24-1kr.i686.rpm.gz openssh-server-3.4p1-1kr.i686.rpm.gz
apache-devel-1.3.26-1kr.i686.rpm.gz sendmail-8.12.3-2kr.i686.rpm.gz
apache-doc-1.3.26-1kr.i686.rpm.gz sendmail-cf-8.12.3-2kr.i686.rpm.gz
openssh-3.4p1-1kr.i686.rpm.gz
```

위에서 실행한 결과를 **gunzip -r** 명령어로 압축 해제하자.

```
# gunzip -r upgrade
```

TIP

gunzip -r 명령어는 **gzip -rd** 와 같은 결과를 얻을 수 있다.

이제 upgrade 디렉터리의 모든 파일을 upgrade.tar.gz이라는 파일명으로 압축하자.

```
# tar cvzf upgrade.tar.gz upgrade/
upgrade/
upgrade/apache-1.3.26-1kr.i686.rpm
upgrade/apache-devel-1.3.26-1kr.i686.rpm
upgrade/apache-doc-1.3.26-1kr.i686.rpm
upgrade/apache-1.3.24-1kr.i686.rpm
upgrade/apache-devel-1.3.24-1kr.i686.rpm
```

압축을 푸는 명령은 아래와 같다.

```
# tar xvzf upgrade.tar.gz
```

<table>
<tr><td>명령어</td><td colspan="3">halt</td><td>OS</td><td>Ⓛ=Ⓤ</td></tr>
<tr><td>키워드</td><td>시스템 종료</td><td>경로</td><td>/sbin/halt</td><td>중요도</td><td>☆☆☆</td></tr>
<tr><td>요약</td><td colspan="5">시스템을 종료한다</td></tr>
</table>

❶ 이렇게 써요

```
halt [옵션]
```

-d : wtmp 파일에 로그를 남기지 않는다.
-f : 강제로 종료한다.
-n : 종료할 때 싱크를 하지 않는다.
-w : 실제로 시스템을 종료하지 않고, /var/log/wtmp 파일에 로그만 남긴다.

❶ 설명 및 예제

halt 명령어는 /var/log/wtmp 파일에 시스템 종료 로그를 남기고 시스템을 종료하거나 재부팅한다. 만일 현재 시스템의 런레벨이 0이나 6이 아니라면 **halt**나 **reboot** 명령은 **shutdown(8)** 명령어를 호출한다.

여기서 잠깐

시스템 종료 명령어

shutdown, halt , init 레벨을 이용하여 시스템을 종료하거나 재부팅할 수 있다.

init 0(시스템 종료), init 6(시스템 재시작)

이 명령어는 시스템에 로그인하여 작업 중인 사용자에게 메시지를 보내지 않고 바로 종료하므로 서버로 운영 중인 호스트에서는 유의해야 한다.

shutdown

시스템 종료에 대한 경고 메시지와 종료할 시간을 설정하여 사용자가 작업을 마무리할 수 있는 시간적 여유가 있다.

halt

shutdown -h now 명령어와 같은 기능을 한다.

reboot

shutdown -r now 명령어와 같은 기능을 한다.

<table>
<tr><td>명령어</td><td>hdparm</td><td>OS</td><td>L</td></tr>
<tr><td>키워드</td><td>하드디스크 정보 보기/설정</td><td>경로</td><td>/sbin/hdparm</td><td>중요도</td><td>☆☆</td></tr>
<tr><td>요약</td><td colspan="5">하드디스크, CD-ROM 등의 디바이스의 설정을 보여주거나 설정한다</td></tr>
</table>

❶ 이렇게 써요

```
hdparm [옵션] [장치명]
```

-a [sectcount] : 파일시스템의 미리 읽기read-ahead를 설정하거나 출력한다.

-A[0 또는 1] : 드라이브의 미리 읽기read-lookahead의 설정을 on/off 한다.

-c [chipset_mode] : IDE나 확장 IDE 32비트 I/O를 설정하거나 정보를 볼 수 있다.

-C : IDE의 전원 모드 상태를 검사한다.

-d [0 또는 1] : DMA 기능을 on/off 한다.

-E : CD-ROM의 속도를 설정한다.

-f : 디바이스를 제거하기 위해 버퍼 캐시를 동기화한다.

-g : 드라이브의 지오메트리geometry 정보를 볼 수 있다

-h : 사용법을 출력한다.

-i : 부팅 시에 볼 수 있는 드라이브의 정보를 볼 수 있다.

-I : 드라이브로부터 직접 드라이브의 정보를 볼 수 있다.

-k [0 또는 1] : keep_settings_over_reset 정보를 설정하거나 볼 수 있다.

-K [0 또는 1] : 드라이브의 keep_features_over_reset 정보를 설정한다.

-L [0 또는 1] : 드라이브의 락을 설정한다.

-m [sectcount] : 드라이브의 다중 섹터 정보를 설정하거나 볼 수 있다.

-p [0~5중하나] : 드라이브의 프리패치prefetch 수를 설정한다.

-P [sectcount] : 장치의 내부적인 프리패치 구조를 위한 최대 섹터 수를 설정한다.

-q : 옵션을 화면에 출력하지 않는다. -i 옵션 -v 옵션 -t 옵션 -T 옵션에는 적용되지 않는다.

-r [0 또는 1] : 읽기전용 모드로 설정하거나 정보를 출력한다.

-R : IDE 인터페이스를 등록한다.

-S [timeout] : 드라이브의 대기스핀다운, spindown 시간을 설정한다.

-T : 캐시 읽기 시간을 볼 수 있다.

-t : 장치 읽기 시간을 볼 수 있다.

-u [0 또는 1] : 장치의 interrupt-unmask를 설정하거나 정보를 출력한다.

-U : IDE 인터페이스를 제거한다.

-v : -i 옵션을 제외하고 모든 설정을 출력한다.

-W [0 또는 1] : IDE 드라이브의 쓰기 캐시write-caching 기능을 on/off 한다.

-X [xfermode] : 새로운 IDE/ATA2 드라이브를 위해 IDE 전송 모드를 설정한다.

-y : IDE 드라이브를 대기 모드로 전환한다.

-Y : IDE 드라이브를 슬립 모드로 전환한다.

-Z : 오토 파워세이브auto-powersaving 모드를 비활성화한다.

❶ 설명 및 예제

하드디스크의 정보를 보자. 아래 예제에서 드라이브는 16비트 I/O을 지원하고 있다.

```
# hdparm /dev/sda

/dev/sda:
 IO_support   =  0 (default 16-bit)
 readonly     =  0 (off)
 readahead    = 256 (on)
 geometry     = 9729/255/63, sectors = 156301488, start = 0
```

CD-ROM의 DMA 기능을 보자. using-dma 설정이 활성화되어 있다.

```
# hdparm -d /dev/hdd

/dev/hdd:
 using_dma = 1 (on)
```

DMA기능을 off로 설정하려면, -d 0 옵션을 사용한다.

```
# hdparm -d 0 /dev/hdd

/dev/hdd:
 settingusing_dma to 0 (off)
 using_dma = 0 (off)
```

CD-ROM이 CD를 인식하지 못하거나 다운되는 현상이 있다면 이는 DMA 기능에
문제가 있을 수 있다. 아래 예제에서는 hdparm 명령어로 DMA를 off시키고 IO_
support를 32비트로 설정한다.

```
# hdparm -c1 -d0 /dev/CD-ROM

/dev/CD-ROM:
 setting 32-bit IO_support flag to 1
 settingusing_dma to 0 (off)
  HDIO_SET_DMA failed: Operation not permitted
 IO_support =  1 (32-bit)
 using_dma =   0 (off)
```

하드디스크 정지시키기

시스템이 5분 이상 아무 것도 하지 않을 때 하드디스크를 대기[Standby] 상태로 만들 수 있다.

```
# hdparm -S 60 /dev/sda

/dev/sda:
setting standby to 60 (5 minutes)
```

커널 웹서버(httpd) 사용하기

커널 웹서버 가속기 데몬(kHTTPd)은 커널에 내장된 웹서버로서 모듈 형태로 사용할 수 있다. 파일시스템의 파일만을 서비스하기 때문에 cgi와 같은 동적 컨텐츠는 동작하지 않는다. 일반 웹서버보다 속도가 빠르기 때문에 일반적인 파일서비스는 kHTTPd로, cgi 등은 아파치로 처리하면 좋은 시스템 성능을 낼 수 있다.

<table>
<tr><td>명령어</td><td colspan="3">head</td><td>OS</td><td>Ⓛ=Ⓤ</td></tr>
<tr><td>키워드</td><td>파일 앞부분 보기</td><td>경로</td><td>/usr/bin/head</td><td>중요도</td><td>☆☆☆</td></tr>
<tr><td>요약</td><td colspan="5">파일의 첫 번째 부분을 출력한다</td></tr>
</table>

❶ 이렇게 써요

```
head [옵션] [파일명]
```

-숫자 : 출력을 원하는 줄 수를 지정한다. 기본값은 10을 사용하여 열 줄을 출력한다. 예를 들어 head -3 /var/log/messages이라면 첫 번째 줄부터 세 번째 줄까지만 출력한다.

-c, --bytes=SIZE : 출력을 원하는 용량을 정할 수 있다. 사이즈(SIZE)는 b(block=512byt es), k(Kilo bytes), m(Mega Bytes)을 숫자 뒤에 붙여 용량을 구분한다. 뒤에 단위가 없을 때는 바이트 단위로 출력한다.

-n, --lines=N : 출력을 원하는 줄 수를 지정한다.

-q, --quiet, --silent : 출력 할 때 파일명을 출력하지 않는다.

-v, --verbose : 출력하는 파일명을 출력한다.

--help : 사용법을 출력한다.

--version : 버전 정보를 출력한다.

❶ 설명 및 예제

파일의 앞부분을 보여주는 명령어로 행 수나 용량을 지정할 수 있다. 이 명령어는 대용량 파일의 앞부분의 내용을 볼 때 유용하며, 특히 로그 파일을 확인할 때 tail 명령어와 함께 자주 쓴다.

head 명령어를 이용하여 mail 파일의 처음 10줄을 읽어보자. -v 옵션은 출력되는 파일명을 제일 먼저 출력한다.

```
# head -v /var/mail/pirania
= => /var/spool/mail/root <==
From root            Mon Feb 20 04:03:43 2012
Return-Path: <root@dizikarma.com>
Received: (from root@localhost)
                by dizikarma.com (8.10.1/8.10.1) id g1JJ3gK00356
                for root; Wed, 20 Feb 2002 04:03:42 +0900
Date: Mon, 20 Feb 2012 04:03:42 +0900
From: root <root@dizikarma.com>
Message-Id: <200202191903.g1JJ3gK00356@dizikarama.com>
To: root@dizikarma.com
Subject: File integrity report
```

위의 예는 10개행으로 이루어진 메일의 처음을 출력한다.

아래 예제는 읽을 범위를 지정하여 12번째 줄까지 읽어보도록 하자.

```
# head -12 /var/mail/pirania
==> /var/spool/mail/root <== From root     Mon Feb 20 04:03:43 2012
Return-Path: <root@dizikarma.com> Received: (from root@localhost)
        by dizikarma.com (8.10.1/8.10.1) id g1JJ3gK00356
        for root; Mon, 20 Feb 2012 04:03:42 +0900
Date: Mon, 20 Feb 2012 04:03:42 +0900
From: root <root@dizikarma.com>
Message-Id: <200202191903.g1JJ3gK00356@dizikarama.com>
To: root@dizikarma.com
Subject: File integrity report
Hello~!!!!
You must read this mail and send your answer.
```

-c 옵션을 사용하여 파일 용량을 기준으로 일정 용량까지만 읽을 수 있다.

```
# head -v -c 74 /var/spool/mail/root
==> /var/spool/mail/root <==
From rootMon Feb 20 4:03:43 2012
Return-Path: root@office.hancom.com
```

74 바이트만큼 출력한다.

❗ 관련 명령어

cat : 파일을 첫 줄부터 아래쪽 방향으로 보여준다.
tail : 파일의 마지막 행을 보여준다.
tac : 파일을 마지막 줄부터 위쪽 방향으로 보여준다.

명령어	**hexdump**			OS	Ⓛ
키워드	문자열 변환	경로	/usr/bin/hexdump	중요도	☆
요약	파일이나 표준입력 내용을 변환한다				

❶ 이렇게 써요

```
hexdump [옵션] 파일
```

-b : 파일의 내용을 8진수 형식으로 1바이트씩 출력한다. 하나의 16진수 입력 오프셋과 열여섯 개의 8진수 형 태의 열 형식으로 출력한다.

-c : 파일의 내용을 문자로 1바이트씩 출력한다. 하나의 16진수의 입력 오프셋과 열여섯 개의 문자 형태의 열 형식으로 출력한다.

-C : 파일의 내용을 8진수 및 ASCII 형식으로 출력한다. 하나의 16진수의 입력 오프셋과 열여섯 개의 16진수 형태의 열, 그리고 16 바이트의 %_P 포맷 형식으로 출력한다.

-d : 파일의 내용을 10진수 형식으로 2바이트씩 출력한다. 한 줄은 16진수의 입력 오프셋과 여덟 개의 십진수 형태의 열 형식으로 출력한다.

-e format_string : 출력할 내용의 포맷 스트링을 지정한다.

-f format_file : 출력 형식을 가지고 있는 포맷 파일를 지정한다. 이 파일은 하나 이상의 ₩n 포맷 문자를 포함 하고 있고, 공백 라인과 해시 문자(#)로 시작하는 라인은 무시한다.

-n length : 지정한 길이 만큼의 바이트만 해석한다.

-o : 8진수 형식으로 2 바이트씩 출력한다. 라인은 하나의 16진수의 입력 오프셋과 여덟 개의 8진수 형태의 열 형식으로 출력한다.

-s offset : 입력의 시작에 오프셋 정보를 생략한다. 옵션을 지정하지 않으면 오프셋을 10진수로 출력한다.

-v : 모든 입력 데이터를 출력한다.

-x : 16진수 형식으로 2바이트씩 출력한다. 하나의 16진수의 입력 오프셋과 여덟 개의 16진수 형태의 열 형식 으로 출력한다.

❶ 설명 및 예제

hexdump 명령어는 지정한 파일이나 표준입력에서 사용자가 지정한 형식으로 출력한다. 포맷 문자열은 공백 문자로 구분되어 여러 포맷 단위로 나누어진다. 하나의 포맷 단위는 반복 횟수, 바이트 횟수, 포맷 형식으로 구성된다.

반복 횟수는 양의 정수로만 설정할 수 있으며 초기값은 1이다. 포맷의 반복 횟수만큼 출력한다. 바이트 수는 양의 정수로만 설정할 수 있으며 지정한 바이트 수를 변경하면 반복 횟수를 다시 계산하여 읽는다. 반복 횟수와 바이트 수 모두를 사용하면 슬래시(/)로 구분한다. 슬래시의 앞뒤의 공백 문자는 무시된다. 포맷은 따옴표(" ")로 묶여져야 한다.

아래는 지정한 파일의 모든 내용을 16진수 형식으로 출력하고 있다.

```
$ hexdump -v BUG-HUNTING.TXT |more
0000000 0a0a 3032 3930 312d 2d32 3230 3120 3a39
0000010 3135 2020 2020 2020 2020 2020 4420 636f
0000020 6d75 6e65 6174 6974 6e6f 422f 4755 482d
0000030 4e55 4954 474e 2020 2020 2020 2020 2020
0000040 2020 2031 8eed ec98 b49d a7ec 0a80 0a0a
0000050 6154 6c62 2065 666f 6320 6e6f 6574 746e
0000060 0a73 3d3d 3d3d 3d3d 3d3d 3d3d 3d3d 3d3d
0000070 3d3d 0a3d 4c0a 7361 2074 7075 6164 6574
0000080 3a64 3220 2030 6544 6563 626d 7265 3220
```


여기서 잠깐

리눅스의 생일

1991년 8월 25일, 핀란드의 헬싱키 대학에 다니던 리누스 토발즈는 미닉스 뉴스그룹에 한 통의 메일을 보냈다. 이메일의 주요 내용은 4월부터 개인적으로 개발한 운영체제가 거의 완성단계에 접어들었다는 것이었다. 이것이 리눅스가 세상에 처음으로 알려진 사건이었다. 이어 9월 17일 리눅스 커널 0.01 버전이 처음으로 공개되었다.

외국에서는 이날을 리눅스의 생일로 삼고 리눅서들이 모여 축하 행사를 열기도 한다.

명령어	**host**			OS	L=U
키워드	호스트 정보보기	경로	/usr/bin/host	중요도	☆☆
요약	도메인 정보를 출력한다				

❶ 이렇게 써요

> host [옵션] [도메인, IP] [서버]

서버 : 도메인이나 IP를 검색할 네임 서버를 지정한다. 지정하지 않으면 시스템에 등록된 도메인 서버를 검색한다(/etc/resolv.conf).

-a : "-t ANY"와 같은 기능을 한다.
-d : 디버깅 모드로 출력한다.
-l zone : zone 아래 모든 시스템을 출력한다.
-r : 반복처리를 하지 않는다.
-t [타입] : 타입을 지정하여 정보를 얻는다(A : 호스트 IP 주소, NS : 검색한 호스트의 네임 서버 호스트명, PTR : 도메인네임 포인터, ANY : 타입의 모든 정보).
-v : 자세한 정보를 출력한다.
-w : DNS 서버 응답을 기다린다.

❶ 설명 및 예제

호스트명은 알고 있지만 IP 주소를 모르는 경우 혹은 그 반대의 경우 사용한다. 호스트를 이용하면 단지 IP 주소뿐만 아니라 해당 호스트명의 하위 호스트명도 검색할 수 있다. 호스트는 시스템에 등록된 DNS 서버를 검색한다. 만약 다른 DNS 서버를 이용하고 싶다면 검색하고 싶은 호스트명 혹은 IP 주소 뒤에 서버의 주소를 지정한다.

www.hanbitbook.co.kr의 IP 주소를 검색하며 주소 검색에 kornet의 DNS를 이용해 보자. 사용하는 DNS 서버의 정보와 검색한 IP 주소가 출력된다.

```
# host www.hanbitbook.co.kr kns.kornet.net
Using domain server:
Name: kns.kornet.net
Address: 168.126.63.1
Aliases:

www.hanbitbook.co.kr has address 218.237.65.4
```

-t 옵션으로 검색 타입을 지정하면 hanbitbook.co.kr 네임 서버의 도메인을 알 수 있다.

<table>
<tr><td>명령어</td><td>hostid</td><td></td><td></td><td>OS</td><td>L=U</td></tr>
<tr><td>키워드</td><td colspan="2">호스트 ID 지정</td><td>경로</td><td>/usr/bin/hostid</td><td>중요도</td><td>☆</td></tr>
<tr><td>요약</td><td colspan="5">호스트 ID를 지정하거나 보여준다</td></tr>
</table>

❶ 이렇게 써요

```
hostid [옵션]
```

--help : 사용법을 출력한다.
--version : 버전 정보를 출력한다.

❶ 설명 및 예제

hostid 명령어는 현재의 호스트를 16진수 형식으로 보여준다. 이 정보는 호스트의 고유 번호로 다른 호스트들과 구별되며 주로 인터넷 주소를 부여할 때 사용한다.

```
# hostid
283d70e9
```

이 값은 시스템 관리자가 변경할 수 있으며 /etc/hostid 파일에 저장한다.

여기서 잠깐

호스트 ID와 네트워크 ID

호스트 ID와 네트워크 ID는 모두 IP를 구성하는 요소이다. 네트워크 ID 또는 네트워크 주소는 하나의 라우터 아래 동일한 물리적 네트워크에 존재한다는 의미이다. 다시 말해서 같은 네트워크에 묶여있는 시스템은 같은 네트워크 ID를 사용한다. 또한 인터넷에서 이 네트워크 ID는 반드시 유일해야 한다.

호스트 ID(혹은, 호스트 주소)는 네트워크 내에서 워크스테이션, 서버, 라우터, 기타 TCP/IP 등의 각 서버들을 구분하는 역할을 한다. 각 호스트의 주소는 반드시 네트워크 ID를 기준으로 정확한 값을 가져야 하며 동일한 네트워크 안에서 유일해야 한다.

<table>
<tr><td>명령어</td><td colspan="2">hostname</td><td>OS</td><td>L≠U</td></tr>
<tr><td>키워드</td><td>시스템 이름 보기</td><td>경로 /bin/hostname</td><td>중요도</td><td>☆☆</td></tr>
<tr><td>요약</td><td colspan="4">시스템 이름을 확인하고 설정한다</td></tr>
</table>

❶ 이렇게 써요

```
hostname [옵션] 파일명
```

-a, --alias : 알리아스(alias)명을 출력한다.

-d, --domain : 도메인명을 출력한다.

-F, --file 파일명 : 지정한 파일에서 호스트명을 설정한다.

-f, --fqdn, --long : FQDN^{Fully Qualified Domain Name}을 출력한다.

-h, --help : 사용법을 출력한다.

-i, --ip : 호스트의 IP 주소를 출력한다.

-n, --node : DECnet 노드(node)명을 출력한다.

-s, --short : 짧은 형식의 호스트명을 출력한다. FQDN 정보에서 첫 번째 점(dot)까지 정보만 출력한다.

-V, --version : 버전 정보를 출력한다.

-v, --verbose : 호스트 설정이나 호스트명을 자세히 출력한다.

-y, --yp, --nis : NIS 도메인명을 출력한다. 또한 지정한 파일에서 NIS 도메인 이름을 설정할 수 있다.

❶ 설명 및 예제

hostname 명령어는 현재의 호스트명을 보여주거나 지정한 호스트명로 변경할 수 있다. 아래와 같이 옵션이 없는 기본적인 형식은 FQDN 형태의 호스트명으로 출력한다.

```
# hostname
hanbitbook.co.kr
```

아래와 같이 호스트명을 변경할 수도 있다.

```
# hostname ftp.hanbitbook.co.kr
# hostname
ftp.hanbitbook.co.kr
```

여기서 잠깐

FQDN

Fully Qualified Domain Name의 약자다. 리눅스를 설치하는 과정에서 네트워크 설정 화면에 도메인을 입력하는 창이 있다. 이때 도메인은 www.hanbitbook.co.kr일까? 아니면 hanbitbook.co.kr일까? www은 호스트명, hanbitbook.co.kr은 도메인명이다. FQDN은 www.hanbitbook.co.kr처럼 호스트명과 도메인명을 모두 합쳐서 부른다.

www	hanbitbook.co.kr	www.hanbitbook.co.kr
호스트명	도메인명	FQDN

IPv6

현재 인터넷 주소 구조는 IPv4에서 IPv6로 변화 중이다. 32비트의 IPv4의 TCP/IP 주소 구조는 인터넷 사용의 폭발적 증가와 함께 그 수가 매우 부족하다. 그래서 나온 대안이 IPv6이다. IPv6는 128비트의 주소 구조를 가진 차세대 TCP/IP 표준이다. IPv6는 32비트의 주소정보를 가지는 IPv4보다 표현 비트 수로는 4배, 할당할 수 있는 주소 공간으로는 2^{96} 배가 많은 정보를 가질 수 있어 주소 할당 요구가 증가할수록 관리가 복잡하고 비효율적인 IPv4의 주소 체계의 한계를 극복할 수 있다.

IPv6는 모 규격이 인터넷 표준을 정의하는 IETF(Internet Engineering Task Force)의 권고대로 설계되어 업계의 표준으로 정착되고 있다.

DNS 서버

Domain Name System의 약어다. IP 주소로 이루어진 숫자 체계의 인터넷 주소를 사람이 이해하거나 기억하기 힘들다. 이를 해결하기 위해 쉽게 기억하고 사용할 수 있는 도메인명이 필요했다. 물론 각 호스트시스템은 IP 주소로 찾아야 하므로 IP 주소와 도메인명을 중계할 수 있는 시스템도 필요했다. 이렇게 호스트명과 IP 주소를 서로 변환하며 중계 역할을 하는 서버를 DNS 서버라 한다. DNS 서버는 분산형 데이터베이스로 현재 DNS 서버에서 주소를 찾지 못할 경우 상위의 DNS 서버에 접속하여 찾는다. DNS는 네트워크 상의 컴퓨터와 컴퓨터를 연결하는 도구이자 동시에 대규모 데이터베이스이다.

<table>
<tr><td>명령어</td><td colspan="4">iconv</td><td>OS</td><td>L=U</td></tr>
<tr><td>키워드</td><td>인코딩 변경</td><td>경로</td><td colspan="2">/usr/bin/iconv</td><td>중요도</td><td>☆</td></tr>
<tr><td>요약</td><td colspan="6">주어진 파일의 문자 인코딩 방식을 변경한다</td></tr>
</table>

❶ 이렇게 써요

```
iconv -f [변경전인코딩] -t [변경후인코딩]
```

--from-code, -f encoding : 원본 파일의 변경 전 문자 인코딩을 지정한다.

--to-code, -t encoding : 변경하려는 대상의 문자 인코딩을 지정한다.

--list, -l : 지원하는 인코딩 목록을 출력한다.

--output, -o file : 출력 내용을 표준출력 대신 지정한 파일에 저장한다.

--silent, -s : 경고 메시지를 출력하지 않는다.

--verbose : 상태의 자세한 정보를 출력한다.

❶ 설명 및 예제

iconv 명령어는 지정한 파일이나 표준입력의 문자 인코딩을 지정한 인코딩으로 변환한다. 변경 결과는 -o 옵션으로 파일로 저장하거나 표준출력^{standard output}으로 출력한다.

아래는 명령어는 EUC-KR 문자셋을 가진 test_doc 파일을 읽어 UTF-8 문자셋으로 인코딩 후에 test_doc_UTF8 파일에 저장한다.

```
# iconv -f EUC-KR -t UTF-8 test_doc-o test_doc_UTF8
```

iconv가 지원하는 인코딩을 확인하려면 아래와 같이 하자. **iconv-l** 명령을 사용한다. 지원 인코딩 중 EUC-KR을 지원하는지 확인하려면 grep을 이용하여 검색한다.

```
# iconv -l | grep -i EUC-KR
EUC-KR//
```

<table>
<tr><td>명령어</td><td colspan="4">id</td><td>OS</td><td>Ⓛ＝Ⓤ</td></tr>
<tr><td>키워드</td><td>계정 ID 확인</td><td>경로</td><td>/usr/bin/id</td><td></td><td>중요도</td><td>☆☆</td></tr>
<tr><td>요약</td><td colspan="6">사용자의 UID, GID 번호를 보여 주는 명령어</td></tr>
</table>

❶ 이렇게 써요

```
id [옵션] [사용자명]
```

-g, --group : 사용자의 그룹 ID만 출력한다.

-G, --groups : 추가 그룹의 ID만 출력한다.

--help : 사용법을 출력한다.

-n, --name : -u, -g, -G 옵션과 함께 쓰여 해당하는 ID의 이름만 출력한다.

-r, --real : -u, -g, -G 옵션과 함께 쓰여 해당하는 실제 ID를 출력한다.

--version : 버전 정보를 출력한다.

❶ 설명 및 예제

id 명령어는 현재 사용자의 실제 ID와 유효사용자 ID, 그룹 ID를 출력한다. 내부 bash 변수인 $UID, $EUID, $GROUPS와 짝을 이룬다. 만일 사용자를 지정하면 해당 사용자 정보를 출력한다. 아래와 같이 id 명령으로 현재 로그인한 admin 계정의 정보를 살펴보자.

```
$ id
uid=500(admin) gid=500(admin) groups=500(admin),
22(CD-ROM), 80(cdwriter),81(audio)
```

TIP
EUID에 대한 설명은 chmod 부분을 참고하자.

위의 예제의 사용자는 admin으로서 uid는 500, gid는 500이다. 그룹 22, 80, 81에도 속해 있다.

echo $UID 명령으로 로그인한 사용자의 uid를 확인할 수 있다.

```
$ echo $UID
500
```

<table>
<tr><td>명령어</td><td>ifconfig</td><td>OS</td><td>L=U</td></tr>
<tr><td>키워드</td><td>네트워크 인터페이스 설정</td><td>경로</td><td>/sbin/ifconfig</td><td>중요도</td><td>☆☆☆</td></tr>
<tr><td>요약</td><td colspan="5">이더넷 카드와 네트워크 환경을 설정하는 명령어</td></tr>
</table>

❶ 이렇게 써요

```
ifconfig [인터페이스]
ifconfig 인터페이스 [타입] 옵션 | 주소
```

인터페이스 : 인터페이스 이름이다. 일반적으로 NIC 설정이 되어 있으면 eth0, eth1, PPP로 연결되어 있다면 ppp0, ppp1를 쓴다.

타입 : 지정한 인터페이스에서 사용할 프로토콜을 지정한다. 지원하는 프로토콜은 et(TCP/IP를 사용할 때), inet6(IPv6), ax25(AMPR Packtet Radio), DDP(Appletalk Phase 2), ipx(Novell IPX) 등이 있다.

up : 지정한 인터페이스를 활성화한다.

down : 지정한 인터페이스를 비활성화한다.

[-]arp : ARP 프로토콜을 활성화/비활성화한다.

[-]promisc : 무차별promiscuous 모드를 활성화/비활성화한다. 무차별 모드를 활성화하면 인터페이스를 통과하는 모든 패킷을 확인할 수 있다.

[-]allmulti : 모든 멀티캐스트 모드를 활성화/비활성화한다. 모든 멀티캐스트 모드를 활성화화면 인터페이스를 통과하는 모든 패킷을 받는다.

metric N : 인터페이스 메트릭metric를 설정한다.

mtuN : 인터페이스 MTU를 설정한다.

dstaddr addr : PPP 원격 IP 어드레스를 설정한다.

netmask addr : 인터페이스의 넷마스크를 설정한다.

add addr/prefixlen : 인터페이스에 IPv6 주소를 부여한다.

del addr/prefixlen : 인터페이스에 IPv6 주소를 제거한다.

irq addr : 디바이스에 irq 주소를 지정한다.

io_addr addr : 디바이스의 IO 주소를 지정한다.

mem_start addr : 디바이스의 공유 메모리 시작주소를 지정한다.

media type : 디바이스의 물리적 타입을 설정한다. 물리적 타입에는 10base2(thin Ethernet), 10baseT (twisted-pair 10Mbps Ethernet), AUI (externaltransceiver) 등이 있다.

[-]broadcast [addr] : 인터페이스의 브로드캐스트 주소를 설정한다.

[-]pointopoint [addr] : 인터페이스의 점대점point-to-point 모드를 활성화하고, 주소를 설정한다.

hw class address : 인터페이스의 하드웨어 주소를 설정한다.

multicast : 인터페이스를 멀티캐스트 플래그로 설정한다.

address : 인터페이스에 IP 주소를 설정한다.

txqueuelen length : 디바이스의 전송 큐 길이를 설정한다.

❶ 설명 및 예제

ifconfig 명령어는 네트워크 인터페이스의 설정을 변경할 수 있다. 먼저 -a 옵션으로 설정되어 있는 인터페이스를 살펴보자. inet addr은 IP 주소이다. 그 외에도 브로드캐스트 주소, 넷마스크 정보 등을 확인할 수 있다.

```
# ifconfig -a
eth0      Link encap:Ethernet HWaddr 00:0c:29:6f:2e:b0
          inet addr:192.168.17.132  Bcast:192.168.17.255  Mask:255.255.255.0
          inet6 addr: fe80::20c:29ff:fe6f:2eb0/64 Scope:Link
          UP BROADCAST RUNNING MULTICAST  MTU:1500  Metric:1
          RX packets:780 errors:0 dropped:0 overruns:0 frame:0
          TX packets:393 errors:0 dropped:0 overruns:0 carrier:0
          collisions:0 txqueuelen:1000
          RX bytes:131768 (131.7 KB)  TX bytes:60321 (60.3 KB)
          Interrupt:19 Base address:0x2000

lo        Link encap:Local Loopback
          inet addr:127.0.0.1  Mask:255.0.0.0
          inet6 addr: ::1/128 Scope:Host
          UP LOOPBACK RUNNING  MTU:16436  Metric:1
          RX packets:93 errors:0 dropped:0 overruns:0 frame:0
          TX packets:93 errors:0 dropped:0 overruns:0 carrier:0
          collisions:0 txqueuelen:0
          RX bytes:10794 (10.7 KB)  TX bytes:10794 (10.7 KB)
```

IP 설정

아래와 같이 eth1 인터페이스에 네트워크의 IP와 넷마스크를 설정해보자.

```
# ifconfig eth1 192.168.17.136netmask 255.255.255.0
```

설정된 eth1의 인터페이스 설정을 살펴보자.

```
# ifconfig eth1
eth1      Link encap:EthernetHWaddr 00:0c:29:6f:2e:b0
          inet addr:192.168.17.136  Bcast:192.168.17.255  Mask:255.255.255.0
          inet6 addr: fe80::20c:29ff:fe6f:2eb0/64 Scope:Link
          UP BROADCAST RUNNING MULTICAST  MTU:1500  Metric:1
          RX packets:780 errors:0 dropped:0 overruns:0 frame:0
          TX packets:393 errors:0 dropped:0 overruns:0 carrier:0
          collisions:0 txqueuelen:1000
          RX bytes:131768 (131.7 KB)  TX bytes:60321 (60.3 KB)
          Interrupt:19 Base address:0x2000
```

인터페이스 활성화하기

아래 명령으로 eth1 인터페이스를 활성화한다.

```
# ifconfig eth1 up
```

아래와 같이 ifup 명령어로도 활성화할 수 있다. 같은 기능이다.

```
# ifup eth1
```

인터페이스 비활성화하기

아래 명령으로 eth1 인터페이스를 비활성화한다.

```
# ifconfig eth1 down
```


기본 게이트웨이 설정

기본 게이트웨이를 192.168.17.6로 설정해 보자.

```
# route add -net default gw192.168.17.6
```

설정된 게이트웨이는 route 명령으로 확인할 수 있다.

```
# route
Kernel IP routing table
Destination     Gateway         Genmask         Flags Metric Ref    Use Iface
192.168.17.0    *               255.255.255.0   U     1      0        0 eth0
default         192.168.17.6    0.0.0.0         UG    0      0        0 eth
```

여기서 잠깐

IP 알리아스 설정하기

eth0 인터페이스의 알리아스로 eth0:0을 설정해 보자.

```
# ifconfig eth0:0 192.168.1.1 netmask 255.255.255.0
# ifconfig eth0:0
eth0:0     Link encap:Ethernet    HWaddr 00:50:BF:28:2A:4A
           inet addr:192.168.1.1 Bcast:192.168.1.255 Mask:255.255.255.0
           UPBROADCASTRUNNINGMULTICAST MTU:1500 Metric:1
```

인터페이스 무차별 모드 설정 및 확인

무차별 모드는 사전적 의미와 같이 네트워크 내부에서 돌아다니는 모든 패킷 정보를 살펴볼 수 있다. 아래와 같이 무차별 모드를 설정 후 확인해 보자.

```
# ifconfig eth1 promisc
# ifconfig eth1
eth1        Link encap:Ethernet HWaddr00:50:BF:15:DB:41
            inet addr:192.168.0.1   Bcast:192.168.0.255   Mask:255.255.255.0
            UP BROADCAST RUNNING PROMISC MULTICAST  MTU:1500  Metric:1
            RX packets:58687 errors:0 dropped:0 overruns:0 frame:0
            TX packets:100 errors:0 dropped:0 overruns:0 carrier:0
            collisions:0
            RXbytes:5626647(5.3Mb) TXbytes:6000(5.8Kb)
```

무차별 모드는 아래와 같이 해제한다.

```
# ifconfig eth1 -promisc
# ifconfig eth1
eth1        Linkencap:Ethernet HWaddr00:50:BF:15:DB:41
            inet addr:192.168.0.1 Bcast:192.168.0255 Mask:255.255.255.0
            UP BROADCAST RUNNING MULTICAST MTU:1500 Metric:1
            RX packets:58761 errors:0 dropped:0 overruns:0 frame:0
            TX packets:100 errors:0 dropped:0 overruns:0 carrier:0
            collisions:0
            RXbytes:5633361(5.3Mb) TXbytes:6000(5.8Kb)
```

<table>
<tr><td>명령어</td><td colspan="3">info</td><td>OS</td><td>L=U</td></tr>
<tr><td>키워드</td><td>하이퍼 텍스트 맨페이지</td><td>경로</td><td>/usr/bin/info</td><td>중요도</td><td>☆☆</td></tr>
<tr><td>요약</td><td colspan="5">도움말에 하이퍼텍스트 기능이 추가된 매뉴얼이다</td></tr>
</table>

❶ 이렇게 써요

```
info [옵션] 항목
```

--directory 경로명 : 지정한 경로명에서 info 문서를 찾는다. 기본값은 /usr/info 혹은 /usr/local/info 디렉터리이다.

-f file, --file file : 지정한 파일(file)의 하이퍼텍스트 도움말을 출력한다.

-n node, --node node : 지정한 노드(node)의 하이퍼텍스트 도움말을 출력한다.

-o file, --output file : 화면으로 결과를 보여주지 않고 파일(file)로 결과를 복사한다.

--vi-keys : vi에서 사용하는 키 바인딩을 사용한다.

--help : 사용법을 출력한다.

--version : 버전 정보를 출력한다.

❶ 설명 및 예제

Info 명령어는 시스템이나 프로그램에 대한 사용자 문서를 제공한다. 대부분의 배포판이 info 파일을 /usr/local/info 혹은 /usr/info 디렉터리에 둔다. 사용자 문서를 위한 또 다른 대표적인 명령어로는 매뉴얼 페이지를 참조하는 man을 들 수 있다.

아래는 info 명령어를 실행한 상태에서 사용할 수 있는 단축 키이다.

h	Info에 대한 명령어 키를 출력한다.
?	info에 대한 도움말을 출력한다.
Ctrl - g	작업을 중지하거나 명령을 취소한다.
Ctrl - l	화면을 새롭게 갱신한다.

다른 노드로 이동하기

n	같은 레벨의 다음 노드로 이동한다(next).
p	같은 레벨의 이전 노드로 이동한다(previous).
u	한 레벨 위의 노드로 이동한다(up).
m	특정 단어에 커서를 놓거나 노드를 지정하여, 지정한 노드로 이동한다. 이때 정확한 노드 이름을 입력할 필요는 없다.
f	이 단축키는 상호 참조할 이름을 물어본다. 이때 사용법은 m 단축키와 같다.
l	윈도우에서 보이는 마지막 노드로 이동한다.

노드 안에서 이동하기

`Space Bar`	한 화면 아래로(다음으로, 앞으로) 이동한다.
`Delete`	한 화면 위로(이전으로, 뒤로) 이동한다.
`b`	노드의 처음으로 이동한다.

고급명령

`q`	info를 종료한다.
`l`	노드 안에 있는 목록의 첫 번째 항목으로 이동한다. 숫자를 지정하면 지정한 항목으로 이동한다.
`g`	지정한 특정 노드로 이동한다.
`s`	현재의 노드에서 특정 문자열을 찾기 위해 사용한다. "/"과 기능이 같다.

VI 에디터에 익숙한 사용자에게는 info보다 VI 단축키가 더 쉬울 것이다. 이럴 때는 --vi-keys 옵션을 사용한다.

```
$ info --vi-keys
```

info의 내용을 파일로 저장하려면 -o 옵션을 사용한다. 아래는 info 자체 내용을 out.txt 파일로 저장한다.

```
$ info --subnodes -o out.txt info
```

<table>
<tr><td>명령어</td><td>init</td><td></td><td></td><td>OS</td><td>L=U</td></tr>
<tr><td>키워드</td><td>초기화 프로세스제어</td><td>경로</td><td>/sbin/init</td><td>중요도</td><td>☆☆☆</td></tr>
<tr><td>요약</td><td colspan="5">부팅할 때 실행 레벨에 따라 프로세스를 호출한다</td></tr>
</table>

❶ 이렇게 써요

```
/sbin/init [-t sec] [0123456SsQq]
```

0, 1, 2, 3, 4, 5, 6 : 런레벨별로 다시 시작한다. 각 레벨은 /etc/inittab에서 확인할 수 있다.
Q or q : /etc/inittab 파일을 다시 읽는다.
S or s : 시스템의 싱글모드로 부팅한다.
-t sec : 지정한 초(sec)만큼 TERM 시그널을 보낸다. 초기값은 5초다.

❶ 설명 및 예제

시스템 부팅 시에 커널이 메모리에 적재된 다음 맨 처음으로 init 프로세스가 로딩된다. init 프로세스는 자신을 포크fork하여 또 다른 프로세스나 스크립트를 호출한다.

init 프로세스는 /etc/iniitab을 읽어 시스템의 실행 레벨을 결정하고 로그인을 위한 getty 프로그램과 데몬을 실행시킨다(실행 레벨 및 내용은 리눅스마다 다를 수 있으므로 레드햇을 기준으로 설명하겠다). 아래 파일에서 initdefault는 실행 레벨을 지정하는데 5는 X11을 실행한다. 만일 콘솔모드로 부팅하려면 id:5:initdefault의 값을 id:3:initdefault로 변경하자. "#Run gettys in standard runlevels" 주석 아래의 mingetty는 로그인을 관리하는 getty 관련 명령어다. 런레벨 5로 부팅 후에는 Ctrl + Alt + F1 부터 F6 까지 키로 각각의 콘솔 로그인 화면을 볼 수 있다. 만일 콘솔 화면 기능이 필요 없다면 원하는 콘솔의 숫자만 남겨두고 나머지는 삭제하거나 혹은 앞줄에 주석(#) 처리한다. Inittab 파일을 수정하고 나서는 **init -q** 명령으로 수정된 내용을 반영한다. Inittab 파일의 맨 마지막 줄의 x:5:respawn:/etc/X11/prefdm -nodaemon 은 실행 레벨 5에서 X윈도우 로그인 프로그램을 실행한다.

```
# cat /etc/inittab
-----------------------------------------------------------------------
# Default runlevel. The runlevels used by RHS are:
# 0 - halt (Do NOT set initdefault to this)
# 1 - Single user mode
# 2 - Multiuser, without NFS (The same as 3, if you do not have networking)
# 3 - Full multiuser mode
```

4 – unused
5–X11
6 – reboot (Do NOT set initdefault to this)
id:5:initdefault:

System initialization.
si::sysinit:/etc/rc.d/rc.sysinit
l0:0:wait:/etc/rc.d/rc 0
l1:1:wait:/etc/rc.d/rc 1
l2:2:wait:/etc/rc.d/rc 2
l3:3:wait:/etc/rc.d/rc 3
l4:4:wait:/etc/rc.d/rc 4
l5:5:wait:/etc/rc.d/rc 5
l6:6:wait:/etc/rc.d/rc 6

Things to run in every runlevel. ud::once:/sbin/update
Trap CTRL-ALT-DELETE ca::ctrlaltdel:/sbin/shutdown -t3 -r now
When our UPS tells us power has failed, assume we have a few minutes
of power left.   Schedule a shutdown for 2 minutes from now.
This does, of course, assume you have powerd installed and your
UPS connected and working correctly.
pf::powerfail:/sbin/shutdown -f -h +2 "Power Failure; System Shutting Down"
If power was restored before the shutdown kicked in, cancel it.

pr:12345:powerokwait:/sbin/shutdown -c "Power Restored; Shutdown Cancelled"

Run gettys in standard runlevels
1:2345:respawn:/sbin/mingetty tty1 2:2345:respawn:/sbin/mingetty tty2
3:2345:respawn:/sbin/mingetty tty3 4:2345:respawn:/sbin/mingetty tty4
5:2345:respawn:/sbin/mingetty tty5 6:2345:respawn:/sbin/mingetty tty6

Run xdm in runlevel 5
xdm is now a separate service
x:5:respawn:/etc/X11/prefdm -nodaemon

<table>
<tr><td>명령어</td><td colspan="2">insmod</td><td>OS</td><td>L</td></tr>
<tr><td>키워드</td><td>커널 모듈 로딩</td><td>경로 /sbin/insmod</td><td>중요도</td><td>☆☆</td></tr>
<tr><td>요약</td><td colspan="4">메모리에 커널 모듈을 로딩한다</td></tr>
</table>

❶ 이렇게 써요

```
insmod [옵션] 모듈파일 [symbol=value]
```

-f : 커널 버전이 다르더라도 강제로 모듈을 로딩한다.

-h : 사용법을 출력한다.

-k : 모듈을 자동으로 삭제할 수 있게 한다.

-L : 같은 모듈을 한 번 이상 로딩하지 못하게 한다.

-m : 로드맵을 생성한다.

-n : 모듈을 로딩하지 않고 보여주기만 한다.

-p : 모듈이 커널과 매치가 되는지 확인한다.

-s : 터미널 대신 syslog에 에러를 출력한다.

-v : 에러를 상세히 출력한다.

-V : 버전 정보를 출력한다.

-o NAME : 모듈 이름(NAME)을 설정한다.

-p prefix : 커널이나 모듈을 찾을 디렉터리를 지정한다.

❶ 설명 및 예제

modprobe 명령어와 함께 insmod 명령어는 커널에 모듈을 적재할 때 사용한다. 대부분은 사용하기 편리한 modprobe 명령어를 추천하는데 이 둘 간의 차이점은 modprobe 명령어 페이지를 참조하자. 시스템에서 로딩할 수 있는 모듈의 목록은 **/lib/modules/현재 커널 버전 디렉터리** 아래에 kernel 디렉터리에서 확인할 수 있다. 참고로 **uname -r** 명령으로 현 시스템의 커널 버전을 확인할 수 있다.

아래의 명령으로 하위 디렉터리에서 .ko로 끝나는 모듈 파일들을 찾을 수 있다.

```
# cd /lib/modules/`uname -r`/kernel/
# ls
arch  crypto  drivers  fs  lib  net  sound
```

lsmod 명령어는 현재의 메모리에 로딩된 모듈들을 확인할 수 있다. ip_tables, 사운드, 이더넷 카드, ext3, usb 관련 모듈 등을 확인할 수 있다.

```
# lsmod
Module                  Size  Used by
isofs                  31620  1
```

```
udf                    80900  0
crc_itu_t              1852   1 udf
binfmt_misc            8356   1
snd_ens1371            22016  2
gameport               11368  1 snd_ens1371
snd_ac97_codec         101216 1 snd_ens1371
ac97_bus               1532   1 snd_ac97_codec
snd_pcm_oss            37920  0
iptable_filter         3100   0
ip_tables              11692  1 iptable_filter
x_tables               16544  1 ip_tables
snd_mixer_oss          16028  1 snd_pcm_oss
snd_pcm                75296  3 snd_ens1371,snd_ac97_codec,snd_pcm_oss
------------------------------ 이하 생략 ------------------------------
```

위의 모듈 중 lp 모듈을 rmmod 명령어로 메모리에서 제거해 보자.

```
# rmmod lp
```

제거한 lp 모듈은 modprobe 명령이나 insmod 명령으로 다시 로딩할 수 있다.

```
# insmod /lib/modules/2.6.31-14-generic/kernel/drivers/char/lp.ko
```

혹은

```
# modprobe lp
# lsmod | grep lp
lp                     8964   0
parport                35340  3 lp,ppdev,parport_pc
```

이렇게 insmod, rmmod, lsmod 명령으로 자유롭게 모듈들을 관리할 수 있다.

❶ 관련 명령어

depmod : 로드할 커널 모듈의 의존성 확인한다.
modprobe : 커널 모듈을 로딩한다.

<table>
<tr><td>명령어</td><td>install</td><td>OS</td><td>L=U</td></tr>
<tr><td>키워드</td><td>파일설치</td><td>경로</td><td>/usr/bin/install</td><td>중요도</td><td>☆☆</td></tr>
<tr><td>요약</td><td colspan="5">속성을 설정하고 파일을 복사한다</td></tr>
</table>

❶ 이렇게 써요

```
install [옵션] [파일] 디렉터리
```

-d --directory : 대상 디렉터리를 지정을 하고, 지정한 디렉터리가 없다면 만든다.
-g group, --group=group : 파일의 그룹 권한을 지정한 그룹(group)의 ID로 설정한다.
-m mode, --mode=mode : 파일의 퍼미션을 지정한 모드(mode) 값으로 설정한다. 기본값은 0755이다.
-o [owner], --owner [owner] : 파일의 소유자(owner)를 설정한다(슈저 유저만 소유권 설정을 할 수 있다).
-s, --strip : 심볼 테이블을 제거한다.
--help : 사용법을 출력한다.
--version : 버전 정보를 출력한다.

❶ 설명 및 예제

install 명령어는 파일의 권한 속성, 소유자, 그룹 등을 지정하여 복사한다. cp 명령어와 비슷하나 파일을 복사할 경로를 만들고 다른 소유자나 그룹을 지정하는 추가적인 기능이 있다. 프로그램을 컴파일할 때 쓰는 Makefile 파일에서 많이 사용한다. 이 파일에 관해서는 make 명령어를 살펴보자.

예를 들어 스크립트 실행 파일을 /bin/ 디렉터리에 설치하고 싶다면 다음의 명령을 사용한다. 이때 -o 옵션은 소유자를, -g 옵션으로 실행 파일의 그룹을 지정한다.

```
# install -o admin -g admin file_change_or_mv.sh /bin/
```

인스톨한 file_change_or_mv.sh 파일은 whereis 명령어로 찾을 수 있다.

❗ 이렇게 써요

```
ionice [[-c class] [-n classdata] [-t]] -p PID [PID]...
ionice [-c class] [-n classdata] [-t] COMMAND [ARG]...
```

-c class : 스케쥴링 클래스(class)를 설정 한다. 0은 값 없음, 1은 실시간으로, 2는 최우선적으로 실행한다. 3
은 유휴 상태가 된다.

-n classdata : 스케쥴링 클래스 데이터(classdata)를 설정한다. 인자 값으로 0-7의 값을 지정할 수 있다. 낮
은 숫자일수록 우선순위가 높다.

-p pid : 프로세스를 지정한다.

-t : 우선순위 설정에 실패하더라도 무시한다.

❗ 설명 및 예제

nice 명령어는 프로세스, ionice 명령어는 IO스케쥴러의 우선순위 설정에 사용한다.

아래 예제는 PID 256번을 정지 상태로 설정한다.

```
# ionice -c 3 -p 256
```

아래와 같이 xterm 프로그램의 스케쥴링 클래스를 최선형으로 설정하고, 클래스 데이터
를 0으로 설정할 수 있다.

```
# ionice -c 2 -n 0 xterm
```

만일 프로세스 번호만 지정하면 지정한 프로세스의 클래스와 우선순위를 출력한다.

```
# ionice -p 1489 2789
```

참고로, 이 명령은 커널 2.6.13 이후의 CFQ IO 스케쥴러에서 설정할 수 있다.

❗ 관련 명령어

nice : 프로세스의 스케쥴링 우선순위를 변경한다.

<table>
<tr><td>명령어</td><td>ipcrm</td><td>OS</td><td>L=U</td></tr>
<tr><td>키워드</td><td>IPC 리소스 삭제</td><td>경로</td><td>/usr/bin/ipcrm</td><td>중요도</td><td>☆</td></tr>
<tr><td>요약</td><td colspan="5">IPC에서 지정된 리소스를 삭제한다</td></tr>
</table>

❗ 이렇게 써요

```
ipcrm [옵션]
```

-m identifier, -M key : 데이터 구조와 연관된 공유 메모리의 세그먼트shared memory segments를 삭제한다.
-q identifier, -Q key : 데이터 구조와 메시지 큐message queue를 삭제한다.
-s identifier, -S key : 데이터 구조와 세마포어semaphore 배열을 삭제한다.

❗ 설명 및 예제

ipcrm 명령어는 시스템 관리 명령어로서 IPCinterprocess communication의 메시지 큐, 공유 메모리의 세그먼트 또는 세마포어 배열 등을 삭제한다. 세마포어 고유 ID 혹은 키key를 지정하여 삭제한다. 공유 메모리의 세그먼트를 삭제해 보자. 먼저 ipcs로 정보를 읽어 온다.

```
$ ipcs -m


------ Shared Memory Segments --------
key             shmid        owner          perm      bytes       nattch      status
0x00000000      294912       pirania        600       393216      2           dest
0x00000000      1671186      pirania        600       180600      2           dest
0xcbc384f8      1703955      pirania        600       64528       1
```

-M key 를 입력하고 명령어를 실행하면 해당 키의 공유 메모리 세그먼트가 지워진다.

```
$ ipcs -m | grep -i 0xcbc384f8
0xcbc384f8      1703955         pirania        600       64528       1
$ipcrm -M 0xcbc384f8
$ipcs -m | grep -i 0xcbc384f8
$
```

참고로 세마포어 ID를 지정하여 공유 메모리 세그먼트를 삭제하려면 다음과 같다.

```
$ ipcrm -m 1703955
```

<table>
<tr><td>명령어</td><td>ipcs</td><td colspan="2"></td><td>OS</td><td>L≈U</td></tr>
<tr><td>키워드</td><td>IPC 정보 보기</td><td>경로</td><td>/usr/bin/ipcs</td><td>중요도</td><td>☆</td></tr>
<tr><td>요약</td><td colspan="5">IPC 관련 정보를 확인한다</td></tr>
</table>

❶ 이렇게 써요

```
ipcs [옵션]
```

-i : 특정 id에 대한 정보를 확인한다.

-m : 공유 메모리 세그먼트를 확인한다.

-q : 메시지 큐를 보여준다.

-s : 세마포어 배열을 보여준다.

-a : 모든 리소스를 출력한다. 출력 형식은 -t, -p, -c, -l, -u로 설정할 수 있다.

-t : 시간 정보를 같이 출력한다.

-p : pid 정보를 같이 출력한다.

-c : creator 정보를 같이 출력한다.

-l : limits 정보를 같이 출력한다.

-u : 간추린 정보를 같이 출력한다.

❶ 설명 및 예제

ipcs 명령어는 시스템에서 사용 중인 콜 프로세스의 ipc와 관련된 정보를 출력한다. 다음과 같이 공유 메모리 정보(-m)와 시간 정보(-t)를 함께 출력해 보자.

```
$ ipcs -t -m

------ Shared Memory Attach/Detach/Change Times ---------
shmid      owner       attached            detached            changed
294912     pirania     Apr  1 21:03:53     Apr  1 21:03:57     Apr  1 21:03:51
327681     pirania     Apr  1 21:03:52     Not set             Apr  1 21:03:52
229378     pirania     Apr  1 21:03:48     Apr  1 21:03:48     Apr  1 21:03:48
262147     pirania     Apr  2 01:19:38     Apr  2 01:19:38     Apr  1 21:03:49
360452     pirania     Apr  2 01:19:38     Apr  2 01:19:38     Apr  1 21:03:52
393221     pirania     Apr  1 21:03:55     Not set             Apr  1 21:03:55
425990     pirania     Apr  1 21:03:56     Not set             Apr  1 21:03:56
458759     pirania     Apr  1 21:03:56     Not set             Apr  1 21:03:56
491528     pirania     Apr  1 21:03:56     Not set             Apr  1 21:03:56
524297     pirania     Apr  1 21:04:34     Apr  1 21:04:34     Apr  1 21:04:34
557066     pirania     Apr  1 21:04:35     Not set             Apr  1 21:04:35
589835     pirania     Apr  1 21:04:35     Not set             Apr  1 21:04:35
753676     pirania     Apr  1 21:43:43     Not set             Apr  1 21:43:43
```

<table>
<tr><td>명령어</td><td>iptables</td><td>OS</td><td>L</td></tr>
<tr><td>키워드</td><td>방화벽 관리 도구</td><td>경로</td><td>/sbin/iptables</td><td>중요도</td><td>☆</td></tr>
<tr><td>요약</td><td colspan="5">패킷 필터링 및 NAT를 설정한다.</td></tr>
</table>

❶ 이렇게 써요

```
iptables -[ADC] chain 상세룰 [옵션]
iptables -[RI] chain 룰번호 상세룰 [옵션]
iptables -D chain 룰번호 [옵션]
iptables -[LFZ] [chain] [옵션]
iptables -[NX] chain
iptables -E 이전체인명 새로운체인명
iptables -P chain target [옵션]
iptables -h
```

-A chain, --append chain : 체인[chain]을 추가한다.

-D chain, --delete chain : 체인에서 룰을 삭제한다.

-D chain 룰번호, --delete chain 룰번호 : 체인 정책 중 지정한 룰번호를 삭제한다. 만일 룰번호가 1이라면 체인 규칙의 첫 번째 룰을 삭제한다.

-I chain [룰번호], --insert chain [룰번호] : 체인 정책에 새로운 룰을, 지정한 위치(룰번호)나 맨 뒤에 삽입한다.

-R chain 룰번호, --replace : 체인 정책의 지정 위치(룰번호)에 있는 룰을 교체한다.

-L [chain], --list [chain] : 모든 체인 정책을 보거나, 지정한 체인 정책을 본다.

-F [chain], --flush : 모든 체인 정책을 삭제하거나, 지정한 체인 정책을 삭제한다.

-Z [chain], --zero : 모든 체인 정책을 비우거나, 지정한 체인 정책을 비운다.

-C chain, --check chain : 설정한 체인 정책을 확인한다.

-N chain, --new-chain : 새로운 정책을 만든다.

-X [chain], --delete-chain : 사용자가 만든 체인이나 모든 체인을 삭제한다.

-P chain target, --policy chain target : 지정한 체인 정책으로 체인 정책을 바꾼다.

-E old-chain new-chain, --rename-chain old-chain new-chain : 체인명을 바꾼다.

-p, --procotol [!] proto : 프로토콜을 지정한다. !은 제외의 의미이다.

-s, --source [!] address[/mask] : 출발지 주소를 지정한다. mask는 C클래스면 255.255.255.0이나 24 비트로 표현된다.

-d, --destination [!] address[/mask] : 목적지 주소를 지정한다.

-i, --in-interface [!] input name[+] : 수신하는 네트워크 인터페이스명을 지정한다. name+은 해당 이름 (name)으로 시작되는 모든 인터페이스명이다.

-j, --jump target : 지정하는 타켓(target)으로 건너 뛴다.

-m : 지정한 매칭[match]으로 문자열을 확장한다.

-n : IP주소와 포트번호를 숫자 그대로 출력한다.

-o, --out-interface [!] output name[+] : 발신하는 네트워크 인터페이스명을 지정한다.

-v, --verbose : 상세한 정보를 출력한다.

--line-numbers : 룰정책을 보여 줄 때 줄 번호도 출력한다.

-x, --exact : 정확한 값으로 출력한다.

-V, --version : 버전 정보를 출력한다.

❶ 설명 및 예제

iptables 명령어는 netfilter 필터링 룰에 사용한다. 대부분 기능은 커널 2.2 버전대의 ipchains 명령어와 사용법이 같고 확장성에서만 큰 차이점이 있다. ipchain에서 iptables으로 변경된 사항들은 다음과 같다.

· 미리 만들어진 체인이름(input, output, forward)이 소문자에서 대문자로 바뀌었다.
· -I 지시자는 외부에서 입력되는 패킷의 인터페이스만 의미하고 INPUT과 FORWARD 체인에서만 동작한다. FORWARD나 OUTPUT chain은 -o로 사용한다.
· TCP와 UDP 포트는 --source-port, --sport(--destination-port, --dport)를 사용한다. -p tcp 또는 -p udp 옵션과 함께 사용한다.
· TCP -y 지시자는 --syn으로 바뀌었고 -p tcp 다음에 와야 한다.
· DENY target는 DROP으로 바뀌었다.

lsmod 명령어로 ip_tables 모듈이 있는지 확인한다.

```
# lsmod | grepiptables
ip_tables              11692  1 iptable_filter
```

아래 예제와 같이 방화벽 설정을 할 수 있다.

```
# iptables -A INPUT -s 0/0 -d 0/0 --dport 139 -p tcp --syn -j ACCEPT
# iptables -A INPUT -s 0/0 -d 0/0 --dport 22 -p tcp --syn -j ACCEPT
# iptables -A INPUT -s 0/0 -d 0/0 --dport 80 -p tcp --syn -j ACCEPT
# iptables -A INPUT -s 0/0 -d 0/0 -i lo -j ACCEPT
# iptables -A INPUT -s 0/0 -d 0/0 -i eth0 -j ACCEPT
# iptables -A INPUT -s 61.40.233.124 53 -d 0/0 -p udp -j ACCEPT
# iptables -A INPUT -s 168.126.63.1 53 -d 0/0 -p udp -j ACCEPT
# iptables -A INPUT -s 0/0 -d 0/0 -p tcp --syn -j DROP
# iptables -A INPUT -s 0/0 -d 0/0 -p udp -j REJECT
```

위의 예제는 전체적으로 INPUT chain 정책만을 사용하였다.

· 1, 2, 3번째 줄 - 삼바(139)와 ssh(22), 웹 서비스(80)는 외부에서 오는 모든 syn 패킷에 대해서 접근을 허용(ACCEPT)하였다.
· 4, 5번째 줄 - lo와 eth0의 인터페이스 접근을 허용하였다.
· 6, 7번째 줄 - 네임서비스를 위해 61.40.233.124와 168.126.63.1의 목적지 주소를

허용하였다. 이 중 네임서비스는 UDP 프로토콜을 사용하므로 -p 옵션으로 UDP 패
킷만을 허용하였다.

· 8, 9번째 줄 - 모든 출발지와 목적지 주소의 TCP 패킷은 모두 버리고(DROP), UDP
프로토콜은 거부(REJECT)한다. 여기서 DROP 체인은 보낸 상대방이 패킷 상태를
알 수 없도록 버리지만, REJECT 체인은 상대방에게 거부했다는 메시지를 보낸다.

모든 iptables 정책 설정은 시스템 메모리에만 있으므로, **iptables-save** 명령으로 설
정을 파일로 저장해야 한다.

```
# iptables-save > iptables_test
```

아래와 같이 **iptables-restore** 명령어로 저장한 파일을 불러올 수 있다.

```
# iptables-restore < iptables_test
```

❶ 관련 명령어

iptables-restore : 저장한 iptables 정책을 불러온다.
iptables-save : 명령행에서 실행한 iptables정책을 저장한다.

여기서 잠깐

매스커레이딩

iptables 명령으로 매스커레이딩masquerading 기법을 사용하여 한 컴퓨터에 두 개의 네트워크 인터페이스를 설정
할 수 있다. 시스템의 네트워크 인터페이스 중 하나는 외부의 인터넷과 연결하고, 또 다른 하나는 내부 게이트웨
이(192.168.0.1이라고 가정)의 역할을 하도록 설정한다. 내부 게이트웨이 역할을 하는 인터페이스를 허브와 연
결하고 192.168.0.0/24 대역의 IP를 설정하면 내부에서도 인터넷을 사용할 수 있다. 아래의 스크립트처럼 작
성하면 매스커레이딩을 위한 최소의 기능으로 쉽게 내부 인터넷을 공유할 수 있다.

```
# /sbin/iptables -F
# echo "1" > /proc/sys/net/ipv4/ip_forward
# iptables -t nat -A POSTROUTING -s 192.168.1.2/24 -j MASQUERADE
```

솔라리스

솔라리스Solaris는 BSD 계열의 SunOS를 바탕으로 한다. System V 계열의 영향을 받은 SunOS 5 버전부터
는 Solaris 2.x 라는 이름도 함께 사용해왔다. 이후 Solaris 2.7부터는 다시 Solaris 7이라는 이름으로도 통용
되고 있다. Sun 사에서는 이 OS를 자사에서 생산하는 스팍 플랫폼용으로만 개발하였으나 인텔 플랫폼을 사용
하는 경우가 늘어나며 인텔용 버전도 함께 개발하였다. 그러나 본질적으로는 거의 같은 소스를 기반으로 컴파일
한 제품이므로 성능 면에서는 큰 차이가 없다.

<table>
<tr><td>명령어</td><td colspan="3">iptables-restore</td><td>OS</td><td>L</td></tr>
<tr><td>키워드</td><td>iptables 방화벽 정책 복구</td><td>경로</td><td>/sbin/iptables-restore</td><td>중요도</td><td>☆☆</td></tr>
<tr><td>요약</td><td colspan="5">파일을 읽어 방화벽 설정을 복구한다</td></tr>
</table>

❶ 이렇게 써요

```
iptables-restore [옵션]
```

-c, --counters : 패킷과 바이트 카운터 값들을 복구한다.

-n, --noflush : 기존 테이블 정보를 삭제하지 않는다. 이 옵션을 사용하지 않으면 기존 방화벽 정책은 모두 지워
진다.

❶ 설명 및 예제

시스템 관리 명령어로서 방화벽 정책을 표준입력Standard input 방식으로 받아서 복구한다.
iptables-save 명령어는 시스템의 방화벽 정책을 볼 수 있고, 표준출력 방식으로 저장
할 수 있다. 이 명령어를 시스템 초기화 스크립트에 추가하여 부팅 시에 자동으로 방화벽
정책을 불러와 시스템에 적용할 수 있다.

아래 명령어를 그대로 /etc/rc.local 파일에 추가하면 시스템이 부팅될 때 마다 자동으
로 iptables_test 방화벽 정책을 복구한다. 물론 시스템이 운영 중인 상태에서 사용할
수 있다.

```
$ iptables-restore < iptables_test
```

❶ 관련 명령어

iptables : 패킷 필터링 및 NAT를 설정한다.
iptables-save : 방화벽 정책을 파일에 저장한다.

<table>
<tr><td>명령어</td><td>iptables-save</td><td>OS</td><td>L</td></tr>
<tr><td>키워드</td><td>iptable 방화벽 정책 저장</td><td>경로</td><td>/sbin/iptables-save</td><td>중요도</td><td>☆☆</td></tr>
<tr><td>요약</td><td>방화벽 정책을 파일에 저장한다</td></tr>
</table>

❶ 이렇게 써요

iptables-save [옵션]

-c, --counters : 패킷과 바이트 카운터 값들을 저장한다.
-t name, --table name : 지정된 테이블의 방화벽 정책만 저장한다.

❶ 설명 및 예제

시스템 관리 명령어로서 커널에 저장되어 있는 IP 방화벽 정책을 표준출력한다. 출력된 방화벽 정책은 리다이렉트하여 파일에 저장할 수 있으며 저장된 방화벽 정책은 iptables-restore를 이용해 시스템에 복구할 수 있다.

```
$ iptables-save > iptables_test
```

❶ 관련 명령어

iptables : 패킷 필터링 및 NAT를 설정한다.
iptables-restore : 파일을 읽어 방화벽 설정을 복구한다.

<table>
<tr><td>명령어</td><td>ispell</td><td>OS</td><td>L</td></tr>
<tr><td>키워드</td><td>철자검사</td><td>경로</td><td>/usr/bin/ispell</td><td>중요도</td><td>☆</td></tr>
<tr><td>요약</td><td colspan="5">텍스트 파일에서 잘못된 철자를 검사한다.</td></tr>
</table>

❶ 이렇게 써요

```
ispell [-옵션][파일]
```

-b : 파일을 백업한다(확장자는 .bak).

-d 사전파일 : 지정한 사전 파일을 이용한다.

-n : nroff/troff 파일을 검사한다.

-t : 텍스^{Tex}, 라텍스^{LaTex}파일을 검사한다.

-x : 백업하지 않는다.

-h, --help : 사용법을 출력한다.

-v : 버전 정보를 출력한다.

❶ 설명 및 예제

파일의 철자를 검사한다. 철자를 검사하여 시스템의 사전에 수록된 내용과 다를 경우 단어의 대상 후보 목록을 만들어 선택할 수 있게 한다.

ispell 단축키

단축키 목록은 철자가 맞지 않을 경우 화면의 아래 부분에 나타난다. 예를 들어 "i) Ignore"는 Ignore의 줄임말로 화면을 무시하려면 ⓘ키를 입력하라는 뜻이다.

단축키	설명	단축키	설명
i) Ignore	변경 안 함	I) Ignore all	모두 변경 안 함
r) Replace	변경	R) Replace all	모두 변경
a) Add	사전에 단어 추가	x) Exit	Ispell 종료

"Have you had your brekfast?" 문장으로 이루어진 ispelltest 파일을 검사한다.

```
# ispell ispelltest
Have you had your brekfast?
1) breakfast       4) breakfast's
2) breakfasts      5) breakfasted
3) breakfaster
[SP] <number> R)epl A)ccept I)nsert L)ookup U)ncap
Q)uit e(X)it or ? for help
```

> **TIP**
> 영어 단어만 검사할 수 있다.

> **TIP**
> 만약 단어의 철자가 맞지 않다면 하이라이트로 표시되고 아래에는 수정할 수 있는 단어 목록을 보여준다. 수정을 원하는 단어의 번호를 선택하면 단어를 수정할 수 있다.

<table>
<tr><td>명령어</td><td colspan="2">jobs</td><td>OS</td><td>L·U</td></tr>
<tr><td>키워드</td><td>현재 세션 작업 상태</td><td>경로   내부 명령어</td><td>중요도</td><td>☆☆</td></tr>
<tr><td>요약</td><td colspan="4">현재 세션의 작업 상태를 출력한다</td></tr>
</table>

❶ 이렇게 써요

```
jobs [옵션] [jobID…]
jobs -x command [args]
```

-l : 프로세스 그룹 ID를 state 필드 앞에 출력한다.
-n : 프로세스 그룹 중에 대표 프로세스 ID를 출력한다.
-p : 각 프로세스 ID에 대해 한 행씩 출력한다.
command : 지정한 명령어를 실행한다.

❶ 설명 및 예제

jobs는 작업이 중지된 상태, 백그라운드로 진행 중인 작업 상태, 변경되었지만 보고되지 않은 상태 등을 표시한다.

현재 환경의 작업 상태를 아래와 같이 확인할 수 있다.

```
$ jobs
[1]-  정지됨                        vi
[2]+  정지됨                        tail -f /var/log/messages
```

-l 옵션은 state 필드 앞에 프로세스 ID를 출력한다.

```
$ jobs -l
[1]-  4908 Stopped (tty output)     vi
[2]+  4987 Stopped                  tail -f /var/log/messages
```

jobs 명령어로 확인할 수 있는 세션의 상태값은 다음과 같다.

상태	설명
Running	작업이 일시 중단되지 않았고 종료하지 않고 계속 진행 중임을 뜻한다.
Done	작업이 완료되어 0을 반환하고 종료했음을 뜻한다.
Done(code)	작업이 정상적으로 완료했으며, 0이 아닌 코드를 반환했음을 뜻한다.
Stopped	작업이 일시 중단됨을 뜻한다.
Stopped(SIGTSTP)	SIGTSTP 신호가 작업을 일시 중단했음을 뜻한다.

Stopped(SIGSTOP)	SIGSTOP 신호가 일시 중단했음을 뜻한다.
Stopped(SIGTTIN)	SIGTTIN 신호가 작업을 일시 중단했음을 뜻한다.
Stopped(SIGTTOU)	SIGTTOU 신호가 작업을 일시 중단했음을 뜻한다.

다음과 같이 하면 v로 시작하는 모든 프로세스 ID를 확인할 수 있다.

```
$ jobs -p %v
4908
```

여기서 잠깐

TEX

텍스는 일종의 조판 프로그램으로서 위지윅[WYSIWYG] 방식을 지원하지 않은 워드프로세서라고 볼 수 있다. 마치 html을 사용하는 것처럼 태그를 매겨서 사용하는 방식이 불편하게 느낄 수 있지만, 긴 글을 편하고 논리적으로 작성할 수 있으며 다양한 문자나 수식, 그림 등을 원하는 대로 넣을 수 있다. 또한 전체 스타일을 결정하거나 자주 사용하는 태그를 간단한 형태로 재정의하는 등의 다양한 기능을 지원한다. TeX 사용법이 너무 어렵다면 좀 더 편리한 라텍스나 수식 편집에 강한 AMSTeX 등을 사용할 수도 있다. 텍스는 문서의 포맷을 일관되게 한다. 수학, 물리학, 공학 등에서 사용하는 수식을 명료하게 해서 논문작성에 많이 사용되고 있다. 또한 많은 리눅스 문서가 텍스로 작성됐다.

<table>
<tr><td>명령어</td><td colspan="3">join</td><td>OS</td><td>L=U</td></tr>
<tr><td>키워드</td><td>필드 단위로 파일 합치기</td><td>경로</td><td>/usr/bin/join</td><td>중요도</td><td>☆</td></tr>
<tr><td>요약</td><td colspan="5">두 파일을 묶어 하나의 파일로 합친다</td></tr>
</table>

❶ 이렇게 써요

```
join [옵션]... 파일1 파일2
```

-a 파일넘버 : 지정한 파일을 기준에 맞게 합친다.

-e EMPTY : 빠진 필드의 입력은 EMPTY로 대신한다.

-i, --ignore-case : 비교 대상 필드가 다를 경우 무시한다.

-j FIELD : -1 FILED -2 FILED와 같다.

-j1 FIELD : -1 FILED와 같다.

-j2 FIELD : -2 FIELD와 같다.

-o FORMAT : 포맷 형식에 따라 합쳐진 결과를 출력한다. 출력 포맷은 콤마(,)나 공백으로 구분해서 "파일이름.필드" 형식으로 지정한다. 예를 들어 1.2는 첫 번째 파일의 두 번째 필드를 의미한다.

-t CHAR : 지정한 문자(CHAR)를 구분자로 이용한다.

-v 파일넘버 : 지정한 파일을 기준으로 비교하여 다른 필드 내용을 출력한다.

-1 FIELD : 첫 번째 파일의 지정한 필드 번호를 기준으로 결합하여 출력한다.

-2 FIELD : 두 번째 파일의 지정한 필드 번호를 기준으로 결합하여 출력한다.

--help : 사용법을 출력한다.

--version : 버전 정보를 출력한다.

❶ 설명 및 예제

join은 두 파일을 의미있는 형태로 묶어 하나의 파일로 만드는 명령어로, 공통된 필드가 있는 줄은 각각을 비교하여 합친다. 한 예로 아래와 같이 jointest 파일과 jointest2 파일이 있다고 하자.

```
# cat jointest
1       one
2       two
3       three
4       four
5       five
# cat jointest2
1       1000
2       2000
4
5       5000
```

첫 번째와 두 번째 파일의 1번째 필드를 기준으로 공통된 내용을 조인하여 출력한다.

```
# join jointest jointest2
1 one 1000
2 two 2000
4 four
5 five 5000
```

필드 기준은 -j1이나 -j2 옵션을 통해 변경할 수 있다. -j2 1 옵션은 두 번째 파일의 1 번째 필드를 기준으로 결합하는 옵션이다.

```
# join -j2 1 jointest jointest2
1 one 1000
2 two 2000
4 four
5 five 5000
```

-v 옵션은 두 파일에서 지정한 필드를 기준으로 비교하여 다른 내용을 출력한다.

```
# join -v 1 jointest jointest2
3 three
```

<table>
<tr><td>명령어</td><td colspan="4">kbd_mode</td><td>OS</td><td>L=U</td></tr>
<tr><td>키워드</td><td>키보드 설정</td><td>경로</td><td colspan="2">/bin/kbd_mode</td><td>중요도</td><td>☆</td></tr>
<tr><td>요약</td><td colspan="6">키보드 모드를 확인하고 설정한다</td></tr>
</table>

❶ 이렇게 써요

```
kbd_mode [옵션]
```

-s : scancode 모드로 지정 (RAW)

-k : keycode 모드로 지정 (MEDIUMRAW)

-a : ASCII 모드로 지정 (XLATE)

-u : UTF-8 모드로 지정 (UNICODE)

-h --help : 사용법을 출력한다.

-V --version : 버전 정보를 출력한다.

❶ 설명 및 예제

kbd_mode 명령어로 현재 키보드의 모드를 확인하고 설정할 수 있다.

```
# kbd_mode
The keyboard is in raw (scancode) mode
```

필자의 시스템은 scancode 모드로 설정되어 있다. 아래는 키보드 모드의 옵션을 지정
하여 변경하는 예제이다.

```
# kbd_mode -k
# kbd_mode
The keyboard is in mediumraw (keycode) mode
```

<table>
<tr><td>명령어</td><td colspan="3">kbdrate</td><td>OS</td><td>L</td></tr>
<tr><td>키워드</td><td>키보드 입력 속도 설정</td><td>경로</td><td>/sbin/kbdrate</td><td>중요도</td><td>☆</td></tr>
<tr><td>요약</td><td colspan="5">키보드의 입력 속도를 조절한다</td></tr>
</table>

❶ 이렇게 써요

```
kbdrate [옵션]
```

-V : 버전 정보를 출력한다.

-s : 메시지의 출력 없이 실행한다.

-r rate : 키보드의 속도(rate) 값을 변경한다. 비율은 1초 동안 입력할 수 있는 글자수를 말한다(rate의 범위 : 2.0 ~30.0).

-d delay : 키보드의 딜레이 시간을 설정한다. 딜레이 시간은 하나의 키를 누르고 있을 때 연속적인 입력 여부를 구분한다. 딜레이 시간의 단위는 1/1000초로 범위는 250에서 1,000ms 사이다.

❶ 설명 및 예제

키보드 입력 속도를 설정한다. 컴퓨터를 자주 사용하는 빠른 타수의 사용자라면 키보드 속도에 민감하게 반응 할 것이다. 물론 일반 사용자는 차이를 느끼기 힘들 수도 있다.

```
# kbdrate
Typematic Rate set to 10.9 cps (delay = 250 ms)
```

키보드가 1초에 입력할 수 있는 글자수를 cps[Character Per Second] 단위로 표시한다. 즉 초당 10.9개의 글자를 입력 할 수 있다. 여기서는 딜레이가 250ms이기 때문에, 이 시간이 지나면 연속된 입력으로 간주하고 현재 누르고 있는 키를 추가 입력한다. 일반적인 PC에서는 10.9cps와 250ms를 표준값으로 사용한다.

<table>
<tr><td>명령어</td><td colspan="4">kill</td><td>OS</td><td>L = U</td></tr>
<tr><td>키워드</td><td>프로세스 종료</td><td>경로</td><td>/bin/kill</td><td></td><td>중요도</td><td>☆☆☆</td></tr>
<tr><td>요약</td><td colspan="6">프로세스를 종료한다</td></tr>
</table>

❶ 이렇게 써요

```
kill [-s시그널][-a]pid...
kill-l [시그널]
```

> pid ... : 종료시킬 프로세스 ID나 프로세스 이름을 지정한다.
>
> -s : 전달할 시그널의 종류를 지정한다. 여기에는 시그널 이름이나 번호를 써준다.
> -l : 시그널로 사용할 수 있는 시그널 이름들을 보여준다. 이것은 /usr/include/linux/signal.h 파일에서도 알
>   수 있다.
> -1, : -HUP 프로세스를 재활성화한다.
> -9 : 프로세스를 강제로 종료시킨다.

❶ 설명 및 예제

kill 명령어는 프로세스에 종료 시그널을 보낸다. 시스템에 얘기치 않은 문제가 생긴 프
로세스를 종료시킬 수 있다. 만일 kill 명령으로 종료되지 않는 프로세스는 -9 옵션을 사
용해서 강제로 종료하면 된다.

아래와 같이 ps 명령어로 sshd 프로세스를 확인할 수 있다.

```
# ps aux | grep sshd
root        2518  0.0  0.1 7084 1076 ?      Ss Jun07 0:00 /usr/sbin/sshd
root       12095  0.0  0.3 9936 2812 ?      Ss 02:34 0:00 sshd: pirania [priv]
pirania    12097  0.0  0.2 9936 1604 ?      S  02:34 0:00 sshd: pirania@pts/1
root       12216  0.0  0.0 3932 684 pts/1 R+ 02:46 0:00 grepsshd
```

현재 sshd 프로세스는 root 사용자 권한으로 동작하고 있으며 PID는 2518와 12095
이다. 참고로 **ps aux** 명령에서 볼 수 있는 프로세스 정보에 대한 각각의 필드 내용은 다
음과 같다. 좀 더 자세한 정보는 ps 명령어 페이지를 참고하자.

Root	USER	프로세스의 사용자
2518	PID	프로세스 ID
0.0	%CPU	마지막 1분 동안 프로세스가 사용한 CPU 점유율
0.1	%MEM	마지막 1분 동안 프로세스가 사용한 메모리의 점유율

7084	**VSZ**	가상메모리에 있는 프로세스의 KB 단위 크기
1076	**RSS**	프로세스의 실제 메모리의 크기로 KB 단위
?	**TTY**	연결되어 있는 터미널
Ss	**STAT**	실행되고 있는 프로세스 상태
Jun07	**START**	프로세스가 시작된 날짜
0:00	**TIME**	프로세스가 소비한 총 시간
/usr/sbin/sshd	**COMMAND**	사용자가 실행한 명령 이름

ps 명령으로 확인한 PID를 이용하면 원하는 프로세스를 종료시킬 수 있다.

```
# kill 2518
```

만일 kill 명령으로 종료되지 않으면 -9 옵션으로 강제 종료해보자.

```
# kill -9 2518
```

kill -HUP pid 명령을 이용하면 프로세스를 종료 후 다시 재실행한다.

```
# kill -HUP 2518
```

> **TIP**
> 만일 **kill −9 1** 명령을 수행한다면 시스템이 다운될 것이다. PID 1은 init을 의미한다. 그러므로 이는 사용하지 말자.

❶ **관련 명령어**

killall : 프로세스 이름으로 프로세스를 종료한다.

여기서 잠깐

시그널

시그널Signal은 유닉스 시스템에서 프로세스간 통신을 하는 가장 오래된 방법으로, 프로세스에 비동기적인 이벤트를 전달하는데 사용한다. 이와 같은 시그널은 키보드 인터럽트나 에러 상황이 일어났을 때 발생한다. 또한 셸이 자식 프로세스에 작업 명령을 보낼 때에도 사용한다. 이러한 시그널의 목록은 **kill -l** 명령으로 확인할 수 있다.

1) SIGHUP	2) SIGINT	3) SIGQUIT	4) SIGILL
5) SIGTRAP	6) SIGABRT	7) SIGBUS	8) SIGFPE
9) SIGKILL	10) SIGUSR1	11) SIGSEGV	12) SIGUSR2
13) SIGPIPE	14) SIGALRM	15) SIGTERM	16) SIGSTKFLT
17) SIGCHLD	18) SIGCONT	19) SIGSTOP	20) SIGTSTP

21) SIGTTIN	22) SIGTTOU	23) SIGURG	24) SIGXCPU
25) SIGXFSZ	26) SIGVTALRM	27) SIGPROF	28) SIGWINCH
29) SIGIO	30) SIGPWR	31) SIGSYS	34) SIGRTMIN
35) SIGRTMIN+1	36) SIGRTMIN+2	37) SIGRTMIN+3	38) SIGRTMIN+4
39) SIGRTMIN+5	40) SIGRTMIN+6	41) SIGRTMIN+7	42) SIGRTMIN+8
43) SIGRTMIN+9	44) SIGRTMIN+10	45) SIGRTMIN+11	46) SIGRTMIN+12
47) SIGRTMIN+13	48) SIGRTMIN+14	49) SIGRTMIN+15	50) SIGRTMAX-14
51) SIGRTMAX-13	52) SIGRTMAX-12	53) SIGRTMAX-11	54) SIGRTMAX-10
55) SIGRTMAX-9	56) SIGRTMAX-8	57) SIGRTMAX-7	58) SIGRTMAX-6
59) SIGRTMAX-5	60) SIGRTMAX-4	61) SIGRTMAX-3	62) SIGRTMAX-2

프로세스는 대부분의 시그널을 무시할 수 있지만, 9번(SIGKILL)과 19번(SIGSTOP) 시그널은 무시할 수 없다. 앞서 kill을 설명할 때 뒤따라 붙던 숫자가 바로 이 시그널 번호이다. 프로세스가 시그널을 받으면 이 시그널을 블록할 수도 있으며 직접적으로 처리하거나 혹은 커널에 제어권을 넘길 수도 있다. 커널에 넘어가면 이 시그널이 동작대로 움직인다.

리눅스는 프로세스의 task_struct 정보를 참조하여 시그널을 구현한다. 시그널의 개수는 시스템마다 다를 수 있다. 시스템에서 지원하는 시그널의 최대 수는 프로세서CPU의 워드 크기에 제한을 받기 때문이다. 예를 들어 64비트 워드를 사용하는 시스템에서는 시그널을 64개까지 사용할 수 있다. 처리 대기중인 시그널은 signal 항목에, 블록된 항목은 blocked 항목에 들어간다. 블록된 시그널은 이 블록을 해제할 때까지 대기상태로 남는다. 시그널에 대한 궁금하다면 『리눅스 커널의 이해』(한빛미디어)를 참고하기 바란다.

<table>
<tr><td>명령어</td><td colspan="4">killall</td><td>OS</td><td>Ⓛ≠Ⓤ</td></tr>
<tr><td>키워드</td><td>프로세스 종료</td><td>경로</td><td>/usr/bin/killall</td><td></td><td>중요도</td><td>☆☆☆</td></tr>
<tr><td>요약</td><td colspan="6">프로세스 이름으로 프로세스를 종료한다</td></tr>
</table>

❶ 이렇게 써요

```
killall [-egiqvw] [-시그널] 이름...
killall -l
killall -V
```

-e : 종료하려는 프로세스 이름이 매우 긴 경우 사용한다. killall는 15 글자가 넘어가면, 그 이후의 단어는 무시하고 앞에 15 글자가 같은 프로세스를 모두 종료한다. 따라서 아주 긴 이름을 갖는 프로세스에 유용하다.

-g : 그룹을 지정하여 프로세스를 종료시킨다. 같은 프로세스 그룹에 속한 여러 프로세스가 발견되더라도 시그널은 그룹별로 한 번만 보내진다.

-i : 프로세스 종료 전 확인 메시지를 출력한다.

-l : 알려진 모든 시그널 이름을 출력한다.

-q : 어떤 메시지도 출력하지 않는다.

-v : 시그널을 제대로 보낸 경우, 상세한 정보를 출력한다.

-V : 버전 정보를 출력한다.

-w : 프로세스가 종료될 때까지 대기한다.

❶ 설명 및 예제

killall 명령어는 kill 명령어와 달리 프로세스 이름을 사용하여 프로세스를 종료할 수 있다. 아래와 같이 httpd 데몬을 확인해 보자.

```
# ps aux | grep httpd
root       12295  7.0  1.1  22572  9392 ?      Ss  03:06   0:00 /usr/sbin/httpd
apache     12297  0.0  0.6  22572  4792 ?      S   03:06   0:00 /usr/sbin/httpd
apache     12298  0.0  0.6  22572  4792 ?      S   03:06   0:00 /usr/sbin/httpd
apache     12299  0.0  0.6  22572  4792 ?      S   03:06   0:00 /usr/sbin/httpd
apache     12300  0.5  0.6  22572  4792 ?      S   03:06   0:00 /usr/sbin/httpd
apache     12301  0.0  0.6  22572  4792 ?      S   03:06   0:00 /usr/sbin/httpd
apache     12302  0.0  0.6  22572  4792 ?      S   03:06   0:00 /usr/sbin/httpd
apache     12303  0.0  0.6  22572  4792 ?      S   03:06   0:00 /usr/sbin/httpd
apache     12304  0.0  0.6  22572  4792 ?      S   03:06   0:00 /usr/sbin/httpd
root       12306  0.0  0.0   3932   684 pts/1  R+  03:0    0:00 grep httpd
```

killall 뒤에 프로세스 이름인 httpd를 입력하여 해당 데몬을 모두 종료할 수 있다.

```
# killall httpd
# ps aux | grep httpd
root  12311  0.0  0.0  3932  684 pts/1  R+  03:08  0:00 grep httpd
```


tester라는 사용자가 이용 중인 프로세스를 검색해 보자.

```
# ps aux | grep tester
root      12545  0.1  0.3 9936 2808 ?       Ss 03:21  0:00 sshd: tester [priv]
tester    12547  0.0  0.2 10092 1620 ?      S  03:21  0:00 sshd: tester@pts/2
tester    12548  0.0  0.1 4556 1424 pts/2 Ss 03:21  0:00 -bash
tester    12572  0.0  0.1 2348 1048 pts/2 S+ 03:22  0:00 top
root      12574  0.0  0.0 3932 684 pts/1  R+ 03:22  0:00 grep tester
```

killall -u 명령으로 tester가 이용 중인 모든 프로세스를 종료할 수 있다.

```
# killall -u tester
# ps aux | grep tester
root      12582  0.0  0.0 3932  688 pts/1  R+ 03:24 0:00 grep tester
```

위 명령어를 사용하면 의심스런 특정 사용자의 프로세스는 물론 시스템 접속까지 한꺼번에 종료시킬 수 있다.

❶ 관련 명령어

killpg : 프로세스 그룹에 시그널을 보낸다.

kill : 프로세스를 종료한다.

killall5 : 자신의 세션을 제외한 모든 프로세스에게 시그널을 보내 실행 중인 모든 프로세스를 종료한다.

<table>
<tr><td>명령어</td><td colspan="4">last</td><td>OS</td><td>L=U</td></tr>
<tr><td>키워드</td><td>로그인 시간 보기</td><td>경로</td><td colspan="2">/usr/bin/last</td><td>중요도</td><td>☆☆</td></tr>
<tr><td>요약</td><td colspan="6">로그인 기록과 재부팅 기록을 출력한다</td></tr>
</table>

❶ 이렇게 써요

```
last [옵션] [사용자이름] [tty..]
```

-num : 숫자(num) 만큼의 줄만 출력한다(예 : -6).

-a : 출력되는 목록에서 호스트명 필드를 마지막 필드에 출력한다.

-d : 다른 호스트에서 접속한 내용만 출력한다.

-f file : 지정한 파일에서 정보를 불러온다.

-n num : -num 옵션과 같다.

-R : 호스트명 필드를 출력하지 않는다.

-x : shutdown이 일어난 상태나, 런레벨이 바뀐 상태를 보여준다.

❶ 설명 및 예제

/var/log/wtmp 파일은 시스템의 부팅부터 현재까지 모든 사용자의 로그인과 로그아 웃에 대한 정보를 가지고 있다. 시스템에서 어떤 사용자가 로그인하였고 로그아웃을 하 였는지 알 수 있어, 시스템 관리에 매우 유용한 정보이다. 이 파일의 내용을 보여주는 명 령어가 last 명령어이다. 참고로 lastb 명령은 /var/log/btmp 로그 파일을 기본값으로 보여주는데 이 부분을 제외하고는 last 명령어와 동일하다.

로그 파일의 내용이 상당히 많으므로 최근 정보만 보고 싶다면 **last -num** 옵션을 사용 하자. 이는 last 명령어의 목록을 맨 마지막을 기준으로 지정한 숫자만큼 출력한다.

```
# last -6
root     pts/1        192.168.1.103  Tue May 25 15:21           still logged in
reboot   system boot  2.6.18-194.el5 Tue May 25 15:15           (00:08)
root     pts/2        192.168.1.103  Tue May 25 06:18 - down (00:04)
root     pts/2        192.168.1.103  Tue May 25 02:55 - 06:09 (03:13)
root     pts/1        :0.0           Tue May 25 01:14 - down (05:08)
root     :0                          Tue May 25 01:14 - down (05:09)

wtmp begins Tue May  3 04:51:13 1927
```

-R 옵션은 호스트 이름 필드를 제외한 나머지 정보를 보여준다.

```
root            pts/1           Tue May 25 15:21            still logged in
reboot          system boot     Tue May 25 15:15           (00:10)
root            pts/2           Tue May 25 06:18 - down    (00:04)
root            pts/2           Tue May 25 02:55 - 06:09   (03:13)
root            pts/1           Tue May 25 01:14 - down    (05:08)
root            :0              Tue May 25 01:14 - down    (05:09)

wtmp begins Tue May  3 04:51:13 1927
```

각 로그 파일은 일정 용량 이상이거나 일정 시간이 지나면 새로운 로그 파일을 생성한다. 그러므로 이전 로그 파일의 기록을 확인하고 싶을 때는 -f 옵션을 사용한다. 레드햇 계열 리눅스 기준으로 로그 파일은 /var/log 디렉터리에 생성된다. 예를 들어 wtmp.1, wtmp.2 같은 파일은 이전에 생성된 로그 파일이다.

```
# last -f /var/log/wtmp.1 -6 -R
tomato ftpd16012               Sat Jan 14 00:43 - 00:45   (00:02)
djyoon pts/0 Sat Jan 14 00:40 - 01:17                     (00:37)
djyoon pts/0 Fri Jan 13 16:51 - 16:54                     (00:02)
djyoon pts/0 Fri Jan 13 13:43 - 15:57                     (02:14)
koryo  ftpd14444               Fri Jan 13 13:34 - 13:38   (00:04)
ty-tc  ftpd14396               Fri Jan 13 12:40 - 12:44   (00:04)

wtmp.1 begins Sat Dec 17 14:40:43 2005
```

시스템 재부팅 정보만 보고 싶다면 grep 명령을 이용하자.

```
# last | grep reboot
reboot          system boot     2.6.18-194.el5    Tue May 25 15:15    (00:23)
reboot          system boot     2.6.18-194.el5    Tue May 25 01:12    (05:11)
reboot          system boot     2.6.18-194.el5    Tue May  4 06:42    (1+18:19)
reboot          system boot     2.6.18-194.el5    Tue May  3 05:00    (03:12)
reboot          system boot     2.6.18-194.el5    Tue May  3 04:51    (00:00)
```

출력문의 세 번째 라인을 살펴보자. 괄호 안의 1+18:19은 시스템이 종료하기 전까지 시스템이 켜져 있었던 시간을 나타낸다. 이 시스템은 1일 18시간 19분 동안 꺼지지 않고 동작하였다.

<table>
<tr><td>명령어</td><td>lastb</td><td>OS</td><td>L</td></tr>
<tr><td>키워드</td><td>접속 실패 기록</td><td>경로</td><td>/usr/bin/lastb</td><td>중요도</td><td>☆</td></tr>
<tr><td>요약</td><td colspan="5">접속·실패 기록을 최근 정보부터 보여준다</td></tr>
</table>

❶ 이렇게 써요

```
lastb [옵션]
```

> num, -n num : 숫자(num)만큼의 줄만 출력한다.
>
> -a : 마지막 열에 호스트명을 출력한다.
>
> -d : 다른 호스트에서 접속한 것만 출력한다.
>
> -f file : /var/log/btmp 파일 대신 지정한 파일을 사용한다.
>
> -R : hostname 필드를 출력하지 않는다.
>
> -x : shutdown이 일어난 상태나, 런레벨이 바뀐 상태도 출력한다.

❶ 설명 및 예제

lastb 명령어는 /var/log/btmp 파일이나 -f 옵션의 지정한 파일에서 사용자의 접속 실패 기록을 확인할 수 있다. 특정 사용자의 이름이나 tty를 지정하면 해당 사용자의 로그인 정보만을 보여주는데, tty 이름은 생략할 수 있다. **lastb 0** 명령은 **lastb tty0** 명령과 같은 기능을 한다. lastb 명령어는 실행 중에 SIGINT(인터럽트 키, 주로 Ctrl-C 키의 시그널)를 만나거나, SIGQUIT(주로 Ctrl-W에 의해서 만들어지는 시그널)를 만나면 실행을 종료한다.

<table>
<tr><td>명령어</td><td colspan="3">lastlog</td><td>OS</td><td>L</td></tr>
<tr><td>키워드</td><td>접속 로그 보기</td><td>경로</td><td>/usr/bin/lastlog</td><td>중요도</td><td>☆☆</td></tr>
<tr><td>요약</td><td colspan="5">lastlog 파일을 분석하여 출력한다</td></tr>
</table>

❶ 이렇게 써요

```
lastlog [옵션]
```

-u 로그인명 : 지정한 로그인명의 lastlog 정보만 출력한다.
-t days : 지정한 날짜 단위 기간에 로그인한 정보만 출력한다.

❶ 설명 및 예제

lastlog 명령어는 /var/log/lastlog 로그 파일의 정보를 출력한다. 이를 통해 사용자의 마지막 로그인 날짜, 호스트명, 포트 등을 볼 수 있다. 만약 슈퍼유저나 일반 사용자의 로그 기록 중 출처를 알 수 없는 로그 기록이나 로그인을 허용하지 않는 사용자의 로그 기록이 있다면 크래킹의 흔적으로 볼 수 있으므로 전체적인 시스템을 세밀하게 분석할 필요가 있다.

아래는 lastlog 명령어로 로그인 흔적을 확인한 결과이다. root와 pirania 사용자만 로그인한 흔적이 있다.

```
# lastlog
Username         Port       From            Latest
root             pts/1      192.168.1.103   Tue May 25 15:21:02 +0900 2010
gdm                                         **Never logged in**
------------------------------ 중 략 ------------------------------
sabayon                                     **Never logged in**
pirania          :0                         Tue May 25 15:54:46 +0900 2010
radiusd                                     **Never logged in**
oprofile                                    **Never logged in**
```

-u 옵션으로 보고 싶은 사용자의 정보만 출력할 수 있다. 아래 예제를 보면 root 사용자가 접속한 포트, 접속한 IP, 마지막으로 접속한 시간을 보여준다.

```
# lastlog -u root
Username         Port       From            Latest
root             pts/1      192.168.1.103   Tue May 25 15:21:02 +0900 2010
```

가장 최근 로그인한 사용자를 확인하려면 -t 옵션을 쓴다. 아래는 마지막 로그인 날짜가 현재부터 15일 이내인 사용자만 보여준다. 사용자가 많은 서버 경우 이 옵션이 유용하다.

```
# lastlog -t 15
Username        Port        From            Latest
root            pts/1       192.168.1.103   Tue May 25 15:21:02 +0900 2010
pirania         :0                          Tue May 25 15:54:46 +0900 2010
```

❶ 관련 명령어

last : /var/log/wtmp 로그 파일 정보를 출력한다. 사용자의 로그인, 로그 아웃 정보를 확인할 수 있다.

who : /var/log/utmp 로그 파일 정보를 출력한다. 현재 로그인한 사용자들을 출력한다.

여기서 잠깐

POSIX

POSIX[Portable Operating System Interface]는 유닉스 운영체제에 기반을 두고 있는 표준 운영체제 규약이다. 이것은 같은 규약을 따르는 운영체제 간에는 프로그램을 새로 개발하지 않더라도 어느 정도의 호환성을 보장하기 위해 만들어졌다. 비공식적으로 POSIX 내의 각 표준은 POSIX라는 용어 다음에 소수로 표시하도록 되어 있다. POSIX.1은 C 언어 응용 프로그램 인터페이스의 표준이며 POSIX.2는 표준 셸과 유틸리티에 대한 표준이다. 이와 같은 POSIX 규약은 IEEE의 후원 하에 개발되고 있다.

BSD

Berkeley Software Distribution, Berkeley Software Design의 약어이다. UC 버클리에서 개발, 배포하는 유닉스를 뜻한다. BSD 유닉스는 배포 초기부터 꾸준한 인기를 끌어 왔으며, 많은 유닉스 시스템들이 이 코드를 바탕으로 하고 있다. 예를 들어 FreeBSD, NetBSD, OpenBSD 등이 있다.

<table>
<tr><td>명령어</td><td colspan="3">ldconfig</td><td>OS</td><td>L=U</td></tr>
<tr><td>키워드</td><td>동적 링크 설정</td><td>경로</td><td>/sbin/ldconfig</td><td>중요도</td><td>☆☆</td></tr>
<tr><td>요약</td><td colspan="5">공유 라이브러리 캐시를 재설정한다</td></tr>
</table>

❶ 이렇게 써요

```
ldconfig [옵션] 디렉터리
```

-C cache : /etc/ld.so.cache 파일 대신 지정한 파일을 이용한다.

-f conf : /etc/ld.so.conf 파일 대신 이용할 설정 파일을 지정한다.

-l : 수동으로 각각의 라이브러리를 링크한다.

-n : 명령 행에서 지정한 디렉터리만을 대상으로 하며, /usr/lib, /lib, /etc/ld.so.conf 파일은 진행하지 않는다.

-N : 캐시를 업데이트하지 않고, 단지 링크만을 업데이트한다.

-p --print-cache : 현재 캐시에 저장된 디렉터리와 라이브러리 목록을 출력한다.

-r root : 루트 디렉터리(root)를 지정한다.

-v, --verbose : 현재 버전 정보와 관련된 디렉터리와 링크들을 상세하게 출력한다.

-V, --version : 버전 정보를 출력한다.

-X : 링크를 업데이트하지 않고, 단지 캐시만을 업데이트한다.

-?, --help, --usage : 사용법을 출력한다.

❶ 설명 및 예제

라이브러리란 프로그램을 컴파일할 때 여러 프로그램에서 공통으로 사용할 수 있는 기능을 모아 놓은 파일이다. 하나의 프로그램에 각각의 기능을 모두 구현할 수 있으나, 공통적인 요소는 이미 만들어져 있는 라이브러리의 기능을 활용하는 편이 여러모로 좋다. 이를 동적 링크 프로그램dynamic linked program이라 한다. 또한 컴파일할 때 자체 라이브러리를 사용하는 것을 정적 링크 프로그램statically linked program이라 한다.

동적으로 링크된 실행 파일은 공유 라이브러리에 매우 의존적이다. 새로운 버전의 라이브러리를 설치한다면, 이것을 사용하기 위해 특별한 디렉터리에 설치하고 ldconfig 명령어를 실행하여 공유 라이브러리 캐시를 다시 설정해야 한다. ldconfig 명령어는 존재하는 파일을 조사하고, /etc/ld.so.cache 캐시 파일을 설정하면서 필요한 라이브러리를 적재하고 심볼릭 링크를 만드는 역할을 한다.

먼저, /etc/ld.so.conf 파일을 살펴보자.

```
# cat /etc/ld.so.conf
include ld.so.conf.d/*.conf
# cat /etc/ld.so.conf.d/*.conf
/usr/lib/mysql
/usr/lib/qt-3.3/lib
```

ld.so.conf 파일에서 빠진 내용은 홈 디렉터리의 .bash_profile이나 .bashrc에 있는 LD_LIBRARY_PATH 환경 변수에 디렉터리를 추가할 수도 있다.

아래는 oracle 사용자가 oracle 설치를 위한 LD_LIBRARY_PATH를 추가하는 내용이다.

```
# cat /home/oracle/.bash_profile | grep LD_LIB
export LD_LIBRARY_PATH=$LD_LIBRARY_PATH:$ORACLE_HOME/ lib:$ORACLE_HOME/jdbc/lib
```

만일 공유 라이브러리의 내용이 변경되었다면, ldconfig를 실행하여 공유라이브러리 캐시를 다시 생성해야 한다.

```
# ldconfig
```

<table>
<tr><td>명령어</td><td colspan="3">ldd</td><td>OS</td><td>L=U</td></tr>
<tr><td>키워드</td><td>라이브러리 의존성 보기</td><td>경로</td><td>/usr/bin/ldd</td><td>중요도</td><td>☆☆</td></tr>
<tr><td>요약</td><td colspan="5">공유 라이브러리의 의존성을 확인한다</td></tr>
</table>

❶ 이렇게 써요

```
ldd [옵션] 파일
```

-d, --data-relocs : 있어야 할 곳에 없는 오브젝트의 위치를 다시 배치하고, 그 결과를 출력한다.

--help : 사용법을 출력한다.

-r, --function-relocs : 데이터 오브젝트와 함수를 재배치하고, 오브젝트나 함수 중에 찾지 못한 결과를 출력한다.

--version : 버전 정보를 출력한다.

-v, --verbose : 상세한 정보를 출력한다.

❶ 설명 및 예제

ldd 명령어는 지정한 프로그램이 현재 사용하고 있는 공유 라이브러리를 알 수 있다.

예를 들어 ls 명령어의 공유 라이브러리 목록을 살펴보자.

```
# ldd /bin/ls
        linux-gate.so.1 => (0x001b7000)
        librt.so.1 => /lib/librt.so.1 (0x008f3000)
        libacl.so.1 => /lib/libacl.so.1 (0x0096a000)
        libselinux.so.1 => /lib/libselinux.so.1 (0x00c0c000)
        libc.so.6 => /lib/libc.so.6 (0x00507000)
        libpthread.so.0 => /lib/libpthread.so.0 (0x0067e000)
        /lib/ld-linux.so.2 (0x004e4000)
        libattr.so.1 => /lib/libattr.so.1 (0x00df8000)
        libdl.so.2 => /lib/libdl.so.2 (0x00678000)
        libsepol.so.1 => /lib/libsepol.so.1 (0x00c67000)
```

위의 예제에서 /lib/libc.so.6은 가장 기본적인 공유 라이브러리로 거의 모든 프로그램에서 이 라이브러리를 사용하고 있다.

<table>
<tr><td>명령어</td><td colspan="3">less</td><td>OS</td><td>L≠U</td></tr>
<tr><td>키워드</td><td>파일 보기</td><td>경로</td><td>/usr/bin/less</td><td>중요도</td><td>☆☆</td></tr>
<tr><td>요약</td><td colspan="4">파일 내용을 페이지 단위로 보여준다</td></tr>
</table>

❶ 이렇게 써요

```
less [옵션] [파일명]
```

-?, --help : 사용법을 출력한다.

-a, --search-skip-screen : 마지막 라인이 화면에 출력되고 나서 탐색을 시작한다.

-c, --clear-screen : 필요할 경우 전체 화면을 위에서 아래로 다시 갱신한다.

-C, --CLEAR-SCREEN : -c 옵션과 같지만 갱신할 때 화면 전체를 지우고 시작한다.

-e, --quit-at-eof : 파일의 끝에서 두 번째 바이트에 도달하면 자동적으로 종료한다. 종료할 때에는 q를 입력한다.

-E, --QUIT-AT-EOF : 파일의 끝에 도달하면 자동적으로 종료한다.

-i, --ignore-case : 패턴에서 지정한 단어 자체의 문자열을 대소문자 구분 없이 탐색한다.

-I, --IGNORE-CASE : 패턴에서 지정한 단어를 포함하는 문자열을 대소문자 구분 없이 탐색한다.

-m, --long-prompt : 하단 프롬프트에 more 명령과 같이 전체 파일에서 파일을 읽은 퍼센트를 출력한다.

-M, --LONG-PROMPT : 하단 프롬프트에 more 명령보다 상세한 정보를 출력한다.

-n, --line-numbers : 행 번호를 출력하지 않는다.

-N, --LINE-NUMBERS : 각 행의 시작하는 부분에 행 번호를 출력한다.

-o filename, --log-file=filename : 지정한 파일(filename)에 저장한다.

-O filename, --LOG-FILE=filename : -o 옵션과 비슷하지만, 지정한 파일(filename)이 존재하면 그 파일에 로그를 덮어 쓴다.

-q, --quiet or --silent : 특정 에러가 발생하여도 시스템 벨 소리를 내지 않는다.

-Q, --QUIET or --SILENT : 절대 시스템 벨 소리를 내지 않는다.

-s, --squeeze-blank-lines : 연속되는 공백 라인을 하나의 행으로 처리한다.

-xn, --tabs=n : 지정한 n 값만큼 탭 간격을 조정한다. 기본값은 8이다.

-V, --version : 버전 정보를 출력한다.

❶ 설명 및 예제

less 명령어는 more 명령어와 같이 페이지 단위로 파일이나 화면으로 출력한다. more 명령어와 달리 검색과 검색된 키워드로 이동하는 등의 기능이 있다. **less --help** 명령으로 사용법을 열어 보자. 이미 less를 실행했다면 h 키로 사용법을 출력할 수 있다.

```
# less --help

              SUMMARY OF LESS COMMANDS


   Commands marked with * may be preceded by a number, N.
   Notes in parentheses indicate the behavior if N is given.
```

```
h  H                    Display this help.
q  :q  Q  :Q  ZZ        Exit.

------------------------------------------------------------------

                            MOVING

e  ^E  j  ^N  CR    * Forward  one line   (or N lines).
y  ^Y  k  ^K  ^P    * Backward one line   (or N lines).
f  ^F  ^V  SPACE    * Forward  one window (or N lines).
b  ^B  ESC-v        * Backward one window (or N lines).
------------------------------ 중 략 ------------------------------
```

less 명령어

키	설명
Space Bar, Ctrl+V, F, Ctrl+F	한 페이지 하위 이동한다.
z	스페이스 바와 비슷하지만, 숫자를 입력하고 z를 입력하면 지정한 숫자만큼 행을 이동한다.
Enter, Ctrl+N, E, Ctrl+E, J	한 줄 아래 이동한다.
d, ^+D	반 페이지 하위로 이동한다.
b, ^+B, Esc+V	한 페이지 상위로 이동한다.
y, Ctrl+Y, Ctrl+P, K, Ctrl+K	한 줄 위로로 이동한다.
u, Ctrl+U	반 페이지 상위로 이동한다.
r, Ctrl+R, Ctrl+L	화면 새로 고침한다.
q	종료한다.

이외에도 less 는 파일을 열어 검색할 수 있다.

파일 찾기를 위해서는 /이나 ?를 입력한 후, 찾고자 하는 키워드를 찾으면 된다. /는 현재 위치에서 아래로 이동하면서 찾으며, ?는 위로 이동하면서 찾게 된다. 검색된 키워드는 하이라이트로 표시한다. 검색된 키워드가 여러 개 있으면 n키를 눌러 다음 검색된 키워드로 이동할 수 있다.

아래와 같이 /etc/httpd/conf/httpd.conf 파일을 연 후 "/키워드"를 입력하면 해당 키워드를 검색하여 하이라이트 시켜준다.

```
# less /etc/httpd/conf/httpd.conf

# MaxKeepAliveRequests: The maximum number of requests to allow
# during a persistent connection. Set to 0 to allow an unlimited amount.
# We recommend you leave this number high, for maximum performance.
#
MaxKeepAliveRequests 100

#
# KeepAliveTimeout: Number of seconds to wait for the next request from
the
# same client on the same connection.
#
/Requests
```

이외의 다양한 기능은 VI 에디터의 기능과 매우 흡사하다. '4부. VI 에디터'를 참조하자.

<table>
<tr><td>명령어</td><td colspan="3">ln</td><td>OS</td><td>🄻=🅄</td></tr>
<tr><td>키워드</td><td>파일 링크 명령어</td><td>경로</td><td>/bin/ln</td><td>중요도</td><td>☆☆☆</td></tr>
<tr><td>요약</td><td colspan="5">파일 링크를 만든다</td></tr>
</table>

❶ 이렇게 써요

```
ln [옵션] 원본 [대상]
ln [옵션] 원본... 디렉터리
```

- -b, --backup : 대상 파일이 있다면 백업 파일을 생성한다.
- -d, -F, --directory : 디렉터리의 하드 링크를 생성한다(root 계정만 가능).
- -f, --force : 링크를 생성할 대상 파일이 있더라도 강제적으로 새로운 링크를 생성한다.
- -i, --interactive : 링크를 생성할 대상 파일이 있을 때, 삭제 유무를 사용자에게 물어 본다.
- -n, --no-dereference : 링크할 원본이 심볼릭 링크된 파일이면, 그 파일의 대상 파일을 추적하여 원본 파일에 링크한다.
- -S, --suffix=backup-suffix : 링크를 생성할 대상 파일이 이미 있다면, 백업 파일의 확장자(backup-suffix)를 지정한다.
- -s, --symbolic : 링크할 원본이 심볼릭 링크된 파일이면, 그 파일을 링크한다.
- -V, --version-control {numbered, existing, simple} : 백업하는 방법을 지정한다.
    - t, numbered : 항상 번호로 된 백업 파일을 만든다.
    - nil, existing : 대상 파일이 있을 경우에만 백업 파일을 만든다.
    - never, simple : 간단한 백업을 만든다.
- -v, --verbose : 자세한 상태를 출력한다.
- --help : 사용법을 출력한다.
- --version : 버전 정보를 출력한다.

❶ 설명 및 예제

ln 명령어는 파일을 실제 경로가 아니라 사용하기 편리한 다른 경로로 접근할 수 있도록 지정한다. 파일을 링크하는 방법은 심볼릭 링크와 하드 링크가 있다. 심볼릭 링크를 소프트 링크라고도 한다.

심볼릭 링크, 소프트 링크

일반적으로 링크라고 하면 심볼릭 링크$^{Symbolic\ link}$라고 생각해도 무방하다. 심볼릭 링크는 소프트 링크$^{Soft\ link}$라고도 한다. 심볼릭 링크를 사용하면 불필요한 파일의 복사를 하지 않아도 되고 원본 파일의 업데이트 시에 링크된 파일에 바로 적용된다. 보통 여러 디렉터리에서 동일한 라이브러리를 요구하는 경우나, 하나의 파일을 여러 사용자가 공통으로 사용할 경우에도 많이 쓰인다.

```
# ln -s /home/admin/html /var/www
# ls -la www
lrwxrwxrwx 1 root root 7 May 7 11:38 www->/home/admin/html
```

하드 링크

하드 링크^{Hard link}는 동일한 파일의 크기로 링크가 된 대상 파일의 내용이 변경된 경우에
는 원본 파일도 동일하게 변경 내용이 적용된다. 이렇게 하면 원본 파일이 삭제되어도 원
본과 동일한 내용을 하드 링크된 파일이 가지고 있어 자원을 공유할 수 있고 데이터를 안
전하게 관리할 수 있다.

```
# cat test
Hello world!
# ln test test_hardlink
# cat test test_hardlink
Hello world!

Hello world!
# rm -f test
# cat test_hardlink
Hello world!
```

심볼릭 링크와 하드 링크의 차이

	심볼릭 링크	하드 링크
파일 크기	작다	원본과 같다
원본 파일 삭제 시	사용 불가능하다	사용 가능하다
퍼미션	'l'로 표시된다	일반 파일이다

<table>
<tr><td>명령어</td><td>locale</td><td>OS</td><td>Ⓛ=Ⓤ</td></tr>
<tr><td>키워드</td><td>지역 정보 보기</td><td>경로</td><td>/usr/bin/locale</td><td>중요도</td><td>☆</td></tr>
<tr><td>요약</td><td colspan="5">언어 등 국가별로 선택할 수 있는 정보를 출력한다</td></tr>
</table>

❶ 이렇게 써요

```
locale [옵션] 이름
```

-a, --all-locales : 사용 가능한 로케일 이름을 출력한다.

-c, --category-name : 사용 가능한 범주 이름을 출력한다.

-k, --keyword-name : 선택된 키워드 이름을 출력한다.

-m, --charmaps : 사용 가능한 문자지도 이름을 출력한다.

-v, --verbose : 상세한 정보를 출력한다.

-?, --help : 사용법을 출력한다.

-V, --version : 버전 정보를 출력한다.

❶ 설명 및 예제

로케일은 프로그램의 언어 사항과 관련이 있다. 만일 다양한 로케일을 설치해두었다면 아래의 환경 변수를 통해 다양한 로케일을 설정할 수 있다. 기본 로케일은 C 또는 POSIX로 설정되어 있다. 현재 시스템의 로케일은 locale 명령으로 볼 수 있다.

```
# locale
LANG = en_US.UTF-8
LC_CTYPE = "en_US.UTF-8"
LC_NUMERIC = "en_US.UTF-8"
LC_TIME = "en_US.UTF-8"
LC_COLLATE = "en_US.UTF-8"
LC_MONETARY = "en_US.UTF-8"
LC_MESSAGES = "en_US.UTF-8"
------------------ 중 략 ------------------
LC_ALL =
```

로케일 환경 변수

LC_ALL	모든 환경 변수 대한 로케일 설정
LC_TYPE	문자에 대한 정의. 대문자 소문자 등의 정보
LC_COLLATE	정렬 순서 정의
LC_TIME	날짜와 시간의 표시 형식 정의

LC_NUMERIC	숫자 표시 형식 정의 (천 단위 구분, 소수점 등)
LC_MONETARY	금액 표시 형식 정의 (천 단위 구분, 소수점, 화폐 표시 문자)
LC_MESSAGES	시스템에서 출력하는 메시지 언어 설정

레드햇에서 X윈도우의 로케일 관련 디렉터리는 /usr/share/X11/locale/이다.

아래와 같이 모든 로케일 환경 변수를 ko_KR.UTF-8로 변경해 보자.

```
# export LC_ALL = "ko_KR.UTF-8"
# locale
LANG = en_US.UTF-8
LC_CTYPE = "ko_KR.UTF-8"
LC_NUMERIC = "ko_KR.UTF-8"
LC_TIME = "ko_KR.UTF-8"
LC_COLLATE = "ko_KR.UTF-8"
LC_MONETARY = "ko_KR.UTF-8"
LC_MESSAGES = "ko_KR.UTF-8"
------------------ 중 략 ------------------
LC_ALL = ko_KR.UTF-8
```

<table>
<tr><td>명령어</td><td>locate</td><td>OS</td><td>L≠U</td></tr>
<tr><td>키워드</td><td>파일 위치 찾기</td><td>경로</td><td>/usr/bin/locate</td><td>중요도</td><td>☆☆☆</td></tr>
<tr><td>요약</td><td colspan="5">자체 데이터베이스로 파일을 찾는다</td></tr>
</table>

❗ 이렇게 써요

```
locate [옵션] 패턴
```

    -b, --basename : 패턴(키워드)을 포함한 파일 혹은 디렉터리만을 검색하여 출력한다. 이 옵션을 사용하지 않으면 검색된 디렉터리의 하위 디렉터리와 파일까지 모두 출력한다.

    -c, --count : 검색된 결과의 수를 출력한다.

    -d, --database DBPATH : 검색할 데이터베이스(DBPATH)를 지정한다.

    -e, --existing : 검색한 시점에 존재하는 파일만 출력한다. DB 생성 시점과 검색 시점의 시간차에 의해 실제 존재하지 않는 파일이 검색되는 것을 방지한다.

    -h, --help : 사용법을 출력한다.

    -S, --statistics : 모아놓은 DB의 통계를 출력한다.

    -r, --regexp : 기본 정규표현식을 이용한 검색을 지원한다.

    --regex : 확장 정규표현식을 이용한 검색을 지원한다.

    -V, --version : 버전 정보를 출력한다.

❗ 설명 및 예제

locate 명령어는 모든 파일과 디렉터리의 위치 정보를 DB로 생성하여 사용자 키워드를 생성하고 파일이나 디렉터리의 위치를 출력한다.

예전에는 Secure locate인 slocate 명령어를 쓰다가, 현재는 DB 생성 속도가 크게 개선된 mlocate 명령어를 주로 쓴다. locate를 사용하기 위해서는 우선 updatedb 명령어를 이용하여 DB를 생성해야 한다.

```
# updatedb
```

생성된 DB의 정보를 확인해 보자.

```
# locate -S
Database /var/lib/mlocate/mlocate.db:
        17,294 directories
        218,387 files
        10,472,698 bytes in file names
        4,407,912 bytes used to store database
```

DB를 통해 키워드를 검색하기 때문에 최소한 하루에 한 번씩 DB를 업데이트한다. 아래와 같이 updatedb 명령어를 자동으로 하루에 한 번씩 실행하도록 cron에 등록할 수 있다.

```
# cat /etc/cron.daily/mlocate.cron
#!/bin/sh
nodevs=$(< /proc/filesystems awk '$1 = = "nodev" { print $2 }')
renice +19 -p $$ >/dev/null 2>&1
```

locate는 DB를 사용하므로 find에 비해 훨씬 속도가 빠르다. 아래처럼 locate로 httpd.conf를 검색해 보자. -e 옵션은 검색한 시점에 파일이 존재하는지 확인 후 결과를 출력한다. 이는 DB 생성과 검색 시점의 시간차로 인해 발생할 수 있는 잘못된 정보를 막을 수 있다.

```
# locate -e httpd.conf
/etc/httpd/conf/httpd.conf
/usr/share/system-config-httpd/httpd.conf.xsl
```

<table>
<tr><td>명령어</td><td>lockfile</td><td></td><td>OS</td><td>L</td></tr>
<tr><td>키워드</td><td>세마포어 파일 생성기</td><td>경로</td><td>/usr/bin/lockfile</td><td>중요도</td><td>☆</td></tr>
<tr><td>요약</td><td colspan="4">procmail에서 접근 제어 파일을 생성한다</td></tr>
</table>

❶ 이렇게 써요

```
lockfile [옵션] 파일명
```

-sleeptime : 락 파일^{lockfile} 생성이 실패한 후에 재시도까지 시간(sleeptime)을 지정한다. 기본값은 8초이다.

-r retries : 파일을 생성하는 재시도 횟수를 지정한다. 기본값은 -1로 파일 생성에 성공할 때까지 시도한다.

-l locktimeout : 락 파일이 수정/생성된 시점에서 일정한 시간(locktime) 후에 락 파일을 강제로 삭제한다.

-s suspend_time : 대기시간(supend_time) 후에 락 파일을 삭제한다. 기본값은 16초이다.

-! : 결과값의 역이다. 주로 셸 스크립트에서 사용한다.

-ml, -mu : 메일 스풀 디렉터리 퍼미션에 제한이 없으면 시스템의 메일박스를 락(-ml) 또는 언락(-mu)할 수 있다.

❶ 설명 및 예제

lockfile 명령어는 procmail 패키지 중 하나로 특정 파일이나 디바이스, 리소스에 대한 접근 제어를 담당하는 세마포어의 잠금 파일을 생성한다. 이 잠금 파일은 특정 파일, 디바이스, 리소스를 특정한 프로세스가 사용하고 있다는 일종의 상태 플래그를 생성하여 다른 프로세스에서 접근하지 못하도록 한다. 잠금 파일은 보통 /var/lock 디렉터리에 위치한다.

> ### 여기서 잠깐
>
> **세마포어**
>
> 세마포어^{semaphores}는 운영체제의 자원을 경쟁적으로 사용하는 다중 프로세스에서 행동을 조정하거나 또는 동기화시키는 기술이다. 세마포어는 운영체계 또는 커널에서 지정한 저장 장치 내부의 값으로서, 각 프로세스는 이를 확인하고 변경할 수 있다. 확인되는 세마포어의 값에 따라 프로세스가 즉시 자원을 사용할 수 있다. 만일 이미 다른 프로세스가 선점 중이라는 사실을 알게 되면 재시도하기 전에 일정 시간을 기다려야 한다.
>
> 세마포어는 0 또는 1 값만 갖거나 또는 추가적인 값을 가질 수도 있다. 세마포어를 선점한 프로세스만이 값을 변경할 수 있고, 이때 다른 프로세스는 세마포어가 반환되어 자기에게 할당될 때까지 대기 상태로 놓이게 된다.
>
> 세마포어들은 프로세스 간의 통신(IPC)을 위한 기술 중 하나이다. 세마포어는 일반적으로 메모리 공간을 공유하거나 파일들을 공유 액세스하기 위한 목적으로 사용한다. C 프로그래밍 언어는 기본적으로 세마포어를 관리하기 위한 일련의 인터페이스 또는 함수들을 제공한다.

<table>
<tr><td>명령어</td><td colspan="2">logger</td><td>OS</td><td>L~U</td></tr>
<tr><td>키워드</td><td>시스템 로그 기록</td><td>경로 /usr/bin/logger</td><td>중요도</td><td>☆</td></tr>
<tr><td>요약</td><td colspan="4">주어진 메시지를 /var/log/message 파일에 기록한다</td></tr>
</table>

❶ 이렇게 써요

```
logger [옵션] [메세지...]
```

-f file : 파일(file)에 로그에 기록한다.

-i : 각각의 라인마다 logger의 프로세스 ID를 기록한다.

-p pri : 우선순위(pri)를 메시지와 같이 기록한다. 기본값은 user.notice이다.

-s : 시스템 로그뿐만 아니라 표준출력으로도 메시지를 기록한다.

-t tag : 태그(tag)를 각각의 라인마다 기록한다.

❶ 설명 및 예제

logger 명령어는 주어진 메시지를 보내 /var/log/message 파일에 로그 정보를 저장한다.

예를 들어 아래 메시지를 로그 파일에 저장해 보자.

```
# logger System Logger Testing
```

/var/log/message 파일의 최근의 로그에서 logger 명령어로 저장한 메시지를 볼 수 있다.

```
# tail -3 /var/log/messages
May 26 00:29:21 localhost dhclient: DHCPACK from 192.168.1.1
May 26 00:29:21 localhost dhclient: bound to 192.168.1.105 -- renewal in
40513 seconds.
May 26 01:09:08 localhost root: System Logger Testing!
```

<table>
<tr><td>명령어</td><td colspan="4">login</td><td>OS</td><td>L≠U</td></tr>
<tr><td>키워드</td><td>시스템 접속 명령어</td><td>경로</td><td>/bin/login</td><td></td><td>중요도</td><td>☆</td></tr>
<tr><td>요약</td><td colspan="6">시스템에 세션을 시작한다</td></tr>
</table>

❶ 이렇게 써요

```
login [옵션] [이름]
```

-f user : 인증 절차를 마친 사용자는 인증 절차를 무시한다. 만일 user가 root라면 인증 절차를 거쳐야 한다.

-h hostname : 원격 로그인(telentd, rlogind)할 때 호스트명(hostname)을 입력한다.

-p : 이전의 환경을 기억하고 동일한 환경으로 실행한다.

❶ 설명 및 예제

login 명령어는 시스템 접속을 위한 개인 설정 파일을 읽은 후 작업 환경을 설정한다. 이 작업을 위해 일반적으로 다른 시스템에 접속할 때는 ssh 혹은 telnet 명령어를 사용한다. 아래는 로그인을 위해 시스템에서 내부적으로 진행하는 로그인 세션 절차이다.

리눅스는 초기 시스템을 시동할 때 init 프로세스로 설정 파일을 읽고, 실행에 필요한 모든 getty 명령어를 생성한다. 일반적으로 가상 콘솔을 위한 가벼운 getty 프로그램으로 mingetty를 사용한다. mingetty는 로그인 프로세스 실행을 위한 프로그램으로 터미널 회선 속도를 설정하고 로그인 프롬프트를 실행한다. 사용자가 접속을 시도하면 mingetty는 login 프로그램을 호출하고, 호출된 login 프로그램은 프롬프트에서 사용자명과 함께 암호를 읽는다.

사용자 인증이 성공했다면 /etc/passwd 파일에 존재하는 셸 환경을 확인하고 /etc/bashrc와 /etc/profile 파일을 읽는다. 이와 함께 사용자 홈 디렉터리의 .bashrc, .bash_profile 등의 파일도 읽은 후에 그 내용을 명령행에 출력한다. 명령행을 나타내는 기호는 #과 $ 두 가지가 있다. #는 root, $는 사용자 권한의 명령행이다.

참고로 /etc/passwd 파일을 이용하여 사용자 계정의 맨 앞줄에 #로 주석처리를 하거나 /bin/bash를 /bin/false로 변경하면 사용자의 로그인을 제한할 수 있다. 또 다른 방법으로는 /etc/nologin 파일에 사용자를 추가하면 로그인을 막을 수 있다.

/etc/securetty 파일은 root로 접근할 수 있는 터미널이 등록되어 있다. 터미널은 /dev/ 디바이스명을 생략한 터미널 이름이다. 만일 파일이 없다면 root는 모든 터미널에서 접속할 수 있다.

<table>
<tr><td>명령어</td><td colspan="3">logname</td><td>OS</td><td>L=U</td></tr>
<tr><td>키워드</td><td>로그인 사용자 보기</td><td>경로</td><td>/usr/bin/logname</td><td>중요도</td><td>☆</td></tr>
<tr><td>요약</td><td colspan="5">로그인 한 사용자를 utmp 파일에서 찾아 출력한다</td></tr>
</table>

❶ 이렇게 써요

```
logname [옵션]
```

--help : 사용법을 출력한다.
--version : 버전 정보를 출력한다.

❶ 설명 및 예제

사용자가 로그인하면 시스템은 자동으로 터미널을 할당하고, 로그인 정보를 /var/run/ utmp 파일에 저장한다. 시스템 접속 중에 사용자를 변경하더라도 이미 로그인할 때에 할당된 사용자 정보는 변경되지 않는다. logname 명령어는 시스템에 접속할 때 사용한 로그인 사용자를 출력해준다.

로그인 후에 사용자를 변경하지 않는다면 logname, whoami, id의 출력 정보는 동일하다.

```
# logname
root
# whoami
root
# id
uid=0(root) gid=0(root) groups=0(root),1(bin),2(daemon),3(sys),4(adm)
,6(disk),10(wheel)
```

아래와 같이 root에서 pirania라는 사용자로 변경하면 달라진 정보를 확인할 수 있다.

```
# su - pirania
$ logname
root
$ whoami
pirania
$ id
uid=500(pirania) gid=500(pirania) groups=500(pirania)
```

logname 명령어는 사용자를 변경하더라도 최초의 로그인 사용자명을 출력하고,

whoami와 id 명령어는 변경된 사용자 정보를 출력한다.

❶ 관련 명령어

whoami : 현재 시스템 사용자의 사용자명을 출력한다.
id : 현재 시스템 사용자의 UID, GID, groups를 출력한다.

여기서 잠깐

DPP - 식사 중인 철학자들 문제

DPP dining philosophers problem 는 프로세스 간에 자원 할당에 관한 이론을 시험하고 비교하는 보편적인 방법이며, 모델이다. Dijkstra는 완전히 결정론적인 자동 장치라고 할 수 있는 기계를 만들어 계층화된 운영체계를 만들고자 이것을 도입하였다.

이 문제는 하나의 유한한 프로세스 세트로 구성되는데, 이들은 한 번에 오직 한 개의 프로세스에 의해서만 사용될 수 있는 유한한 자원을 공유함으로써, 잠재적인 교착상태를 유도한다. DPP는 이것을 둥근 식탁에 둘러앉아 있는 일련의 철학자들로 시각화하였는데, 식탁에는 이웃하는 철학자 사이마다 포크가 한 개씩 놓여져 있다. 각 철학자는 자신의 왼쪽과 오른쪽에 있는 포크 중 어느 것을 사용할지를 마음대로 결심할 수 있지만, 각 포크는 한 번에 오직 한 사람의 철학자에 의해서만 사용될 수 있으며 식사를 하기 위해서는 한 사람이 두 개의 포크를 동시에 사용해야 한다. 이 경우, 계속 생각을 하면서 포크 하나를 들고 있을 수도 있으며 두 개의 포크를 들고 식사를 하거나 포크를 모두 내려놓은 경우가 반복되겠지만, 모든 철학자가 포크를 하나씩만 들고 있다면 어떻게 될까?

이를 위해 가능한 몇 가지 해결방안을 생각해 보면 다음과 같다.

· 세마포어 - 단순하지만, 각 자원들이 이진 세마포어인 곳에서는 불공평한 해결책이며, 교착상태나 기아(飢餓) 상태를 피하기 위해 추가적인 세마포어들이 사용된다.
· 크리티컬 리전 - 각 프로세서는 그것이 배타적으로 자원을 사용하는 동안에는 방해로부터 보호된다.
· 모니터 - 프로세스는 모든 필요한 자원들이 활용 가능한 상태까지 기다렸다가, 필요한 모든 것을 차지한다.

최적의 해결책은 프로세스의 현재 상태(배고픈 상태, 식사 중, 생각 중 등)를 추적하기 위해 배열을 사용하는 것이다. 배열을 사용하면 어떠한 수의 프로세스(철학자들)에 대해서도 최대의 병렬성을 허락한다. 이 해결책은 만약 필요한 포크가 사용 중이라면 자원을 갖기 위해 노력하는 배고픈 철학자들을 차단할 수 있도록 세마포어의 배열을 유지한다.

<table>
<tr><td>명령어</td><td>logrotate</td><td>OS</td><td>L</td></tr>
<tr><td>키워드</td><td>로그 파일 관리</td><td>경로</td><td>/usr/sbin/logrotate</td><td>중요도</td><td>☆☆</td></tr>
<tr><td>요약</td><td colspan="5">로그 파일을 주기적으로 압축하고 이름을 바꾸어 관리한다</td></tr>
</table>

❶ 이렇게 써요

```
logrotate [옵션] 〈설정파일〉
```

-d : 디버거 모드

-f, --force : 새로운 목록이 추가되었거나 오래된 로그 파일을 수동으로 삭제할 경우 강제로 실행한다.

-s, --state [statefile] : 지정한 정책 파일(statefile)으로 logrotate를 실행한다.

--usage : 사용법을 출력한다.

❶ 설명 및 예제

logrotate 명령어는 log 파일들을 주기적으로 관리한다. 지정된 주기에 맞춰 로그 파일의 이름을 변경 혹은 압축 또는 삭제한다. 보통 /etc/cron.daily 파일에 logrotate라는 스크립트를 생성하여 매일 정기적으로 실행한다.

/etc/cron.daily/logrotate 파일을 한 번 살펴보자.

```
$ cat /etc/cron.daily/logrotate
#!/bin/sh

/usr/sbin/logrotate /etc/logrotate.conf
EXITVALUE=$?
if [ $EXITVALUE != 0 ]; then
    /usr/bin/logger -t logrotate "ALERT exited abnormally with [$EXITVALUE]"
fi
exit 0
```

/usr/sbin/logrotate 명령은 /etc/logrotate.conf 파일을 참조하여 매일 실행한다.

/etc/logrotate.conf의 파일은 아래의 내용들을 포함한다.

weekly	1주일에 한 번씩 로그 파일이 순환한다.
rotate 4	최대 4개까지의 백업 로그 파일을 남긴다.
create	오래된 로그 파일의 순환 후 새로운 로그 파일을 생성한다.
compress	압축으로 로그 파일을 보관한다.

include /etc/logrotate.d	rpm 등의 패키지 매니저로 설치되는 프로그램들은 logrotate 설정 파일을 이 위치에 저장한다.

/var/log/wtmp {
  monthly
  minsize 1M
  create 0664 root utmp
  rotate 1
}
	wtmp의 logrotate 설정 정보는 다음과 같이 표현한다.
	- 한 달에 한 번씩 로그 파일 순환.
	- 로그 파일 크기가 1M가 넘으면 순환.
	- 새로운 로그 파일의 정보(퍼미션, 사용자명, 그룹).
	- 단일 파일을 사용한다. 백업 파일이 없다.

logrotate 설정 파일이 있는 /etc/logrotate.d/ 디렉터리를 살펴보자.

```
# ls /etc/logrotate.d/
acpid  conman  cups  httpd  kdm  libvirtd  mgetty  named  ppp  psacct
radiusd  rpm  samba  sa-update  setroubleshoot  squid  syslog  tux
vsftpd.log  wpa_supplicant  yum
```

위의 파일 중 rpm의 logrotate 설정을 살펴보자. 아래 내용 중 notifempty는 log 파일이 비어 있을 경우 교체하지 말라는 뜻이다. 또한, missingok는 순환하는 로그 파일을 찾을 수 없다면 무시하고 다음 파일을 사용하라는 의미이다.

```
$ cat /etc/logrotate.d/rpm
/var/log/rpmpkgs {
    weekly
    notifempty
    missingok
}
```

<table>
<tr><td>명령어</td><td colspan="3">look</td><td>OS</td><td>L=U</td></tr>
<tr><td>키워드</td><td>특정 문자로 시작하는 줄 보기</td><td>경로</td><td>/usr/bin/look</td><td>중요도</td><td>☆</td></tr>
<tr><td>요약</td><td colspan="5">파일에서 주어진 문자로 시작하는 줄만 검색하여 출력한다</td></tr>
</table>

❶ 이렇게 써요

```
look [옵션] 문자 [파일]
```

-b : 주어진 워드 리스트에서 이진binary 검색을 이용한다.

-d : 알파벳 문자만을 비교 검색한다.

-f : 알파벳 문자의 대소문자를 구별하지 않는다.

-t character : 문자열의 마지막 문자를 지정한다.

❶ 설명 및 예제

look 명령어는 지정한 문자로 시작하는 문자열을 파일에서 검색하여 출력한다. 바이너리 파일을 검색할 경우는 파일 안의 각각의 라인이 먼저 정렬되어야 한다. 파일을 지정하지 않으면, /usr/share/dict/words 파일 안의 문자열을 검색한다.

대소문자의 구분 없이 검색하려면 -f 옵션을 사용한다. pirania_test라는 텍스트 파일에서 키워드를 검사한 결과이다.

```
# look -f hello pirania_test
Hello world!!!
hELLo world!!!
```

<table>
<tr><td>명령어</td><td colspan="4">losetup</td><td>OS</td><td>L</td></tr>
<tr><td>키워드</td><td>루프 장치 설정</td><td>경로</td><td colspan="2">/sbin/losetup</td><td>중요도</td><td>☆</td></tr>
<tr><td>요약</td><td colspan="6">루프 장치를 설정/컨트롤한다</td></tr>
</table>

❶ 이렇게 써요

losetup [옵션] 루프장치

- -a, all : 모든 루프 디바이스 상태를 출력한다.
- -c, --set-capacity loopdev : 루프 디바이스에 속한 파일의 크기를 다시 지정한다.
- -d, --detach loopdev : 루프 디바이스에 속한 파일이나 디바이스를 분리한다.
- -e, -E, --encryption encryption_type : 지정한 이름이나 숫자의 데이터를 암호화한다.
  - NONE : 암호화하지 않는다(기본값).
  - XOR : XOR 암호화를 한다.
  - DES : DES 암호화를 사용한다.
- -f, --find : 사용 가능한 첫 번째 루프 디바이스를 찾는다.
- -h, --help : 사용법을 출력한다.
- -o, --offset offset : 파일이나 디바이스의 오프셋 바이트를 지정한다.

❶ 설명 및 예제

losetup 명령어는 루프 디바이스를 파일 또는 블록 장치와 연결하거나 루프 디바이스의
상태를 확인할 수 있다. losetup 명령어는 loop 모듈이 로딩되어야만 사용할 수 있다.

```
# modprobe loop
```

만일 모듈이 없다면 커널 이미지 설정 파일에 CONFIG_BLK_DEV_LOOP 값이 y로
설정되어 있기 때문이다.

```
# cat /boot/config-2.6.32-23-generic |grep LOOP
CONFIG_BLK_DEV_LOOP = y
CONFIG_BLK_DEV_CRYPTOLOOP = m
CONFIG_AUFS_BDEV_LOOP = y
```

먼저, -f 옵션으로 사용할 수 있는 루프 디바이스를 확인해 보자.

```
# losetup -f
/dev/loop0
```

현재 디렉터리에 루프 디바이스에 연결할 losetup.file 파일을 하나 생성한다.

```
# dd if=/dev/zero of=./losetup.file bs=1k count=100
100+0 records in
100+0 records out
102400 bytes (102 kB) copied, 0.000416833 s, 246 MB/s
```

생성한 파일을 /dev/loop0 디바이스에 연결할 수 있다.

```
# losetup /dev/loop0 ./losetup.file
# losetup -a
/dev/loop0: [0801]:1048696 (/root/losetup.file)
```

루프 디바이스에 연결한 파일을 ext3 포맷으로 생성하고 마운트할 수 있다.

```
# mkfs -t ext3 /dev/loop0
# mount -t ext3 /dev/loop0 /mnt
```

모든 작업이 끝난 후에는 -d 옵션으로 루프 디바이스에서 연결을 해제한다.

```
# losetup -d /dev/loop0
```

<table>
<tr><td>명령어</td><td colspan="3">lpc</td><td>OS</td><td>L=U</td></tr>
<tr><td>키워드</td><td>프린터 관리자</td><td>경로</td><td>/usr/bin/lpc</td><td>중요도</td><td>☆</td></tr>
<tr><td>요약</td><td colspan="5">커맨드 기반의 프린터 제어 프로그램이다</td></tr>
</table>

❶ 이렇게 써요

```
lpc [명령어]
```

명령어

exit : lpc 명령행을 종료한다.

help [명령어] : 사용법을 출력한다.

? [명령어] : 사용법을 출력한다.

quit : lpc 명령 창을 종료한다.

status : 연결된 프린터의 상태를 출력한다.

❶ 설명 및 예제

예전에 lpc는 프린터를 제어하는 명령어로 사용되어 왔으나, 요즘은 lpadmin 명령이 그 기능을 대신한다. 현재의 lpc 명령은 프린터의 정보만을 출력한다.

```
# lpc
lpc> ls
ls is not implemented by the CUPS version of lpc.
lpc> status
HP_Photosmart_C309a_series:
        printer is on device 'ipp' speed -1
        queuing is enabled
        printing is disabled
        no entries
        daemon present
```

키워드	인쇄 취소	경로	/usr/bin/lprm	중요도	☆☆
요약	프린터 큐의 작업을 삭제한다				

❶ 이렇게 써요

```
lprm [옵션] [작업번호] [사용자]
```

-P printer : 지정한 프린터(printer)의 작업을 출력한다.

\- : 스풀되어 있는 대기 작업을 모두 삭제한다.

❶ 설명 및 예제

lprm 명령어는 lpq 명령어로 볼 수 있는 작업 큐를 살펴보고 해당하는 작업을 취소하거나, 작업 번호를 지정하여 작업 번호에 해당하는 큐를 삭제한다. 아래를 살펴보자. 현재 프린트 중인 201번과 대기열에 있는 221번 작업이 있다고 가정하자. 이 작업 중 대기 중인 221번을 삭제해 보자.

```
# lprm 221
```

확인하면 이 작업이 큐에서 사라졌음을 알 수 있다.

```
# lpq
Printer: lp@ns (dest lp@61.40.233.14)
Queue: no printable jobs in queue
JetDirect lpd: no jobs queued on this port
```

root 사용자는 해당 사용자의 작업만을 취소할 수 있다.

```
# lprm admin
```

또한 lprm - 명령으로 스풀 내의 모든 작업을 취소할 수도 있다.

```
#lprm -
```

❶ 관련 명령어

lpc : 라인 프린터를 제어한다.
lpd : 프린터 서버를 위한 데몬이다.
lpq : 프린터 큐 정보를 출력한다.
lp : 파일을 프린트한다.
lpstat : LP 프린터의 정보를 출력한다.

<table>
<tr><td>명령어</td><td colspan="4">ls</td><td>OS</td><td>L=U</td></tr>
<tr><td>키워드</td><td>파일 목록보기</td><td>경로</td><td>/bin/ls</td><td></td><td>중요도</td><td>☆☆☆</td></tr>
<tr><td>요약</td><td colspan="6">디렉터리 목록을 출력한다</td></tr>
</table>

❶ 이렇게 써요

```
ls [옵션] [파일]
```

-a, --all : .을 포함하여 경로 안의 모든 내용을 출력한다.

-A, --almost-all : .와 ..을 제외한 모든 내용을 출력한다.

-b, --escape : 알파벳 형식의 리스트를 출력한다.

--block-size=SIZE : 지정한 바이트(SIZE)만큼의 블록을 사용한다.

-B, --ignore-backups : ~로 끝나는 백업 파일을 출력하지 않는다.

-c : -lt 옵션과 함께 마지막 변경 시간을 출력하고 시간을 기준으로 정렬한다. -l 옵션과 함께 마지막 변경된 시간을 출력하고 이름을 기준으로 정렬한다.

-C : 열의 엔트리를 출력한다.

--color[=WHEN] : 파일의 타입을 색깔로 구별할지 정한다. WHEN의 값은 "never", "always", "auto"이다.

-d, --directory : 디렉터리의 경로를 출력한다. 심볼릭 링크라면 원래의 링크 정보를 출력하지는 않는다.

-D, --dired : emacs를 위한 출력 형태를 생성한다.

-f : 정렬하지 않는다. 이 옵션은 -aU 옵션을 활성화하고 -ls --color 옵션을 비활성화한다.

-F, --clasify : 목록의 마지막에 */=)@l 중에 하나의 지시자를 덧붙인다(실행파일은 "*", 경로는 "/", 소켓은 "=", 심볼릭 링크는 "@", FIFO는 "|" 이다).

--file-type : 위의 옵션과 비슷하나, "*"은 덧붙이지 않는다.

--format=WORD : 옵션 대신 워드 포맷을 지정하여 출력한다. -x는 across, -m는 commas, -x는 horizontal, -l은 long, -1은 single-column, -l은 verbose 그리고 -C는 vertical을 지정하여 출력할 수 있다.

--full-time : -l --time-style=full-iso와 비슷하다.

-g : -l와 비슷하나 소유자의 리스트를 출력하지 않는다.

--group-directories-first : 파일 이전에 그룹 디렉터리를 먼저 출력한다.

-G, --no-group : 긴 리스트 형식으로 출력하나 그룹 이름은 출력하지 않는다.

-h, --human-readable : -l과 함께 사람이 읽은 쉬운 형식의 크기로 출력한다(예 1K, 234M, 2G).

--si : 위와 비슷하나 1,024단위가 아닌 1,000의 단위 형식으로 출력한다.

--H, --dereference-command-line : 심볼릭 링크면 실제로 참조하는 목록을 출력한다.

--hide=PATTERN : 지정한 PATTERN과 매칭되는 리스트를 숨긴다(-a 나 -A 옵션이 우선한다).

--indicator-style=WORD : 목록 이름에 WORD 스타일의 지시자를 추가한다. none(기본값), slash(-p), file-type(--file-type), classif(-F)가 올 수 있다.

-i, --inode : 각 파일의 인덱스 값을 출력한다.

-I, --ignore=PATTERN : 지정한 PATTERN에 매칭되는 목록을 출력하지 않는다.

-k : --block-size=1K와 비슷하다.

-l : 긴 리스트의 포맷으로 출력한다.

-L, --dereference : 심볼릭 링크의 정보를 보여줄 때 링크 파일의 원본 파일의 정보를 출력한다.

-m : 콤마로 구분된 목록 형식으로 출력한다.

-n, --numeric-uid-gid : -l 옵션과 비슷하나 숫자 형식의 사용자와 그룹 ID를 출력한다.

-N, --liternal : 원래의 이름 형식으로 출력한다(보통 영문이 아닌 경우 역슬래시(₩)를 붙여서 출력한다).

-o : -l과 비슷하지만 그룹의 정보를 출력하지는 않는다.

-p, --indicator-style=slash : 디렉터리에 슬래시(/)를 추가한다.

-q, --hide-control-chars : 그래픽이 아닌 문자 대신 ?를 출력한다.

-Q, --quote-name : 목록에 쌍 따옴표로 감싸서 출력한다.

-r, --reverse : 정렬의 순서를 역방향으로 한다.

-R, --recursive : 현재 디렉터리를 기준으로 모든 하위의 디렉터리를 출력한다.

-s, --size : 각 파일이나 블록에 할당된 크기를 출력한다.

-S, --size : 파일의 크기를 기준으로 정렬한다.

-t : 수정된 시간을 기준으로 정렬한다.

-T, --tabsize=COLS : 기본값 8 대신에 지정한 COLS를 탭 간격으로 지정한다.

-u : -lt 옵션와 함께 접근 시간을 기준으로 정렬한다. -l 옵션과 함께 접근 시간을 출력하는데 이름을 기준으로 정렬한다.

-U : 정렬하지 않는다.

-w, --width=COLS : 현재 값 대신 스크린 넓이(COLS)를 지정한다.

-x : 열의 기준 대신에 라인의 기준으로 출력한다.

-X : 목록의 확장자를 기준으로 알파벳 순으로 정렬한다.

-Z, --context : 각 파일의 SELinux 보안 컨텍스트를 출력한다.

-1 : 줄별로 하나의 파일을 출력한다.

--help : 사용법을 출력한다.

--version : 버전 정보를 출력한다.

❶ 설명 및 예제

ls 명령어는 표준출력으로 지정한 디렉터리나 파일의 정보를 출력한다. 파일이나 디렉터리를 지정하지 않으면 현재 디렉터리의 내용을 출력한다. 현재 디렉터리에서 숨김 파일까지 모두 보고 싶을 때에는 -a 옵션을 사용한다.

```
# ls -a
```

-l 옵션은 해당 되는 파일의 상세한 정보를 출력한다.

```
# ls -l .bashrc
-rw-r--r--      1      root     root     176     8월 24 1995    .bashrc
```

-d 옵션은 지정한 디렉터리의 내용만 출력한다.

```
# ls -ld /etc /var
drwxr-xr-x     70     root     root     8192     7월 9 16:34    /etc
drwxr-xr-x     28     root     root     4096     7월 4 21:51    /var
```

--full-time 옵션을 사용하면 자세한 날짜 정보를 볼 수 있다.

```
# ls --full-time
합계 3036

drwxr-xr-x        3      root      root      4096      2001-12-04
11:41:07.000000000 +0900 CORBA

-rw-r--r--        1      root      root      2673      2002-01-23
15:39:44.000000000 +0900 DIR_COLORS

drwxr-xr-x        5      root      root      4096      2001-12-14
19:02:15.000000000 +0900 FreeWnn

-rw-r--r--        1      root      root      77681     2001-11-05
11:14:30.000000000 +0900 Muttrc

drwxr-xr-x       20      root      root      4096      2002-07-05
00:44:35.000000000 +0900 X11
```

ls 명령을 사용했을 때 나오는 파일 크기는 블록 단위로, 쉽게 크기를 알아보기는 어렵다.
-h 옵션은 파일 크기를 사람이 인식하기 쉬운 단위로 출력해 준다.

```
# ls -lh
합계 3.0M
drwxr-xr-x   3   root   root   4.0K   12월    4    2001 CORBA
-rw-r--r?    1   root   root   2.6K    1월   23    15:39 DIR_COLORS
drwxr-xr-x   5   root   root   4.0K   12월   14    2001 FreeWnn
-rw-r--r?    1   root   root   76K    11월    5    2001 Muttrc
drwxr-xr-x  20   root   root   4.0K    7월    5    00:44 X11
-rw-r--r--   1   root   root   2.5K   10월   13    2001 a2ps-site.cfg
```

-r 옵션은 일반적인 ls 결과의 역순으로 정렬해서 출력한다.

```
# ls -rl
합계 3036
-rw-r--r?    1   root   root   460    10월   12    2001 zshrc
-rw-r--r?    1   root   root   303    10월   12    2001 zshenv
```

-rw-r--r?	1	root	root	129	10월	12	2001	zprofile
-rw-r--r?	1	root	root	86	10월	12	2001	zlogout
-rw-r--r?	1	root	root	253	10월	12	2001	zlogin
drwxr-x---	2	root	root	4096	12월	14	2001	zebra

-t 옵션은 가장 최근에 변경된 파일의 순으로 정렬해서 출력한다. -r 옵션을 추가하여 가장 늦은 시간에서부터 출력한다(-trl).

```
# ls -tl | more
합계 3036
drwxr-xr-x    2    root    root    4096     7월   9    04:46 mail
-rw-r--r?    1    root    root    109882   7월   9    02:51 ld.so.cache
-rw-r--r?    1    root    root    937      7월   8    15:59 named.conf
drwxr-xr-x    2    root    root    4096     7월   8    15:37 samba
drwxr-xr-x    9    root    root    4096     7월   8    03:17 sysconfig
drwxr-xr-x    2    root    root    4096     7월   7    23:58 cron.daily
drwxr-xr-x    2    root    root    4096     7월   7    23:58 cron.weekly
```

-S 옵션은 파일 크기가 가장 큰 것부터 출력한다. 만일 가장 작은 것부터 보고자 한다면 -r과 -rlh 옵션을 사용하면 된다.

```
# ls -Slh | more
합계 3.0M
-rw-r--r?    1    root    root    720K    10월   13    2001    termcap
-rw-r--r?    1    root    root    132K    11월   3     2001    lynx.cfg
-r--r--r?    1    root    root    127K    11월   3     2001    lynx.cfg.cs
-r--r--r?    1    root    root    127K    11월   3     2001    lynx.cfg.sk
-r--r--r?    1    root    root    127K    11월   3     2001    lynx.cfg.ja
-rw-r--r--   1    root    root    107K    7월    9     02:51   ld.so.cache
```

<table>
<tr><td>명령어</td><td>lsattr</td><td>OS</td><td>L</td></tr>
<tr><td>키워드</td><td>파일 속성 보기</td><td>경로</td><td>/usr/bin/lsattr</td><td>중요도</td><td>☆</td></tr>
<tr><td>요약</td><td colspan="5">리눅스 파일시스템의 속성을 출력한다</td></tr>
</table>

❶ 이렇게 써요

lsattr [옵션] [파일]

-a : '.'으로 시작하는 파일을 포함하여 디렉터리 안의 모든 파일을 출력한다.

-d : 디렉터리의 내용을 보여주는 것이 아니라 다른 파일과 같이 디렉터리의 목록을 출력한다.

-R : 현재 디렉터리를 기준으로 하위의 모든 디렉터리들의 속성을 출력한다.

-V : 프로그램의 버전 정보를 출력한다.

-v : 파일의 버전 정보를 출력한다.

❶ 설명 및 예제

lsattr 명령어는 chattr 명령어로 변경한 파일의 속성을 볼 수 있다. 구체적인 사용법은 chattr 명령어의 페이지를 참고하자. **chattr +i** 옵션으로 /etc/passwd에 i 속성을 부여하면 파일을 지울 수도, 이름을 변경할 수도, 내용을 추가할 수도, 링크를 생성할 수도 없다.

```
# chattr +i /etc/passwd
```

chattr 명령으로 변경된 속성을 살펴보려면 lsattr 명령어를 사용한다.

```
# lsattr /etc/passwd
---i--------- /etc/passwd
```

❶ 관련 명령어

chattr : 파일시스템의 파일 속성을 변경한다.

<table>
<tr><td>명령어</td><td>lsdev</td><td></td><td>OS</td><td>L</td></tr>
<tr><td>키워드</td><td>하드웨어 보기</td><td>경로</td><td>/sbin/lsdev</td><td>중요도</td><td>☆</td></tr>
<tr><td>요약</td><td colspan="5">하드웨어 장치 정보와 현재 상태를 출력한다</td></tr>
</table>

❶ 이렇게 써요

```
lsdev
```

❶ 설명 및 예제

lsdev 명령어는 시스템에 인식된 하드웨어의 장치명과 DMA, IRQ, I/O 포트 등의 정보를 출력한다. 이 명령으로 시스템에 인식된 하드웨어 정보를 한눈에 볼 수 있다.

```
# lsdev
Device            DMA       IRQ       I/O Ports
-------------------------------------------------------
8139too                               e800-e8ff ec00-ecff
cascade           4         2
dma                                   0080-008f
dma1                                  0000-001f
dma2                                  00c0-00df
eth0                        10
eth1                        5
fpu                                   00f0-00ff
ide0                        14        01f0-01f7 03f6-03f6 e000-e007
ide1                        15        0170-0177 0376-0376 e008-e00f
keyboard                    1         0060-006f
Mouse                       12
PCI                                   0cf8-0cff
pic1                                  0020-003f
pic2                                  00a0-00bf
Realtek                               e800-e8ff ec00-ecff
rtc                         8         0070-007f
timer                       0         0040-005f
usb-uhci                    11        e400-e41f
vga+                                  03c0-03df
VIA                                   e000-e00f e400-e41f
Ymfpci                      7
```

<table>
<tr><td>명령어</td><td colspan="3">lsmod</td><td>OS</td><td>L</td></tr>
<tr><td>키워드</td><td>로드된 모듈 보기</td><td>경로</td><td>/sbin/lsmod</td><td>중요도</td><td>☆☆</td></tr>
<tr><td>요약</td><td colspan="5">현재 동작하고 있는 모듈을 출력한다</td></tr>
</table>

❶ 이렇게 써요

```
lsmod
```

❶ 설명 및 예제

lsmod 명령어는 시스템에서 현재 동작하고 있는 모듈을 살펴볼 수 있다.

```
# lsmod
Module              Size        Used by         Tainted: P
smbfs               35552       2               (autoclean)
ymfpci              42660       0               (autoclean)
uart401             6560        0               (autoclean) [ymfpci]
sound               59052       0               (autoclean) [uart401]
ac97_codec          9504        0               (autoclean) [ymfpci]
soundcore           4324        4               (autoclean) [ymfpci sound]
autofs              10948       0               (autoclean) (unused)
8139too             17440       2
ipx                 16404       0               (autoclean)
ipchains            37704       0
ext3                61600       2               (autoclean)
jbd                 40452       2               (autoclean) [ext3]
usb-uhci            21764       0               (unused)
usbcore             51744       1               [usb-uhci]
```

더 자세한 설명은 modprobe 명령어 페이지에서 살펴보자.

❶ 관련 명령어

nsmod : 시스템에 모듈을 로딩한다.

modprobe : insmod보다 편리하게 시스템에 모듈을 로딩한다.

<table>
<tr><td>명령어</td><td>lsof</td><td>OS</td><td>L</td></tr>
<tr><td>키워드</td><td>사용중인 파일들의 목록 보기</td><td>경로</td><td>/usr/sbin/lsof</td><td>중요도</td><td>☆</td></tr>
<tr><td>요약</td><td colspan="5">실행 중인 파일과 프로세스의 정보를 출력한다</td></tr>
</table>

❶ 이렇게 써요

lsof [옵션] [파일]

-a : 파일을 선택하는데 AND 연산으로 대상을 출력한다.

-c : 지정한 COMMAND 필드의 내용만 출력한다.

-F : 지정한 구분자로 필드를 구분하여 출력한다.

-g : 지정한 그룹 아이디를 사용하는 관련 프로세스를 출력한다.

-i : 현재 사용되는 소켓 정보를 출력한다.

-l : 로그인 사용자명 대신에 UID를 출력한다.

-n : 호스트명 대신에 IP 주소를 출력한다.

-P : 포트 서비스명 대신에 포트 번호를 출력한다.

-r : 지정한 초의 주기로 반복해서 출력한다. 기본값은 15초이다.

-s : 파일의 크기를 출력한다.

-V : 상세한 정보를 출력한다.

-?, h : 사용법을 출력한다.

❶ 설명 및 예제

lsof 명령어는 현재 사용하는 모든 파일의 소유자, 크기, 관련 프로세스 등의 정보를 자세히 출력한다.

```
# lsof
COMMAND       PID   USER     FD    TYPE   DEVICE   SIZE NODE NAME
init          1     rootmem  REG   3,5    30748    30303 /sbin/init
init          1     rootmem  REG   3,5    73120    8069 /lib/ld-2.1.3.s
init          1     rootmem  REG   3,5    931668   8075 /lib/libc-
2.1.3.so
cardmgr       213   rootmem  REG   3,5    36956    30357 /sbin/cardmgr
...
```

COMMAND 필드 중 sshd와 관련된 시스템에서 사용하는 파일들을 살펴보자.

```
# lsof -c sshd
COMMANDPID  USER   FD     TYPE  DEVICE SIZE NODE NAME
sshd    799  root   cwd    DIR   3,8    409     2 /
sshd    799  root   rtd    DIR   3,8    4096    2 /
sshd    799  root   txt    REG   3,8    258028  343237 /usr/sbin/sshd
```

```
sshd    799   root   mem   REG   3,8     464005    228056 /lib/ld-2.2.4.so
sshd    799   root   mem   REG   3,8     35424     228220 /lib/libpam.so.0.75
sshd    799   root   mem   REG   3,8     65353     228069 /lib/libdl-2.2.4.so
sshd    799   root   mem   REG   3,8     47504     228109 /lib/libutil-
2.2.4.so
sshd    799   root   mem   REG   3,8     59618     309628 /usr/lib/libz.
so.1.1.3
sshd    799   root   mem   REG   3,8     448285    228074 /lib/libnsl-
2.2.4.so
```

-i 옵션을 사용하여 현재 열려있는 소켓정보를 살펴볼 수 있다. TCP와 UDP를 각각 지
정하여 볼 수도 있다. NAME 필드의 *:서비스 명으로 현재 서비스 대기 상태의 현황을
살펴 볼 수 있다.

```
# lsof -iTCP
COMMAND       PID    USER   FD    TYPE   DEVICE   SIZE NODE NAME
sshd          799    root   3u    IPv4   1407     TCP *:ssh (LISTEN)
lpd           817    root   6u    IPv4   1425     TCP *:printer (LISTEN)
X             1917   root   1u    IPv4   12765    TCP *:x11 (LISTEN)
Rdesktop      2607   root   7u    IPv4   18494    TCP ns.linuxroot.co.kr.:1530-
>61.40.233.213:3389 (ESTABLISHED)
xinetd        2691   root   3u    IPv4   20721    TCP *:pop3 (LISTEN)
sendmail      4420   root   4u    IPv4   26889    TCP *:smtp (LISTEN)
httpd         17897  root   19u   IPv4   75819    TCP *:http (LISTEN)

-------------------------- 중 략 --------------------------

sshd          26359  root   4u    IPv4   132664   TCP ns.linuxroot.co.kr.:ssh-
>211.49.155.121:1274 (ESTABLISHED)
sshd          26690  root   4u    IPv4   199030   TCP ns.linuxroot.co.kr.:ssh-
>211.49.155.121:1046 (ESTABLISHED)
sshd          26792  root   4u    IPv4   199121   TCP ns.linuxroot.co.kr.:ssh-
>211.49.155.121:1031 (ESTABLISHED)
```

<table>
<tr><td>명령어</td><td colspan="4">lspci</td><td>OS</td><td>L</td></tr>
<tr><td>키워드</td><td>PCI 디바이스 정보</td><td>경로</td><td>/sbin/lspci</td><td></td><td>중요도</td><td>☆☆</td></tr>
<tr><td>요약</td><td colspan="6">시스템에 있는 PCI 디바이스 정보를 출력한다</td></tr>
</table>

❶ 이렇게 써요

```
lspci [options]
```

-b : 커널을 대신하여 카드를 이용한 IRQ와 주소를 출력한다.

-m : 디바이스 스크립트에서 이용하기 알맞도록 디바이스 정보를 문자 형태로 출력한다.

-n : 벤더와 디바이스 코드를 출력한다.

-s domain:bus:slot.func : 지정된 디바이스의 정보만을 출력한다. PCI domain(0~ffff), bus (0~ff), slot (0~1f), function(0~7)로 구성 되어 있다.

-t : 디바이스 사이에 연결을 트리 형식으로 출력한다.

-v : 상세한 디바이스 정보를 출력한다.

-vv : -v 옵션보다 상세한 정보를 출력한다.

❶ 설명 및 예제

lspic 명령어는 시스템 관리 명령어로서 시스템에 있는 모든 PCI 디바이스 목록을 출력한다. 이 명령어는 시스템에 디바이스 드라이버가 정상적으로 동작하는지 확인하거나 드라이버를 디버깅 하는데 사용한다. lspci를 이용하여 시스템에 설치된 이더넷 디바이스를 검색하고 자세한 장치 정보를 얻어보자. lspci 명령어만 실행하면 시스템의 모든 PCI 디바이스 목록을 출력한다. grep 명령어를 이용하여 ethernet 스트링이 포함된 라인만을 필터링해 보자.

```
$ lspci | grep -i ethernet
06:08.0 Ethernet controller: Intel Corporation 82562ET/EZ/GT/GZ - PRO/100
VE (LOM) Ethernet Controller (rev 01)
```

시스템에 장착된 이더넷 디바이스의 장치 고유 코드는 06:08.0임을 알 수 있다. -s 옵션으로 이 코드를 지정해 주고 -v 옵션은 자세한 정보를 출력한다.

```
$ lspci -v -s 06:08.0
06:08.0 Ethernet controller: Intel Corporation 82562ET/EZ/GT/GZ - PRO/100
VE (LOM) Ethernet Controller (rev 01)
        Subsystem: Intel Corporation: Unknown device 3054
        Flags: bus master, medium devsel, latency 32, IRQ 209
        Memory at ff900000 (32-bit, non-prefetchable) [size=4K]
        I/O ports at bc00 [size=64]
        Capabilities: <available only to root>
```

update-pciids를 사용하여 최신 PCI ID 정보로 업데이트하기

만약 디바이스 목록 중 unknown devices라고 표시가 되는 항목이 있다면 이는 디바이스 정보를 찾을 수 없어 해당 디바이스가 정상적으로 동작하고 있지 않다는 의미이다.

```
00:00.6 Host bridge: VIA Technologies, Inc. Unknown device 6290
```

이 경우 update-pciids 명령어를 사용하면 최신의 PCI ID 정보를 서버로부터 다운로드 받아 정보를 갱신할 수 있다.

```
# update-pciids
--16:40:36-- http://pciids.sourceforge.net/v2.2/pci.ids.bz2
=> '/usr/share/misc/pci.ids.gz.new'
Resolving pciids.sourceforge.net... 66.35.250.209
Connecting to pciids.sourceforge.net|66.35.250.209|:80... connected.
HTTP request sent, awaiting response... 200 OK
Length: 126,459 (123K) [text/plain]

100%[ = = = = = = = = = = = = = = = = = = = = = = = = = = = = = = = =
= = = = = = = = = = = = = = = =   = = = = = = = = = = = = = = = =
= = = = = = = = = = = = = = = = = = = = = = = = = = = = = = = =
= = = = = = = = = = = = = = = = = = = = = = = = = = = = = = = =
= = = = = = = = = = = = = = = = = =>] 126,459 134.74K/s

16:40:37 (134.26 KB/s) - '/usr/share/misc/pci.ids.gz.new' saved [126459/126459]

Done.
```

<table>
<tr><td>명령어</td><td colspan="4">lsusb</td><td>OS</td><td>L</td></tr>
<tr><td>키워드</td><td>USB 디바이스 정보</td><td>경로</td><td>/sbin/lsusb</td><td></td><td>중요도</td><td>☆☆</td></tr>
<tr><td>요약</td><td colspan="6">시스템에 있는 USB 디바이스 정보를 출력한다</td></tr>
</table>

❶ 이렇게 써요

```
lsusb [옵션]
```

-b : 커널을 대신하여 카드를 이용한 IRQ와 주소를 출력한다.

-D device : 지정된 디바이스의 정보만 출력한다. /proc/bus/usb 디렉터리에 있는 파일로 지정해야 한다.

-t : 디바이스 사이에 연결을 트리 형식으로 출력한다.

-v : 상세한 디바이스 정보를 출력한다.

-vv : -v 옵션보다 상세한 정보를 출력한다.

❶ 설명 및 예제

lsusb 명령어는 시스템 관리 명령어로서 모든 USB[Universal Serial Bus] 디바이스 목록을 출력한다. 이 명령어는 디바이스 드라이버가 정상적으로 작동하고 있는지 확인하거나 드라이버를 디버깅하는 용도로 사용한다.

```
# lsusb
Bus 001 Device 004: ID 0c45:62c0 Microdia Pavilion Webcam
Bus 001 Device 001: ID 1d6b:0002 Linux Foundation 2.0 root hub
Bus 005 Device 001: ID 1d6b:0001 Linux Foundation 1.1 root hub
Bus 004 Device 002: ID 03f0:171d Hewlett-Packard Wireless
(Bluetooth + WLAN) Interface [Integrated Module]
Bus 004 Device 001: ID 1d6b:0001 Linux Foundation 1.1 root hub
Bus 003 Device 002: ID 05c6:6000 Qualcomm, Inc.
Bus 003 Device 001: ID 1d6b:0001 Linux Foundation 1.1 root hub
Bus 002 Device 002: ID 045e:0083 Microsoft Corp. Basic Optical Mouse
Bus 002 Device 001: ID 1d6b:0001 Linux Foundation 1.1 root hub
```

만약 USB 디바이스를 시스템에 연결하였지만 아무 반응이 없다면 먼저, lsusb 명령어로 디바이스를 인식했는지 확인하자.

<table>
<tr><td>명령어</td><td colspan="4">mail</td><td>OS</td><td>L≠U</td></tr>
<tr><td>키워드</td><td>메일 클라이언트</td><td>경로</td><td>/bin/mail</td><td></td><td>중요도</td><td>☆☆</td></tr>
<tr><td>요약</td><td colspan="6">터미널에서 사용하는 메일 클라이언트</td></tr>
</table>

❶ 이렇게 써요

```
mail [-옵션] [-s 제목] [-c 참조] [-b 숨은참조] 받는사람
mail [-옵션] -f 파일명
mail [-옵션] -u 사용자 ID
```

-b 숨은참조 : 같이 메일을 받는 사람을 추가한다. 숨은 참조 된 사람은 메일을 받은 다른 사람에게는 보이지 않는다.

-c 참조 : 같이 메일을 받을 사람을 추가한다.

-f : 파일로부터 메일을 읽어온다.

-i : tty 인터럽트 신호를 무시한다.

-n : 메일 프로그램 시작 시 /etc/mail.rc 파일을 읽지 않는다.

-N : 초기 화면에서 메일 목록을 보여주지 않는다.

-s 제목 : 발송 메일의 제목을 적는다.

-u : 사용자 계정을 지정한다.

-v : 상세한 정보를 출력한다.

❶ 설명 및 예제

mail은 터미널에서 사용하는 메일 클라이언트 프로그램이다. 메일을 송신할 수 있고 메일함을 정리할 수 있다.

받은 편지 확인

자신의 계정을 사용 중에 받은 편지를 확인하려면 mail만 입력한다. 다음은 관리자 모드에서 특정 계정의 받은 편지를 확인할 때 쓴다.

```
# mail -u pirania
Mail version 8.1 6/6/93.         Type ?for help.
"/var/mail/pirania": 5 message 3 new
>1 songsari@dizikarma.com      Tue Jul  6 14:30  62/2080   "[광고]리눅스 명
령어 사전"
>2 cyc-x-1@hanmail.net         Tue Jul  5 03:23  62/2080   " "
>N3 songsari@dizikarma.com     Tue Jul  2 03:30  154/580   "잘지내냐~~"
>N 5 moolli@dreamwiz.com       Tue Jul  1 08:30  143/3512  "[모든]CD 사세요"
&
```

mail을 실행하면 초기 화면에 받은 편지의 목록이 나온다. 초기 화면에 나오는 부분을 메일의 헤더 부분이라 하는데 다음과 같이 구성되어 있다.

N/P/U/	5	moolli@ dreamwiz.com	TueJul 108:30	143/3512	"밥은 먹고 사냐 ～～"
편지 상태	편지 번호	보낸 사람	날짜 시간	라인/글자수	편지 제목

편지 상태

N	새 메시지
P	시스템의 메일 박스에 저장
U	읽지 않은 메일

처음 수신된 편지부터 확인하려면 Enter 를 누른다. 특정 편지를 보기를 원한다면 &편지 번호 형식으로 지정한다.

```
&1 Enter
Message 1:
From root Tue Jul  6 13:18:41 2002
Date: Tue, 6 Jul 2002 13:18:41 +0900
From:  LinuxConx<moolli@dreamwiz.com>
To: pirania@empal.com
Subject: 테스트 메일을 보냅니다.
테스트 메일입니다.
&
```

mail 명령어

mail은 여러 기능의 명령어를 제공한다. 명령어 입력 모드는 "&"로 표시한다.

명령어	설 명
n	다음 메일 목록으로 이동한다.
f 〈메일 번호〉	편지 목록을 보여준다. "f*" 또는 "&fa"는 모든 편지 목록을 볼 수 있다.
d 〈메일 번호〉	지정한 메일 번호의 메일을 지운다.
s 〈메일 번호〉	파일에 지정한 편지 내용을 저장한다.
u 〈메일 번호〉	메일을 지우지 않는다.
R 〈메일 번호〉	회신한다.

r 〈메일 번호〉	전체 회신한다.
q	mail을 종료한다.
x	mail을 종료한다. 단 시스템의 메일박스에서 확인한 메일은 삭제하지 않는다.
h	메시지의 헤더 부분 출력한다.
!	셸 명령어를 실행한다.
e	Ex 모드로 메시지를 편집한다.

회신 보내기

편지보기 명령행에서 현재 메일에 회신을 보내기를 원하면 R명령을 입력한다. 내용을 다 입력하면 Ctrl + D 를 눌러 편지 입력을 종료합니다.

```
To: moolli@dreamwiz.com
Subject: Re: 테스트 메일을 보냅니다.
회신 메일입니다.


Ctrl + D
CC: Enter
```


편지 보내기

mail을 실행한 상태에서 명령행에 &m 주소의 형식으로 입력하는 것만으로도 편지를 발송할 수 있다. mail를 실행시키지 않은 상태에서 참조인(-c) 숨은 참조인(-b)을 포함한 메일을 발송해 보자. 메일 전송 과정을 보려면 -v 옵션을 사용한다.

```
# mail -v -c cyc-x-1@hanmail.net -b moolli@dreamwiz.com pirania@empal.com
Subject:[Test]메일 발송 테스트 입니다.
안녕하세요. 잘 지내시지요.
오랜만에 메일을 보냅니다.


Ctrl + D
CC: cyc-x-1@hanmail.net Enter


pirania@empal.com... Connecting to mail.hancom.com. viaesmtp...
220 mail.empal.com ESMTP Sendmail 8.12.5/8.12.5; Sun, 14 Jul 2002 12:23:19
+0900
```

```
>>> EHLO l
------------------------------ 중 략 ------------------------------
pirania@empal.com... Sent (g6E3NJln020985 Message accepted for delivery)
Closing connection to mail.empal.com
>>> QUIT
```

mail 명령으로는 바이너리 파일을 바로 첨부할 수 없었다. 그래서 파일을 디코드하여 텍스트 형태로 전송할 수 있게 만들어 보내곤 했다. 현재는 모질라 썬더버드, 에볼루션 그리고 K메일 등 여러 메일 클라이언트들이 GUI를 지원한다.

여기서 잠깐

메일 서버에 있는 메일을 다른 계정으로 옮기기

리눅스 서버에 도착해 있는 메일을 다른 메일 계정으로 포워딩하는 방법이다. 만일 hanbitbook.co.kr 서버의 admin에게 온 메일을 user@hanbitbook.co.kr로 포워딩하고 싶다면 다음 명령을 실행한다.

```
# cat /var/spool/mail/admin | formail -s /usr/sbin/sendmail  user@
hanbitbook.co.kr
```

<table>
<tr><td>명령어</td><td colspan="3">make</td><td>OS</td><td>L=U</td></tr>
<tr><td>키워드</td><td>GNU make 유틸리티</td><td>경로</td><td>/usr/bin/make</td><td>중요도</td><td>☆☆☆</td></tr>
<tr><td>요약</td><td colspan="5">프로그램 그룹을 유지하기 위한 GNU make 유틸리티</td></tr>
</table>

❶ 이렇게 써요

```
make [-f makefile] [옵션]…[타겟]…
```

-C DIRECTORY, --directory=DIRECTORY : makefile 파일의 위치(DIRECTORY)를 지정한다.

-d : 상세한 디버깅 정보를 출력한다.

--debug[=FLAGS] : 다양한 형태의 디버깅 정보를 출력한다.

-e, --environment-overrides : 시스템의 환경 변수의 정보가 makefile의 설정 내용보다 우선한다.

-f FILE, --file=FILE, --makefile=FILE : makefile를 지정한 파일(FILE)에서 읽는다.

-h, --help : 사용법을 출력한다.

-i, --ignore-errors: 에러를 무시한다.

-I DIRECTORY, --include-dir=DIRECTORY : include 디렉터리를 지정한다.

-k, --keep-going : 타겟 파일을 생성하지 못하더라도 계속 진행한다.

--s, --silent, --quiet : 명령어를 출력하지 않는다.

-S, --no-keep-going, --stop : -k 옵션을 비활성화한다.

-v, --version: 버전 정보를 출력한다.

-w, --print-directory : 현재 디렉터리를 출력한다.

--no-print-directory: -w 옵션을 비활성화한다.

--warn-undefined-variables : undefined-variables 경고를 출력한다.

❶ 설명 및 예제

개발 프로젝트가 아무리 소규모라도 소스 관리는 중요하다. 리눅스 환경에서는 소스 관리를 위해서 make 명령어를 사용한다. make는 소스의 일부가 변경된 경우에는 변경된 부분만 다시 컴파일하고 링크하여 컴파일 시간을 단축시켜 준다. 때문에 개발에 필요한 소스 관리가 상당히 편리하고 효율적이다. 특히 방대한 양의 대형 프로젝트를 진행할 경우 make 명령어의 모듈별 소스 관리 기능은 더욱 빛을 발한다.

make 명령어는 makefile이나 Makefile 파일에서 설정된 내용을 읽은 후 실행한다. 그러므로 make 명령을 사용하는 것은 Makefile 파일을 설정하고 변경하는 것이다. 예를 들어 foo1.c 파일과 foo2.c 파일이 있다고 가정하고, 아래와 같이 Makefile 파일을 생성하자.

```
$ vi Makefile
foo: foo1.o foo2.o
[탭] gcc -o foo foo1.o foo2.o
```

```
foo1.o: foo1.c
[탭] gcc -c foo1.c
foo2.o: foo2.c
[탭] gcc -c foo2.c
```

문법에 맞게 파일을 생성하였다면 make 명령으로 컴파일할 차례이다.

```
$ make
```

위의 make 명령은 아래과 같이 컴파일할 수도 있다. 이 명령은 **gcc -o foo foo1.c foo2.c**를 실행한 것과 같다.

```
$ make foo
```

다시 한번 make 명령을 실행하면, 아래와 같이 이미 make가 되었다고 알려준다. make는 파일의 생성 시간을 컴파일을 다시 할지의 기준으로 삼는다.

```
# make
make: 'foo'는 이미 갱신되었습니다.
```

원본 파일을 수정한 후 다시 컴파일해 보자. hello.c 파일이 업데이트되어 컴파일할 수 있다.

```
$ make
gcc -c foo1.c
gcc -o foo foo1.o foo2.o
```

추가적인 문법으로 Makefile에 clean 구문을 추가하자. 이는 오브젝트 파일과 실행파일을 자동으로 삭제할 수 있다.

```
$ vi Makefile
foo: foo1.o foo2.o
[탭] gcc -o foo foo1.o foo2.o
foo1.o: foo1.c
[탭] gcc -c foo1.c
foo2.o:foo2.c
[탭] gcc -c foo2.c
```

```
clean:
    rm -rf foo foo1.o foo2.o
```

clean 구문은 make clean 명령으로 실행한다.

```
$ make clean
rm -rf foo foo1.o foo1.o
```

<table>
<tr><td>명령어</td><td>man</td><td>OS</td><td>L≠U</td></tr>
<tr><td>키워드</td><td>매뉴얼 보기</td><td>경로</td><td>/usr/bin/man</td><td>중요도</td><td>☆☆☆</td></tr>
<tr><td>요약</td><td colspan="5">알고 싶은 명령어의 매뉴얼을 출력한다</td></tr>
</table>

❶ 이렇게 써요

man [-옵션] [section] [-M path] [-P pager] [-S list] [-m system] [-p string] 명령어

-a : 찾고자 하는 명령어의 검색된 매뉴얼 페이지를 모두 출력한다.

-c : 최신의 cat 페이지가 있어도 소스 매뉴얼 페이지를 재구성한다.

-C 파일명 : 매뉴얼 페이지의 configure 파일을 지정한다. 기본은 /etc/man.config 파일이다.

-d : 실제 매뉴얼을 보여주지 않고, 디버깅 정보 구성을 출력한다.

-D : -d 옵션의 구성을 출력한 후에 매뉴얼을 출력한다.

-f : whatis 명령과 동일하다.

-h : 사용법을 출력한다.

-k : apropos 명령과 동일하다.

-K : 모든 매뉴얼 페이지에서 지정한 문자를 찾는다.

-M path : 매뉴얼 페이지 검색을 위한 path를 지정한다.

-P 페이지 : 지정한 pager로 페이지를 지정한다.

-p string : nroff 혹은 troff의 앞에 실행하는 전처리기의 순서를 지정한다.

-S 목록 : 콜론으로 구분한 세션 리스트

-t : /usr/bin/groff으로 페이지 형식을 출력한다.

-w : 찾고자 하는 문자의 매뉴얼 페이지가 있는 위치를 출력한다.

-W : -w와 비슷하지만, 추가 정보 없이 한 행에 하나씩 표시한다.

❶ 설명 및 예제

man은 명령어의 자세한 사용법이나 의미를 알 수 없을 경우 사용한다. 아래는 httpd의 man 파일들을 검색하여 해당 명령어의 사용법을 출력한다.

```
# man httpd
    HTTPD(8)         httpd      HTTPD(8)
    NAME
    httpd - Apache Hypertext Transfer Protocol Server
    SYNOPSIS
    httpd [ -d serverroot ] [ -f config ] [ -C directive ] [ -c directive ]
    [ -D parameter ] [ -e level ] [ -E file  ] [  -k  start|restart|grace-
    ful|stop|graceful-stop ] [ -R directory ] [ -h ] [ -l ] [ -L ] [ -S ] [
    -t ] [ -v ] [ -V ] [ -X ] [ -M ]
    On Windows systems, the following additional arguments are available:
    httpd [ -k install|config|uninstall ] [ -n name ] [ -w ]
```

-K 옵션은 지정한 명령어를 포함하여 모든 매뉴얼 페이지를 출력한다. 출력된 각각의 명령어는 매뉴얼 보기(y), 매뉴얼 보지 않기(n), man 명령에서 나가기(q) 중 하나를 선택할 수 있다. 아래 예제와 같이 mtab 관련 파일을 -K옵션으로 살펴보자.

```
# man -K mtab
/usr/share/man/man8/rrestore.8.gz? [ynq] n
/usr/share/man/man8/showmount.8.gz? [ynq] n
/usr/share/man/man8/quotacheck.8.gz? [ynq] n
/usr/share/man/man8/mount.nfs.8.gz? [ynq] n
```

매뉴얼 페이지에는 각각의 섹션으로 나뉘어 있다. 매뉴얼 페이지의 맨 상단 괄호 안의 숫자나, 압축된 매뉴얼 페이지 파일명의 끝 숫자가 나타내는 의미이다.

섹션 번호	설명
1	실행 프로그램 혹은 셸 명령어
2	시스템 콜 (커널 제공 함수)
3	라이브러리 콜 (시스템 라이브러리 포함 함수)
4	특수 파일 (대개 /dev 디렉터리 하위의 파일)
5	파일 포맷 집합 (예 : /tcpasswd)
6	게임 관련
7	매크로 패키지 집합
8	시스템 관리 명령
9	커널루틴 (비표준)

위의 umount.8.gz 파일에서 숫자 8의 의미는 시스템 관리에 필요한 명령이라는 뜻이다. 맨 페이지의 파일명에 포함된 숫자는 명령어의 성격을 파악 하는 중요한 판단 기준이 된다. 아래와 같이 출력되는 맨 페이지 내용을 텍스트 파일로도 저장할 수 있다. umount 명령어의 맨 페이지를 텍스트로 저장해 보자.

```
# man umount  cl -b > umount_man.txt
```

❶ 관련 명령어

apropos : 매뉴얼 페이지 설명에 특정 단어를 포함한 명령어 나열한다(**man -k** 명령과 같다).
whatis : 찾고자 하는 명령어 단어를 검색하여 요약 설명을 보여준다(**man -f** 명령과 같다).

<table>
<tr><td>명령어</td><td colspan="2">md5sum</td><td>OS</td><td>L=U</td></tr>
<tr><td>키워드</td><td>md5 체크섬</td><td>경로 /usr/bin/md5sum</td><td>중요도</td><td>☆☆</td></tr>
<tr><td>요약</td><td colspan="4">md5 체크섬을 계산하거나 검사한다</td></tr>
</table>

❶ 이렇게 써요

md5sum [옵션] [파일]

-b, --binary : 바이너리 모드로 읽는다.
-c, --check : 파일에서 MD5 sum을 읽고 검사한다.
-t, --text : 텍스트 모드로 읽는다(기본값).
--help : 도움말을 출력한다.
--version : 버전 정보를 출력한다.

아래 3가지 옵션은 체크섬 무결성을 확인할 때 유용하다.

--quiet : 체크섬이 성공하더라도 OK를 출력하지 않는다.
--status : success 메시지 이외에 어떤 것도 출력하지 않는다.
-w, --warn : 부적절한 포맷 체크섬에 대해서는 경고 메시지를 출력한다.

❶ 설명 및 예제

md5sum명령어는 다운로드한 파일이나 특히, ISO 이미지 파일의 이상유무를 확인할 경우 유용하고, 파일의 체크섬을 생성하는 경우에도 사용한다. 체크섬이란 대상 파일을 기준으로 산술 계산으로 특정 숫자 패턴을 만들어 파일의 무결성을 확인하는 방법이다. 특히 보안과 관련하여 시스템의 파일이 변경 혹은 손상 여부를 확인할 때 유용하다. 아래와 같이 안드로이드 SDK파일을 다운로드 후 무결성을 체크해 보자.

http://developer.android.com/sdk/index.html에는 리눅스 SDK 파일에 다음의 정보가 있다.

Platform	Package	Size	MD5 Checksum
Linux (i386)	android-sdk_r06-linux_86.tgz	16971139bytes	848371e4bf068dbb582b709f4e56d03

패키지를 다운로드 후 아래와 같이 sdk파일의 무결성을 검사해 보자. 검사 결과 MD5 체크섬이 동일하므로 이 파일은 문제가 없다.

```
$ md5sum android-sdk_r06-linux_86.tgz
848371e4bf068dbb582b709f4e56d903  android-sdk_r06-linux_86.tgz
```

-c 옵션은 md5 정보 파일을 가지고 파일의 무결성을 확인할 수 있다.

```
$ md5sum -c android-sdk_r06-linux_86.md5
android-sdk_r06-linux_86.tgz: 성공
```

md5sum은 보안과 관련해 시스템 파일의 변경이나 손상 여부를 확인할 수 있다.

```
$ touch checksum
$ md5sum checksum
d41d8cd98f00b204e9800998ecf8427e  checksum
$ echo "hanbit.co.kr" >> checksum
$ md5sum checksum
f27a
f5
d4043c0ff7ee59782d36efac  checksum
```

여기서 잠깐

Procmail

Procmail은 UNIX의 기본 메일 프로그램인 센드메일sendmail과 연동하여 다양하고 유용한 기능을 제공하는 메일 툴이지만 설정 방법이 매우 복잡하여 사용하기 어렵다. procmail을 사용하면 고객의 이메일을 자유로이 제어할 수 있고, 고객에게 알려진 회사의 공식 이메일 주소를 포워딩하여 특정 책임자의 개인 이메일 주소로 전달할 수 있다. 또한 특정 이메일 주소로 수신되는 메일에 자동응답 기능을 설정할 수 있다.

<table>
<tr><td>명령어</td><td colspan="5">mesg</td><td>OS</td><td>L=U</td></tr>
<tr><td>키워드</td><td>터미널 접근 제어</td><td></td><td>경로</td><td>/usr/bin/mesg</td><td></td><td>중요도</td><td>☆</td></tr>
<tr><td>요약</td><td colspan="7">타인이 본인의 터미널에 접근하는 권한을 제어한다</td></tr>
</table>

❶ 이렇게 써요

```
mesg [옵션]
```

> y : 터미널에 쓰기 접근을 허용한다.
> n : 터미널에 쓰기 접근을 허용하지 않는다.
> 만일 인자를 지정하지 않으면 mesg 명령어는 현재 상태를 출력한다.

❶ 설명 및 예제

mesg 명령어는 다른 사용자가 자신의 터미널로 접근할 수 있도록 쓰기 권한을 허용 혹은 제한할 수 있다. 쓰기 권한을 허용할 경우 talk나 write 명령어로 다른 사용자에게 메시지를 보낼 수 있다. 이 명령으로 권한에 쓰기를 허용할 경우 보안 위험성이 높아지므로 주의해야 한다. 추가적인 설명은 write 명령어 페이지를 참조하자.

여기서 잠깐

하드디스크가 꽉 찼을 때

/home 디렉터리에 디스크 용량이 100%로 찼다고 가정하고 임시 방편으로 새로운 하드디스크 없이 /home 디렉터리를 사용할 수 있는 방법을 생각해 보자.

```
# df
Filesystem     1k-blocks      Used        Available    Use%     Mounted on
/dev/hda1      2063504        1301408      657276       67%      /
/dev/hda5      505605         500548       5057         99%      /home
/dev/hda3      2063536        712716       1245996      37%      /opt
none           63244          0            63244        0%       /dev/shm
/dev/hda2      2577424        1749912      696584       72%      /usr
```

사용자의 계정이 있는 파티션이 가득 차면 로그인할 수 없다. 때문에 용량이 충분한 /opt가 있는 /dev/hda3 파티션으로 몇 개의 사용자 디렉터리를 옮기고 옮겨진 홈 디렉터리에 심볼릭 링크를 걸어줄 수 있다.

❶ 이렇게 써요

```
mii-tool [옵션] interface
```

-v, --verbose : 상세한 정보를 출력한다.

-V, --version : 버전 정보를 출력한다.

-R, --reset : MII를 기본 설정으로 초기화한다.

-r, --restart : 자동으로 재시작한다.

-w, --watch : 인터페이스를 감시하고 변경되는 링크 상태를 출력한다.

-l, --log : -w 옵션과 함께 링크 상태를 감시할 경우 표준출력 대신에 로그 파일에 저장된다.

-F media, --force=media : 자동 설정을 끈다. 강제로 MII를 either 100baseTx-FD, 100baseTx-HD, 10baseT-FD, 10baseT-HD으로 변경한다.

-A media, ..., --advertise=media, ... : 자동 설정을 다시 켜고 자동 설정을 시작한다. 지정된 미디어 기술만을 알린다.

❶ 설명 및 예제

mii-tool 명령어는 네트워크 인터페이스의 연결 상태와 속도를 확인할 수 있고, 강제로 포트 속도를 변경할 수 있다.

포트 속도	설명
10baseT-HD	10 megabit half duplex
10baseT-FD	10 megabit full duplex
100baseTx-HD	100 megabit half duplex
100ba	eTx
FD	100 megabit full duplex

현재 네트워트 인터페이스 속도를 확인한다. -v 옵션으로 자세한 정보를 확인할 수 있다.

```
#mii-tool -v
eth0: negotiated 100baseTx-FD, link ok
  product info:   vendor 08:00:17, model 1 rev 0
  basic mode:     autonegotiation enabled
  basic status:   autonegotiation complete, link ok
  capabilities:   100baseTx-FD 100baseTx-HD 10baseT-FD 10baseT-HD
  advertising:    100baseTx-FD 100baseTx-HD 10baseT-FD 10baseT-HD
```

```
link partner:    100baseTx-FD 100baseTx-HD 10baseT-FD 10baseT-HD flow-control
```

-F 옵션으로 10 megabit half duplex 속도로 변경한다.

```
# mii-tool eth0 -F 10baseT-FD
#mii-tool
eth0: negotiated 10baseTx-FD, link ok
```

자동 설정으로 변경하고 동작을 확인한다.

```
# mii-tool eth0 -r
#mii-tool
eth0: negotiated 100baseTx-FD, link ok
```

<table>
<tr><td>명령어</td><td>mkfifo</td><td></td><td></td><td>OS</td><td>L=U</td></tr>
<tr><td>키워드</td><td>FIFO 만들기</td><td>경로</td><td>/usr/bin/mkfifo</td><td>중요도</td><td>☆</td></tr>
<tr><td>요약</td><td colspan="5">FIFO 파이프를 만든다</td></tr>
</table>

❶ 이렇게 써요

mkfifo[옵션] 파일명

-m, --mode mode : 퍼미션 비트를 지정한 모드로 설정한다. chmod 명령어의 기호 형식이나 숫자 형식이다.

-Z, --context=CTX : 각각의 SELinux 보안 컨텍스트 이름을 CTX로 설정한다.

--help : 사용법을 출력한다.

--version : 버전 정보를 출력한다.

❶ 설명 및 예제

mkfifo 명령어는 주어진 이름으로 하나의 FIFO를 만든다. 초기값으로 만들어지는 FIFO의 모드는 0666이다. 프로세스 간 통신을 위해 FIFO가 사용된다.

여기서 잠깐

성당과 시장

성당과 시장[The Cathedral and the Bazaar]은 에릭 레이몬드가 쓴 오픈소스를 설명하는 매우 유명한 글이다. 내용은 기존의 상업용 소프트웨어 모델과 오픈 소스 세계의 모델을 각각 성당과 시장에 비유한다. 이 모델은 소프트웨어를 제작하고 디버그하는 작업에 대한 서로 대립되는 가설에서 시작한다. 에릭 레이몬드의 표현대로라면 '찬란한 고독 속에서 일하는 몇 명의 구루[guru] 프로그래머나 작은 그룹의 뛰어난 프로그래머들에 의해 조금씩 만들어지고 때가 되어야 발표할 수 있는 엄숙한 성당 건축방식'과 '일찍 그리고 자주 발표하여 다른 사람에게 위임할 수 있는 것은 모두 위임하고, 뒤범벅된 부분까지 공개하고 서로 다른 의견과 접근 방식이 난무하여 매우 소란스러운 시장 같은 분위기'로 대변되는 두 모델 중에서 후자인 오픈 소스의 손을 들어주고 있다.

이 글을 그대로 받아들이라는 뜻은 아니지만 GNU와 오픈 소스의 정신을 느껴 보기 위해 읽어볼 것을 권한다. 이 글은 많은 리눅스 관련 사이트에서 원문 및 번역된 내용으로 볼 수 있으며 오라일리에서 책으로 발간하기도 하였다.

<table>
<tr><td>명령어</td><td>mkdir</td><td></td><td>OS</td><td>L-U</td></tr>
<tr><td>키워드</td><td>디렉터리 생성</td><td>경로 /bin/mkdir</td><td>중요도</td><td>☆☆☆</td></tr>
<tr><td>요약</td><td colspan="4">디렉터리를 생성한다</td></tr>
</table>

❶ 이렇게 써요

mkdir [옵션] 디렉터리이름

-m , --mode 모드 : 새로 만들 디렉터리의 권한을 설정한다.

-p, --parents : 상위 경로도 함께 생성한다.

--help : 사용법을 출력한다.

--version : 버전 정보를 출력한다.

❶ 설명 및 예제

mkdir은 디렉터리를 만드는 명령어로 디렉터리를 만들면서 권한을 부여할 수 있다. 추가 설정이 없다면 기본적으로 755의 실행 권한을 갖는다(chmod참고).

아래는 testdir이라는 디렉터리에 파일의 사용자, 그룹, 다른 사용자 모두에 모든 권한을 부여하는 명령이다.

```
# mkdir -m 777 testdir
# ls -al
------------------------------- 중략 -------------------------------
drwxrwxrwx    2 root      root      4096    7월 14 10:47 testdir
```

-p 옵션으로 존재하지 않는 상위의 디렉터리까지 한 번에 생성할 수 있다.

```
$ mkdir -p subdir1/subdir2
$ ls -al subdir1/
total 0
drwxr-xr-x    3 AndrewPark  staff    102 11 14 08:59 .
drwxr-xr-x+  36 AndrewPark  staff   1224 11 14 08:59 ..
drwxr-xr-x    2 AndrewPark  staff     68 11 14 08:59 subdir2
```

<table>
<tr><td>명령어</td><td colspan="2">mke2fs</td><td>OS</td><td>L</td></tr>
<tr><td>키워드</td><td>ext2 파일시스템 생성</td><td>경로 /sbin/mke2fs</td><td>중요도</td><td>☆☆☆</td></tr>
<tr><td>요약</td><td colspan="4">ext2 파일시스템을 생성한다</td></tr>
</table>

❶ 이렇게 써요

mke2fs [옵션] 장치명

-b bytes : 블록 크기를 지정한다.

-c : 파일시스템 생성시 배드 블록을 체크한다.

-f bytes : 플레그먼트의 크기를 지정한다.

-i bytes : 아이노드 당 바이트 수를 정한다. 기본값은 4,096바이트이며 최소값은 1,024바이트이다.

-l 파일명 : 파일에서 배드 블록을 검사한다.

-m 퍼센트 : 슈퍼유저에게 예약해 둘 블록의 퍼센트를 정한다. 기본값은 5%이다.

-q : 출력 없이 실행한다. 스크립트 안에서 사용하여 출력을 내보내지 않는다.

-v : 파일시스템을 생성하는 과정을 자세히 보여준다.

-F : 파일시스템을 생성하기 위해 mke2fs 명령어를 강제로 실행한다.

-S : 슈퍼 블록과 그룹 기술자^{descriptor}만을 사용한다.

❶ 설명 및 예제

mke2fs 명령어는 디스크에 새로운 ext2 파일시스템을 만든다. mke2fs 명령어는 **mkfs -t ext2** 명령과 같다.

```
# mke2fs /dev/hda4
mke2fs 1.23, 15-Aug-2001 for EXT@FS 0.5b, 95/08/09
Filesystem label=
OS type: Linux
Block size=4096 (log=2)
------------------------------- 중략 -------------------------------
Writing inode tables : done
Writing Superblocks and filesystem accounting information : done
This filesystem will be automatically checked every 31 mounts or 180
days, whichever comes first. Use tune2fs -c or -i to override.
```

새롭게 생성한 파일시스템은 마운트하여 사용할 수 있다. /etc/fstab 파일에 등록하면 시스템을 다시 시작할 때마다 자동으로 마운트할 수 있다.

❶ 관련 명령어

mkfs : 리눅스 파일시스템 생성 명령어

저널링 파일시스템

이전에 대부분의 리눅스 시스템에서는 파일시스템으로 ext2를 사용하였다. 시스템이 비정상적으로 종료하면 재부팅할 때 자동으로 파일시스템을 체크하는데, 이는 파일이 디스크에는 기록이 되었지만 디스크의 인덱스 정보를 갱신하기 전에 시스템이 종료되어 파일의 정보를 찾을 수 없기 때문이다. 그러나 오늘날 디스크의 용량이 대규모화되면서 파일시스템 체크 작업에 상당한 시간이 걸리게 되었다.

저널링 파일시스템은 파일을 작성하고 디스크 인덱스 정보가 갱신되지 않더라도 자체적인 로그와 디스크 인덱스를 비교하여 오류를 수정하여 안전하면서도 대용량의 디스크를 사용할 때 특히 편리하다. 현재 리눅스에서 사용할 수 있는 저널링 파일시스템은 Reiserfs, JFS(IBM), XFS(SGI), ext3. ext4 등이 있다.

fstab 파일

/etc/fstab 파일은 시스템 부팅 시 자동으로 마운트하는 파일시스템 설정을 가지고 있다. 만일 새롭게 추가한 하드디스크를 자동으로 마운트하려면 다음과 같이 설정해야 한다. 먼저 /etc/fstab 파일을 열어 아래와 같이 새로운 파일시스템의 정보를 추가한다. 이때 마운트할 /home/Backup 디렉터리는 재부팅 전에 만들어야 한다.

```
LABEL = / /     ext3defaults11
none /dev/ptsdevptsgid = 5,mode = 62000
none/procprocdefaults00
/dev/hda3/homeext2defaults12
/dev/hda2swapswapdefaults00
/dev/hda4/home/Backupext2defaults0 0
```

저장한 fstab의 정보는 시스템이 부팅할 때마다 읽어 자동으로 마운트한다. 만일 변경된 내용을 시스템 종료 없이 곧바로 적용하려면 **mount -a** 명령어를 사용한다. **df -T** 명령으로 현재 마운트되어 있는 파일시스템 정보를 확인할 수 있다.

```
#mount -a
#df -T
FilesystemType1K-blocksUsed Available Use% Mounted on
/dev/hda1 ext350362843072580170787265% /
/dev/hda3ext279616763600660395658048% /home
/dev/hda4ext2269602432828252624442% /home/Backup
```

명령어	**mkfs**			OS	**L**+**U**
키워드	리눅스 파일시스템 생성 명령어	경로	/sbin/mkfs /sbin/mkfs.bfs, /sbin/mkfs.ext3, /sbin/mkfs.jffs2, /sbin/mkfs.reiserfs, /sbin/mkfs.cramfs, /sbin/mkfs.ext4, /sbin/mkfs.minix, /sbin/mkfs.ubifs, /sbin/mkfs.ext2, /sbin/mkfs.ext4dev, /sbin/mkfs.msdos, /sbin/mkfs.vfat	중요도	☆☆☆
요약	리눅스 파일 시스템을 만든다.				

❶ 이렇게 써요

mkfs [옵션] 장치명 [크기]

-V : 실행한 파일 시스템 의존적인 명령어를 포함한 상세한 정보를 출력한다.

-t 파일시스템 형태 : 생성할 파일 시스템의 타입을 지정한다. 만일 지정하지 않으면 기본 파일 시스템 타입은
ext2이다.

-c : 파일시스템을 생성하기 전에 디바이스의 배드 블록을 검사한다.

-l 파일명 : 지정한 파일명으로부터 배드 블록 목록을 읽는다.

-v : 상세한 정보를 출력한다.

❶ 설명 및 예제

mkfs 명령어는 지정한 타입의 파일시스템을 생성한다. 그 중에는 ext2, ext3, vfat 등
의 다양한 파일시스템을 만들 수 있다. 시스템에서 지원하는 파일 시스템 타입은 /sbin/
mkfs로 시작하는 명령어를 확인할 수 있다.

```
$ ls /sbin/mkfs*
/sbin/mkfs           /sbin/mkfs.ext2    /sbin/mkfs.ext4dev   /sbin/mkfs.ntfs
/sbin/mkfs.bfs       /sbin/mkfs.ext3    /sbin/mkfs.minix     /sbin/mkfs.vfat
/sbin/mkfs.cramfs    /sbin/mkfs.ext4    /sbin/mkfs.msdos
```

프라이머리나 슬레이브 파티션 구성은 **fdisk -l** 명령으로 확인할 수 있다.

```
# fdisk -l /dev/hdb
Disk /dev/hdb: 255 heads, 63 sectors, 2491 cylinders
Units = cylinders of 16065 * 512 bytes

Device Boot StartEndBlocksId   System
```

/dev/hdb111275 10241406 83 Linux
/dev/hdb212762491 9767520 83 Linux

dev/hdb는 2개의 Linux 파티션으로 나누어져 있다. /dev/hdb2 파티션을 ext2 파일 시스템으로 생성하여 보자. 새로 파일 시스템을 만들 디바이스명을 입력한다.

```
# mkfs -t ext2 /dev/hdb2
mke2fs 1.23, 15-Aug-2001 for EXT2 FS 0.5b, 95/08/09
Filesystem label =
OS type: Linux
Block size = 4096 (log = 2)
Fragment size = 4096 (log = 2)
1221600 inodes, 2441880 blocks
122094 blocks (5.00%) reserved for the super user
First data block = 0
75 block groups
32768 blocks per group, 32768 fragments per group
16288 inodes per group
Superblock backups stored on blocks:
    32768, 98304, 163840, 229376, 294912, 819200, 884736, 1605632

Writing inode tables: done
Writing superblocks and filesystem accounting information: done

This filesystem will be automatically checked every 25 mounts or 180
days, whichever comes first.Use tune2fs -c or -i to override.
```

❶ 관련 명령어

mke2fs : ext2 파일시스템 생성한다.
mkswap : 리눅스 스왑 영역을 지정한다.

<table>
<tr><td>명령어</td><td colspan="4">mknod</td><td>OS</td><td>L=U</td></tr>
<tr><td>키워드</td><td>특수 파일 만들기</td><td>경로</td><td>/bin/mknod</td><td>중요도</td><td>☆</td></tr>
<tr><td>요약</td><td colspan="5">특수 파일을 생성한다</td></tr>
</table>

❶ 이렇게 써요

mknod [옵션] 파일명{bcu} 메이저번호 마이너번호
mknod [옵션] 파일명

-m, --mode 모드 : 모드는 사용자 권한을 말한다. chmod 명령어를 참고하여 모드를 사용한다.
--help : 사용법을 출력한다.
--version : 버전 정보를 출력한다.

❶ 설명 및 예제

/dev/sda 파일을 살펴보자.

```
# ls -al /dev/sda*
brw-rw---- 1 rootroot      8, 0 1월 23 14:55 /dev/sda0
brw-rw---- 1 rootroot      8, 1 1월 23 14:55 /dev/sda1
brw-rw---- 1 root root     8,10 1월 23 14:55 /dev/sda10
brw-rw---- 1 rootroot      8,11 1월 23 14:55 /dev/sda11
brw-rw---- 1 rootroot      8,12 1월 23 14:55 /dev/sda12
brw-rw---- 1 rootroot      8,13 1월 23 14:55 /dev/sda13
brw-rw---- 1 rootroot      8,14 1월 23 14:55 /dev/sda14
brw-rw---- 1 rootroot      8,15 1월 23 14:55 /dev/sda15
brw-rw---- 1 rootroot      8,2 1월 23 14:55 /dev/sda2
brw-rw---- 1 rootroot      8,3 1월 23 14:55 /dev/sda3
brw-rw---- 1 rootroot      8,4 1월 23 14:55 /dev/sda4
```

brw-rw----에서 b는 블록 장치, c는 문자 장치를 나타낸다. 여기서 블록 디바이스는 디스크, CD-ROM과 같이 매체를 이용한 블록 단위 검색을 하며, 캐릭터 디바이스는 통신 포트, 프린터 포트 등 한 바이트씩 순차적 접근한다. 8, 0은 메이저 번호와 마이너 번호를 나타낸다. SCSI 디스크는 메이저번호가 8로 시작하며, 만일 IDE 디스크라면 3으로 시작한다. sda1, sda2는 메이저 번호가 같은 8로이고 마이너 번호가 1, 2 이렇게 한 단계씩 증가한다.

이 /dev/ 밑에 존재하는 하드웨어 장치 파일은 mknod 명령이나 /dev/MAKEDEV 스크립트를 이용하여 파일을 생성한다.

<table>
<tr><td>명령어</td><td colspan="4">mkswap</td><td>OS</td><td>L</td></tr>
<tr><td>키워드</td><td>스왑 지정</td><td>경로</td><td>/sbin/mkswap</td><td></td><td>중요도</td><td>☆☆</td></tr>
<tr><td>요약</td><td colspan="6">스왑 영역을 설정한다</td></tr>
</table>

❶ 이렇게 써요

mkswap [옵션] 장치이름 [블록크기]

-c : 스왑 영역을 생성하기 전에 배드 블록을 검사한다.

-f : 강제적으로 명령어를 실행한다.

-p PSZ : 사용할 페이지 크기를 지정한다.

-L label : 스왑을 활성화할 때 사용할 라벨을 지정한다.

-U uuid : 사용할 uuid를 지정한다. 기본값은 시스템 환경의 UUID를 사용한다.

❶ 설명 및 예제

mkswap 명령어는 지정한 특정 장치나 파일을 스왑 영역으로 지정한다. 아래는 512M 크기의 스왑 파일을 만드는 예이다. 스왑 파티션을 만들고 swapon 명령으로 스왑 파티션을 활성화시킨다.

512M의 스왑 파일 만들기

```
# dd if=/dev/zero of=/swap bs=1024 count=524288
# mkswap /swap 524288
# sync
# swapon /swap
```

free 명령으로 작성된 스왑 파일을 확인한다.

```
# free
```

스왑을 해제하려면 swapoff 명령을 사용하면 된다.

```
# swapoff /swap
# free
```

<table>
<tr><td>명령어</td><td colspan="3">mktemp</td><td>OS</td><td>L=U</td></tr>
<tr><td>키워드</td><td>임시 파일이나 디렉터리 생성</td><td>경로</td><td>/usr/bin/mktemp</td><td>중요도</td><td>☆</td></tr>
<tr><td>요약</td><td colspan="5">임시로 사용할 파일이나 디렉터리를 생성한다</td></tr>
</table>

❶ 이렇게 써요

mktemp [옵션] ... [TEMPLATE]

-d, --directory : 파일이 아니고, 디렉터리를 생성한다.

-q, --quiet : 파일이나 디렉터리 생성이 실패할 경우 이를 무시한다.

-u, --dry-run : 아무것도 생성하지 않고 이름만 출력한다.

--tmpdir[=DIR] : 디렉터리를 지정한다.

-p DIR : 접두사를 지정한다.

--help : 사용법을 출력한다.

--version : 버전 정보를 출력한다.

❶ 설명 및 예제

mktemp 명령어는 쉽고 간단하게 임시 파일이나 디렉터리를 생성할 경우 유용하다. 아래와 같이 mktemp 명령어만 실행하면 /tmp디렉터리에 임시의 파일이 생성된다.

```
$ mktemp
/tmp/tmp.pxUNqV6CR1
$ ls -al /tmp/tmp.pxUNqV6CR1
-rw------- 1 user user 0 2010-05-13 19:52 /tmp/tmp.pxUNqV6CR1
```

-d 옵션은 임시 디렉터리를 생성할 때 사용한다.

```
$ mktemp -d
/tmp/tmp.xYGJrJ2jjV
user@user-laptop:~/src.dpkg/linux-2.6.31$ ls -al /tmp/tmp.xYGJrJ2jjV/
합계 8
drwx------  2 user user 4096 2010-05-13 19:54 .
drwxrwxrwt 12 root root 4096 2010-05-13 19:54 ..
```

❶ 관련 명령어

mkstemp, mkdtemp

<table>
<tr><td>명령어</td><td colspan="4">modinfo</td><td>OS</td><td>L≠U</td></tr>
<tr><td>키워드</td><td>모듈 정보 확인</td><td>경로</td><td colspan="2">/sbin/modinfo</td><td>중요도</td><td>☆</td></tr>
<tr><td>요약</td><td colspan="6">커널 모듈의 정보를 출력한다</td></tr>
</table>

❶ 이렇게 써요

```
modinfo [옵션] 모듈명 또는 모듈 파일
```

-O, --null : 각 정보의 필드 구분을 띄어쓰기로 한다. 기본적인 구분 방법은 줄바꿈이다.

-F 필드명, --field 필드명 : 지정한 정보 필드명의 값만 출력한다. author, description, license, filename, parameters, depends 등의 필드명 중 하나를 쓰면 해당 정보만을 출력한다.

-k kernel : 지정한 커널에 설치된 모듈의 정보를 가져온다.

-V, --version : 버전 정보를 출력한다.

-h, --help : 사용법을 출력한다.

-a, --author : 개발자 정보를 출력한다.

-d, --description : 모듈 설명을 출력한다.

-l, --license : 모듈의 라이선스 정보를 출력한다.

-n, --filename : 모듈의 파일명과 경로를 출력한다.

-p, --parameters : 모듈의 파라미터 정보를 출력한다.

❶ 설명 및 예제

modinfo는 시스템 관리 명령어로서 커널 모듈에 대한 상세한 정보를 보여준다. 이 정보는 모듈 파일 안의 태그 이름에서 읽어 모듈의 파일명, 경로, 개발자, 라이선스, 파라미터 정보를 출력한다.

lsmod 명령으로 출력되는 커널에 등록된 모듈명은 짧은 약어로 되어 있다. 이 때문에 시스템에 설치된 모듈 목록을 한 눈에 알 수 있지만 어떤 모듈인지 알아 보기 힘든 때도 많다.

```
$ lsmod
Module              Size        Used by
md5                 5632        1
ipv6                284512      22
dm_mod              68032       0
button              8864        0
battery             11144       0
ac                  6664        0
uhci_hcd            34600       0
ehci_hcd            33540       0
e100                41224       0
```

```
mii                     7040        1 e100
ext3                    137872      3
jbd                     69040       1 ext3
ata_piix                14212       4
libata                  78792       1 ata_piix
sd_mod                  19200       6
scsi_mod                143952      2 libata,sd_mod
```

위 모듈 목록 중 e100 모듈의 정보를 위해 modinfo에 -F 옵션으로 모듈의 설명 필드
만을 확인해 보자.

```
$ modinfo -F description e100
Intel(R) PRO/100 Network Driver
```

모듈이 설치된 경로와 파일명을 알 수 있으며 파일로부터 정보를 얻어 올 수 있다.

```
$ modinfo -F filename e100
/lib/modules/2.6.9-42.7AXsmp/kernel/drivers/net/e100.ko
$ modinfo /lib/modules/2.6.9-42.7AXsmp/kernel/drivers/net/e100.ko
filename:       /lib/modules/2.6.9-42.7AXsmp/kernel/drivers/net/e100.
ko
parm:           debug:Debug level (0=none,...,16=all)
version:        3.5.10-k2-NAPI 6481838CE42D9570A7D35AF
license:        GPL
author:         Copyright(c) 1999-2005 Intel Corporation
description:    Intel(R) PRO/100 Network Driver
depends:        mii
vermagic:       2.6.9-42.7AXsmp SMP gcc-3.4
```

명령어	**modprobe**			OS	Ⓛ
키워드	커널 모듈 적재	경로	/sbin/modprobe	중요도	☆☆
요약	커널에 모듈을 적재한다				

❶ 이렇게 써요

```
모듈 적재
  modprobe [-a -n -v ] [-C config ] [ -t 형태 ] 패턴 OR 모듈명1 모듈명2 ...

모듈 리스트
  modprobe [-l ] [-C config ] [ -t 형태 ] 패턴

설정 보기
  modprobe [-C config ] -c

모듈 제거 혹은 자동제거
  modprobe [-C config ] -r [ 모듈명 ...]
```

-a, --all : 모듈과 의존성으로 관련된 다른 모듈도 같이 적재한다.

-c, --showconfig : 현재의 설정을 출력한다.

-d, --debug : 디버깅 정보를 출력한다.

-h, --help : 사용법을 출력한다.

-k, --autoclean : autoclean 모듈을 로딩한다.

-l, --list : 커널 모듈들을 출력한다.

-n, --show : 실제로 실행하지 않고 결과만 출력한다.

-q, --quiet : 작동을 멈춘다.

-r, --remove : 모듈을 제거하거나 autoclean 모듈을 제거한다.

-s, --syslog : 메시지를 syslog로 보낸다.

-t, --type moduletype : 지정된 타입을 찾는다.

-V, --version : 버전 정보를 출력한다.

-C, --configconfigfile : /etc/modules.conf 파일 대신 지정한 설정 파일을 이용한다.

❶ 설명 및 예제

modprobe 명령어는 insmod보다 높은 수준으로 제어할 수 있다. 레드햇 기준으로 모듈 디렉터리는 /lib/modules/`uname -r`/kernel/에 있다. 디렉터리 위치 중 **`uname -r`**은 커널 버전을 말한다.

```
# cd /lib/modules/2.6.18-194.el5/kernel/
# ls
arch  crypto  drivers  fs  lib  net  sound
```

현재 메모리에 적재된 모듈을 살펴 보자.

```
# lsmod
Module                       Size  Used by
lp                           15849  0
parport_pc                   29157  1
parport                      37513  2 parport_pc,lp
------------------------------ 중 략 ------------------------------
ehci_hcd                     33869  0
```

다양한 모듈이 로딩되어 있는 것을 확인할 수 있다. 이중 lp 모듈과 lp 모듈이 의존하고 있는 parport 모듈을 제거한 다음 다시 추가해 보자. parport 모듈을 제거하기 위해서는 의존성이 걸려있는 lp와 parport_pc를 먼저 제거한 후 parport 모듈을 제거한다. 만약 제거되지 않으면 -f 옵션으로 강제적으로 제거한다. 이 옵션은 시스템에 치명적 오류를 줄 수도 있으므로 테스트로만 사용하자.

```
# rmmod lp
# rmmod parport_pc
# rmmod parport
```

아래와 같이 insmod 명령어는 .ko로 끝나는 드라이버 파일의 전체 경로를 지정한다. 의존성이 걸려있는 모듈은 자동으로 추가하지 못한다. 예를 들어 위에서 삭제한 lp 모듈을 추가해 보자.

```
# insmod /lib/modules/2.6.18-194.el5/kernel/drivers/char/lp.ko
insmod: error inserting '/lib/modules/2.6.18-194.el5/kernel/drivers/
char/lp.ko': -1 Unknown symbol in module
```

물론 아래와 같이 의존성의 순서대로 수동으로 추가할 수 있다.

```
# insmod /lib/modules/2.6.18-194.el5/kernel/drivers/parport/parport.ko
# insmod /lib/modules/2.6.18-194.el5/kernel/drivers/parport/parport_pc.ko
# insmod /lib/modules/2.6.18-194.el5/kernel/drivers/char/lp.ko
```

그러나 modprobe 명령어는 insmod 명령어와 달리 손 쉽게 의존성이 있는 모듈을 로딩할 수 있다. 위에 insmod로 추가한 모듈들을 삭제하고 modprobe 명령어로 다시 로딩해 보자.

먼저 depmod 명령어로 의존성 정보 파일 "/lib/modules/uname -r/modules.
dep"을 생성한다.

```
# depmod
```

modprobe 명령어는 의존성에 걸려있는 모듈들을 자동으로 찾아 추가한다.

```
# modprobe lp
# lsmod | grep lp
lp                      15849  0
parport                 37513  2 lp,parport_pc
```

위의 parport 모듈은 lp 모듈에 의존성이 있기 때문에 사용자가 수동으로 드라이버를
로딩하지 않아도 modprobe에서 의존성을 찾아 메모리에 로딩한다.

<table>
<tr><td>명령어</td><td colspan="3">more</td><td>OS</td><td>L=U</td></tr>
<tr><td>키워드</td><td>화면 단위로 파일 보기</td><td>경로</td><td>/bin/more</td><td>중요도</td><td>☆☆☆</td></tr>
<tr><td>요약</td><td colspan="5">파일을 화면 단위으로 출력한다</td></tr>
</table>

❶ 이렇게 써요

```
more [옵션] [-라인] [+/표현식] [+라인] [파일명]
```

-d : "[Press space to continue. "q" to quit.]" 메시지를 보여주고 만일 잘못된 키 입력이 있을 때 벨 소리 대신에 "[Press "h" for instructions.]"를 출력한다.

-p : 스크롤하지 않고 전체 스크린을 지우고 텍스트를 출력한다.

-s : 두 개 이상의 공백 줄을 하나로 합쳐 출력한다.

-u : 언더 라인 문자를 보여주지 않는다.

+/표현식 : 정규표현식이 발견되는 부분부터 출력한다.

-라인 : 한 화면에 출력할 줄 수를 지정한다.

+라인 : 지정한 줄부터 출력한다.

❶ 설명 및 예제

more 명령어는 한 페이지 이상되는 출력 내용을 한 화면의 페이지 단위로 보여주며 검색 기능과 원하는 페이지로 이동 기능을 제공한다.

more 상태에서 사용할 수 있는 명령어

h	more의 도움말 출력
Space Bar 또는 z	다음 한 페이지 출력
Enter	다음 한 줄 출력
d, ^+D	다음 반 페이지 출력
q, Q	종료
b, ^+B	이전 페이지로 이동 (파일 내용 출력 때만 지원함)
/검색할 단어	단어 검색

출력량이 많은 ps 명령어를 페이지별로 확인해 보자.

```
# ps aux ¦ more
USER      PID  %CPU  %MEM  VSZ    RSS TTY  STAT   START   TIME COMMAND
root      1    0.0   0.0   2072   632 ?    Ss     01:11   0:00 init [5]
root      2    0.0   0.0   0      0 ?      S<     01:11   0:00 [migration/0]
root      3    0.0   0.0   0      0 ?      SN     01:11   0:00 [ksoftirqd/0]
```

```
------------------------------ 중 략 ------------------------------
root      164   0.0    0.0    0      0 ?         S<      01:11    0:00 [cqueue/0]
root      167   0.0    0.0    0      0 ?         S<      01:11    0:00 [khubd]
--More--
```

Space Bar 를 누르면 다음 페이지로 넘어가고, q 를 입력하면 보기를 중단한다.

여기서 잠깐

유비쿼터스 Ubiquitous

물이나 공기처럼 시공을 초월해 '언제 어디에나 존재한다'는 뜻의 라틴어. 유비쿼터스는 사용자가 컴퓨터나 컴퓨터 칩이 탑재된 장치를 시공간의 제약 없이 사용할 수 있음을 뜻한다. 이를테면 컴퓨터 칩을 일상 생활 속의 기기인 자동차, 냉장고, 안경, 시계 등에 넣어 네트워크를 통해 이들 디바이스들과 커뮤니케이션을 제공한다.

<table>
<tr><td>명령어</td><td colspan="4">mount</td><td>OS</td><td>L=U</td></tr>
<tr><td>키워드</td><td>장치 연결</td><td>경로</td><td>/bin/mount</td><td></td><td>중요도</td><td>☆☆☆</td></tr>
<tr><td>요약</td><td colspan="6">디바이스와 파일시스템을 연결한다</td></tr>
</table>

❶ 이렇게 써요

```
mount -a [옵션] 디바이스 디렉터리
```

-h : 사용법을 출력한다.

-V : 버전 정보를 출력한다.

-a : fstab에 정의되어 있는 모든 파일시스템을 마운트한다. noauto옵션은 자동마운트에서 제외한다.

-v : 상세한 정보를 출력한다.

-f : 실제 시스템 명령은 호출하지 않고 마운트할 수 있는지 여부만 점검한다.

-n : /etc/mtab 파일에 쓰기 작업을 하지 않고 마운트한다. /etc가 읽기전용 파일시스템인 경우에 필요하다.

-r : 읽기만 가능하게 마운트한다. -o ro 옵션과 같다.

-w : 읽기/쓰기 모드로 마운트한다. 기본 설정 값이다. -o rw 옵션과 같다.

-t 파일시스템 : 파일 시스템을 형식을 지정한다.

-o : -o 옵션 뒤에 콜론으로 다음 옵션 중 필요한 것을 선택하여 사용한다.

　· async : 파일시스템에 대한 I/O가 비동기적으로 이뤄지도록 한다.

　· auto : -a 옵션으로 마운트한다.

　· defaults : rw, suid, dev, exec, auto, nouser, async를 기본옵션으로 한다.

　· dev : 파일시스템 상의 문자, 블록 특수 장치를 해석한다.

　· exec : 바이너리의 실행은 허가한다.

　· noauto : -a 옵션으로는 마운트되지 않는다.

　· nodev : 파일 시스템 상의 문자, 블록 장치에 대한 해석을 하지 않는다.

　· noexec : 파일시스템에 실행권한을 주지 않는다.

　· nosuid : set-UID, set-GID를 무시하게 한다.

　· nouser : 일반 사용자는 마운트를 하지 못하게 한다.

　· remount : 이미 마운트된 파일시스템을 다시 마운트한다.

　· ro : 파일 시스템을 읽기만 가능하게 한다.

　· rw : 읽기/쓰기 모두 가능하게 마운트한다.

　· suid : set-UID, set-GID가 효력을 발휘할 수 있게 해준다.

　· vsync : 파일 시스템에 대한 I/O가 동기적으로 이뤄지게 한다.

　· user : 일반 사용자도 마운트할 수 있게 허용한다.

❶ 설명 및 예제

리눅스에서는 장치를 포함하여 모든 파일들을 루트 디렉터리(/) 밑에 있는 하나의 디렉터리로 인식한다.

시스템에 기본으로 마운트되어야 하는 디렉터리들은 아래와 같이 /etc/fstab 파일에 설정하여 부팅 시 자동 마운트되게 하자.

```
# cat /etc/fstab
LABEL = /                 /               ext3        defaults   1 1
tmpfs                     /dev/shmtmpfs   defaults    0 0
devpts                    /dev/ptsdevptsgid = 5,mode = 620  0 0
sysfs                     /sys            sysfs       defaults   0 0
proc                      /procproc       defaults    0 0
LABEL = SWAP-sda2         swap            swap        defaults   0 0
```

보통 /etc/fstab은 [장치명] [마운트할 디렉터리] [파일시스템] [옵션] [덤프] [부팅시 파일시스템 점검순서]로 지정하게 된다. 여기에서 ext3 파일 시스템인 / 파티션은 / 디렉터리로 부팅 시 자동 마운트하고, 디폴트 옵션으로 덤프는 실행하지 않으며, 부팅할 때 파일 시스템을 체크하지 않도록 설정하였다.

아래는 각 항목에 대한 자세한 설명이다.

필드 항목	설 명
장치명	마운트할 블록장치 또는 원격 파일시스템을 적는다.
마운트할 디렉터리	파일시스템을 마운트할 마운트 포인트, 즉 디렉터리를 지정한다.
파일시스템	파일시스템의 유형을 지정한다.
옵션	파일시스템에 관련된 마운트 옵션을 지정한다.
덤프	dump 명령에 의해 덤프할 파일 시스템을 지정한다. 만일 0값이면 덤프가 필요가 없다고 판단한다.
부팅시파일시스템 점검순서	부팅 시 파일시스템의 이상 여부를 확인 후 이상이 있을 경우 자동 시스템 검사를 할 것인지를 지정한다. 0은 점검하지 않으며, 1은 / 파티션, 나머지는 2이상의 우선순위를 지정한다. 모두 1로 지정하여도 문제되지 않는다.

mount -l 은 현재 마운트된 목록을 보여준다.

```
# mount -l
/dev/sda1 on / type ext3 (rw) [/]
proc on /proc type proc (rw)
sysfs on /sys type sysfs (rw)
devpts on /dev/pts type devpts (rw,gid = 5,mode = 620)
tmpfs on /dev/shm type tmpfs (rw)
none on /proc/sys/fs/binfmt_misc type binfmt_misc (rw)
sunrpc on /var/lib/nfs/rpc_pipefs type rpc_pipefs (rw)
```

/dev/sda2 파일시스템을 /mnt/disk2 디렉터리에 마운트 후 마운트를 해제해 보자.

```
# mount /dev/sda2 /mnt/disk2
# umount /mnt/disk2
```

❶ 관련 명령어

/etc/fstab : 마운트할 파일시스템과 옵션을 담고 있는 파일
/etc/mtab : 현재 마운트된 파일시스템과 옵션을 담고 있는 파일
umount : 마운트 해제 명령어

여기서 잠깐

바닐라 커널 vanilla kernel

리누스 토발즈의 git 트리에서 가장 최근에 배포한 안정화된 커널을 말한다. 우분투나 레드햇과 같은 배포판 업체에서는 바닐라 커널을 바탕으로 실험적인 커널 패치와 기능을 추가하여 자기만의 커널을 릴리즈하게 된다.

<table>
<tr><td>명령어</td><td colspan="4">mv</td><td>OS</td><td>L~U</td></tr>
<tr><td>키워드</td><td>파일이동</td><td>경로</td><td>/bin/mv</td><td></td><td>중요도</td><td>☆☆☆</td></tr>
<tr><td>요약</td><td colspan="6">파일이나 디렉터리를 이동하거나 이름을 변경한다</td></tr>
</table>

❶ 이렇게 써요

```
mv [옵션] source dest
mv [옵션] source directory
mv -d [옵션] --target-directory=directory sourceenv [옵션] [변수=값...] [명령 [인수...]]
```

--backup[=CONTROL] : 대상 파일이 존재하면 백업 파일을 생성한다.

-b : --backup과 비슷하게 백업 파일을 생성한다.

-f, --force : 사용자에게 묻지 않고 파일을 덮어쓴다.

-i, --interactive : 존재하는 파일을 덮어 쓸 경우 확인한다.

-n, --no-clobber : 존재하는 파일을 덮어쓰지 않는다.

-S, --suffix=SUFFIX : 지정한 접미사로 백업을 생성한다.

-t , --target-directory=DIRECTORY : 전체 원본 파일을 대상 디렉터리로 이동한다.

-T, --no-target-directory : 파일을 대상 디렉터리로 취급하지 않고 원본 파일로 취급한다.

-u --update : 파일이 업데이트된 경우에만 이동한다.

-v --verbose : 상세한 정보를 출력한다.

--help : 사용법을 출력한다.

--version : 버전 정보를 출력한다.

❶ 설명 및 예제

mv 명령어는 파일을 이동하거나 이름을 변경할 경우 사용한다. 만일 원본과 대상의 이름이 다르면 이름이 변경된다. 이동할 파일이 여러 개일 경우는 이동 모드로만 동작한다. 아래는 rename의 기능을 하는 mv 명령어이다.

```
# ls
Versailles.mp3     RareBird.mp3
# mv Versailles.mp3 mvtest.mp3
```

현재 디렉터리에 있는 mp3로 끝나는 모든 파일을 /root 디렉터리 밑으로 이동시켜 보자.

```
# mv *.mp3 /root/
# ls /root/*.mp3
mvtest.mp3         RareBird.mp3
```

RareBird.mp3 파일의 이름을 변경할 수 있다.

```
# mv RareBird.mp3 hanbitbook.mp3
```

-b 옵션은 파일 이름을 변경할 때 대상 파일이 존재하면 ~로 끝나는 백업 파일을 생성한다.

```
# ls
hanbit hanbit2
# mv -b hanbit hanbit2
# ls -al
-rw-r--r--  1 user user    29 2010-07-04 02:18 hanbit2
-rw-r--r--  1 user user     0 2010-07-03 06:02 hanbit2~
```

<table>
<tr><td>명령어</td><td>namei</td><td>OS</td><td>L</td></tr>
<tr><td>키워드</td><td>링크 원본 파일 경로 보기</td><td>경로</td><td>/usr/bin/namei</td><td>중요도</td><td>☆</td></tr>
<tr><td>요약</td><td colspan="5">지정한 파일의 형태와 상세한 정보를 출력한다</td></tr>
</table>

❶ 이렇게 써요

```
namei [옵션] 경로이름 [경로이름...]
```

    -h, --help : 사용법을 출력한다.
    -x, --mountpoints : 마운트한 파일시스템의 경로는 'd' 대신 'D'를 출력한다.
    -m, --modes : rwxrx-rx와 같은 형태의 퍼미션을 출력한다.
    -o, --owners : 각 파일의 소유자와 그룹명을 출력한다.
    -l, --long : 긴 리스트의 형태를 사용한다(-m, -o, -v).
    -v, --vertical : 모드와 소유자를 수직으로 정렬한다.

❶ 설명 및 예제

namei 명령어는 파일이나 디렉터리를 절대 경로로 지정하고 파일 형태 등의 상세한 정보를 출력한다. 아래 예제와 같이 /etc/httpd/conf/httpd 파일을 살펴보자.

첫 번째 줄은 지정한 파일의 경로명을 출력하고, 두 번째 줄부터는 하위 디렉터리를 포함하여 파일의 상세한 정보를 출력한다. 줄의 맨 앞에는 문자 형태로 정보를 표시한다.

"f:"는 입력 경로, "d"는 디렉터리, "?"는 일반 파일을 의미한다.

```
# namei /etc/httpd/conf/httpd.conf
f: /etc/httpd/conf/httpd.conf
d /
d etc
d httpd
d conf
- httpd.conf
```

각 줄에 출력하는 문자 형태는 다음과 같다.

· f: = 입력된 경로명

· d = 디렉터리

· l = 심볼릭 링크 (링크와 대상 링크 모두 보여준다)

· s = 소켓

· b = 블록 디바이스

· c = 문자 디바이스

· - = 일반 파일

· ? = 알 수 없는 파일

아래와 같이 -m 옵션은 파일이나 디렉터리의 퍼미션을 확인할 수 있다.

```
# namei -m /etc/httpd/conf/httpd.conf
f: /etc/httpd/conf/httpd.conf
drwxr-xr-x /
drwxr-xr-x etc
drwxr-xr-x httpd
drwxr-xr-x conf
-rw-r--r-- httpd.conf
```

❶ 관련 명령어

ls : 디렉터리의 내용을 출력한다.
stat : 파일이나 파일시스템의 상태를 출력한다.

<table>
<tr><td>명령어</td><td>nc</td><td>OS</td><td>L=U</td></tr>
<tr><td>키워드</td><td>네트워크 보기</td><td>경로</td><td>/bin/nc</td><td>중요도</td><td>☆</td></tr>
<tr><td>요약</td><td colspan="5">네트워크 연결 내용을 출력한다</td></tr>
</table>

❶ 이렇게 써요

```
nc [옵션] [호스트네임] [포트[s]]
```

-4 : IPv4를 이용한다.

-6 : IPv6를 이용한다.

-D : 디버그 소켓 옵션을 활성화한다.

-h : 사용법을 출력한다.

-i interval : 포트 스캔시 지정한 초(interval)만큼 지연 시간을 둔다.

-l : 듣기 모드로 실행한다

-n : 호스트명과 포트를 이름이 아닌 숫자로 받는다.

-P proxyuser : 프록시 인증을 위한 사용자명을 지정한다.

-p port : 원격 접속을 위한 로컬의 포트를 지정한다.

-q secs : 표준입력이 끝난 후에 지정한 초(secs)만큼 기다린 후에 종료한다(-1은 대기 상태에서 빠져 나오지 않는다).

-r : 원격 포트를 랜덤으로 한다.

-s source_ip_address : 패킷을 보내는 인터페이스의 IP 주소를 지정한다.

-T ToS : ToS[Type of Service]를 지정한다.

-C : 라인의 끝을 CRLF로 처리한다.

-U : 유닉스 도메인 소켓을 이용한다.

-u : UDP 모드로 지정한다.

-v : 상세한 정보를 출력한다.

-w timeout : 접속이나 표준입력이 지정한 시간(timeout) 동안 대기[idle] 상태라면 종료한다.

-x addr[:port] : 프록시 주소와 포트를 지정한다.

-z : 아무 데이터도 전송하지 않고 단지 리스닝 상태의 데몬을 스캔한다.

❶ 설명 및 예제

nc 명령어는 netcat의 약자로 TCP 연결, UPD 패킷 보내기, TCP와 UDP 포트 검색, 포트 스캐닝, IPv4나 IPv6 등의 네트워크 연결 정보를 다룰 수 있다.

아래는 -l 옵션을 사용하여 지정된 1234 포트를 리스닝한다.

```
$ nc -l 1234
```

127.0.0.1의 1234포트에 접속해서 리스닝해 보자.

```
$ nc 127.0.0.1 1234
```

위의 지정한 결과값을 리다이렉트하여 파일로 저장한다.

```
$ nc -l 1234 > result.out
```

nc는 호스트의 특정 포트를 지정할 수 있다. 아래는 대상 호스트의 포트 중 78에서 80까지를 스캔할 수 있다. 출력문을 살펴보면 www.gmail.com 서버는 80포트(tcp/www)가 외부로 열려 있는 상태이다.

```
$ nc -v -w 3 -z www.gmail.com 78-80
nc: connect to www.gmail.com port 78 (tcp) timed out: Operation now in
progress
nc: connect to www.gmail.com port 79 (tcp) timed out: Operation now in
progress
nc: connect to www.gmail.com port 79 (tcp) timed out: Operation now in
progress
nc: connect to www.gmail.com port 79 (tcp) timed out: Operation now in
progress
nc: connect to www.gmail.com port 79 (tcp) timed out: Operation now in
progress
Connection to www.gmail.com 80 port [tcp/www] succeeded!
```

여기서 잠깐

아카이브

아카이브archive는 여러 파일을 하나의 덩어리로 뭉쳐 놓은 것으로, 주로 시스템 백업이나 한꺼번에 여러 파일을 이동할 경우 사용한다. 아카이브는 단순히 파일들의 목록으로 생성하거나, 하나의 디렉터리나 구조 일람표에 파일들을 조직화하여 구성할 수도 있다. 유닉스 혹은 리눅스에서는 아카이브를 위해서 tar 명령어를 사용한다. 또 다른 의미로는 웹 사이트에서 이전의 내용을 열람하기 위해 아카이브로 묶어 두기도 한다.

<table>
<tr><td>명령어</td><td colspan="3">ndd</td><td>OS</td><td>U</td></tr>
<tr><td>키워드</td><td>설정 파라미터 설정</td><td>경로</td><td>/usr/sbin/ndd</td><td>중요도</td><td>☆☆</td></tr>
<tr><td>요약</td><td colspan="5">유닉스 기반의 드라이버 파라미터를 출력하거나 설정한다</td></tr>
</table>

❶ 이렇게 써요

```
ndd [-set] 드라이버파라미터 [값]
```

❶ 설명 및 예제

ndd 명령어는 커널 드라이버의 파라미터 정보를 출력하거나 설정한다. 리눅스의 sysctl 명령어과 비슷하지만, ndd는 커널의 TCP/IP 인터넷 프로토콜 관련 드라이버만 지원한다는 점에서 다르다.

만일 -set 옵션을 지정하지 않으면 지정한 드라이버명의 파라미터 값을 출력하고, -set 옵션을 지정하면 지정한 드라이버의 파라미터 값을 할당한다.

아래 명령을 통해 TCP 드라이버에서 지원하는 파라미터를 확인할 수 있다.

```
# ndd /dev/tcp ₩?
```

설정된 커널 파라미터의 값을 확인하려면 다음과 같다.

```
# ndd /dev/ipip_forwarding
0
```

이미 지정된 커널 파리미터의 값을 변경하려면 -set 옵션으로 파라미터에 값을 할당하자.

```
# ndd -set /dev/ipip_forwarding 0
```

❶ 관련 명령어

arp : 연결하려는 시스템의 MAC 주소를 확인한다.
sysctl : 리눅스 기반의 실시간으로 커널의 파라미터를 설정한다.

<table>
<tr><td>명령어</td><td colspan="2">netstat</td><td>OS</td><td>L=U</td></tr>
<tr><td>키워드</td><td>네트워크 상황 출력</td><td>경로 /bin/netstat</td><td>중요도</td><td>☆☆☆</td></tr>
<tr><td>요약</td><td colspan="4">네트워크의 연결과 포트를 출력한다</td></tr>
</table>

❶ 이렇게 써요

```
netstat [-vWeenNcCF] [〈Af〉] -r
netstat {-V|--version|-h|--help}
netstat [-vWnNcaeol] [〈Socket〉 ...]
netstat { [-vWeenNac] -i | [-cWnNe] -M | -s }
```

[첫 번째 인자]

-r, --route : 라우팅 테이블을 출력한다.

-i, --interfaces : 인터페이스 테이블을 출력한다.

-g, --groups : 멀티캐스트 그룹을 숫자 형태로 출력한다.

-s, --statistics : 네트워킹 통계를 출력한다.

-M, --masquerade : 매스커레이드masquerad 상태를 출력한다.

[옵션]

-v, --verbose : 상세한 정보를 출력한다.

-W, --wide : 긴 형태의 IP 주소를 출력한다.

-n, --numeric : 도메인 형태가 아닌 IP 주소 형태로 출력한다.

--numeric-hosts : 호스트명을 도메인명으로 해석하지 않고 숫자 형태로 출력한다.

--numeric-ports : 포트명을 해석하지 않고 숫자 형태로 출력한다.

--numeric-users : 사용자명을 해석하지 않고 숫자 형태로 출력한다.

-N, --symbolic : 하드웨어명을 해석하여 출력한다.

-e, --extend : 보다 상세한 정보를 출력한다.

-p, --programs : 소켓의 PID 프로그램 정보를 출력한다.

-c, --continuous : 매 초마다 정보를 업데이트하며 계속적으로 출력한다.

-l, --listening : LISTENING 상태의 서버 소켓을 출력한다.

-a, --all, --listening : 소켓을 모두 출력한다.

-o, --timers : 네트워킹 타이머와 관련된 정보를 출력한다.

-F, --fib : FIBForwarding Information Base 정보를 출력한다.

-C, --cache : FIB 대신 라우팅 캐시를 출력한다.

-V, --version : 버전 정보를 출력한다.

-h, --help : 사용법을 출력한다.

❶ 설명 및 예제

netstat 명령어는 네트워킹과 연결된 시스템의 정보를 출력한다. 아래와 같이 인자가 없다면 외부에 열려 있는 모든 소켓의 정보를 출력한다.

```
$ netstat
Active Internet connections (w/o servers)
Proto Recv-Q Send-Q Local Address              Foreign Address           State
Active UNIX domain sockets (w/o servers)
Proto RefCnt Flags  Type     State      I-Node Path
unix  2       [ ]    DGRAM              2584   @/org/kernel/udev/udevd
unix  2       [ ]    DGRAM              5543   @/org/freedesktop/hal/udev_event
unix  16      [ ]    DGRAM              3740   /dev/log
unix  3       [ ]    STREAM   CONNECTED 10706  @/tmp/dbus-3FuCKo4Cyo
unix  3       [ ]    STREAM   CONNECTED 10705
unix  3       [ ]    STREAM   CONNECTED 10636  @/tmp/.X11-unix/X0
```

아래는 -nr 옵션으로 커널 라우팅 정보를 숫자 형태의 주소로 출력한다. 이 옵션은 route 명령어와 같다.

```
$ netstat -nr
Kernel IP routing table
Destination    Gateway        Genmask        Flags  MSS Window  irttIface
192.168.85.0   0.0.0.0        255.255.255.0  U      0 0         0 eth0
169.254.0.0    0.0.0.0        255.255.0.0    U      0 0         0 eth0
0.0.0.0        192.168.85.2   0.0.0.0        UG     0 0         0 eth0
```


다음은 위의 예제에서 출력한 각 필드의 내용이다.

필드명	성명
Gateway	라우팅 항목에서의 게이트웨이
Genmask	라우팅 항목의 넷 마스크
Flags	라우팅 경로에 관한 여러 플래그를 표시 · U : 인터페이스가 up인 상태 · H : 라우팅 경로를 통해 호스트로의 연결 · G : 게이트웨이의 라우트 · D : 라우트가 재지정되어 동적으로 생성 · M : 라우팅 경로가 ICMP 리다이렉트 메시지를 통해 수정되었을 경우
MSS	Maximum Segment Size의 약자. 최대 세그먼트 크기
Window	한 번에 받는 데이터의 수신량
irtt	initial round trip time의 약자로 0은 초기 설정값을 사용한다는 의미
Iface	네트워크 인터페이스

-i 옵션으로 네트워크 인터페이스의 MTU 값과 송수신 패킷의 에러나 오버런 정보 등을
확인할 수 있다.

```
$ netstat -i
Kernel Interface table
Iface  MTU    Met RX-OK RX-ERR RX-DRP RX-OVR TX-OK TX-ERR TX-DRP TX-OVR Flg
eth0   1500   0   40    0      0      0      43    0      0      0      BMRU
lo     16436  0   12    0      0      0      12    0      0      0      LRU
```

다음은 위의 예제에서 출력된 필드의 설명이다.

필드명	설명
Iface	네트워크 인터페이스
MTU	최대 전송 단위로 Maxium Transmission Unit의 약자
Met	메트릭 값
RX-OK/RX-ERR	패킷 수신 / 패킷 수신 에러
RX-DRP/RX-OVR	패킷 수신 손실 / 패킷 수신 오버런
TX-OK/TX-ERR	패킷 송신 / 패킷 송신 에러
TX-DRP/TX-OVR	패킷 송신 손실 / 패킷 송신 오버런

-ta 혹은 -tcp -a 옵션은 TCP 프로토콜과 관련된 모든 소켓을 출력한다. 참고로 -u 혹
은 -udp 옵션은 UDP 프로토콜을 출력한다.

```
$ netstat -ta
Active Internet connections (servers and established)
Proto      Recv-Q   Send-Q   Local Address     Foreign Address    State
tcp        0        0        localhost:ipp     *:*                LISTEN
tcp6       0        0        localhost:ipp     [::]:*             LISTEN
```

아래 예제는 -anp 옵션으로 각 소켓에 속한 프로그램의 PID와 이름을 출력하는데, 네
트워크 연결 상태를 확인할 때 유용하다.

```
$ netstat -anp|more
(Not all processes could be identified, non-owned process infowill not be shown,
you would have to be root to see it all.)
Active Internet connections (servers and established)
```

```
Proto  Recv-Q  Send-Q  Local Address  Foreign Address   State PID/Program name
tcp    0 0 127.0.0.1:631  0.0.0.0:*        LISTEN          -
tcp6   0 0 ::1:631        :::*            LISTEN          -
udp    0 0 0.0.0.0:55863  0.0.0.0:*                 -
udp    0 0 0.0.0.0:68     0.0.0.0:*                 -
udp    0 0 0.0.0.0:5353   0.0.0.0:*                 -
Active UNIX domain sockets (servers and established)
Proto  RefCnt  Flags  Type  State  I-Node  PID/Program name Path
unix   2 [ ACC ]STREAM  LISTENING  5633       -           /var/run/cups/cups.sock
unix   2 [ ACC ]STREAM  LISTENING  3842       -           /var/run/avahi-daemon/socket
```

여기서 잠깐

텍스트 파일의 행마다 공백 넣기

텍스트 파일의 행마다 공백이 없다면 가독성에 문제가 있다. 이에 다음과 같이 공백을 추가 할 수 있다. 아래는 in.txt 파일에서 각 행마다 공백을 추가하여 out.txt 파일로 생성한다.

```
# awk '{printf(%s\n\n"),$0}' in.txt > out.txt
```

프로그램 실행 시간 보기

프로그램이 실행되는 동안의 정확한 런타임을 알고 싶을 때가 있다. 다음과 같이 커널 컴파일 과정의 런타임 시간을 체크할 수 있다.

```
# time -v sh -c 'make zlilo'
```

이식성

현재 개발 중인 시스템에서 동작하는 프로그램이 다른 시스템에서도 실행하는데 무리가 없다면 이를 이식성이 좋다고 말한다.

<table>
<tr><td>명령어</td><td colspan="3">newaliases</td><td>OS</td><td>L=U</td></tr>
<tr><td>키워드</td><td>데이터베이스 갱신</td><td>경로</td><td>/usr/sbin/newaliases</td><td>중요도</td><td>☆</td></tr>
<tr><td>요약</td><td colspan="5">샌드 메일 서버의 aliases 파일 데이터베이스를 업데이트 한다</td></tr>
</table>

❶ 이렇게 써요

```
newaliases
```

❶ 설명 및 예제

newaliases 명령어는 /etc/mail/sendmail.cf 파일에서 정의한 AliasFiles 지시자의 /etc/mail/aliases 파일을 업데이트한다.

또한 newaliases 명령어는 aliases 파일의 변경 내역을 체크하여 변경된 경우에만 결과값을 반영한다. 이는 sendmail 명령어의 -bi 옵션과 동일하다.

TIP
/etc/mail/aliases 파일은 배포판마다 다를 수 있다. 정확한 위치는 sendmail.cf 파일의 AliasFiles 지시자를 확인하자.

❶ 관련 명령어

makemap : 샌드 메일을 위한 데이터베이스 맵을 생성한다.
sendmail : 샌드 메일 서버 데몬

<table>
<tr><td>명령어</td><td>newgrp</td><td></td><td>OS</td><td>L=U</td></tr>
<tr><td>키워드</td><td>새 그룹</td><td>경로 /usr/bin/newgrp</td><td>중요도</td><td>☆</td></tr>
<tr><td>요약</td><td colspan="4">새로운 그룹으로 로그인한다</td></tr>
</table>

❶ 이렇게 써요

```
newgrp [그룹]
```

❶ 설명 및 예제

newgrp 명령어는 현재 세션의 사용자 그룹을 변경한다. touch 명령으로 파일을 생성한 후에 chown 명령으로 다른 그룹의 속성으로 변경할 수도 있지만 newgrp 명령으로 그룹명을 지정하면, 지정한 그룹의 셸로 환경이 바로 변경된다.

newgrp 명령어에서 지정한 그룹은 반드시 시스템에 존재하는 그룹명이나 그룹 ID이여야 한다. /etc/group 파일을 살펴보거나 groups 명령어로 존재 여부를 확인할 수 있다.

아래와 같이 touch 명령어로 파일을 생성하면 사용자의 그룹으로 파일이 생성된다.

```
$ touch hanbit
```

hanbit 파일은 소유자 user에 user 그룹으로 생성되었다.

```
$ ls -al hanbit
-rw-r--r-- 1 user user 0 2010-07-03 06:01 hanbit
```

groups 명령으로 현재 로그인한 사용자의 그룹들을 확인한다.

```
$ groups
user adm dialout CD-ROM plug dev lpadmin admin samba share
```

newgrp 명령어로 사용자의 그룹을 admin으로 변경 후 다시 파일을 생성해 보자.

```
$ newgrp admin
$ touch hanbit2
$ ls -al hanbit2
-rw-r--r--  1 user admin    0 2010-07-03 06:22 hanbit2
```

newgrp 명령어로 admin으로 변경하면 이후에 생성한 파일의 그룹 또한 admin 그룹으로 생성된다.

여기서 잠깐

유닉스

유닉스UNIX의 기원은 1969년에 벨연구소의 켄 톰슨과 데니스 리치가 개발한 시분할 시스템에서 시작한다. 유닉스라는 이름은 그 이전의 시스템인 멀틱스에 기반을 두고 지은 일종의 말장난이었다고 알려져 있다. 1974년에 유닉스는 C 언어로 다시 만들어졌으며, 여러 상업 벤더들과 대학, 그리고 개인에 의해 많은 확장판과 추가 사항이 생겨나며 다양한 버전의 유닉스가 공존하게 되었다. 유닉스는 특정 회사가 독점하는 운영체제가 아니었으며 표준 프로그래밍 언어로 작성되었고 대중적인 아이디어를 받아들여 개선해 나가며 최초의 개방형 표준 운영체제로 발전했다. 다양한 버전의 유닉스로부터 나온 C 언어와 셸 인터페이스의 복합체는 IEEE의 지원 아래서 POSIX로 표준화되었다. POSIX 인터페이스들은 번갈아 가며 단일 유닉스 규격에 명시되었다. 유닉스의 공식적인 등록상표는 현재 산업표준기구인 오픈 그룹(http://www.opengroup.org)이 소유하고 있으며, 유닉스 관련 제품의 인증과 상표 부여 등을 관장하고 있다.

유닉스 운영체제는 썬 마이크로 시스템즈, 실리콘그래픽스, IBM, 그리고 그 외 많은 회사들의 워크스테이션 제품에 탑재되며, 조금 더 대중적인 유닉스인 BSD 역시 워크스테이션과 일반 PC에서 사용된다. 유닉스 환경과 클라이언트/서버 프로그램 모델은 인터넷 개발과 네트워크 중심의 컴퓨팅 국면을 새로이 하기 위한 중요한 요소였다. 또한 유닉스에서 파생하여, 현재 무료 소프트웨어와 상용 버전 모두가 존재하는 리눅스 역시 독점 운영체제의 대안으로서 확고히 자리잡았다.

명령어	**newusers**			OS	L
키워드	사용자 추가	경로	/usr/bin/newusers	중요도	☆☆
요약	배치모드로 새로운 사용자를 업데이트하거나 추가한다				

❶ 이렇게 써요

```
newusers [옵션 파일]
```

-h, --help : 사용법을 출력한다.
-r, --system : 시스템 계정을 생성한다.

❶ 설명 및 예제

newusers 명령어는 시스템 관련 명령으로 /etc/passwd 파일 형식으로 된 파일을 읽어 사용자를 추가하거나 정보를 업데이트한다. 파일 형식은 패스워드 파일과 같은 형식이다. 필드에 대한 세부 설명은 passwd 명령어 페이지를 살펴보자. 이 중 pw_passwd 필드는 암호화된 패스워드의 값으로 저장된다는 점만 기억하자.

```
pw_name:pw_passwd:pw_uid:pw_gid:pw_gecos:pw_dir:pw_shell
```

아래와 같이 배치모드에서 사용할 newusers.test 파일은 추가할 사용자의 정보를 가지고 있다. 이 파일의 사용자명은 hanbit으로, 패스워드는 111111, uid와 gid는 1001, 홈 디렉터리는 /home/hanbit, 셸은 /bin/bash로 구성되어 있다고 가정한다.

```
# cat newusrs.test
hanbit:111111:1001:1001:hanbit:/home/hanbit:/bin/bash
```

TIP
GID값은 /etc/group을 참조하자.

newuser는 newuser.test 파일을 배치모드로 실행하여 사용자를 추가할 수 있다.

```
# newusers newusrs.test
```

<table>
<tr><td>명령어</td><td colspan="4">nfsstat</td><td>OS</td><td>L=U</td></tr>
<tr><td>키워드</td><td>NFS 통계</td><td>경로</td><td colspan="2">/usr/sbin/nfsstat</td><td>중요도</td><td>☆</td></tr>
<tr><td>요약</td><td colspan="6">NFS 통계 리스트를 출력한다</td></tr>
</table>

❶ 이렇게 써요

```
nfsstat [옵션]
```

-2 : NFS 버전2 통계만 출력한다. 기본값은 제로 카운트가 아닌 NFS 버전 정보만을 출력한다.

-3 : NFS 버전3 통계만 출력한다.

-4 : NFS 버전4 통계만 출력한다.

-c, --client : 클라이언트 통계만 출력한다.

-l, --list : 리스트 폼에 있는 정보를 출력한다.

-m, --mounts : NFS 마운트한 각각의 파티션 정보만 출력한다. 이 옵션이 사용하면 다른 옵션은 모두 무시된다.

-n, --nfs : NFS통계만 보여준다. 기본값은 NFS와 RPC 정보 모두를 확인한다.

-o facility : 지정한 기능(facility)의 통계만 출력한다. 아래 표 제시된 값 중 반드시 하나만 지정해야 한다.

nfs	nfs RCP 콜로 분리한 NFS 프로토콜 정보
rpc	일반적인 RPC 정보
net	받은 패킷 수나 TCP 연결 개수 등의 네트워크 레이어 통계
fh	lookups의 전체 수나 히트나 실패 수를 포함하여 서버의 파일 핸들 캐시의 정보를 출력
rc	lookups의 전체 수나 히트나 실패 수를 포함하여 서버의 요청 응답[request reply] 캐시정보를 출력
all	위의 기능을 모두 출력

-r, --rpc : RPC 통계만 출력한다.

-s, --server : 서버의 통계만을 출력한다. 기본값은 서버와 클라이언트 통계를 출력한다.

-S, --since file : 현재 통계를 출력하지 않고, 파일(file)로부터 추출한 통계와 현재 통계와의 차이를 출력한다. 입력 파일(file)의 형태는 /proc/net/rpc/nfs이나 /proc/net/rpc/nfsd, 그리고 nfsstat에서 출력한 내용의 파일 형태이어야 한다. 잘못된 nfsstat 출력 파일은 없는 것으로 취급한다.

-v, --verbose : -o all 옵션과 같다.

-Z[interval], --sleep=[interval] : 현재의 통계를 출력하고 바로 빠져 나오지 않고, 현재의 통계를 스냅샷으로 찍은 후 대기 상태가 된다. 추가적인 SIGINT(보통 Ctrl + C) 입력 시점에 또 다른 스냅샷을 찍은 후 둘 사이의 차이를 출력한다. 만일 간격(interval)을 지정하면, nfsstat 명령어는 이전의 기록 이후부터 NFS 콜로 만들어진 수를 출력하고 매 간격(interval) 초마다 반복적으로 통계 정보를 출력한다.

❶ 설명 및 예제

nfsstat 명령어는 NFS 서버와 클라이언트의 종합적인 통계자료를 확인할 수 있다. 만일 NFS 서버와 관련하여 문제점을 확인하거나 해결할 때 반드시 필요한 명령어이다.

아래와 같이 -s 옵션은 서버 정보를 출력한다.

```
$ nfstat -s
```

-c 옵션은 클라이언트의 정보를 출력한다.

```
$ nfstat -c
```

-m은 마운트한 NFS 파일시스템의 정보를 출력한다.

```
$ nfsstat -m
```

아래는 NFS의 버전별 정보를 모두 출력한다.

```
$ nfsstat -verbose -234
```

위의 명령과 같다.

```
$ nfsstat -o all -234
```

NFS 버전3의 NFS 통계를 출력한다.

```
$ nfsstat-nfs-server -3
```

❶ **관련 명령어**

nfs : 네트워크 파일시스템 서버 데몬

<table>
<tr><td>명령어</td><td colspan="3">nice</td><td>OS</td><td>L=U</td></tr>
<tr><td>키워드</td><td>우선순위 변경</td><td>경로</td><td>/bin/nice</td><td>중요도</td><td>☆☆☆</td></tr>
<tr><td>요약</td><td colspan="5">프로세스의 스케줄링 우선순위를 변경한다</td></tr>
</table>

❶ 이렇게 써요

```
nice [옵션] [명령어[인수] ... ]
```

-n 조정수치, -조정수치, --adjustment＝조정수치 : 우선순위에 10 대신 조정수치로 변경한다.
--help : 사용법을 출력한다.
--version : 버전 정보를 출력한다.

❶ 설명 및 예제

nice 명령어는 실행할 프로그램의 우선권을 변경할 수 있다. 만약 인수를 지정하지 않으면 현재의 스케줄링 우선권을 출력한다. 인수를 지정하면 변경한 스케줄링 우선권으로 실행한다. 조정수치를 생략하면 명령어의 우선권은 10으로 실행한다. nice 명령으로 조정할 수 있는 범위는 -20(가장 높은 우선권)에서 19(가장 낮은 우선권)까지다. 참고로 슈퍼유저만이 마이너스(-)의 조정수치로 변경할 수 있다.

nice 명령어는 실행할 프로그램의 우선순위를 변경하지만, renice 명령어는 이미 실행되어 있는 프로세스의 우선순위를 변경한다.

nice 명령으로 VI 에디터의 우선순위를 7로 지정해 보자.

```
$ nice -7 /usr/bin/vi  &
```

ps -l 명령으로 우선순위 7로 변경된 것을 확인할 수 있다. 우선순위는 PRI 필드에 나타난다.

```
$ ps -l 4131
F S   UID    PID  PPID  C  PRI  NI  ADDR  SZ   WCHAN   TTY     TIME CMD
0 T   1000   4131  2288  0  82   7   -    1002  signal  pts/0   0:00 /usr/bin/
vi
```

VI를 백그라운드 프로세스로 두 개를 생성한다.

```
$ vi &
$ vi &
```

ps aux 명령으로 VI의 프로세스ID를 살펴보자.

```
$ps aux | grep vi
user  3653  0.0  0.1  4008  1264 pts/0  T  07:32  0:00 vi
user  3656  0.0  0.1  4008  1268 pts/0  T  07:32  0:00 vi
user  3658  0.0  0.0  3148  804 pts/0  S+  07:33  0:00 grep --color=auto vi
```

아래 명령으로 **renice-3** 명령으로 3653번 프로세스에 우선순위 -3을 부여하자. 음의 우선순위는 슈퍼유저 권한으로만 실행할 수 있다. 단 일반 사용자가 실행하면 퍼미션 에러가 발생한다.

```
$ renice -3 3653
renice: 3653: setpriority: Permission denied
```

아래와 같이 슈퍼유저 권한으로 음의 우선순위를 변경할 수 있다.

```
$ sudo renice -3 3653
[sudo] password for user:
3653: cld priority 3, new priority -3
```

3656 프로세스에는 6의 우선순위로 변경한다.

```
$ renice 6 3656
3656: cld priority -2, new priority 6
```

ps- l 명령으로 프로세스 3653과 3656의 변경된 우선순위를 확인할 수 있다. 각각 -3과 6의 우선순위를 가지고 있다.

```
$ ps -l  3653 3656
F S  UID   PID  PPID  C PRI  NI ADDR SZ WCHAN  TTY     TIME CMD
0 T  1000  3653  2288  0  77  -3 - 1002 signal pts/0    0:00 vi
0 T  1000  3656  2288  0  86   6 - 1002 signal pts/0    0:00 vi
```

<table>
<tr><td>명령어</td><td>nl</td><td>OS</td><td>L=U</td></tr>
<tr><td>키워드</td><td>라인 번호 매기기</td><td>경로</td><td>/usr/bin/nl</td><td>중요도</td><td>☆☆</td></tr>
<tr><td>요약</td><td colspan="5">텍스트 파일의 각 라인에 번호를 부여한다</td></tr>
</table>

❶ 이렇게 써요

```
nl [옵션] [파일]
```

-b, --body-numbering=STYLE : 본문의 스타일(STYLE)을 지정한다. 사용 가능한 스타일은 설명을 참조하자.

-d, --selection-delimiter=CC : CC를 가지고 논리적인 페이지를 구분한다. 기본은 ₩: 이다.

-f, --footer-numbering=STYLE : 꼬리말에 지정한 스타일(STYLE)로 페이지 번호를 지정한다.

-h, --header-numbering=STYLE : 머리말에 지정한 스타일(STYLE)로 페이지 번호를 지정한다.

-i, --page-increment=num : 지정한 수(num)만큼 논리 페이지를 늘린다.

-l, --join-blank-lines=num : 공백 행을 지정한 수(num)만큼 하나의 공백 라인으로 취급한다.

-n, --number-format=FORMAT : 지정한 형태(FORMAT)로 라인을 추가한다. 사용 가능한 형태는 아래 설명에 있다.

-p, --no-renumber : 새로운 페이지에서 행의 수를 리셋하여 세지 않는다.

-s, --number-separator=string : 라인을 구분하는 문자열(string)을 추가한다.

-v, --first-page=num : 각 페이지의 첫 번째 행의 수(num)를 지정한다.

-w, --number-width=num : 각 라인의 열 수(num)을 지정한다.

--help : 사용법을 출력한다.

--version : 버전 정보를 출력한다.

❶ 설명 및 예제

nl 명령어는 파일을 읽어 행 번호를 자동적으로 부여한다. 같은 기능으로 **cat -b** 명령이 있다.

아래는 지정 가능한 스타일(STYLE) 유형이다.

· a : 모든 라인에 행 번호를 출력한다.

· t : 빈 공란은 제외한 행 번호를 출력한다.

· n : 행 번호를 출력하지 않는다.

· pBRE : 정규표현식에 맞는 라인만 행 번호를 출력한다.

아래는 지정 가능한 형태(FORMAT) 유형이다.

· ln : 0을 제외한 좌측 맨 끝에 행 번호를 출력한다.

· rn : 0을 제외한 우측 맨 끝에 행 번호를 출력한다.

· rz : 0을 포함한 우측 맨 끝에 행 번호를 출력한다.

```
# nl /etc/sendmail.cf ¦ more
1 #
2 # Copyright (c) 1998-2001 Sendmail, Inc. and its
    suppliers.
3 # All rights reserved.
4 # Copyright (c) 1983, 1995 Eric P. Allman. All rights
    reserved.
5 # Copyright (c) 1988, 1993
6 # The Regents of the University of California. All
    rights reserved.
7 #
8 # By using this file, you agree to the terms and
    conditions set
```


여기서 잠깐

쉐도우^{shadow} 패스워드

adduser 명령어로 사용자 계정을 추가할 경우 /etc/passwd 파일에 사용자명과 ID, 암호화된 비밀번호, 셀 그리고 사용자 홈 디렉터리 등의 정보가 저장된다. 여러 사용자가 공동으로 사용하는 시스템은 모든 사용자가 /etc/passwd 파일을 읽을 수 있어야 로그인할 수 있으므로 passwd 파일은 모든 사용자에게 공개된 것과 같다. 이런 보안 문제를 해결하기 위해 pwconv 명령어를 사용한다. pwconv 명령어는 암호화된 비밀번호를 /etc/shadow 파일에 저장하고 일반 사용자의 접근을 제한한다. 루트 관리자만이 패스워드를 볼 수 있다.

명령어	**nm**			OS	L=U
키워드	파일 심볼	경로	/usr/bin/nm	중요도	☆☆
요약	오브젝트 파일의 심볼을 출력한다				

❶ 이렇게 써요

```
nm [옵션[s]] [파일(s)]
```

-a, --debug-syms : 디버거만의 심볼을 출력한다.

-A, --print-file-name : 모든 심볼 앞에 입력 파일의 이름을 같이 출력한다.

-B : --format=bsd와 같다.

-C, --demangle[=STYLE] : 로우 레벨 심볼 이름을 유저 레벨 이름으로 해석해서 출력한다. 스타일(STYLE)
은 기본으로 'auto'로 지정되어 있고, 'gnu', 'lucid', 'arm', 'hp', 'edg', 'gnu-v3', 'java'와 'gnat' 등으로 지정할
수 있다.

--no-demangle : 심볼 이름을 출력 시에 알아 보기 쉽게 한다. 기본값이다.

-D, --dynamic : 보통의 심볼 대신, 동적 심볼을 출력한다.

　--defined-only : 정의된 심볼만을 출력한다.

-f, --format=FORMAT : 지정된 형태(FORMAT)를 사용한다. 형태는 기본은 'bsd'로 'sysv'나 'posix'로 지
정할 수 있다.

-g, --extern-only : 외부 심볼만 출력한다.

-l, --line-numbers : 각각의 심볼 파일 이름과 줄 수를 찾기 위해 디버깅 정보를 참조한다.

-n, --numeric-sort : 주소 기준으로 심볼을 숫자 형태로 정렬한다.

-o : -A 옵션과 같다.

-p, --no-sort : 심볼을 정렬하지 않는다.

-P, --portability : --format=posix 옵션과 같다.

-r, --reverse-sort : 역방향으로 정렬한다.

　--plugin NAME : 프러그인으로 지정한 이름(NAME)을 로딩한다.

-S, --print-size : 정의된 심볼의 크기를 출력한다.

-s, --print-armap : 아카이브 멤버의 심볼 인덱스를 포함한다.

　--size-sort : 심볼의 크기순으로 정렬한다.

　--special-syms : 지정한 심볼을 포함하여 내용을 출력한다.

　--synthetic : synthetic 심볼 정보를 출력한다.

-t, --radix=RADIX : 심볼값을 보여줄 때 RADIX를 이용한다.

　--target=BFDNAME : BFDNAME을 타켓 오브젝트 포맷으로 지정한다.

-u, --undefined-only : 정의되지 않은 심볼만을 출력한다.

　@FILE : 지정한 파일(FILE)에서 옵션을 읽는다.

-h, --help : 사용법을 출력한다.

-V, --version : 버전 정보를 출력한다.

❶ 설명 및 예제

nm 명령어는 오브젝트 파일, 라이브러리, 프로그램에 쓰인 함수가 어떤 것인지 확인할
때 유용하다. 여기서 심볼은 열려 있는 라이브러리에서 실제로 호출하는 함수의 이름이다.

-A 옵션은 libz.a 라이브러리에 포함된 adler32.o, compress.o, crc32.o, gzio.o
등의 심볼을 확인할 수 있다.

```
$ nm -A /usr/lib/libz.a
libz.a:adler32.o:              U __moddi3
libz.a:adler32.o:00000000      T adler32
libz.a:adler32.o:00000290      T adler32_combine
libz.a:adler32.o:00000360      T adler32_combine64
libz.a:compress.o:000000e0     T compress
libz.a:compress.o:00000020     T compress2
libz.a:compress.o:00000000     T compressBound
libz.a:compress.o:              U deflate
libz.a:compress.o:              U deflateEnd
libz.a:compress.o:              U deflateInit_
libz.a:crc32.o:00000010        T crc32
libz.a:crc32.o:00000550        T crc32_combine
libz.a:crc32.o:00000580        T crc32_combine64
libz.a:crc32.o:00000310        t crc32_combine_
libz.a:crc32.o:00000000        r crc_table
libz.a:crc32.o:00000000        T get_crc_table
libz.a:gzio.o:00001630         t T.64
libz.a:gzio.o:              U __errno_location
libz.a:gzio.o:              U __fprintf_chk
libz.a:gzio.o:              U __sprintf_chk
libz.a:gzio.o:              U __stack_chk_fail
libz.a:gzio.o:              U __vsnprintf_chk
libz.a:gzio.o:00000770         t check_header
이하생략
```

❶ 관련 명령어

ranlib : 아카이브를 랜덤 라이브러리로 변환한다.

<table>
<tr><td>명령어</td><td colspan="3">nohup</td><td>OS</td><td>L=U</td></tr>
<tr><td>키워드</td><td>행업 시그널 무시</td><td>경로</td><td>/usr/bin/nohup</td><td>중요도</td><td>☆</td></tr>
<tr><td>요약</td><td colspan="5">실행 중인 프로세스가 행업 시그널을 무시하고 파일로 출력한다</td></tr>
</table>

❶ 이렇게 써요

```
nohup 명령 [인수…]
```

❶ 설명 및 예제

nohup 명령어는 행업 시그널을 무시하고, 명령을 실행한다. 예를 들어 대용량의 파일을 다운로드하거나 커널이나 안드로이드처럼 소스의 크기가 방대한 프로젝트를 컴파일할 경우 실행 프로세스는 터미널이 종료되더라도 백그라운드로 진행되면 편리하다.

아래는 실행 프로세스의 표준출력과 표준 에러를 nohup.out 파일에 저장한다.

```
$ nohup make
```

안드로이드 소스를 받은 디렉터리로 이동하여, 아래와 같이 실행하자. **'result 2>&1'**은 make의 표준출력과 표준 에러를 result 파일에 저장하고, 맨 끝의 '&'는 터미널이 종료되어도 백그라운드로 계속 실행하게 한다.

```
$ nohup make > result 2>&1 &
```

위와 같이 nohup 명령어는 프로세스의 행업 시그널을 무시하고 우선권을 5만큼 증가시켜 로그아웃 이후에도 계속 백그라운드로 실행한다. 로그아웃 이후에도 백그라운드로 명령을 계속 수행하려면 반드시 &를 붙여야 한다.

<table>
<tr><td>명령어</td><td>nslookup</td><td>OS</td><td>L=U</td></tr>
<tr><td>키워드</td><td>네임 서버 쿼리</td><td>경로</td><td>/usr/bin/nslookup</td><td>중요도</td><td>☆☆</td></tr>
<tr><td>요약</td><td colspan="5">인터넷 네임 서버를 대화형으로 질의한다</td></tr>
</table>

❶ 이렇게 써요

```
nslookup[ -옵션…][ host_to_find | -서버]
```

❶ 설명 및 예제

nslookup 명령어는 네임 서버 설정이 제대로 동작하는지 확인할 때 유용하다. /etc/resolv.conf 파일의 네임 서버를 기준으로 쿼리를 보낸다. 네임 서버에 대한 자세한 설명은 named 서버 데몬 페이지를 참고하자.

아래는 nslookup 명령어에 질의할 서버의 주소를 지정한다.

```
$ nslookup google.com
Server:192.168.85.2
Address:  192.168.85.2#53

Non-authoritative answer:
Name:   google.com
Address: 74.125.19.147
Name:   google.com
Address: 74.125.19.99
Name:   google.com
Address: 74.125.19.103
Name:   google.com
Address: 74.125.19.104
```

nslookup 명령어만 실행하여 대화형으로 확인할 수 있다.

```
$ nslookup
>
```

'〉프롬프트'에 질의할 서버 주소를 입력한다.

```
> google.co.kr
Server:192.168.85.2
```

```
Address: 192.168.85.2#53

Non-authoritative answer:
Name:  google.co.kr
Address: 74.125.19.147
Name:  google.co.kr
Address: 74.125.19.99
Name:  google.co.kr
Address: 74.125.19.103
Name:  google.co.kr
Address: 74.125.19.104
>
```

대화형에서는 'set type'을 지정하여 좀 더 세부적인 내용을 질의할 수 있다.

```
> set type=SOA
> google.co.kr
Server:192.168.85.2
Address:  192.168.85.2#53

Non-authoritative answer:
google.co.kr
        origin = ns1.google.com
        mail addr = dns-admin.google.com
        serial = 1420227
        refresh = 21600
        retry = 3600
        expire = 1209600
        minimum = 300

Authoritative answers can be found from:
google.co.kr        nameserver = ns1.google.com.
google.co.kr        nameserver = ns2.google.com.
google.co.kr        nameserver = ns3.google.com.
google.co.kr        nameserver = ns4.google.com.
ns1.google.com      internet address = 216.239.32.10
ns2.google.com      internet address = 216.239.34.10
ns3.google.com      internet address = 216.239.36.10
```

메일 서버의 내용인 MX 레코드에 쿼리를 보낼 수 있다.

```
> set type = MX
> google.co.kr
```

아래 표는 set type에 지정할 수 있는 유형들이다. set type=TYPE 형태로 타입을 변경하면, 해당되는 타입 정보를 확인할 수 있다.

타입(type)	설명
A	호스트 어드레스
ANY	대부분 관련된 정보
CNAME	알리아스와 관련된 CNAME[Canonical name] 레코드 정보
HINFO	호스트의 CPU와 운영체제를 지정하는 HINFO 레코드 정보
MD	MD[Mail destination] 레코드 정보
MG	MG[Mail group member] 레코드 정보
MINFO	메일박스나 메일 리스트 관련 MINFO[Mailbox or mail list information]
레코드 정보	MR[MRMail rename] 레코드 정보
MX	MX[Mail exchanger] 레코드 정보
NS	NS[Nameserver] 레코드 정보
PTR	호스트명 지정 PTR 레코드 정보
SOA	SOA[Domain start-of-authortiy] 레코드 정보
UINFO	UINFO[User infomation] 레코드 정보

<table>
<tr><td>명령어</td><td colspan="4">ntpdate</td><td>OS</td><td>L=U</td></tr>
<tr><td>키워드</td><td>시스템 날짜 시간 설정</td><td>경로</td><td colspan="2">/usr/sbin/ntpdate</td><td>중요도</td><td>☆☆</td></tr>
<tr><td>요약</td><td colspan="6">시스템의 날짜와 시간을 설정한다</td></tr>
</table>

❶ 이렇게 써요

```
ntpdate  [-bBdoqsuv] [-a key] [-e authdelay] [-k keyfile] [-o version] [-p samples] [-t timeout]
server [⋯]
```

-a key : 인증함수를 활성화하고 인자로 지정한 키(key)를 이용해 키 지시자를 사용한다.

-B : 측정된 오프셋이 +−128ms보다 크더라도, 강제적으로 adjtime() 시스템 콜을 사용한다.

-b : 퍼포먼스가 느린 adjtime() 시스템 콜 대신 settimeofday() 시스템콜을 사용한다. 이 옵션은 부팅 시 시작 파일에서 주로 사용한다.

-d : 디버깅 모드에서 사용하는 로컬 시간을 조절하지 않고 유용한 디버깅 정보를 출력한다.

-k keyfile : 스트링 키 파일(keyfile)을 인증키 파일로 지정한다. 기본은 /etc/ntp.keys이고, 이 파일은 ntpd의 포맷 형식이어야 한다.

-q : 시간만 확인하고 시간을 설정하지는 않는다.

-s : 표준출력을 시스템 로그로 보낸다.

-t timeout : 최대의 응답 대기시간(timeout)을 설정한다. 기본값은 1초이다.

-u : 밖으로 나가는 패킷에 unprivileged port를 사용한다. 참고로 -d 옵션은 항상 unprivileged ports를 사용한다(여기서 unprivileged port는 포트번호 1,024에서 65,535까지를 말한다).

-v : 상세한 정보를 출력한다.

❶ 설명 및 예제

NTP는 rdate 명령어와 기능은 비슷하나 시간을 0.01초 이하의 오차로 맞출 수 있다. GPS 위성에서 표준시각 정보를 받는 타임서버를 NTP Primary Time Server 혹은 Stratum 1이라고 하는데 우리나라에는 데이콤(gps.bora.net), 코넷(ntp.kornet. net), 부산대학교(ntp1.cs.pusan.ac.kr / ntp2.cs.pusan.ac.kr), 한국 표준 과학연구원 시간 주파수 연구실(time.kriss.re.kr)이 있다. Stratum 1 서버로부터 표준시간을 받는 타임서버를 NTP Secondary Time Server 혹은 Stratum 2 서버라고 하는데, 대표적인 예가 PSINet Korea(time.nuri.net)이다.

아래는 time.kriee.re.kr 서버로 명령을 실행한다.

```
# ntpdate time.kriss.re.kr
28 Feb 12:45:52 ntpdate[7339]: no server suitable for synchronization
found
```

위의 예제와 같이 에러가 날 때는 -d옵션으로 원인이 무엇인지 확인한다.

```
# ntpdate -d time.kriss.re.kr
28 Feb 12:58:27 ntpdate[7372]: ntpdate 4.2.4p6@1.1549-o Fri Dec  4 18:08:43
UTC 2009 (1)
transmit(210.98.16.100)
transmit(210.98.16.100)
transmit(210.98.16.100)
transmit(210.98.16.100)
transmit(210.98.16.100)
210.98.16.100: Server dropped: no data
server 210.98.16.100, port 123
stratum 0, precision 0, leap 00, trust 000
refid [210.98.16.100], delay 0.00000, dispersion 64.00000
transmitted 4, in filter 4
reference time:      00000000.00000000  Thu, Feb  7 2036 15:28:16.000
originate timestamp:00000000.00000000  Thu, Feb  7 2036 15:28:16.000
transmit timestamp: cf346866.4cfba882 Sun, Feb 28 2010 12:58:30.300
filter delay:  0.00000   0.00000   0.00000   0.00000
               0.00000   0.00000   0.00000   0.00000
filter offset:0.000000  0.000000 0.000000 0.000000
              0.000000  0.000000 0.000000 0.000000
delay 0.00000, dispersion 64.00000
offset 0.000000
28 Feb 12:58:31 ntpdate[7372]: no server suitable for synchronization
found
```

디버깅 결과 NTP 프로토콜이 사용하는 123번 포트의 서비스가 막혀 있다. 다른 서버로
접속해 보자.

```
# ntpdate time.nuri.net
```

❶ 관련 명령어

date : 시스템 날짜와 시간을 출력하거나 설정한다.
rdate : 원격 서버에서 시스템 시간을 설정한다.

<table>
<tr><td>명령어</td><td colspan="2">objcopy</td><td>OS</td><td>L=U</td></tr>
<tr><td>키워드</td><td>오브젝트 파일 복사</td><td>경로 /usr/bin/objcopy</td><td>중요도</td><td>☆</td></tr>
<tr><td>요약</td><td colspan="4">오브젝트 파일을 복사하고 변환한다</td></tr>
</table>

❶ 이렇게 써요

```
objcopy [옵션] infile [outfile]
```

infile [outfile] : 출력 파일(outfile)을 지정하지 않으면, objcopy는 임시 파일을 생성하고 입력 파일(infile) 이름과 동일하게 출력 파일(outfile) 이름을 바꾼다.

-I --input-target=bfdname : 원본 파일의 오브젝트 형식을 확인하지 않고, 지정한 파일(bfdname) 형식이라고 가정한다.

-O --output-target=bfdname : 출력 파일 형식을 지정한 파일 형식(bfdname)으로 생성한다.

-F bfdname --target=bfdname : 입력과 출력 파일의 오브젝트 포맷을 지정한 파일(bfdname)로 한다. 즉 데이터에 변화가 없다.

-B bfdarch --binary-architecture=bfdarch : 로우^{raw} 입력 파일을 오브젝트 파일로 변환할 때 유용하다.

-R sectionname --remove-section=sectionname : 출력 파일에서 지정한 파일 섹션(sectioname)을 제거한다. 이 옵션은 여러 번 지정할 수 있다. 잘못된 사용은 출력 파일을 사용할 수 없으므로 주의하자.

-S --strip-all : 원본 파일의 재배치나 심볼 정보를 복사하지 않는다.

-g --strip-debug : 원본 파일의 디버깅 심볼이나 섹션을 복사하지 않는다.

--strip-unneeded : 재배치 과정에서 필요하지 않은 모든 심볼을 제거한다.

-K --keep-symbol=symbolname : 심볼을 제거할 때, 지정한 심볼명(symbolname)은 남겨둔다. 이 옵션은 여러 번 사용할 수 있다.

-N --strip-symbol=symbolname : 원본 파일에서 지정한 심볼명(symbolname)을 복사하지 않는다. 이 옵션은 여러 번 사용할 수 있다.

--strip-unneeded-symbol=symbolname : 재배치에 필요하더라도 지정한 심볼명(symbolname)은 복사하지 않는다. 이는 여러 번 사용할 수 있다.

-W --weaken-symbol=symbolname : 지정한 심볼명(symbolname)을 약한 참조를 가진 심볼로 만든다. 이 옵션은 여러 번 사용될 수 있다.

-w -wildcard : 다른 명령행 옵션에서 사용되는 심볼명(symbolnames)에 정규표현식을 허용한다. 물음표(?), 별표(*), 백슬래쉬(￦) 그리고, 사각괄호([ ])는 심볼명에 사용할 수 있다. 만일 심볼명의 첫 번째 문자가 느낌표(!)라면 심볼의 정반대의 의미이다. 예를 들어 "-w -W !foo -W fo*"는 심볼 foo 파일을 제외한 나머지든 심볼 파일을 약한 참조로 만든다.

-x --discard-all : 원본 파일에서 비 전역 심볼은 복사하지 않는다.

-X --discard-locals : 컴파일러 생성 지역 심볼을 복사하지 않는다(이는 대개 L이나 ..로 시작한다).

-b --byte=byte : 원본 파일의 지정한 바이트(byte) 번째 바이트만 복사한다(헤더 데이터는 영향을 받지 않는다). 바이트는 interleave 값에서 -1까지 범위이고, 기본값은 4이다. 이 옵션은 롬^{ROM}에 프로그래밍할 파일을 생성할 때 유용하다. 일반적으로 srec 출력 타겟을 가진다.

-i --interleave=interleave : 주어진 interleave 바이트 중 하나만 복사한다. 복사될 바이트를 선택하는 것은 -b나 -byte 옵션으로 결정한다. 기본값은 4이고, objcopy는 만일 -b나 -byte 옵션을 지정하지 않으면 이 옵션을 무시한다.

-p --preserve-dates : 출력 파일의 접근과 변경 날짜를 입력 파일과 같게 한다.

--debugging : 가능하다면 디버깅 정보를 변환한다. 이 옵션은 특정 디버깅 형식만 지원하기 때문에 기본으로
는 지원하지 않으며, 변환 작업에 많은 시간이 소모될 수 있다.

--gap-fill val : 섹션 간의 빈 공간을 지정한 값(val)으로 채운다. 이 연산은 섹션의 LMA에 적용한다. 낮은 주소
을 가진 섹션의 크기를 증가시키고 여분의 공간에 값(val)으로 채운다.

--pad-to address : 출력 파일을 로드 주소인 address까지 채운다(pad). 이는 마지막 섹션의 크기를 증가시
킴으로서 끝난다. 여분의 공간은 -gap-fill(기본값 zero)로 지정한 값으로 채운다.

--set-start val : 새로운 파일의 시작 주소를 지정한 값(val)으로 지정한다. 모든 오브젝트 파일의 형식이 시작
주소의 설정을 지원하지는 않는다.

--adjust-start incr : 시작 주소에 지정한 값(incr)을 더한다. 모든 오브젝트 파일의 포맷이 시작 주소의 설정을
지원하지는 않는다.

--adjust-vma incr : 시작 주소뿐 아니라, 모든 섹션의 VMA과 LMA 주소를 지정한 값(incr)을 추가하여 변경
한다. 어떤 오브젝트 형식은 섹션 주소의 임의 변경을 허용하지 않는다. 이는 이 섹션을 재배치하지 않는다는
점에 주의해야 한다. 만일 섹션이 특정 주소에 로드된다는 가정하에 작성된 프로그램에 이 옵션을 사용하면 로
딩에 실패할 것이다.

--adjust-section-vma section{=,+,-}val : 섹션 이름의 VMA 주소와 LMA 주소를 설정 혹은 변경한다. 만
일 =을 사용하면, 섹션 주소는 지정한 값(val)으로 설정한다. 그렇지 않으면 섹션 주소에 값(val)을 더하거나
빠진다. 만일 입력 파일에 섹션이 존재하지 않으면, --no-change-warnings 옵션이 사용되더라도 경고가
나타날 것이다.

--adjust-warnings : 만일 --change-section-address나 --change-section-lma나 --change-
section-vma가 사용되고 해당 섹션이 존재하지 않으면 경고 메시지를 출력한다. 이는 기본값이다.

--no-adjust-warnings : 만일 -change-section-address나 -adjust-section-lma나 -adjust-setion-
vma가 사용되고, 해당 섹션도 존재하지 않으면 경고 메시지를 출력한다.

--set-section-flags section=flags : 해당 섹션에 지정한 플래그(flags)를 설정한다. 플래그 이름의 구분
은 쉼표(,)로 구분한다. 인식 가능한 이름은 alloc, contents, load, noload, readonly, code, data, rom,
share 그리고 debug이다. 이 플래그가 모든 오브젝트 파일 형식에 의미를 가지지는 것은 아니다.

--add-section sectionname=filename : 파일을 복사하는 동안 새로운 섹션 이름을 추가한다. 새로운 섹
션의 내용은 파일 (filename)에서 가져 온다. 섹션의 크기는 해당 파일의 크기가 될 것이다. 이 옵션은 임의의
파일명을 가지는 섹션 파일 형식에서만 동작한다.

--change-leading-char : 몇몇 오브젝트 파일 형식은 심볼의 시작 점에 특수문자를 사용한다. 언더스코어(_)
는 컴파일러가 모든 심볼 앞에 자주 추가하는 가장 일반적인 문자다. 이 옵션은 오브젝트 파일 형식을 변경할
때, objcopy 명령이 모든 심볼의 첫 번째 문자를 변경하도록 한다. 만일 오브젝트 파일 형식이 같은 첫 번째
문자를 사용한다면, 이 옵션은 영향을 미치지 않는다. 같지 않다면 이 옵션은 적절하게 문자를 추가, 제거하거
나 변경한다.

--remove-leading-char : 만일 전역 심볼의 첫 번째 문자가 오브젝트 파일 형식에서 사용하는 심볼의 특별한
첫 번째 문자라면 이 문자는 제거한다. 이 옵션은 언더스코어(_)로 시작하는 모든 심볼을 제거한다. 이것은 서
로 다른 심볼명을 가진 여러 파일 형식의 오브젝트들을 링크할 때 유용하다. 이는 적절한 시점에 출력 파일의
오브젝트 파일 형식으로 간주하여 항상 심볼명을 변경하는 -change-leading-char와는 다르다.

--weaken : 파일 내의 모든 전역 심볼들을 약한 참조로 변경한다. 이는 다른 오브젝트가 링커에 -R 옵션을 사
용하는 다른 오브젝트와는 다르게, 링크되는 오브젝트를 빌드할 경우 유용하다. 이 옵션은 약한 심볼을 지원하
는 오브젝트 파일 형식을 이용하는 때만 유효하다.

-V -version : 버전 정보를 출력한다.

-v -verbose : 상세한 정보를 출력한다. 수정된 모든 오브젝트 파일 목록을 보여준다. 만약 아카이브 파일이면

모든 멤버 목록을 보여준다.

--help : 사용법을 출력한다.

--info : 모든 아키텍쳐와 유용한 오브젝트 형식을 출력한다.

@file : 파일에서 명령행 옵션을 읽는다.

❶ 설명 및 예제

objcopy 명령어는 기존의 오브젝트 파일에서 지정한 파일로 컨텐츠를 복사할 경우에 사용한다. 특히 특정 부분만 선택하여 복사함으로써 파일의 크기를 줄일 수 있다. 또한 바이너리 포맷을 변경할 경우에도 유용하다. 입력 파일(infile)은 원본 파일을, 출력 파일(outfile)은 대상 파일을 지정한다. 만일 출력 파일(outfile)을 지정하지 않으면 생성한 임시 파일을 입력 파일에 덮어쓴다.

아래는 hello 파일을 hello.new 파일로 복사하는 명령으로 결과 파일은 입력 파일인 hello와 같다. 이는 **cp hello hello.new** 명령과 기능적으로 같다

```
$ objcopy hello hello.new
```

아래는 -O 옵션으로 hello.new 파일에 ELF 헤더가 붙지 않는 순수한 바이너리를 생성한다. 이 경우는 주로 부트로더를 만들 때 사용한다.

```
$ objcopy -O binary hello hello.new
```

-S 옵션으로 심볼과 재배치 정보를 제거하여 hello.new의 파일 크기를 줄인다.

```
$ objcopy -S hello hello.new
$ ls -alh
합계 32K
drwxr-xr-x  2 user user 4.0K 2010-03-02 14:37 .
drwxr-xr-x 67 user user 4.0K 2010-03-02 14:37 ..
-rwxr-xr-x  1 user user 8.2K 2010-02-28 10:27 hello
-rw-r--r--  1 user user   73 2010-02-28 10:27 hello.c
-rwxr-xr-x  1 user user 5.4K 2010-03-02 14:37 hello.new
```

❶ 관련 명령어

info : 도움말에 하이퍼텍스트 기능이 추가된 매뉴얼이다.

<table>
<tr><td>명령어</td><td colspan="3">openvt</td><td>OS</td><td>L</td></tr>
<tr><td>키워드</td><td>가상터미널 열기</td><td>경로</td><td>/bin/openvt</td><td>중요도</td><td>☆</td></tr>
<tr><td>요약</td><td colspan="5">새로운 가상 터미널(VT)로 프로그램을 시작한다</td></tr>
</table>

❶ 이렇게 써요

```
openvt [-c vtnumber] [-s] [-u] [-l] [-v] [⋯] command command_option
```

-c vtnumber : 이용할 수 있는 (자동으로 할당하는) 첫 번째 터미널이 아니라, 주어진 숫자(vtnumber)의 터미널 번호를 이용한다. 반드시 시스템에서 할당할 수 있는 범위의 VT로 접근해야 한다.

-f : 사용하고 있는지 확인하지 않고 강제적으로 VT를 연다.

-e : 포크 없이 직접 주어진 명령어를 실행한다. 이 옵션은 /etc/inittab 파일을 참조하여 init 명령에서 사용한다.

-s : 명령어를 실행할 때 새로운 VT로 화면을 전환한다.

-u : 현재의 VT 사용자를 설정하고, 지정한 사용자로 로그인한다. init 명령에서 쓰는 옵션이다. -c나 -l 옵션과는 사용하면 안 된다.

-l : 명령어 로그인 셸을 만든다.

-v : 상세한 정보를 출력한다.

-w : 명령어가 완료될 때까지 대기한다. -w와 -s 옵션과 같이 사용하면 명령이 완료되기 전에 터미널을 제어할 수 있는 화면으로 전환한다.

-- : 옵션의 끝

❶ 설명 및 예제

리눅스는 X윈도우 데스크톱 환경에서 다중의 가상 터미널을 제공한다. 시스템에서 현재 열려 있는 가상 터미널을 확인하려면 Ctrl + Alt + F1 부터 F12 키의 조합을 입력한다. 만일, 다시 X 데스크톱 환경으로 복귀하려면 Ctrl + Alt + F7 조합 키를 입력한다.

openvt 명령어는 시스템의 가상 터미널을 추가할 때 사용한다. 아래와 같이 인자를 지정하지 않으면 **openvt $SHELL** 명령을 실행한다. $SHELL 값은 생성 가능한 가상 터미널 중에서 가장 최소값을 할당한다. 예를 들어 현재 12개의 가상터미널이 있다면 13번째 가상터미널을 자동으로 할당한다.

```
# openvt
```

-c 옵션은 지정한 가상 터미널로 전환하고, -f 옵션은 강제적으로 실행한다. 시스템의 첫 번째 가상 터미널로 화면을 강제로 전환하고 "Hello openvt" 메시지를 출력한다.

```
# openvt -c1 -f echo "Hello openvt"
```

명령어	**parted**				OS	L
키워드	파티션 조작		경로	/sbin/parted	중요도	☆ ☆
요약	디스크 파티셔닝과 파티션 크기를 조절한다					

❗ 이렇게 써요

parted [옵션] [디바이스명 [명령어 [옵션...]...]]

[옵션]

-h, --help : 사용법을 출력한다.

-l, --list : 모든 블록 디바이스의 파티션 목록을 출력한다.

-m, --machine : 파싱이 가능한 출력으로 표시한다.

-s, --script : 프롬프트를 생성하지 않는다.

-v, --version : 버전 정보를 출력한다.

[명령어]

[디바이스명]

블록 디바이스명이다. 아무것도 지정하지 않으면 첫 번째 블록의 디바이스를 자동으로 지정한다.

[명령어 [옵션]]

parted 명령어는 지정한 옵션에 맞혀 실행된다. 만일 옵션을 지정하지 않으면 parted 명령행에서 대화형으로 실행할 수 있다. 아래는 parted 명령행에서 쓸 수 있는 옵션 목록이다.

명령어	설 명
check partition	지정한 파티션을 간단하게 체크한다.
cp [source-device] source dest	원본 디바이스(source-device)의 원본(source) 파티션의 파일 시스템을 현재 디바이스의 대상(dest) 파티션으로 복사한다. 디바이스를 지정하지 않으면 현재 디바이스를 원본으로 한다.
help [command]	전체 명령어 목록의 사용법을 출력한다. 만일 특정 명령어(command)를 지정하면 지정한 명령어의 사용법을 출력한다.
mkfs partition fs-type	파티션에 지정한 파일시스템(fs-type)을 생성한다. 파일시스템에는 "fat16", "fat32", "ext2", "linux-swap" 혹은 "reiserfs" 등이 올 수 있다.
mklabel label-type	새로운 디스크의 라벨 타입(label-tyep)을 지정한다. 라벨 타입에는 "bsd", "dvh", "gpt", "loop", "mac", "msdos", "pc98" 혹은 "sun"을 지정할 수 있다.
mkpart part-type [fs-type] start end	파일 시스템 타입(fs-type)을 지정할 수 있고, 시작 점(start)과 끝 점(end)으로 파티션 타입(part-type)을 생성한다(기본단위는 MB이다). 파일 시스템은 "fat16", "fat32", "ext2", "HFS", "linux-swap", "NTFS", "reiserfs" 혹은 "ufs"를 지정할 수 있다. 파티션 타입은 "primary", "logical" 혹은 "extended"를 지정할 수 있다.

mkpartfs part-type fs-type start end	시작 점(start)과 끝 점(end)으로 하고 기본단위를 MB로 하는 파티션 타입(part-type)과 파일 시스템(fs-type)를 생성한다. 이 명령 대신에 mkpart 명령어로 파티션을 생성하고 mkfs 명령으로 시스템 타입 지정하는 것이 낫다.
move partition start end	파티션을 시작 점(start)과 끝 점(end)으로 하는 파티션으로 이동한다. 이 옵션은 디스크 라벨이 Mac, PC98, GPT인 디스크에서만 사용한다.
print	파티션 테이블을 출력한다.
quit	parted 명령행에서 빠져 나온다.
rescue start end	지정한 시작 점(start)과 끝 점(end) 사이의 잃어 버린 파티션을 복구한다. 만일 파티션을 찾으면 파티션 테이블을 엔트리에 추가할지 여부를 묻는다.
resize partition start end	파티션(partition)에 있는 시작 점(start)과 끝 점(end)까지의 크기를 재조정한다(기본단위는 MB이다).
rm partition	지정한 파티션(partition)을 삭제한다.
select device	편집을 위해 현재 디바이스(device)를 지정한다. 디바이스는 디스크 디바이스, 파티션, 소프트웨어 RAID 디바이스, LVM 논리 볼륨일 수 있다.
set partition flag state	지정한 플래그(flag)와 상태(state)의 파티션(partition)으로 변경한다. 플래그는 "boot", "root", "swap", "hidden", "raid", "lvm", "lba" 그리고 "palo"를 지정할 수 있고, 상태에는 "on" 혹은 "off"를 지정할 수 있다.
version	버전 정보를 출력한다.

❶ 설명 및 예제

parted 명령어는 디스크를 파티셔닝하거나 파티션의 크기를 조절한다. ext2, linux-swap, FAT, FAT32 그리고 reiserfs 파티션을 생성, 삭제 혹은 크기를 재설정하고, 이동 혹은 복사할 수 있다. 또한 매킨토시 HFS 파티션을 생성, 삭제, 이동할 수 있고 jfs, ntfs, ufs, xfs 파티션을 인식할 수 있다. 이 명령어는 새로운 운영체제를 설치할 때 디스크 공간을 확보하거나 파티션의 크기를 재설정할 수 있다. 또한 데이터를 새로운 하드 디스크에 복사할 때 유용하다.

fdisk는 parted의 파티션 크기를 조절하는 기능을 제외하고 기능상 같다. 참고로 fdisk 명령어는 2TB 이상의 실린더를 인식할 수 없으므로, 이 때는 parted을 사용해야 한다.

parted 명령어를 인자 없이 실행할 경우 첫 번째 블록의 디바이스를 자동 선택한다.

```
$ parted
(parted)
```

help 명령어도 (parted) 명령행에서 사용 가능한 명령어 목록을 출력한다.

```
(parted) help
```

-l 옵션은 블록 디바이스의 파티션 정보를 출력한다.

```
$ parted -l
Model: ATA WDC WD5000BEVT-3 (scsi)
Disk /dev/sda: 500GB
Sector size (logical/physical): 512B/512B
Partition Table: msdos
Number Start End Size Type File system Flags
1 1049kB 16.1GB 16.1GB primary ntfs
2 16.1GB 16.2GB 105MB primary ntfs boot
3 16.2GB 169GB 152GB primary ntfs
4 169GB 500GB 331GB extended
5 169GB 219GB 50.0GB logical ext4
6 219GB 223GB 3997MB logical linux-swap(v1)
7 223GB 447GB 224GB logical ext3
```

-l과 -m 옵션을 같이 사용하면 각 필드를 콜론(:)으로 구분하여 출력한다.

```
$ parted -lm
BYT;
/dev/sda:500GB:scsi:512:512:msdos:ATA WDC WD5000BEVT-3;
1:1049kB:16.1GB:16.1GB:ntfs::;
2:16.1GB:16.2GB:105MB:ntfs::boot;
3:16.2GB:169GB:152GB:ntfs::;
4:169GB:500GB:331GB:::;
5:169GB:219GB:50.0GB:ext4::;
6:219GB:223GB:3997MB:linux-swap(v1):
```

아래는 parted를 사용하여 /dev/sdc 디바이스의 파티션을 설정하는 방법을 설명한다.

① 현재 디바이스 정보를 출력한다. 파티션이 아직 할당되지 않아 아래 에러 메시지를 출력한다.

```
# parted /dev/sdc(parted) printError: Unable to open /dev/sdc -
unrecognised disk label.
```

② 디스크의 라벨을 dictionary로 지정한다.

```
(parted) mklabel dictionary
```

③ p 명령으로 지정한 라벨을 확인할 수 있다. print를 입력해도 마찬가지다.

```
(parted) p
Model: IFT A16F-R2431 (scsi)Disk /dev/sdc: 300GBSector size (logical/
physical): 512B/512BPartition Table: dictionaryNumber Start End Size
File system Name Flags
```

④ mkpart 명령으로 프라이머리 파티션의 0MB에서 500MB까지 생성한다. 기본 단
위는 MB이다.

```
(parted) mkpart primary 0 500
```

⑤ 프라이머리 파티션으로 500MB 부터 10GB까지 추가적으로 생성한다.

```
(parted) mkpart primary 500 10000
```

⑥ 10GB 이후의 나머지 파티션을 생성한다.

```
(parted) mkpart primary 10000 100%
```

⑦ p 명령으로 지정한 파티션을 확인한다.

```
(parted) pModel: IFT A16F-R2431 (scsi)Disk /dev/sdc: 300GBSector size
(logical/physical): 512B/512BPartition Table: dictionaryNumber Start
End Size File system Name Flags1 17.4kB 500MB 500MB primary2 500MB 10.0GB
9500MB primary3 10.0GB 300GB 290GB primary
```

❗ 관련 명령어

fdisk : 파티션을 설정한다.
mkfs : 리눅스 파일시스템을 만든다.

<table>
<tr><td>명령어</td><td colspan="3">passwd</td><td>OS</td><td>L=U</td></tr>
<tr><td>키워드</td><td>패스워드 변경</td><td>경로</td><td>/usr/bin/passwd</td><td>중요도</td><td>☆☆☆</td></tr>
<tr><td>요약</td><td colspan="5">사용자의 패스워드를 변경한다</td></tr>
</table>

❶ 이렇게 써요

```
passwd [옵션] [사용자]
```

-a, --all : 모든 사용자의 암호 상태를 출력한다. -S 옵션과 같이 사용해야 한다.

-d, --delete : 사용자의 암호를 삭제한다.

-e, --expire : 강제적으로 사용자의 암호를 만료시킨다.

-h, --help : 사용법을 출력한다.

-i, --inactive INACTIVE : 암호가 만료된 이후에 비활성화 기간(INACTIVE)을 지정한다.

-l, --lock : 지정한 사용자의 암호에 락(lock)을 지정한다.

-n, --mindays MIN_DAYS : 다시 암호를 변경할 수 있는 최소 일수(MIN_DAYS)을 지정한다.

-q --quiet : 메시지를 출력하지 않는다.

-r, --repository REPOSITORY : 저장소(REPOSITORY)의 암호를 변경한다.

-S, --status : 사용자의 패스워드 정보를 출력한다. 상태 정보는 7개의 필드로 구성된다.

-u, --unlock : 사용자 암호의 락을 해제한다.

-w, --warndays WARN_DAYS : 암호 만료 메시지를 보여줄 기간(WARN_DAYS)을 지정한다.

-x, --maxdays MAX_DAYS : 패스워드 암호를 변경하지 않아도 되는 최대 유효기간(MAX_DAYS)을 지정한다.

❶ 설명 및 예제

passwd 명령어는 사용자의 패스워드를 변경한다. 패스워드 관리는 일반 사용자는 물론 시스템 관리자에게 매우 중요하다. passwd 명령으로 주기적으로 패스워드를 변경하는 것은 최소한의 보안 장치다. useradd 명령어로 사용자를 추가했다면 반드시 passwd 명령어로 패스워드를 생성해야 사용자가 활성화된다.

아래는 현재 로그인되어 있는 사용자의 패스워드를 변경한다.

```
# passwd
New password:
Retype new password:
passwd: all authentication tokens updated successfully
```

슈퍼유저는 지정한 사용자의 패스워드를 변경할 수 있다. hanbit 사용자의 패스워드를 변경해보자.

```
# passwd hanbit
```

```
New password:
Retype new password:
passwd: all authentication tokens updated successfully
```

만약 슈퍼유저 권한으로 **passwd -Sa** 명령을 실행하면 모든 사용자의 패스워드 파일의
정보를 출력할 수 있다.

```
$ sudo passwd -Sa
root P 07/03/2010 0 99999 7 -1
----------------------------- 중간 생략 -----------------------------
user P 07/01/2010 0 99999 7 -1
hanbit P 01/01/1970 0 99999 7 -1
hanbit2 L 07/03/2010 0 99999 7 -1
```

위 예제에서 출력한 각 필드에 대한 설명이다.

필드	설명
첫 번째 필드	사용자 로그인 이름
두 번째 필드	L : 사용자 계정에 락이 걸려 있다. NP : 사용할 패스워드가 없다. P : 사용할 패스워드가 있다.
세 번째 필드	패스워드의 마지막 변경 날짜
네 번째 필드	패스워드를 변경해야 하는 최소 날짜
다섯 번째 필드	패스워드를 변경하지 않아도 되는 최대의 유효기간
여섯 번째 필드	패스워드 변경 요구 메시지 전의 암호 만료 예고 기간
일곱 번째 필드	패스워드 만료 후에 로그인 비활성화 기간

/etc/passwd 파일은 username:password:uid:gid:gecos:homedir:shell의
형태로 되어 있다.

```
# cat /etc/passwd
root:x:0:0:root:/root:/bin/bash
bin:x:1:1:bin:/bin:/sbin/nologin
daemon:x:2:2:daemon:/sbin:/sbin/nologin
adm:x:3:4:adm:/var/adm:/sbin/nologin
lp:x:4:7:lp:/var/spool/lpd:/sbin/nologin
```

```
----------------------------- 중간 생략 -----------------------------
hanbit:x:500:500:hanbit:/home/hanbit:/bin/bash
oracle:x:502:5000::/home/oracle:/bin/bash
```

위에 출력된 각 필드의 설명은 다음과 같다.

필드	설명
username	고유한 계정을 구별하는 사용자 아이디
password	사용자의 패스워드가 암호화된 형태로 사용자가 읽을 수 있고, 보안상 위험이 있어 **pwconv** 명령어로 /etc/shadow 파일을 사용
uid	사용자 ID로써 계정을 구별하는 값
gid	그룹 ID로써 /etc/group과 관련이 있다.
gecos	사용자의 실제 이름, 주소, 전화번호 등의 정보가 있다.
homedir	사용자의 홈 디렉터리
shell	사용자가 로그인 할 셸

<table>
<tr><td>명령어</td><td colspan="4">paste</td><td>OS</td><td>L=U</td></tr>
<tr><td>키워드</td><td>파일 합치기</td><td>경로</td><td>/usr/bin/paste</td><td></td><td>중요도</td><td>☆☆</td></tr>
<tr><td>요약</td><td colspan="6">파일의 줄을 합친다</td></tr>
</table>

❶ 이렇게 써요

```
paste [옵션] 파일…
```

  -d, --delimiters=char : 지정한 문자(char)로 열을 구분한다.

  -s, --serial : 파일을 가로를 기준으로 하여 일렬로 합친다.

  --help : 사용법을 출력한다.

  --version : 버전 정보를 출력한다.

❶ 설명 및 예제

paste 명령어는 파일의 라인들을 합쳐 출력한다. 아래는 foo1와 foo2 두 파일이 있다고 가정한다.

```
$ cat foo1
1111  3333
5555  7777
9999  9999
$ cat foo2
2222  4444
6666  8888
0000  0000
```

아래는 각 파일을 행을 기준으로 합쳐 출력한다.

```
$ paste foo1 foo2
1111  3333  2222  4444
5555  7777  6666  8888
9999  9999  0000  0000
```

-s 옵션은 파일의 모든 내용을 가로로 출력한다.

```
$ paste -s foo1 foo22
1111  3333  5555  7777  9999  9999
2222  4444  6666  8888  0000  0000
```

아래는 루트 디렉터리(/)에 있는 모든 디렉터리를 세미콜론(;)을 구분으로 하나의 열에 출력한다.

```
$ ls / | paste -d ';' -s
bin;boot;CD-ROM;dev;etc;home;lib;lost+found;media;mnt;opt;proc;root;s
bin;selinux;srv;sys;tmp;usr;var
```

여기서 잠깐

GNOME

GNOME은 GNU Network Object Model Environment의 약어이다. 유닉스 기반의 OS 사용자를 위한 그래픽 사용자 인터페이스^{GUI}와 일련의 컴퓨터 데스크톱 어플리케이션이다. 사용자에게 익숙하고 편리한 외관과 다양한 응용 프로그램을 함께 제공하여 쉽게 유닉스와 리눅스를 접할 수 있다. GNOME은 리처드 스톨먼에 의해 설립된 FSF가 후원하며 GNOME 프로그램과 다른 환경의 프로그램이 서로 호환될 수 있도록 CORBA를 지원하는 ORB와 함께 나온다. GNOME은 또한 프로그래머들이 GNOME 사용자 인터페이스 프로그램을 쉽게 개발할 수 있도록 편리한 위젯^{widget} 라이브러리를 제공한다.

<table>
<tr><td>명령어</td><td colspan="3">patch</td><td>OS</td><td>L~U</td></tr>
<tr><td>키워드</td><td>diff 파일을 원본에 적용</td><td>경로</td><td>/usr/bin/patch</td><td>중요도</td><td>☆☆☆</td></tr>
<tr><td>요약</td><td colspan="5">difff 파일을 원본 파일에 적용한다</td></tr>
</table>

❶ 이렇게 써요

```
patch [옵션] [원본 파일 [패치 파일]]
patch -pnum 〈 패치 파일
```

-d --directory=DIR : 작업 디렉터리(DIR)를 변경한다.

-f --force : -t 옵션과 비슷하나 diff 파일이 역^{reverse}이 아니라고 가정하고 잘못된 패치를 무시한다.

-i --input=PATCHFILE : 패치 파일(PATCHFILE)에서 패치를 읽는다.

-pnum, --strip=NUM : 패치 파일의 위치(NUM)를 지정한다.

-R --reverse : 원본 파일과 대상 파일을 바꿔 패치 파일을 생성한 것으로 가정한다. 패치를 다시 원본으로 복구
할 때 필요하다.

-s --quiet --silent : 에러를 출력하지 않는다.

-t, --batch : 역으로 생성한 diff 파일이라고 가정하고 비 상호 대화형 모드$^{non-interactive}$로 사용자에게 묻지 않는다.

-U --unified-reject-files : 패치 시에 거부된 파일을 통합해서 생성한다.

-v --version : 버전 정보를 출력한다.

--binary : 바이너리 모드로 데이터를 읽고 쓴다.

--dry-run : 실제로 파일을 변경하지 않는다. 단지 적용한 결과만 출력한다.

--global-reject-file=file : 하나의 파일에 모든 거부 표시를 넣는다.

--help : 사용법을 출력한다.

--posix : 포직스 표준으로 지정한다.

--verbose : 상세 정보를 출력한다.

❶ 설명 및 예제

patch는 diff 명령으로 생성한 패치 파일을 적용한다. -p 옵션과 -R 옵션을 제외하고는
대부분 자주 사용하지 않는다.

-p -strip=NUM 옵션은 현재 패치 파일의 위치에서 없는 것으로 가정할 디렉터리의 수
를 지정한다. 예를 들어 아래와 같이 사용자 홈 디렉터리에 패치 파일이 있다고 가정하자.

```
$ pwd
$ /home/user
$ cp -ap project project.orig
$ diff -Npur project.orig project 〉 project.diff
```

패치 파일은 다음과 같이 생성한다.

```
$ cat project.diff
```

```
diff -Npur project.orig/src/hello.c project/src/hello.c
--- project.orig/src/hello.c    2010-05-30 17:30:06.000000000 +0900
+++ project/src/hello.c 2010-05-30 17:30:31.000000000 +0900
@@ -1,6 +1,6 @@
 #include <stdio.h>
 int main()
 {
-       printf("Hello.\n");
+       printf("Hello World.\n");
        return 0;
 }
```

위의 패치 파일의 첫 번째 행은 현재 디렉터리를 기준으로 하위의 project/src 디렉터리
에 있는 hello.c 파일의 패치 파일이라는 의미이다. 이 파일은 -p0 옵션으로 홈 디렉터
리에서 패치를 적용할 수 있다.

```
$ pwd
$ /home/user
$ patch -p0 < project.diff
```

-p1 옵션과 함께 project 디렉터리에서 패치를 적용할 수 있다.

```
$ pwd
$ /home/user/project
$ patch -p1 < ../project.diff
```

-p2 옵션과 함께 2단계의 디렉터리 위치를 무시하면, 최 하위 디렉터리에서 패치를 할
수 있다.

```
$ pwd
$ /home/user/project/src
$ patch -p2 < ../../project.diff
```

-R 옵션은 패치를 적용했다가 다시 복구하고자 할 때 사용한다.

```
$ patch -p0 < project.diff
patching file hello.c
$ cat project/src/hello.c
```

```
#include <stdio.h>
int main()
{
        printf("Hello World.\n");
        return 0;
}
$ patch -p0 < project.diff
patching file hello.c
$ cat project/src/hello.c
#include <stdio.h>
int main()
{
        printf("Hello.\n");
        return 0;
}
```

patch-2.6.29.diff.bz2 커널 패치는 파이프(|)를 이용하여 단번에 적용할 수 있다.

```
$ bzip2 -dc patch-2.6.29.diff.bz2 | patch -p1
```

❶ 관련 명령어

diff : 파일을 라인별로 비교하여 출력한다.

<table>
<tr><td>명령어</td><td>pathchk</td><td>OS</td><td>L=U</td></tr>
<tr><td>키워드</td><td>파일 이름 점검</td><td>경로</td><td>/usr/bin/pathchk</td><td>중요도</td><td>☆</td></tr>
<tr><td>요약</td><td colspan="5">파일 이름이 유효하거나 이식성이 있는지 체크한다</td></tr>
</table>

❶ 이렇게 써요

```
pathchk [옵션] 파일이름
```

-p : 대부분의 포직스 시스템 규정을 검사한다.
-P : 빈 파일 이름인지와 "-"로 시작하는지 검사한다.
--portability : 모든 포직스 시스템을 체크한다(-p와 -P 옵션을 같이 쓴다).
--help : 사용법을 출력한다.
--version : 버전 정보를 출력한다.

❶ 설명 및 예제

pathchk 명령어는 파일 이름이 유효한지 혹은, 이식성이 있는지 점검한다. 다음은 이 조건이 만족하는 경우이다.

· 디렉터리에 있는 모든 파일명이 실행 퍼미션을 갖고 있다.
· 파일명의 길이가 파일 시스템이 지원하는 최대 파일 길이를 넘지 않는다.
· 디렉터리명의 길이가 자원하는 파일 시스템의 최대 길이를 넘지 않는다.

종료 상태는 다음과 같다.

· 0 : 모든 파일명이 검사에 만족했을 때
· 1 : 그 외

아래와 같이 -p나 --portability 옵션은 검색하는 파일이 포직스의 최소 규정에 맞는지 체크한다. 파일명의 길이 32자는 포직스X 최소 규정인 14자를 넘어선다. 이는 이식성에 문제가 있다.

```
$ pathchk --portability pathchk.test.foooooooooooooooooooo
pathchk: limit 14 exceeded by length 32 of file name component 'pathchk.
test.foooooooooooooooooooo
```

<table>
<tr><td>명령어</td><td colspan="4">pidof</td><td>OS</td><td>L</td></tr>
<tr><td>키워드</td><td>PID 확인</td><td>경로</td><td colspan="2">/sbin/pidof</td><td>중요도</td><td>☆</td></tr>
<tr><td>요약</td><td colspan="6">실행 중인 프로그램의 프로세스 ID를 찾는다</td></tr>
</table>

❶ 이렇게 써요

pidof [옵션] 프로그램

-s : 중복되는 프로세스 ID가 있을 때 하나의 프로세스 ID만 출력한다.

-x : 스크립트와 함께 실행 중인 프로세스 ID도 출력한다.

-o pids : 지정한 프로세스(pids)를 제외하고 나머지를 출력한다.

❶ 설명 및 예제

pidof 명령어는 실행 프로세스의 ID를 확인할 때 유용하다.

아래는 실행 중인 프로세스 중 VI와 관련된 정보만을 출력한다.

```
$ ps aux | grep vi
user      3653  0.0  0.1   4008  1264 pts/0    T<    07:32   0:00 vi
user      3656  0.0  0.1   4008  1268 pts/0    TN    07:32   0:00 vi
```

아래와 같이 pidof 명령으로 해당 프로세스의 PID를 확인할 수 있다.

```
$ pidof vi
3656 3653
```

프로세스와 관련해서 부가적인 설명은 nice나 ps 페이지를 참조하자.

<table>
<tr><td>명령어</td><td colspan="3">ping</td><td>OS</td><td>L≒U</td></tr>
<tr><td>키워드</td><td>네트워크 연결 확인</td><td>경로</td><td>/bin/ping</td><td>중요도</td><td>☆☆☆</td></tr>
<tr><td>요약</td><td colspan="5">ICMP_ECHO_REQUEST 메시지를 네트워크 호스트로 보낸다</td></tr>
</table>

❗ 이렇게 써요

```
ping [옵션] host
```

-b : 브로드 캐스트 주소로 핑을 보낸다.

-c count : 지정한 숫자(count)만큼 패킷을 보낸다.

-f : 핑 플로딩ping Flooding 패킷을 보낸다. 초기 유닉스 시스템의 도스 핑 공격으로 이용되었다.

-i wait : 지정한 간격(wait)으로 패킷을 보낸다.

-I interface_address : 발신지 주소의 인터페이스 주소를 지정한다.

-l preload : 핑을 보내기 전 미리 지정한 수(preload)만큼 패킷을 보낸다.

-n : 반환되어 되돌아오는 패킷의 호스트명을 IP 주소 형태로 출력한다.

-p pattern : 송신할 패킷을 채우기 위해 16바이트까지 지정한다. 이는 네트워크의 데이터 문제를 진단하는 데 유용하다.

-q : 패킷의 응답 정보는 출력하지 않고 통계 정보만 출력한다.

-r : 라우팅 테이블을 이용하지 않고 직접적으로 연결된 호스트에 패킷을 보낸다.

-s packetsize : 보낼 패킷 크기(packetsize)를 지정한다. 기본값은 56이며, 최대값은 65,507이다.

-v : 에코 응답ECHO_RESPONSE과 함께 ICMP 패킷의 상세 정보를 출력한다.

-V : 버전 정보를 출력한다.

❗ 설명 및 예제

ping 명령어는 네트워크에 ICMP 패킷을 보내 호스트의 연결성을 분석한다. 네트워크에 연결되어 있는 임의의 호스트에서 대상 호스트로 ICMP 패킷을 보내면, 패킷은 대상 호스트에 도착한 후에 시간을 저장하고 패킷을 다시 발신지 호스트로 되돌아온다.

ping 명령은 호스트 간 패킷 왕복 시간을 계산하여, 호스트의 연결성이나 동작 유무를 판단한다. 만일 패킷에 대한 응답이 없다면 대상 호스트의 연결이나 동작에 이상이 발생했다고 판단할 수 있다. 아래에서 -c 옵션으로 패킷 수를 3개로 제한하고 왕복 시간을 결과로 출력한다.

```
$ ping -c 3 localhost
PING localhost (127.0.0.1) 56(84) bytes of data.
 64 bytes from localhost (127.0.0.1): icmp_seq=1 ttl=64 time=0.028 ms
 64 bytes from localhost (127.0.0.1): icmp_seq=2 ttl=64 time=0.029 ms
 64 bytes from localhost (127.0.0.1): icmp_seq=3 ttl=64 time=0.029 ms
```

```
--- localhost ping statistics ---
3 packets transmitted, 3 received, 0% packet loss, time 2000ms
rtt min/avg/max/mdev = 0.028/0.028/0.029/0.006 ms
```

아래는 61.40.233.125 호스트에 패킷을 보낸다. "Destination Host Unreachable" 메시지로 대상 호스트가 문제가 있음을 판단할 수 있다.

```
$ ping -c 3 61.40.233.125
PING 61.40.233.125 (61.40.233.125) from 61.40.233.122 : 56(84) bytes of data.
From 61.40.233.122: Destination Host Unreachable
From 61.40.233.122: Destination Host Unreachable
From 61.40.233.122: Destination Host Unreachable
--- 61.40.233.125 ping statistics ---
3 packets transmitted, 0 packets received, +3 errors, 100% packet loss
```

여기서 잠깐

ping에 응답하지 않는 방법

아래처럼 하면 핑 패킷에 대해 반응하지 않는다.

```
# echo 1 > /proc/sys/net/ipv4/icmp_echo_ignore_all
```

브로드 캐스트 패킷에만 반응하지 않는다.

```
# echo 1 > /proc/sys/net/ipv4/icmp_echo_ignore_broadcasts
```

부팅 후에도 적용하려면 아래 파일에 추가한다. **sysctl -w** 명령으로도 저장할 수 있다.

```
# cat /etc/sysctl.conf
net.ipv4.icmp_echo_ignore_broadcasts = 1
net.ipv4.icmp_echo_ignore_all = 1
```

ICMP

인터넷 제어 메시지 규약Internet Control Message Protocol이다. 인터넷 오류 메시지를 생성, 검사하고 IP에 관련된 정보를 제공하는 통신 규약을 말한다. 예를 들어 ping 명령은 인터넷 접속 테스트를 위해 ICMP를 사용한다.

패킷

네트워크에서 데이터 전송을 위한 단위다. 패킷의 크기는 수신 측과 송신 측에서 사용하는 통신 규약에 의하여 결정된다. 일반적으로 128바이트가 표준이지만 52, 64, 256 옥텟Octet 등 편의에 따라 크기를 바꿀 수 있다. 옥텟은 보통 8 비트로 구성하고 이를 하나의 문자로 간주한다.

<table>
<tr><td>명령어</td><td colspan="4">pmap</td><td>OS</td><td>L≠U</td></tr>
<tr><td>키워드</td><td>메모리 맵 출력</td><td>경로</td><td>/usr/bin/pmap</td><td></td><td>중요도</td><td>☆☆</td></tr>
<tr><td>요약</td><td colspan="6">프로세스의 메모리 맵을 출력한다</td></tr>
</table>

❶ 이렇게 써요

```
pmap [-x|-d] [-q] pid …
pamp -V
```

-x extended : 확장된 포맷으로 출력한다.
-d device : 디바이스 포맷을 출력한다.
-q quiet : 정보를 간단하게 출력한다.
-V show version : 버전 정보를 출력한다.

❶ 설명 및 예제

pmap 명령어는 프로세스 ID를 기준으로 메모리 맵 정보를 출력한다. 아래는 pidof로 gnome-terminal의 프로세스 ID를 인자로 넘겨 받는다. 첫 번째 행의 숫자는 현재 프로그램의 프로세스 번호를 출력하고, 마지막 행의 total 값은 프로세스에서 사용하고 있는 전체 메모리의 크기를 출력한다. 출력 내용의 중간에는 라이브러리의 위치와 메모리 주소를 확인할 수 있다.

```
$ sudo pmap 'pidof gnome-terminal'
2175:   gnome-terminal
00110000      12K r-x--     /usr/lib/liblaunchpad-integration.so.1.0.0
00113000       4K r----     /usr/lib/liblaunchpad-integration.so.1.0.0
00114000       4K rw---     /usr/lib/liblaunchpad-integration.so.1.0.0
00115000     100K r-x--     /usr/lib/libatk-1.0.so.0.3009.1
------------------------------- 중간 생략 -------------------------------
b7757000       4K r----     /usr/lib/locale/ko_KR.utf8/LC_ADDRESS
b7758000       4K r----     /usr/lib/locale/ko_KR.utf8/LC_TELEPHONE
b7759000       4K r----     /usr/lib/locale/ko_KR.utf8/LC_MEASUREMENT
b775a000      28K r--s-     /usr/lib/gconv/gconv-modules.cache
b7761000       4K r----     /usr/lib/locale/ko_KR.utf8/LC_IDENTIFICATION
b7762000       8K rw---     [ anon ]
bfee2000     108K rw---     [ stack ]
 total     52752K
```

위에서 살펴 본 pmap의 정보는 /proc/2175/maps에서도 동일하게 확인할 수 있다.

```
$ pidof gnome-terminal
2175


$ sudo cat /proc/2175/maps
```

아래와 같이 -x 옵션은 Address, Kbyes, RSS, Anon, Locked, Mode, Mapping 필드의 자세한 정보를 출력한다.

```
$ sudo pmap -x 2175
2175:   gnome-terminal
Address   Kbytes  RSS  Anon  Locked Mode  Mapping
00110000  12       -    -       - r-x--    liblaunchpad-integration.so.1.0.0
00113000  4        -    -       - r-----   liblaunchpad-integration.so.1.0.0
00114000  4        -    -       - rw----   liblaunchpad-integration.so.1.0.0
00115000  100      -    -       - r-x--    libatk-1.0.so.0.3009.1
0012e000  4        -    -       - ------   libatk-1.0.so.0.3009.1
0012f000  4        -    -       - r-----   libatk-1.0.so.0.3009.1
00130000  4        -    -       - rw----   libatk-1.0.so.0.3009.1
00131000  16       -    -       - r-x--    libgthread-2.0.so.0.2400.1
00135000  4        -    -       - r-----   libgthread-2.0.so.0.2400.1
00136000  4        -    -       - rw----   libgthread-2.0.so.0.2400.1
----------------------------- 이하 생략 -----------------------------
```

❶ 관련 명령어

ps : 프로세스의 현재 상태를 출력한다.
pgrep : 이름을 기반으로 프로세스를 찾는다.

<table>
<tr><td>명령어</td><td colspan="3">pkgadd</td><td>OS</td><td>U</td></tr>
<tr><td>키워드</td><td>패키지 설치</td><td>경로</td><td>/usr/sbin/pkgadd</td><td>중요도</td><td>☆☆</td></tr>
<tr><td>요약</td><td colspan="5">유닉스 기반에서 소프트웨어 패키지를 시스템에 설치한다</td></tr>
</table>

❶ 이렇게 써요

```
pkgadd      [-nv] [-a admin] [-G] [-x proxy] [[-M] -R root_path] [-r response] [-k keystore]
            [-P passwd] [-V fs_file] [-d device | -d datastream pkginst | all]
            [pkginst | -Y category [, category]...]
pkgadd -s   [-d device | -d datastream pkginst | all] [pkginst | - Y category [,category]...]
```

-a admin : 인스톨 관리파일, 관리자, 기본 관리파일의 위치를 지정한다. 위치를 지정하지 않으면 현재 디렉터리에서 파일을 찾는다. 만일 현재 디렉터리에 파일이 없다면 /var/sadm/install/admin 디렉터리에서 파일을 찾는다.

-G : 현재 위치에서만 패키지를 추가한다.

-k keystore : 디지털 서명을 위한 키 스토어(keystore) 위치를 지정한다.

-M : 클라이언트 마운트 위치로 $root_path/etc/vfstab 파일을 이용하지 않는다.

-n : 비대화형 모드non-interactive mode로 패키지를 설치한다.

-P passwd : 지정한 암호화 키 스토어를 패스워드로 사용한다.

-R root_path : 디렉터리(root_path)를 전체 패스로 지정한다.

-s spool : 패키지를 설치하지 않고 지정한 디렉터리(spool)에 패키지를 저장한다.

-V fs_file : 클라이언트 파일 시스템(fs_file)을 지정한다.

-x proxy : 패키지를 다운로드할 HTTP(s) 프록시(proxy)를 지정한다.

❶ 설명 및 예제

pkgadd 명령어는 유닉스 기반의 명령어로 소프트웨어 패키지의 내용을 기준으로 CD-ROM과 같은 배포 매체나 지정한 디렉터리에서 패키지를 설치한다. 만일 -d device 옵션을 지정하지 않으면 /var/spool/pkg 디렉터리 위치에서 패키지를 찾는다. -s 옵션은 패키지를 설치하는 대신 스풀 디렉터리에 쓰게 된다.

pkgadd는 패키지를 설치할 때 쓸 임시 공간을 요구한다. 임시 디렉터리는 $TMPDIR 환경 변수에서 결정한다. 만일 $TMPDIR 변수가 정의되어 있지 않다면, stdio.h에서 지정한 P_tmpdir 값인 /var/tmp 디렉터리로 결정한다.

-d 옵션으로 DVD에 있는 패키지를 설치하자.

```
# pkgadd -d /cdom/CD-ROM0/s0/Solaris_10/Product
```

/var/tmp/datastream 파일에서 지정한 패키지 전체를 설치할 수 있다.

```
# pkgadd d /var/tm/datastream all
```

<table>
<tr><td>명령어</td><td>pkgchk</td><td>OS</td><td>U</td></tr>
<tr><td>키워드</td><td>패키지 무결성 체크</td><td>경로</td><td>/usr/sbin/pkgchk</td><td>중요도</td><td>☆☆</td></tr>
<tr><td>요약</td><td colspan="5">유닉스 기반의 패키지 인스톨 무결성 검사한다</td></tr>
</table>

❶ 이렇게 써요

```
pkgchk            [-l | -acfnqvx] [-i file | - ] [-p path…] | -P partial-path…] [-R root_path]
                  [[-m pkgmap [-e envfile]] | pkginst… | -Y category, category…]
pkgchk -d device  [-l | -fv] [-i file | - ] [-M] [-p path]…
                  [-V fs_file] [pkginst… | -Y category[, category…]]
```

[옵션]

-a : 파일 속성만을 감사[audit]하고 파일의 내용은 검사하지 않는다. 기본값은 두 가지 모두 검사한다.

-c : 파일 내용만 감사하고 파일 속성은 검사하지 않는다.

-d device : 스풀 패키지의 디바이스(device)를 지정한다. 디바이스는 디렉터리 위치, 테이프, 플로피 디스크, 제거 가능한 디스크(/var/tmp 혹은 /dev/diskette) 중 하나를 지정할 수 있다.

-e envfile : 패키지 정보 파일 이름(envfile)를 지정한다.

-f : 가능하다면 파일 속성을 수정한다. -x 옵션과 같이 사용하여 숨김 파일을 제거한다.

-i file | - : 파일(file)이나 표준입력(-)에서 위치를 읽고 목록을 설치할 소프트웨어 데이터베이스인 패키지 맵 파일과 비교한다.

-l : 선택된 파일의 정보를 출력한다. 이 옵션은 -a, -c, -f, -g, -v 옵션과는 호환되지 않는다.

-m pkgmap : 지정한 패키지 맵 파일(pkgmap)에서 패키지를 체크한다.

-n : 파일의 내용을 체크하지 않는다.

-p path : 지정한 위치(path)에서만 체크한다.

-q : 에러에 관한 메시지를 출력하지 않는다.

-R root_path : 전체 디렉터리(root_path)를 지정한다.

-v : 상세 정보를 출력한다.

-V fs_file : 클라이언트 파일 시스템(fs_file)을 지정한다.

[명령]

pkginst : 설치하거나 체크할 패키지(pkginst)를 지정한다. "pkgint.*" 형태는 pkginst로 시작하는 모든 패키지를 뜻한다. 기본값은 패키지의 정보를 모두 출력한다.

❶ 설명 및 예제

pkgchk 명령어는 유닉스 기반의 명령으로 인스톨된 파일의 무결성을 체크하고 차이점을 발견하면 상세 정보를 출력한다. -l 옵션은 패키지 파일의 정보를 출력한다.

'이렇게 써요'의 첫 번째는 시스템에 설치된 오브젝트의 내용 혹은 속성을 출력한다. '이렇게 써요' 두 번째는 디바이스의 스풀 패키지이나 설치되지 않은 패키지의 목록을 체크할 때 사용한다.

아래는 /usr/bin/ls명령과 관련한 패키지를 출력한다. 이는 레드햇 리눅스의 **rpm -qf** 명령과 같다.

```
# pkgchk -l - /usr/bin/ls
```


사용자 홈 디렉터리에 자동으로 public_html 디렉터리 생성하기

리눅스로 웹 서비스를 하는 경우 홈 디렉터리에 public_html 디렉터리를 생성하고 index.html 파일을 만든다. public_html 디렉터리는 아파치 설정 파일인 httpd.conf의 UserDir 지시자에서 지정한 디렉터리다. 사용자 계정을 추가할 때마다 자동으로 public_html 디렉터리를 생성하려면 /etc/skel 디렉터리 밑에 public_html 디렉터리를 생성해야 한다.

```
$ ls -al /etc/skel/
total 32
drwxr-xr-x   2 root root  4096 Apr 29 05:26 .
drwxr-xr-x 130 root root 12288 Jul  4 10:33 ..
-rw-r--r--   1 root root   220 Apr 18 18:51 .bash_logout
-rw-r--r--   1 root root  3103 Apr 18 18:51 .bashrc
-rw-r--r--   1 root root   675 Apr 18 18:51 .profile
-rw-r--r--   1 root root   179 Mar 26 05:31 examples.desktop
```

<table>
<tr><td>명령어</td><td>pkginfo</td><td></td><td></td><td>OS</td><td>U</td></tr>
<tr><td>키워드</td><td>패키지 정보</td><td>경로</td><td>/usr/sbin/pkginfo</td><td>중요도</td><td>☆☆</td></tr>
<tr><td>요약</td><td colspan="5">유닉스 기반의 지정된 패키지의 정보를 출력한다</td></tr>
</table>

❶ 이렇게 써요

```
pkginfo    [-q | -x | -l] [-p | -i] [-r] [-a arch] [- version] [-c category]... [pkginst]...
pkginfo    [-d device] [-R root_path] [-q | -x | -l] [-a arch][-v version]
           [-c category]... [pkginst]...
```

-a arch : 지정한 아키텍쳐(arch)의 정보를 출력한다.

-c category : 카테고리(category)와 일치하는 패키지를 출력한다.

-d device : 디바이스(device)를 지정한다. 디바이스는 디렉터리의 절대 경로, 테이브, 플로피 디스크, 제거할 수 있는 디스크의 id를 지정할 수 있다.

-i : 설치한 패키지의 정보만 출력한다.

-l : 설치한 패키지를 자세한 형태의 정보로 출력한다.

-p : 설치한 패키지 정보의 일부분만 출력한다.

-q : 메시지를 출력하지 않는다.

-r : 위치를 재지정한 패키지의 정보를 출력한다.

-R root_path : 디렉터리(root_path)의 전체 경로를 지정한다.

-v version : 지정한 버전(version)의 정보를 출력한다.

-x : 패키지 정보의 목록을 출력한다. 목록은 패키지 축약, 패키지 이름, 패키지 아키텍쳐과 패키지 버전을 포함한다.

❶ 설명 및 예제

pkginfo 명령어는 '이렇게 써요'의 첫 번째는 시스템에 설치한 소프트웨어 패키지에 관한 정보를 출력한다. '이렇게 써요'의 두 번째는 디바이스나 디렉터리에 존재하는 정보를 출력한다. 만일 옵션을 지정하지 않으면 주요 카테고리, 패키지 인스턴스, 설치한 모든 패키지의 이름을 출력한다.

<table>
<tr><td>명령어</td><td>pkgrm</td><td>OS</td><td>U</td></tr>
<tr><td>키워드</td><td>패키지 제거</td><td>경로</td><td>/usr/sbin/pkgrm</td><td>중요도</td><td>☆☆</td></tr>
<tr><td>요약</td><td colspan="5">유닉스 기반의 패키지를 제거한다</td></tr>
</table>

❶ 이렇게 써요

pkgrm	[-nv] [-a admin] [[-A | -M] -R root_path] [-V fs_file] [pkginst... | -Y category[,category...]]
pkgrm -s spool	[pkginst... | -Y category[,category...]]

[옵션]

-a admin : 설치를 위한 관리 파일(admin)를 지정한다.

-A : 클라이언트 파일 시스템의 패키지 파일을 제거한다. 만일 하나의 파일이 다른 패키지와 공유하면 파일을 제거하지 않는다.

-n : 비대화형 모드

-R root_path : 디렉터리의 전체 경로(root_path)를 지정한다.

-s spool : 지정한 디렉터리(spool)에서 패키지를 제거한다. 기본 스풀 디렉터리는 /var/sadm/pkg이다.

-v : 상세 정보를 출력한다.

-V fs_file : 클라이언트 파일 시스템 맵(fs_file)을 지정한다.

-Y category : 카테고리(category)를 기준으로 패키지를 제거한다.

[명령]

pkginst : 제거할 패키지를 지정한다. pkginit.* 형태는 pkginst로 시작하는 모든 패키지를 제거한다.

❶ 설명 및 예제

pkgrm 명령어는 이전에 설치된 패키지를 제거하고 의존성이 있는 패키지 목록을 출력한다. 만일 의존성이 있으면 파일(admin)에서 정의한 내용을 따른다. 기본으로는 비 상호 대화형 모드^{interactive mode}로 실행한다.

아래는 client1에서 SUNWjunk로 시작하는 모든 패키지를 제거한다.

```
# pkgrm -R
/export/root/client1 SUNWjunk*
```

<table>
<tr><td>명령어</td><td>portmap</td><td>OS</td><td>L</td></tr>
<tr><td>키워드</td><td>포트 번호 변환</td><td>경로</td><td>/sbin/portmap</td><td>중요도</td><td>☆☆</td></tr>
<tr><td>요약</td><td colspan="5">RPC 프로그램 이름을 DARPA 프로토콜 포트 번호로 변환한다</td></tr>
</table>

❶ 이렇게 써요

```
portmap [-d] [-f] [-t dir] [-v] [-V] [-i address] [-l] [-u uid] [-g gid]
```

-d : 디버깅 정보를 출력한다.

-f : 포그라운드로 실행하고 명령행에 로그 메시지를 출력한다.

-i address : 지정한 주소(address)로 포트맵을 바인딩한다. 만일 127.0.0.1로 지정하면 루프백 인터페이스로
바인딩한다.

-l : 포트맵을 루프백 주소인 127.0.0.1로 바인딩한다. 이는 -i 127.0.0.1과 같다.

-t dir : 지정한 디렉터리(dir)로 루트 디렉터리를 변경한다. 디렉터리는 비어 있어야 하며 데몬 사용자에게 쓰기
권한을 부여하면 안 된다. 파일 시스템은 읽기 전용, noexec, nodev, nosuid로 지정하는 것이 바람직하다.

-u uid, -g gid : 사용자 ID(uid)와 그룹 ID(gid) 권한으로 실행한다.

-v : 상세 정보를 출력한다.

-V : 버전 정보를 출력한다.

❶ 설명 및 예제

portmap 명령어는 RPC^{Remote Process Call} 프로그램 번호를 TCP/IP (혹은 UDP/IP) 프
로토콜 포트 번호로 변환한다. 보통 RPC 기반에서 동작하는 NFS 서버를 매핑하기 위해
서 사용한다. RPC 서버가 시작하면 Listen 모드가 되고 포트 번호를 포트맵에게 알려준
다. 이 때 클라이언트에서는 RPC 서버에 접속하여 RPC 패킷을 어디로 보낼지 결정한다.

아래는 /etc/init.d에 있는 포트맵 데몬을 service 명령으로 실행한다.

```
# service portmap start
portmap start/running, process 7325
# service portmap stop
portmap stop/waiting
```

아래와 같이 portmap 명령으로 서버 데몬을 실행할 수도 있다. -v 옵션은 디버깅을 포
함한 상세한 정보를 출력한다.

```
# portmap -v
# ps aux|grep portmap
daemon 7365 0.0 0.0 1808 612 ? Ss 15:57 0:00 portmap
user 7413 0.0 0.0 3064 816 pts/0 S+ 15:58 0:00 grep --color=auto portmap
```

<table>
<tr><td>명령어</td><td>poweroff</td><td>OS</td><td>L=U</td></tr>
<tr><td>키워드</td><td>시스템 종료</td><td>경로</td><td>/sbin/poweroff</td><td>중요도</td><td>☆☆</td></tr>
<tr><td>요약</td><td colspan="5">halt, reboot, poweroff 명령으로 시스템을 재부팅하거나 종료시킨다</td></tr>
</table>

❶ 이렇게 써요

```
poweroff [옵션] …
```

-n, --no-sysnc : 재부팅이나 시스템 종료 전에 동기화를 하지 않는다.

-f, --force : 강제적으로 재부팅이나 종료를 실행한다.

-p, --poweroff : halt 명령어를 poweroff와 같은 기능으로 실행한다.

-w, --wtmp-only : shutdown(8)이나 reboot(2) 시스템 콜을 요청하지 않고, /var/log/wtmp 파일에 showdown 로그만 저장한다.

--verbose : 상세 정보를 출력한다. 디버깅할 때 유용하다.

❶ 설명 및 예제

시스템을 종료할 때 shutdown과 poweroff 명령어를 주로 사용한다. 다음은 poweroff, shutdown 명령의 차이점이다.

· poweroff 명령어는 --force 옵션이나 init [0|6] 명령어일 경우는 reboot(2) 시스템 콜을 호출한다. 나머지 경우는 인자와 함께 shutdown(8) 명령어를 호출한다.

· shutdown 명령어는 /etc/rc0.d 디렉터리에 존재하는 모든 스크립트 데몬을 실행한다. poweroff나 halt 명령어는 /etc/init.d/halt 스크립트 데몬만 실행한다.

powerofft나 halt 명령어는 reboot 명령어로 심볼릭 링크되어 있다.

```
$ ls -alh /sbin/poweroff
lrwxrwxrwx 1 root root 6 2010-02-07 17:19 /sbin/poweroff -> reboot

$ ls -alh /sbin/halt
lrwxrwxrwx 1 root root 6 2010-02-07 17:19 /sbin/halt -> reboot

$ ls -alh /sbin/reboot
-rwxr-xr-x 1 root root 46K 2009-12-11 01:19 /sbin/reboot
```

보통 재부팅 시에는 reboot 명령어를 권장한다.

```
# reboot
```

reboot과 같은 기능으로 **init 6**이 있다. **init 6**는 /etc/rd6.d 디렉터리에 존재하는 모든 스크립트 데몬을 실행한다.

```
# init 6
```

-w 옵션은 시스템을 재부팅하지 않고 /var/log/wtmp 파일에 종료 메시지만 남긴다.

```
# reboot -w
```

-v verbose 옵션은 시스템을 재부팅하면서 상세한 메시지 로그를 남긴다.

```
# reboot -verbose
```

❶ 관련 명령어

shutdown : 시스템을 종료한다.
telinit : 특정 레벨의 시스템으로 설정한다.
runlevel : 현재와 이전 시스템의 런레벨을 찾는다.

<table>
<tr><td>명령어</td><td>pr</td><td>OS</td><td>L=U</td></tr>
<tr><td>키워드</td><td>파일 인쇄 설정</td><td>경로</td><td>/usr/bin/pr</td><td>중요도</td><td>☆</td></tr>
<tr><td>요약</td><td colspan="5">텍스트 파일을 인쇄할 수 있는 표준출력으로 변환한다</td></tr>
</table>

❶ 이렇게 써요

```
pr [파일]
```

-COLUMN, --columns=COLUMN : 열의 행을 값(COLUMN)만큼 지정한다. 기본값은 1이다.

-a, --across : -COLNUM과 함께 세로보다 가로로 출력한다.

-c, --show-control-chars : 보이지 않는 문자들을 프린트 가능한 문자로 변환한다.

-d, --double-space : 공백을 더블 스페이스로 출력한다.

-D, --date-format=FORMAT : 머리말의 날짜 형태(FORMAT)을 지정한다.

-e[char[width]], --expand-tabs[=char[width]] : 탭의 너비(width)를 지정한다(기본값 8).

-F, -f, --form-feed : 줄 바꿈 문자 대신 용지 공급문자(form feed)를 사용한다.

-h header, --header=header : 머리말(header)을 지정한다.

-i[char[width]], --output-tabs[=char[width]] : 공백을 탭으로 변경한다.
 너비(width)는 탭 문자의 크기를 지정한다(기본값 8).

-J, --join-lines : 모든 행을 합친다. 이는 -W 옵션을 무시한다.

-l page_length, --length=page_length : 쪽 길이(page_length)를 지정한다. 기본값은 66행이다.

-m, --merge : 하나의 파일 형태로 출력한다.

-n[delimiter[digits], --number-lines[=delimiter[digits] : 행의 번호를 출력한다. 구분자(delimiter)를 지정
 하고 (기본값은 탭) 너비(width)를 지정한다(기본값은 5).

-o width, --indent=width : 들여쓰기 너비(width)를 지정한다(기본값은 0).

-r, --no-file-warning : 경고 메시지를 출력하지 않는다.

-s[delimiter], --separator[=delimiter] : 열의 구분자(delimiter)를 지정한다(기본값은 탭).

-t, --omit-header : 쪽 머리말과 꼬리말을 생략한다.

-T, --show-nonprinting : -t 옵션과 비슷하나, 용지 공급 문자(form feed)까지 제거한다.

-v, --show-nonprinting : 출력되지 않는 문자를 출력 가능한 문자로 변환한다.

-w page_width, --width=page_width : 쪽의 행(page_width)을 지정한다(기본값은 72). -s 옵션에 영향
 을 받는다.

-W page_width, --page-width=page_width : 쪽의 행(page_width)를 지정한다(기본값은 72). -J 옵션
 을 제외하고 -S, -s 옵션에 영향을 받지 않는다.

--help : 사용법을 출력한다.

--version : 버전 정보를 출력한다.

❶ 설명 및 예제

pr 명령어는 텍스트 파일을 프린트가 가능한 형태로 페이지를 나눈다. 여기에는 페이지
번호, 날짜, 시간 및 파일 이름을 가진 머리말이 포함된다.

아래는 pr 명령어로 커널 소스의 문서파일을 프린트가 가능한 형태로 저장한다. 굵게 표
시한 내용처럼 머리말 부분에 프린트 날짜와 텍스트 파일명, 페이지 번호를 볼 수 있다.

```
$ pr Documentation/BUG-HUNTING > ~/BUG-HUNTING.TXT
$ cat ~/BUG-HUNTING.TXT
2009-12-02 19:51            Documentation/BUG-HUNTING            1 페이지

Table of contents
===========================


Last updated: 20 December 2005


Contents
=============


- Introduction
- Devices not appearing
- Finding patch that caused a bug
-- Finding using git-bisect
-- Finding it the old way
- Fixing the bug


Introduction
===========================


Always try the latest kernel from kernel.org and build from source.
If you are not confident in doing that please report the bug to your
distribution vendor instead of to a kernel developer.
--------------------------- 이하 생략 ---------------------------
```

아래와 같이 내용을 화면에 출력하는 동시에 파이프(|)을 사용하여 프린터로 프린트할 수
있다.

```
$ pr ~/BUG_HUNTING.TXT | lpr
```

-h 옵션은 머리말의 제목을 지정한다.

```
$ pr -h "HOWTO Kernel Bug-Hunting" Documentation/BUG-HUNTING_TITLE.TXT
```

기존 BUG-HUNTING.TXT 파일과 BUG-HUNTING_TITLE.TXT 파일을 비교하여 보자.

아래와 같이 제목만 변경되었다.

```
$ diff -Npur BUG-HUNTING.TXT BUG-HUNTING_TITLE.TXT
--- BUG-HUNTING.TXT          2010-07-03 22:11:30.496303263 -0700
+++ BUG-HUNTING_TITLE.TXT    2010-07-03 22:16:07.117503071 -0700
@@ -1,6 +1,6 @@


-2009-12-02 19:51          Documentation/BUG-HUNTING          1 페이지
+2009-12-02 19:51          HOWTO Kernel Bug-Hunting           1 페이지
```

한 페이지를 넘어가는 파일의 내용을 한 장의 용지에 프린트할 수 있다.

```
$ pr -m -h "TEST PAGES" foo1.txt foo2.txt | lpr
```

<table>
<tr><td>명령어</td><td>praliases</td><td>OS</td><td>L=U</td></tr>
<tr><td>키워드</td><td>메일 알리아스 보기</td><td>경로</td><td>/usr/sbin/praliases</td><td>중요도</td><td>☆</td></tr>
<tr><td>요약</td><td colspan="5">시스템 메일 알리아스를 출력한다</td></tr>
</table>

❶ 이렇게 써요

```
praliases [옵션]
```

-C file   메일의 설정파일(file)을 지정한다. 기본값은 /etc/sendmail.cf이다.
-f file : 메일 알리아스 파일(file)을 지정한다. 기본값은 /etc/aliases이다.

❶ 설명 및 예제

샌드 메일 서버는 유닉스 리눅스의 메일 서버로 가장 많이 사용된다. 샌드 메일 서버는 인터넷 전자 메일의 표준 규약인 SMTP[Simple Mail Transfer Protocol] 프로토콜을 사용한다. 메일 서비스 중에 메일 알리아스 기능은 메일 서버를 이용하는 사용자의 별명이라고 할 수 있다. 예를 들어 외부에 노출되어 있는 webmaster 사용자와 admin 사용자가 동일하다면 이를 하나의 사용자로 관리하는 알리아스를 설정하는 것이 낫다. 설정 파일은 /etc/aliases 파일이고 praliases 명령은 알리아스의 설정 내용을 확인할 수 있다.

필자는 아래와 같이 webmaster, admin, postmaster, apache 사용자의 메일을 root 계정으로 모두 받도록 수정해 보았다.

```
# praliases
webmaster:root
admin:root
postmaster:root
apache:root
```

<table>
<tr><td>명령어</td><td>printenv</td><td>OS</td><td>L=U</td></tr>
<tr><td>키워드</td><td>환경 변수 보기</td><td>경로</td><td>/usr/bin/printenv</td><td>중요도</td><td>☆☆</td></tr>
<tr><td>요약</td><td colspan="5">환경 변수의 값을 출력한다</td></tr>
</table>

❶ 이렇게 써요

```
printenv [이름]
```

❶ 설명 및 예제

printenv 명령어는 지정한 환경 변수의 값을 출력하거나, 인자 없이 명령어만 실행할 경우 시스템에 설정된 모든 환경 변수의 값을 출력한다.

```
# printenv
PWD=/root
HOSTNAME=ns.linuxroot.co.kr
LD_LIBRARY_PATH=/usr/lib/qt/lib:
PVM_RSH=/usr/bin/rsh
QTDIR=/usr/lib/qt
LESSOPEN=|/usr/bin/lesspipe.sh %s
MANPATH=/usr/lib/qt/man:
XPVM_ROOT=/usr/share/pvm3/xpvm
KDEDIR=/usr
USER=root
```

참고로 export는 셸에서 export된 모든 환경 변수의 목록을 출력한다.

```
# export
declare -x BASH_ENV="/root/.bashrc"
declare -x HISTSIZE="1000"
declare -x HOME="/root"
declare -x HOSTNAME="ns.linuxroot.co.kr"
----------------------------- 이하 생략 -----------------------------
```

<table>
<tr><td>명령어</td><td colspan="4">printf</td><td>OS</td><td>L=U</td></tr>
<tr><td>키워드</td><td colspan="2">데이터 출력</td><td>경로</td><td>/usr/bin/printf</td><td>중요도</td><td>☆</td></tr>
<tr><td>요약</td><td colspan="5">형식화된 데이터를 출력한다</td></tr>
</table>

❶ 이렇게 써요

```
printf FORMAT [ARGUMENT]...
printf 옵션
```

[포맷 형식]

₩" : 쌍 따옴표

₩NNN : 8진수를 가진 문자(1-3개의 숫자)

₩₩ : 백 슬래시

₩a : 알람(BEL)

₩b : 백스페이스

₩c : 이후 더 이상 출력하지 않는다.

₩f : 폼 피드

₩n : 새로운 라인

₩r : 캐리지 리턴

₩t : 가로 탭

₩v : 세로 탭

₩xHH : 16진수 값 HH을 가지는 바이트(1-2개의 숫자)

₩uHHHH : 헥사 값 HHHH(4개의 숫자)를 가진 유니코드

₩UHHHHHHHH : 16진수 HHHHHHHH 값을 가지는 유니코드 문자(8개의 숫자)

%% : 싱글 %

%b : 형식 문자열에 있는 대로 이스케이프로 출력

[옵션]

--help : 사용법을 출력한다.

--version : 버전 정보를 출력한다.

❶ 설명 및 예제

printf 명령어는 지정한 형태로 화면에 출력하는데, echo 명령어보다 기능적으로 확장되고 C 언어의 printf 함수보다는 기능이 제한적이다. printf 명령어는 에러 메시지를 형식화하여 출력할 때 매우 유용하다.

다음과 같이 ₩n 포맷을 써서 새로운 라인을 생성해보자.

```
$ printf "%s %s \n" test test2
test test2
```

₩n 포맷에 ₩t 포맷을 사용하여 탭으로 구분할 수 있다.

```
$ printf "%s\t%s \n" test test2
test    test2
```

C 언어의 prinf 함수와 동일하게 소수점 이하 자리도 표시할 수 있다.

```
$ printf "파이를 소수점 이하 2자리만 표시 = %1.2f\n" 3.141592
파이를 소수점 이하 2자리만 표시 = 3.14
```

예제와 같이 print 명령어는 여러 가지 형식화된 문자를 출력할 수 있다.

❶ 관련 명령어

echo : 시스템의 환경변수 또는 입력 내용을 화면에 출력한다.

<table>
<tr><td>명령어</td><td>prtconf</td><td>OS</td><td>U</td></tr>
<tr><td>키워드</td><td>시스템 설정 보기</td><td>경로</td><td>/usr/sbin/prtconf</td><td>중요도</td><td>☆ ☆</td></tr>
<tr><td>요약</td><td colspan="5">유닉스 기반에서 시스템 설정을 출력한다</td></tr>
</table>

❶ 이렇게 써요

```
prtconf [-V] | [-F] | [-x] | -bpv] | ]-acDpv] [dev_path]
```

-a : 명령행에서 지정한 디바이스의 디바이스 노드, 디바이스 트리의 루트(/)까지 출력한다.

-b : 플랫폼 식별을 위해 펌웨어 디바이스 트리의 루트 프로퍼티[properties]를 출력한다.
 이 프로퍼티로는 "name", "compatible", "banner-name"과 "model" 등이 있다.

-c : 명령행에서 지정한 디바이스 노드에서 하위 트리까지 출력한다.

-D : 시스템의 주변기기를 관리하는 디바이스 드라이버의 이름을 출력한다.

-F : 스팍만의 (SPARC-only) 옵션으로 콘솔 프레임 버퍼의 디바이스 트리 이름을 리턴한다.

-p : 스팍 플랫폼의 펌웨어나 x86 시스템에서 제공하는 디바이스 트리를 검색하여 출력한다.

-P : 가상[pseudo] 디바이스 정보를 출력한다. 기본값은 가상 디바이스 정보는 제외한다.

-v : 상세 정보를 출력한다.

-V : 플랫폼 의존적인 PROM(스팍 플랫폼에서)이나 부팅시스템(x86 플랫폼에서) 버전 정보를 출력한다.

❶ 설명 및 예제

prtconf 명령어에서 prt는 print의 약자이고 conf는 configuration의 약자로 유닉스의 디바이스의 설정 내용을 출력한다. 이는 전체 메모리 양과 시스템 설정을 디바이스 트리 형태로 출력한다.

만일 디바이스 위치(dev_path)를 지정하면 디바이스 노드 정보만을 출력한다.

❶ 이렇게 써요

```
prtdiag [-v] [-l]
```

-l : 로그를 출력한다. 만일 에러가 있으면 syslogd에 저장한다.

-v : 상세 정보를 출력한다. 가장 최근의 AC 파워 오류나 가장 최근의 하드웨어 오류 정보를 출력한다.

❶ 설명 및 예제

prtdiag의 prt는 print의 약자로, diag의 뜻처럼 유닉스 기반에서 sun4u와 sun4v 시스템의 설정과 진단 정보를 출력한다. 진단 정보는 시스템에서 FRUs[failed field replaceable units] 목록을 출력한다.

-v 옵션은 시스템 하드웨어와 에러에 관련된 상세한 정보를 확인할 수 있다.

```
# prtdiag -v|more
System Configuration: VMware, Inc. VMware Virtual Platform
BIOS Configuration: Phoenix Technologies LTD 6.00 12/31/2009
==== Processor Sockets ==========================================
Version                          Location Tag

----------------------------------------------------------------

Pentium(R) II                    CPU socket #0
Pentium(R) II                    CPU socket #1
==== Memory Device Sockets ======================================
Type          Status Set Device Locator       Bank Locator

----------------------------------------------------------------

DRAM          in use 0  RAM slot #0            RAM slot #0
DRAM          empty  0  RAM slot #1            RAM slot #1
DRAM          empty  0  RAM slot #2            RAM slot #2
DRAM          empty  0  RAM slot #3            RAM slot #3
DRAM          empty  0  RAM slot #4            RAM slot #4
DRAM          empty  0  RAM slot #5            RAM slot #5
DRAM          empty  0  RAM slot #6            RAM slot #6
DRAM          empty  0  RAM slot #7            RAM slot #7
```

<table>
<tr><td>명령어</td><td>prtvtoc</td><td>OS</td><td>U</td></tr>
<tr><td>키워드</td><td>디스크 지오메트리 파티셔닝 정보</td><td>경로</td><td>/usr/sbin/prtvtoc</td><td>중요도</td><td>☆☆</td></tr>
<tr><td>요약</td><td colspan="5">유닉스 기반에서 디스크 지오메트리와 파티셔닝 정보를 출력한다</td></tr>
</table>

❶ 이렇게 써요

```
prtvtoc [-fhs] [-t vfstab] [-m mnttab] device
```

-f : 시작 블록 주소, 블록 수, 사용하지 않는 파티션을 포함하여 디스크 여유 공간을 출력한다.

-h : 출력 정보 중 헤더 정보를 제거한다.

-m mnttab : /etc/mnttab 대신 mnttab에서 마운트된 파일시스템의 목록을 출력한다.

-s : 헤더 정보 중 열 헤더만을 출력한다.

-t vfstab : /etc/vfstab 대신 vfstab에서 파일 시스템 목록을 출력한다.

❶ 설명 및 예제

prtvtoc 명령어는 유닉스 기반에서 디스크의 라벨 내용과 디스크 지오메트리 그리고 파티셔닝 정보를 출력한다. 디바이스명을 지정하면 /dev/rdsk/c?t?d?s2 형태의 로우 디바이스명이나 /dev/dsk/c?t?d?s2와 같은 블록 디바이스명을 출력한다. ?에는 한 자리의 숫자가 올 수 있다.

prtvtoc로 디스크 정보를 확인하려면, 우선 df 명령어로 블록 다비이스명을 확인해야 한다.

```
# df -h
Filesystem                          Size  Used  Avail  Use%  Mounted on
rpool/ROOT/opensolaris              7.0G  3.0G  4.0G   43%   /
swap                                439M  312K  438M   1%    /etc/svc/volatile
/usr/lib/libc/libc_hwcap1.so.1 7.0G  3.0G  4.0G   43%   /lib/libc.so.1
swap                                438M  16K   438M   1%    /tmp
swap                                439M  48K   438M   1%    /var/run
rpool/export                        4.0G  21K   4.0G   1%    /export
rpool/export/home                   4.0G  19K   4.0G   1%    /export/home
rpool                               4.0G  78K   4.0G   1%    /rpool
/dev/dsk/c8t0d0s2                   677M  677M  0      100%  /media/OpenSolaris
```

블록 디바이스 /dev/dsk/c8t0d0s2의 디스크 정보를 확인하자.

```
# prtvtoc /dev/dsk/c8t0d0s2
* /dev/dsk/c8t0d0s2 partition map*
```

```
* Dimensions:
*         0 bytes/sector
*         1 sectors/track
*         1 tracks/cylinder
*         1 sectors/cylinder
*       676 cylinders
*       674 accessible cylinders*
* Flags:
*    1: unmountable
*   10: read-only*
* Unallocated space:
*       First   Sector     Last
*       Sector  Count      Sector
*       0       674        673
*
*                          First     Sector   Last
* Partition    Tag   Flags  Sector   Count   Sector   Mount Directory
        0       5     01     0        1386468 1386467
        2       5     01     0        1386468 1386467 /media/OpenSolaris
```

여기서 잠깐

IEEE

IEEE[Institute of Electrical and Electronics Engineers]는 미국 전기 전자 학회를 뜻한다. IEEE는 표준의 개발을 추진하며, 이들은 많은 경우 국가 표준 및 세계 표준이 되고 있다. 이 조직은 여러 종류의 저널을 발행하고, 많은 지역에 지부를 두고 있으며 'IEEE 컴퓨터학회' 등과 같이 특수한 분야의 커다란 학회를 산하에 두고 있다.

<table>
<tr><td>명령어</td><td colspan="4">ps</td><td>OS</td><td>L=U</td></tr>
<tr><td>키워드</td><td>프로세스 상태 보기</td><td>경로</td><td>/bin/ps</td><td></td><td>중요도</td><td>☆☆☆</td></tr>
<tr><td>요약</td><td colspan="6">프로세스의 현재 상태를 출력한다</td></tr>
</table>

❶ 이렇게 써요

```
ps [옵션]
```

전체 프로세스와 관련된 옵션

-A : 모든 프로세스를 출력한다.

-N : -A 옵션과 비슷하나 ps 프로세스를 제외하고 출력한다.

-a : 세션 리더 및 터미널에 속하지 않는 프로세스를 제외하고 출력한다.

-d : 세션 리더를 제외한 모든 프로세스를 출력한다.

-e : 커널 프로세스를 제외한 모든 프로세스를 출력한다.

T : 현재 터미널에서의 모든 프로세스를 출력한다.

a : 현재 터미널의 사용자 고유 프로세스를 출력한다.

r : 현재 실행 중인 프로세스를 출력한다.

x : 터미널이 없는 프로세스를 출력한다.

--deselect : -N 옵션과 같다.

특정 프로세스를 선택하여 보여주는 옵션

-C : 지정한 명령어의 이름에 관련된 정보를 출력한다.

-G : 그룹 ID에 관련된 정보를 출력한다(이름도 지원).

-U : 사용자 ID에 관련된 정보를 출력한다(이름도 지원).

-g : 지정한 세션 리더 혹은 그룹명에 관련한 정보를 출력한다.

-p : 프로세스 ID를 출력한다.

-s : 세션에 속한 프로세스를 지정한다.

-t : tty를 지정한다.

-u : 사용자 ID를 지정한다(이름도 지원).

U : 지정한 사용자의 프로세스를 출력한다.

p : 프로세스 ID를 지정한다.

t : tty를 지정한다.

--Group : 실제 그룹 이름이나 ID를 지정한다.

--User : 실제 사용자 이름이나 ID를 지정한다.

--group : 유효 사용자 이름이나 ID를 지정한다.

--pid : 프로세스 ID를 지정한다.

--sid : 세션 ID를 지정한다.

--tty : 터미널을 지정한다.

--user : 유효 사용자 이름이나 ID를 지정한다.

-123 : --sid 123과 같은 의미이다.

123 : --pid 123과 같은 의미이다.

출력 결과 필드를 제어하는 옵션

-0 : PID, TTY, STAT, TIME, COMMAND 등의 필드 목록을 출력한다.

-c : PID, CLS, PRI, TTY, TIME, CMD 등의 필드 목록을 출력한다.

-f : UID, PID, PPID, C, STIME, TTY, TIME, CMD 등의 필드를 CMD 필드의 전체 명령어 형태로 출력한다.

-j : PID, PGID, SID, TTY, TIME, CMD 등의 필드 목록을 출력한다.

-l : F, S, UID, PID, PPID, C, PRI, NI, ADDR, SZ, WCHAN, TTY, TIME, CMD 필드의 상세 정보를 출력한다.

-o : 사용자가 정의한 포맷을 지정한다.

-y : -l 이나 l 옵션과 함께 ADDR 필드를 RSS 필드로 출력한다.

0 : PID, TTY, STAT, IME COMMAND 필드 정보를 출력한다.

X : PID, STACKP, ESP, EIP, TMOUT, ALARM, STAT, TTY, TIME, COMMAND 필드의 정보를 리눅스 i386 레지스터 형식으로 출력한다.

j : PPID, PID, PGID, SID, TTY, TPGID, STAT, UID, TIME, COMMAND 필드의 정보를 작업 제어에 관련된 형식으로 출력한다.

l : F, S, UID, PID, PPID, C, PRI, NI, ADDR, SZ, PSS, WCHAN, TTY, TIME, CMD 필드의 정보를 출력하고 -l 옵션과 함께 PSS 필드를 추가하여 출력한다.

o : 사용자 지정 형식으로 출력한다.

s : UID, PID, PENDING, BLOCKED, IGNORED, CAUGHT, STAT, TTY, TIME, COMMAND 필드의 정보를 출력한다.

u : USER, PID, %CPU, %MEM, VSZ, RSS, TTY, STAT, START, TIME, COMMAND 필드의 정보를 출력한다.

v : PID, TTY, STAT, TIME, MAJFL, TRS, DRS, RSS, %MEM, COMMAND 필드의 정보를 출력한다.

--format : 사용자 지정 형식으로 출력한다.

출력 필드의 내용을 변경하는 옵션

-H : 프로세스를 계층형으로 출력한다.

-m : 스레드 정보를 출력한다.

-n namelist : 시스템 이름 리스트 파일(namelist)을 지정한다.

-w : 너비에 맞게 잘려진 내용을 제한이 없는 너비의 내용으로 상세하게 출력한다.

--cols : 스크린의 너비를 설정한다.

--columns : 스크린의 너비를 설정한다.

--cumulative : 죽은 자식 프로세스 데이터를 포함하여 출력한다.

--forest : 아스키 문자의 프로세스 트리 형태로 출력한다.

--html : HTML 이스케이프로 출력한다.

--headers : 헤더 라인을 반복한다.

--no-headers : 헤더를 보이지 않는다.

--lines : 스크린의 높이를 설정한다.

--rows : 스크린의 높이를 설정한다.

--sort : 정렬 방식을 지정한다. --sort = [+|-]key[,[+|-]key[....] 형식으로 여기서서 사용할 수 있는 키(key)는 예제에서 설명한다. 예를 들어 ps jax --sort = uid,-ppid,+pid 형식으로 지정할 수 있다.

C : CPU 시간을 이용한다.

N : 지정한 시스템 이름의 리스트 파일을 사용한다.

O : 정렬 순서 지정하기 위한 옵션으로 O[+|-]K[.[+|-]K[....]]의 형식으로 지정한다. K는 예제로 설명한다. +
는 오름차순 정렬, -는 내림차순 정렬이다.

S : 죽은 자식 프로세스의 데이터를 포함한다.

c : 시스템 내부에 보관 중인 명령어 이름을 출력한다.

e : 명령어에 대한 매개 변수와 함께 환경 변수를 출력한다.

f : 아스키(*) 아트로 프로세스 트리를 출력한다.

h : 헤더 라인은 출력하지 않는다.

m : 모든 스레드 정보를 출력한다.

n : WCHAN과 USER 필드를 숫자 값으로 출력한다.

w : 필드의 너비에 맞게 잘려진 내용을 너비보다 상세하게 출력한다.

--cols : 스크린의 너비를 설정한다.

--columns : 스크린의 너비를 설정한다.

--cumulative : 죽은 자식 프로세스 데이터를 포함한다.

--forest : 아스키 아트의 프로세스 트리를 출력한다.

--html : HTML 이스케이프를 출력한다.

--headers : 헤더 라인을 반복한다.

--no-headers : 헤더를 출력하지 않는다.

--lines : 스크린의 높이를 설정한다.

--rows : 스크린의 높이를 설정한다.

--sort : 지정한 정렬 방식으로 출력한다.

--sort =[+|-]key[,[+|-]key[....] 형식이다. 여기서 사용할 수 있는 키(key)는 설명 및 예제에서 설명한다. 예
를 들어 ps jax --sort=uid,-ppid,+pid 형식으로 할 수 있다.

프로그램의 정보

-V : 버전 정보를 출력한다.

L : 모든 형태의 지시자를 출력한다.

V : 버전 정보를 출력한다.

--help : 사용법을 출력한다.

--info : 디버깅 정보를 출력한다.

--version : 버전 정보를 출력한다.

❶ 설명 및 예제

ps 명령어는 프로세스의 현재 상태를 출력한다. ps로 현재 사용하는 프로세스의 상태를
살펴 보자. 아래는 PID, TTY, TIME, CMD 헤더의 필드와 내용을 출력한다.

```
$ ps
  PID TTY TIME CMD
 3134 pts/1        00:00:00 bash
15027 pts/1        00:00:00 ps
```

ps 명령어는 위의 기본 필드 이외에도 다양한 옵션을 지원한다.

아래는 필드명을 기준으로 옵션과 필드에 대해서 설명한다.

필드명	설명
ADDR	프로세스 스택의 세그먼트 번호 (-l,l 옵션)
BND	커널 스레드가 바인드되는 프로세스의 논리 프로세스 번호 (-o 옵션)
C	프로세스 사용량 (-f, l, -l 옵션)
CMD	사용자가 실행한 명령 이름 (-f, -l, l 옵션)
COMMAND	사용자가 실행한 명령 이름 (s, u, v 옵션)
F	프로세스 및 스레드에 관련된 항목 (-l, l 옵션)
LIM	메모리에 대한 소프트 한계와 관련된 항목 (v 옵션)
NI	프로세스의 우선순위 값. 낮을수록 CPU 시간이 높다 (-l, l 옵션)
PID	프로세스 ID (기본 필드)
PRI	프로세스 스케줄링 우선순위. 낮을수록 우선순위가 높다 (-l, l 옵션)
RSS	프로세스의 실제 메모리의 크기로 KB 단위 (-l, l 옵션)
S	프로세스나 커널 스레드의 상태 (-l, l 옵션)
SIZE	가상 이미지의 크기 (v 옵션)
SAT	실행되고 있는 프로세스의 상태 (s, u, v 옵션) -D : 디스크 입출력 대기 상태로 인터럽트를 걸 수 없는 상태 -R : 실행 중일 경우 -S : 짧은 슬립 상태 -T : 정지 상태 -Z : 좀비 상태 -W : 메모리에 상주한 페이지가 없는 프로세스 -〈 : 높은 우선권 프로세스 -N : 낮은 우선권 프로세스 -L : 페이지가 락이 걸린 상태
STIME	프로세스의 시작 시간 (-f, u 옵션)
SZ	프로세스가 사용하는 자료와 스택의 크기 (-l, l 옵션)
TIME	프로세스가 소비한 총 시간 (기본 필드)
TRS	텍스트의 실제 메모리 크기 (v 옵션)
TTY	연결되어 있는 터미널 (기본 필드)
UID	사용자 ID (-f, -l, l 옵션)
USER	사용자 이름 (u 옵션)
WCHAN	프로세스에 거주하는 커널 함수 (-l, l 옵션)

VSZ	가상 메모리에 적재된 프로세스의 KB 단위 크기
%CPU	마지막 1분 동안 프로세스가 사용한 CPU 점유율 (u 옵션)
%MEM	마지막 1분 동안 프로세스가 사용한 메모리의 점유율 (u, v 옵션)

아래와 같이 -u 옵션은 사용자의 프로세스를, -l 옵션은 자세한 정보를 출력한다.

```
$ ps -u user -l
F S   UID  PID  PPID C PRI NI ADDR SZ   WCHAN  TTY TIME     CMD
1 S   1000 1544 1    0 80  0  -    5966 poll_s ?   00:00:00 gnome-keyring-d
4 S   1000 1562 951  0 80  0  -    6523 poll_s ?   00:00:00 gnome-session
0 S   1000 1593 1562 0 80  0  -    4015 poll_s ?   00:00:06 ibus-daemon
1 S   1000 1597 1562 0 80  0  -    820  poll_s ?   00:00:00 ssh-agent
1 S   1000 1600 1    0 80  0  -    845  poll_s ?   00:00:00 dbus-launch
------------------------- 이하 생략 -------------------------
```

시스템의 모든 프로세스를 확인할 경우 aux 옵션을 사용한다.

```
$ ps aux
USER  PID %CPU %MEM VSZ  RSS  TTY STAT START TIME COMMAND
root  1   0.0  0.1  2796 1648 ?   Ss   05:57 0:01 /sbin/init
root  2   0.0  0.0  0    0    ?   S    05:57 0:00 [kthreadd]
root  3   0.0  0.0  0    0    ?   S    05:57 0:00 [migration/0]
root  4   0.0  0.0  0    0    ?   S    05:57 0:00 [ksoftirqd/0]
root  5   0.0  0.0  0    0    ?   S    05:57 0:00 [watchdog/0]
------------------------- 이하 생략 -------------------------
```

ps는 프로세스 정보 필드를 기준으로 정렬할 수 있다. 정렬하려면 O 옵션이나 --sort 옵션을 사용한다. O 옵션일 경우는 O[+|-]K[,[+|-]K[,...]]의 형식을 사용하고 --sort 옵션일 경우 --sort=[+|-]key[,[+|-]key[,...]]의 형식을 사용한다.

아래는 O 옵션에 -r 기호를 덧붙여 RSS 값이 가장 큰 프로세스를 기준으로 내림차순으로 출력한다. 만일 플러스(+)면 오름차순으로 정렬한다.

```
$ ps aux O-r
USER PID  %CPU %MEM VSZ   RSS   TTY  STAT START TIME COMMAND
user 1605 0.0  2.2  51240 23504 ?    S    05:57 0:04 python/usr/share/ibus/ui/gt
user 1756 0.0  2.1  49876 21728 ?    S    05:58 0:00 python/usr/share/system-con
     856  0.0  2.1  29424 21592 tty7 Ss+  05:57 0:51 /usr/bin/X :0 -nr -verbose -
```

```
user   1641 0.0  1.8   72796 19444 ?     S     05:57 0:01 nautilus
user   1638 0.0  1.6   44812 16620 ?     S     05:57 0:00 gnome-panel
```

아래 표는 O나 --sort 옵션에서 사용할 수 있는 키값들이다. 첫 번째 필드의 K는 O옵션에서, 두 번째 필드의 키는 --sort 옵션에서 사용하는 옵션이다. 참고로 둘 이상의 기준으로 정렬할 경우 콤마(,)로 구분하고 앞에 오는 기준이 뒤따라 오는 기준에 우선한다.

K	key	설명
c	cmd	실행 이름
C	cmdline	전체 명령 라인
f	flags	플래그
g	pgrp	프로세스 그룹 ID
G	tpgid	tty에 속한 프로세스 그룹 ID
i	cutime	누적 사용자 시간
j	cstime	누적 시스템 시간
k	utime	사용자 시간
K	stime	시스템 시간
m	min_flt	보다 작은 페이지 디폴트 수
M	maj_flt	보다 큰 페이지 디폴트 수
n	cmin_flt	보다 작은 페이지 디폴트의 누적 수
N	cmaj_flt	보다 큰 페이지 디폴트의 누적 수
o	session	세션 ID
p	pid	프로세스 ID
P	ppid	부모 프로세스 ID
r	rss	상주 메모리의 크기
R	resident	상주 페이지
s	size	KB 단위의 사용 메모리 크기
S	share	공유 페이지의 수
t	tty	tty
T	start_time	프로세스가 시작된 시간
U	uid	사용자 ID
u	user	사용자 이름
v	vsize	바이트 단위의 전체 VM 크기

다음은 자주 사용하는 ps 옵션의 조합이다. 표준 문장으로 시스템의 모든 프로세스를 출력한다.

```
$ ps -e
$ ps -ef
$ ps -eF
$ ps -ely
```

BSD 문장으로 시스템의 모든 프로세스를 출력한다.

```
$ ps ax
$ ps aux
```

프로세스 트리를 출력할 수 있다.

```
$ ps -ejH
$ ps axjf
```

스레드 정보를 출력한다.

```
$ ps -eLf
$ ps axms
```

아래 옵션은 보안 정보를 확인할 수 있다.

```
$ ps -eo euser, ruser, suser, fuser, f, comm., lable
$ ps axZ
```

❶ 관련 명령어

pstree : 트리 형태로 프로세스 계층 형태로 출력한다.
top : 실시간으로 프로세스 변화 상황을 출력한다.

<table>
<tr><td>명령어</td><td>pstree</td><td>OS</td><td>L</td></tr>
<tr><td>키워드</td><td>프로세스 트리</td><td>경로</td><td>/usr/bin/pstree</td><td>중요도</td><td>☆☆☆</td></tr>
<tr><td>요약</td><td colspan="5">프로세스의 상관관계를 트리 형태로 출력한다</td></tr>
</table>

❶ 이렇게 써요

```
pstree [옵션] [ pid | user]
pstree -V
```

-a : 지정한 인수까지 출력한다.

-c : 중복된 프로세스를 모두 출력한다. 기본 설정값은 트리 내의 동일한 프로세스를 하나의 프로세스로 출력하고 중복된 프로세스의 수를 출력한다.

-G : VT100 형태의 트리로 출력한다.

-h : 현재 프로세스와 부모 프로세스를 하이라이트 형태로 출력한다.

-H pid : 지정한 프로세스 id(pid)의 프로세스와 부모 프로세스를 하이라이트 형태로 출력한다.

-l : 긴 라인을 모두 출력한다.

-n : PID를 기준으로 정렬하여 출력한다.

-p : PID까지 출력한다.

-u : UID를 출력한다.

-U : UTF-8(유니코드) 형태로 출력한다.

-V : 버전 정보를 출력한다.

pid : 지정하는 pid를 출력한다.

user : 지정한 사용자의 프로세스 정보를 출력한다.

❶ 설명 및 예제

pstree 명령어는 프로세스 간의 부모 자식 관계를 트리 형태로 출력하여 프로세스의 계층 관계를 이해하기 쉽다. 아래의 pstree 출력 그림을 통해 모든 프로세스는 init에서 생성된 자식 프로세스라는 것을 알 수 있다. 그 중에서 dhclient 프로세스는 NetworkManager의 자식프로세스로 생성되었다. 이와 같이 pstree 명령어는 시스템에 실행 중인 모든 프로세스를 트리 형태로 계층화한다.

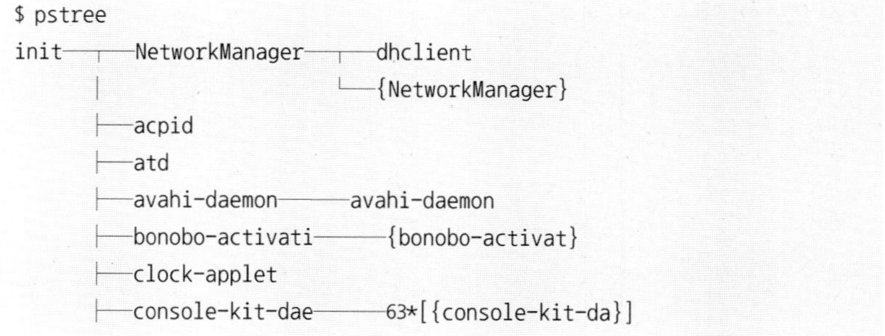

<table>
<tr><td>명령어</td><td>pwck</td><td>OS</td><td>L=U</td></tr>
<tr><td>키워드</td><td>패스워드 파일 점검</td><td>경로</td><td>/usr/sbin/pwck</td><td>중요도</td><td>☆☆</td></tr>
<tr><td>요약</td><td colspan="5">패스워드 파일의 무결성을 검증한다</td></tr>
</table>

❶ 이렇게 써요

```
pwck
```

❶ 설명 및 예제

pwck 명령어는 /etc/passwd과 /etc/shadow 파일에서 잘못된 점이 있는지 무결성을 검사한다. 패스워드의 보안 취약성을 미리 검사할 수 있는 pwck는 일반 사용자는 물론 특히 시스템 관리자가 정기적인 시스템 검사를 할 때 꼭 필요하다.

아래는 pwck 명령을 실행한다.

```
# pwck
[sudo] password for user:
사용자 'lp': '/var/spool/lpd' 디렉터리가 없습니다
사용자 'news': '/var/spool/news' 디렉터리가 없습니다
사용자 'uucp': '/var/spool/uucp' 디렉터리가 없습니다
사용자 'www-data': '/var/www' 디렉터리가 없습니다
사용자 'list': '/var/list' 디렉터리가 없습니다
사용자 'irc': '/var/run/ircd' 디렉터리가 없습니다
사용자 'gnats': '/var/lib/gnatsv 디렉터리가 없습니다
사용자 'nobody': '/nonexistent' 디렉터리가 없습니다
사용자 'syslog': '/home/syslog' 디렉터리가 없습니다
사용자 'couchdb': '/var/lib/couchdb' 디렉터리가 없습니다
사용자 'speech-dispatcher': '/var/run/speech-dispatcher' 디렉터리가 없습니다
사용자 'usbmux': '/home/usbmux' 디렉터리가 없습니다
사용자 'haldaemon': '/var/run/hald' 디렉터리가 없습니다
사용자 'pulse': '/var/run/pulse' 디렉터리가 없습니다
사용자 'saned': '/home/saned' 디렉터리가 없습니다
사용자 'hplip': '/var/run/hplip' 디렉터리가 없습니다
pwck: 바뀐 점이 없음
```

비활성화된 시스템 계정은 위와 같은 메시지를 출력한다. 불필요한 계정은 /etc/passwd 파일에서 삭제 혹은 주석(#)으로 처리할 수 있다.

games 계정을 주석(#) 처리하면 다음과 같은 메시지를 출력한다. y 를 입력하면 자동
적으로 /etc/shadow 파일에서도 이를 업데이트한다.

```
# pwck
/etc/shadow에 있는 암호 파일 입력값이 일치하지 않습니다
사용자 '#games'을(를) /etc/shadow에 추가하시겠습니까?
```

❶ 관련 명령어

grpck : /etc/group 파일 체크 명령어

<table>
<tr><td>명령어</td><td colspan="4">pwconv</td><td>OS</td><td>L=U</td></tr>
<tr><td>키워드</td><td>섀도우 패스워드</td><td>경로</td><td colspan="2">/usr/sbin/pwconv</td><td>중요도</td><td>☆</td></tr>
<tr><td>요약</td><td colspan="6">패스워드 파일을 단방향 해시 형태의 섀도우로 변환한다</td></tr>
</table>

❶ 이렇게 써요

```
pwconv
```

❶ 설명 및 예제

/etc/passwd 파일은 일반 사용자가 읽을 수 있어 보안 취약성을 내포하고 있다. pwconv 명령어는 /etc/passwd 파일의 데이터를 변경하고 섀도우 정보에 포함시킨다. 참고로 패스워드가 아직 활성화되지 않은 사용자는 /etc/shadow 파일에는 추가되지 않는다. 패스워드의 만료나 경고 혹은 잠금 등의 정보는 /etc/login.defs에서 정의한다. 대부분 시스템이 섀도우 기능을 기본으로 사용하고 있어 추가적으로 pwconv 명령을 실행할 필요는 없을 것이다. 섀도우 설정 해제는 pwunconv 명령어를 사용한다. 이는 섀도우 데이터를 /etc/passwd 형식으로 변경하고 /etc/shadow 파일을 삭제한다. 특별한 이유가 없다면 pwunconv 명령어는 권장하지 않는다.

/etc/shadow 파일은 슈퍼유저만이 읽고 쓸 수 있고, shadow 그룹은 읽기 권한만 있다.

```
$ ls -al /etc/shadow
-rw-r----- 1 root shadow 1277 2010-07-03 23:34 /etc/shadow
```

❶ 관련 명령어

grpconv : 섀도우 그룹을 만드는 명령어

명령어	**pwd**			OS	**L**=**U**
키워드	현재 경로 보기	경로	/usr/bin/pwd	중요도	☆☆☆
요약	작업 디렉터리명을 출력한다				

❶ 이렇게 써요

```
Pwd
```

> -L, --logical : 심볼릭을 포함하고 있더라도 PWD 환경 변수를 사용한다.
> -P, --physical : 심볼릭 정보를 무시하고 실제의 경로 정보를 출력한다.

❶ 설명 및 예제

pwd 명령어는 현재 작업 중인 디렉터리의 절대 경로를 출력한다. 아래는 현재 작업 중인 디렉터리를 확인한다.

```
$ pwd
/home/user/sources.pkgs/linux-2.6.32/Documentation
```

아래는 어떤 디렉터리 위치에서도 cd 명령어를 실행하면, $HOME 디렉터리로 이동한다. **cd -**를 입력하면 바로 이전의 작업 디렉터리로 이동한다.

```
$ cd
$ pwd
/home/user
$ cd -
$ pwd
/home/user/sources.pkgs/linux-2.6.32/Documentation
```

-P 옵션은 심볼릭 링크의 실제 디렉터리의 경로 정보를 출력한다.

```
$ ln -s Documentation Doc
$ cd Doc
$ pwd
/home/user/sources.pkgs/linux-2.6.32/Doc
$ pwd -P
/home/user/sources.pkgs/linux-2.6.32/Documentation
```

<table>
<tr><td>명령어</td><td colspan="3">quota</td><td>OS</td><td>L=U</td></tr>
<tr><td>키워드</td><td>디스크 사용량 제한</td><td>경로</td><td>/usr/bin/quota</td><td>중요도</td><td>☆☆</td></tr>
<tr><td>요약</td><td colspan="5">사용자 별로 디스크 사용량과 제한을 출력한다</td></tr>
</table>

❶ 이렇게 써요

```
quota [옵션] [사용자|그룹]
```

-g : 계정과 관련된 그룹의 쿼터 정보를 출력한다.
-q : 쿼터 제한을 넘긴 사용자의 파일시스템 정보를 출력한다.
-u : 디폴트 옵션이다. 사용자의 쿼터 정보를 출력한다.
-v : 좀 더 자세한 쿼터 정보를 출력한다.

❶ 설명 및 예제

quota 명령어는 사용자나 그룹의 inode의 수나 할당된 디스크 블록을 사용자별로 제한하여 디스크 관리의 효율성을 증대시킨다. quota 명령어는 로그인한 사용자의 quota 설정을 확인한다.

```
# quota
Disk quotas for user root (uid 0): none
```

시스템에 쿼터를 단계별로 설정해 보자.

① /etc/fstab 파일에 쿼터를 설정할 파일시스템을 정의하고 usrquota 옵션을 추가한다. 그룹 전체에 쿼터를 설정하려면 grpquota 옵션을 추가한다.

```
LABEL = /home    /home    ext3    defaults,usrquota 1 1
```

② 쿼터를 적용하려면 재부팅하거나 지정한 파일시스템을 다시 마운트해야 한다.

```
# mount -o remount /home
```

③ **quotacheck /home** 명령은 /home 디렉터리 아래에 aquota.user 파일을 자동으로 생성한다.

```
# quotacheck /home
```

④ edquota 명령어는 사용자의 소프트 쿼터와 하드 쿼터를 설정한다. 이 명령은 nano 에디터 형태의 편집기를 실행하며 관리자가 직접 쿼터 용량을 입력한다.

```
# edquota hanbit
```

⑤ 설정이 끝나면 quotaon 명령을 실행하여 쿼터를 적용한다.

```
# quotaon /home
```

⑥ repquota 명령어는 설정된 쿼터의 정보를 출력한다.

```
$ sudo repquota -a
*** Report for user quotas on device /dev/sda4
Block grace time: 7days; Inode grace time: 7days
                  Block limits                     File limits
User          used   soft   hard   grace      used   soft   hard   grace
-----------------------------------------------------------------------------
root     --  5967040  0      0                 195817  0      0
daemon   --  60       0      0                 4       0      0
man      --  1888     0      0                 126     0      0
news     --  8        0      0                 2       0      0
libuuid  --  24       0      0                 3       0      0
syslog   --  60       0      0                 41      0      0
klog     --  8        0      0                 4       0      0
hplip    --  0        0      0                 1       0      0
hanbit   --  87241440 0      0                 2235278 0      0
```

❶ 관련 명령어

edquota : 쿼터 제한을 위해 각 설정을 편집한다.

repquota : 쿼터 설정을 검사한다.

quotaoff : 쿼터 제한을 해제한다.

quotaon : 쿼터 제한을 활성화한다.

quotastats : 쿼터 상태를 출력한다.

<table>
<tr><td>명령어</td><td colspan="3">ramsize</td><td>OS</td><td>L</td></tr>
<tr><td>키워드</td><td>RAM 디스크 크기</td><td>경로</td><td>/usr/sbin/ramsize</td><td>중요도</td><td>☆☆</td></tr>
<tr><td>요약</td><td colspan="5">RAM 디스크의 크기를 출력하고 설정한다</td></tr>
</table>

❶ 이렇게 써요

```
ramsize [옵션] [ image [ size [ offset ] ] ]
```

-o offset : 오프셋(offset) 값을 지정한다.

❶ 설명 및 예제

ramsize 명령어는 RAM 디스크의 크기를 출력하거나 설정할 수 있다. ramsize는 지정한 initrd 이미지의 크기를 확인한다.

```
$ rdev -r /boot/initrd.img-2.6.32-23-generic
Ramsize 16923
$ ls -alh /boot/initrd.img-2.6.32-23-generic
-rw-r--r-- 1 root root 7.6M 2010-07-01 02:51 /boot/initrd.img-2.6.32-23-
generic
```

ramsize 명령어는 rdev 명령어에 심볼릭 링크되어 있다. 이는 **dev -r**와 동일하다.

```
$ ls -al /usr/sbin/ramsize
lrwxrwxrwx 1 root root 4 2010-07-01 01:45 /usr/sbin/ramsize -> rdev
$ rdev -r /boot/initrd.img-2.6.32-23-generic
Ramsize 16923
```

자세한 사항은 rdev 명령어 페이지를 참조하자.

여기서 잠깐

RAM disk

램 디스크는 주로 부팅 시 필요한 최소한의 드라이버 및 파일을 이미지 형태로 사용하며 메모리에 상주하는 프로그램이다. 데이터를 저장하기 위해서 시스템 메모리의 일부를 사용한다. 램 디스크는 하드 디스크에 비해 훨씬 빠른 데이터 접근 속도를 가지지만 전원이 꺼지면 데이터는 모두 지워진다.

<table>
<tr><td>명령어</td><td colspan="4">ranlib</td><td>OS</td><td>L=U</td></tr>
<tr><td>키워드</td><td>라이브러리 변환</td><td>경로</td><td>/usr/bin/ranlib</td><td>중요도</td><td>☆</td></tr>
<tr><td>요약</td><td colspan="5">아카이브를 랜덤 라이브러리로 변환한다</td></tr>
</table>

❶ 이렇게 써요

```
ranlib 파일명
```

❶ 설명 및 예제

ranlib 명령어는 지정한 아카이브 파일명을 인덱싱하고 랜덤 라이브러리로 변환한다.
ar -s 명령어와 같은 기능이다.

여기서 잠깐

DES: 데이터 암호화 표준

Data Encryption Standard의 약자로서 각 64 비트 데이터 블록에 56 비트 길이의 키를 적용한다. 이 과정은 여러 가지 모드에서 실행될 수 있으며, 16번의 연산이 수반된다. 비록 DES가 강력한 암호화이라고 판단하지만, 많은 회사들은 세 개의 키가 연달아 적용되는 '트리플 DES'를 사용한다. 그렇다고 해서 DES로 암호화된 메시지가 해독될 수 없다고 말하는 것은 아니다. 1997년 초에, 다른 암호화 방식의 소유자인 RSA가 DES 메시지 해독에 10,000 달러의 상금을 걸었다. 인터넷에서 14,000명 이상의 사용자가 다양한 키들을 시험하는 공동 노력으로 결국 그 메시지를 해독하였는데, 가능한 72천조 개의 키 중에서 고작 18천조 개의 시험을 통해 그 키가 발견되었다. 그러나 오늘날 DES 암호화로 발송되는 것 중, 이러한 종류의 코드 해독 노력에 영향을 받을 것 같은 메시지는 거의 없다.

<table>
<tr><td>명령어</td><td colspan="3">rcp</td><td>OS</td><td>L~U</td></tr>
<tr><td>키워드</td><td>원격지 파일 복사</td><td>경로</td><td>/usr/bin/rcp</td><td>중요도</td><td>☆</td></tr>
<tr><td>요약</td><td colspan="5">원격 호스트의 파일을 복사한다</td></tr>
</table>

❶ 이렇게 써요

```
rcp [옵션] 파일1 파일2
rcp [옵션] 파일 ... 디렉터리
```

-p : 원본 파일의 날짜와 모드는 변경하지 않고 복사한다.

-x : 호스트 간의 모든 정보 전달을 DES로 암호화한다.

-r : 디렉터리 내의 하위 디렉터리와 파일까지 로컬 시스템으로 복사한다.

-D port : 지정한 포트로 접속한다.

❶ 설명 및 예제

rcp 명령어는 네트워크로 연결된 시스템끼리 원격으로 복사할 수 있다. r로 시작하는 명령어는 대부분 보안에 취약하며 사용을 권장하지 않는다. rcp 명령어는 대신하여 scp 명령어를 쓰도록 권장한다.

아래는 데비안 계열을 기준으로 rcp 명령어의 심볼릭 링크 정보를 보여준다.

TIP
보안을 위해 rcp 명령어 대신 scp 명령어의 심볼 링크를 사용한다. 자신의 시스템에서 rcp 명령어를 확인해 보자.

```
$ ls -al /usr/bin/rcp
lrwxrwxrwx 1 root root 21 2010-07-01 01:41 /usr/bin/rcp -> /etc/alternatives/rcp
$ ls -al /etc/alternatives/rcp
lrwxrwxrwx 1 root root 12 2010-07-01 01:40 /etc/alternatives/rcp -> /usr/bin/scp
```

<table>
<tr><td>명령어</td><td colspan="3">rdate</td><td>OS</td><td>L=U</td></tr>
<tr><td>키워드</td><td>시스템 시간 설정</td><td>경로</td><td>/usr/bin/rdate</td><td>중요도</td><td>☆☆</td></tr>
<tr><td>요약</td><td colspan="5">원격 서버에서 시스템 시간을 설정한다</td></tr>
</table>

❶ 이렇게 써요

```
rdate [옵션] [호스트...]
```

-4 : IPv4만 사용한다.

-6 : IPv6만 사용한다.

-o num : 지정한 포트로 연결한다.

-p : 호스트의 정보만 출력하고 설정하지는 않는다.

-s : 설정만하고 내용을 출력하지 않는다.

-u : TCP 대신 UDP를 사용한다.

-v : 상세한 정보를 출력한다.

❶ 설명 및 예제

rdate 명령어는 타임 서버의 시간 정보를 가져와 로컬 시스템의 시간을 변경한다.

-p 옵션은 time.nuri.net 서버의 시간 정보를 확인한다.

```
# rdate -p time.nuri.net
[time.nuri.net] Sun Jul 4 02:38:58 2010
```

-s 옵션은 로컬 시스템의 시간을 타임서버의 시간으로 변경한다.

```
# rdate -s time.nuri.net
```

date 명령어로 변경된 시간을 확인한다.

```
# date
2010. 07. 04. (일) 02:39:11 KST
```

> **TIP**
> 명령행에서 변경하는 값들은 시스템을 재부팅하면 사라진다. 이때문에 부팅할 때마다 명령어를 다시 실행해야 하는 번거로움이 있다.
> /etc/rc.local 파일에 해당 명령어를 추가하면 자동적으로 부팅 시 해당 명령이 수행된다. 위의 예에서 입력한 **rdate -s time.nuri. net**을 /etc/rc.local의 마지막에 추가하자. 시스템을 시작할 때마다 타임서버의 시간으로 맞출 수 있다.

❶ 관련 명령어

hwclock : 하드웨어 시간을 질의하고 설정한다.

ntpdate : 시스템의 날짜와 시간을 설정한다.

<table>
<tr><td>명령어</td><td>rdev</td><td>OS</td><td>L</td></tr>
<tr><td>키워드</td><td>장치 조사</td><td>경로</td><td>/usr/sbin/rdev</td><td>중요도</td><td>☆</td></tr>
<tr><td>요약</td><td colspan="5">root 장치, 스왑장치, RAM 디스크 크기, 비디오 모드 조사/설정 명령어</td></tr>
</table>

❶ 이렇게 써요

```
rdev [ 옵션 ] [ -o offset ] [ image [ value [ offset ] ] ]
rdev [ -o offset ] [ image [ root_device [ offset ] ] ]
```

-r : rdev 명령어를 ramsize 명령어로 사용한다(ramsize 명령어와 동일).

-R : rdev 명령어를 rootflags 명령어로 사용한다(rootflags 명령어와 동일).

-v : rdev 명령어를 vidmode 명령어로 사용한다(vidmode 명령어와 동일).

-h : 도움말을 출력한다.

❶ 설명 및 예제

rdev 명령어는 RAM 디스크 크기, root 플래그, 비디오 모드의 상태를 출력하거나 설정한다. 시스템 부팅에 사용하는 부트 이미지에는 root 플래그, 비디오 모드, RAM 디스크 크기 등의 정보가 있다. 아래와 같이 rdev 명령어를 실행하면, /etc/mtab 파일에서 루트 파일시스템을 찾아 출력한다.

```
# rdev
/dev/sda1 /
```

-r 옵션은 RAM 디스크의 크기를 KB 단위로 확인한다.

```
$ rdev -r /boot/initrd.img-2.6.32-23-generic
Ramsize 16923
```

커널 부트 이미지 안에는 root 장치, 비디오 모드, RAM 디스크 크기, 스왑 장치를 지정하는 2바이트 값이 있다. 초기값으로 바이트들은 아래와 같이 커널 이미지 안의 504(십진수) 오프셋에서 시작한다.

498 루트 플래그

(500과 502 예약된 값)

504 RAM 디스크 크기

506 VGA 모드

508 Root 장치

(510 부트 서명)

ramsize 명령어는 rdev 명령어에 심볼릭 링크되어 **rdev -r**과 같다.

```
$ ls -al /usr/sbin/ramsize
lrwxrwxrwx 1 root root 4 2010-07-01 01:45 /usr/sbin/ramsize -> rdev
```

아래와 같이 **rdev -R** 명령은 커널 이미지의 플래그 인자값을 확인한다. 플래그 인자는
파일 시스템을 마운트할 때 필요한 추가적인 정보를 담고 있다. 플래그 값이 0이 아니면
커널은 루트 파일 시스템을 읽기 전용으로 마운트한다.

```
$ rdev -R /boot/vmlinuz-2.6.32-23-generic
Root flags 1
```

rootflags 명령어는 rdev 명령어를 심볼릭 링크하므로 **rdev -R**과 같다.

```
$ ls -al /usr/sbin/rootflags
lrwxrwxrwx 1 root roo
 4 2010-07-01 01:45 /usr
sbin/rootflags -> rdev
```

-v 옵션은 비디오 모드를 확인한다.

```
$ rdev -v /boot/vmlinuz-2.6.32-23-generic
Video mode 65535
```

vidmode 명령어에서 사용하는 모드값은 아래의 비디오 모드 중에 지정한다. 값을 지정
하지 않으면 현재의 설정을 출력한다.

```
-3 = 프롬프트
-2 = 확장 VGA
-1 = 보통의 VGA
```

vidmode 명령어는 rdev 명령어로 심볼릭 링크되어 **rdev -v**과 같다.

```
$ ls -al /usr/sbin/vidmode
lrwxrwxrwx 1 root root 4 2010-07-01 01:45 /usr/sbin/vidmode -> rdev
```

<table>
<tr><td>명령어</td><td>readelf</td><td>OS</td><td>L-U</td></tr>
<tr><td>키워드</td><td>ELF 파일 정보</td><td>경로</td><td>/usr/bin/readelf</td><td>중요도</td><td>☆</td></tr>
<tr><td>요약</td><td colspan="5">ELF 파일의 정보를 출력한다</td></tr>
</table>

❶ 이렇게 써요

```
readelf [옵션] elf-file(s)
```

-a -all : 모든 헤더의 정보를 출력한다. --file-header, --program-headers, --sections, --symbols, --relocs, --dynamic, --notes, -version-info와 같다.

-h --file-header : 오브젝트 파일의 ELF 헤더 정보를 출력한다.

-l --program-headers | --segments : 파일의 프로그램 헤더와 세그먼트 섹션의 정보를 출력한다.

-S --sections | --section-headers : 파일의 섹션 헤더의 정보를 출력한다.

-g --section-groups : 파일의 섹션 그룹에 있는 정보를 출력한다.

-t --section-details : 상세한 섹션 정보를 출력한다.

-s -symbols | --syms : 파일의 심볼 테이블 섹션의 엔트리를 표시한다.

-e --headers : 모든 헤더 정보를 출력한다. -h -l -S 옵션과 같다.

-n -notes : 세그먼트나 섹션의 노트를 출력한다.

-r -relocs : 파일의 재배치 섹션을 출력한다.

-u --unwind : unwind 섹션의 내용을 출력한다.

-d --dynamic : 파일의 동적 세션의 내용을 출력한다.

-V --version-info : 파일의 버전 섹션의 내용을 출력한다.

-A --arch-specific : 아키텍쳐에 의존적인 파일의 정보를 출력한다.

-D --use-dynamic : 동적 세션에 있는 심볼 정보를 출력한다.

-x 〈number or name〉 --hex-dump=〈number or name〉 : 지정한 숫자(number)나 이름(name)의 섹션 내용을 출력한다.

-I --histogram : 심볼 테이블의 내용에서 버킷의 히스토그램 길이를 출력한다.

-v --version : 버전 정보를 출력한다.

-W --wide : 넓이에 국한하지 않고 열을 출력한다(기본값 80열).

-H --help : 사용법을 출력한다.

@file : 지정한 파일(file)에서 옵션을 읽는다.

❶ 설명 및 예제

ELF는 실행 가능한 바이너리 또는 오브젝트 파일 등의 형식을 규정한 것으로, 유닉스 계열에서 가장 널리 사용하는 실행 파일 포맷이다. 이는 ELF 헤더, 프로그램 헤더 테이블, 섹션과 섹션 헤더 테이블로 구성되어 있다. readelf 명령어는 BFD 라이브러리[Binary File Descriptor Library] 즉, 다양한 형식의 오브젝트 파일의 호환성을 위해 GNU의 주 메커니즘을 사용하지 않고, ELF를 읽는 objdump 명령어보다도 상세한 정보를 얻을 수 있다. readelf 명령어는 반드시 하나 이상의 옵션이 필요하다.

-l 옵션은 프로그램 헤더 정보와 세그먼트 섹션 정보를 출력한다.

```
$ readelf -l /bin/ls
Elf file type is EXEC (Executable file)
Entry point 0x8049cd0
There are 9 program headers, starting at offset 52
Program Headers:
Type Offset VirtAddr PhysAddr FileSiz MemSiz Flg Align
PHDR 0x000034 0x08048034 0x08048034 0x00120 0x00120 R E 0x4
INTERP 0x000154 0x08048154 0x08048154 0x00013 0x00013 R 0x1
[Requesting program interpreter: /lib/ld-linux.so.2]
LOAD 0x000000 0x08048000 0x08048000 0x1a020 0x1a020 R E 0x1000
----------------------------- 중간 생략 -----------------------------
Section to Segment mapping:
Segment Sections...
00
01 .interp
02 .interp .note.ABI-tag .note.gnu.build-id .hash .gnu.hash .dynsym
.dynstr .gnu.version .gnu.version_r .rel.dyn .rel.plt .init .plt .text
.fini .rodata .eh_frame_hdr .eh_frame
----------------------------- 이하 생략 -----------------------------
```

-S 옵션은 섹션 헤더에 섹션 번호를 출력한다.

```
$ readelf -S /bin/ls
There are 29 section headers, starting at offset 0x1b3c8:
Section Headers:
[Nr] Name Type Addr Off Size ES Flg Lk Inf Al
[ 0] NULL 00000000 000000 000000 00 0 0 0
[ 1] .interp PROGBITS 08048154 000154 000013 00 A 0 0 1
[ 2] .note.ABI-tag NOTE 08048168 000168 000020 00 A 0 0 4
----------------------------- 중간 생략 -----------------------------
[27] .gnu_debuglink PROGBITS 00000000 01b2cc 000008 00 0 0 1
[28] .shstrtab STRTAB 00000000 01b2d4 0000f2 00 0 0 1
Key to Flags:
W (write), A (alloc), X (execute), M (merge), S (strings)
I (info), L (link order), G (group), x (unknown)
O (extra OS processing required) o (OS specific), p (processor specific)
```

-x옵션은 첫 번째 섹션 1인 .interp를 16진수로 확인할 수 있다.

```
$ readelf -x1 /bin/ls
Hex dump of section '.interp':
0x08048154 2f6c6962 2f6c642d 6c696e75 782e736f /lib/ld-linux.so
0x08048164 2e3200   .2.
```

-d 옵션으로 동적 세션의 정보를 알 수 있다. NEEDED로 표시된 부분이 동적 라이브러리로 이는 ldd 명령어로도 확인할 수 있다.

```
$ readelf -d /bin/ls|more
Dynamic section at offset 0x1af04 contains 24 entries:
Tag Type Name/Value
0x00000001 (NEEDED) Shared library: [librt.so.1]
0x00000001 (NEEDED) Shared library: [libselinux.so.1]
0x00000001 (NEEDED) Shared library: [libacl.so.1]
0x00000001 (NEEDED) Shared library: [libc.so.6]
0x0000000c (INIT) 0x804964c
0x0000000d (FINI) 0x805bdfc
0x00000004 (HASH) 0x80481ac
---------------------------- 이하 생략 ----------------------------
$ ldd /bin/ls
        linux-gate.so.1 => (0xb78b3000)
        librt.so.1 => /lib/tls/i686/cmov/librt.so.1 (0xb7895000)
        libselinux.so.1 => /lib/libselinux.so.1 (0xb787a000)
        libacl.so.1 => /lib/libacl.so.1 (0xb7871000)
        libc.so.6 => /lib/tls/i686/cmov/libc.so.6 (0xb772c000)
        libpthread.so.0 => /lib/tls/i686/cmov/libpthread.so.0
(0xb7713000)
        /lib/ld-linux.so.2 (0xb78b4000)
        libdl.so.2 => /lib/tls/i686/cmov/libdl.so.2 (0xb770f000)
        libattr.so.1 => /lib/libattr.so.1 (0xb7709000)
```

❶ 관련 명령어

binutils : 패키지가 포함하는 목록

<table>
<tr><td>명령어</td><td colspan="2">readlink</td><td>OS</td><td>L=U</td></tr>
<tr><td>키워드</td><td>심볼릭 링크 출력</td><td>경로 /bin/readlink</td><td>중요도</td><td>☆</td></tr>
<tr><td>요약</td><td colspan="4">심볼릭 링크의 값을 출력한다</td></tr>
</table>

❶ 이렇게 써요

```
readlink [옵션]…FILE
```

-f, --canonicalize : 심볼릭 링크의 원본 위치를 출력한다.

-n, --no-newline : 새로운 라인은 출력하지 않는다.

-q, --quiet, : 메시지를 출력하지 않는다.

-s, --silent : 대부분 에러 메시지를 출력하지 않는다.

-v, --verbose : 상세한 정보를 출력한다.

--help : 사용법을 출력한다.

--version : 버전 정보를 출력한다.

❶ 설명 및 예제

readlink 명령어는 ln 명령어로 생성한 심볼릭 링크의 원본 파일을 찾아 준다. 아래 예제에서 /usr/lib/libncurses.so 공유 라이브러리는 /lib/libncurses.so.5.7 원본 파일에 심볼릭 링크되어 있다.

```
$ readlink /usr/lib/libncurses.so
/lib/libncurses.so.5
$ ls -alh /lib/libncurses.so.5
lrwxrwxrwx 1 root root 17 2010-02-07 17:18 /lib/libncurses.so.5 ->
libncurses.so.5.7
```

readlink 명령어로 찾은 결과가 심볼릭 파일일 때가 있다 -f 옵션은 심볼릭 링크를 모두 찾아가서 근본적인 원본 파일을 찾아 준다.

```
$ readlink -f /usr/lib/libncurses.so
/lib/libncurses.so.5.7
```

❶ 관련 명령어

ln : 파일 링크를 만든다.

<table>
<tr><td>명령어</td><td colspan="3">readom</td><td>OS</td><td>L</td></tr>
<tr><td>키워드</td><td>컴팩트 디스크</td><td>경로</td><td>/usr/bin/readom</td><td>중요도</td><td>☆</td></tr>
<tr><td>요약</td><td colspan="5">컴팩트 디스크에 데이터를 읽거나 쓴다</td></tr>
</table>

❶ 이렇게 써요

```
readom dev=device [옵션]
```

dev=target : 디바이스(target)을 지정한다.

timeout=# : 타임아웃을 값(#)으로 지정한다.

debug=#, -d : debug=#으로 지정한 값(#)을 디버그 값으로 설정하거나, -d 옵션으로 디버그 레벨을 지정한다. 만일 -dd로 지정하면 debug=2와 같다.

kdebug=#, kd=# : 커널 디버깅을 지정한다.

-silent, -s : 실패 시 에러 메시지를 출력하지 않는다.

-v : 일반적인 상세 레벨로 출력한다.

-V : 명령어 전달에 대한 상세한 레벨로 출력한다.

f=file : 지정한 파일(file)에서 읽거나 쓴다.

-w : 쓰기 모드로 변경한다.

-c2scan : C2 에러 스캔을 한다.

-scanbus : 모든 SCSI 디바이스를 스캔하고 결과를 출력한다.

sectors=range : 지정한 범위(range)만큼 읽는다.

speed=# : 지정한 속도(#)로 읽거나 쓴다.

ts=# : 지정한 값(#)을 최대값으로 한다.

-notrunc : 읽기 모드에서 출력 파일을 생략하거나 이름을 줄이지 않는다.

-fulltoc : 현재 디스크에서 전체 TOC을 검색한다.

-noerror : 에러가 있더라도 중단하지 않는다.

-nocorr : 드라이버에 에러 데이터 수정을 적용하지 않는다.

retries=# : 재시도 카운트(#)를 지정한다. 기본값은 128이다.

-overhead : SCSI 명령의 오버헤드 타임을 잰다.

meshpoints=# : 지정한 위치(#)의 읽기 속도를 출력한다.

❶ 설명 및 예제

readom 명령어는 컴팩트 디스크를 읽거나 쓸 때 유용하다. -scanbus 옵션은 사용 가능한 SCSI 장치를 스캔한다. 아래는 1,0,0 버스에 CD-ROM 장치가 있다.

```
$ readom -scanbus
scsibus1:
        1,0,0   100) 'TSSTcorp' 'CDDVDW TS-L633C ' 'SC00' Removable CD-ROM
        1,1,0   101) *
        1,2,0   102) *
        1,3,0   103) *
```

```
       1,4,0    104) *
       1,5,0    105) *
       1,6,0    106) *
       1,7,0    107) *
```

위의 예에서 출력한 장치를 지정한다. 아래는 미디어가 없다고 에러가 발생한다.

```
$ readom dev=1,0,0
WARNING: the deprecated pseudo SCSI syntax found as device
specification.
Support for that may cease in the future versions of wodim. For now,
the device will be mapped to a block device file where possible.
Run "wodim --devices" for details.
Read speed: 2823 kB/s (CD 16x, DVD 2x).
Write speed: 0 kB/s (CD 0x, DVD 0x).
Errno: 5 (Input/output error), test unit ready scsi sendcmd: no error
CDB: 00 00 00 00 00 00
status: 0x2 (CHECK CONDITION)
Sense Bytes: 70 00 02 00 00 00 00 0A 00 00 00 00 3A 01 00 00
Sense Key: 0x2 Not Ready, Segment 0
Sense Code: 0x3A Qual 0x01 (medium not present - tray closed) Fru 0x0
Sense flags: Blk 0 (not valid)
cmd finished after 0.001s timeout 40s
```

CD-ROM에 CD를 넣고 다시 시도한다. 만일 자동 마운트되어 "device is busy" 에
러를 출력하면 언 마운트 후에 다시 시도하자.

```
$ umount /dev/sr0
$ sudo readom dev=1,0,0
WARNING: the deprecated pseudo SCSI syntax found as device
specification.
Support for that may cease in the future versions of wodim. For now,
the device will be mapped to a block device file where possible.
Run "wodim --devices" for details.
Read speed: 2823 kB/s (CD 16x, DVD 2x).
Write speed: 4234 kB/s (CD 24x, DVD 3x).
0:read 1:veri 2:erase 3:read buffer 4:cache 5:ovtime 6:cap
7:wne 8:floppy 9:verify 10:checkcmds 11:read disk 12:write disk
13:scsireset 14:seektest 15: readda 16: reada 17: c2err
```

```
18:readom 19: lin 20: full toc
Enter selection: 0 (0 - 20)/<cr>:
```

0번부터 20까지의 옵션을 선택할 수 있다.

```
Enter selection: 0 (0 - 20)/<cr>:18
Capacity: 353266 Blocks = 706532 kBytes = 689 MBytes = 723 prMB
Sectorsize: 2048 Bytes
Mode Sense Data 0F 11 00 00 01 0A 00 80 00 00 00 00 00 00 00 00
Mode page 1: 01 0A 00 80 00 00 00 00 00 00 00 00 00 00 00 00
Error handling? 0 (0 - 255)/<cr>:
Retry count? 128 (0 - 255)/<cr>:
Mode Select Data 00 11 00 00 01 0A 00 80 00 00 00 00 00 00 00 00
Ignore disk size?
Copy from SCSI (1,0,0) disk to file
Enter filename [disk.out]:
Enter starting sector for copy: 0 (0 - 353265)/<cr>:
Enter number of sectors to copy: 353266 (1 - 353266)/<cr>:
Enter number of sectors per copy: 53 (1 - 53)/<cr>:
end: 353266
addr: 353266 cnt: 21
Time total: 401.454sec
Read 844526.53 kB at 2103.7 kB/sec.
0:read 1:veri 2:erase 3:read buffer 4:cache 5:ovtime 6:cap
7:wne 8:floppy 9:verify 10:checkcmds 11:read disk 12:write disk
13:scsireset 14:seektest 15: readda 16: reada 17: c2err
18:readom 19: lin 20: full toc
Enter selection: 18 (0 - 20)/<cr>:^C
```

CD-ROM에서 CD를 읽어 disk.out 파일로 생성한다.

```
$ ls -alh disk.out
-rw-r--r-- 1 root root 825M 2010-03-09 18:58 disk.out
```

❶ 관련 명령어

wodim : 데이터를 광학 디스크 미디어에 기록한다.
genisoimage : ISO9660/Joliet/HFS 파일시스템을 생성한다.

<table>
<tr><td>명령어</td><td>readonly</td><td>OS</td><td>L=U</td></tr>
<tr><td>키워드</td><td>읽기 전용</td><td>경로</td><td>/usr/bin/readonly</td><td>중요도</td><td>☆☆</td></tr>
<tr><td>요약</td><td colspan="5">파일을 읽기 전용으로 출력한다</td></tr>
</table>

❶ 이렇게 써요

```
readonly [옵션] [이름...]
```

-f : 함수를 읽기 전용으로 출력한다.
-p : 모든 읽기 전용 변수 목록을 출력한다.

❶ 설명 및 예제

readonly 명령어는 주어진 이름을 읽기 전용으로 표기하고 대입문에 이름값이 바뀌지 않도록 한다. -- 인수는 나머지 인수에 대한 점검을 하지 않는다.

다음을 제외하고는 반환되는 값은 0이다.

· 잘못된 옵션이 있는 경우
· 이름 중에 적합한 셀 변수 가 없는 경우
· -f 옵션 다음에 나온 이름이 함수가 아닌 경우

<table>
<tr><td>명령어</td><td>reboot</td><td>OS</td><td>L=U</td></tr>
<tr><td>키워드</td><td>시스템 다시 시작</td><td>경로</td><td>/sbin/reboot</td><td>중요도</td><td>☆☆</td></tr>
<tr><td>요약</td><td colspan="5">시스템을 종료하고 다시 시작한다</td></tr>
</table>

❶ 이렇게 써요

```
reboot [옵션]
```

-d : wtmp 파일에 로그를 남기지 않는다.
-f : 강제로 재부팅한다.
-n : 재부팅할 때 싱크를 않는다.
-w : 재부팅하지 않고 /var/log/wtmp에 로그를 남긴다.

❶ 설명 및 예제

reboot 명령어는 시스템을 다시 시작하는 명령으로 **shutdown -r now** 명령이나 **init 6** 명령과 같다.

shutdown 명령어는 현재의 작업 내용을 저장하도록 사용자에게 메시지를 보낼 수 있고 일정시간이 지난 후에 시스템을 종료하는 등 기능이 다양하다. 반면에 reboot 명령어는 아무런 경고 없이 곧바로 재부팅한다. 또한 reboot는 /var/log/message 파일과 /var/log/wtmp 파일에 로그를 남긴다. 내부적으로 동작하는 상세한 정보는 poweroff, halt, shutdown 명령어 페이지를 살펴보자.

❶ 관련 명령어

halt : 시스템을 종료하면서 Letc/init.d/halt 데몬을 실행한다.
poweroff : reboot이나 shutdown을 호출한다.
shutdown : 시스템을 종료하면서 letc/rc0.d 디렉터리에 존재하는 데몬들을 실행한다.

<table>
<tr><td>명령어</td><td>renice</td><td>OS</td><td>L=U</td></tr>
<tr><td>키워드</td><td>우선순위 변경</td><td>경로</td><td>/usr/bin/renice</td><td>중요도</td><td>☆☆</td></tr>
<tr><td>요약</td><td colspan="5">실행 중인 프로세스의 우선순위를 변경한다</td></tr>
</table>

❶ 이렇게 써요

renice 우선권 [옵션] [프로세스]

+num : 현재 프로세스의 우선권을 지정한 수(num)만큼 우선순위를 낮춘다.

-num : 현재 프로세스의 우선권을 지정한 수(num)만큼 우선순위를 높여준다.

-g, --pgrp : 그룹 ID를 지정한다.

-u, --user : 사용자 ID를 지정한다.

-p, --pid : 프로세스 ID를 지정한다.

❶ 설명 및 예제

renice 명령어는 하나 이상의 실행 중인 프로세스의 우선순위를 변경한다. renice 명령어의 옵션으로 프로세스 ID, 프로세스 그룹 ID, 사용자 ID를 지정할 수 있다. renice에 프로세스 그룹을 지정하면 그룹에 속한 모든 프로세스의 스케줄링 우선순위를 변경한다. renice에 사용자를 지정하면 사용자에게 속한 프로세스들의 스케줄링 우선순위를 변경한다. 이 때 실행한 명령에 영향받은 프로세스는 프로세스 ID에 한정된다.

아래는 프로세스 ID 987번과 사용자 daemon과 root 소유의 프로세스 ID 32번을 우선순위 +1로 변경한다.

```
$ renice +1 987 -u daemon root -p 32
```

TIP
PRIO_MIN와 PRIO_MAX는 각각 -20과 20이다. 사용자는 0에서 PRIO_MAX까지, 슈퍼유저는 PRIO_MIN에서 PRIO_MAX까지 변경할 수 있다.

<table>
<tr><td>명령어</td><td colspan="2">reset, tset</td><td>OS</td><td>L=U</td></tr>
<tr><td>키워드</td><td>터미널 초기화</td><td>경로</td><td>/usr/bin/reset, /usr/bin/tset</td><td>중요도</td><td>☆</td></tr>
<tr><td>요약</td><td colspan="4">터미널을 초기화한다</td></tr>
</table>

❶ 이렇게 써요

```
reset [옵션] [터미널]
```

- : 현재 터미널의 종류를 출력한다.
-e ch : 터미널의 삭제 문자(ch)를 지정한다.
-i ch : 지정한 문자(ch)를 인터럽트 문자로 지정한다.
-k ch : 지정한 문자(ch)를 행을 삭제하는 문자로 지정한다.
-m mapping : 지정한 값(mapping)을 포트로 지정한다.

❶ 설명 및 예제

reset 명령어는 tset 명령어와 같은 기능으로 터미널을 초기화한다.

이와 비슷한 기능의 clear 명령어는 터미널에서 화면을 깨끗이 지우고 가장 상단의 위치로 이동시킨다. 참고로 예기치 않은 문제로 터미널에 이상한 문자가 표시되고 더 이상 명령어 가 입력되지 않는다면, Ctrl + J clear Ctrl + J 조합 키로 터미널을 초기화할 수 있다.

reset 명령어는 tset 명령어의 심볼릭 링크이다.

```
# ls -al /usr/bin/reset
lrwxrwxrwx 1 root root 4 12월 14 2001 /usr/bin/reset -> tset
```

❶ 관련 명령어

clear : 화면을 깨끗이 하고 커서를 화면 맨 상단으로 이동시킨다.

<table>
<tr><td>명령어</td><td>resize2fs</td><td>OS</td><td>L</td></tr>
<tr><td>키워드</td><td>파일시스템 조절</td><td>경로</td><td>/sbin/resize2fs</td><td>중요도</td><td>☆☆</td></tr>
<tr><td>요약</td><td colspan="5">ext2/ext3/ext4 파일시스템 크기를 조절한다</td></tr>
</table>

❶ 이렇게 써요

```
resize2fs [-fFpPM] [-d debug-flags] [-S RAID-stride] device [size]
```

-d debug-flags : resize2fs의 디버깅을 활성화한다.
  2 - 블록 재할당 디버그
  4 - 아이노드 재할당 디버그
  8 - 아이노드 테이블 이동 디버그
-f : 강제적으로 파일시스템의 크기를 조절한다.
-F : 시작 전에 파일시스템 디바이스의 버퍼 캐시를 비운다.
-M : 파일시스템을 최소한의 크기로 줄인다.
-p : 실행이 완료되는 상태를 퍼센트 비율로 출력한다.
-P : 파일시스템의 최소 크기를 출력한다.

❶ 설명 및 예제

resize2fs 명령어는 ext 계열의 파일시스템 크기를 조절할 수 있다. 디스크의 파티션 크기가 변경할 크기만큼 미리 조정되어 있어야 resize2fs 명령어로 크기를 조절할 수 있다. 실제로 resize2fs 명령어를 사용하려면 fdisk나 cfdisk 명령으로 파티션 크기를 조절해야 한다. 하지만 이 명령어는 기존 데이터를 삭제하므로 resize2fs 명령어 사용은 제한적이다. 따라서 파일시스템 크기를 조절에는 parted 명령어가 더 낫다. 만일 텍스트 명령어 형식이 어렵다면 gparted GUI 프로그램도 있다.

<table>
<tr><td>명령어</td><td colspan="4">restore</td><td>OS</td><td>L</td></tr>
<tr><td>키워드</td><td>dump 백업 복구</td><td>경로</td><td>/sbin/restore</td><td></td><td>중요도</td><td>☆</td></tr>
<tr><td>요약</td><td colspan="6">dump 백업 파일을 복구한다</td></tr>
</table>

❶ 이렇게 써요

```
restore [옵션] [디바이스명 혹은 백업 파일]
```

-C : 덤프 파일을 비교한다.

-i : 상호 대화형interactive 모드로 실행한다.

-f : 백업되어 있는 디바이스명이나 백업 파일을 지정한다.

-r : 파일시스템 정보를 다시 업데이트하여 출력한다.

-t : 백업 시 지정한 파일의 이름을 출력한다.

-x : 지정한 미디어에서 파일명을 출력한다.

❶ 설명 및 예제

dump 명령어는 복잡한 파일 시스템 백업 유틸리티로서 디스크 이미지를 덤프하여 다수의 시스템에 복사하거나 파일을 전송할 때 쓴다. 이 때 restore 명령어는 dump로 백업된 파일을 복구한다. -i 옵션은 restore〉 명령행에서 대화형 모드를 활성화한다.

다음은 restore〉 명령행에서 사용하는 명령어이다.

명령어	설 명
add [arg]	복구 리스트에 지정한 인자(arg)를 추가한다.
cd arg	작업 디렉터리를 변경한다.
delete [arg]	복구 리스트에서 지정한 인자(arg)를 삭제한다.
extract	복구 리스트에서 모든 파일을 복구한다.
help	사용법을 출력한다.
ls [arg]	지정한 디렉터리(arg)의 목록을 출력한다.
pwd	현재 작업 디렉터리의 전체 경로를 출력한다.
quit	명령행을 종료한다.
verbose	상세한 정보를 출력한다.

-f 옵션은 디스크 전체를 복구한다. 아래는 미리 생성한 파일시스템을 마운트한 후에 복구할 대상 디렉터리에서 restore 명령을 실행한다.

```
# mke2fs /dev/sda1
# mount /dev/sda1 /mnt
# cd /mnt
# restore -rf /dev/st0
```

-if 옵션은 /dev/st0 디바이스에서 데이터를 하나씩 확인하면서 복구한다.

```
# restore -if /dev/st0
```

덤프 파일을 상호 대화형 모드로 복구할 수 있다.

```
# restore -if dump.file
```

여기서 잠깐

점대점

점대점point-to-point, P2P이란 두 장치간에 중개 장치 없이 한 장치에서 다른 장치로 직접적인 연결을 말한다. 이 방식은 컴퓨터와 터미널 간에 계속적인 대화를 나누며 빠른 응답을 필요로 할 때와 시스템이 다른 대형 컴퓨터의 터미널로 연결하여 사용할 때 주로 사용된다.

명령어	**rev**			OS	Ⓛ=Ⓤ
키워드	파일 행 역순 출력	경로	/usr/bin/rev	중요도	☆
요약	파일의 행을 기준으로 역순 출력한다				

❶ 이렇게 써요

```
rev [파일]
```

❶ 설명 및 예제

rev 명령어는 파일을 행 단위로 읽어 각 행의 문자를 역으로 변환하여 출력한다. 아래와 같이 인자를 지정하지 않으면 표준입력으로 변환할 문자들을 받는다.

```
$ rev
hanbit
ti
nah
```

아래와 같은 테스트 파일이 있다고 가정한다.

```
$ cat foo.txt
123456789
112233445566778899
```

rev 명령어는 위의 파일 내용을 역으로 출력한다.

```
$ rev foo.txt
987654321
998877665544332211
```

<table>
<tr><td>명령어</td><td>rexec</td><td>OS</td><td>L=U</td></tr>
<tr><td>키워드</td><td>원격 실행</td><td>경로</td><td>/usr/bin/rexec</td><td>중요도</td><td>☆</td></tr>
<tr><td>요약</td><td colspan="5">원격 호스트에 접속하여 명령을 실행한다</td></tr>
</table>

❶ 이렇게 써요

```
rexec [옵션] -l username -p password host command
```

옵션

-l username : 원격 호스트에 접속할 사용자명을 지정한다.

-p password : 원격 호스트에 접속할 사용자명의 패스워드를 지정한다.

-n : 접속할 사용자와 패스워드를 출력한다.

-h : 사용법을 출력한다.

❶ 설명 및 예제

rexec 명령어는 원격 호스트에서 실행한 결과를 로컬의 터미널에서 확인할 수 있다. rexec 명령어는 보안상 위험하므로 rexec 서비스는 권장하지 않는다. 아래는 data 명령어를 rexec 서버에서 실행한 예제이다. 예제를 실행하면 로컬 시스템은 $HOME/.netrc 파일에 원격 호스트의 사용자와 패스워드를 저장한다.

```
$ rexec rexec.hanbitbook.co.kr date
```

아래는 rexec.hanbitbook.co.kr 호스트에서 hanbit 사용자의 홈 디렉터리 목록을 출력한다.

```
$ rexec rexec.hanbitbook.co.kr ls -l /home/hanbit
```

TIP

rexec를 사용하려면 서버에서 rexec 서비스를 지원해야 한다. rexec 서비스는 슈퍼 데몬인 xinitd에 포함되어 있으며 /etc/xinitd.d/rexec 파일을 변경한다.

<table>
<tr><td>명령어</td><td colspan="3">rlogin</td><td>OS</td><td>L≠U</td></tr>
<tr><td>키워드</td><td>원격 호스트 접속</td><td>경로</td><td>/usr/bin/rlogin</td><td>중요도</td><td>☆</td></tr>
<tr><td>요약</td><td colspan="5">rlogin 서비스의 로그인 접속 클라이언트</td></tr>
</table>

❶ 이렇게 써요

rlogin 호스트[옵션]

옵션

-t ttytype : tty 형태를 지정한다.

-l username : 접속할 사용자 계정을 지정한다.

❶ 설명 및 예제

rlogin 명령어는 rlogin 서버에 접속할 수 있는 클라이언트로서 인증 절차 없이 로그인 할 수 있다. 하지만 rlogin 서비스는 보안에 취약하므로 ssh 명령을 사용하기를 권장한 다. 데비안 계열 기준으로 rlogin 명령어는 ssh 명령어를 심볼릭 링크한다.

```
$ namei /usr/bin/rlogin
f: /usr/bin/rlogin
d /
d usr
d bin
l rlogin -> /etc/alternatives/rlogin
  d /
  d etc
  d alternatives
  l rlogin -> /usr/bin/slogin
    d /
    d usr
    d bin
    l slogin -> ssh
      - ssh
```

❶ 관련 명령어

telnet : 원격 텔넷 서버에 접속하기 위한 클라이언트

ssh : 원격 SSH 서버 접속 클라이언트

<table>
<tr><td>명령어</td><td colspan="3">rm</td><td>OS</td><td>L=U</td></tr>
<tr><td>키워드</td><td>파일 혹은 디렉터리 삭제</td><td>경로</td><td>/bin/rm</td><td>중요도</td><td>☆☆☆</td></tr>
<tr><td>요약</td><td colspan="5">파일과 디렉터리를 삭제한다</td></tr>
</table>

❶ 이렇게 써요

```
rm [옵션] 파일명
```

- -f, --force : 강제로 파일이나 디렉터리를 삭제하고, 삭제할 대상이 없을 경우 메시지를 출력하지 않는다.
- -i --interactive : 매번 삭제할 때마다 사용자에게 물어본다.
- -I : 셋 이상의 파일을 삭제하거나 하위의 파일이나 디렉터리가 있을 경우 사용자에게 물어본다. -i 옵션보다는 확인 절차가 적으나 대부분의 사용자 실수는 막을 수 있다.
- --interactive[=WHEN] : 상호 대화형 모드로 값(WHEN)을 지정한다. 이 값은 once(-I 옵션과 같음)나 always(-i 옵션과 같음)가 올 수 있다. 값을 지정하지 않으면 always가 기본이다.
- --no-preserve-root : "/" 을 특별하게 취급하지 않는다.
- --preserve-root : "/"을 삭제하지 않는다(기본값이다).
- -r -R --recursive : 하위 디렉터리를 포함하여 모든 내용을 삭제한다.
- -v --verbose : 지워지는 파일의 정보를 화면에 출력한다.
- -R : -r 옵션과 같은 역할을 한다.
- --help : 사용법을 출력한다.
- --version : 버전 정보를 출력한다.

❶ 설명 및 예제

rm 명령어는 디렉터리나 파일을 삭제하는 명령으로 지정된 파일을 하나씩 삭제한다. 특별한 옵션을 지정하지 않으면 디렉터리를 삭제하지는 못한다.

```
$ file foo.directory
foo.directory directory
$ rm foo.directory
rm: cannot remove 'foo.directory': Is a directory
```

$HOME/.bashrc 파일에 alias rm='rm -i'를 설정하여, 실수를 미연에 방지하기를 권장한다.

```
$ rm linux-2.6.32/Documentation/kernel-docs.txt
rm: remove 'linux-2.6.32/Documentation/kernel-docs.txt' ?
```

삭제할 대상이 확실할 경우에는 -rf 옵션으로 디렉터리를 포함한 모든 하위 내용을 삭제할 수 있다.

```
$ ls commands.dir
pathchk.fooo    hanbit2 newusrs.test    pathch .test.fooooooooooooooooooo
hanbit          hanbit3 newusrs.test2 pathchk.test.fooooooooooooooooooo
$ rm -rf commands.dir
```

-ir 옵션은 yes/no를 선택하여 하위 디렉터리 중 원하는 파일만 삭제할 수 있다.

```
$ rm -ir commands.dir/
rm: descend into directory 'commands.dir/'? y
rm: remove regular file 'commands.dir/.swp'? y
rm: remove regular file 'commands.dir/.swn'? y
rm: remove regular empty file 'commands.dir/pathchk.fooo'? y
rm: remove regular empty file 'commands.dir/hanbit2'? n
rm: remove regular empty file 'commands.dir/pathch .test.
    fooooooooooooooooooo'? n
rm: remove regular file 'commands.dir/newusrs.test'? n
```


❶ 관련 명령어

rmdir : 디렉터리 삭제 명령어

<table>
<tr><td>명령어</td><td>rmail</td><td>OS</td><td>L-U</td></tr>
<tr><td>키워드</td><td>원격 메일 보기</td><td>경로</td><td>/usr/bin/rmail</td><td>중요도</td><td>☆</td></tr>
<tr><td>요약</td><td colspan="5">UUCP를 통해 받은 원격 메일을 제어한다</td></tr>
</table>

❶ 이렇게 써요

```
rmail [옵션] 사용자
```

-D domain : 기본값인 UUCP을 대신하여 도메인(domain)을 설정한다.
-T : 디버깅 모드

❶ 설명 및 예제

UUCP 네트워크 환경에서의 메일 보내기는 rmail 명령어를 사용한다. UUCP 환경에서는 메일을 직접 배달하지 않고 여러 중계 시스템을 거쳐서 최종 목적 호스트로 전달한다. 보내는 쪽의 MTA^Mail Transfer Agent^는 uux를 이용해 중계 시스템의 rmail 명령어를 메시지와 함께 전달한다. rmail 명령어는 메시지와 함께 최종 목적지 호스트로 전송하면 이 메시지는 지정한 목적 호스트에 도달한다. 보안상 이유로 uux 명령은 rmail 명령만을 수행하도록 한다. 현재에는 거의 쓰이지 않는 명령어이다.

여기서 잠깐

UUCP

UNIX-to-UNIX Copy Protocol의 약어이다. 유닉스 시스템들 간에 파일을 복사하고, 다른 시스템에서 실행하는 명령어 목록를 보내는 유닉스 프로그램 세트다. 다음은 UUCP에서 사용하는 주요 명령어다.

· uucp : 특정 파일을 타겟 호스트로 복사할 것을 요청한다.
· uux : 유닉스 명령어를 실행할 대상 호스트로 보낸다.
· uucico : 보낸 명령어를 실제적으로 실행하는 프로그램으로서 일반적으로 이 프로그램은 하루에 여러 번 실행된다. 대기하는 동안 복사(uucp) 및 명령어 요청(uux)은 uucico 프로그램이 실행되기 전까지 큐(queue)에 저장한다.
· uuxqt : uucico 명령이 실행된 후에 uux가 보낸 명령어를 수행한다.

<table>
<tr><td>명령어</td><td>rmdir</td><td>OS</td><td>L=U</td></tr>
<tr><td>키워드</td><td>디렉터리 삭제</td><td>경로</td><td>/bin/rmdir</td><td>중요도</td><td>☆☆</td></tr>
<tr><td>요약</td><td colspan="5">빈 디렉터리를 삭제한다</td></tr>
</table>

❶ 이렇게 써요

```
rmdir [옵션] 사용자
```

--ignore-fail-on-non-empty : 디렉터리가 비어 있지 않은 경우 삭제할 수 없다. 이 때 메시지를 출력하지 않는다.

-p, --parents : 상위 경로도 지운다. 상위 디렉터리도 비어 있어야 한다.

--verbose : 상세한 정보를 출력한다.

--help : 사용법을 출력한다.

--version : 버전 정보를 출력한다.

❶ 설명 및 예제

rmdir 명령어는 현재 위치를 기준으로 하위에 파일이나 디렉터리가 비어 있을 경우에만 삭제한다. 아래와 같이 rmdir 명령어는 디렉터리에 파일이 존재할 경우 삭제할 수 없다.

```
$ ls commands.dir/
hanbit          newusrs.test              pathchk.test.foooooooooooooooooooo
hanbit2         newusrs.test2
$ rmdir commands.dir/
rmdir: failed to remove 'commands.dir/': Directory not empty
```

--ignore-fail-on-non-empty 옵션은 디렉터리에 파일이 존재하더라도 경고 메시지를 출력하지 않는다.

```
$ rmdir --ignore-fail-on-non-empty commands.dir/
$
```

-p, --parents 옵션은 지정한 디렉터리의 상위 디렉터리까지 삭제한다.

```
$ mkdir -p a/b/c
$ rmdir a/b/c
$ find ./ -type d
./
./a
./a/b
```

위의 예제에서 옵션을 지정하지 않으면 가장 하위의 디렉터리를 삭제하지만, -p 옵션은 지정한 디렉터리의 전체 경로를 삭제한다.

```
$ mkdir -p a/b/c
$ rmdir -p a/b/c/
$ find ./ -type d
./
```

-rf 옵션은 하위 디렉터리의 파일이나 디렉터리가 존재하더라도 강제로 삭제한다.

```
$ rm -rf commands.dir
```

❶ 관련 명령어

rm : 파일이나 디렉터리 삭제한다.

<table>
<tr><td>명령어</td><td colspan="2">rmmod</td><td>OS</td><td>L</td></tr>
<tr><td>키워드</td><td>모듈 제거</td><td>경로 /sbin/rmmod</td><td colspan="2">중요도 ☆☆</td></tr>
<tr><td>요약</td><td colspan="4">리눅스 커널에서 모듈을 제거한다</td></tr>
</table>

❶ 이렇게 써요

```
rmmod [옵션] 모듈명
```

-f, --force : 강제로 모듈을 제거한다. 강제 옵션은 커널의 CONFIG_MODULE_FORCE_UNLOAD 옵션이 활성화되어야 한다.

-h --help : 사용법을 출력한다.

-r --stacks : 모듈 스택을 제거한다.

-s --syslog : syslog에 메시지 로그를 저장한다.

-v --verbose : 상세한 정보를 출력한다.

-V --version : 버전을 정보를 출력한다.

-w, --wait : 사용자가 해당 모듈을 사용 중이라면 접근을 종료할 때까지 대기한다.

❶ 설명 및 예제

rmmod는 커널의 드라이버 모듈을 제거하는 명령어이다. 커널 모듈과 관련한 명령어로는 depmod, lsmod, modinfo, modprobe, insmod 등이 있다. 이들은 서로 연관성이 많으므로 함께 살펴보자.

lsmod 명령어는 메모리에 적재되어 있는 모듈을 출력한다.

```
$ lsmod
Module            Size        Used by
binfmt_misc       6587        1
acpiphp           18284       0
snd_ens1371       18814       2
gameport          9089        1 snd_ens1371
snd_ac97_codec    100646      1 snd_ens1371
ac97_bus          1002        1 snd_ac97_codec
snd_pcm_oss       35308       0
snd_mixer_oss     13746       1 snd_pcm_oss
snd_pcm           70662       3 snd_ens1371,snd_ac97_codec,snd_pcm_oss
floppy            53016       0
```

modinfo 명령어는 지정한 모듈의 정보를 확인한다.

```
$ modinfo floppy
filename:     /lib/modules/2.6.32-23-generic/kernel/drivers/block/floppy.ko
alias:        block-major-2-*
license:      GPL
author:       Alain L. Knaff
srcversion:   F09EF487AF6BE7153764D10
alias:        acpi*:PNP0700:*
alias:        pnp:dPNP0700*
depends:
vermagic:     2.6.32-23-generic SMP mod_unload modversions 586
parm:         floppy:charp
parm:         FLOPPY_IRQ:int
parm:         FLOPPY_DMA:int
```

해당 모듈은 rmmod 명령어로 메모리에서 제거할 수 있다. 단 슈퍼유저 권한이 필요하다.

```
$ rmmod floppy
ERROR: Removing 'floppy': Operation not permitted
$ sudo rmmod floppy
[sudo] password for user:
```

❶ 관련 명령어

depmod : 모듈 적재를 위한 의존성 관계를 다룬다.

modprobe : insmod 명령어보다 뛰어난 모듈 적재 명령어다.

insmod : 모듈 적재한다.

<table>
<tr><td>명령어</td><td colspan="2">rootflags</td><td>OS</td><td>L</td></tr>
<tr><td>키워드</td><td>root 장치 설정</td><td>경로 /usr/sbin/rootflags</td><td>중요도</td><td>☆</td></tr>
<tr><td>요약</td><td colspan="4">root 파일 시스템을 마운트한다</td></tr>
</table>

❶ 이렇게 써요

```
rootflags [-o offset] [image [flags [offset]]]
```

❶ 설명 및 예제

rootflags 명령어는 디바이스의 플래그 정보를 출력한다.

```
# rootflags /dev/sda
Root flags 0
```

rootflags 명령어는 **rev -R** 명령과 같다. rootflags는 심볼릭 링크 파일이다.

자세한 사항은 rdev 명령어 페이지를 살펴보자.

```
$ ls -al /usr/sbin/rootflags
lrwxrwxrwx 1 root root 4 Jul  1 01:45 /usr/sbin/rootflags -> rdev
```

<table>
<tr><td>명령어</td><td colspan="3">route</td><td>OS</td><td>L=U</td></tr>
<tr><td>키워드</td><td>라우팅 테이블 보기</td><td>경로</td><td>/sbin/route</td><td>중요도</td><td>☆☆</td></tr>
<tr><td>요약</td><td colspan="5">IP 라우팅 테이블을 출력하거나 조작한다</td></tr>
</table>

❶ 이렇게 써요

route [옵션] [명령어]

[옵션]

-A family : 지정한 주소의 정보를 출력한다.

-v, --verbose : 상세한 정보를 출력한다.

-n, --numeric : 대상 필드 값을 IP 주소형태로 출력한다.

-e, --extend : 라우팅 테이블 정보를 확장된 형태로 출력한다.

-F, --fib : 기본적인 라우팅 정보를 출력한다.

-C, --cache : 라우팅 캐시 정보를 출력한다.

-h, --help : 사용법을 출력한다.

-V, --version : 버전 정보를 출력한다.

[명령]

add [-net|-host] IP주소 [gw gateway] [netmask 넷마스크] [mss tcp-mss] [dev 장치]

del IP주소

❶ 설명 및 예제

route 명령어는 네트워크 라우팅 테이블을 출력하거나 수동으로 조작할 수 있다.

아래는 route 명령을 실행한 예제이다. eth0 네트워크 장치의 네트워크 주소는 192.168.85.0이고 넷마스크는 255.255.255.0이다. 게이트웨이는 192.168.85.2이다.

```
$ route
Kernel IP routing table
Destination     Gateway       Genmask        Flags Metric Ref    Use Iface
192.168.85.0    *             255.255.255.0  U     1      0      0 eth0
default         192.168.85.2  0.0.0.0        UG    0      0      0 eth0
```

-n 옵션은 호스트명 대신 IP 주소 형태로 출력한다.

```
$ route -n
Kernel IP routing table
Destination     Gateway       Genmask        Flags Metric Ref    Use Iface
192.168.85.0    0.0.0.0       255.255.255.0  U     1      0      0 eth0
0.0.0.0         192.168.85.2  0.0.0.0        UG    0      0      0 eth0
```

라우팅 테이블에서 확인한 기본 게이트웨이는 **route del default** 명령으로 삭제할 수
있다.

```
$ route del default
SIOCDELRT: Operation not permitted
$ sudo route del default gw 192.168.85.2
$ route
Kernel IP routing table
Destination     Gateway       Genmask        Flags Metric Ref    Use Iface
192.168.85.0    *             255.255.255.0  U     1      0        0 eth0
```

route add 명령으로 위의 예에서 삭제한 게이트웨이를 추가할 수 있다.

```
$ sudo route add default gw 192.168.85.2
```

아래 예제는 루프백(lo) 장치를 추가한다.

```
$ sudo route add -net 127.0.0 netmask 255.0.0.0 dev lo
$ route
Kernel IP routing table
Destination     Gateway       Genmask        Flags Metric Ref    Use Iface
192.168.85.0    *             255.255.255.0  U     1      0        0 eth0
127.0.0.0       *             255.0.0.0      U     0      0        0 lo
default         192.168.85.2  0.0.0.0        UG    0      0        0 eth0
```

eth0 이더넷 장치에 사용자가 네트워크 정보를 추가할 수 있다.

```
$ sudo route add -net 224.0.0.0 netmask 240.0.0.0 dev eth0
$ route
Kernel IP routing table
Destination     Gateway       Genmask        Flags Metric Ref    Use Iface
192.168.85.0    *             255.255.255.0  U     1      0        0 eth0
127.0.0.0       *             255.0.0.0      U     0      0        0 lo
224.0.0.0       *             240.0.0.0      U     0      0        0 eth0
default         192.168.85.2  0.0.0.0        UG    0      0        0 eth0
```

여기서 잠깐

router

라우터는 동일한 전송 프로토콜을 사용하여 분리되어 있는 네트워크 계층을 서로 연결한다. 라우터는 기본적으로 브리지의 기능을 가지며 경로 배정표에 따라 다른 네트워크 또는 자신의 네트워크 내의 노드를 결정한다. 그리고 여러 경로 중 가장 효율적인 경로를 선택하여 패킷을 보낸다. 라우터는 흐름제어를 하며, 네트워크 내부에서 여러 서브 네트워크를 구성하고, 다양한 네트워크 관리 기능을 수행한다. 브리지와 라우터의 차이점은 라우터는 네트워크 계층까지의 기능을 담당하고 있으면서 경로 설정을 해주는 반면, 브리지는 데이터링크 계층까지의 기능만으로 목적지 주소를 구별하고 간단한 경로 결정을 한다.

gateway

게이트웨이는 다른 네트워크로 들어가는 입구 역할을 하는 네트워크 포인트이다. 라우팅의 관점에서 보면 인터넷은 많은 게이트 웨이 노드와 호스트 노드로 구성된 네트워크라 할 수 있는데, 네트워크 사용자들의 컴퓨터들과 웹 페이지와 같은 컨텐츠를 제공하는 컴퓨터들이 바로 호스트 노드이며, 일반 회사의 네트웍 내에서 트래픽을 통제하는 컴퓨터나 인터넷 서비스 제공자들의 컴퓨터가 바로 게이트웨이 노드이다.

<table>
<tr><td>명령어</td><td>rpm2cpio</td><td></td><td></td><td>OS</td><td>L</td></tr>
<tr><td>키워드</td><td>RPM 변환 명령</td><td>경로</td><td>/usr/bin/rpm2cpio</td><td>중요도</td><td>☆☆</td></tr>
<tr><td>요약</td><td colspan="5">레드햇 패키지(RPM)를 cpio 파일로 변환한다</td></tr>
</table>

❶ 이렇게 써요

```
rpm2cpio [파일명]
```

❶ 설명 및 예제

rpm2cpio 명령어는 .rpm 파일을 cpio 형태의 파일로 생성한다. 만약 아무 인수가 없다면 표준입력으로부터 RPM 파일을 받는다.

```
# rpm2cpio rpm-1.1-1.i386.rpm
# rpm2cpio < glint-1.0-1.i386.rpm
```

아래와 같이 cpio와 같이 사용하여 RPM 패키지 내용 중 특정한 파일만 풀어 낼 수 있다.

```
# cd /lib/modules/'uname -r'/kernel/drivers/net/bcm5700
# mv bcm5700.ko bcm5700.ko.orig
# cd /tmp
# rpm2cpio kernel-2.6.32-11.27.i686.rpm | cpio -idm '*bcm5700*'
# cp ./lib/modules/2.6.32-11.27/kernel/drivers/net/bcm5700/*.ko \
  /lib/modules/'uname -r'/kernel/drivers/net/bcm5700
```

위는 rpm2cpio와 cpio 명령어로 RPM 패키지를 설치하지 않고 확인하는 예이다. 만일 커널 패키지나 시스템에 영향을 미치는 패키지일 경우 실행 시에 주의하자.

명령어	**rsh**			OS	**L≠U**
키워드	원격 셸 명령	경로	/usr/bin/rsh	중요도	☆
요약	원격 호스트에서 명령을 실행한다				

❶ 이렇게 써요

```
rsh [옵션] 호스트명[명령어]
```

-l username : 호스트에 접근할 사용자 이름을 지정한다.

❶ 설명 및 예제

rsh 명령어는 rlogin 명령어와 마찬가지로 보안에 취약하므로 ssh 명령어를 사용하길 권장한다. 데비안 계열을 기준으로 rsh 명령어는 ssh 명령어로 심볼릭 링크되어 있다.

```
$ namei /usr/bin/rsh
f: /usr/bin/rsh
 d /
 d usr
 d bin
 l rsh -> /etc/alternatives/rsh
   d /
   d etc
   d alternatives
   l rsh -> /usr/bin/ssh
     d /
     d usr
     d bin
     - ssh
```

rsh 명령을 허용하는 서버가 있다면, 아래와 같이 rsh를 실행한다.

```
$ rsh rsh.hanbitbook.co.kr "ls -al /"
```

<table>
<tr><td>명령어</td><td>rsync</td><td>OS</td><td>L=U</td></tr>
<tr><td>키워드</td><td>원격 복사</td><td>경로</td><td>/usr/bin/rsync</td><td>중요도</td><td>☆</td></tr>
<tr><td>요약</td><td colspan="5">원격에 있는 파일을 복사한다</td></tr>
</table>

❶ 이렇게 써요

```
로컬서버 :                  rsync [OPTION...] SRC... [DEST]
원격 셸을 통한 접근 :        내려 받을 때 : rsync [옵션...] [USER@]HOST:SRC... [DEST]
                            올릴 때 : rsync [옵션...] SRC... [USER@]HOST:DEST
rsync 데몬을 통한 접근 : 내려 받을 때 : rsync [옵션...] [USER@]HOST::SRC... [DEST]
                                   rsync [옵션...] rsync://[USER@]HOST[:PORT]/SRC... [DEST]
                            올릴 때 : rsync [옵션...] SRC... [USER@]HOST::DEST
                                   rsync [옵션...] SRC... rsync://[USER@]HOST[:PORT]/DEST
```

-a, --archive : 압축 모드로 -rlptgoD와 동일하다.

-A, --acls : ACLs를 보존한다(-p 옵션과 함께).

-b, --backup : 백업을 만든다(--suffix 나 -backup-dir 참조).

-c, --checksum : 시간이나 크기가 아니라 체크섬으로 파일을 비교한다.

-d, --dirs : 하위 디렉터리를 포함하지 않고 전달한다.

-e, --rsh=COMMAND : 원격 셸을 지정한다.

-E, --executability : 실행 권한을 보존한다.

-g, --group : 그룹을 보존한다.

-H, --hard-links : 하드 링크를 보존한다.

-k, --copy-dirlinks : 디렉터리의 심볼릭 링크는 원본 디렉터리로 변경한다.

-K, --keep-dirlinks : 디렉터리의 심볼릭 링크는 심볼릭 그대로 취급한다.

-l, --links : 심볼릭 링크는 심볼릭 링크 형태 그대로 복사한다.

-L, --copy-links : 심볼릭 링크의 원본 파일이나 디렉터리로 변경한다.

-o, --owner : 소유자를 보존한다(슈퍼유저만 해당).

-p, --perms : 퍼미션을 보존한다.

-q, --quiet : 에러가 아닌 메시지는 출력하지 않는다.

-r, --recursive : 하위 디렉터리까지 재귀적으로 실행한다.

-t, --times : 변경 시간을 보존한다.

-u, --update : 새로운 파일은 덮어쓰지 않는다.

-v, --verbose : 상세한 정보를 출력한다.

-X, --xattrs : 확장 속성(externded attributes)을 보존한다.

--backup-dir=DIR : 지정한 디렉터리(DIR)에 백업을 만든다.

--chmod=CHMOD : 파일이나 디렉터리 퍼미션(CHMOD)을 지정한다.

--copy-unsafe-links : "unsafe" 심볼릭 링크만 변경한다.

--delete : 서버 쪽에는 없고 클라이언트에만 있는 파일은 지운다.

--devices : 디바이스 파일을 보존한다(슈퍼유저만 해당).

--existing : 추가된 파일은 전송하지 않고 업데이트된 파일만 전송한다.

--no-motd : 데몬 모드(MOTD)를 출력하지 않는다.

--specials : 스페셜 파일을 보존한다.

--suffix＝SUFFIX : 디렉터리(SUFFIX) 위치에 백업한다.

-4, --ipv4 : IPv4

-6, --ipv6 : Ipv6

--version : 버전 번호를 출력한다.

(-h) --help : 사용법을 출력한다.

❶ 설명 및 예제

rsync 명령어는 서버간에 동기화나 백업을 진행할 때 유용하다. 적은 양의 리소스와 빠른 퍼포먼스로 동기화를 구축할 수 있다. root 권한이 필요 없고, 익명 사용자[anonymous]를 지원한다. 또한 심볼릭 링크, 디바이스, 소유자, 그룹, 허가권 등을 복사할 수 있고, exclude, exclude-from 옵션도 지원한다. rsh나 ssh 명령어를 이용하여 로그인 인증 절차도 가능하다.

내부에 백업할 때는 **rsync -av "백업할 내용" "백업 받은 내용"** 형식을 사용한다.

```
$ rsync -av /home /backup
```

위의 예제는 -av 옵션으로 /home 디렉터리를 압축하여 /backup 디렉터리에 상세한 정보와 함께 백업한다. 외부에 있는 서버를 백업하는 경우는 **rsync -av -e ssh "백업할 서버":"백업 받을 위치"** 형식을 많이 사용한다.

```
$ rsync -avzr -delete 192.168.180.160::home /home/rsync
```

192.168.180.160 서버의 /home 디렉터리를 로컬 서버의 /home/rsync 디렉터리에 백업한 경우이다. delete 옵션은 192.168.180.60 서버의 /home 디렉터리 목록에서 192.168.180160 서버에 존재하지 않는 목록을 로컬에서 삭제한다.

<table>
<tr><td>명령어</td><td colspan="2">rsyslogd</td><td>OS</td><td>L</td></tr>
<tr><td>키워드</td><td>syslogd 확장</td><td>경로</td><td>/usr/sbin/rsyslogd</td><td>중요도</td><td>☆</td></tr>
<tr><td>요약</td><td colspan="4">syslogd 명령어에서 신뢰성과 기능을 확장한다</td></tr>
</table>

❗ 이렇게 써요

```
rsyslogd
[ -4 ] [ -6 ] [ -A ] [ -d ] [ -f config file ] [ -i pid file ] [ -l hostlist ] [ -n ] [ -N level ][ -q ] [ -Q ]
[ -s domainlist ] [ -u userlevel ] [ -v ] [ -w ] [ -x ]
```

-A : UDP 메시지를 보낼 때 기본값은 하나의 목적지만 가능하지만, - A 옵션은 모든 목적지에 메시지를 보낼 수 있다.

-4 : Ipv4 주소만 받을 수 있다.

-6 : Ipv6 주소만 받을 수 있다.

-d : 디버깅 모드를 활성화한다.

-f config_file : 설정 파일(config_file)을 지정한다(기본값은 /etc/rsyslog.conf).

-i pid_file : 프로세스 ID 파일(pid_file)을 지정한다.

-l hostlist : 로그인 가능한 호스트(hostlist)를 지정한다. 다중의 호스트는 콜론(:)으로 구분한다.

-n : 자동적인 백그라운드를 피한다. 이 옵션은 init 명령으로 rsyslogd를 컨트롤할 때 필요하다.

-N level : 설정 파일이 올바른지 체크한다.

-q : ACL 프로세싱 동안, 성능 이슈로 호스트명을 IP 어드레스를 해석한다.

-Q : ACL 프로세싱 동안 호스트명을 IP 어드레스로 해석하지 않는다.

-s domainlist : 주어진 도메인(domainlist)을 로그에서 제거한다. 다중의 호스트는 콜론(:)으로 구분한다.

-u userlevel : 레벨(userlevel)을 지정한다. 1은 rsyslogd가 호스트명을 파싱하지 않고, 2는 루트 디렉터리로 변경하지 않는다. 3은 두 특징을 모두 가진다.

-v : 버전 정보를 출력한다.

-w : 중복된 경고 메시지를 출력하지 않는다.

-x : DNS 원격 메시지를 비활성화한다.

❗ 설명 및 예제

rsyslogd 명령어는 엔터프라이즈나 syslog 릴레이 체인을 암호화하는데 적당하며 syslogd와의 호환성이 뛰어나다.

아래는 syslogd과 비교하여 다른 특징이다.

· TCP를 통한 신뢰성 높은 syslog

· 온 디맨드 디스크 버퍼링

· 이메일 경고

· MySQL 또는 PostgreSQL 데이터베이스에 기록

· 인가된 송신자 리스트

· syslog 메세지의 어떤 부분에서도 필터링 가능
· 실시간 메시지 압축
· 정밀한 출력 형식 제어
· 로그 목적지 백업

❶ 관련 명령어

syslog : 시스템 로그를 저장한다.

여기서 잠깐

커버로스

커버로스[Kerberos]는 미국 MIT의 Athena 프로젝트로 개발된 인증 시스템으로, 서비스 요구를 위해 네트워크에 있는 커버로스의 인증 서버에 사용자가 로그인 인증을 거치는 안전한 방법이다. rlogin, mail, NFS 등에서 사용하고 있다.

<table>
<tr><td>명령어</td><td>runlevel</td><td>OS</td><td>L</td></tr>
<tr><td>키워드</td><td>실행 레벨 보기</td><td>경로</td><td>/sbin/runlevel</td><td>중요도</td><td>☆</td></tr>
<tr><td>요약</td><td colspan="5">현재와 이전 시스템의 런레벨을 찾는 명령어</td></tr>
</table>

❶ 이렇게 써요

```
runlevel
```

❶ 설명 및 예제

runlevel 명령어는 이전의 실행 레벨과 현재의 실행 레벨을 공백 문자로 구분하여 출력한다. 만약 이전의 실행 레벨이 없다면 N을 출력한다. 주로 System-V 계열의 **who -r** 명령어를 대신하며, 부팅 시에 자동으로 실행하는 rc 스크립트에서 쓰인다. 또한 init에서 참조하는 RUNLEVEL과 PREVLEVEL 환경 변수의 값은 runlevel 명령어로 파싱한다.

```
# runlevel
N 5
```

아래 예제는 이전의 실행 레벨이 없으며 현재의 실행 레벨은 5로써 X윈도우를 기본으로 한다. 아래 /etc/inittab 파일은 각 실행 레벨별 설명을 보여준다.

```
# Default runlevel. The runlevels used by RHS are:
# 0 - halt (Do NOT set initdefault to this)
# 1 - Single user mode
# 2 - Multiuser, without NFS (The same as 3, if you do not have networking)
# 3 - Full multiuser mode
# 4 - unused
# 5 - X11
# 6 - reboot (Do NOT set initdefault to this)
```

<table>
<tr><td>명령어</td><td colspan="3">sane-find-scanner</td><td>OS</td><td>L</td></tr>
<tr><td>키워드</td><td>스캐너 디바이스</td><td>경로</td><td>/usr/bin/scan-find-scanner</td><td>중요도</td><td>☆</td></tr>
<tr><td>요약</td><td colspan="5">SCSI와 USB 스캐너의 디바이스 파일을 찾는다</td></tr>
</table>

❶ 이렇게 써요

```
sane-find-scanner [-hvqf] [devname...]
```

-h : 사용법을 출력한다.
-v : 상세한 정보를 출력한다.
-q : 경고 메시지 없이 디바이스 정보만 출력한다.
-f : USB 장치를 강제로 SCSI 장치로 인식한다.
-p : 병렬 디바이스를 스캔할 수 있도록 활성화한다.
-F filename : /proc/bus/usb/devices 파일 포맷으로 파일(filename)을 읽는다.

❶ 설명 및 예제

sane-find-scanner 명령어는 스캐너가 연결되어 있을 때 어떤 디바이스가 연결되어 있고 제대로 동작하고 있는지를 확인할 수 있다. 아래는 SCSI과 USB의 모든 포트에서 스캐너가 있는지 줄별로 출력한다.

```
$ sane-find-scanner -v
This is sane-find-scanner from sane-backends 1.0.20
# sane-find-scanner will now attempt to detect your scanner. If the
# result is different from what you expected, first make sure your
# scanner is powered up and properly connected to your computer.
searching for SCSI scanners:
checking /dev/scanner... failed to open (Invalid argument)
---------------------------- 이하 생략 ----------------------------
```

특정 디바이스를 지정하여 검사할 수 있다.

```
$ sane-find-scanner /dev/scanner
```

-p 옵션을 사용하여 병렬 포트에서 사용 가능한지 확인한다.

```
$ sane-find-scanner -p
```

❶ 관련 명령어

scanimge : 지정한 이미지를 스캔한다.

<table>
<tr><td>명령어</td><td>scanimage</td><td>OS</td><td>L</td></tr>
<tr><td>키워드</td><td>이미지 스캔</td><td>경로</td><td>/usr/bin/scanimage</td><td>중요도</td><td>☆</td></tr>
<tr><td>요약</td><td colspan="5">지정한 이미지를 스캔한다</td></tr>
</table>

❶ 이렇게 써요

```
scanimage [옵션]…
```

공백은 하나의 문자만 오는 옵션(예를 들어 -d epson)이고, "="는 다중의 문자가 올 수 있는 옵션(예를 들어 --device-name=eposon)이다.

-b, --batch[=FORMAT] : 배치모드로 작업한다. 형태(FORMAT)는 'out%d.pnm' 혹은 'out%d.tif' 등이 올 수 있는데 -format 옵션에 의존적이다.

--batch-start=# : 지정한 숫자(#)로 파일의 이름 쪽 수를 시작한다.

--batch-count=# : 배치모드에서 지정한 숫자(#)만큼 쪽을 스캔한다.

--batch-increment=# : 지정한 숫자(#)만큼 쪽 수를 늘린다.

--batch-double : 쪽 수를 2배 늘린다. --batch-increment=2 옵션과 같다.

--batch-prompt : 쪽을 스캔하기 전 키를 눌러 확인한다.

--accept-md5-only : md5 인증을 요구한다.

-B, --buffer-size=# : 주어진 버퍼 크기(#)로 변경한다(기본 32KB).

-d, --device-name=DEVICE : 디바이스(DEVICE)를 지정한다.

--format=pnm|tiff : 출력 파일의 형태를 지정한다.

-f, --formatted-device-list=FORMAT : -L 옵션과 유사하지만, 지정한 형태(FORMAT)로 목록을 출력한다. %d (디바이스이름), %v (벤더), %m (모델), %t (타입), %i (인덱스번호), %n (새로운 행)

-h, --help : 사용법을 출력한다.

-n, --dont-scan : 옵션을 설정할 뿐, 실제 스캔은 하지 않는다.

-L, --list-devices : 스캐너 디바이스 목록을 출력한다.

-p, --progress : 진행되는 과정을 출력한다.

-T, --test : 테스트만 진행한다.

-v, --verbose : 보다 상세한 메시지를 출력한다.

-V, --version : 버전 정보를 출력한다.

❶ 'v4l:/dev/video0' 디바이스의 특별 옵션:

❶ 스캔 모드

--mode Gray|Color [Gray] : 스캔 모드를 선택한다(예, lineart, monochrome, 혹은 color).

--channel Camera 1 [inactive] : v4l 디바이스의 채널을 선택한다(예, television 혹은 video-in)

❷ 지오메트리

-l 0..607pel (1스텝) [inactive] : 스캔 영역의 상단-왼쪽(Top-left)의 x위치

-t 0..391pel (1스텝) [inactive] : 스캔 영역의 상단-왼쪽의 y위치

-x 160..767pel (1스텝) [inactive] : 스캔 영역의 너비

-y 120..511pel (1스텝) [inactive] : 스캔 영역의 높이

❸ 확장

--brightness 0..255 [179] : 스캔한 이미지의 밝기를 조절한다.

--hue 0..255 [0] : 스캔한 이미지의 블루 레벨을 조절한다.

--color 0..255 [153] : 이미지의 색깔을 조절한다.

--contrast 0..255 [128] : 스캔한 이미지의 컨트라스트contrast를 조절한다.

--white-level 0..255 [0] : 화이트 레벨를 조절한다.

❶ 설명 및 예제

scanimage 명령어는 스캐너나 카메라 등의 이미지 관련 디바이스를 제어할 수 있다. -L 옵션으로 디바이스 리스트를 출력한다. 아래 예에서는 웹캠 디바이스를 발견했다.

```
$ scanimage -L
device 'v4l:/dev/video0' is a Noname WebCam SCB-1900N virtual device
```

--help -d DEVICE 옵션은 디바이스에서 사용할 수 있는 모든 옵션을 출력한다.

```
$ scaniamge --help -d v4l:/dev/video0
```

옵션 없이 기본적인 설정을 스캔 후에 image.pnm 파일로 저장한다.

```
$ scanimage > image.pnm
```

화면 크기를 100mmx100mm로 스캔 후 image.tiff 파일로 저장한다.

```
$ scanimage -x 100 -y 100 --format = tiff > image.tiff
```

<table>
<tr><td>명령어</td><td colspan="3">screen</td><td>OS</td><td>L≠U</td></tr>
<tr><td>키워드</td><td>터미널 애뮬레이터</td><td>경로</td><td>/usr/bin/screen</td><td>중요도</td><td>☆</td></tr>
<tr><td>요약</td><td colspan="5">VT100/ANSI 터미널을 애뮬레이트하는 스크린 매니저</td></tr>
</table>

❶ 이렇게 써요

```
screen [옵션] [명령어 [인자]] 혹은 screen -r [host.tty]
```

-c file : $HOME/.screenrc 대신 설정 파일(file)을 지정한다.

-d (-r) : 연결된 세션을 해제한다(재접속한다).

-dmS name : 데몬을 시작한다.

-D (-r) : 연결을 해제하고 원격에서 로그 아웃한다(재접속한다).

-h lines : 히스토리 버퍼의 크기(line)를 지정한다.

-l : 로그인 모드를 활성화한다(/var/run/utmp 파일을 업데이트한다).

-ln = off : 로그인 모드 비활성화한다.

-list : -ls 옵션과 같이 소켓 디렉터리 정보만 출력한다.

-r : 연결이 해제된 스크린에 다시 접속한다.

-R : 가능하면 다시 접속하고 그렇지 않으면 새로운 세션으로 접속한다.

-s shell : $SHELL 대신 지정한 셸(shell)로 실행한다.

-S sockname : 세션 이름(sockname)을 지정한다.

-t title : 윈도우 타이틀(title)을 지정한다.

-T term : $TERM 환경 변수의 값(term)을 지정한다.

-U : UTF-8 인코딩을 사용한다.

-v : 버전 정보를 출력한다.

-X : 세션에 스크린 명령어를 실행한다.

❶ 설명 및 예제

서버에 접속할 때 보통 여러 개의 터미널로 작업하는 경우가 많다. 이때 각각의 터미널을 옮겨 다니면서 작업을 하는 불편함이 있다. screen 명령어는 여러 터미널을 띄우는 대신 하나의 터미널에서 다중 셸 환경을 실행할 수 있다. nohup 명령어와 함께 기존의 세션에 다시 접속하여 이전에 했던 작업을 이어서 할 수도 있다.

-S 옵션은 지정한 세션으로 시작할 수 있다. -list 옵션은 현재 열려 있는 세션의 목록을 출력한다.

```
$ screen -S test1
$ screen -list
There are screens on:
7253.test1 (2010년 03월 15일 18시 12분 13초) (Attached)
1 Sockets in /var/run/screen/S-user.
```

-S test2은 두 번째 세션인 test2를 연다.

```
$ screen -S test2
$ screen -list
There are screens on:
7285.test2 (2010년 03월 15일 18시 12분 34초) (Attached)
7253.test1 (2010년 03월 15일 18시 12분 13초) (Attached)
2 Sockets in /var/run/screen/S-user.
```

위에서 강제로 터미널을 닫아 보자. 이후 새로운 터미널에서 -list 옵션으로 목록을 출력한다. 각 세션의 상태가 Detached가 되어 있다. 이 경우에는 **-r pid.세션이름** 옵션으로 이전의 세션에 다시 연결할 수 있다.

```
$ screen -list
There are screens on:
7285.test2 (2010년 03월 15일 18시 12분 34초) (Detached)
7253.test1 (2010년 03월 15일 18시 12분 13초) (Detached)
2 Sockets in /var/run/screen/S-user.
$ screen -r 7253.test1
```

아래는 screen에서 사용할 수 있는 단축키로 Ctrl + a 를 입력 후 따라오는 값이다.

1 (0~9)에 해당하는 창으로 이동한다.

a 이전에 실행한 창으로 이동한다.

c 새로운 셸을 생성하면서 그 셸로 이동한다.

d 현재 작업 내용을 유지하면서 screen에서 빠져나간다.

h 현재 창의 내용을 저장한다.

n 다음 창으로 이동한다.

p 이전 창으로 이동한다.

w screen 내의 창의 개수를 출력한다.

A 현재 창의 제목을 수정한다.

Esc 복사 모드로 전환한다.

: 명령행 모드로 전환한다.

[선택한 블록을 버퍼에 저장한다. 첫 번째 스페이스 바는 블록 지정을 시작하고, 두 번째 스페이스 바는 블록을 종료한다.

] 저장한 버퍼의 내용을 출력한다.

[S] 창을 나눈다.

[Tab] 분할된 또 다른 지역으로 포커스를 이동한다.

['] 창 번호 혹은 창 이름으로 이동한다.

["] 창 번호를 출력한다.

[Q] 현재 포커스된 영역 이외의 분할 영역을 숨긴다.

여기서 잠깐

와이브로 WiBro, Wireless Broadband

삼성전자와 한국전자통신연구원이 개발한 무선 광대역 인터넷 기술이다. 특정 도심 지역의 가입자를 대상으로 시속 60㎞로 이동 중에도 자유롭게 데이터 송수신을 할 수 있다. 이는 2.3GHz 대역의 주파수를 이용하며, 시속 60km 이상의 이동성과 1Mbps급의 전송속도를 제공한다. 와이브로의 전파 전달 거리는 최대 48km에 달하여 무선랜, Wi-Fi보다 서비스 반경이 10배 이상 넓다.

<table>
<tr><td>명령어</td><td colspan="2">script</td><td>OS</td><td>Ⓛ=Ⓤ</td></tr>
<tr><td>키워드</td><td>터미널 텍스쳐 저장</td><td>경로 /usr/bin/script</td><td>중요도</td><td>☆</td></tr>
<tr><td>요약</td><td colspan="4">터미널에서 발생하는 모든 세션을 저장한다</td></tr>
</table>

❶ 이렇게 써요

```
script [옵션] [파일]
```

-a : 새롭게 저장하지 않고 이전 파일에 추가한다.

-f : 출력 화면을 깨끗하게 한다. 한 명의 사용자의 작업 내용을 또 다른 사용자가 살펴 볼 때 유용하다.

-q : 메시지를 출력하지 않는다.

❶ 설명 및 예제

script 명령어는 터미널에서 진행하는 모든 작업을 파일에 저장한다. 화면의 내용을 캡쳐할 필요가 있을 때 유용하다.

script를 인자 없이 실행하는 경우 typescript 파일에 저장한다. 이 때 실행 중인 script를 종료하려면 exit나 Ctrl + D 이후에 logout을 입력한다.

```
$ script
Script started, file is typescript
user@ubuntu:~/commands.dir$ rm -rf pathchk.test.foooooooooooooooooooo
user@ubuntu:~/commands.dir$ ls
hanbit    hanbit3         newusrs.test2                      typescript
hanbit2 newusrs.test  pathch .test.foooooooooooooooooooo
user@ubuntu:~/commands.dir$ exit
exit
Script done, file is typescript
```

자동으로 생성된 typescript 파일을 살펴보자.

script 실행 후 exit로 빠져 나오기 전까지의 화면이 파일로 저장되어 있다.

```
$ cat typescript
Script started on Sun Jul  4 06:46:39 2010
$ rm -rf pathchk.test.foooooooooooooooooooo
$ ls
hanbit    hanbit3         newusrs.test2                      typescript
hanbit2 newusrs.test  pathch .test.foooooooooooooooooooo
$ exit
```

```
exit

Script done on Sun Jul  4 06:47:11 2010
```

-aqf 옵션은 원격에서 접속한 사용자의 화면을 저장할 때 유용하다. hanbit 사용자의 .bash_profile 파일에 "script -aqf /tmp/script_hanbit.log"를 추가하자. 이후 원격 접속 후 작업하는 모든 내용을 /tmp/script_hanbit.log 파일에서 확인할 수 있다.

```
$ echo "script -aqf /tmp/script_hanbit.log" >> /home/hanbit/.bash_profile
```

<table>
<tr><td>명령어</td><td colspan="4">scp</td><td>OS</td><td>L=U</td></tr>
<tr><td>키워드</td><td>파일 복사</td><td>경로</td><td>/usr/bin/scp</td><td></td><td>중요도</td><td>☆☆</td></tr>
<tr><td>요약</td><td colspan="6">원격 보안 복사를 한다</td></tr>
</table>

❶ 이렇게 써요

```
scp [옵션] [[user@host:] 파일 [...]
```

-p : 원본 파일의 변경 시간, 접근 시간, 퍼미션을 변경하지 않고 그대로 보존한다.
-r : 지정한 디렉터리를 기준으로 하위의 디렉터리 및 파일까지 복사한다.
-v : 상세한 정보를 출력한다.
-F ssh_config : 설정파일을 지정한다.
-P port : 포트를 지정한다.

❶ 설명 및 예제

scp 명령어는 네트워크에 연결된 호스트간의 파일을 복사한다. 데이터 전달을 위한 암호화 인증으로 ssh 명령어와 같은 보안체제를 사용한다. rcp 명령어와 달리 scp 명령어는 인증에 필요한 패스워드나 인증 절차를 사용자에게 요청한다. 파일을 송수신하기 위해 사용자와 호스트 정보를 인증 절차에서 지정할 수도 있다.

아래 예제는 hanbit 사용자 인증으로 hanbitbook.co.kr 서버의 /home/hanbit/scpfoo1.txt 파일을 로컬 시스템의 현재 디렉터리 위치에 scpfoo2.txt 파일로 저장한다.

```
$ scp hanbit@hanbitbook.co.kr:/home/hanbit/scpfoo1.txt ./scpfoo2.txt
```

아래는 서버의 /usr/share/data 디렉터리에 존재하는 하위의 모든 목록을 로컬 시스템의 backup 디렉터리로 복사한다.

```
$ scp -r hanbit@hanbitbook.co.kr:/usr/share/data ./backup
```

❶ 관련 명령어

sftp : 암호화하여 파일을 전송한다.
ssh : 암호화하여 원격으로 로그인한다.

<table>
<tr><td>명령어</td><td>sdiff</td><td>OS</td><td>L=U</td></tr>
<tr><td>키워드</td><td>파일 비교</td><td>경로</td><td>/usr/bin/sdiff</td><td>중요도</td><td>☆</td></tr>
<tr><td>요약</td><td colspan="5">행을 기준으로 파일의 차이점을 비교한다</td></tr>
</table>

❶ 이렇게 써요

sdiff [옵션] 파일1 파일2

-o FILE --output=FILE : 지정한 파일(FILE)로 내용을 출력한다.

-i --ignore-case : 대소문자를 구분하지 않는다.

-E --ignore-tab-expansion : 파일간의 탭 차이를 무시한다.

-b --ignore-space-change : 파일 간의 공백 차이를 무시한다.

-W --ignore-all-space : 모든 공백을 무시한다.

-B --ignore-blank-lines : 파일간의 빈 행의 차이를 무시한다.

-I RE --ignore-matching-lines=RE : 지정한 값(RE)과 매치되는 것은 무시한다.

--strip-trailing-cr : 입력에서 줄 바꿈 문자를 제거한다.

-a -text : 모든 파일을 텍스트로 취급한다.

-w NUM --width=NUM : 열의 넓이(NUM)를 지정한다.

-l --left-column : 왼쪽의 열만 출력한다.

-s --suppress-common-lines : 파일간 중복되는 행은 출력하지 않는다.

-t --expand-tabs : 탭을 공백으로 변환하여 출력한다.

--diff-program=PROGRAM : 파일 비교를 위한 프로그램(PROGRAM)을 지정한다.

-v -version : 버전 정보를 출력한다.

--help : 사용법을 출력한다.

❶ 설명 및 예제

sdiff 명령어는 diff와 비교하여 두 파일 간의 차이를 하나의 행으로 출력한다.

-s 옵션은 파일 간에 중복되는 행은 출력하지 않는다.

```
$ sdiff -s hello.c hello_new.c
        printf("Hello, World\n"); | printf("Hello, New World\n");


$ diff -Npur hello.c hello_new.c
--- hello.c          2010-02-28 10:27:47.819329902 +0900
+++ hello_new.c      2010-03-16 13:51:50.107912669 +0900
@@ -2,6 +2,6 @@
int main()
{
-        printf("Hello, World\n");
+        printf("Hello, New World\n");
```

```
        return 0;
}
```

❶ 관련 명령어

diff : 파일을 줄별로 비교하여 출력한다.

여기서 잠깐

커널과 리눅스

커널은 운영체제의 핵심 부분으로 프로그램을 실행할 때 시스템을 이용할 수 있도록 중개하는 역할을 담당한다. 우리가 흔히 말하는 리눅스는 커널과 시스템 프로그램, 그리고 일반 응용 프로그램을 모두 포함하여 말한다. 일반 응용 프로그램들은 GNU 프로젝트와 더불어 진화하기 때문에 일부에서는 리눅스를 GNU/리눅스라고 한다.

모든 운영체제에는 커널을 포함하지만 특히 리눅스를 이야기할 때 커널이 빠지지 않는 이유는 사용자가 직접 커널을 컴파일하고 자신만의 패치를 추가할 수 있으며, 특히 시스템을 이루는 기반이기 때문이다. 커널은 일반적으로 루트(/) 디렉터리나 /boot 디렉터리에 zImage이나 bzImage 파일로 압축하여 생성한다.

<table>
<tr><td>명령어</td><td>setfdprm</td><td>OS</td><td>L</td></tr>
<tr><td>키워드</td><td>플로피 디스크 설정</td><td>경로</td><td>/usr/bin/setfdprm</td><td>중요도</td><td>☆</td></tr>
<tr><td>요약</td><td colspan="5">플로피 디스크 사양을 설정한다</td></tr>
</table>

❶ 이렇게 써요

setfdprm [옵션] device [name]

-c device : /etc/fdprm 파일의 파리미터 설정을 메모리에서 지운다.

-n device : 메시지 출력을 비활성화한다.

-p device [name] : 지정한 이름(name)에서 지오메트리 파라미터를 설정한다.

-y device : 메시지 출력을 활성화한다.

❶ 설명 및 예제

setfdprm 명령어는 플로피 장치를 자동으로 검색하거나 이전의 설정 파라미터를 지우고, 출력 메시지를 활성화 혹은 비활성화한다.

아래의 명령으로 플로피 디스크를 포맷할 수 있다.

```
# fdformat /dev/fd0H1440
Double-sided, 80 tracks, 18sec/track Total capacity 1440kB.
Formatting... done
Verifying... done
```

아래와 같이 1.44인치 플로피 디스크를 /dev/fd0 디바이스명으로 지정한다.

```
# setfdprm /dev/fd0 1440/1440
```

위의 예제에서 추가한 /dev/fd0 디바이스명으로 플로피 디스크를 포맷할 수 있다.

```
# fdformat /dev/fd0
```

<table>
<tr><td>명령어</td><td colspan="3">setkeycodes</td><td>OS</td><td>L</td></tr>
<tr><td>키워드</td><td>키보드 코드 설정</td><td>경로</td><td>/usr/bin/setkeycodes</td><td>중요도</td><td>☆☆</td></tr>
<tr><td>요약</td><td colspan="5">커널 스캔코드를 키코드로 매핑하는 명령어</td></tr>
</table>

❶ 이렇게 써요

```
setkeycodes scancode keycode…
```

❶ 설명 및 예제

setkeycodes 명령어는 키보드 드라이버에서 정의한 스캔코드(scancode)를 키코드 (keycode)로 매핑할 수 있다.

setkeycodes 실행 중 에러가 있다면 dmesg 명령으로 메시지 로그를 확인해야 한다. 아래 "atkbd.c: Use 'setkeycodes e003 〈keycode〉' to make it known" 메시 지는 스캔코드를 정의하지 않았다는 의미이다.

```
$ dmesg
[ 5512.346163] atkbd.c: Unknown key pressed (translated set 2, code 0x83
on isa0060/serio0).
[ 5512.346170] atkbd.c: Use 'setkeycodes e003 <keycode>' to make it known.
```

showkey -s 명령은 키보드 드라이버의 스캔코드 값을 확인할 수 있다.

setkeycodes 명령어는 shokwkey로 확인된 스캔코드 값 "e003"을 "254"의 키코드 로 정의한다.

다만 키코드는 커널 2.6 기준으로 1~255의 범위에서 지정할 수 있다.

```
# setkeycodes e003 254
```

다시 로그를 살펴보면, 위의 setkeycodes 에러는 출력되지 않는다.

```
$ dmesg
```

getkeycodes 명령어는 할당된 키코드 값을 출력한다. 위에서 지정한 "e000" 값이 "254" 값으로 매핑되어 있다.

```
# getkeycodes
Plain scancodes xx (hex) versus keycodes (dec)
for 1-83 (0x01-0x53) scancode equals keycode
```

```
0x50: 80 81 82 83 99 0 86 87
0x58: 88 117 0 0 95 183 184 185
0x60: 0 0 0 0 0 0 0 0
0x68: 0 0 0 0 0 0 0 0
0x70: 93 0 0 89 0 0 85 91
0x78: 90 92 0 94 0 124 121 0

Escaped scancodes e0 xx (hex)
e0 00: 0 0 0 254 0 0 0 0
e0 08: 0 0 0 0 0 0 0 0
e0 10: 165 0 0 0 0 0 0 0
e0 18: 0 163 0 0 96 97 0 0
e0 20: 113 140 164 0 166 0 0 0
e0 28: 0 0 255 0 0 0 114 0
e0 30: 115 0 172 0 0 98 255 99
e0 38: 100 0 0 0 0 0 0 0
e0 40: 0 0 0 0 0 119 119 102
e0 48: 103 104 0 105 112 106 118 107
e0 50: 108 109 110 111 0 0 0 0
e0 58: 0 0 0 125 126 127 116 142
e0 60: 0 0 0 143 0 217 156 173
e0 68: 128 159 158 157 155 226 0 112
e0 70: 0 0 0 0 0 0 0 0
e0 78: 0 0 0 0 0 0 0 0
```

참고로 키코드 "254"에 대한 기능을 정의하려면 loadkeys 명령어를 사용한다.

❶ 관련 명령어

dumpkeys : 키보드 변환 테이블을 덤프한다.
showkeys : 키보드의 키코드를 출력한다.
getkeycodes : 스캔코드의 키보드 변환 테이블을 출력한다.

<table>
<tr><td>명령어</td><td colspan="4">setsid</td><td>OS</td><td>L</td></tr>
<tr><td>키워드</td><td colspan="2">새로운 세션에서 실행</td><td>경로</td><td>/usr/bin/setsid</td><td>중요도</td><td>☆</td></tr>
<tr><td>요약</td><td colspan="5">새로운 세션에서 프로그램을 실행한다</td></tr>
</table>

❶ 이렇게 써요

```
setsid 프로그램 [인자…]
```

❶ 설명 및 예제

setsid 명령어는 util-linux 패키지의 일부분으로 새로운 세션을 생성하는 경우에 사용한다. 보통 세션은 자기 자신만의 세션 TTY를 가지고 있다. setsid 명령어로 세션을 생성하면 새로운 세션의 TTY가 부여된다. 아래 예제에서 setsid 명령의 차이점을 살펴보자.

아래는 터미널에서 xterm을 실행한 결과이다. "gnome-terminal"의 자식 프로세스로서 xterm이 생성되었다.

```
$ xterm
$ pstree
  ├─sh────────gnome-terminal──┬─bash
  │  ├─bash────────xterm────────bash
  │  ├─gnome-pty-helpe
  │  └─{gnome-terminal}
  ├─wpa_supplicant
  └─ xbindkeys
```

아래와 같이 setsid로 xterm를 실행하면 gnome-terminal에서 새로운 프로세스로 세션을 생성한다.

```
$ setsid xterm
$ pstree
  ├─sh────────gnome-terminal──┬─2*[bash]
  │  ├─bash────────pstree
  │  ├─gnome-pty-helpe
  │  └─{gnome-terminal}
  ├─xbindkeys
  └─xterm────────bash
```

<table>
<tr><td>명령어</td><td colspan="3">setterm</td><td>OS</td><td></td></tr>
<tr><td>키워드</td><td>터미널 속성</td><td>경로</td><td>/usr/bin/setterm</td><td>중요도</td><td>☆☆</td></tr>
<tr><td>요약</td><td colspan="5">터미널의 속성을 설정한다</td></tr>
</table>

❶ 이렇게 써요

```
setterm [옵션]
```

-term terminal_name : TERM 환경 변수(terminal_name)를 지정한다.

-reset : 터미널을 처음 상태로 되돌린다.

-initialize : 터미널 초기화 문자열을 출력한다.

-cursor [on|off] : 터미널의 커서를 on/off 한다.

-repeat [on|off] (가상콘솔에서만 지원) : 키보드 반복 기능을 on/off 한다.

-appcursorkeys [on|off] (가상콘솔에서만 지원) : 커서 키 어플리케이션 모드를 on/off 한다.

-linewrap [on|off] (가상콘솔에서만 지원) : 자동 줄 바꿈을 on/off 한다.

-default : 터미널의 옵션을 기본값으로 지정한다.

-foreground 8-color|default (가상콘솔에서만 지원) : 포그라운드 문자의 색을 설정한다.

-background 8-color|default (가상콘솔에서만 지원) : 백그라운드 문자의 색을 설정한다.

-ulcolor 16-color (가상콘솔에서만 지원) : 밑줄(_)의 색을 설정한다.

-hbcolor 16-color (가상콘솔에서만 지원) : 하프 브라이트[half-bright] 문자의 색을 설정한다.

-inversescreen [on|off] (가상콘솔에서만 지원) : 스크린의 색을 변경한다. 백그라운드와 포그라운드를 그리고 밑줄과 하프 브라이트를 서로 변경한다.

-bold [on|off] : 볼드를 on/off 한다.

-half-bright [on|off] : 하프 브라이트 모드를 on/off 한다.

-blink [on|off] : 깜박임을 on/off 한다.

-reverse [on|off] : 반전 비디오 모드를 on/off 한다.

-underline [on|off] : 밑줄을 on/off 한다.

-store (가상콘솔에서만 지원) : 터미널의 현재 값을 저장한다.

-clear [all] : 스크린 화면을 초기화한다.

-clear rest : 현재의 커서 위치를 스크린의 맨 마지막에 두고 화면을 초기화한다.

-tabs [tab1 tab2 tab3 …] (가상콘솔에서만 지원) : 커서의 탭 너비(stop)을 지정한다. 범위는 1~160이다.

-clrtabs [tab1 tab2 tab3 …] (가상콘솔에서만 지원) : 커서 위치(stop)을 초기화한다. 범위는 1~160이다.

-regtabs [1-160] (가상콘솔에서만 지원) : 모든 탭의 위치를 초기화하고, 일반적인 탭의 위치를 설정한다. 기본값은 8이다.

-blank [0-60|force|poke] (가상콘솔에서만 지원) : 스크린이 APM을 사용하면 자동으로 화면보호기가 실행되는 시간을 설정한다. 인자가 없으면 설정을 출력하고, 0의 값은 화면보호기를 실행하지 않는다.

-dump [1-NR_CONS] : 가상 콘솔의 스냅샷을 저장한다.

-append [1-NR_CONS] : -dump 옵션과 같으나, 기존 스냅샷 파일을 덮어쓰지 않고 추가한다.

-file dumpfilename : -dump나 -append 옵션에서 스냅샷 파일의 이름(dupmfilename)을 지정한다.

-msg [on|off] (가상콘솔에서만 지원) : 커널 printk( ) 메시지를 on/off 한다.

-msglevel 1-8 (가상콘솔에서만 지원) : 커널 printk( ) 콘솔 로그 레벨을 지정한다.

-powersave on|vsync : 모니터를 VESA vsync 대기 모드로 설정한다.

-powersave hsync : 모니터를 VESA hsync 대기 모드로 설정한다.

-powersave powerdown : 모니터를 VESA 파워다운 모드로 설정한다.

-powersave [off] : 모니터를 VESA 파워세이빙 모드를 off 한다.

-powerdown [0-60] : VESA 파워다운의 실행 시간을 지정한다. 기본값은 0이며 파워다운이 비활성화된다.

-blength [0-2000] : 마이크로 초 단위로 벨 시간을 지정한다. 기본값은 0이다.

-bfreq [freqnumber] : 벨 주파수를 지정한다. 기본값은 0이다.

❶ 설명 및 예제

setterm은 특정문자를 사용하여 터미널의 환경 변수를 설정하고 출력한다. 참고로 GNOME이나 KDE같은 데스크톱 환경은 Ctrl + Alt + F1 키 조합으로 가상콘솔로 전환할 수 있다.

아래와 같이 -foreground와 -background 옵션은 콘솔의 백그라운드와 포그라운드 색상을 변경한다.

```
# setterm -foreground black -background white
```

만일 콘솔에서 화면 보호기나 절전모드를 해제하려면 -blank나 -powersave 옵션을 사용하면 된다.

이처럼 setterm 명령어는 직접적으로 콘솔 환경을 변경할 때 유용하다.

```
# setterm -blank 0
# setterm -powersave off
```

터미널의 비프음을 끄려면 -blength 옵션을 사용한다. 만일 아주 작은 소리로 변경하고자 한다면 -bfreq 옵션이 유용하다.

```
# setterm -blength 0
# setterm -bfreq 10
```

<table>
<tr><td>명령어</td><td>setup</td><td>OS</td><td>L</td></tr>
<tr><td>키워드</td><td>시스템 설정</td><td>경로</td><td>/usr/sbin/setup</td><td>중요도</td><td>☆☆☆</td></tr>
<tr><td>요약</td><td colspan="5">시스템 설정 메뉴 방식 유틸리티</td></tr>
</table>

❶ 이렇게 써요

```
setup
```

❶ 설명 및 예제

setup 명령어는 레드햇에서 사용하는 서버 관리에 필요한 대부분의 설정을 메뉴방식으로 지원한다. 사용자 정보 설정, 파이어 월 설정, 키보드 설정, 마우스 설정, 네트워크 설정, 프린터 설정, 부팅 시 데몬 선택, 사운드 카드 설정, 시간대 조절 등을 할 수 있다.

setup 명령에서 출력하는 메뉴는 다음과 같다. 아래 표에서 "직접 실행 명령어"는 터미널에서 바로 실행할 수 있는 명령어이다.

메뉴 이름	설명	직접 실행 명령어
Authentication configuration	사용자 정보 설정	authconfig
Firewall configuration	방화벽(iptables) 설정	lokkit
Keyboard configuration	키보드 설정	kbdconfig
Mouse configuration	마우스 설정	mouseconfig
Network configuration	네트워크 설정	netconfig
Printer configuration	프린터 설정	printconf-tui
System service	부팅 시 데몬 설정	ntstysv
Sound card configuration	사운드 카드 설정	sunconfig
Timezone configuration	시간대 조절	timeconfig
X configuration	X윈도우 설정	Xconfigurator

<table>
<tr><td>명령어</td><td>sftp</td><td>OS</td><td>L=U</td></tr>
<tr><td>키워드</td><td>파일 전송</td><td>경로</td><td>/usr/bin/sftp</td><td>중요도</td><td>☆☆☆</td></tr>
<tr><td>요약</td><td colspan="5">보안 암호화하여 파일을 전송한다</td></tr>
</table>

❶ 이렇게 써요

```
sftp [-1Cv] [-B buffer_size] [-b batchfile] [-F ssh_config] [-o ssh_option]
     [-P sftp_server_path] [-R num_requests] [-S program]
     [-s subsystem | sftp_server] host
sftp [[user@]host[:file [file]]]
sftp [[user@]host[:dir[/]]]
sftp -b batchfile [user@]host
```

-1 : 프로토콜 버전 1을 사용한다.

-B buffer_size : 파일 전달 시 버퍼 크기(buffer_size)를 지정한다. 기본값은 32,768바이트다.

-b batchfile : 배치 모드로 파일(batchfile)에서 실행할 명령어를 읽는다.

-C : 파일 전송이 압축한다.

-F ssh_config : 설정 파일(ssh_config)을 지정한다.

-o ssh_option : ssh_config 파일 형식으로 옵션을 지정한다. 예를 들어 sftp -oPort=24는 24번 포트를 사용한다는 뜻이다. 다음은 지정할 수 있는 값들이다.

    AddressFamily

    BatchMode

    BindAddress

    ChallengeResponseAuthentication

    CheckHostIP

    Cipher

    Ciphers

    Compression

    CompressionLevel

    ConnectionAttempts

    ConnectTimeout

    ControlMaster

    ControlPath

    GlobalKnownHostsFile

    GSSAPIAuthentication

    GSSAPIDelegateCredentials

    HashKnownHosts

    Host

    HostbasedAuthentication

    HostKeyAlgorithms

    HostKeyAlias

    HostName

    IdentityFile

IdentitiesOnly

KbdInteractiveDevices

LogLevel

MACs

NoHostAuthenticationForLocalhost

NumberOfPasswordPrompts

PasswordAuthentication

Port

PreferredAuthentications

Protocol

ProxyCommand

PubkeyAuthentication

RekeyLimit

RhostsRSAAuthentication

RSAAuthentication

SendEnv

ServerAliveInterval

ServerAliveCountMax

SmartcardDevice

StrictHostKeyChecking

TCPKeepAlive

UsePrivilegedPort

User

UserKnownHostsFile

VerifyHostKeyDNS

-P sftp_server_path : 지정한 위치(sftp_server_path)로 직접 연결한다. 이는 디버깅할 때 유용하다.

-R num_requests : 최대 성능을 위한 값(num_requests)을 지정한다. 이 값이 증가하면 파일 전송 시 어느 정도는 속도가 개선된다. 하지만 메모리 사용량이 늘어난다. 기본값은 64다.

-S program : 암호화 연결을 위한 프로그램(program)을 지정한다.

-s subsystem | sftp_server : 원격 호스트에 대한 SSH2 서브 시스템이나 sftp 서버의 위치를 지정한다.

-v : 상세한 정보를 출력한다.

❶ 설명 및 예제

sftp 명령어는 ssh 프로토콜을 이용하여 파일을 송수신할 수 있다. 명령어에서 지정하는 옵션과 사용하는 방법은 ftp 명령어와 매우 유사하다. 다만 ssh 암호화 알고리즘을 사용한다는 점만 틀리다.

user 사용자로 192.168.180.60 서버에 접속해 보자. 패스워드를 입력하고 인증에 성공하면 sftp〉 명령행을 출력한다.

```
$ sftp user@192.168.160.60
Connecting to 192.168.180.60...
user@192.168.180.60's password:
sftp>
```

다음은 sftp〉 명령행에서 사용할 수 있는 명령어이다.

명령어	설명
bye	sftp 명령행에서 빠져 나온다.
cd path	원격 디렉터리의 위치(path)로 이동한다.
chgrp grp path	파일 위치(path) 그룹을 지정한 그룹(grp)으로 변경한다. 그룹(grp)은 숫자 형태의 GID다.
chmod mode path	파일 위치(path)의 퍼미션을 모드(mode)로 변경한다.
chown own path	파일 위치(path)의 소유권(own)을 변경한다. 소유권(own)은 숫자 형태의 UID다.
df [-hi] [path]	위치(path)를 지정하면 지정한 위치의 파일 시스템 정보를 출력한다.
exit	sftp 명령행에서 빠져 나온다.
get [-P] remote-path [local-path]	원격 위치(remote-path)의 파일을 지정한 위치로(local-path)로 받는다. -P 옵션은 파일 퍼미션과 접근 시간 정보도 동일하게 복사한다.
help	사용법을 출력한다.
lcd path	로컬 디렉터리의 위치(path)를 변경한다.
lls [ls-options [path]]	로컬 디렉터리(path)의 목록을 출력한다.
lmkdir path	로컬의 지정한 위치(path)에 디렉터리를 생성한다.
ln oldpath newpath	이전의 위치(oldpath)에서 새로운 위치(newpath)의 심볼릭 링크를 생성한다.
lpwd	현재 로컬 디렉터리의 위치를 출력한다.
ls [-1aflnrSt] [path]	원격의 지정한 디렉터리(path) 목록을 출력한다. -1 : 한 줄에 하나씩 출력한다. -a .: 숨김파일(.)을 포함하여 모든 파일을 출력한다. -f : 리스트를 정렬하지 않는다. 기본값은 사전 형식으로 출력한다. -l : 퍼미션과 소유권 정보를 포함한 세부적인 내용을 출력한다. -n : 사용자와 그룹 정보를 숫자형식으로 출력한다. -r : 목록을 역으로 정렬한다. -S : 파일 크기를 기준으로 정렬한다. -t : 마지막 변경된 시간을 기준으로 정렬한다.
lumask umask	로컬의 umask를 지정한다.

mkdir path	원격에서 지정한 디렉터리(path)를 생성한다.
progress	전송 상태 바를 출력한다.
put [-P] local-path [remote-path]	로컬의 파일(local-path)을 지정한 위치(remote-path)로 업로드한다. -P 옵션은 전체 퍼미션과 접근 시간도 동일하게 복사한다.
pwd	원격의 작업 디렉터리 위치를 출력한다.
quit	sftp 명령행을 빠져 나온다.
rename oldpath newpath	원격에 있는 파일(oldpath)을 지정한 이름(newpath)으로 변경한다.
rm path	원격에 있는 파일(path)을 삭제한다.
rmdir path	지정한 원격 디렉터리(path)를 삭제한다.
symlink oldpath newpath	원본 위치(oldpath)에서 새로운 위치(newpath)로 심볼릭 링크를 생성한다.
version	버전 정보를 출력한다.
! command	로컬 셸에서 지정한 명령어(command)를 실행한다.
!	일시적으로 로컬의 셸로 빠진다.
?	사용법을 출력한다.

❶ 관련 명령어

ftp : 인터넷 파일 전송 클라이언트

scp : 암호화하여 원격의 파일을 복사한다.

ssh : 암호화하여 원격으로 로그인한다.

명령어	**sh**			OS	**L**=**U**
키워드	기본 셸 호출	경로	/bin/sh	중요도	☆☆
요약	기본 셸을 호출한다				

❶ 이렇게 써요

```
sh
```

❶ 설명 및 예제

sh 명령어는 기본으로 지정되어 있는 셸을 호출한다. 예전에 /bin/sh는 본[Bourne] 셸을 뜻했지만, 지금은 대부분 /bin/bash를 링크한다. 아래는 현재의 셸을 확인한다.

```
$ whereis sh
sh: /bin/sh
$ ls -al /bin/sh
lrwxrwxrwx 1 root root 4 5월 19 16:15 /bin/sh -> bash
```

아래와 같이 count.sh 셸 스크립트 파일은 **./count.sh**나 **sh count.sh**로 실행할 수 있다. sh로 실행할 경우 파일의 실행 퍼미션이 필요 없다.

```
$ sh ftpdown_count.sh
```

<table>
<tr><td>명령어</td><td colspan="4">shar</td><td>OS</td><td>L</td></tr>
<tr><td>키워드</td><td>셸 압축</td><td>경로</td><td>/usr/bin/shar</td><td></td><td>중요도</td><td>☆</td></tr>
<tr><td>요약</td><td colspan="6">셸 아카이브를 생성한다</td></tr>
</table>

❶ 이렇게 써요

```
shar
```

❶ 설명 및 예제

shar로 압축된 파일은 #!/bin/sh 헤더 정보와 아카이브를 풀기 위한 셸 스크립트 명령 모음, 그리고 압축하지 않은 채 묶여 있는 파일의 모음으로 되어 있다. 이 파일은 뉴스 그룹 관리자가 원본 파일을 읽고, 정리하고, 삭제하기가 수월하다. 요즘에도 이 파일 포맷은 인터넷 뉴스 그룹에서 종종 볼 수 있지만 대부분 tar/gzip 명령어로 대체되었다. shar 아카이브는 unshar 명령으로 압축을 해제할 수 있다.

shar 명령으로 압축하기

c 원본 파일을 shar로 압축한다.

```
$ shar -o [저장할 파일] [원본 파일]
```

위와 달리 아래와 같은 방법을 사용할 수도 있다.

```
$ shar [원본 파일] > [저장할 파일]
```

실제로 아래와 같이 hello.c 원본 파일을 hello.shar 파일로 압축할 수 있다.

```
$ sh hello.c > hello.shar
```

shar 형태의 파일은 셸 스크립트 형식으로 되어 있다.

```
$ cat hello.shar
#!/bin/sh
# This is a shell archive (produced by GNU sharutils 4.2.1).
# To extract the files from this archive, save it to some FILE, remove
# everything before the '!/bin/sh' line above, then type 'sh FILE'.
#
# Made on 2002-07-14 13:26 KST by <pirania@localhost>.
# Source directory was '/home/pirania'.
```

```
#
# Existing files will *not* be overwritten unless '-c' is specified.
------------------------------ 생 략 ------------------------------
```

shar 명령으로 압축 풀기

hello.shar 파일의 압축을 해제하려면 unshar 명령어를 사용한다.

```
$ unshar hello.shar
```

❗ 관련 명령어

unshar : 파일 압축 해제 명령어

<table>
<tr><td>명령어</td><td colspan="2">showkey</td><td>OS</td><td>L</td></tr>
<tr><td>키워드</td><td>키보드 코드</td><td>경로 /usr/bin/showkey</td><td>중요도</td><td>☆☆</td></tr>
<tr><td>요약</td><td colspan="4">키보드 드라이버의 키코드를 분석한다</td></tr>
</table>

❶ 이렇게 써요

```
showkey [-h|--help] [-a|--ascii] [-s|--scancodes] [-k|--keycodes]
```

-h -help : 버전 번호, 컴파일 옵션, 간단한 사용법을 출력한다.

-s -scancodes : 스캔코드 덤프 모드로 시작한다.

-k -keycodes : 키코드 덤프 모드로 시작한다. 아무 옵션도 지정하지 않으면 이 옵션이 기본이다.

-a -ascii : 아스키 덤프 모드로 시작한다.

❶ 설명 및 예제

showkey 명령어는 키보드에서 입력하는 키 값을 스캔코드^{scancode}, 키코드^{keycode}, 아스키 값 등으로 확인한다. 만일 데스크톱 환경의 터미널에서 키 값이 확인되지 않으면, Ctrl + Alt + F1 키 조합으로 가상 콘솔에서 확인해야 한다. 아래와 같이 옵션 없이 showkey 를 실행하면 키코드 값을 보여주고, 키 입력이 10초 동안 없으면 자동적으로 해당 입력 모드를 끝낸다.

showkey를 실행한 후 한/영 키를 입력하여 키코드 값을 확인한다.

```
# showkey
kb mode was RAW
[ if you are trying this under X, it might not work
since the X server is also reading /dev/console ]
press any key (program terminates 10s after last keypress)...
keycode 28 release
keycode 100 press
keycode 100 release
```

-s 옵션으로 한/영 키의 스캔코드 값을 확인할 수 있다.

```
# showkey -s
kb mode was RAW
[ if you are trying this under X, it might not work
since the X server is also reading /dev/console ]
press any key (program terminates 10s after last keypress)...
0xe0 0x38 0xe0 0xb8
```

dumpkeys : 키보드 변환 테이블을 덤프한다.

setkeycodes : 스캔코드의 키보드 변환 테이블을 출력한다.

여기서 잠깐

안드로이드와 리눅스의 파일시스템 구조 비교

안드로이드는 리눅스 커널을 기반으로 하고 파일시스템 역시 리눅스와 비슷하다. 하지만, 루트 디렉터리를 살펴보면 리눅스에서는 보이지 못했던 system와 data 디렉터리를 볼 수 있다. /system 디렉터리는 bin, app, framework, lib, usr 등을 포함하고 있어, 리눅스의 /usr 디렉터리와 비슷한 성향이다. 이 디렉터리는 리눅스의 셸 명령어, 어플리케이션 프로그램, 자바 라이브러리 군과 네이티브 코드의 라이브러리 군을 가지고 있다. /data 디렉터리는 system, dalvik, cache, drm, logs, download, data, app 등을 포함하고 있다. 이는 저작권 관리 정보를 위한 로그나 다운로드의 결과, 그리고 어플리케이션 데이터를 저장한다. 아래는 리눅스와 안드로이드에 대한 간략한 비교한 표이다.

	안드로이드	리눅스
디렉터리	system, data	usr
프로그램 리소스	/system/bin	/usr/bin
셸 명령어 프로그램	Toolbox	busybox

<table>
<tr><td>명령어</td><td>size</td><td>OS</td><td>L=U</td></tr>
<tr><td>키워드</td><td>크기 보기</td><td>경로</td><td>/usr/bin/size</td><td>중요도</td><td>☆</td></tr>
<tr><td>요약</td><td colspan="5">섹션 크기와 전체 크기를 출력한다</td></tr>
</table>

❶ 이렇게 써요

```
size [-A|-B|--format=compatibility] [--help] [-d|-o|-x|--radix=number] [--common] [-t|--totals]
    [--target=bfdname] [-V|--version] [objfile...]
```

-A -B --format=compatibility : -A나 -format=sysv는 System V 형식으로 출력한다. -B나 -format=
berkeley는 버클리 형식으로 출력한다. 기본은 옵션을 지정하지 않는다. 이는 버클리 형식과 비슷하다.

--help : 사용법을 출력한다.

-d -o -x --radix=number : 지정한 형태로 섹션의 크기를 출력한다. -d 혹은 -radix=10은 10진수로, -o
혹은 -radix=8은 8진수로, -x 혹은 -radix=16은 16진수 형태로 출력한다.

--common : 각 파일의 공용 심볼의 전체 크기를 출력한다.

-t -totals : 모든 오브젝트 목록의 전체 크기를 출력한다(버클리 형식만 지원).

--target=bfdname : 바이너리 파일 형태를 지정한다.

-V -version : 버전 정보를 출력한다.

@file : 지정한 파일에서 읽는다.

❶ 설명 및 예제

size 명령어는 오브젝트 파일이나 일반 파일에서 섹션이나 파일의 전체 크기를 출력한다.
먼저 아래와 같이 ls 명령으로 라이브러리의 전체 크기를 살펴 보자.

```
$ ls -alh /lib/libz.so.1.2.3.3
-rw-r--r-- 1 root root 82K 2009-09-08 19:01 /lib/libz.so.1.2.3.3
```

아래와 같이 size 명령은 각 섹션에 대한 정보를 출력한다.

```
$ size /lib/libz.so.1.2.3.3
   text    data     bss     dec     hex     filename
  79766     716       8   80490    13a6a    /lib/libz.so.1.2.3.3
```

-t 옵션은 지정한 파일의 전체 합계를 출력한다.

```
$ size -t /lib/libz.so.1.2.3.3 /lib/libwrap.so.0.7.6
   text    data     bss     dec     hex     filename
  79766     716       8   80490    13a6a    /lib/libz.so.1.2.3.3
  27270    1368    2012   30650    77ba     /lib/libwrap.so.0.7.6
 107036    2084    2020  111140    1b224    (TOTALS)
```

size의 출력 형태에는 버클리와 System V가 있다. 아래는 기본값인 버클리 형식의 출력한 예이다.

```
$ size --format=berkeley /usr/bin/ranlib /usr/bin/size
 text    data      bss       dec       hex      filename
46134    680       396      47210     b86a      /usr/bin/ranlib
21487    756       612      22855     5947      /usr/bin/size
```

아래는 System V 형태로 출력한 예이다. 데이터는 위와 같다.

```
$ size --format=sysv /usr/bin/ranlib /usr/bin/size
/usr/bin/ranlib :
section size addr
.interp 19 134512980
.note.ABI-tag 32 134513000
.note.gnu.build-id 36 134513032
----------------------------- 중간 생략 -----------------------------
.got.plt 376 134565876
.data 36 134566252
.bss 396 134566304
.gnu_debuglink 12 0
Total 47222

/usr/bin/size :
section size addr
.interp 19 134512980
.note.ABI-tag 32 134513000
.note.gnu.build-id 36 134513032
----------------------------- 중간 생략 -----------------------------
.got.plt 300 134541300
.data 192 134541600
.bss 612 134541792
.gnu_debuglink 12 0
Total 22867
```

❶ 관련 명령어

readelf : ELF 파일의 정보를 출력한다.

<table>
<tr><td>명령어</td><td>showmount</td><td></td><td></td><td>OS</td><td>L=U</td></tr>
<tr><td>키워드</td><td>마운트 정보</td><td>경로</td><td>/usr/bin/showmount</td><td>중요도</td><td>☆</td></tr>
<tr><td>요약</td><td colspan="5">NFS 서버의 마운트 정보를 출력한다</td></tr>
</table>

❶ 이렇게 써요

```
showmount [옵션] [호스트]
```

-a, --all : 클라이언트 호스트명과 디렉터리 목록을 '호스트:디렉터리'의 형태로 출력한다.

-d, --directories : 클라이언트에서 마운트한 디렉터리 목록만 출력한다.

-e, --exports : export된 디렉터리의 목록을 출력한다.

-h, --help : 사용법을 출력한다.

-v, --version : 버전 정보를 출력한다.

❶ 설명 및 예제

showmount는 NFS/NIS 서버를 마운트한 파일 시스템의 목록을 출력하는 명령어이다. 만일 호스트를 지정하지 않으면, 현재 호스트에서 마운트한 디렉터리의 정보를 출력한다.

<table>
<tr><td>명령어</td><td>shutdown</td><td>OS</td><td>L=U</td></tr>
<tr><td>키워드</td><td>시스템 종료</td><td>경로</td><td>/sbin/shutdown</td><td>중요도</td><td>☆☆</td></tr>
<tr><td>요약</td><td colspan="5">시스템을 종료한다</td></tr>
</table>

❶ 이렇게 써요

shutdown [옵션] 시간 [경고메세지]

옵션

-c : 진행 중인 shutdown 명령을 취소한다.

-f : 재부팅 할 때 fsck 명령을 건너 뛰고 재부팅을 빠르게 한다.

-h : shutdown이 완료된 후, 시스템을 종료한다.

-k : 경고 메시지만 출력하고, 실제적으로 shutdown을 하지는 않는다.

-n : init을 호출하지 않고 shutdown을 진행한다.

-r : 시스템 종료 후 재부팅한다.

-t sec : 지정한 시간에 시스템을 재시동한다.

시간

now : 지금 바로 종료한다.

+m : 지정한 m분 이후에 종료한다.

hh:mm : 몇 시(hh) 몇 분(mm)에 종료한다.

❶ 설명 및 예제

shutdown은 시스템을 안전하게 종료하는 시스템 관리 명령어이다. 이는 현재접속 중인 모든 사용자에게 시스템이 종료된다는 메시지를 보낼 수 있다. 아래와 같이 -h now 옵션은 시스템을 즉시 종료한다. 이는 **halt**, **init 0**와 같은 역할을 한다.

```
# shutdown -h now
```

아래와 같이 -r now 옵션은 시스템을 재부팅한다. 이는 **reboot**이나 **init 6**와 같은 기능을 한다.

```
# shutdown -r now
```

아래와 같이 -c 옵션은 이미 실행한 showdown을 취소할 수 있다.

```
# shutdonw -c
```

명령어	**slabtop**			OS	L
키워드	슬랩 캐시 정보	경로	/usr/bin/slabtop	중요도	☆
요약	실시간으로 커널 슬랩 캐시 정보를 출력한다				

❶ 이렇게 써요

```
slabtop [옵션]
```

[옵션]

--delay=n, -d n : 지정한 초(n)마다 화면을 업데이트한다. 기본값은 3초이다. 프로그램을 종료하려면 q를 입력한다.

--sort=S, -s S : 지정한 목록으로 정렬한다(정렬 기준은 아래 설명 참조).

--once, -o : 목록을 한 번만 출력한다.

--version, -V : 버전 정보를 출력한다.

--help : 사용법을 출력한다.

❶ 설명 및 예제

slabtop는 실시간으로 커널 슬랩의 캐시 정보를 출력하는 명령어로, 실행 중에 키보드 명령을 입력 받을 수 있다. Space Bar 는 화면을 다시 업데이트하고, Q 는 프로그램을 종료한다. 다음은 slabtop 실행 화면에서 입력 가능한 정렬 키이다.

a 액티브 오브젝트의 수를 기준으로 정렬

b 슬랩 당 오브젝트를 기준으로 정렬

c 캐쉬 크기를 기준으로 정렬

l 슬랩의 수를 기준으로 정렬

v 액티브 슬랩의 수를 기준으로 정렬

n 이름을 기준으로 정렬

o 오브젝트의 수를 기준으로 정렬

p 슬랩 당 페이지를 기준으로 정렬

s 오브젝트 크기를 기준으로 정렬

u 캐쉬 사용량을 기준으로 정렬

❶ 관련 명령어

free : 시스템의 메모리 사용 현황을 출력한다.

ps : 시스템의 현재 상태를 출력한다.

top : 시스템 프로세스/메모리 사용 현황을 실시간으로 출력한다.

vmstat : 가상 메모리의 정보를 통계 형식으로 출력한다.

<table>
<tr><td>명령어</td><td colspan="2">slattach</td><td>OS</td><td>L</td></tr>
<tr><td>키워드</td><td>시리얼 회선 연결</td><td>경로 /sbin/slattach</td><td>중요도</td><td>☆</td></tr>
<tr><td>요약</td><td colspan="4">시리얼 회선을 네트워크 인터페이스로 연결한다</td></tr>
</table>

❶ 이렇게 써요

```
slattach [옵션] [tty]
```

-c command : 접속이 끊어질 때, 지정한 명령(command)을 실행한다.

-d : 디버깅 모드

-h : 접속이 끊어지면 종료한다.

-q : 어떤 메시지도 출력하지 않는다.

-l : /var/lock에 UUCP 스타일의 락을 생성한다.

-n : **mesg n** 명령어와 같다.

-m : 8비트 모드로 초기화하지 않는다.

-e : 초기화한 후에 종료한다.

-L : 3가지 회선의 동작을 활성화한다.

-p proto : 프로토콜(proto) 종류를 지정한다. slip, adaptive, ppp, kiss 등이 올 수 있다.

-s speed : 속도(speed)를 지정한다.

❶ 설명 및 예제

slattach 명령어는 TTY 회선을 네트워크 인터페이스에 지정하는 역할을 한다. 특히 점 대점 접속으로 다른 컴퓨터를 이용할 수 있게 한다.

아래와 같이 SLIP 네트워크 인터페이스를 직접 tty1 포트에 연결할 수 있다.

```
# slattach /dev/tty1
```

<table>
<tr><td>명령어</td><td colspan="4">sleep</td><td>OS</td><td>L=U</td></tr>
<tr><td>키워드</td><td>대기</td><td>경로</td><td>/bin/sleep</td><td></td><td>중요도</td><td>☆</td></tr>
<tr><td>요약</td><td colspan="6">주어진 시간만큼 대기한다</td></tr>
</table>

❶ 이렇게 써요

```
sleep [옵션] 숫자[단위]
```

--help : 사용법을 출력한다.
--version : 버전 정보를 출력한다.

❶ 설명 및 예제

sleep은 셸에서 사용하는 wait 루프와 같은 기능으로, 지정한 시간(초 단위) 동안 아무 일도 하지 않고 대기상태가 된다. 타이밍이나 백그라운드에서 특정한 이벤트가 일어날 때까지 대기할 때 유용하다. 지정 가능한 숫자[단위]의 기본은 초이다. 아래는 지정 가능한 시간 단위이다.

단위	설명
s	초
m	분
h	시간
d	일

<table>
<tr><td>명령어</td><td colspan="3">smbclient</td><td>OS</td><td>L=U</td></tr>
<tr><td>키워드</td><td>SMB 클라이언트</td><td>경로</td><td>/usr/bin/smbclient</td><td>중요도</td><td>☆☆</td></tr>
<tr><td>요약</td><td colspan="5">SMB/CIFS 서비스에 접근하기 위한 클라이언트</td></tr>
</table>

❶ 이렇게 써요

```
smbclient  [-b 〈buffer size〉] [-d debuglevel] [-e] [-L 〈netbios name〉]
           [-U username] [-I destinationIP] [-M 〈netbios name〉] [-m maxprotocol]
           [-A authfile] [-N] [-g] [-i scope] [-O 〈socket options〉] [-p port]
           [-R 〈name resolve order〉] [-s 〈smb config file〉] [-k] [-P]
           [-c 〈command〉]

smbclient {servicename} [password] [-b 〈buffer size〉] [-d debuglevel]
           [-e] [-D Directory] [-U username] [-W workgroup] [-M 〈netbios name〉]
           [-m maxprotocol] [-A authfile] [-N] [-g] [-l log-basename]
           [-I destinationIP] [-E] [-c 〈command string〉] [-i scope]
           [-O 〈socket options〉] [-p port] [-R 〈name resolve order〉]
           [-s 〈smb config file〉] [-T〈c|x〉IXFqgbNan] [-k]
```

-R, --name-resolve=NAME-RESOLVE-ORDER : 네임 서버(NAME-RESOLVE-ORDER)를 지정한다.

-M, --message=HOST : 메시지를 보낸다.

-I, --ip-address=IP : IP를 지정한다.

-E, --stderr : 표준출력으로 메시지를 출력한다.

-L, --list=HOST : 공유 리스트 목록(HOST)을 지정한다.

-t, --terminal=CODE : 터미널 I/O 코드(CODE)를 지정한다. {sjis | euc | jis7 | jis8 | junet | hex]가 올 수 있다.

-T, --tar=〈c|x〉IXFqgbNan : 명령행의 tar를 지정한다.

-D, --directory=DIR : 디렉터리(DIR)를 지정한다.

-c, --command=STRING : 명령어(STRING)를 지정한다. 명령어 간에는 세미콜론(;)으로 구분한다.

-b, --send-buffer=BYTES : 전송 버퍼의 크기(BYTES)를 지정한다.

-p, --port=PORT : 포트(PORT)를 지정한다.

-g, --grepable : grep 사용 가능한 목록으로 출력한다.

-B, --browse : DNS를 이용하여 SMB 서버를 브라우징한다.

도움말 옵션 :

-?, --help : 사용법을 출력한다.

--usage : 간단한 사용법을 출력한다.

공통 삼바 옵션 :

-d, --debuglevel=DEBUGLEVEL : 디버깅 레벨(DEBUGLEVEL)을 지정한다.

-s, --configfile=CONFIGFILE : 설정파일(CONFIGFIEL)을 지정한다.

-l, --log-basename=LOGFILEBASE : 로그 파일의 이름(LOGFILEBASE)을 지정한다.

-V, --version : 버전 정보를 출력한다.

접속 옵션 :

- -O, --socket-options=SOCKETOPTIONS : 소켓 옵션(SOCKETOPTIONS)을 지정한다.
- -n, --netbiosname=NETBIOSNAME : 넷 바이오스 이름(Netbios)을 지정한다.
- -W, --workgroup=WORKGROUP : 워크 그룹(WORKGROUP)을 지정한다.
- -i, --scope=SCOPE : 넷 바이오스의 범위(Netbios)를 지정한다.

인증 옵션 :

- -U, --user=USERNAME : 로그인 사용자(USERNAME)를 지정한다.
- -N, --no-pass : 패스워드를 묻지 않는다.
- -k, --kerberos : 커버로스 인증을 이용한다.
- -A, --authentication-file=FILE : 인증 파일(FILE)을 지정한다.
- -S, --signing=on|off|required : on, off, required 중에서 클라이언트 사인을 지정한다.
- -P, --machine-pass : 저장된 계정 패스워드를 사용한다.
- -e, --encrypt : SMB 전송을 암호화한다(유닉스 계열 서버만).

❶ 설명 및 예제

smbclient 명령어는 삼바^{SAMBA} 서버에 접속하여 ftp와 같은 파일 송수신 기능을 한다.

-L 옵션은 삼바 서버의 정보를 출력한다.

```
$ smbclient -U user -L 192.168.179.237
Enter user's password:
Domain=[LINUXOS] OS=[Unix] Server=[Samba 3.0.28-0.4.1]
        Sharename Type Comment
        --------- ---- -------
        IPC$ IPC IPC Service (LINUX File server ver2)
        user Disk Home Directories
Domain=[LINUXOS] OS=[Unix] Server=[Samba 3.0.28-0.4.1]
        Server Comment
        --------- -------
        LINUX-FILE LINUX File server ver2

        Workgroup Master
        --------- -------
  LINUX-BIZ LINUXBIZFILE
        LINUXOS LINUX-FILE
        SOLUTIONDEV SOLUTION
        WORKGROUP FAXMAN
```

-U 옵션과 함께 사용자 계정을 지정하고 서버 주소와 공유 이름을 입력한다.

접속 후에 help 명령어로 사용 가능한 명령어 목록을 살펴 보자.

```
$ smbclient -U user //192.168.179.237/user
Enter user's password:
Domain=[LINUXOS] OS=[Unix] Server=[Samba 3.0.28-0.4.1]
smb: \> help? allinfo altname archive blocksize
cancel case_sensitive cd chmod chown
close del dir du echo
exit get getfacl hardlink help
history iosize lcd link lock
lowercase ls l mask md
mget mkdir more mput newer
open posix posix_encrypt posix_open posix_mkdir
posix_rmdir posix_unlink print prompt put
pwd q queue quit rd
recurse reget rename reput rm
rmdir showacls setmode stat symlink
tar tarmode translate unlock volume
vuid wdel logon listconnect showconnect
.. !
smb: \>
```

❶ 관련 명령어

smbmount : CIFS Common Internet File System를 마운트한다.
smbpasswd : 사용자의 삼바 패스워드를 변경한다.
smbumount : CIFS를 언마운트한다.

<table>
<tr><td>명령어</td><td colspan="3">sort</td><td>OS</td><td>L=U</td></tr>
<tr><td>키워드</td><td>내용 정렬</td><td>경로</td><td>/bin/sort</td><td>중요도</td><td>☆☆</td></tr>
<tr><td>요약</td><td colspan="5">텍스트 파일의 내용을 알파벳 순서대로 정렬한다</td></tr>
</table>

❶ 이렇게 써요

```
sort [옵션] [파일]
```

정렬옵션

-b, --ignore-leading-blanks : 공백을 무시한다.

-d, --dictionary-order : 공백과 알파벳 문자의 순서를 비교한다.

-f, --ignore-case : 모든 문자를 소문자로 인식한다.

-g, --general-numeric-sort : 숫자 값을 비교 정렬한다.

-i, --ignore-nonprinting : 프린트 가능한 문자만 비교한다.

-M, --month-sort : 날짜(월) "알 수 없는 비교 값" 〈 "JAN" 〈 ... 〈 "DEC" 순서로 정렬한다.

-n, --numeric-sort : 숫자를 기준으로 정렬한다.

-r, --reverse : 결과를 역으로 출력한다.

또 다른 옵션

-c --check : 파일이 정렬되어 있는지 아닌지 검사한다.

-k, --key=pos1[,pos2] : 시작 위치(pos1)와 마지막 위치(pos2)를 지정한다.

-m, --merge : 복수의 입력 파일을 병합한다.

-o, --output=file : 결과를 지정한 파일(file)에 저장한다.

-S, --buffer-size=size : 메인 메모리의 버퍼 크기(size)를 지정한다.

-t, --field-separator=sep : 필드 구분자(sep)를 지정한다.

-T, --temporary-directory=dir : 기본값인 $TMPDIR 대신에 임시 디렉터리(dir)를 지정한다.

-u, --unique : 필드 내에서 중복되는 값을 제거하고 출력한다.

--help : 사용법을 출력한다.

--version : 버전 정보를 출력한다.

❶ 설명 및 예제

sort 명령어는 파일 내용을 분석하여 행을 기준으로 구분하고 결과를 정렬하여 출력한다. 만일 입력 파일이 두 개 이상이면 파일을 병합하여 하나의 파일로 인식한다. 아래는 /etc 디렉터리의 내용을 정렬하여 출력한다.

```
# ls /etc/ | sort | more
CORBA
DIR_COLORS
FreeWnn
Muttrc
X11
```

```
a2ps-site.cfg
a2ps.cfg
adjtime
alchemist
aliases
aliases.db
aliases.rpmnew
aliases.rpmsave
amanda
amandates
amd.conf
amd.net
anacrontab
at.deny
auto.master
auto.misc
bashrc
--More--
```

-u 옵션은 필드 내에서 중복되는 행을 제거한다. 이는 uniq 명령어와 같다.

```
# cat sortfile
1234
1234
1233

1222
1234
1222
12345

# sort -u sortfile

1222
1233
1234
12345
```

아래와 같이 대소문자로 구분된 이메일 주소들이 있다고 가정한다.

```
# cat sortfile
111
122
123
admin@hanbitbook.co.kr
ADmin@hanbitbook.co.kr
ADMIN@HANBITBOOK.CO.KR
```

-f 옵션은 대소문자로 구별하지 않고 결과를 하나의 이메일 주소로 출력한다.

```
# sort -fu sort
111
122
123
admin@hanbitbook.co.kr
```

<table>
<tr><td>명령어</td><td>source</td><td></td><td></td><td>OS</td><td>L=U</td></tr>
<tr><td>키워드</td><td>환경 설정 반영</td><td>경로</td><td>내부 명령어</td><td>중요도</td><td>☆</td></tr>
<tr><td>요약</td><td colspan="5">스크립트나 환경 설정 파일을 읽는다</td></tr>
</table>

❶ 이렇게 써요

```
source 파일
```

❶ 설명 및 예제

source 명령어는 환경 설정 파일이나 스크립트에서 정의한 환경 변수값을 바로 적용할 수 있다. 아래와 같이 $HOME/.bash_profile 파일에 환경 변수를 정의했다고 가정한다.

```
$ cat $HOME/.bash_profile
export ORACLE_BASE = /hdb1/oracle
export ORACLE_HOME = /hdb1/oracle/816
export ORACLE_SID = RAC1
export NLS_LANG = AMERICAN_AMERICA.KO16KSC5601
export TNS_ADMIN = $ORACLE_HOME/network/admin
export ORA_NLS33 = $ORACLE_HOME/ocommon/nls/admin/data
LD_LIBRARY_PATH = $LD_LIBRARY_PATH:$ORACLE_HOME/lib:$ORACLE_HOME/jdbc/lib
---------------------------- 이하 생략 ----------------------------
```

위와 같이 정의한 환경 변수의 값을 아래와 같이 source 명령어로 바로 적용할 수 있다.

```
$ source $HOME/.bash_profile
```

<table>
<tr><td>명령어</td><td colspan="4">split</td><td>OS</td><td>L=U</td></tr>
<tr><td>키워드</td><td>파일 분할</td><td>경로</td><td colspan="2">/usr/bin/split</td><td>중요도</td><td>☆☆</td></tr>
<tr><td>요약</td><td colspan="6">적당한 크기로 파일을 분할한다</td></tr>
</table>

❶ 이렇게 써요

```
split [옵션] [INPUT [PREFIX]]
```

-b, --bytes=SIZE : 지정한 크기(SIZE)의 바이트 용량만큼 파일을 생성한다.

--help : 사용법을 출력한다.

--version : 버전 정보를 출력한다.

❶ 설명 및 예제

split는 하나의 파일을 작은 조각 단위로 나눌 수 있는 명령어이다. 특히 한정된 용량의 플로피나 디스크에 백업을 할 경우에는 파일을 용량에 맞게 분할할 필요가 있다. 아래는 현재 디렉터리에 존재하는 모든 파일을 5MB 크기의 파일로 만든다.

```
$ tar cvzf - * | split -b 5m - split.tar.gz
2010sheet0417_1.jpg
2010sheet0417_10.jpg
2010sheet0417_11.jpg
------------------------------ 중 략 ------------------------------
2010sheet0417_14.jpg
2010sheet0417_15.jpg
2010sheet0417_7.jpg
2010sheet0417_8.jpg
2010sheet0417_9.jpg
sheet_linuxflash04.hwp
```

파일 크기를 5MB로 제한하였기 때문에 만일 생성 중인 파일 크기가 5MB가 넘어가면 자동적으로 새로운 파일명을 가지고 파일을 생성한다. 아래와 같이 5MB 크기를 가진 split.tar.gz로 시작하는 파일들이 생성되었다. 파일의 맨 마지막에는 aa, ab, ac, ad 등의 이름으로 자동 부여되었다.

```
$ ls
2010sheet0417_1.jpg 2010sheet0417_26.jpg 2010sheet0417_41-1.jpg
2010sheet0417_10.jpg 2010sheet0417_27.jpg 2010sheet0417_41-2.jpg
2010sheet0417_11.jpg 2010sheet0417_28.jpg 2010sheet0417_41.jpg
```

```
--------------------------------- 중 략 ---------------------------------
2010sheet0417_2.jpg 2010sheet0417_35.jpg 2010sheet0417_9.jpg
2010sheet0417_20.jpg 2010sheet0417_36.jpg sheet_linuxflash04.hwp
2010sheet0417_21.jpg 2010sheet0417_37.jpg split.tar.gzaa
2010sheet0417_22.jpg 2010sheet0417_38.jpg split.tar.gzab
2010sheet0417_23.jpg 2010sheet0417_39.jpg split.tar.gzac
2010sheet0417_24.jpg 2010sheet0417_4.jpg split.tar.gzad
2002sheet0417_25.jpg 2002sheet0417_40.jpg
```

cat 명령어로 분리되어 있는 여러 파일을 하나의 파일로 합칠 수 있다.

```
$ cat split.tar.gza* >> split.tar.gz
```


여기서 잠깐

KDE

K desktop environment의 약어이다. 유닉스 워크스테이션용 오픈 소스 그래픽 데스크톱 환경이다. KDE는
처음에 'Kool desktop environment'라고 불렸으며, 인터넷 상의 공식적인 KDE 메일링 리스트와 많은 수의
뉴스그룹 그리고 IRC 채널 등에서 활발한 토론을 통해 현재도 개발이 진행 중이다. KDE는 완전한 GUI와 함께,
파일 관리자, 윈도우 관리자, 도움말 시스템, 구성관리 시스템, 도구 및 유틸리티, 그리고 여러 응용프로그램 등을
포함하고 있다. KDE 애플리케이션 중 가장 유명한 것은 KOffice인데, 워드프로세서, 스프레드 시트, 프레젠테
이션 프로그램, 벡터 그래픽, 이미지 편집 도구 등이 포함되어 있다. KDE는 현재, 리눅스, 솔라리스, FreeBSD,
OpenBSD, LinuxPPC 등에서 사용되고 있으며, 전 세계의 많은 수의 프로그래머가 KDE 개발에 공헌하고
있다.

<table>
<tr><td>명령어</td><td>ssh</td><td>OS</td><td>L=U</td></tr>
<tr><td>키워드</td><td>SSH 클라이언트</td><td>경로</td><td>/usr/bin/ssh</td><td>중요도</td><td>☆☆☆</td></tr>
<tr><td>요약</td><td colspan="5">Open SSH 원격 로그인 클라이언트</td></tr>
</table>

❶ 이렇게 써요

```
ssh [옵션] [주소]
```

[옵션]

-1 : ssh를 프로토콜 버전 1로 시도

-2 : ssh를 프로토콜 버전 2로 시도

-4 : IPv4 주소만 사용

-6 : IPv6 주소만 사용

-F configfile : 사용자 설정 파일(configfile)을 지정한다.

-I smartcard_device : 사용자 개인 RSA 키를 저장한 디바이스(smartcard_device)를 지정한다.

-i identity_file : RSA 나 DSA 인증 파일(indentity_file)을 지정한다.

-l login_name : 서버에 로그인할 사용자(login_name)를 지정한다.

-p port : 서버에 접속할 포트를 지정한다.

-q : 메시지를 출력하지 않는다.

-V : 버전 정보를 출력한다.

-v : 상세한 정보를 출력한다. 디버깅에 유용하다.

-X : X11 forwarding 기능을 활성화한다. 이는 서버에 접속하여 서버의 프로그램을 클라이언트의 화면에서 실
행할 수 있다.

-x : X11 forwarding 기능을 비활성화한다.

-Y : 신뢰할만한 X11 forwarding 기능을 활성화한다.

❶ 설명 및 예제

ssh 명령어는 SSH 서버 접속 인증을 위한 암호화를 제공하여 네트워크 해킹의 위험에
서 안전하게 접속할 수 있다. 이와 비슷한 기능의 telnet 명령어는 서버와 연결된 상태에
서 송수신된 패킷이 네트워크에 노출될 경우에는 암호화되지 않은 내용이 고스라니 스니
핑(몰래 네트워크에서 오가는 패킷을 훔쳐보기)될 수 있다. 사용법은 telnet과 비슷하다.

아래와 같이 접속하고자 하는 서버주소를 입력한다.

```
$ ssh 192.168.1.1
```

아래와 같이 -l 옵션은 로그인할 사용자를 지정한다.

```
$ ssh -l hanbit 192.168.1.1
```

로그인 사용자는 아래와 같이 "사용자명@서버주소"의 형식도 가능하다. SSH 서버에 처

음으로 접속 시도하면 아래의 메시지를 출력한다. yes를 입력하자.

```
$ ssh hanbit@192.168.1.1
The authenticity of host '192.168.1.1' can't be established.
RSA key fingerprint is 39:ff:a3:70:bd:20:16:a6:7c:5e:d4:7a:60:37:0c:f7.
Are you sure you want to continue connecting (yes/no)?
```

아래는 SSH 서버에 접속 후에 사용할 수 있는 예외 문자이다.

예외 문자	설명
~.	접속 해제
~^Z	백그라운드 ssh
~#	포워드된 접속 리스트 출력
~&	포워드된 접속이나 X11 세션이 끊어질 때 까지 대기한다.
~?	예외 문자의 목록을 출력한다.
~B	서버에 정지 신호^{BREAK}를 보낸다(SSH 프로토콜 버전 2 에서 지원).
~C	명령어 셸을 오픈한다. -L, -R, -D 옵션을 사용하여 포트 포워딩을 허락한다.
~R	접속 키를 다시 요청한다(SSH 프로토콜 버전2에서만 지원).

-X 옵션은 서버에 있는 GUI 프로그램을 클라이언트의 화면에서 실행하고 확인할 수 있다. 자세한 로그인 절차는 xhost 명령어 페이지를 참조하자.

```
$ ssh -X 192.168.1.1
```

서버에 직접 로그인하지 않고 서버 디렉터리인 /usr/share 내용을 확인할 수 있다.

```
$ ssh 192.168.1.1 ls /usr/share/
```


❶ 관련 명령어

scp ssh : 서버에서 원격으로 복사할 수 있는 명령어

여기서 잠깐

ssh 서버에 접속하지 않고 파일 복사하기

아래와 같이 scp 명령을 이용하면 서버의 /movie 디렉터리에 있는 파일들을 로컬 시스템으로 복사한다.

```
# scp -r admin@localhost:/movie ./
```

<table>
<tr><td>명령어</td><td>stat</td><td>OS</td><td>L=U</td></tr>
<tr><td>키워드</td><td>상태 보기</td><td>경로</td><td>/usr/bin/stat</td><td>중요도</td><td>☆☆</td></tr>
<tr><td>요약</td><td colspan="5">파일이나 파일시스템의 상태를 출력한다</td></tr>
</table>

❶ 이렇게 써요

```
stat [옵션] 파일명
```

[옵션]

-L, --dereference : 심볼릭 링크의 원본 파일 정보를 출력한다.

-f, --file-system : 파일 대신 파일시스템의 상태 정보를 출력한다.

-c, --format=FORMAT : 출력 형식(FORMAT)을 지정한다.

--print=FORMAT : --format 옵션과 비슷하나, 백 슬래시(₩) 예외 문자를 인식하고 자동 줄 바꿈을 하지 않는다.

-t, --terse : 간략한 형태로 내용을 출력한다.

--help : 사용법을 출력한다.

--version : 버전 정보를 출력한다.

파일에서 지정할 수 있는 형식(--file-system 옵션에서는 제외)

%a : 8진수의 접근 권한

%A : rwx 형식의 접근 권한

%b : 할당된 블록 수

%B : %b 형태로 리포트된 각 블록의 바이트 크기

%C : SELinux 보안 컨텍스트 스트링

%d : 10진수의 디바이스 넘버

%D : 16진수의 디바이스 넘버

%f : 16진수의 저 수준(Raw) 모드

%F : 파일 타입

%g : 소유자의 그룹 ID

%G : 소유자의 그룹명

%h : 하드링크의 수

%n : 파일명

%N : 심볼 링크라면 원본 파일

%o : I/O 블록 사이즈

%s : 바이트 단위의 총 사이즈

%t : 16진수의 메이저 디바이스 타입

%T : 16진수의 마이너 디바이스 타입

%u : 소유자의 UID

%U : 소유자의 사용자명

%x : 마지막 엑세스 시간

%X : 1970/01/00 GMT 이후 초 단위 마지막 엑세스 시간

%y : 마지막 수정 시간

%Y : 1970/01/00 GMT 이후 초단위 마지막 수정 시간

%z : 마지막 변경 시간

%Z : 1970/01/00 GMT 이후 초 단위 마지막 변경 시간

파일 시스템에서 지정할 수 있는 형식

%a : 슈퍼유저가 아닌 사용자에게 유효한 여유 블록의 크기

%b : 파일시스템의 전체 데이터 블록

%c : 파일시스템의 전체 파일 노드 수

%d : 파일시스템의 여유 파일 노드 수

%f : 파일시스템의 여유 블록 수

%C : SELinux 보안 컨텍스트 스트링

%i : 파일명의 최대길이

%n : 파일명

%s : 블록 사이즈(빠른 전달을 위한)

%S : 기본 블록 사이즈(블록 카운트를 위해)

%t : 16진수의 타입

%T : 사람이 읽을 수 있는 형태의 타입

❶ 설명 및 예제

stat 명령어는 파일이나 파일 시스템의 크기 그리고, 블록, IO 블록, 접근 날짜, 수정 날짜 등을 살펴 볼 수 있다.

아래와 같이 특정 파일의 자세한 정보를 출력한다.

```
$ stat drivers/net/3c509.c
  File: 'drivers/net/3c509.c'
  Size: 42906        Blocks: 88        IO Block: 4096      일반 파일
Device: 801h/2049d      Inode: 807440      Links: 1
Access: (0644/-rw-r--r--)  Uid: ( 1000/    user)  Gid: ( 119/    admin)
Access: 2010-07-03 21:57:39.156640052 -0700
Modify: 2009-12-02 19:51:21.000000000 -0800
Change: 2010-07-03 21:58:12.764676641 -0700
```

-f 옵션은 지정한 파일의 파일 시스템 정보를 출력한다.

```
$ stat -f drivers/net/3c509.c
  File: "drivers/net/3c509.c"
    ID: 20de81a1430f7718 Namelen: 255      Type: ext2/ext3
Block size: 4096       Fundamental block size: 4096
Blocks: Total: 4934317    Free: 3978489    Available: 3727840
Inodes: Total: 1253376    Free: 1047761
```

stat는 특정 디렉터리의 정보를 살펴 볼 수 있다. 아래는 루트(/) 디렉터리의 상태를 출력
한다.

```
$ stat /
  File: '/'
  Size: 4096        Blocks: 8        IO Block: 4096    디렉터리
Device: 801h/2049d  Inode: 2        Links: 22
Access: (0755/drwxr-xr-x)  Uid: (   0/   root)  Gid: (   0/   root)
Access: 2010-07-04 08:33:05.444731085 -0700
Modify: 2010-07-01 02:51:27.940956913 -0700
Change: 2010-07-01 02:51:27.940956913 -0700
```

<table>
<tr><td>명령어</td><td colspan="4">strace</td><td>OS</td><td>Ⓛ≠Ⓤ</td></tr>
<tr><td>키워드</td><td>실행하는 프로세스 추적</td><td>경로</td><td colspan="2">/usr/bin/strace</td><td>중요도</td><td>☆☆</td></tr>
<tr><td>요약</td><td colspan="6">시스템 콜을 추적하여 프로그램의 실행 과정을 출력하는 명령어</td></tr>
</table>

❶ 이렇게 써요

```
strace [옵션] 명령어 [매개변수]
```

-c : 각 시스템 콜에 대한 시간, 콜, 에러 등을 카운트한다.

-d : 디버깅 정보를 출력한다.

-f : fork 시스템 콜의 결과로 생성된 자식 프로세스를 추적한다.

-ff : "-o filename" 옵션과 함께 실행되는 프로그램의 프로세스 ID를 filename.pid로 저장한다.

-h : 사용법을 출력한다.

-i : 시스템 콜 호출 시간에 명령 포인터를 같이 출력한다.

-q : attaching, detaching 등의 메시지를 출력하지 않는다.

-r : 상대적인 타임 스탬프를 출력한다.

-T : 각 시스템 콜에서 소모한 시간을 출력한다.

-V : 버전 정보를 출력한다.

-v : 자세한 정보를 출력한다.

-x : 아스키 문자가 아닌 16진수를 출력한다.

-xx : 모든 16진수를 출력한다.

-a column : 열의 너비를 지정한다(기본값은 40).

-e expr : 정규표현식을 지정한다.

-o filename : 저장할 파일(filename)을 지정한다.

-O overhead : 시스템 콜 추적을 위한 오버헤더를 마이크로 초 단위로 지정한다.

-p pid : 지정한 PID로 프로세스를 추적한다.

-D : 추적하는 프로세스를 손자 프로세스에 붙여 실행한다.

-s strsize : 최대 문자 크기(strsize)를 제한한다.

-S sortby : -c 옵션과 함께 시스템 콜을 time, calls, name 기준으로 정렬한다(기본값은 time).

-u username : 명령어를 지정한 사용자(username) 권한으로 실행한다.

-E var=val : 명령어에 대한 환경 변수(var)를 지정한다.

-E var : 명령어에서 지정한 환경 변수(var)를 삭제한다.

❶ 설명 및 예제

strace 명령어는 프로그램에서 실행하는 시스템 콜과 신호를 추적할 수 있으며, 바이너리 파일에 포함된 컴파일 경로 정보는 프로그램을 진단하거나 디버깅할 때 유용하다. 이 정보는 시스템 어드민, 시스템 분석가 등에게 소스 접근이 쉽지 않는 프로그램 문제를 디버깅할 경우 재컴파일하지 않고도 쉽게 문제를 해결할 수 있게 도와준다. 공부하는 학생이나 해커들에게는 프로그램의 구조와 시스템 콜을 추적할 수 있는 정보를 제공한다. 또한 사용자나 커널 인터페이스에서 일어나는 이벤트 시점의 시스템 콜과 시그널을 찾고

경계 구간을 세밀하게 조사할 수 있어, 버그를 줄이고 레이스 컨디션을 잡는데 매우 유용한 정보를 프로그래머에게 제공한다.

아래와 같이 strace 명령은 ls의 컴파일 경로나 조건, 그리고 시스템 콜의 동작 등의 정보를 살펴 볼 수 있다.

```
$ strace /bin/ls
execve("/bin/ls", ["/bin/ls"], [/* 40 vars */]) = 0
brk(0) = 0x884b000
access("/etc/ld.so.nohwcap", F_OK) = -1 ENOENT (No such file or
directory)
mmap2(NULL, 8192, PROT_READ|PROT_WRITE, MAP_PRIVATE|MAP_ANONYMOUS, -1, 0)
 = 0xb78d8000
-------------------------- 이하 생략 --------------------------
```

-c 옵션은 시스템 콜에 대한 time, seconds, usecs/call, calls, errors를 카운트해서 보여준다.

```
$ strace -c /bin/ls
COPYING   MAINTAINERS  block   firmware  kernel   scripts  usr
CREDITS   Makefile  crypto  fs  lib  security  virt
Doc  README  debian  include  mm  sound
Documentation  REPORTING-BUGS  debian.master  init  net  tools
Kbuild  arch  drivers  ipc  samples  ubuntu
```

% time	seconds	usecs/call	calls	errors syscall
100.00	0.000062	2	26	1 open
0.00	0.000000	0	11	read
0.00	0.000000	0	5	write
0.00	0.000000	0	27	close
0.00	0.000000	0	1	execve
0.00	0.000000	0	9	9 access
0.00	0.000000	0	3	brk

-o 옵션은 strace 명령의 출력을 파일로 저장한다.

```
$ strace -o straceout.txt /bin/ls
```

<table>
<tr><td>명령어</td><td colspan="3">strings</td><td>OS</td><td>L=U</td></tr>
<tr><td>키워드</td><td>문자열 찾기</td><td>경로</td><td>/usr/bin/strings</td><td>중요도</td><td>☆</td></tr>
<tr><td>요약</td><td colspan="5">파일에서 인쇄 가능한 문자열을 출력한다</td></tr>
</table>

❶ 이렇게 써요

```
string [옵션] 파일
```

-, -a, --all : 전체 파일을 검색한다.

-f, --print-file-name : 각 문자열 이전에 파일명을 출력한다.

-min-len, -n min-len, --bytes=min-len : 최소 문자열의 길이(min-len)를 지정한다. 기본값은 4이다.

-o : -t 옵션과 비슷하다.

-t radix, --radix=radix : 각 문자열 이전에 파일 안에 오프셋(radix)을 출력한다.

아래는 지정 가능한 형식이다.

d : 오프셋을 십진수로 기록한다.

o : 오프셋을 8진수로 기록한다.

x : 오프셋을 16진수로 기록한다.

--target=format : 시스템의 기본 코드 포맷(format)을 지정한다.

-v, --version : 버전 정보를 출력한다.

❶ 설명 및 예제

strings 명령어는 오브젝트 또는 이진 파일에서 인쇄 가능한 문자열을 출력한다. 최소 문자열의 길이는 4이다. 먼저 cat 명령어로 hello.c 원본 파일을 살펴보자. cat 명령은 원본 파일을 있는 그대로 출력한다.

```
$ cat hello.c
#include <stdio.h>
main()
{
printf ("test");
}
```

아래와 같이 strings 명령어는 hello.c 파일에서 네 글자 이상의 문자열만을 검색하여 출력한다.

```
$ strings hello.c
#include <stdio.h>
main()
printf ("test");
```

아래와 같이 지정한 문자열을 기준으로 내용을 출력할 수 있다. 지정한 옵션 -17은 최소 문자열로 17자 이상의 문자열만을 출력한다. 이 옵션은 -n 17 혹은 --bytes=17로도 지정할 수 있다.

```
$ strings -17 hello.c
#include <stdio.h>
```

여기서 잠깐

보드

보드[baud]는 데이터 처리 전송 속도를 나타내는 단위로써, 회선을 통하여 1초 동안 전달되는 데이터 비트의 수다. bps와 함께 전송 속도의 단위로 많이 쓰인다. bps는 초 당 비트 수로써, 만일 세 개의 비트가 한 신호 단위를 이룬다면 보드 속도는 bps 속도의 1/3이 된다.

<table>
<tr><td>명령어</td><td colspan="2">strip</td><td>OS</td><td>L=U</td></tr>
<tr><td>키워드</td><td>심볼 제거</td><td>경로 /usr/bin/strip</td><td>중요도</td><td>☆☆</td></tr>
<tr><td>요약</td><td colspan="4">오브젝트 파일의 심볼을 제거한다</td></tr>
</table>

❶ 이렇게 써요

```
strip [옵션] 파일명
```

-F bfdname, --target=bfdname: 입력파일(bfdname)을 지정한다.

-O format, --output-target=format : 출력파일의 형식(format)을 지정한다.

-R section, --remove-section=section : 섹션(section)을 삭제한다.

-s, --strip-all : 모든 심볼을 제거한다.

-S, -g, --strip-debug : 디버그 심볼만 제거한다.

--strip-unneeded : 위치 재지정 정보의 모든 심볼을 제거한다.

-K symbolname, --keep-symbol=symbolname : 오브젝트 파일을 strip 명령어로 실행할 때 심볼명 (symbolname)을 삭제하지 않는다.

-o file : 지정한 파일(file)로 출력 내용을 저장한다.

-x , --discard-all : 글로벌이 아닌 심볼을 제거한다.

-X, --discard-locals : 컴파일러의 위치 정보를 제거한다.

-v, --verbose : 상세한 정보를 출력한다.

❶ 설명 및 예제

strip 명령어는 오브젝트(object) 파일의 심볼을 제거하고 파일의 용량을 줄인다. 다양한 옵션을 지정하여 심볼 내용을 선택적으로 출력할 수 있다. strip은 회선 번호 정보, 위치 재지정 정보, 디버그 섹션, typchk 섹션, 주석 섹션, 파일 헤더 및 XCOFF 오브젝트 파일의 기호를 전부 혹은 일부분을 제거 할 수 있다. 심볼이 제거된 오브젝트 파일을 실행하는데는 이전 원본 파일과 차이가 없다.

```
# ls -al
-rwxr-xr-x 1 root root 5761641 7월 14 15:08 libqt.so.2.3.2
```

file 명령어로 파일이 스트립이 되었는지 아닌지를 확인할 수 있다. 파일의 정보 마지막의 "not stripped" 메시지는 스트립이 안 된 파일 상태이다.

```
# file libqt.so.2.3.2
libqt.so.2.3.2: ELF 32-bit LSB shared object, Intel 80386, version 1, not
stripped
```

아래와 같이 libqt.so.2.3.2를 스트립하여 파일 용량을 줄일 수 있다.

-v 옵션은 스트립 결과를 보여주고 -o 옵션은 스트립이 된 파일을 다른 이름으로 저장한다. 아래 예제에서는 5.7MB였던 파일 용량이 5.0M 정도로 줄어들었다.

```
# strip libqt.so.2.3.2 -vo libqt.so.2.3.2_strip
copy from libqt.so.2.3.2(elf32-i386) to teststrip(elf32-i386)
# file libqt.so.2.3.2_strip
libqt.so.2.3.2_strip: ELF 32-bit LSB shared object, Intel 80386, version 1,
stripped
"stripped"로 libqt.so.2.3.2_strip 파일이 strip 되었음을 확인할 수 있다.
# ls -al
-rwxr-xr-x 1 root root 5761641 7월 14 15:08 libqt.so.2.3.2
-rw-r--r-- 1 root root 5064576 7월 14 15:25 libqt.so.2.3.2_strip
```

여기서 잠깐

오브젝트 코드

CPU로 직접 실행할 수 있는 기계어 코드, 고급언어로 작성된 소스는 컴파일러 등을 통해 기계어로 변환된다.

<table>
<tr><td>명령어</td><td colspan="2">stty</td><td>OS</td><td>L=U</td></tr>
<tr><td>키워드</td><td>터미널 환경 설정</td><td>경로</td><td>/bin/stty</td><td>중요도</td><td>☆</td></tr>
<tr><td>요약</td><td colspan="4">터미널 라인 설정을 확인하고 수정한다</td></tr>
</table>

❶ 이렇게 써요

```
stty [설정...]
stty [옵션]
```

제어 설정

[-]parenb : 출력으로 패리티 비트를 생성하고 입력받을 패리티 비트를 기다린다.

[-]parodd : 홀수 패리티 설정('-'는 짝수).

cs5 cs6 cs7 cs8 : 문자의 크기를 5, 6, 7, 8 비트로 설정한다.

[-]hupcl [-]hup : 마지막 프로세스가 tty를 종료하면 Hangup 시그널을 보낸다.

[-]cstopb : 문자 당 두 개의 정지 비트를 사용한다('-'는 하나).

[-]cread : 입력을 받아들인다.

[-]clocal : 모뎀 제어 신호를 불가능으로 설정한다.

[-]crtscts (np) : RTS/CTS 핸드쉐이킹을 설정한다.

입력 설정

[-]ignbrk : 브레이크를 무시한다.

[-]brkint : 브레이크로 인터럽트 신호를 발생시킨다.

[-]ignpar : 패리티 에러를 무시한다.

[-]parmrk : 패리티 에러를 표시한다(255-0-문자 순서로).

[-]inpck : 입력 패리티 검사를 실행한다.

[-]istrip : 입력 문자의 상위(8번째) 비트를 삭제한다.

[-]inlc : 개행 문자를 줄 바꿈으로 인식한다.

[-]igncr : 줄 바꿈을 무시한다.

[-]ixon : XON/XOFF 흐름제어를 설정한다.

[-]ixoff [-]tandem : 시스템의 입력 버퍼가 거의 채워지면 정지 신호를 보낸다. 그리고 나서 버퍼를 비우면 시작 문자를 보낸다.

[-]iuclc (np) : 대문자를 소문자로 인식한다.

[-]ixany (np) : 어떤 문자든 출력을 다시 시작할 수 있게 허용한다('-'은 오로지 시작 문자만 허용).

[-]imaxbel (np) : 버퍼가 가득 찬 상태에서 문자가 도착하면 경고음을 내고 입력 버퍼를 클리어하지 않는다.

출력 설정

[-]opost : 프로세스 처리 후에 출력한다.

[-]olcuc (np) : 소문자를 대문자로 인식한다.

[-]ocrnl (np) : 줄 바꿈을 개행 문자로 인식한다.

[-]onlcr (np) : 개행 문자를 줄 바꿈 문자로 인식한다.

[-]onocr (np) : 첫 번째 열에서는 줄 바꿈을 출력하지 않는다.

[-]onlret (np) : 개행 문자가 줄 바꿈을 수행한다.

[-]ofill (np) : 시간을 지연하는 타이밍 문자로 채운다.

[-]ofdel (np) : 널 문자 대신 삭제[delete] 문자로 채운다.

지역 설정

[-]isig : 인터럽트, 종료, 서스펜드 특수 문자를 사용할 수 있다.

[-]icanon : 특수 문자 erase, kill, werase, rprnt를 사용할 수 있다.

[-]iexten : 포직스가 아닌 특수 문자를 사용할 수 있다.

[-]echo : 입력 문자를 출력한다.

[-]echoe, [-]crterase : 백스페이스-스페이스-백스페이스로 지우기를 지정한다.

[-]echok : kill 문자 후에 개행 문자를 출력한다.

[-]echonl : 다른 문자는 실행하지 않더라도 개행 문자를 출력한다.

[-]noflsh : 인터럽트나 종료 문자 후 메모리에서 삭제하지 않는다.

[-]xcase (np) : icanon이 설정되어 있을 때 입출력에 대문자를 해당 문자의 앞에 '₩'를 첨부한다.

[-]tostop (np) : 터미널에 쓰기 시도하려는 백그라운드 작업을 멈춘다.

[-]echoprt [-]prterase (np) : '₩'와 '/' 사이에서 지워진 문자를 다시 출력한다.

[-]echoctl [-]ctlecho (np) : 제어 문자를 글자 그대로가 아니라 모자 표기법 ('^c')으로 출력한다.

[-]echoke [-]crtkill (np) : echoctl과 echok 설정 대신 echoprt, echoe 설정값으로 kill 특수 문자를 출력한다.

조합 설정

[-]evenp [-]parity : parenb -parodd cs7과 같다. '-'을 쓰면, -parenb cs와 같다.

[-]oddp : parenb parodd cs7과 같다. '-'을 쓰면, -parenb cs8과 같다.

[-]nl : -icrnl -onlcr과 같다. '-'을 쓰면, icrnl -inlcr -igncr onlcr -ocrnl -onlret와 같다.

ek : erase, kill 특수문자를 원래의 값으로 되돌린다.

sane : cread -ignbrk brkint -inlcr -igncr icrnl -ixoff -iuclc -ixany imaxbel opost -olcuc -ocrnl onlcr -onocr -onlret -ofill -ofdel nl0 cr0 tab0 bs0 vt0 ff0 isig icanon iexten echo echoe echok -echonl -noflsh -xcase -tostop -echoprt echoctl echoke과 같으며, 또한 모든 특수 문자를 원래의 값으로 되돌린다.

[-]cooked : brkint ignpar istrip icrnl ixon opost isig icanon과 같다. min, time 문자가 같으면 eof, eol 문자를 온래의 값으로 되돌린다. '-'를 사용하면 raw와 같다.

[-]raw : -ignbrk -brkint -ignpar -parmrk -inpck -istrip -inlcr -igncr -icrnl -ixon -ixoff -iuclc -ixany -imaxbel -opost -isig -icanon -xcase min 1 time 0과 같다. '-'를 사용하면, cooked와 같다.

[-]cbreak : -icanon과 같다.

[-]pass8 : -parenb -istrip cs8과 같다. '-'를 사용하면, parenb istrip cs7과 같다.

[-]litout : -parenb -istrip -opost cs8과 같다. '-'를 사용하면, parenb istrip opost cs7과 같다.

[-]decctlq (np) : -ixany와 같다.

[-]tabs (np) : tab0과 같다. '-'를 사용하면 tab3과 같다.

[-]lcase [-]LCASE (np) : xcase iuclc olcuc와 같다.

crt : echoe echoctl echoke와 같다.

dec : echoe echoctl echoke -ixany와 같으며, 또한 인터럽트 문자를 Ctrl+C, erase를 Delete, kill을 Ctrl+U로 설정한다.

특수 문자

특수문자의 기본값은 시스템마다 다르며, "이름 값"이라는 문법으로 설정된다. 여기서 이름은 아래에서 설명하고 값은 글자 그대로의 모자 표시법("^c") 또는 16진수를 의미하는 "0x", 8진수를 나타내는 "0", 또는 그냥 10진수로 표기할 수 있게 된다. 값에다 "^-"을 부여하거나 또는 "undef"으로 지정할 때는 특수문자를 사용할 수 없다.

intr : 인터럽트 신호를 보낸다.
quit : 종료 신호를 보낸다.
erase : 마지막 문자를 지운다.
kill : 현재 한 줄을 지운다.
eof : 파일의 끝임을 알린다(입력 종료).
eol : 한 행의 끝
eol2 (np) : 한 행을 마치기 위한 별도의 문자
swtch (np) : 다른 셸 계층으로 스위칭
start : 멈춰진 출력을 다시 시작한다.
stop : 출력을 멈춘다.
susp : 터미널 정지 신호를 보낸다.
dsusp (np) : 입력을 메모리에서 삭제한 후 터미널 정지 신호를 보낸다.
rprnt (np) : 현재 행을 다시 그린다.
werase (np) : 마지막 단어를 지운다.
lnext (np) : 특수 문자라도 다음 문자는 글자 그대로 입력한다.

특수 설정

min N : -icanon이 설정되었을 때 지정한 시간(N)이 소요될 때까지 읽기를 만족할 수 있는 문자의 최소 개수를 지정한다.
time N : -icanon이 설정되었을 때 지정한 시간(N) 동안 문자가 입력되지 않았다면 타임아웃 시간을 1/10초 단위로 설정한다.
ispeed N : 입력 속도(N)를 지정한다.
ospeed N : 출력 속도(N)를 지정한다.
rows N (np) : 커널에 터미널이 가지고 있는 행의 수(N)를 알린다.
cols N columns N (np) : 커널에게 터미널이 가지고 있는 열의 수(N)을 알린다.
size (np) : 터미널이 가지고 있는 행렬의 수를 출력한다.
line N (np) : 제어 회선 수(N)을 지정한다.
speed : 터미널 속도를 출력한다.
N : 입/출력 속도(N)를 지정한다. N은 다음 값 중에 하나다. 0 50 75 110 134 134.5 150 200 300 600 1200 1800 2400 4800 9600 19200 38400 exta extb. exta는 19200과 같고 extb는 38400과 같다.
-clocal이 설정되어 있는 경우 0은 회선을 정지시킨다.
-a, --all : 설정 내용을 사람이 읽기 쉬운 형식으로 출력한다.
--help : 사용법을 출력한다.
-g, --save : 설정 내용을 stty의 읽기 형식으로 출력한다.
--version : 버전 정보를 출력한다.

stty 명령어는 인자를 지정하지 않으면 보드, 회선 제어 번호, stty에서 변경된 회선 설정 값을 출력한다.

```
# stty
speed 38400 baud; line = 0;
erase = ^H;
-brkint -imaxbel
```

모드 읽기 및 설정은 표준입력이 연결되어 있는 tty 회선에서 이루어진다. stty는 터미널 회선 작동방식을 변경하는 옵션이 아니다. 어떤 기능 앞에 "[-]" 표시는 지정한 옵션의 기능을 해제할 수 있다는 뜻이다. 일부 인자는 시스템에 따라 사용할 수 없을 수도 있다.

<table>
<tr><td>명령어</td><td>su</td><td>OS</td><td>Ⓛ=Ⓤ</td></tr>
<tr><td>키워드</td><td>다른 사용자 환경</td><td>경로</td><td>/bin/su</td><td>중요도</td><td>☆☆☆</td></tr>
<tr><td>요약</td><td colspan="5">로그아웃 없이 임시로 다른 사용자의 UID, GID 환경을 사용하는 명령어</td></tr>
</table>

❶ 이렇게 써요

```
su [옵션] [사용자] [셸변수]
```

-c COMMAND, --command=COMMAND : 상호 대화형 모드가 아닌 지정한 명령어(COMMAND)를 실행한다.

-f, --fast : 시작 파일을 읽지 않고 실행한다. csh 셸와 tcsh 셸에만 해당한다.

--help : 사용법을 출력한다.

-, -l, --login : 지정한 사용자 환경으로 변경한다.

-m, -p, --preserve-environment : 이전의 "$HOME", "$USER", "$LOGNAME", "$SHELL" 등의 환경 변수의 값을 계속 유지한다.

-s, --shell shell : 지정한 셸을 실행한다.

--version : 버전 정보를 출력한다.

❶ 설명 및 예제

su 명령어는 로그아웃 없이 임시로 다른 사용자의 UID, GID를 사용할 수 있다. 주로 일반 사용자로 로그인하여 잠시 동안 슈퍼유저 권한의 명령어를 실행할 때 유용하다. 사용자를 지정하지 않으면 슈퍼유저인 root로 실행한다. 실행되는 셸은 사용자의 패스워드 목록에서 찾거나, 만일 정의된 셸을 찾을 수 없으면 /bin/sh 셸을 실행한다. su를 실행하는 실제 사용자의 ID가 슈퍼유저의 권한이라면 사용자의 패스워드가 있더라도 패스워드를 확인하지 않는다.

아래와 같이 su 명령어는 슈퍼유저의 셸로 변경할 수 있다.

```
$ su
```

su 명령어는 루트의 "$PATH" 환경 변수는 읽지 못한다. 슈퍼유저의 "$PATH"가 필요하다면, **su -** 명령어를 사용하자.

```
$ su -
```

아래와 같이 입력할 때도 **su -**와 같다.

```
$ su -l
$ su -login
```

여기서 잠깐

su 사용자 제한하기

아래와 같이 제한한 사용자만 su 명령어를 사용할 수 있다.

1. /etc/pam.d/su의 첫 줄에 다음을 추가한다.

```
auth required /lib/security/pam_wheel.so debug group=hanbit
```

2. /etc/group 파일에서 su를 사용할 수 있는 사용자 그룹을 지정할 수 있다. 여기에서는 hanbit 그룹을 사용 가능하도록 등록하였다.

```
hanbit:x:500:hanbit,root,someone
```

만약 hanbit의 그룹에 속하지 않는 사용자가 su를 시도하면 /var/log/message 로그 파일에 "PAMWheel[25873]: Access denied for 'user' to 'root'"라고 저장된다.

<table>
<tr><td>명령어</td><td colspan="3">sudo</td><td>OS</td><td>L=U</td></tr>
<tr><td>키워드</td><td>명령실행</td><td>경로</td><td>/usr/bin/sudo</td><td>중요도</td><td>☆☆☆</td></tr>
<tr><td>요약</td><td colspan="5">다른 사용자로 명령을 실행한다</td></tr>
</table>

❶ 이렇게 써요

```
sudo [옵션] [명령어]
sudoecit [옵션] 파일
```

-b : 백그라운드로 명령을 실행한다.

-e : 하나 이상의 파일을 편집 모드로 연다.

-h : 사용법을 출력한다.

-H : HOME 환경 변수를 지정한다.

-i : 지정한 사용자의 로그인 셸로 실행한다.

-k : 타임스탬프를 사용하지 않는다. 타이머 동작을 멈춘다.

-K : 사용자의 타임스탬프 전체를 제거한다. -k와는 달리 패스워드를 요구하지 않는다.

-l : 사용자에게 허용 혹은 금지된 명령어 목록을 출력한다.

-L : sudoers 파일의 기본 파라미터 목록을 출력한다.

-p prompt : 패스워드 프롬프트(prompt)를 지정한다.

-P : 사용자의 그룹을 그대로 사용한다.

-s : 지정한 셸 환경 변수로 실행한다.

-S : 터미널 디바이스 대신 표준입력에서 패스워드를 지정한다.

-u user : 실행할 사용자(user)을 지정한다.

-v : 사용자의 타임스탬프 필드를 확인한 후에 타임아웃 시간을 늘린다.

-V : 버전 정보를 출력한다.

- : 명령행의 인자 읽기를 중지한다. 이는 -s 옵션과 같이 사용한다.

❶ 설명 및 예제

사용자로 로그인한 후에 셸을 변경하지 않고 슈퍼유저 권한의 명령어를 실행할 경우에 sudo 명령어를 사용한다. sudo 명령어는 잠시 동안 슈퍼유저의 셸의 환경을 빌려서 쓴다고 할 수 있다.

아래와 같이 sudo 명령어는 슈퍼유저의 권한이 필요한 apt-get와 같은 명령어를 실행할 수 있다.

```
$ apt-get update
E: 잠금 파일 /var/lib/apt/lists/lock 파일을 열 수 없습니다 - open (13: Permission denied)
E: 목록 디렉터리를 잠글 수 없습니다

$ sudo apt-get update
```

```
[sudo] password for user:
기존 http://kr.archive.ubuntu.com karmic Release.gpg
---------------------------- 이하 생략 ----------------------------
```

/etc/sudoers 파일은 sudo 명령어를 실행할 수 있는 사용자와 허용할 명령어 목록을 관리하는 설정 파일이다. 아래는 hanbit 사용자에게 mount.cifs 명령을 허용한 예제다.

```
# vi /etc/sudoers
root ALL=(ALL) ALL
hanbit ALL=/sbin/mount.cifs
```

위와 같이 sudoers 파일은 "user host=commands"의 구조로 되어 있다. user는 sudo 명령어를 실행할 수 있는 사용자를 등록하고 host는 호스트네임, 그리고 commands는 실행할 명령어들을 콤마(,)로 구분하여 나열한다.

아래와 같이 특정 사용자의 권한으로 index.html 파일을 편집할 수 있다.

-u 옵션은 hanbit 사용자를 지정하고, 이 사용자의 권한으로 /home/hanbit/www/htdocs/index.html 파일을 편집할 수 있다.

```
$ sudo -u hanbit vi ~www/htdocs/index.html
```

❶ **관련 명령어**

visudo : sudo 파일을 편집한다.

<table>
<tr><td>명령어</td><td colspan="4">sum</td><td>OS</td><td>L=U</td></tr>
<tr><td>키워드</td><td>파일 확인</td><td>경로</td><td>/usr/bin/sum</td><td></td><td>중요도</td><td>☆</td></tr>
<tr><td>요약</td><td colspan="6">파일의 체크섬과 블록 수를 계산하여 원본 파일과 비교한다</td></tr>
</table>

❶ 이렇게 써요

```
sum [옵션] 파일
```

-r : BSD sum 알고리즘으로 1KB 블록을 사용한다.

-s, --sysv : sys V sum 알고리즘을 이용하며, 512바이트 블록을 사용한다.

--help : 사용법을 출력한다.

--version : 버전 정보를 출력한다.

❶ 설명 및 예제

sum 명령어는 표준입력으로 파일을 읽어, 해당 파일의 1KB의 블록 수와 체크 섬을 계산한다. 만일 옵션을 지정하지 않으면 BSD sum 알고리즘을 사용한다. 일반적으로 통신상에서 주고받는 파일 간에 문제점을 검사할 경우에 주로 사용한다. 특히 원본과 사본 파일을 구별할 수 있고 중간에 변경되었다면 이를 확인할 수 있다. 아래와 같이 1,024당 블록 수와 체크섬을 확인할 수 있는데, 그 결과 두 파일이 같음을 확인할 수 있다.

```
$ sum type type1
10914 8 type
10914 8 type1
```

<table>
<tr><td>명령어</td><td>swapoff</td><td></td><td></td><td>OS</td><td>L</td></tr>
<tr><td>키워드</td><td>스왑 중지</td><td>경로</td><td>/sbin/swapoff</td><td>중요도</td><td>☆</td></tr>
<tr><td>요약</td><td colspan="5">설정된 스왑을 종료한다</td></tr>
</table>

❶ 이렇게 써요

```
swapoff -a [장치명]
```

-a : /etc/fstab에 스왑 장치로 인식한 모든 장치를 스왑에서 해제한다.

-h , --help : 도움말을 출력한다.

-L label : 지정한 라벨(label)을 가진 파티션을 사용한다.

-s, --summary : 디바이스에서 사용하고 있는 스왑 정보를 간단히 출력한다.

-U uuid : 지정한 값(uuid)의 파티션을 사용한다.

-v, --verbose : 상세한 정보를 출력한다.

❶ 설명 및 예제

swapoff 명령어는 파일이나 혹은 디렉터리 위치로 분류되는 블록 디바이스의 스왑을 멈춘다.

❶ 관련 명령어

mkswap : 스왑 영역을 지정한다.

swapon : 스왑핑을 활성화한다.

여기서 잠깐

스왑

스왑swap이란 주 기억장치의 데이터를 임시적으로 저장할 수 있는 하드디스크의 공간으로, OS가 데이터를 요청할 때, 주 기억장치의 내용과 디스크 상의 내용을 서로 바꾸는 역할을 한다. 스와핑은 시스템의 주 기억장치보다 큰 프로그램이나 데이터 파일을 다룰 수 있다.

<table>
<tr><td>명령어</td><td>swapon</td><td></td><td></td><td>OS</td><td>L</td></tr>
<tr><td>키워드</td><td>스왑 설정</td><td>경로</td><td>/sbin/swapon</td><td>중요도</td><td>☆</td></tr>
<tr><td>요약</td><td colspan="5">디바이스나 파일 스왑을 설정한다</td></tr>
</table>

❶ 이렇게 써요

```
swapoff -a [장치명]
```

-a : /etc/fstab 에 "sw" 표기된 장치를 모두 스왑으로 설정한다.

-p 우선권 : swapon에서 사용할 우선권을 지정한다. 우선권은 0 ~ 32,767 사이의 값이다. pri=value라는 항목을 /etc/fstab의 옵션 필드에 추가하면 **swapon -a** 명령으로 사용할 수 있다.

❶ 설명 및 예제

swapon 명령어는 파일 혹은 path로 분류되는 블록 디바이스의 스왑 영역을 설정한다.

512M의 스왑파일 만들기

```
# dd if=/dev/zero of=/swap bs=1024 count=524288
# mkswap /swap 524288
# sync
# swapon /swap
```

free 명령으로 작성된 스왑 파일을 확인한다.

```
# free
```

스왑을 해제하려면 swapoff 명령을 사용한다.

```
# swapoff /swap
# free
```

<table>
<tr><td>명령어</td><td>sync</td><td>OS</td><td>L=U</td></tr>
<tr><td>키워드</td><td>메모리 내용 저장</td><td>경로</td><td>/bin/sync</td><td>중요도</td><td>☆☆</td></tr>
<tr><td>요약</td><td colspan="5">메모리를 디스크 자료로 동기화하여 저장한다</td></tr>
</table>

❶ 이렇게 써요

```
sync [--help] [--version]
```

--help : 사용법을 출력한다.
--version : 버전 정보를 출력한다.

❶ 설명 및 예제

sync 명령어는 메모리 공간에서 아직 디스크로 쓰여지지 않고 있는 버퍼링된 데이터를 저장한다. 이것은 슈퍼 블록이나 아이노드의 변경된 사항은 물론 지연된 읽기와 쓰기를 포함할 수 있다.

데이터를 디스크에 읽고 쓰기는 속도가 매우 느리다. 커널은 이런 I/O 처리 속도를 회피하기 위해 우선 메모리에 데이터를 저장하여 실행 속도를 증가시킨다. 하지만 예기치 않은 원인으로 시스템이 종료된다면 메모리에 있던 자료는 모두 소실된다. 만일 종료되기 전에 사용자가 sync 하였다면 프로세서가 비정상으로 정지되더라도 버퍼링되어 있는 데이터는 디스크로 저장되어 자료가 보존된다. 또 다른 예로, USB 메모리에 파일을 복사한 후 바로 제거하면 파일이 복사되지 않는다. 이럴 경우엔 메모리 스틱을 제거하기 전에 sync 명령을 수행해야 한다.

```
# sync
```

여기서 잠깐

동기화

동기화Synchronization는 서로 다른 속도로 동작하는 장치 간에 원활하게 동작할 수 있도록 동작의 진행을 일치시키는 작업을 말한다. 유닉스에서는 메모리의 임시 내용을 하드디스크에 저장하는 것을 싱크한다고 말한다.

<table>
<tr><td>명령어</td><td>sysctl</td><td>OS</td><td>L</td></tr>
<tr><td>키워드</td><td>커널 파라미터 설정</td><td>경로</td><td>/sbin/sysctl</td><td>중요도</td><td>☆</td></tr>
<tr><td>요약</td><td colspan="3">실시간으로 커널의 파라미터를 설정한다</td></tr>
</table>

❶ 이렇게 써요

```
sysctl [-n] [-e] variable ...
sysctl [-n] [-e] [-q] -w variable=value ...
sysctl [-n] [-e] [-q] -p [filename]
sysctl [-n] [-e] -a
sysctl [-n] [-e] -A
```

-n : 키 이름을 출력하지 않는다.

-e : 알려지지 않는 키 에러를 무시한다.

-N : 커널 파라미터 이름만 출력한다

-q : 값을 출력하지 않는다.

-w : sysctl 설정을 파일로 저장한다.

-p : 지정한 파일에서 설정을 불러온다.

-a : 현재 커널 파라미터 값을 모두 출력한다.

-A : 현재 커널 파라미터를 테이블 형태로 모두 출력한다.

❶ 설명 및 예제

sysctl 명령어는 실시간으로 커널 파라미터 값을 읽거나 변경할 수 있다.

-a 옵션은 전체 커널 파라미터 값을 확인한다.

```
# sysctl -a
```

전체 파라미터 값이 아니라 지정한 파라미터를 확인할 수 있다.

```
# sysctl kernel.hostname
kernel.hostname = user-laptop

# sysctl -n kernel.hostname
user-laptop

# sysctl -N kernel.hostname
kernel.hostname
```

커널 파라미터 값을 변경하려면 아래와 같이 = 다음에 값을 지정한다.

```
# sysctl kernel.hostname = test
kernel.hostname = test
# sysctl -n kernel.hostname
test
```

-w 옵션은 위에서 설정한 값을 저장한다.

```
# sysctl -w kernel.hostname = test
```

<table>
<tr><td>명령어</td><td colspan="3">sysdef</td><td>OS</td><td>U</td></tr>
<tr><td>키워드</td><td>시스템 정의</td><td>경로</td><td>/usr/sbin/sysdef</td><td>중요도</td><td>☆☆</td></tr>
<tr><td>요약</td><td colspan="5">유닉스 기반의 시스템에서 정의된 내용을 출력한다</td></tr>
</table>

❶ 이렇게 써요

```
sysdef [-i] [-n namelist]
sysdef  [-h] [-d] [-i] [-D]
```

-i : /dev/kmem으로부터 설정 내용을 출력한다.

-n namelist : 설정 파일(namelist)을 지정한다.

-h : 16진수의 현재 호스트 정보를 출력한다. 이 숫자값은 유일하지 않다.

-d : 시스템 주변부의 설정 내용을 디바이스 트리로 출력한다.

-D : 관리하고 있는 디바이스 드라이버명을 출력한다.

❶ 설명 및 예제

sysdef 명령어는 유닉스 기반에서 시스템에서 정의한 내용을 표의 형태로 출력한다. 이는 모든 하드웨어 디바이스, 가상 디바이스, 시스템 디바이스, 적재된 모듈, 그리고 선택된 커널 튜닝 파라미터의 값을 출력한다. 시스템의 설정 파일 목록의 기본값은 /dev/kmem이다.

-d 옵션은 시스템 주변의 설정 내용을 출력한다.

```
# sysdef -d¦more
Node 'i86pc', unit #-1
    Node 'scsi_vhci', unit #0
    Node 'isa', unit #0
        Node 'i8042', unit #0
            Node 'keyboard', unit #0
            Node 'mouse', unit #0
        Node 'lp', unit #0 (no driver)
        Node 'asy', unit #0 (no driver)
        Node 'asy', unit #1 (no driver)
        Node 'fdc', unit #0
            Node 'fd', unit #0 (no driver)
        Node 'pit_beep', unit #0
    Node 'pci', unit #0
        Node 'pci15ad,1976', unit #-1 (no driver)
        Node 'pci8086,7191', unit #0
```

<table>
<tr><td>명령어</td><td colspan="3">tac</td><td>OS</td><td>L=U</td></tr>
<tr><td>키워드</td><td>역순 출력</td><td>경로</td><td>/usr/bin/tac</td><td>중요도</td><td>☆☆</td></tr>
<tr><td>요약</td><td colspan="5">파일을 역순으로 출력한다</td></tr>
</table>

❶ 이렇게 써요

```
tac [옵션] 파일
```

-b, --before : 구분자를 먼저 출력한다. 구분자의 기본값은 줄 바꿈이다.

-r, --regex : 지정한 정규표현식을 구분자로 사용한다.

-s, --separator＝STRING : 지정한 문자열(STRING)을 기준으로 문장을 자른다.

--help : 사용법을 출력한다.

--version : 버전 정보를 출력한다.

❶ 설명 및 예제

tac 명령어는 파일 내용을 역순으로 변환해서 행 단위로 출력한다. 즉 마지막 행인 아래쪽에서 처음 행인 위쪽 방향으로 정렬하여 출력한다.

아래는 cat 명령어의 파일 출력 내용이다.

```
# cat buksan
북산고 농구부
1. 강백호
2. 서태웅
3. 채치수
4. 정대만
5. 송태섭
```

아래와 같이 tac 명령어는 cat과 반대로 행을 기준으로 아래쪽에서 위쪽으로 파일을 출력한다.

```
$ tac buksan
5. 송태섭
4. 정대만
3. 채치수
2. 서태웅
1. 강백호
북산고 농구부
```

-b -s3 옵션은 3을 기준으로 3의 아래쪽 목록을 우선 출력한 후 나머지를 순서대로 출력
한다.

```
$ tac -b -s3 buksan
3. 채치수
4. 정대만
5. 송태섭
북산고 농구부
1. 강백호
2. 서태웅
```

❶ 관련 명령어

cat : 파일을 위쪽에서부터 아래쪽으로 목록을 출력한다.

head : 파일의 첫 행부터 10행까지를 출력한다.

tail : 파일의 마지막 행을 기준으로 위쪽으로 10행을 출력한다.

rev : 각 행마다 좌우를 뒤집어 행의 내용을 출력한다.

<table>
<tr><td>명령어</td><td colspan="3">tail</td><td>OS</td><td>L=U</td></tr>
<tr><td>키워드</td><td>마지막 파일 내용 출력</td><td>경로</td><td>/usr/bin/tail</td><td>중요도</td><td>☆☆</td></tr>
<tr><td>요약</td><td colspan="5">파일의 마지막 행을 기준으로 지정 행까지 출력한다</td></tr>
</table>

❶ 이렇게 써요

```
tail [옵션] 파일
```

-c, --bytes=N : 마지막 바이트(N)만큼 내용을 출력한다.

-f, --follow : tail을 종료하지 않고 파일의 업데이트 내용을 실시간으로 출력한다.

-n, --lines=N : 파일의 마지막 행부터 N번째까지 출력한다.

-q, --quiet, --silent : 파일명을 출력하지 않는다.

-v, --verbose: 출력 전에 파일 이름을 출력한다.

--help : 사용법을 출력한다.

--version : 버전 정보를 출력한다.

❶ 설명 및 예제

tail 명령어는 문서의 마지막 행부터 지정한 행까지의 파일 내용을 출력한다. 기본값으로 파일의 마지막 10행을 출력한다. 참고로 head 명령어는 파일의 앞 부분을 출력한다. 파일의 내용을 출력하는 cat, more. less 등과 달리 tail은 최근 기록된 로그 파일과 같이 마지막 행을 보고 싶을 때 유용하다.

tail 명령어로 /var/log/message 파일을 살펴보자. 아래와 같이 nl 명령어는 행의 수를 출력한다.

```
$ tail /var/log/messages |nl
     1  Jul  3 17:05:36 ubuntu kernel: [40043.527034]  [<c02f5d2d>] ?
security_inode_permission+0x1d/0x30
     2  Jul  3 17:05:36 ubuntu kernel: [40043.527040]  [<c02116de>] ? inode_
permission+0x9e/0xb0
     3  Jul  3 17:05:36 ubuntu kernel: [40043.527044]  [<c0206a8d>]
nameidata_to_filp+0x5d/0x70
     4  Jul  3 17:05:36 ubuntu kernel: [40043.527049]  [<c02331d0>] ? blkdev_
open+0x0/0xb0
     5  Jul  3 17:05:36 ubuntu kernel: [40043.527052]  [<c02150a2>] do_filp_
open+0x4d2/0x990
     6  Jul  3 17:05:36 ubuntu kernel: [40043.527057]  [<c0206545>] do_sys_
open+0x55/0x160
     7  Jul  3 17:05:36 ubuntu kernel: [40043.527068]  [<c0171926>] ? do_
gettimeofday+0x16/0x40
```

-5 옵션은 마지막 행부터 위쪽으로 5줄을 출력한다.

```
$ tail -5 messages |nl
     1  Jul  3 17:05:36 ubuntu kernel: [40043.527057]  [<c0206545>] do_sys_
open+0x55/0x160
     2  Jul  3 17:05:36 ubuntu kernel: [40043.527068]  [<c0171926>] ? do_
gettimeofday+0x16/0x40
     3  Jul  3 17:05:36 ubuntu kernel: [40043.527073]  [<c02066be>] sys_
open+0x2e/0x40
     4  Jul  3 17:05:36 ubuntu kernel: [40043.527080]  [<c01033ec>] syscall_
call+0x7/0xb
     5  Jul  4 07:58:30 ubuntu rsyslogd: [origin software = "rsyslogd"
swVersion = "4.2.0" x-pid = "674" x-info = "http://www.rsyslog.com"]
rsyslogd was HUPed, type 'lightweight'.
```

wc 명령으로 확인한 결과 messages 로그의 행은 13,380개다.

```
$ wc /var/log/messages
  13380   179552 1296267 /var/log/messages.1
```

+N 옵션은 지정한 행부터 마지막 행까지 출력한다. 아래 예제는 13,000 행부터 마지막
행까지의 내용을 출력한다.

```
$ tail +13000 /var/log/messages
```

-f 옵션은 파일에 추가되는 내용을 업데이트하며 출력한다.

아래와 같이 -f 옵션은 /var/log/messages 로그 파일과 같이 커널 로그를 계속해서 감
시할 때 유용하다.

```
# tail -f /var/log/messages
```

❶ 관련 명령어

cat : 파일의 첫 행부터 아래쪽 방향으로 출력한다.
tac : 파일의 마지막 행부터 위쪽 방향으로 역순으로 출력한다.
head : 파일의 첫 행부터 지정한 행만큼 출력한다.

<table>
<tr><td>명령어</td><td colspan="4">tailf</td><td>OS</td><td>L</td></tr>
<tr><td>키워드</td><td>로그 보기</td><td>경로</td><td>/bin/tailf</td><td></td><td>중요도</td><td>☆☆</td></tr>
<tr><td>요약</td><td colspan="6">파일이 생성되는 기록을 출력한다</td></tr>
</table>

❶ 이렇게 써요

```
tailf [옵션] 파일
```

-n, --lines=N, -N : 지정한 라인수(N)만큼 출력한다.

❶ 설명 및 예제

tailf 명령어는 **tail -f**와 비슷한 기능으로 파일의 마지막 10행을 출력하고 종료 시그널이 있을 때까지 대기한다. 다만 파일의 접근 시간을 업데이트하지 않아, 로그가 추가적으로 기록되지 않을 때는 파일 시스템을 체크하지 않는다. 로그 기록이 빈번하지 않기 때문에 저성능 노트북의 시스템 로그 파일을 모니터링할 때나 배터리 수명을 아끼려고 하드디스크의 스핀다운을 원할 때에 매우 유용하다.

아래는 -n 3옵션으로 /var/log/messages의 로그 기록을 계속해서 모니터링하고 있다. 만일 /var/log/messages 로그 기록이 생기면 "tail -f"와 같이 메시지를 출력한다.

```
$ tailf -n 3 /var/log/messages
Mar 31 18:58:30 user-laptop kernel: Inspecting /boot/System.map-2.6.31-
20-generic-pae
Mar 31 18:58:30 user-laptop kernel: Cannot find map file
Mar 31 18:58:31 user-laptop kernel: Loaded 95183 symbols from 74 modules
```

❶ 관련 명령어

tail : 파일의 마지막 행을 기준으로 지정 행까지 출력한다.
less : 파일 내용을 페이지 단위로 출력한다.

명령어	**talk**			OS	**L** = **U**
키워드	1대 1 대화	경로	/usr/bin/talk	중요도	☆
요약	터미널로 접속한 사용자와 대화하는 명령어				

❶ 이렇게 써요

```
talk [사용재D] [tty 이름]
```

> 사용자 ID : 접속할 사용자를 지정한다.
> tty 이름 : 같은 사용자이라면 tty를 지정한다. tty** 또는 pts/X로 지정한다.
> 현재 시스템에 접속 중인 사용자는 **finger** 명령으로 확인한다.

❶ 설명 및 예제

talk 명령어는 터미널에서 사용하는 채팅 프로그램이다. 하나의 시스템에 로그인한 사용자는 물론 네트워크로 연결되어 있는 시스템의 사용자와도 대화할 수 있다. 단 talk 위해서는 대화 상대방의 시스템에 talk 데몬이 동작하고 있어야 한다.

talk로 동일한 시스템의 접속한 상대방과 연결 시도하려면 **talk [사용자 ID]**를 사용하자. 만일 동일한 ID의 다른 터미널의 사용자와 연결하려면 아래와 같이 tty의 이름을 추가적으로 붙여준다. 대화 대상인 상대방의 터미널을 지정하면 아래와 같은 메시지와 함께 응답을 기다리게 된다.

```
$ talk hanbit pts/2
[Waiting for your party to respond]
```

상대방의 터미널 창에 아래의 메시지가 뜨면서 대화를 요청하고 있다는 것을 알려준다. 상대방도 위에서 설명한 것과 동일하게 사용자에게 연결해야 한다.

```
Message from Talk_Daemon@localhost.localdomain at 0:24 ...
talk: connection requested by hanbit@localhost.localdomain.
talk: respond with: talk hanbit@localhost.localdomain
$ talk hanbit
```

서로 talk로 연결되면 창을 위 아래로 분할하여 위쪽 창에는 사용자가 입력하는 내용을 아래 창에는 상대방이 입력하는 내용을 출력한다.

예를 들어 네트워크로 연결된 또 다른 시스템인 command.hanbitbook.co.kr의 songsari라는 상대방과 talk하려면 아래와 같이 접속할 수 있다.

```
# talk hanbit@command.hanbitbook.co.kr
```

여기서 잠깐

ntalk

talk를 사용하려면 talk 서버가 활성화되어 있어야 한다. talk는 Sun(2010년 현재 오라클이 인수함)의 OS에서 사용되던 것으로 현재 시스템에는 거의 ntalk$^{New\ Talk}$가 설치되어 있다. 예를 들어 ntalk은 레드햇 리눅스에서 xinitd 데몬에 포함되어 있다(xinitd 데몬 설정 참고). 참고로 talk는 포트 517을 사용하고 ntalk는 포트 518을 사용하여 서로 호환하지 않는다.

IRC

Internet Relay Chat의 약어이다. 일종의 채팅 시스템으로 클라이언트/서버 구조의 소프트웨어이다. IRC 사용자는 채팅 그룹(또는 채널이라고도 부른다)을 새로 만들거나, 아니면 기존의 채팅 그룹에 합류할 수 있다. 기존의 채팅 그룹과 그 안에 있는 구성원을 찾아보는 프로토콜도 있다. 네트워크의 종류에 따라서 자신을 칭하는 별명을 등록하여 대화 중에 사용할 수 있다. 몇몇 채널들은 항상 별명을 등록하도록 유도하며 개인 프로필이나, 사진 및 개인 홈페이지를 링크하는 공간을 제공하는 곳도 있다. IRC 프로토콜은 TCP를 사용하며, 대개 6667번 포트를 사용한다. IRC에서 다른 리눅서들을 만나고 싶다면 xchat 등의 irc 프로그램으로 irc.hanirc.org로 접속하여 #linux나 #kldp 등의 채팅 그룹에 들어가 보자.

명령어	**tar**			OS	**L=U**
키워드	파일 묶기	경로	/bin/tar	중요도	☆☆☆
요약	여러 파일을 묶거나 해제한다				

❶ 이렇게 써요

tailf [옵션] 파일명1 파일명2

파일명1 : 결과 파일명을 지정한다.

파일명2 : 압축이나 묶음으로 만들 대상 파일을 지정한다.

-A, --catenate : 아카이브에 tar 파일을 추가한다.

-c, --create : 새로운 아카이브 파일을 만든다.

-C, --directory DIR : 대상 디렉터리(DIR)를 지정한다.

-d, --diff, --compare : 아카이브와 파일 시스템의 차이를 비교한다.

-f, --file=ARCHIVE : 아카이브 이름(ARCHIVE)을 지정한다.

-j -I --bzip : bzip2를 이용해 압축한다.

-M, --multi-volume : 멀티 볼륨 아카이브를 생성, 해제, 출력한다.

-r, --append : 아카이브의 끝에 파일을 추가한다.

-t, --list : 아카이브 목록을 출력한다.

-u, --update : 아카이브의 목록 중 기존의 파일에서 업데이트된 파일만 추가한다.

-v, --verbose : 상세한 정보를 출력한다.

-w, --interactive : 모든 행동에 사용자의 확인을 요구한다.

-x, --extract, --get : 아카이브에서 파일을 푼다.

-z --gzip, --ungzip : gzip으로 압축한다. ungzip으로 압축을 해제한다.

--help : 도움말을 출력한다.

--version : 버전 정보를 출력한다.

❶ 설명 및 예제

tar 명령어는 다수의 파일이나 디렉터리를 하나의 파일로 묶는다. 특히 백업의 목적으로 시스템의 파일을 하나의 파일로 묶을 때 유용하다. gzip이나 bzip2과 같은 파일 압축 명령어와 함께 쓰면 파일 아카이브를 생성하면서 압축까지 같이 병행할 수 있다.

아래와 같이 디렉터리에 파일이 있다고 가정하자.

```
$ pwd
/home/user/sources.pkgs/myproject
$ ls
AUTHORS    Makefile.am  acinclude.m4  config.sub    grub        nohup.out
BUGS       Makefile.in  aclocal.m4    configure     install-sh  result
COPYING    NEWS         compile       configure.ac  lib         stage1
```

```
ChangeLog   README        config.guess  debian      missing         stage2
INSTALL     THANKS        config.h.in   depcomp     mkinstalldirs util
MAINTENANCE TODO          config.lo     docs        netboot
```

파일묶기

myproject 디렉터리를 backup.tar 파일로 묶어보자. tar 명령어는 -cf 옵션을 주로
사용한다. -c 는 tar 아카이브를 생성하고 -f 옵션은 아카이브명을 지정한다.

```
$ tar -cf backup.tar myproject/
$ ls -alh
total 4.5M
drwxr-xr-x  3 user user 4.0K Jul  4 10:05 .
drwxr-xr-x 28 user user 4.0K Jul  4 10:04 ..
-rw-r--r--  1 user user 4.5M Jul  4 10:05 backup.tar
drwxr-xr-x 10 user user 4.0K Jul  3 17:37 myproject
```

파일 보기

-tvf 옵션은 tar로 묶인 아카이브를 실제로 풀지는 않고 파일의 내용만 출력한다.

```
$ tar -tvf backup.tar |more
drwxr-xr-x user/user         0 2010-07-03 17:37 myproject/
drwxr-xr-x user/user         0 2005-05-07 20:00 myproject/grub/
-rw-r--r-- user/user       605 2005-02-02 12:38 myproject/grub/Makefile.am
-rw-r--r-- user/user      6858 2003-07-09 04:45 myproject/grub/main.c
-rw-r--r-- user/user     14392 2005-05-07 19:42 myproject/grub/Makefile.in
```

묶음 풀기

-xf 옵션은 backup.tar 파일의 아카이브를 해제하고, -v 옵션은 명령이 실행되는 과정
을 상세히 출력한다.

```
$ tar -xf backup.tar
```

묶음 압축하기

-cf 옵션에 z 옵션을 추가하면 아카이브를 하는 동시에 gzip으로 압축할 수 있다. 파일
명은 tar 파일과의 구별을 위해 tar.gz나 tgz를 확장자로 사용한다. -v 옵션은 실행 과정
을 상세하게 출력한다.

```
$ ls -alh
total 1.2M
drwxr-xr-x  3 user user 4.0K Jul  4 10:14 .
drwxr-xr-x 28 user user 4.0K Jul  4 10:04 ..
-rw-r--r--  1 user user 1.1M Jul  4 10:14 backup.tar.gz
drwxr-xr-x 10 user user 4.0K Jul  3 17:37 myproject
```

위에서 압축한 파일은 -xzf 옵션으로 압축을 해제할 수 있다. **tar -xzf** 명령은 **gzip -d**와
tar -xf 명령어 조합과 같다.

```
$ tar -xzf backup.tar.gz
```

-u 옵션은 기존 아카이브 파일에 변경된 파일만 추가할 수 있다. 아래는 backup.tar 아
카이브 파일에 새롭게 add_directory_test 디렉터리를 추가한다.

```
$ mkdir myproject/add_directory_test
$ tar -uvf backup.tar.gz myproject/add_directory_test/
```

아래는 시스템을 백업할 경우 자주 사용하는 옵션 조합이다.

```
# tar cvpif backup.tar.gz -exclude=backup.tar.gz \
-exclude=/proc -exclude=/mnt -exclude=/media --exclude=/sys
```

-C 옵션은 아카이브를 해제할 대상 디렉터리를 지정할 수 있다.

```
# tar xvf foo.tar -C /usr/local/foo
```

아래는 아카이브를 해제했다가 해제한 파일들을 삭제할 때 유용하다.

```
# rm -f 'tar -tvf foo.tar | awk {'print $6'}'
```

혹은

```
# tar tzf foo.tar | xargs rm -f
```

<table>
<tr><td>명령어</td><td colspan="3">taskset</td><td>OS</td><td>Ⓛ</td></tr>
<tr><td>키워드</td><td>CPU 선호도 설정</td><td>경로</td><td>/usr/bin/taskset</td><td>중요도</td><td>☆☆</td></tr>
<tr><td>요약</td><td colspan="5">프로세스의 CPU 선호도를 지정하거나 출력한다</td></tr>
</table>

❶ 이렇게 써요

```
taskset [옵션] mask 명령어 [인자]...
taskset [옵션] -p [mask] pid

mask는 프로세스가 사용할 CPU 값을 나타내며 16진수로 표현한다.
  0x00000001은 프로세서 #0
  0x00000003은 프로세서 #0 과 #1
  0xFFFFFFFF은 모든 프로세서(#0 부터 #31)
```

-p, --pid : 기존에 있는 PID로 동작하고 새로운 테스크를 생성하지 않는다.
-c, --cpu-list : 비트 마스트 대신 숫자 형식의 프로세서를 지정한다. 이 목록은 쉼표(,)로 구분하고, 범위(-)을 지정할 수 있다(예, 0,5,7,9-11).
-h, --help : 사용법을 출력한다.
-V, --version : 버전 정보를 출력한다.

❶ 설명 및 예제

taskset명령어는 프로세스가 점유하고 있는 CPU 프로세서 ID를 확인하거나 기존의 프로세서 ID에서 새로운 프로세서 ID로 할당하여 선호도affinity를 변경할 수 있다.

아래는 sshd 데몬을 CPU의 세 번째 프로세서에 할당하는 예제이다.

```
$ taskset 0/usr/sbin/sshd
```

-p 옵션은 기존에 점유하고 있는 CPU선호도를 출력한다.

```
$ taskset -p 700
```

-c 옵션은 프로세스의 테스크를 프로세서 ID별로 분할하여 지정할 수 있다. 아래 명령어는 프로세스 ID 700을 0, 2, 7,8,9,10,11번 프로세서에 할당한다.

```
$ taskset -pc 0,2,7-11 70
```

<table>
<tr><td>명령어</td><td>tcpdump</td><td>OS</td><td>L</td></tr>
<tr><td>키워드</td><td>네트워크 패킷 출력</td><td>경로</td><td>/usr/sbin/tcpdump</td><td>중요도</td><td>☆☆</td></tr>
<tr><td>요약</td><td colspan="5">네트워크 패킷의 내용을 출력한다</td></tr>
</table>

❶ 이렇게 써요

```
tcpdump [-aAdDefIKILnNOpqRStuUvxX] [ -B size ] [ -c count ] [ -C file_size ]
        [ -E algo:secret ] [ -F file ] [ -G seconds ] [ -i interface ] [ -M secret ] [ -r file ]
        [ -s snaplen ] [ -T type ] [ -w file ] [ -W filecount ] [ -y datalinktype ]
        [ -z command ] [ -Z user ] [expression]
```

-A : 각 패킷을 아스키 형식으로 출력한다.

-B size : OS의 캡쳐 버퍼 크기(size)를 지정한다.

-c count : 수신할 패킷 수(count)를 지정한다.

-d : 읽기 쉬운 형식으로 일치하는 패킷의 덤프를 출력한다

-dd : C 프로그램 프레그먼트로서 일치하는 패킷을 덤프한다.

-ddd : 일차하는 패킷을 10진수 형식으로 출력한다.

-e : 각 덤프의 행에 링크의 레벨 헤더를 출력한다.

-f : 숫자 형식의 IPv4 주소를 출력한다.

-F file : 필터 표현식의 파일(file)을 지정한다.

-i interface : 네트워크 인터페이스를 지정한다.

-I : 인터페이스를 모니터 모드로 설정한다.

-n : 주소(호스트 주소, 포트 넘버)를 이름으로 변경하지 않는다.

-N : 호스트의 도메인명을 출력하지 않는다(예를 들어 'nic.ddn.mil' 중 nic만 출력한다).

-O : 일치하는 패킷 코드의 옵티마이저를 실행하지 않는다. 이 옵션은 옵티마이저의 버그를 찾을 때 쓴다.

-p : 인터페이스를 무차별 모드로 설정하지 않는다.

-q : 퀵 모드로 출력한다. 출력 정보가 적다.

-r file : 지정한 파일(file)에서 패킷을 읽는다(지정하는 파일은 -w 옵션으로 생성된다).

-s snaplen : 패킷의 데이터 길이(snaplen)를 지정한다. 기본값은 68바이트이다.

-T type : 지정한 형식으로 패킷들을 출력한다.

-t : 각 덤프에 타임스탬프를 출력하지 않는다.

-tt : 각 덤프에 형식이 없는 타임스탬프를 출력한다.

-ttt : 각 덤프 행에 현재와 이전 라인사이의 델타(마이크로 초)를 출력한다.

-tttt : 각 덤프 행에 날짜 기본 형식으로 타임스탬프를 출력한다.

-ttttt : 각 덤프 행에 현재와 첫 번째 행사이에 델타(마이크로 초)를 출력한다.

-v : 상세한 정보를 출력한다.

-vv : -v 옵션보다 상세한 정보를 출력한다. NFS reply 패킷과 SMB 패킷을 모두 디코딩한다.

-vvv : -vv 옵션보다 상세한 정보를 출력한다.

-w file : 출력한 패킷을 저장할 파일(file)을 지정한다.

-x : 각각의 패킷을 헥사 코드로 출력한다.

-X : 헥사 코드와 아스키 형태를 모두 출력한다.

[표현식]

아래는 지정할 수 있는 표현식이다.

방향 : src, dst, src 혹시 dst , src와 dst
프로토콜 : ether, fddi, tr, wlan, ip, lp6, arp, rarp, decnet, tcp, udp
형식 : host, net, port

❶ 설명 및 예제

tcpdump 명령어는 네트워크 인터페이스를 통과하는 패킷들의 정보를 확인할 수 있다.
아래는 지정한 80 포트를 사용하는 패킷 정보를 출력한다.

```
# tcpdump port 80
tcpdump: verbose output suppressed, use -v or -vv for full protocol
decode
listening on eth0, link-type EN10MB (Ethernet), capture size 96 bytes
16:59:42.626782 IP 192.168.180.108.45400 > hx-in-f100.1e100.net.www: Flags
[S], seq 3290744799, win 5840, options [mss 1460,sackOK,TS val 7574152 ecr
0,nop,wscale 6], length 0
16:59:42.667358 IP hx-in-f100.1e100.net.www > 192.168.180.108.45400: Flags
[S.], seq 3199123373, ack 3290744800, win 5672, options [mss 1430,sackOK,TS
val 1104140437 ecr 7574152,nop,wscale 6], length 0
```

eth0 네트워크 인터페이스의 80번 포트의 패킷 정보를 tcpdump.test 파일에 저장할
수 있다.

```
# tcpdump -i eth0 -w tcpdump.test  port 80
tcpdump: listening on eth0, link-type EN10MB (Ethernet), capture size 96
bytes
^C20 packets captured
20 packets received by filter
0 packets dropped by kernel
# cat tcpdump.test
```

명령어	**tee**			OS	**L**=**U**
키워드	출력 분리	경로	/usr/bin/tee	중요도	☆☆
요약	입력한 내용을 화면에 출력하는 동시에 파일에 저장한다				

❶ 이렇게 써요

```
tee [옵션] 파일
```

파일 : 저장할 파일명
-a, --append : 기존의 파일에 덮어 쓰지 않고 추가한다.
-i, --ignore-interrupts : 인터럽트 시그널을 무시한다.
--version : 버전 정보를 출력한다.
--help : 도움말을 출력한다.

❶ 설명 및 예제

tee 명령어는 입력한 내용을 출력하는 동시에 파일에 추가할 수 있다. tee 명령어는 이미 해당 파일이 존재하면 덮어 쓴다. -a 옵션은 기존 파일에 입력한 내용을 추가한다. 이는 파이프를 통해 화면에 출력하거나 파일에 저장하지만, 출력하는 내용에는 아무 영향이 없다.

아래 예제는 maillist 파일의 내용을 sort 명령어로 정렬하고 tee를 통해 출력하는 동시에 maillist_sort 파일에 저장한다.

```
# cat maillist
pirania@empal.com
cyc-x-1@hanmail.net
moolli@dreamwiz.com
# cat maillist | sort | tee maillist_sort
cyc-x-1@hanmail.net
moolli@dreamwiz.com
pirania@empal.com
```

<table>
<tr><td>명령어</td><td colspan="4">telinit</td><td>OS</td><td>L=U</td></tr>
<tr><td>키워드</td><td>프로세스 제어</td><td>경로</td><td colspan="2">/sbin/telinit</td><td>중요도</td><td>☆☆</td></tr>
<tr><td>요약</td><td colspan="6">특정 레벨의 시스템으로 설정한다</td></tr>
</table>

❶ 이렇게 써요

```
telinit runlevel
```

❶ 설명 및 예제

telinit 명령어는 현재 레벨의 모든 프로세스를 종료하고 지정한 레벨의 프로세스를 시작한다. /etc/inittab 파일의 설정에 따라 레벨을 수행한다.

레드햇 배포판 기준으로 X윈도우는 런레벨 5로 되어있다. 만일, 텍스트 모드인 런레벨 3으로 시스템을 변경하려면 아래와 같이 telinit 명령을 사용하자.

```
# telinit 3
```

아래와 같이 telinit 명령으로 runlevel 6를 지정하면 시스템을 종료할 수 있다.

```
# telinit 6
```

여기서 잠깐

알파

알파^{Alpha}는 DEC^{Digital Equipment Corporation}에서 개발한 마이크로 프로세서와 컴퓨터 시스템의 이름 모두를 가리키는 용어이다(DEC은 컴팩에 흡수 통합되었다). 알파 프로세서는 DEC의 주된 컴퓨터인 VAX보다 새롭고 더욱 향상된 아키텍처를 사용한다. 알파는 RISC 아키텍처 기반의 프로세서이며, 한 번에 64비트를 처리한다. DEC은 더욱 향상된 성능을 위해 자사의 고유 기술을 RISC 아키텍처에 추가하였다. 보통 사용하는 인텔 호환의 마이크로 프로세서와는 다른 점이 많다.

<table>
<tr><td>명령어</td><td>telnet</td><td>OS</td><td>L=U</td></tr>
<tr><td>키워드</td><td>원격접속</td><td>경로</td><td>/usr/bin/telnet</td><td>중요도</td><td>☆☆☆</td></tr>
<tr><td>요약</td><td colspan="5">원격으로 호스트에 접속을 위한 명령어</td></tr>
</table>

❶ 이렇게 써요

```
telnet [옵션] [호스트 [포트] ]
```

> 호스트 : 접속할 호스트로 인터넷 주소형식으로 사용한다.
>
> 포트 : 접속에 사용할 호스트의 포트를 지정한다. 초기값은 23번을 사용한다.
>
> -l 사용자 ID : 텔넷서버 시스템에 접속할 사용자 ID을 지정한다.
>
> -a : 현재 사용자를 ID로 사용하여 접속한다.

❶ 설명 및 예제

telnet 명령어는 원격 터미널 서버에 접속하기 위한 클라이언트 명령어로 TCP/IP 기반의 프로토콜이다. 아래와 같이 telnet은 접속할 서버의 IP 혹은 도메인을 지정한다.

```
$ telnet 192.168.1.1
Trying 192.168.1.1...
Connected to 192.168.1.1.
Escape character is '^]'.
login:
```

> **TIP**
> 텔넷 서비스를 위한 서버를 구축한다면 보안상 ssh 서비스를 권장한다.

아래와 같이 사용자 ID를 지정하면 해당 ID의 패스워드를 요구한다. 참고로 -a 옵션은 현재 로그인한 사용자의 ID로 접속한다.

```
$ telnet -l hanbit 192.168.1.1
```

아래와 같이 텔넷 접속을 위한 서버의 포트를 지정할 수 있다. 텔넷은 일반적으로 23번 포트를 사용한다.

```
$ telnet 192.168.1.1 5050
Trying 192.168.1.1...
Connected to 192.168.1.1.
Escape character is '^]'.
login:
```

telnet 명령어는 직접 서버의 서비스 포트로 연결하여 외부에 열려 있는 포트의 정보를 구별할 수 있다. google.co.kr 호스트가 80 포트로 웹 서비스 중일 때 **telnet google.**

co.kr 80 명령은 아래와 같이 "Connected to"의 메시지로 서비스 포트를 구별할 수 있다.

```
$ telnet google.co.kr 80
Trying 74.125.19.103...
Connected to google.co.kr.
Escape character is '^]'.
```

아래와 같이 21 포트로 연결을 시도해 보았다. "Connection refused" 메시지로 21번 포트가 외부로 서비스되지 않음을 알 수 있다.

```
$ telnet 192.168.1.1 21
Trying 192.168.1.1...
telnet: Unable to connect to remote host: Connection refused
```

아래와 같이 telnet만 실행하면 telnet〉 명령행에 진입할 수 있다. help 명령으로 사용할 수 있는 명령어를 살펴보자.

```
$ telnet
telnet>
```

telnet 명령어

텔넷 연결 중에 Ctrl +] 단축키는 명령 모드로 진입한다.

명령어	설명
logout	사용자가 로그 아웃하며 접속을 해제한다.
display	인수를 출력한다.
mode	문장이나 문자의 모드를 변경한다. **mode ?**는 사용법을 출력한다.
open	지정한 호스트나 IP로 연결한다.
quit	텔넷을 종료한다.
send	특수문자를 보낸다. **send ?**는 사용법을 출력한다.
set	인수를 설정한다. **set ?**는 사용법을 출력한다.
unset	인수 설정을 해제한다. **unset ?**는 사용법을 출력한다.
status	텔넷의 현재 상태를 출력한다.
toggle	인수를 고정한다. **toggle ?**는 사용법을 출력한다.

slc	특수문자의 상태를 변경한다. **slc ?**는 사용법을 출력한다.
z	텔넷을 중지한다.
!	셸의 명령어를 사용할 수 있다.
environ	환경 변수를 변경한다. **environ ?**는 사용법을 출력한다.
?	사용법을 출력한다.

여기서 잠깐

MeeGo

MeeGo는 인텔이 이끌고 있는 Moblin 프로젝트와 노키아에서 이끌고 있는 Maemo 프로젝트를 합친 오픈 리눅스 플랫폼이다. MeeGo는 현재 넷북과 데스크톱, 핸드 컴퓨팅과 통신 디바이스, 차량용 정보 디바이스, 인터넷 TV 그리고 미디어 폰 등에 대상을 두고 있다. 2010년 10월 28일 http://meego.com를 통해 MeeGo 1.1을 디바이스 벤더와 개발자에게 릴리즈했으며, 인텔 아톰과 ARMv7 아키텍쳐 기반의 다양한 디바이스 카테고리를 위한 소프트웨어를 개발 중이다.

<table>
<tr><td>명령어</td><td colspan="4">tftp</td><td>OS</td><td>L=U</td></tr>
<tr><td>키워드</td><td colspan="2">tftp 서버 클라이언트</td><td>경로</td><td>/usr/bin/tftp</td><td>중요도</td><td>☆☆</td></tr>
<tr><td>요약</td><td colspan="5">tftp 서버 서비스 클라이언트</td></tr>
</table>

❶ 이렇게 써요

```
tftp [호스트]
```

❶ 설명 및 예제

tftp 명령어는 TFTP[Trivial File Transfer Protocol] 서비스로 연결하는 클라이언트로 FTP보다 간단한 기능을 제공한다. 사용자 인증이 필요 없으며 디렉터리 구조를 출력하지 않는다.

tftp 클라이언트를 사용하는 방법은 ftp와 같다. 아래와 같이 원격의 호스트에 접속하려면 서버의 IP나 도메인명을 지정한다.

```
$ tftp 192.168.1.1
```

아래는 tftp〉 명령행에서 사용할 수 있는 명령어이다.

명령어	설명
?	사용법을 출력한다.
acsii	mode ascii와 동일하며 아스키 모드로 변경한다. 기본값이다.
binary	mode binary와 동일하며 바이너리 모드로 변경한다.
status	현재 tftp의 상태를 출력한다.
verbose	tftp 상황을 자세히 출력한다.
mode	전송 모드(ASCII 나 binary 모드)로 설정한다.
connect 호스트 [포트]	지정한 호스트와 포트로 접속을 시도한다.
mget 원격파일명	접속한 호스트의 파일을 로컬 시스템에 다운로드한다. 한 번에 여러 파일을 지정하여 다운로드할 수 있다.
get 원격파일명 로컬파일명	접속한 호스트의 파일을 지정한 로컬파일명으로 다운로드한다.
mput 로컬파일명 ... 원격 디렉터리	로컬의 파일을 원격접속 호스트의 디렉터리에 업로드한다. 한 번에 여러 파일을 지정하여 업로드할 수 있다.
put 로컬파일명 원격 파일명	로컬파일명을 원격접속 호스트에 지정한 원격파일명으로 업로드한다.
quit	tftp 접속을 끝낸다.

<table>
<tr><td>명령어</td><td colspan="4">time</td><td>OS</td><td>L=U</td></tr>
<tr><td>키워드</td><td>시스템 자원 요약</td><td>경로</td><td>/usr/bin/time</td><td></td><td>중요도</td><td>☆☆</td></tr>
<tr><td>요약</td><td colspan="6">사용 중인 시스템 자원 정보를 출력한다</td></tr>
</table>

❶ 이렇게 써요

```
time [ -apqvV ] [ -f FORMAT ] [ -o FILE ] [ --append ] [ --verbose ] [ --quiet ]
     [ --portability ] [ --format=FORMAT ] [ --output=FILE ] [ --version ] [ --help ]
COMMAND [ ARGS ]
```

-o, --output=FILE : 표준 에러를 저장할 파일(FILE)을 지정한다. 이전 파일이 있다면 덮어 쓴다.

-a, --append : -o 옵션과 같이 파일에 덮어 쓰지 않고 추가한다.

-f, --format FORMAT : 출력 형식(FORMAT)을 지정한다. 지정 가능한 형식은 아래 [포맷 형식]을 참조하자.

--help : 사용법을 출력한다.

-p, --portability : 아래의 [포맷 형식]으로 간략한 정보를 출력한다. real %e, user %U, sys %S 같이 출력할 내용을 아래 [포맷 형식]의 % 변환 기호 다음에 지정한다.

-v, --verbose : 상세한 정보를 출력한다.

--quiet : 메시지 정보를 출력하지 않는다.

-V, --version : 버전 정보을 출력한다.

[포맷 형식]

%	변환 기호
C	명령어의 이름과 명령어 행 인자
D	프로세스가 공유하지 않는 데이터 영역의 평균 크기(K바이트 단위)
E	경과된 실제 시간([시간:]분:초 단위)
F	프로세스 실행시 발생하는 중대한 페이지 오류 횟수. 주 메모리가 페이지를 읽는 도중 발생하는 오류.
I	프로세스에서 발생한 파일 시스템 입력의 수
K	프로세스의 전체(데이터+스택+텍스트) 메모리 사용량(KB 단위)
M	프로세스 실행 동안 최대 resident 셋 크기 (KB 단위)
O	프로세스에서 발생한 파일 시스템 출력의 수
P	이 작업이 사용한 CPU 퍼센트로 (%U + %S) / %E로 계산
R	중대하지 않는 혹은 복구할 수 있는 페이지 오류 횟수. 이 오류는 유효하지 않지만 아직까지 다른 가상 페이지에 의해 요구되지 않는 페이지 오류
S	커널 모드에서 프로세스가 사용한 CPU 초
U	사용자 모드에서 프로세스가 직접적으로 사용하는 CPU 초
W	메인 메모리에서 프로세스가 스왑된 수
X	프로세스에서 공유 텍스트의 평균 크기(K바이트 단위)
Z	시스템의 페이지 크기(바이트 단위). 이는 시스템 당 일정하여, 시스템들에 따라 다를 수 있다
c	비 자발적으로 프로세스가 컨텍스트 스위칭된 수(타임 슬라이스가 만료되었기 때문)
e	경과된 실제 시간(초 단위)
k	프로세스로 보낸 시그널의 수
p	프로세스가 공유하지 않는 스택의 평균 크기(KB 단위)

r	프로세스가 받은 소켓 메세지 수
s	프로세스가 보낸 소켓 메세지 수
t	프로세스의 평균 resident 셋 크기(KB 단위)
w	프로그램이 자발적으로 컨텍스트 스위칭된 수(I/O 경쟁이 완료되기를 기다리는 동안 발생한다)
x	명령어 상태를 빠져나온다.

❶ 설명 및 예제

time 명령어는 특정 프로그램이나 명령어를 인자로 실행한다. 명령어가 종료될 때 실행된 인자의 통계 정보를 지정한 형식으로 출력한다. 포맷 형식을 지정하지 않으면 real, user, sys 정보를 출력한다.

아래는 ls가 /dev 디렉터리를 찾을 동안 소모한 시간을 출력한다.

```
# time ls /dev
----------------------------------- 중 략 -----------------------------------
real    0m0.005s
user    0m0.004s
sys     0m0.000s
```

위와 같이 time은 명령어를 실행한 동안 사용한 시스템의 정보를 확인할 때 유용하다.

❶ 관련 명령어

printf : 데이터를 형식화하여 출력한다.

<table>
<tr><td>명령어</td><td colspan="3">tload</td><td>OS</td><td>L</td></tr>
<tr><td>키워드</td><td>사용 자원 그래픽 표현</td><td>경로</td><td>/usr/bin/tload</td><td>중요도</td><td>☆☆</td></tr>
<tr><td>요약</td><td colspan="5">사용 중인 자원을 평균하여 그래픽으로 출력한다</td></tr>
</table>

❶ 이렇게 써요

```
tload [-V] [-s scale] [ -d delay ] [tty]
```

-s scale : 수직 간격의 스케일을 지정한다.

-d delay : 그래픽이 업데이트되는 시간(delay 초)을 지정한다.

❶ 설명 및 예제

tload 명령어는 top 명령어와 같이 시스템의 평균 부하의 정보를 tty에 별(*) 모양의 그래픽으로 출력한다.

❶ 관련 명령어

ps : 프로세스의 현재 상태를 출력한다.

top : 시스템 프로세스/메모리 사용 현황을 실시간으로 출력한다.

uptime : 시스템의 가동 시간과 평균 부하를 출력한다.

w : 로그인한 사용자의 정보를 출력한다.

<table>
<tr><td>명령어</td><td colspan="4">top</td><td>OS</td><td>L</td></tr>
<tr><td>키워드</td><td>프로세스 상황</td><td>경로</td><td>/usr/bin/top</td><td></td><td>중요도</td><td>☆ ☆ ☆</td></tr>
<tr><td>요약</td><td colspan="6">시스템 프로세스/메모리 사용 현황을 실시간으로 출력한다</td></tr>
</table>

❶ 이렇게 써요

```
top [옵션]
```

-b : 배치모드로 정보를 출력한다. 실시간 상화 대화형모드로 정보를 화면에 일렬로 출력한다.

-d delay : 지정한 시간(delay 초)의 간격으로 정보를 업데이트하여 출력한다.

-i idle : 토글값이 off일 때, idle 프로세스나 좀비 프로세스 정보를 출력하지 않는다.

-n num : 지정한 시간(num)만큼 업데이트 정보를 출력한다.

-p pid : 지정한 프로세스 ID(pid)의 정보만을 출력한다.

-q : 시간의 간격 없이 계속하여 업데이트 정보를 출력한다.

-s : 몇 개의 대화식 명령을 비활성화한다(시큐어 모드).

-S : 누적된 정보를 출력한다(cumulative 모드).

❶ 설명 및 예제

top 명령어는 시스템의 프로세스/메모리 사용 상태를 5초의 간격으로 업데이트하여 출력한다. 화면에 출력되는 기본값은 현재시간, 시스템 업데이트(1) 시간, 시스템에 로그인한 사용자 수, 지난 1분, 지난 5분, 지난 15분간의 시스템 평균 부하를 출력한다. 이 목록 아래에 프로세스 정보, CPU 상태, 메모리와 스왑 상태를 출력한다. top 명령어를 실행한 후 초기 화면에서 h 키를 입력하면 사용할 수 있는 단축키 목록을 확인할 수 있다.

TIP

uptime은 시스템의 작동 시간을 뜻한다.

top 단축키 명령어

명령어	설명
space	정보를 업데이트한다.
^L	스크린을 다시 초기화한다.
F or f	필드를 추가나 제거한다. 아래 'top 항목에 대한 설명'을 참조한다. 확인하고자 하는 항목의 알파벳을 누를 때마다 선택/취소가 반복된다.
O or o	출력하는 필드의 정렬 순서를 변경한다. 아래 'top 항목에 대한 설명'을 참조하자. 대문자로 선택한 항목을 누르면 왼쪽으로 이동하고 소문자를 누르면 오른쪽으로 이동한다.
h or ?	사용 가능한 명령어를 출력한다.

k	프로세스를 종료시킨다.
n or #	출력할 프로세스의 수를 지정한다.
s	출력할 정보의 업데이트 시간을 지정한다.
W	~/.toprc에 설정된 내용을 저장한다.
q	top을 종료한다.

top 보기 수정 단축키

출력되는 메인 정보 창 중에 상단의 정보를 수정한다.

명령어	설명
S	cumulative 모드(실시간 정보를 누적 데이터로 보여 줌)를 선택/해제한다.
i	idle 프로세스 정보를 출력한다/해제한다.
I	Irix나 솔라리스 정보를 출력한다/해제한다.
c	명령행에서 실행한 명령어 자체로 출력한다/해제한다.
l	로드 평균 정보를 출력한다/해제한다.
m	메모리 정보를 출력한다/해제한다.
t	요약된 정보만을 출력한다/해제한다.

top 정렬 단축키

메인 창에서 실행하는 명령으로 현재 정보를 사용자의 요구대로 정렬한다.

명령어	설명
r	프로세스의 우선순위를 변경한다.
N	pid 정보를 기준으로 정렬한다.
A	age 정보를 기준으로 정렬한다.
P	CPU 사용량을 기준으로 정렬한다.
M	적재된 메모리 사용량을 기준으로 정렬한다
T	시간/누적시간을 기준으로 정렬한다.
u	지정한 사용자의 정보만을 출력한다.

아래는 실제로 top명령을 실행한 예제이다.

```
top - 11:02:19 up 1 day, 5:05, 3 users, load average: 0.24, 0.25, 0.13
Tasks: 162 total, 1 running, 159 sleeping, 2 stopped, 0 zombie
Cpu(s): 0.1%us, 0.3%sy, 0.0%ni, 99.5%id, 0.1%wa, 0.0%hi, 0.0%si, 0.0%st
Mem:   1026392k total,   980900k used,   45492k free,    90548k buffers
Swap:   916472k total,     448k used,  916024k free,   673156k cached


  PID USER    PR NI  VIRT  RES  SHR S  %CPU %MEM   TIME+  COMMAND
    1 root    20  0  2796 1648 1208 S    0   0.2  0:01.10  init
    2 root    20  0     0    0    0 S    0   0.0  0:00.02  kthreadd
    3 root    RT  0     0    0    0 S    0   0.0  0:00.73  migration/0
    4 root    20  0     0    0    0 S    0   0.0  0:00.00  ksoftirqd/0
    5 root    RT  0     0    0    0 S    0   0.0  0:00.00  watchdog/0
    6 root    RT  0     0    0    0 S    0   0.0  0:00.71  migration/1
    7 root    20  0     0    0    0 S    0   0.0  0:00.02  ksoftirqd/1
```

아래는 각각의 항목에 대한 설명이다.

top 항목에 대한 설명

필드의 구성을 변경할 때 출력되는 내용을 정리하였다.

부호	기호	명칭	설명
*(2)	A	PID	프로세스 ID
	B	PPID	부모 프로세스 ID
	C	UID	사용자 ID (User ID)
*	D	USER	사용자 이름
*	E	%CPU	CPU 사용량
*	F	%MEM	메모리 사용량
	G	TTY	사용중인 tty를 출력한다.
*	H	PRI	우선순위
*	I	NI	nice 우선순위 값
	J	PAGEIN	페이지 오류 수
	K	TSIZE	코드 크기(KB)
	L	DSIZE	데이터 + 스택 크기(KB)

	M	SIZE	가상 이미지 크기(KB)
*	M	SIZE	가상 이미지 크기(KB)
	N	TRS	현재 문자 크기(KB)
	O	SWAP	스왑 크기(KB)
*	P	SHARE	분할된 페이지(KB)
	Q	A	접근한 페이지 수(KB)
	R	WP	쓰기 보호된 페이지 수(KB)
	S	D	쓰레기 페이지
*	T	RSS	메모리에 상주하고 있는 현재 페이지의 크기
	U	WCHAN	유휴 상태로 있는 함수
*	V	STAT	프로세스 상태
*	W	TIME	CPU 시간
*	X	COMMAND	명령어
	Y	LC	마지막으로 사용한 CPU
	Z	FLAGS	테스크 플래그

<table>
<tr><td>명령어</td><td>touch</td><td>OS</td><td>L=U</td></tr>
<tr><td>키워드</td><td>빈 파일 만들기</td><td>경로</td><td>/bin/touch</td><td>중요도</td><td>☆☆☆</td></tr>
<tr><td>요약</td><td colspan="5">빈 파일을 생성하거나 기존 파일의 시간을 변경한다</td></tr>
</table>

❶ 이렇게 써요

```
touch [옵션] 파일명
```

-a : 접근 시간을 변경한다.

-c, --no-create : 지정한 파일을 생성하지 않는다.

-d, --date=STRING : 현재 시간 대신 지정한 시간(STRING)으로 변경한다.

-m : 파일의 변경 시간을 수정한다.

-r, --reference=FILE : 지정한 파일(FILE)의 시간으로 변경한다.

-t STAMP : 현재 시간 대신 지정한 시간으로 변경한다. [[cc]yy]mmddhhmm[.ss] 형식이다([cc]yy:년, mm:달, dd:일, hh:시, mm:분, ss:초).

--help : 사용법을 출력한다.

--version : 버전 정보를 출력한다.

❶ 설명 및 예제

touch 명령어는 최근에 파일에 접근한 시간과 최근에 파일을 변경한 시간(파일 내용이 변경된 시점)을 시스템의 현재 시간으로 변경한다. 만일 파일이 존재하지 않으면 0바이트 크기의 빈 파일을 생성한다.

아래는 foo.txt라는 새로운 파일을 생성한다.

```
$ touch foo.txt
$ ls -alh foo.txt
-rw-r--r-- 1 root root 0 May 29 18:47 foo.txt
```

-t 옵션은 지정한 파일의 생성 시간을 변경할 수 있다. 예제에서 파일의 날짜를 2010년 6월 6일 01시 01분으로 변경했다. 날짜 형식은 [CC]YYMMDDHHMM ([CC]YY: 년도 뒷자리, MM : 월, DD : 일 , HH : 시간 , MM : 분)의 형태로 지정한다.

```
$ touch -t 201006060101 foo.txt
```

위의 예제에서 연도가 2010년이면 10으로도 지정할 수 있다.

```
$ touch -t 1006060101 foo.txt
$ ls -alh foot.txt
-rw-r--r-- 1 user user 0 Jun  6 2010 foo.txt
```

명령어	**tr**			OS	L=U
키워드	문자 변환/삭제	경로	/usr/bin/tr	중요도	☆
요약	특정 문자를 삭제 혹은 변환한다				

❶ 이렇게 써요

tr [옵션] 문자열1 [문자열2]

-c, --complement : 문자열1을 아스키 값 001~337과 비교하여 보수 연산을 한다.

-d, --delete : 문자열1에서 지정한 문자를 삭제한 후 출력한다.

-s, --squeeze-repeats : 문자열2에서 반복되는 문자를 삭제한다.

-t, --truncate-set1 : 문자열1을 문자열2의 길이로 자른다.

--help : 사용법을 출력한다.

--version : 버전 정보를 출력한다.

❶ 설명 및 예제

tr 명령어는 문자를 변환하는 필터로 인용 부호나 [ ]를 사용하여 지정한 내용을 변경한다.
아래는 filename의 내용 중에 모든 대문자를 소문자로 변경한다.

```
$ cat smallletter
abcdefghijklmnopqrstuvwxyz 1234567890
$ tr "a-z" "A-Z" < smallletter
ABCDEFGHIJKLMNOPQRSTUVWXYZ 1234567890
```

-d 옵션은 지정한 문자열을 모두 삭제한다.

아래는 파일에 있는 모든 숫자들을 제외하고 출력한다.
```
$ tr -d "0-9" < smallletter
abcdefghijklmnopqrstuvwxyz
```

-s 옵션은 중복되는 문자를 정리한다.

아래는 -s 옵션에 " " 공백을 지정하여 연속하는 공백은 삭제하고 줄 바꿈 표시인
"₩012"로 변경한다(아스키코드 012는 줄 바꿈이다).

```
$ tr -s " " "\012" < test
abcdefghijklmnopqrstuvwxyz
1234567890
```

<table>
<tr><td>명령어</td><td>traceroute</td><td>OS</td><td>L=U</td></tr>
<tr><td>키워드</td><td>패킷 이동 경로</td><td>경로</td><td>/usr/sbin/traceroute</td><td>중요도</td><td>☆☆</td></tr>
<tr><td>요약</td><td>네트워크 경로를 출력한다</td></tr>
</table>

❶ 이렇게 써요

```
traceroute [옵션] 호스트명[패킷크기]
```

-m : 홉^{hop}을 지정한다(기본값은 30이고, 최대값 255까지 지정 가능)

-n : 주소 찾기를 비활성화할 수 있다.

-p : 시작 포트 번호를 지정한다.

-q : 패킷 수를 지정한다.

-v : 상세한 정보를 출력한다.

-w : 타임아웃 시간을 지정한다.

❶ 설명 및 예제

ping 명령어는 호스트가 네트워크에 연결되어 있는지 확인할 때 사용한다. 하지만 ping 은 서버가 ICMP 패킷을 무시하도록 설정되어 있을 때는 정확한 연결 테스트를 할 수 없다. traceroute 명령어는 패킷이 거쳐가는 경로를 추적하여 네트워크 연결을 확인하고, 호스트로 가는 경로 중에 특정 네트워크 병목 구간을 파악할 수 있다.

아래는 kldp.org의 호스트와의 네트워크 경로 및 상태를 살펴 볼 수 있다.

```
# traceroute kldp.org
traceroute to kldp.org (211.169.242.48), 30 hops max, 38 byte packets
1 61.40.233.1 (61.40.233.1) 0.239 ms 0.185 ms 0.171 ms
2 10.0.0.1 (10.0.0.1) 1.872 ms 1.921 ms 1.961 ms
3 211.170.7.81 (211.170.7.81) 3.789 ms 8.005 ms 3.866 ms
4 anybdr3-fe4-1-0.rt.bora.net (210.120.252.169) 3.997 ms 4.096 ms 3.955 ms
5 any160bb2re0--1-0-1-0.rt.bora.net (210.120.193.145) 4.042 ms 4.244ms 4.119 ms
6 210.120.61.34 (210.120.61.34) 4.509 ms 6.596 ms 4.865 ms
7 210.92.194.214 (210.92.194.214) 4.468 ms 4.449 ms 4.600 ms
8 211.174.48.86 (211.174.48.86) 4.380 ms 4.439 ms 4.456 ms
9 211.119.133.234 (211.119.133.234) 5.140 ms 4.596 ms 5.406 ms
10 211.169.242.48 (211.169.242.48) 11.169 ms 11.674 ms 4.830 ms
```

명령어	**tty**			OS	L=U
키워드	터미널 이름 보기	경로	/usr/bin/tty	중요도	☆☆
요약	현재 사용 중인 터미널의 이름을 출력한다				

❶ 이렇게 써요

tty [옵션]

-s, --silent, --quiet : 아무 것도 출력하지 않고 exit 상태만 출력한다.

--help : 사용법을 출력한다.

--version : 버전 정보를 출력한다.

❶ 설명 및 예제

tty는 아래와 같이 표준입력에 연결되어 있는 터미널의 이름을 출력한다.

```
# tty
/dev/pts/2
```

TIP
리눅스에서는 모든 디바이스
(장치)를 파일로 인식한다.

여기서 잠깐

라이브러리

라이브러리는 다른 프로그램들과 연결하여 생성된 함수나 서브루틴의 모음으로, 대개 프로그램을 컴파일한 후에 오브젝트 모듈의 형태로 존재한다. 라이브러리는 코드 재사용을 위한 초창기의 방법 중 하나로 다른 프로그램에서 손쉽게 사용할 수 있도록 OS나 소프트웨어 프레임워크에서 주로 제공한다. 라이브러리 내에 있는 루틴들은 범용성을 가지도록 설계하지만 3차원 애니메이션 그래픽 등과 같이 특별한 용도의 함수로 설계될 수도 있다. 라이브러리들은 사용자의 프로그램과 링크하여야만 비로서 실행 가능한 완전한 프로그램이 된다. 이러한 링크는 정적 연결, 또는 시스템에 따라 동적 연결(DLL)될 수도 있다.

<table>
<tr><td>명령어</td><td colspan="3">tune2fs</td><td>OS</td><td>L</td></tr>
<tr><td>키워드</td><td>파일 시스템 설정</td><td>경로</td><td>/sbin/tune2fs</td><td>중요도</td><td>☆☆</td></tr>
<tr><td>요약</td><td colspan="5">ext2 파일시스템의 파라미터를 설정한다</td></tr>
</table>

❶ 이렇게 써요

```
tune2fs [옵션]
```

-c max_mounts_count : 최대 마운트 횟수를 설정한다.

-e errors_behavior : 마운트 에러가 생겼을 때 커널 응답을 설정한다. 다음은 errors_behavior 값들이다.

  continue : 계속하여 실행한다.

  remount-ro : 읽기 전용으로 마운트한다.

  panic : 커널 패닉을 출력한다.

-g group : 예약된 블록을 사용할 그룹을 설정한다.

-l interval-between-checks [d|m|w] : 매일(d), 매달(m), 매주(w)를 점검 시간으로 설정한다. 0은 시간 점검을 하지 않는다.

-l : 파일 시스템의 슈퍼 블록 정보을 출력한다.

-m reserved_blocks_percent : 지정한 장치의 예약 블록 퍼센트를 정한다.

-r reserved_blocks_count : 지정한 장치의 예약 블록 수를 정한다.

-u user : 예약 블록을 사용할 수 있는 사용자를 설정한다.

❶ 설명 및 예제

tune2fs는 파일 시스템의 슈퍼 블록 정보를 변경한다. 슈퍼 블록은 파일시스템 크기나 사용 OS 등 전체적인 파일시스템에 대한 정보를 포함한다.

-l 옵션을 이용하여 파일 시스템의 슈퍼 블록 정보를 확인할 수 있다.

```
# tune2fs -l /dev/sda1
tune2fs 1.41.11 (14-Mar-2010)
Filesystem volume name:    <none>
Last mounted on:           /
Filesystem UUID:           2c8f6be7-412a-4497-8d0e-b5c7595d4bd4
Filesystem magic number:   0xEF53
Filesystem revision #:     1 (dynamic)
------------------------------ 중간 생략 ------------------------------
Desired extra isize:       28
Journal inode:             8
First orphan inode:        786920
Default directory hash:    half_md4
Directory Hash Seed:       e2e9bdbe-9be0-4038-8def-256dc8498669
Journal backup:            inode blocks
```

<table>
<tr><td>명령어</td><td>ul</td><td>OS</td><td>L=U</td></tr>
<tr><td>키워드</td><td>밑줄 긋기</td><td>경로</td><td>/usr/bin/ul</td><td>중요도</td><td>☆</td></tr>
<tr><td>요약</td><td colspan="5">밑줄 속성이 있는 문자열에 밑줄을 표시한다</td></tr>
</table>

❶ 이렇게 써요

```
ul [option] file
```

-i : 밑줄 속성이 있는 문자열의 경우 다음 행에 밑줄(_)을 출력한다. 터미널이 밑줄 문자를 표시하지 못할 때 유용하다.

-t terminal : 지정한 터미널(terminal) 환경을 사용한다.

❶ 설명 및 예제

밑줄 속성의 문자열에 밑줄 표시를 하면서 화면에 출력한다. http, ftp 등의 주소를 다른 문자열과 구분할 때 유용하다. 자세한 설정은 /etc/termcap 파일을 참조하자. 터미널의 종류에 따라 밑줄 처리를 못하는 경우 표준출력한다.

❶ 관련 명령어

cat : 표준출력한다.

여기서 잠깐

디렉터리 사용량 보기

du 명령어는 디렉터리의 크기를 확인할 때 사용한다. du에 -s 옵션은 지정한 디렉터리를 포함하여 하위의 모든 디렉터리에서 사용하는 크기를 총합하여 출력한다.

```
# du -sh /home
1.2G /home
1.2G 합계
```

GPL

GNU General Public License의 약자. FSF에서 GNU 정신에 입각하여 오픈 소스 프로그램에 적용한 라이센스로 기존의 라이센스들이 소프트웨어의 수정과 공유의 자유를 제한하고 있는 것에 반하여 이를 보장하기 위해 만들어졌다.

<table>
<tr><td>명령어</td><td>ulimit</td><td>OS</td><td>L=U</td></tr>
<tr><td>키워드</td><td>시스템 제한값 설정</td><td>경로</td><td>내부 명령어</td><td>중요도</td><td>☆☆</td></tr>
<tr><td>요약</td><td colspan="5">각 사용자별 시스템의 제한값을 설정한다</td></tr>
</table>

❶ 이렇게 써요

```
ulimit [-SHacdefilmnpqrstuvx] [limit]
```

-S : 소프트웨어 설정

-H : 하드웨어 설정

-a : 모든 제한 사항을 출력한다.

-c : 최대 코어 파일 크기

-d : 프로세스 데이터 세그먼트의 최대 크기

-e : 스케줄링 순위

-f : 셸에 의해 만들 수 있는 파일의 최대 크기

-s : 최대 스택 크기

-p : 파이프 크기

-n : 오픈 파일의 최대수

-u : 프로세스의 최대수

-v : 최대 가상 메모리의 양

❶ 설명 및 예제

ulimit 명령어는 프로세스의 리소스를 확인할 수 있고 시스템 하드웨어 사양에 맞게 최적의 성능 값으로 설정할 수 있다.

아래와 같이 -a 옵션은 시스템에 설정된 제한값들을 출력한다.

```
# ulimit -a
core file size          (blocks, -c) 0
data seg size           (kbytes, -d) unlimited
scheduling priority             (-e) 20
file size               (blocks, -f) unlimited
pending signals                 (-i) 16382
max locked memory       (kbytes, -l) 64
max memory size         (kbytes, -m) unlimited
open files                      (-n) 1024
pipe size            (512 bytes, -p) 8
POSIX message queues     (bytes, -q) 819200
real-time priority              (-r) 0
stack size              (kbytes, -s) 8192
```

```
cpu time                     (seconds, -t) unlimited
max user processes                     (-u) unlimited
virtual memory            (kbytes, -v) unlimited
file locks                             (-x) unlimited
```

제한값은 위의 예제에서 출력된 시스템 제한값의 내용 중에 괄호안에 표시하고 있는 옵션으로 변경할 수 있다. 아래와 같이 오픈 파일 수를 1,024에서 2,048로 변경하려면, -n 옵션으로 open files에 2,048값을 지정한다.

```
# ulimit -Hn 2048
# ulimit -Hn
2048
```


하드웨어나 시스템의 성능에 따라 최적값이 다르므로, 이에 대한 정확한 이해가 필요하다.

❶ 관련 명령어

ps : 프로세스의 현재상태를 출력한다.
top : 시스템 프로세스/메모리 사용 현황을 실시간으로 출력한다.
uptime : 시스템의 가동 시간과 평균 부하를 실시간으로 출력한다.
w : 로그인한 사용자의 정보를 출력한다.

여기서 잠깐

자유 소프트웨어 재단

FSF Free Software Foundation 는 20세기 마지막 진정한 해커로 칭송되던 리처드 스톨만이 컴퓨터 프로그램의 복제, 배포, 수정에 대한 제한을 철폐하기 위한 목적으로 설립했다. 여기서 자유의 의미란 어디에도 구속되지 않는다는 정신적 자유를 뜻한다.

<table>
<tr><td>명령어</td><td colspan="2">umount</td><td>OS</td><td>L=U</td></tr>
<tr><td>키워드</td><td>장치 연결 해제</td><td>경로 /bin/umount</td><td>중요도</td><td>☆☆☆</td></tr>
<tr><td>요약</td><td colspan="4">마운트한 장치를 해제한다</td></tr>
</table>

❶ 이렇게 써요

umount [option] 장치 (파일)
umount [option] [-t 파일시스템 속성] 장치 (파일)

-V : 버전 정보를 출력한다.

-h : 사용법을 출력한다.

-v : 언마운트할 때 상세 내용을 출력한다.

-n : /etc/mtab을 업데이트하지 않고 언마운트한다.

-a : /etc/mtab 파일에 존재하는 모든 파일 시스템을 언마운트한다.

-t vfstype : 언마운트하려는 파일시스템의 종류(vfstype)를 지정한다. 파일 시스템을 두 개 이상 지정하려면 콤마(,)로 구분한다. no를 접두사로 사용하면 마운트 목록에서 제외한다.

❶ 설명 및 예제

유닉스 시스템은 mount 명령어로 모든 디바이스와 파일시스템을 마운트하여 사용한다. 마운트 대상은 모두 파일로 인식하고, 마운트된 디바이스는 umount 명령어로 마운트를 해제할 수 있다. 현재 마운트된 정보는 /etc/mtab과 /proc/mounts 파일에서 확인할 수 있다.

아래와 같이 **mount -l** 명령은 마운트된 목록을 출력한다.

```
# mount -l
/dev/sda1 on / type ext4 (rw,errors=remount-ro)
proc on /proc type proc (rw,noexec,nosuid,nodev)
none on /sys type sysfs (rw,noexec,nosuid,nodev)
none on /sys/fs/fuse/connections type fusectl (rw)
---------------------------- 중간 생략 ----------------------------
binfmt_misc on /proc/sys/fs/binfmt_misc type binfmt_misc
(rw,noexec,nosuid,nodev)
gvfs-fuse-daemon on /home/user/.gvfs type fuse.gvfs-fuse-daemon
(rw,nosuid,nodev,user=user)
/dev/sr0 on /media/BAMBI type udf (ro,nosuid,nodev,uhelper=udisks,uid
=1000,gid=1000,iocharset=utf8,umask=0077) [BAMBI]
```

위 예제의 가장 마지막 행을 살펴보면 /dev/sr0 장치가 /media/BAMBI에 마운트되었음을 확인할 수 있다. 아래와 같이 마운트된 CD-ROM 장치는 디바이스 명을 지정하여 언마운트할 수 있다.

```
# umount /dev/sr0
```

아래와 같이 언마운트할 때 디바이스 명 대신 마운트한 디렉터리를 지정할 수도 있다.

```
# umount /media/BAMBI
```

여기서 잠깐

마운트

유닉스에서는 하드 디스크를 포함하여 모니터, 키보드 등의 연결된 모든 장치를 파일로 인식한다. 이들 파일 시스템은 루트 디렉터리(/)의 하위 디렉터리로 인식하며 트리 구조로 구성한다. 이처럼 장치를 사용하기 위해 루트 디렉터리의 시스템의 하위 디렉터리로 붙이는 작업을 마운트라고 한다.

<table>
<tr><td>명령어</td><td colspan="4">uname</td><td>OS</td><td>L=U</td></tr>
<tr><td>키워드</td><td>시스템 정보</td><td>경로</td><td>/bin/uname</td><td></td><td>중요도</td><td>☆☆☆</td></tr>
<tr><td>요약</td><td colspan="6">시스템의 정보를 출력한다</td></tr>
</table>

❶ 이렇게 써요

```
uname [옵션]
```

-a, --all : 아래에 설명하는 순서대로 -p와 -i 옵션을 제외하고 모든 정보를 출력한다.

-s, --kernel-name : 커널 이름을 출력한다.

-n, --nodename : 네트워크 호스트명을 출력한다.

-r, --kernel-release : 커널 릴리즈 정보를 출력한다.

-v, --kernel-version : 커널 버전을 출력한다.

-m, --machine : 시스템의 하드웨어 타입(아키텍쳐)을 출력한다.

-p, --processor : 프로세서 종류를 출력한다. 혹은 "unknown"를 출력한다.

-o, --operation-system : 운영체제 이름을 출력한다.

--help : 사용법을 출력한다.

--version : 버전 정보를 출력한다.

❶ 설명 및 예제

uname은 시스템에 대한 정보를 출력한다. 만일 옵션을 지정하지 않으면 -s 옵션과 동일하게 커널 이름을 출력한다.

```
$ uname
Linux
```

-a 옵션은 시스템의 전체 정보를 확인할 수 있다.

```
$ uname -a
Linux ubuntu 2.6.32-23-generic #37-Ubuntu SMP Fri Jun 11 07:54:58 UTC 2010
i686 GNU/Linux
```

위의 예제에서 출력한 정보의 설명이다.

필드 내용	설명
Linux	커널 이름이다.
ubuntu	네트워크 호스트명이다.
2.6.32-23-generic	커널 릴리즈 번호이다.
#37-Ubuntu SMP Fri Jun 11 07:54:58 UTC 2010	커널 버전과 커널이 빌드된 날짜 정보이다.

| **i686** | 호스트의 프로세서 아키텍처 정보이다. |
| **GNU/Linux** | 시스템의 운영체제 이름 정보이다. |

여기서 잠깐

/proc 디렉터리

/proc 디렉터리는 실제로 디스크에 물리적으로 저장하지는 않고 메모리에 정보만 가지고 있다. 즉 실시간으로 시스템의 메모리에 정보를 담아 두는 역할을 한다. 이 디렉터리의 파일을 잘 이용하면 시스템의 정보를 쉽게 얻을 수 있다. 터미널의 **ps -aux** 명령어로 출력되는 프로세스 정보는 모두 이 디렉터리를 참조해서 얻어 지는 값이다.

- cmdline : 프로세스를 실행한 명령어를 모두 출력한다.
- cwd : 프로세스의 작업 디렉터리를 출력한다.
- environ : 이 프로세스가 참조하는 환경 변수 정보를 갖고 있다.
- exe : 이 프로세스를 실행한 바이너리가 심볼릭 링크되어 있다.
- fd : 프로세스가 참조하는 파일 목록 정보. 파일명이 0부터 시작되어 링크된 파일을 확인한다.
- maps : 현재 프로세스가 사용하고 있는 메모리 구역 정보의 파일과 정보를 출력한다.
- mem : 프로세스가 엑세스하는 메모리를 출력한다.
- root : 프로세스의 루트 디렉터리를 출력한다.
- stat, statm, status : 프로세스의 상태 정보를 담고 있다.

/proc/cpuinfo

CPU 정보, 시스템이 사용 중인 CPU의 종류와 성능을 출력한다. 이 파일을 통해 시스템의 bogomips 수치를 알 수 있다.

- bogomips : mis[Millions of Instructions Per Second]는 초당 백 만 번의 명령이라는 뜻으로 프로그램의 수행 속도를 측정하는 단위이다. bogo는 가짜[bogus]의 약어다. 커널은 부팅 시에 프로세서의 속도와 관계없이 일정한 시간을 계산하기 위해 대기하고 있던 루프를 통해 프로그램 반복 회수를 축정하는 루틴을 수행한다. 그 결과값으로 프로세서 타이밍인 bogomips를 출력한다.

/proc/devices

시스템이 사용하는 디바이스 정보를 제공한다.

/proc/dma

DMA[Direct Memory Access]는 시스템의 각 디바이스들이 CPU를 거치지 않고 직접 메모리에 데이터를 보내는 기능으로서 CPU를 통하지 않으므로 시스템의 속도가 향상될 수 있다. 이 DMA 채널의 정보를 제공한다.

/proc/filesystems

커널이 지원하는 파일 시스템의 정보를 제공한다.

/proc/interrupts

각 IRQ[interrupt request] 정보를 제공한다.

/proc/ioports

사용하고 있는 입출력 포트의 정보를 제공한다.

/proc/kcore

커널 메모리 이미지를 가지고 있다.

/proc/kmsg

커널이 동작 중에 중요한 이벤트가 발생하면 출력하는 메시지를 가지고 있다.

/prcoc/ksyms

커널 모듈의 심볼 정보를 제공한다.

/proc/loadavg

시스템의 평균 부하를 제공한다.

/proc/meminfo

시스템의 메모리(주 메모리, 가상메모리^{swap}) 정보를 제공한다.

/proc/modules

현재 커널에 적재된 모듈 정보를 제공한다.

/proc/net

네트워크 프로토콜에 대한 정보를 가지고 있다. 이 디렉터리에는 지원하는 각종 프로토콜의 현재 상황에 대한 정보를 파일로 정리하였다.

/proc/pci

시스템에 있는 PCI 디바이스들의 정보를 제공한다.

/proc/scsi

시스템에 있는 SCSI 디바이스들의 정보를 제공한다.

/proc/self

현재 /proc 디렉터리를 사용하는 프로세스 ID에 심볼릭 링크하여 정보를 제공한다.

/proc/stat

커널과 시스템의 정보들을 제공한다.

/proc/sys

커널이 사용 중인 커널 변수 정보를 제공한다.

/proc/uptime

시스템 가동 시간을 제공한다. uptime 명령으로 시스템의 가동 시간, 사용 인원, 평균 시 스템 부하 등의 정보를 제공한다.

/proc/version

커널 버전 정보를 제공한다.

<table>
<tr><td>명령어</td><td colspan="2">uncompress</td><td>OS</td><td>L=U</td></tr>
<tr><td>키워드</td><td>압축 해제</td><td>경로 /usr/bin/uncompress</td><td>중요도</td><td>☆☆</td></tr>
<tr><td>요약</td><td colspan="4">compress로 압축된 파일을 해제한다</td></tr>
</table>

❶ 이렇게 써요

```
uncompress [옵션] 압축파일명
```

-f : 강제로 압축을 해제한다. 기존에 같은 이름의 파일이 있는 경우 덮어쓴다.

-v : 압축이 해제되는 과정을 상세하게 출력한다.

-c : 원본 파일이 변경되지 않고 해제되는 내용만을 출력한다.

-V : 버전 정보를 출력한다.

❶ 설명 및 예제

uncompress은 압축된 파일을 풀어주는 명령어이다. -v 옵션은 uncompress 명령 실행 시 상세한 정보를 출력한다.

```
# compress -v mbox
mbox: -- replaced with mbox.Z Compression: 44.22%
```

-c 옵션으로 압축 파일을 해제하지 않고 결과 정보만 출력한다.

```
# uncompress -c mbox.Z
From root Tue Jul 9 03:30:06 2002
Return-Path: <MAILER-DAEMON@pirania.dizikarma.com>
Received: from localhost (localhost)
by pirania.dizikarma.com (8.11.6/8.11.6) id g68IU6q02258;
Tue, 9 Jul 2002 03:30:06 +0900
Date: Tue, 9 Jul 2002 03:30:06 +0900
```

-f 옵션은 현재 디렉터리에 같은 이름의 파일이 존재하면 덮어쓴다.

```
# uncompress -f -v mbox.Z
mbox.Z: -- replaced with mbox
```

<table>
<tr><td>명령어</td><td colspan="3">unexpand</td><td>OS</td><td>L~U</td></tr>
<tr><td>키워드</td><td>공백을 탭으로 변환</td><td>경로</td><td>/usr/bin/unexpand</td><td>중요도</td><td>☆</td></tr>
<tr><td>요약</td><td colspan="5">공백을 탭으로 변환한다</td></tr>
</table>

❶ 이렇게 써요

```
unexpand [옵션]
```

-a, --all : 모든 공백을 탭으로 변환한다.

-t, --tabs=N : 탭 크기(N)을 지정한다. 기본값은 8이다.

-t, --tabs=LIST : 콤마(,)로 구분하여 탭 위치의 목록(LIST)를 지정한다.

-h, --help : 사용법을 출력한다.

-v, --version : 버전 정보를 출력한다.

❶ 설명 및 예제

unexpand 명령어는 공백문자를 탭으로 변환하는데, 탭을 공백문자로 변환하는 expand와는 완전히 반대의 기능이다. 탭은 8번째 공백의 위치로 커서를 옮기는데, "-t N" 옵션으로 탭의 크기를 조절할 수 있다.

아래는 spacefile 파일의 " tab10"을 탭 크기 10으로 변환하여 출력한다.

```
# cat spacefile
 tab10
# unexpand -a -t 10 spacefile
        tab10
```

<table>
<tr><td>명령어</td><td>uniq</td><td>OS</td><td>L=U</td></tr>
<tr><td>키워드</td><td>중복 행 필터링</td><td>경로</td><td>/usr/bin/uniq</td><td>중요도</td><td>☆☆</td></tr>
<tr><td>요약</td><td colspan="5">중복되는 행을 필터링한다</td></tr>
</table>

❶ 이렇게 써요

```
uniq [옵션]
```

-c, --count : 행이 얼마나 중복되는지 계산하여 출력한다.

-d, --repeated : 중복되는 행의 내용을 한 번만 출력한다.

-D, --all-repeated : 중복되는 모든 행의 내용을 출력한다.

-N, -f N, --skip-fields=N : 필터링을 무시할 행(N)을 지정한다. 시작 행부터 N번째 행까지는 감사하지 않는다.

-i, --ignore-case : 중복되는 행을 하나의 행으로 간주하고 출력한다.

+N, -s N, --skip-chars=N : N 번째 문자부터 검사를 시작한다.

-u, --unique : 중복되지 않는 행만 출력한다.

-w, --check-chars=N : N 번째 문자까지 검사한다.

--help : 사용법을 출력한다.

--version : 버전 정보 출력한다.

❶ 설명 및 예제

uniq는 중복되는 문자열을 찾아 필터링하는 명령어이다. 중복되는 문자열 중에 중복되는 행만 출력할 수 있고 중복되지 않는 행만 출력할 수도 있다. 또한 중복되는 행을 계산하여 출력할 수도 있다. 이를 위해 특정 행만을 제외할 수도 있고, 하나의 행에서 지정한 필드까지만 포함하거나 제외시켜 검사할 수 있다.

아래 명령어 조합은 사용자별로 서버에 로그인한 사용자 정보를 분석하는데 매우 유용하다.

```
$ last | sort | uniq -w 1 -c
    1
   20 reboot   system boot  2.6.32-21-generi Thu Jul  1 02:03 - 02:55  (00:51)
   49 user     pts/0         :0.0        Fri Jul  2 05:07 - 21:13  (16:06)
    1 wtmp begins Thu Jul  1 02:03:58 2010
```

위의 예제를 분석하면 다음과 같다.

last 명령어로 사용자별로 접속 정보를 출력하고, uniq 명령어로 중복된 내용은 필터링한다. uniq 명령의 -w 1 옵션은 첫 번째 필드를 기준으로 중복을 제거하고, -c 옵션은 중복하는 행은 카운트하여 숫자의 총합으로 출력한다.

<table>
<tr><td>명령어</td><td colspan="3">update_drv</td><td>OS</td><td>U</td></tr>
<tr><td>키워드</td><td>디바이스 드라이버 속성 변경</td><td>경로</td><td>/usr/sbin/update_drv</td><td>중요도</td><td>☆☆</td></tr>
<tr><td>요약</td><td colspan="5">유닉스 기반의 디바이스 드라이버 속성을 변경한다</td></tr>
</table>

❶ 이렇게 써요

```
update_drv [-f | -v] driver_module
update_drv [-b basedir] [-f | -v]
 -a [-m 'permission'] [-i 'identify-name'] [-P 'privilege'] [-p 'policy'] driver_module
update_drv [-b basedir] [-f | -v]
 -d [-m 'permission'] [-i 'identify-name'] [-P 'privilege'] [-p 'policy'] driver_module
```

-a : 퍼미션, 알리아스, 권한 혹은 폴리시 엔트리를 추가한다.

-b basedir : update_drv 실행 후 시스템에 인스톨 하는 루트 디렉터리(basedir)를 지정한다.

-d : 퍼미션, 알리아스, 권한 혹은 폴리시 엔트리를 삭제한다.

-f : 강제로 driver_conf 파일을 다시 읽는다.

-i 'identify-name' : 공백으로 분리된 드라이버 알리아스 목록을 지정한다. 이 옵션은 -a나 -d 옵션과 함께 사용해야 한다. 만일 모든 알리아스를 제거하려면, rem_drv 명령을 추천한다.

-m 'permission' : 공백으로 분리된 파일 시스템 퍼미션을 지정한다. -a나 -d 옵션과 함께 사용해야 한다.

-p 'policy' : -a 옵션과 함께 공백으로 분리된 폴리스 목록을 지정한다.

-P 'privilege' : -a 옵션과 함께 콤마(,)로 분리된 권리 목록을 지정한다.

-v : 상세한 정보를 출력한다.

❶ 설명 및 예제

update_drv 명령어는 시스템에 이미 설치되어 있는 디바이스 드라이버의 속성을 변경한다. 이는 driver.conf 파일을 읽거나 추가하거나 수정한다. 또한 드라이버 마이너 노드 퍼미션이나 알리아스를 삭제한다. 만일 옵션을 사용하지 않으면 update_drv는 driver.conf 파일을 다시 읽는다.

-a 옵션과 -m 옵션은 clone 드라이버에 마이너 퍼미션을 추가하거나 변경한다.

```
# update_drv -a -m 'llcl 777 joe staff' clone
```

-d 옵션은 usbprn 드라이버의 모든 마이너 퍼미션 엔트리를 삭제한다.

```
# update_drv -d  -m '* 0666 root sys' usbprn
```

아래처럼 ugen 드라이버의 알리아스 엔트리를 추가할 수 있다. 문자열을 usb459, 20으로 정의했다.

```
# update_drv -a -i '"usb459,20"' ugen
```

아래 예제는 ohci 드라이버를 위해 driver.conf 파일을 다시 읽는다.

```
# update_drv ohci
```

아래 예제는 사용자가 정의한 권한을 tcp 소켓에 열어준다.

```
# update_drv -a -P net_tcp 'write_priv_set=net_tcp
read_priv_set=net_tcp' tcp
```

<table>
<tr><td>명령어</td><td colspan="3">uptime</td><td>OS</td><td>L=U</td></tr>
<tr><td>키워드</td><td>평균 부하 보기</td><td>경로</td><td>/usr/bin/uptime</td><td>중요도</td><td>☆☆☆</td></tr>
<tr><td>요약</td><td colspan="5">시스템의 가동시간과 평균 부하를 출력한다</td></tr>
</table>

❶ 이렇게 써요

uptime [옵션]

-V : 버전 정보를 출력한다.

❶ 설명 및 예제

uptime은 평균 시스템의 부하를 출력한다.

```
$ uptime
 12:18:41 up 1 day,  6:21,  3 users,  load average: 0.08, 0.03, 0.04
```

uptime 명령은 위의 예제와 같이 시스템이 시작된 시간, 시스템이 가동된 시간, 현재 사용자 수, 평균 부하량(1, 4, 15분 시간을 기준으로 평균 사용량을 출력한다) 등을 확인할 수 있다.

<table>
<tr><td>명령어</td><td>useradd</td><td>OS</td><td>L=U</td></tr>
<tr><td>키워드</td><td>사용자 추가</td><td>경로</td><td>/usr/sbin/useradd</td><td>중요도</td><td>☆☆☆</td></tr>
<tr><td>요약</td><td colspan="5">시스템에 사용자를 추가한다</td></tr>
</table>

❶ 이렇게 써요

```
useradd [옵션] 사용자ID
```

-c comment : 새로운 사용자의 설명을 추가한다. 사용자의 전체 이름을 지정할 수 있다.

-d 홈디렉터리 : 사용자의 홈 디렉터리 위치를 지정한다. 기본값은 /home 디렉터리이다.

-e 날짜 : 임시 사용자의 사용기간을 제한한다. YYYY-MM-DD (년도-월-날) 방식으로 지정한다.

-f 남은 날 수 : 임시로 생성한 사용자의 사용 기간을 지정한다.

-g 그룹 : 새로운 사용자의 그룹을 지정한다.

-G 그룹, … : 새로운 사용자가 포함되는 여러 그룹을 지정할 수 있다.

-u UserID : 새로운 사용자의 ID 값을 지정한다. 사용자 ID 값은 /etc/passwd 파일로 확인할 수 있다.

-p 패스워드 : 새로운 사용자를 추가하면서 동시에 패스워드도 지정한다.

-s shell : 새로운 사용자의 셸을 지정한다.

-m -k skell_dir : skell 디렉터리를 지정한다. 기본값은 /etc/skell의 내용을 새로운 사용자의 디렉터리로 복사한다.

❶ 설명 및 예제

useradd 명령어는 시스템에 새로운 사용자 ID를 추가하는 시스템 관리 명령어이다.

```
# useradd newhanbit
# finger newhanbit
Login: newhanbit                              Name:
Directory: /home/newhanbit          Shell: /bin/sh
Never logged in.
No mail.
No Plan.
```

서버를 관리하다 보면 임시로 사용할 ID를 생성할 때가 있다. 이럴 때 -e 옵션으로 날짜를 지정하여 지정한 날짜가 만료되면 임시 사용자는 더 이상 접속할 수 없게 할 수 있다. -c 옵션으로 사용자의 이름을 추가 지정할 수 있다.

```
# useradd -e 2010-10-10 -c HanbitMedia newhanbit2
# finger newhanbit2
Login: newhanbit2                              Name: HanbitMedia
Directory: /home/newhanbit2          Shell: /bin/sh
Never logged in.
```

```
No mail.
No Plan.
```

사용자 계정을 생성한 후에는 passwd로 사용자의 비밀번호를 생성해야 한다. 이는 useradd의 -p 옵션으로 새로운 사용자를 추가하는 동시에 패스워드도 생성할 수 있다. 새로운 사용자를 생성할 때 /etc/skel 내용을 /home 디렉터리에 복사한다. 아래 예제와 같이 -m -k 옵션으로 사용자별로 skel 디렉터리를 지정해 줄 수도 있다.

```
# useradd -m -k /etc/skel2 -p dkaghek newman3
```

❶ 관련 명령어

userdel : 시스템의 사용자를 삭제하는 명령어
usermod : 사용자의 설정 환경을 변경하는 명령어

<table>
<tr><td>명령어</td><td colspan="3">userdel</td><td>OS</td><td>L=U</td></tr>
<tr><td>키워드</td><td>사용자 삭제</td><td>경로</td><td>/usr/sbin/userdel</td><td>중요도</td><td>☆☆☆</td></tr>
<tr><td>요약</td><td colspan="5">시스템의 사용자 ID를 삭제한다</td></tr>
</table>

❶ 이렇게 써요

```
userdel [옵션] 사용자ID
```

-r : 사용자 ID뿐 아니라 홈 디렉터리까지 삭제한다.

❶ 설명 및 예제

userdel은 사용자를 제거하는 시스템 관리 명령어이다. userdel 명령을 옵션 없이 실행하면 사용자 디렉터리 정보는 삭제하지 않고 지정한 사용자 ID만 삭제한다.

아래와 같이 -r 옵션은 사용자 디렉터리의 정보까지 삭제한다.

```
# userdel -r newhanbit
```

일반적으로 사용자 계정은 '/home/사용자계정' 디렉터리에 사용자의 디렉터리를 생성한다. -d 옵션은 사용자를 추가할 때 홈 디렉터리 위치를 지정한다.

❶ 관련 명령어

useradd : 시스템의 사용자를 추가한다
usermod : 사용자의 설정 환경을 변경한다.

<table>
<tr><td>명령어</td><td colspan="3">usermod</td><td>OS</td><td>L=U</td></tr>
<tr><td>키워드</td><td>사용자 설정 환경 변경</td><td>경로</td><td>/usr/sbin/usermod</td><td>중요도</td><td>☆☆☆</td></tr>
<tr><td>요약</td><td colspan="5">현재 사용자의 설정 파일을 수정한다</td></tr>
</table>

❶ 이렇게 써요

```
usermod [옵션] 사용자ID
```

-c comment : 사용자의 설명을 변경한다. 사용자의 전체 이름을 지정할 수 있다.

-d 홈디렉터리 : 사용자의 홈 디렉터리 위치를 지정한다.

-e 날짜 : 사용자의 사용 기간을 제한한다. YYYY-MM-DD (년도-월-일) 방식으로 지정한다.

-f 남은 날수 : 임시 사용자의 사용 기간을 지정한다.

-g 그룹 : 새로운 사용자의 그룹을 지정한다.

-G 그룹, … : 사용자를 포함할 그룹들을 지정한다.

-l 사용자ID : 사용자 ID를 변경한다.

-p 패스워드 : 사용자의 패스워드를 지정한다.

-s shell : 사용자의 셸을 지정한다.

-u UserID : 사용자의 ID 값을 변경한다. 사용자 ID 값은 /etc/passwd 파일에서 확인할 수 있다.

-L : 사용자의 패스워드에 락을 걸어 로그인을 제한한다. 이 옵션은 패스워드를 지정하는 -p 옵션이나 패스워드 락을 해제하는 -U 옵션과는 같이 사용할 수 없다.

-U : 사용자 패스워드의 락을 해제한다. 이 옵션은 패스워드를 지정하는 -p 옵션이나 패스워드에 락을 거는 -L 옵션과 같이 사용할 수 없다.

❶ 설명 및 예제

usermod는 사용자의 정보를 수정하는 시스템 관리 명령어이다. 이전에 존재하는 사용자의 정보를 변경한다. 로그인 중인 사용자의 정보는 수정하지 못하니 주의하자. 아래는 newhanbit의 사용자 이름과 패스워드를 변경하는 예이다.

```
# usermod -c NewHanbitMedia -pgksqlc newhanbit
# finger newhanbit
Login: newhanbit                          Name: NewHanbitMedia
Directory: /home/newhanbit        Shell: /bin/sh
Never logged in.
No mail.
No Plan.
```

사용자의 로그인 ID를 변경할 수 있다. 이 때 아이디만 변경하게 되며 다른 설정은 변하지 않는다.

아래에서는 -l 옵션으로 newhanbit 아이디를 updatehanbit으로 변경한다.

```
# usermod -l updatehanbit newhanbit
# finger updatehanbit
Login: updatehanbit                        Name: NewHanbitMedia
Directory: /home/newhanbit         Shell: /bin/sh
Never logged in.
No mail.
No Plan.
```

-L 옵션은 사용자의 시스템 로그인을 일시적으로 제한할 때 사용한다.

```
# usermod -L updatehanbit
```

위에서 실행한 제한 설정은 -U옵션으로 로그인 락을 해제할 수 있다.

```
# usermod -U updatehanbit
```

-e 옵션은 임시 사용자의 사용 기한을 지정할 수 있다. 아래 예제에서는 updatehanbit 사용자의 로그인 기간을 2010년 7월 28일까지로 설정한다.

```
# usermod -e 2010-07-28 updatehanbit
```

<table>
<tr><td>명령어</td><td colspan="4">users</td><td>OS</td><td>L≒U</td></tr>
<tr><td>키워드</td><td>사용자 보기</td><td>경로</td><td>/usr/bin/users</td><td></td><td>중요도</td><td>☆☆</td></tr>
<tr><td>요약</td><td colspan="6">시스템에 로그인한 사용자를 출력한다</td></tr>
</table>

❶ 이렇게 써요

```
users [옵션]
```

--help : 사용법을 출력한다.
--version : 버전 정보를 출력한다.

❶ 설명 및 예제

users 명령어는 시스템에 로그인 중인 사용자의 목록을 출력한다.

```
# users
hanbit hanbit root root
```

위 예제에서 서버에 hanbit 사용자와 root 사용자가 로그인하였다. 더 자세한 정보는 finger, w, who 명령어와 같이 살펴보자.

❶ 관련 명령어

finger : 사용자의 정보를 검색한다.
w : 시스템에 로그인하여 사용 중인 정보를 출력한다.
who : 시스템에 로그인한 사용자를 출력한다.

<table>
<tr><td>명령어</td><td colspan="4">vmstat</td><td>OS</td><td>L=U</td></tr>
<tr><td>키워드</td><td>가상 메모리 통계</td><td>경로</td><td>/usr/bin/vmstat</td><td></td><td>중요도</td><td>☆☆☆</td></tr>
<tr><td>요약</td><td colspan="6">가상 메모리의 정보를 통계 형식으로 출력한다</td></tr>
</table>

❶ 이렇게 써요

```
vmstat [-a] [-n] [delay [ count]] [-f] [-s] [-m] [-S unit] [-d] [-D] [-p disk partition] [-V]
```

-a : 활성화와 비활성화 메모리를 출력한다(커널 2.5.41 이상).

-f : 부팅 이후 포크의 수를 출력한다.

-m : slabinfo 정보를 출력한다.

-n : 헤더 정보를 한 번만 출력한다.

-s : 여러 이벤트 카운터와 메모리 통계를 테이블 형식으로 출력한다. 반복하여 출력하지는 않는다.

delay : 업데이트되는 정보를 출력하는 시간 간격(delay 초)을 지정한다.

count : 정보를 업데이트하는 수를 지정한다.

-d : 디스크 통계를 출력한다(커널 2.5.70 이후).

-D : 디스크 액티비티의 요약 통계를 출력한다.

-p partition : 지정한 파티션의 상세한 통계를 출력한다(커널 2.5.70 이후).

-S unit : 지정한 유닛의 크기별로 출력한다. 크기는 k(1,000) K(1,024) m(1,000,000) M(1,048,576)으로 지정할 수 있고 기본값은 K이다.

-V : 버전 정보를 출력한다.

❶ 설명 및 예제

vmstat 명령어는 ps와 iostat 명령어와 같이 시스템에서 발생하는 문제점이나 오류를 파악하는데 필요한 중요한 정보를 제공한다. 이들 명령어 중에서 vmstat는 시스템의 메모리에 관련한 상세한 정보를 출력한다. 아래는 1초마다 정보를 업데이트하면서 5번까지 출력한다.

```
$ vmstat 1 5
procs -----------memory----------swap------io----system------cpu--
 r  b   swpd   free   buff  cache   si   so    bi    bo   in    cs us sy id wa
 1  0      0 1244716 464756 1290312    0    0     8    11   113   114  7  2 91  0
 1  0      0 1246948 464760 1290312    0    0     0    40  1407  9125 26  4 70  0
 4  0      0 1246700 464760 1290312    0    0     0     0  1127  9570 25  3 71  0
 1  0      0 1245832 464760 1290312    0    0     0     0  1295  8744 24  3 73  0
 2  0      0 1246204 464760 1290312    0    0     0     0  1194  8167 25  4 72  0
```

첫 번째 행은 프로세스(procs), 메모리(memory), 스왑(swap), 입출력(io), 시스템 및 CPU 관련 통계(cpu)로 구성되어 있다. 두 번째 행은 6개의 항목을 좀 더 세분화하여 출력한다. 각 항목에 대한 상세 설명은 다음과 같다.

프로세스 항목(procs)

r	CPU 접근 대기 중인 실행 가능 프로세스 수
b	인터럽트 불가능한 슬립 상태의 프로세스 수

메모리 관련 항목(memory)

swapd	사용한 가상 메모리 용량
free	여유 메모리의 용량
buff	버퍼에 사용한 메모리 용량
cache	페이지 캐시에 사용한 메모리 용량

스왑 관련 항목(swap)

si	디스크에서 스왑인swap in한 메모리 용량
so	디스크에서 스왑아웃swap out한 메모리 용량

입출력 관련 항목(io)

bi	블록 장치로 보낸 블록
bo	블록 장치에서 받아온 블록

시스템 관련 항목(system)

in	1초당 인터럽트 수
cs	1초당 컨텍스트 스위칭 작업 수

CPU 관련 항목(cpu)

us	CPU가 사용자 수준 코드를 실행한 시간 (백분율 단위)
sy	CPU가 시스템 수준 코드를 실행한 시간 (백분율 단위)
id	CPU가 아무런 작업을 하지 않는 대기 시간 (백분율 단위)
wa	입출력 대기

위의 내용은 커널 및 시스템에 깊은 이해가 있으면 항목의 내용을 보다 알기 쉽다.

ps : 프로세스의 현재 상태를 출력한다.

top : 시스템 프로세스/메모리 사용 현황을 실시간으로 출력한다.

free : 시스템의 메모리 사용 현황을 출력한다.

여기서 잠깐

MySQL 기본 사용법

mysql root 사용자에 패스워드 설정

```
mysql>update user set password=password('rootpasswd') where user=
'root';
```

이 명령 후에는 MySQL 서버를 다시 시작한다.

새로운 데이터 베이스 생성

```
#mysqladmin -u root -p create sample
```

데이터베이스 삭제

```
# mysqladmin -u root -p drop sample
```

생성된 데이터베이스의 등록

```
mysql>insert into db values ('%','sample','php','Y','Y','Y','Y','Y',
'Y','Y','Y','Y','Y');
```

새로운 사용자(데이터베이스 소유자) 등록

```
mysql>insert into user (host,user,password) values
('localhost','php',password('phppasswd'));
```

sample 데이터베이스 백업

```
# mysqladmin -u php -p sample > sample_backup.sql
```

백업된 sample 데이터베이스 복구

```
# mysql -u php -p sample < sample_backup.sql
```

<table>
<tr><td>명령어</td><td colspan="4">w</td><td>OS</td><td>L=U</td></tr>
<tr><td>키워드</td><td>현재 사용자 보기</td><td>경로</td><td>/usr/bin/w</td><td>중요도</td><td colspan="2">☆☆</td></tr>
<tr><td>요약</td><td colspan="6">로그인한 사용자의 정보를 출력한다</td></tr>
</table>

❶ 이렇게 써요

```
w [옵션] [사용자]
```

- f : 원격에서 접속한 호스트명은 출력하지 않는다.
- h : 각 필드에 대한 헤더 정보(필드명)는 출력하지 않는다.
- s : 간략한 형식으로 정보를 출력한다.
- V : 버전 정보를 출력한다.

❶ 설명 및 예제

w 명령어는 로그인한 사용자의 정보를 출력하는데 이 정보는 /var/run/utmp 파일에서 가져온다. who 명령어와는 달리 WHAT 필드가 있어 로그인한 사용자의 작업 내용을 출력한다.

```
$ w
 12:38:51 up 1 day,  6:41,  3 users,  load average: 0.00, 0.02, 0.00
 USER     TTY      FROM         LOGIN@   IDLE     JCPU      PCPU WHAT
 user     tty7     :0Sat05      30:41m   2:02     0.17s gnome-session
 user     pts/0    :0.0         00:59    0.00s    0.81s     0.01s w
 user     pts/1    :0.0         Sat06    31:17    0.32s     0.00s man uname
```

명령어	**wall**			OS	**L**=**U**
키워드	모든 사용자에게 쪽지 보내기	경로	/usr/bin/wall	중요도	☆☆
요약	모든 터미널에 메시지를 출력한다				

❶ 이렇게 써요

```
wall [메시지]
```

❶ 설명 및 예제

wall 명령어는 시스템에 로그인한 사용자의 터미널에 메시지를 보낸다. wall 명령어와 함께 사용자에게 보내고 싶은 메시지를 지정하면, 로그인한 사용자의 터미널에 "Broadcast message"로 시작하는 메시지와 지정한 메시지를 출력한다.

```
# wall After 5 minites, System is reboot!!!!
#
Broadcast message from root (pts/1) Fri Jun 21 02:11:45
2002...
After 5 minites, System is reboot!!!!
```

TIP
shutdown 명령어는 메시지를 보낼 때 내부적으로 wall 명령어를 사용한다.

<table>
<tr><td>명령어</td><td>watch</td><td>OS</td><td>L</td></tr>
<tr><td>키워드</td><td>주기적 프로그램 실행</td><td>경로</td><td>/usr/bin/watch</td><td>중요도</td><td>☆☆</td></tr>
<tr><td>요약</td><td colspan="5">주기적으로 스크린을 업데이트하여 출력한다</td></tr>
</table>

❶ 이렇게 써요

```
watch [옵션] 명령어
```

-d, --differences : 업데이트 시간을 지정한다.
-t, --no-title : 헤더 정보를 출력하지 않는다.
-b, --beep : 비프 소리를 출력한다.

❶ 설명 및 예제

watch 명령어는 반복적으로 지정한 명령어를 화면에 출력한다. -n 옵션은 지정한 간격 만큼 업데이트해서 보여주는데 기본값은 2초이다. 일반적으로 지정하는 명령어는 따옴 표('')로 묶기를 권장한다.

아래는 -n 60 옵션을 사용하여 60초마다 메일이 오는지 감시한다.

```
$ watch -n 60 from
```

-d 옵션은 디렉터리의 내용이 변경되는지 실시간으로 확인할 수 있다.

```
$ watch -d ls -l
```

-d 옵션은 지정한 사용자가 소유한 파일이 변경될 때만 정보를 출력한다.

```
$ watch -d 'ls -l|fgrep joe'
```

-n 옵션은 디스크 공간을 0.5초 간격으로 계속 업데이트하며 출력한다.

```
$ watch -n .5 'df -h'
```

W

<table>
<tr><td>명령어</td><td colspan="4">WC</td><td>OS</td><td>L=U</td></tr>
<tr><td>키워드</td><td>단어 수 계산</td><td>경로</td><td>/usr/bin/wc</td><td></td><td>중요도</td><td>☆☆</td></tr>
<tr><td>요약</td><td colspan="6">문서의 행과 단어 그리고 문자의 개수를 카운트하고 출력한다</td></tr>
</table>

❶ 이렇게 써요

```
wc [옵션] [파일]
```

-c, --bytes : 바이트 수만큼 출력한다.

-m, --chars : 문자의 수만큼 출력한다.

-l, --lines : 행 수만을 출력한다.

-w, --words : 단어 수만큼 출력한다.

--help : 사용법을 출력한다.

--version : 버전 정보를 출력한다.

❶ 설명 및 예제

wc 명령어는 파일의 행, 단어, 문자의 개수를 하나의 행에 출력한다. 아래 예제는
httpd.conf 파일의 행과 단어 그리고 문자의 총 개수를 출력한다. 이 파일은 1,467개
의 행과 7,304의 단어와 51,633개의 문자를 가지고 있다.

```
# wc /etc/httpd/conf/httpd.conf
1467 7304 51633 /etc/httpd/conf/httpd.conf
```

-L 옵션은 파일 중 가장 긴 행의 길이를 출력한다.

```
# wc -L /etc/httpd/conf/httpd.conf
105 /etc/httpd/conf/httpd.conf
```

아래는 apache 사용자 권한의 프로세스의 수를 출력한다. 결과값 18은 현재 apache
사용자의 프로세스 개수가 18개라는 뜻이다.

```
# ps -u apache | wc -l
18
```

아래와 같이 who 명령어와의 조합으로 현재 로그인한 사용자 수를 출력한다. 이 호스트
에는 네 명의 사용자가 로그인하고 있다.

```
# who | wc -l
4
```

<table>
<tr><td>명령어</td><td>wget</td><td>OS</td><td>L=U</td></tr>
<tr><td>키워드</td><td>비대화형 네트워크 다운로더</td><td>경로</td><td>/usr/bin/wget</td><td>중요도</td><td>☆☆☆</td></tr>
<tr><td>요약</td><td colspan="5">비대화형 모드로 네트워크 URL에서 파일을 다운로드한다</td></tr>
</table>

❶ 이렇게 써요

wget [옵션]…[URL]…

시작관련 :

-V, --version : 버전 정보를 출력한다.

-h, --help : 사용법을 출력한다.

-b, --background : 백그라운드로 실행한다.

-e, --execute=COMMAND : .wgetrc 스타일의 명령을 실행한다.

로그 및 입력 파일관련 :

-o, --output-file=FILE : 로그 메시지를 파일(FILE)에 저장한다.

-a, --append-output=FILE : 로그 메시지를 파일(FILE)에 추가적으로 저장한다.

-d, --debug : 디버그 정보를 출력한다.

-q, --quiet : 메시지를 출력하지 않는다.

-v, --verbose : 상세한 정보를 출력한다(기본값이다).

-nv, --no-verbose : 상세한 정보를 출력한다(-v 옵션보다 상세하지 않다).

-i, --input-file=FILE : 다운로드 URL 파일(FILE)을 지정한다.

-F, --force-html : 입력 파일을 HTML로 취급한다.

-B, --base=URL : -F나 -i 옵션과 같이 지정한 파일에서 URL링크를 추가한다.

다운로드 관련 :

-t, --tries=NUMBER : 다운로드할 때 재시도 횟수(NUMBER)를 지정한다(0은 제한없음).

--retry-connrefused : 연결이 거부되더라도 재시도한다.

-O, --output-document=FILE : 도큐먼트를 파일(FILE)로 저장한다.

-nc, --no-clobber : 다운로드할 때 파일이 존재하면 다운로드를 다음 파일로 건너뛴다.

-c, --continue : 다운로드하는 도중 중단된 파일을 이어서 다운로드한다.

--progress=TYPE : 진행사항을 나타내는 상태의 타입(TYPE)을 지정한다.

-N, --timestamping : 로컬에 존재하는 파일보다 업데이트된 파일만 다운로드한다.

-S, --server-response : 서버 응답 정보를 출력한다.

--spider : 어떤 것도 다운로드하지 않는다.

-T, --timeout=SECONDS : 타임아웃 값(SECONDS)을 지정한다.

--dns-timeout=SECS : DNS 룩업 시간(SECS)을 지정한다.

--connect-timeout=SECS : 연결 타임아웃(SECS)을 지정한다.

--read-timeout=SECS : 실제 타임아웃(SECS)을 지정한다.

-w, --wait=SECONDS : 검색 후 대기 시간(SECONDS)을 지정한다.

--waitretry=SECONDS : 검색 후 재 시도 횟수를 1에서 지정한 초(SECONDS)까지 대기한다.

--no-proxy : 프록시를 사용하지 않는다.

-Q, --quota=NUMBER : 다운로드 쿼터(NUMBER)를 지정한다.

--bind-address=ADDRESS : 로컬 호스트의 주소(ADDRESS)를 지정한다(호스트명이나 IP).

--limit-rate=RATE : 다운로드 비율(RATE)를 제한한다.

--no-dns-cache : 캐시 DNS 룩업을 비활성화한다.

--restrict-file-names=OS : 다운로드할 파일 이름(OS)을 제한한다.

--ignore-case : 파일이나 디렉터리의 대소문자를 무시한다.

-4, --inet4-only : IPv4 주소에만 접속한다.

-6, --inet6-only : IPv6 주소에만 접속한다.

--user=USER : ftp나 http 사용자(USER)를 지정한다.

--password=PASS : ftp나 http 패스워드(PASS)를 지정한다.

디렉터리 :

-nd, --no-directories : 디렉터리를 생성하지 않는다.

-x, --force-directories : 디렉터리를 강제로 생성한다.

-nH, --no-host-directories : 호스트의 디렉터리를 생성하지 않는다.

--protocol-directories : 디렉터리에서 프로토콜 이름을 이용한다.

-P, --directory-prefix=PREFIX : 지정한 문자(PREFIX)로 시작하는 파일명으로 저장한다.

--cut-dirs=NUMBER : 원격 디렉터리에서 지정한 숫자(NUMBER)만큼 제외한다.

HTTP 옵션 :

--http-user=USER : http 사용자(USER)를 지정한다.

--http-password=PASS : http 패스워드(PASS)를 지정한다.

--no-cache : 서버 캐쉬 데이터를 허락하지 않는다.

-E, --html-extension : HTML 도큐먼트를 .html 확장자로 저장한다.

--ignore-length : 컨텐트 길이 헤더 필드를 무시한다.

--header=STRING : 헤더에 지정한 문자열(STRING)을 삽입한다.

--max-redirect : 페이지당 최대 리다렉션을 허용한다.

--proxy-user=USER : 프록시 사용자 명(USER)을 지정한다.

--proxy-password=PASS : 프록시 패스워드(PASS)를 지정한다.

--referer=URL : HTTP 요청에 Referer:URL을 포함한다.

--save-headers : HTTP 헤더를 파일에 저장한다.

-U, --user-agent=AGENT : wget 대신 에이전트(AGENT)를 지정한다.

--no-http-keep-alive : HTTP keep-alive를 비활성화한다.

--no-cookies : 쿠키를 사용하지 않는다.

--load-cookies=FILE : 세션 이전에 지정한 FILE 쿠키를 로딩한다.

--save-cookies=FILE : 세션 후에 쿠키를 파일(FILE)에 저장한다.

--keep-session-cookies : 세션 쿠키를 로딩하고 저정한다.

--post-data=STRING : POST 메소드 파일(STRING)을 지정한다.

--post-file=FILE : POST 메소드 파일(FILE)을 지정한다.

HTTPS (SSL/TLS) 옵션 :

--secure-protocol=PR : auto, SSLv2, SSLv3, TLSv1 중 보안 프로토콜을 설정한다.

--no-check-certificate : 서버 인증을 체크하지 않는다.

--certificate=FILE : 클라이언트 인증 파일(FILE)을 지정한다.

--certificate-type=TYPE : PEM이나 DER 타입으로 클라이언트 인증서를 지정한다.

--private-key=FILE : 개인 키 파일(FILE)을 지정한다.

--private-key-type=TYPE : 개인 키 타입(PEM혹은 DER)을 지정한다.

--ca-certificate=FILE : CA 파일(FILE)을 지정한다.

--ca-directory=DIR : CA의 디렉터리(DIR)를 지정한다.

FTP 옵션 :

--ftp-user=USER : ftp 사용자(USER)를 지정한다.

--ftp-password=PASS : ftp 패스워드(PASS)를 지정한다.

--no-remove-listing : .listing 파일을 삭제하지 않는다.

--no-glob : 그로빙grobbing을 해제한다.

--no-passive-ftp : passive 전송 모드를 비활성화한다.

--retr-symlinks : 하위 디렉터리까지 복사할 때, 링크된 파일의 원본 위치에서 다운로드한다(디렉터리 제외).

--preserve-permissions : 원격의 파일 퍼미션을 보존한다.

리커시브 다운로드 :

-r, --recursive : 하위 디렉터리까지 다운로드한다.

-l, --level=NUMBER : 하위 디렉터리의 단계를 최대 값(NUMBER)만큼 지정한다.

--delete-after : 다운로드 후 로컬의 파일을 삭제한다.

-k, --convert-links : 다운로드 한 HTML 포인트에 있는 링크를 로컬 파일로 만든다.

-K, --backup-converted : X 파일을 컨버팅하기 전에, X.orig형식으로 백업한다.

-m, --mirror : -N -r -l inf -no-remove-listing 옵션과 같다.

-p, --page-requisites : HTML 페이지에 보이는 필요한 모든 이미지 등도 받는다.

--strict-comments : SGML을 활성화한다.

리커시브 수락/제외 :

-A, --accept=LIST : 콤마(,)로 구분된 수락할 목록(LIST)을 지정한다.

-R, --reject=LIST : 콤마(,)로 구분된 제외할 목록(LIST)을 지정한다.

-D, --domains=LIST : 수락한 도메인을 콤마(,)로 구분된 목록(LIST)을 지정한다.

--exclude-domains=LIST : 제외할 도메인을 콤마(,)로 구분된 목록(LIST)을 지정한다.

--follow-ftp : HTML 도큐먼트에서 FTP 링크를 허용한다.

--follow-tags=LIST : 따라갈 HTML 태그를 콤마(,)로 구분된 목록(LIST)을 지정한다.

--ignore-tags=LIST : 무시할 HTML 태그를 콤마(,)로 구분된 목록(LIST)을 지정한다.

-H, --span-hosts : 리커시브시 다른 호스트로도 나간다.

-L, --relative : 관련된 링크만 따라간다.

-I, --include-directories=LIST : 수락할 디렉터리(LIST)를 지정한다.

-X, --exclude-directories=LIST : 제외할 디렉터리(LIST)를 지정한다.

-np, --no-parent : 상위 디렉터리로 올라가지 않는다.

ftp와 달리 wget 명령어는 명령행에서 직접 파일을 다운로드할 수 있고 편리한 옵션이 많다.

-c 옵션은 이전에 받다 중단된 파일을 이어받을 때 사용한다.

```
$ wget -c http://repo.meego.com/MeeGo/devel/trunk/images/meego-preview-
netbook-core-20100330-001.usbimg
```

-r 옵션은 지정한 URL의 하위 디렉터리를 모두 가져 온다.

```
$ wget -r http://repo.meego.com/MeeGo/
```

-m 옵션은 URL에서 새롭게 업데이트된 내용만 다운로드한다.

```
$ wget -m http://repo.meego.com/MeeGo/
```

이외에도 많은 옵션들을 조합하면 간단한 파일뿐 아니라, 대용량의 서버에서 파일들을 유용하게 다운로드할 수 있다.

ftp : ftp 서비스를 이용하기 위한 클라이언트

<table>
<tr><td>명령어</td><td colspan="3">whatis</td><td>OS</td><td>L=U</td></tr>
<tr><td>키워드</td><td>명령 검색</td><td>경로</td><td>/usr/bin/whatis</td><td>중요도</td><td>☆☆</td></tr>
<tr><td>요약</td><td colspan="5">키워드에 해당하는 명령어를 whatis DB에서 검색한다.</td></tr>
</table>

❶ 이렇게 써요

```
whatis 키워드
```

❶ 설명 및 예제

apropos는 명령어에 대한 설명을 whatis DB 파일에서 검색하여 출력한다. whatis 명령어는 whatis DB에서 명령어만 검색하지만 apropos 명령어는 명령어뿐만 아니라 명령어에 대한 설명도 검색하여 출력한다.

아래에서 실행한 apropos 명령어는 **man -k** 명령과 같다.

```
$ apropos who
at.allow (5)           - determine who can submit jobs via at or batch
at.deny (5)            - determine who can submit jobs via at or batch
from (1)               - print names of those who have sent mail
w (1)                  - Show who is logged on and what they are doing.
w.procps (1)           - Show who is logged on and what they are doing.
who (1)                - show who is logged on
whoami (1)             - print effective userid
```

아래는 whatis 명령어로 실행한 예제이다.

```
$ whatis who
who (1)                - show who is logged on
```

❶ 관련 명령어

apropos whatis : DB를 검색하여 관련 명령어를 출력한다.
whereis : 실행파일, 소스, 매뉴얼의 위치를 검색한다.

W

명령어	**whereis**		OS	L=U
키워드	명령어 경로 찾기	경로 /usr/bin/whereis	중요도	☆☆☆
요약	명령어를 입력 받아 해당 명령어의 절대 경로를 찾아준다			

❶ 이렇게 써요

```
whereis [옵션] 파일명
```

-b : 바이너리 파일만 찾는다.

-m : 매뉴얼 섹션만 찾는다.

-s : 소스만 찾는다.

-u : 일반적이지 않은 항목을 찾는다. 이 옵션은 특정 파일을 제외하는 데 사용한다.

-B : 바이너리 파일의 위치를 제한한다.

-M : 매뉴얼 페이지의 위치를 제한한다.

-S : 원본 파일의 위치를 제한한다.

-f : -B, -M, -S 옵션에 디렉터리를 지정한 다음에, 이 옵션에서 파일명을 지정한다.

❶ 설명 및 예제

whereis 명령어는 실행 파일의 위치와 함께 소스, 설정 파일, 매뉴얼 페이지를 검색하여 출력한다. whereis 명령어는 locate(혹은 mlocate) 명령어보다 검색 속도가 느리고, 검색 범위에 제한이 있으며, 결과를 단순한 정보로 출력한다.

아래와 같이 whereis는 $PATH 환경 변수에서 설정된 실행 파일 경로뿐만 아니라, 매뉴얼 페이지의 전체 경로를 출력한다.

```
# whereis rm
rm: /bin/rm /usr/share/man/man1/rm.1.gz
```

which 명령은 $PATH 내의 실행 파일의 위치를 알려준다. 아래는 which 명령어로 확인한 결과 rm 명령은 /bin/rm에 있음을 알 수 있다.

```
# which rm
alias rm='rm -i'
/bin/rm
```

❶ 관련 명령어

locate(mlocate) : 자체 데이터베이스에서 해당하는 파일의 위치를 찾아준다.

which : $PATH 환경 변수 내의 파일 위치를 찾아준다.

<table>
<tr><td>명령어</td><td colspan="3">which</td><td>OS</td><td>L=U</td></tr>
<tr><td>키워드</td><td>파일 경로 검색</td><td>경로</td><td>/usr/bin/which</td><td>중요도</td><td>☆☆☆</td></tr>
<tr><td>요약</td><td colspan="5">PATH 환경 변수 내의 파일 위치를 출력한다</td></tr>
</table>

❗ 이렇게 써요

```
which [옵션] [--] [명령어] [...]
```

- -a, --all : 모든 내용을 출력한다.
- -i, --read-alias : 알리아스 설정 환경을 출력한다.
- --skip-alias : 알리아스 설정을 무시한다.
- --skip-dot : 점(.)으로 시작하는 디렉터리를 제외한다.
- --skip-tilde : 틸드(~)로 시작하는 디렉터리($HOME 디렉터리)를 제외한다.
- --show-dot : 점(.)으로 시작하는 디렉터리를 포함한다.
- --show-tilde : 틸드(~)로 시작하는 디렉터리를 포함한다.
- -v, -V, --version : 버전 정보를 출력한다.

❗ 설명 및 예제

PATH 환경 변수에 있는 디렉터리를 모두 검색하고 찾고자 하는 명령어의 전체 위치 경로를 출력한다.

아래와 같이 which는 알리아스 설정이 되어 있고, /usr/bin/which에 위치한다.

```
# which which
alias which='alias | /usr/bin/which --tty-only --read-alias --show-
dot--show-tilde' /usr/bin/which
```

<table>
<tr><td>명령어</td><td colspan="4">who</td><td>OS</td><td>L=U</td></tr>
<tr><td>키워드</td><td>사용자 보기</td><td>경로</td><td colspan="2">/usr/bin/who</td><td>중요도</td><td>☆☆</td></tr>
<tr><td>요약</td><td colspan="6">호스트에 로그인한 사용자 정보를 출력한다</td></tr>
</table>

❶ 이렇게 써요

```
who [옵션] .. [파일| 인수1 인수2]
```

-a, --all : -b -d --loing -p -r -t -T -u 옵션과 같다.

-b, --boot : 마지막 시스템 부팅 시간을 출력한다.

-d, --dead : 죽은 프로세스를 출력한다.

-H, --heading : 열의 헤더를 출력한다.

--ips : 호스트명 대신 ips를 출력한다.

-l, --loing : 시스템 로그인 프로세스를 출력한다.

--lookup : DNS를 통해 호스트 명을 일반화시킨다.

-m : 호스트 명과 사용자만 출력한다.

-p, --process : init에서 상속한 액티브 프로세스를 출력한다.

-q, --count : 로그인한 사용자와 사용자 수를 모두 출력한다.

-r, --runlevel : 현재의 런레벨을 출력한다.

-s, --short : 이름, 행, 시간 정보만 출력한다.

-t, --time : 마지막으로 변경한 시스템 시간을 출력한다.

-T, -w, -mesg : 사용자의 메시지 상태를 +나 - 혹은 ?로 출력한다.

　＋: write 메시지 허가

　- : write 메시지 불허

　? : 터미널 장치를 찾을 수 없음

--message : -T와 같다.

--writable : -T와 같다.

--help : 사용법을 출력한다.

--version : 버전 정보를 출력한다.

❶ 설명 및 예제

who 명령어는 현재 접속한 사용자 정보를 /var/run/utmp 파일에서 얻어서 출력한다. 이 utmp 파일은 사용자가 원격으로 서버에 로그인할 때 사용자 정보를 저장하고, 사용자가 원격 호스트에서 로그아웃할 때 저장되어 있는 정보를 삭제한다.

who 명령은 현재 서버에 접속해 있는 사용자의 로그인명, 터미널, 로그인 시간, 원격 호스트 또는 X 디스플레이를 출력한다.

```
$ who
user     tty7        Jul  3 05:57 (:0)
user     pts/0       Jul  4 00:59 (:0.0)
```

```
user       pts/1        Jul  3 06:51 (:0.0)
```

참고로 **who /var/log/wtmp** 명령어는 last 명령어와 같다. last는 /var/log/wtmp 파일의 정보를 시스템 부팅부터 현재까지의 로그인, 그리고 로그아웃한 사용자 정보를 저장한다.

who 명령에 "am i"를 추가하면 로그인 이름, 로그인한 터미널과 시간을 출력한다.

```
$ who am i
user       pts/0        Jul  4 00:59 (:0.0)
```

.whoami 명령어는 **who am i** 명령보다 간단한 정보를 출력한다.

```
$ whoami
User
```

❶ 관련 명령어

last : 시스템 부팅부터 현재까지 로그인하고 로그아웃한 사용자 정보를 /var/log/wtmp 파일에서 얻어와 출력한다.

lastlog : 가장 마지막에 로그인한 사용자의 시간 정보를 출력한다.

users : 현재 호스트에 로그인한 사용자의 이름을 출력한다.

w : who와 비슷한 역할로 현재 로그인한 사용자 및 현 시점에 하고 있는 작업 내용까지 출력한다.

whoami : 현재 로그인한 셸의 사용자 ID를 출력한다.

명령어	**whoami**			OS	L=U
키워드	유효 사용자 출력	경로	/usr/bin/whoami	중요도	☆☆
요약	현재 로그인한 사용자 ID를 출력한다				

❗ 이렇게 써요

```
whoami
```

❗ 설명 및 예제

whoami 명령어는 현재 로그인한 사용자 ID를 출력한다. 이는 **id -un** 명령과 같다.

id는 현재 로그인한 사용자의 실제 ID와 유효 사용자 ID, 그룹 ID를 출력하지만, whoami는 로그인한 사용자의 ID만을 출력한다.

```
$ whoami
admin
$ id
uid=500(admin) gid=500(admin) groups=500(admin)
$ id -un
admin
```

W

<table>
<tr><td>명령어</td><td colspan="4">whois</td><td>OS</td><td>L=U</td></tr>
<tr><td>키워드</td><td>디렉터리 서비스 클라이언트</td><td>경로</td><td colspan="2">/usr/bin/whois</td><td>중요도</td><td>☆☆</td></tr>
<tr><td>요약</td><td colspan="6">디렉터리 서비스를 위한 클라이언트 명령어</td></tr>
</table>

❶ 이렇게 써요

```
whois [옵션]... OBJECT...
```

-a : 디렉터리 서비스의 모든 데이터베이스를 찾는다.

-h HOST : 지정한 서버(HOST)에 접속한다.

-p PORT : 지정한 포트(PORT)로 접속한다.

--verbose : 상세한 정보를 출력한다.

--help : 사용법을 출력한다.

--version : 버전 정보를 출력한다.

❶ 설명 및 예제

whois 명령어는 도메인 주소를 DNS 데이터베이스에서 IP 정보를 확인할 때 사용하는데, 호스트명을 제외하고 도메인 주소를 지정한다. 아래 예제는 네이버의 도메인 주소 정보를 확인한다.

```
$ whois naver.com
Whois Server Version 2.0
Domain names in the .com and .net domains can now be registered
with many different competing registrars. Go to http://www.internic.net
for detailed information.
   Server Name: NAVER.COM.SANGUINE.PE.KR
   Registrar: TODAY AND TOMORROW CO. LTD.
   Whois Server: whois.ttpia.com
   Referral URL: http://www.ttpia.com
------------------------------- 이하 생략 -------------------------------
```

-h 옵션은 후이즈 DNS 서버에서 정보를 출력한다. 참고로 whois.nic.or.kr에서는 kr로 끝나는 도메인에 대한 정보를 가지고 있다. 이는 .com, .net, .org로 끝나는 서버 정보는 검색하지 못한다.

```
$ whois -h whois.nic.or.kr kisa.or.kr
------------------------------- 중략 -------------------------------
# ENGLISH
Domain Name                    : kisa.or.kr
```

```
Registrant                    : KISA
Registrant Address            : , Garakbon-dong , Songpa-gu, Garakbon-
dong, Songpa-gu Seoul, KR
Registrant Zip Code           : 138803
Administrative Contact(AC)    : KISA
AC E-Mail                     : webmaster@kisa.or.kr
AC Phone Number               : 02-405-5572
Registered Date               : 1996. 07. 20.
Last updated Date             : 2009. 09. 09.
Expiration Date               : 2010. 10. 15.
Publishes                     : Y
Authorized Agency             : Inames Co., Ltd.(http://www.inames.
co.kr)
------------------------------ 이하 생략 ------------------------------
```

여기서 잠깐

RPC

RPC^{Remote Procedure Call, 원격 절차 호출}는 하나의 프로그램이 네트워크 상의 또 다른 컴퓨터에 있는 프로그램에 서비스를 요청할 때 사용하는 프로토콜이다. 이 때 서비스를 요청하는 프로그램은 네트워크에 대한 상세 내용을 알 필요는 없다(절차 호출이란 때로 함수 또는 서브루틴 호출의 의미로도 사용한다). RPC는 클라이언트/서버 모델을 사용할 때 서비스를 요청하는 프로그램이 클라이언트이고, 서비스를 제공하는 프로그램이 서버이다. 다른 정상적인 또는 자체적인 프로시저의 호출과 마찬가지로 RPC도 요청하는 프로그램이 RPC의 처리 결과가 반환할 때까지 일시 정지한다. 그러나 가벼운 형태의 프로세스나 같은 주소 공간을 공유하는 스레드 등은 여러 RPC를 동시에 수행할 수 있도록 허용한다.

<table>
<tr><td>명령어</td><td>write</td><td></td><td>OS</td><td>L~U</td></tr>
<tr><td>키워드</td><td>쪽지 보내기</td><td>경로</td><td>/usr/bin/write</td><td>중요도</td><td>☆</td></tr>
<tr><td>요약</td><td colspan="5">명령행에서 간단한 메시지를 보낸다</td></tr>
</table>

❶ 이렇게 써요

```
write 사용자 [tty]
```

❶ 설명 및 예제

write 명령어는 서버에 로그인하고 있는 사용자에게 간단한 메시지를 보낼 수 있다. 굳이 비교하자면 SMS나 인터넷 사이트에서 제공하는 쪽지 보내기 기능과 비슷하다.

아래는 admin 사용자가 시스템 관리자인 root 에게 메시지를 보낸다. 메시지를 종료하려면 Ctrl + D 를 입력한다.

```
$ write root
This is test
```

위의 예에서 admin이 메시지를 보냈을 때, hanbitbook.co.kr 호스트의 root의 터미널에서 아래와 같은 메시지가 출력된다. 메시지의 끝은 EOF이다.

```
#
Message from hanbit@ns.hanbitbook.co.kr on pts/1 at 03:17 ...
This is test
EOF
```

❶ 관련 명령어

talk : 상호 대화형 메시지 보낸다.

<table>
<tr><td>명령어</td><td colspan="4">xargs</td><td>OS</td><td>L=U</td></tr>
<tr><td>키워드</td><td>표준입력을 명령으로 변환</td><td>경로</td><td colspan="2">/usr/bin/xargs</td><td>중요도</td><td>☆☆</td></tr>
<tr><td>요약</td><td colspan="6">인자를 필터링하여 넘겨주고 명령어를 다시 조합하여 처리한다</td></tr>
</table>

❶ 이렇게 써요

```
xargs [옵션] [명령어]
```

--eof[=eof-str], -e[eof-str] : EOF 또는 지정한 문자열이 출력할 때까지 xargs를 통해 필터링을 수행한다.

--help : 사용법을 출력한다.

--replace[=replace-str], -i[replace-str] : 인자로 문자열을 지정한다.

--max-lines[=max-lines], -l[max-lines] : 공백이 없는 매개변수의 행을 지정한다.

--max-args=max-args, -n max-args : 표준 입력 수(max-args)를 지정한다.

--interactive, -p : 명령을 실행할 때마다 사용자에게 확인을 요청한다.

--max-chars=max-chars, -s max-chars : 명령 행의 최대 문자 크기(max-chars)를 지정한다.

--verbose, -t : 상세한 정보를 출력한다.

--version : 버전 정보를 출력한다.

--exit, -x : -s 옵션의 지정한 크기보다 클 경우 xargs를 종료한다.

❶ 설명 및 예제

xargs는 명령어에게 인자를 필터링해서 넘겨주고 지정한 명령어를 재 조합하여 실행한다. 예제를 보면서 확인해 보자. 아래는 xargs 명령어의 조합으로 자주 사용하는 예제들이다. 현재 디렉터리의 모든 파일을 하나씩 확인하면서 .gz 파일로 압축한다.

```
# ls | xargs -p -l gzip
```

현재 디렉터리의 파일을 한 행에 10개씩 출력한다.

```
# ls | xargs -n 10 echo
```

apache라는 이름을 포함하는 패키지를 아래와 같이 삭제할 수 있다.

```
# rpm -qa |grep apache | xargs rpm -e --nodeps
```

<table>
<tr><td>명령어</td><td colspan="3">xdpyinfo</td><td>OS</td><td>L~U</td></tr>
<tr><td>키워드</td><td>X 디스플레이 정보</td><td>경로</td><td>/usr/bin/xdpyinfo</td><td>중요도</td><td>☆</td></tr>
<tr><td>요약</td><td colspan="5">X서버의 디스플레이 정보를 출력한다</td></tr>
</table>

❶ 이렇게 써요

```
xdpyinfo  [-display displayname] [-queryExtensions] [-ext extension-name]
```

❶ 설명 및 예제

xdpyinfo 명령어는 X서버의 디스플레이 정보를 출력한다.

아래 예제는 depth of 필드를 필터링하여 시스템의 컬러 심도^{color depth}만 출력한다. 현재 시스템의 컬러 심도는 24비트이다.

```
$ xdpyinfo |grep "depth of"
  depth of root window:    24 planes
```

아래는 'depths' 필드를 필터링하여 시스템에서 지원할 수 있는 컬러 심도를 출력한다. 현재 시스템은 8, 16, 24, 32비트를 지원한다.

```
$ xdpyinfo |grep "depths"
  depths (7):   24, 1, 4, 8, 15, 16, 32
```

❶ 관련 명령어

xev : X의 이벤트 값을 출력한다.

<table>
<tr><td>명령어</td><td colspan="3">xev</td><td>OS</td><td>L=U</td></tr>
<tr><td>키워드</td><td>X 이벤트 값</td><td>경로</td><td>/usr/bin/xev</td><td>중요도</td><td>☆☆</td></tr>
<tr><td>요약</td><td colspan="5">X의 이벤트 값을 출력한다</td></tr>
</table>

❶ 이렇게 써요

```
xev [옵션]
```

-display display : 연결할 X서버를 지정한다.

-geometry geom : 만일 윈도우를 생성하면 윈도우의 크기 및 위치를 지정한다.

-bw pixels : 윈도우의 경계 너비를 지정한다.

-bs {NotUseful, WhenMapped, Always} : 윈도우에 백킹 스토어$^{backing\ store}$의 종류를 지정한다. 기본값 은 NotUseful이다. 백킹 스토어는 X 응용 프로그램의 창 일부가 다른 창에 의해 가려질 때, 가려진 부분을 Xmanager가 메모리에 저장하였다가 창이 다시 나타나면 복구시켜 주는 기능이다.

-id windowid : 새로운 윈도우를 생성하는 대신에 모니터링할 윈도우(windowid)를 지정한다.

-s : 윈도우에 세이브 언더$^{save\ under}$를 활성화한다.

-name string : 윈도우의 이름(string)을 지정한다.

-rv : 윈도우를 반전 영상으로 지정한다.

❶ 설명 및 예제

xev 명령어는 키보드나 마우스의 이벤트 값으로 keycode값을 출력한다. xev 명령을 실행하면 이벤트를 입력 받을 윈도우 창이 뜨게 되며, 출력되는 keycode값은 터미널에 서 확인할 수 있다.

아래는 showkey 명령어로 한영키의 키코드를 확인하고, xev 명령어로 X윈도우에서 매핑값을 확인한다. 현재 한영키는 키코드 100에 매핑되어 있고, X윈도우에서는 이 키 코드가 이벤트 값 108로 매핑되어 있다.

```
# showkey
kb mode was RAW
[ if you are trying this under X, it might not work
since the X server is also reading /dev/console ]
press any key (program terminates 10s after last keypress)...
keycode 100 press
keycode 100 press
keycode 100 release

# xev
KeyPress event, serial 36, synthetic NO, window 0x4a00001,
```

```
    root 0x15d, subw 0x0, time 16463662, (-298,192), root:(888,752),
    state 0x0, keycode 108 (keysym 0xffea, Alt_R), same_screen YES,
    XLookupString gives 0 bytes:
    XmbLookupString gives 0 bytes:
    XFilterEvent returns: False
KeyRelease event, serial 36, synthetic NO, window 0x4a00001,
    root 0x15d, subw 0x0, time 16463771, (-298,192), root:(888,752),
    state 0x8, keycode 108 (keysym 0xffea, Alt_R), same_screen YES,
    XLookupString gives 0 bytes:
    XFilterEvent returns: False
```

❶ 관련 명령어

setkeycodes : 커널 스캔코드를 키코드로 매핑한다.
xdpyinfo : X서버의 디스플레이 정보를 출력한다.

<table>
<tr><td>명령어</td><td colspan="4">ypbind</td><td>OS</td><td>L=U</td></tr>
<tr><td>키워드</td><td>NIS 구동</td><td>경로</td><td>/sbin/ypbind</td><td>중요도</td><td>☆</td></tr>
<tr><td>요약</td><td colspan="5">NIS 바인딩 프로세스로 NIS 서버와 클라이언트를 연결한다</td></tr>
</table>

❶ 이렇게 써요

```
ypbind [옵션]
```

-broadcast : NIS 서버로 바인딩하기 위해 브로드 캐스팅한다.

-c : 설정 파일에 에러가 있는지 검사한다.

-debug : 디버그 모드로 실행한다.

-f configfile : 설정파일(configfile)을 지정한다(기본값은 /etc/yp.conf이다).

-p port : 포트를 지정한다.

--version : 버전 정보를 출력한다.

-ypset : 원격 호스트의 ypset 명령을 승인한다. 보안상 매우 위험하므로 디버깅할 때만 사용한다.

-ypsetme : ypset 요청을 로컬 호스트에만 승인한다. 이는 신뢰하지 않는 패킷이 네트워크를 깨뜨릴 수 있으므로 추천하지 않는다.

❶ 설명 및 예제

ypbind는 NIS[Network Information Service/System] 서버를 위한 바인딩 서비스 명령어로 /etc/yp.conf 설정 파일을 확인한다. 클라이언트가 NIS 맵에서 정보를 요청하면 ypbind 데몬은 이를 네트워크로 브로드캐스팅 한다. 만일 서버가 응답한다면 클라이언트는 서버 데몬에게 인터넷 주소와 포트 번호번호 정보를 넘겨 준다.

> ## 여기서 잠깐
>
> **바인드**
>
> RPC를 사용할 때 바인드[bind]한다는 것은 클라이언트 프로그램이 작업 요청을 할 수 있도록 원격지의 서버 프로그램을 위치시키는 것을 말한다. 이것은 일반적으로 중앙에 유지하고 있는 서버 프로그램들의 디렉터리에 접근함으로써 가능하다.

<table>
<tr><td>명령어</td><td>ypcat</td><td>OS</td><td>L=U</td></tr>
<tr><td>키워드</td><td>NIS 연결 확인</td><td>경로</td><td>/sbin/ypcat</td><td>중요도</td><td>☆</td></tr>
<tr><td>요약</td><td colspan="5">NIS 데이터베이스의 모든 키 값을 출력한다</td></tr>
</table>

❶ 이렇게 써요

```
ypcat [옵션] mapname
```

-d domain : NIS 도메인(domain)을 지정한다.

-k : 맵 키를 출력한다.

-t : 맵 이름을 번역하지 않는다.

-x : 맵의 이름을 별칭으로 번역하여 출력한다.

❶ 설명 및 예제

NIS 서버를 설정한 후에는 제대로 동작하는지 테스트해야 한다. 이때 ypcat 명령어는 NIS 설정 파일을 생성하고 나서 설정이 제대로 되어 있는지 확인할 수 있다.

ypcat -x 명령은 맵의 별칭 번역 테이블을 출력한다.

```
# ypcat -x
Use "ethers" for map "ethers.byname"
Use "aliases" for map "mail.aliases"
Use "services" for map "services.byname"
Use "protocolsv for map "protocols.bynumber"
Use "hosts" for map "hosts.byname"
Use "networks" for map "networks.byaddr"
Use "group" for map "group.byname"
Use "passwd" for map "passwd.byname"
```

아래와 같이 hosts.byname을 지정하여 제대로 서버에 연결되는지 확인할 수 있다.

```
# ypcat hosts.byname
```

아래는 맵 이름인 passwd를 지정하여 네트워크 전체의 암호 맵인 passwd.byname을 출력한다.

```
# ypcat passwd
```

<table>
<tr><td>명령어</td><td colspan="2">ypchfn</td><td>OS</td><td>L</td></tr>
<tr><td>키워드</td><td>사용자 정보 변경</td><td>경로 /sbin/ypchfn</td><td>중요도</td><td>☆</td></tr>
<tr><td>요약</td><td colspan="4">NIS 서버의 사용자 정보를 변경한다</td></tr>
</table>

❶ 이렇게 써요

```
ypchfn [사용자]
```

❶ 설명 및 예제

ypchfn 명령어는 RPC를 통해 서버의 yppasswdd 데몬에 접속하여 사용자 이름, 주소, 전화번호 등의 정보를 변경한다. 이는 finger 명령어로 출력하는 정보로 **yppasswd -f** 명령과 같다.

아래는 ypchfn 명령을 실행했을 때 출력하는 내용으로 로그인한 사용자의 정보를 변경하였다.

```
# ypchfn
Name [ ]:
Location [ ]:
Office Phone [ ]:
Home Phone [ ]:
```

❶ 관련 명령어

ypchsh : NIS 서버의 사용자 셸을 변경한다.
yppasswd : NIS 서버의 사용자 패스워드 및 사용자 정보를 변경한다.

<table>
<tr><td>명령어</td><td colspan="2">ypchsh</td><td>OS</td><td>L</td></tr>
<tr><td>키워드</td><td>셸 변경</td><td>경로 /sbin/ypchsh</td><td>중요도</td><td>☆</td></tr>
<tr><td>요약</td><td colspan="4">NIS 서버의 사용자 셸을 변경한다</td></tr>
</table>

❶ 이렇게 써요

```
ypchsh [사용자]
```

❶ 설명 및 예제

ypchsh 명령어는 chsh 명령어와 같은 기능으로 RPC를 통해 서버의 yppasswd 패스워드 데몬에 접속하여 셸을 변경할 수 있다. 이는 **yppasswd -l** 명령과 동일하다.

아래는 ypchsh을 실행할 때는 현재 사용하는 셸인 /bin/bash 정보를 출력하고 변경하려는 셸을 입력해야 한다.

```
# ypchsh
Password:
New shell [/bin/bash]:
```

❶ 관련 명령어

ypchfn : NIS 서버의 사용자 정보를 변경한다.
yppasswd : NIS 서버의 사용자 패스워드를 변경한다.

<table>
<tr><td>명령어</td><td>ypmatch</td><td>OS</td><td>L=U</td></tr>
<tr><td>키워드</td><td>키 값 보기</td><td>경로</td><td>/sbin/ypmatch</td><td>중요도</td><td>☆</td></tr>
<tr><td>요약</td><td colspan="5">NIS 맵 내에서 지정한 키 값을 출력한다</td></tr>
</table>

❶ 이렇게 써요

```
ypmatch [옵션] key...mapname
```

-d domain : NIS 도메인(domain)을 지정한다.

-k : 맵 키를 출력한다.

-t : 맵 이름을 별칭으로 번역하지 않는다.

-x : 맵 별칭 테이블을 출력한다.

❶ 설명 및 예제

ypmatch 명령어는 NIS 맵에서 하나 이상의 키와 연관된 값을 출력한다. 아래는 **ypmatch -x**로 맵 별칭 테이블을 출력한다.

```
# ypmatch -x
Use "ethers" for map "ethers.byname"
Use "aliases" for map "mail.aliases"
Use "services" for map "services.byname"
Use "protocols" for map "protocols.bynumber"
Use "hosts" for map vhosts.byname"
Use "networks" for map "networks.byaddr"
Use "group" for map "group.byname"
Use "passwd" for map "passwd.byname"
```

아래 예제는 위의 출력 내용 중에서 NIS 도메인의 hosts 맵인 host1 키를 출력한다. -d 옵션은 도메인에 대한 정보를 -k 옵션은 지정한 맵 키를 출력한다.

```
# ypmatch -d nis -k host1 hosts
```

<table>
<tr><td>명령어</td><td>yppasswd</td><td>OS</td><td>L=U</td></tr>
<tr><td>키워드</td><td>패스워드 변경</td><td>경로</td><td>/sbin/yppasswd</td><td>중요도</td><td>☆</td></tr>
<tr><td>요약</td><td colspan="5">NIS 서버의 사용자 패스워드 정보를 변경한다</td></tr>
</table>

❶ 이렇게 써요

yppasswd [옵션] [사용자]

-f : ypchfn 명령어와 같다.
-l : ypchsh 명령어와 같다.
-p : 패스워드를 변경한다.
-?, --help : 사용법을 출력한다.
--usage : 간단한 사용법을 출력한다.
--version : 버전 정보를 출력한다.

❶ 설명 및 예제

NIS 패스워드와 그룹파일은 일반적으로 /var/yp/ypfiles/ 디렉터리에 저장한다. NIS 서버는 일반적인 시스템 관리 명령어인 passwd, chfn, adduser 대신에 yppasswd 명령어로 패스워드 데몬을 띄운 후에 yppasswd, ypchsh, ypchfn 등의 명령어로 사용자 정보를 변경할 수 있다.

아래는 admin 사용자의 NIS 암호를 변경하는 예제이다.

```
# yppasswd admin
New password:
Retype new password:
passwd: all authentication tokens updated successfully
```

yppasswd -f 명령은 ypchfn 명령과 같은 역할을 한다.

```
# yppasswd -f admin
```

yppasswd -l 명령은 ypchsh 명령과 같은 역할을 한다.

```
# yppasswd -l admin
```

❶ 이렇게 써요

```
yppoll [옵션] mapname
```

-d domain : 도메인(domain)을 지정한다.
-h host : 호스트 서버(host)를 지정한다. 기본 서버 정보는 ypwhich 명령으로 찾는다.

❶ 설명 및 예제

yppoll 명령어는 ypserv 데몬으로 mapname의 NIS 맵과 버전 정보를 출력한다.

여기서 잠깐

압축 관련 확장자

대중적인 압축 파일

· .zip : 도스 시절의 pkzip 부터 사용한 압축 형식으로 대부분의 운영 체제와 압축 프로그램에서 지원하는 가장 대중적인 압축 형식이다.
· .rar : 러시아에서 처음 개발하였으며, 압축률이 높으면서 최초로 분할 압축을 지원하여 상당한 인기를 모았다.
· .tar : tar 명령어를 이용하여 생성하는 파일 형식으로 원래는 테이프 백업을 위한 명령어였다. 이 방식은 압축이 아니라 여러 파일을 하나로 묶는 형태이다. 그 이유는 백업한 파일이 잘못되었더라도 압축하지 않은 파일은 일부라도 복구할 수 있는 가능성이 높기 때문이다.
· .tgz : tar로 묶은 파일을 gzip으로 압축한 파일 형식이다.
· .gz : gzip에서 사용하는 압축 형식으로 원래는 OS/2에서 개발되었다. 하나의 파일만을 압축할 수 있으므로 주로 .tar와 함께 사용하며 이 때는 .tar.gz 혹은 .tgz 확장자를 사용한다.
· .bz2 : bzip2에서 사용하는 압축 형식으로 하나의 파일만 압축할 수 있으므로 주로 .tar와 함께 사용한다. 이 때는 .tar.bz2 형식의 확장자를 사용한다.
· .arj : arj와 WinArj에서 사용하며 분할 압축을 지원하는 압축 형식이다. 유닉스와 리눅스에서도 사용할 수 있다.
· .z : compress, uncompress에서 사용하는 파일 형식이다.

알아두면 좋은 압축 파일

· .alz : 국산 소프트웨어인 알집에서 사용하는 분할 압축을 지원하는 압축 형식이다.
· .ace : ACE에서 사용하는 분할 형식을 지원하는 압축 형식으로 성능이 상당히 뛰어나다. 완벽한 멀티 볼륨과 안정적인 압축으로 인기를 모으고 있다.
· .cab : 마이크로소프트에서 사용하는 압축 형식이다.
· .hqx : 맥에서 제작된 파일을 인터넷에서 문서를 주고 받을 때 사용하는 형식이다.
· .ice : ice에서 사용하는 압축 형식으로 실제 내용은 lha와 같다.
· .jar : 자바의 jar.exe에서 사용하는 압축 형식으로 내부적으로 zip 압축 알고리즘을 사용한다.
· .lha, lzh : lha에서 사용하던 압축 형식으로 Lempel-Ziv 알고리즘을 사용한다.
· .mim : 인터넷에서 문서를 주고 받을 때 사용하는 형식이다
· .pak : pak.exe에서 사용하는 압축 형식이다.

키워드	NIS 전체 반영	경로	/usr/sbin/yppush	중요도	☆
요약	NIS 서버의 데이터베이스를 업데이트 한다				

❶ 이렇게 써요

gpasswd [옵션] 그룹명

yppush [옵션] mapname
-d domain : 도메인(domainname)을 지정한다.
-h host : 호스트 서버(host)를 지정한다. 기본 서버는 ypwhich 명령으로 찾는다.

❶ 설명 및 예제

yppush 명령어는 마스터 서버에서 업데이트한 데이터베이스 정보를 슬레이브 서버에 적용한다. 슬레이브 서버에서는 yppush 명령어로 변경 사항을 검사한 후 업데이트한다.

여기서 잠깐

파일시스템 모두 복사하기

아래는 파일 시스템 전체 혹은 하나의 디렉터리 트리 구조를 /copy 디렉터리로 내용을 똑같게 복사할 수 있다. 아래 예제에는 /targetdir 디렉터리 모든 내용을 /copy 디렉터리로 복사한다.

```
# mkdir /copy
# cd /targetdir
# find . -depth -print | cpio -pmdvl /copy
```

<table>
<tr><td>명령어</td><td>ypserv</td><td></td><td></td><td>OS</td><td>L=U</td></tr>
<tr><td>키워드</td><td>NIS 서버</td><td>경로</td><td>/usr/sbin/ypserv</td><td>중요도</td><td>☆</td></tr>
<tr><td>요약</td><td colspan="5">NIS 서버 명령어</td></tr>
</table>

❶ 이렇게 써요

```
ypserv [옵션]
```

❶ 설명 및 예제

ypserv는 NIS[Network Information Services] 서버에서 클라이언트에 브로드캐스트로 서버의 위치 정보를 알려주고, 클라이언트의 요청을 받아서 응답 처리를 한다.

기본 설정 파일은 /etc/ypserv.conf로 특별하게 수정할 사항은 없다.

```
# cat /etc/ypserv.conf
#
# Some options for ypserv. This things are all not needed, if
# you have a Linux net.
dns: no
# Not everybody should see the shadow passwords, not secure, since
# under MSDOG everbody is root and can access ports < 1024 !!!
* : shadow.byname : port : yes
* : passwd.adjunct.byname : port : yes
# a rule for them above, that's much faster.
* : * : none
```

ypserv 명령어는 /var/yp/securenets 파일에서 지정한 IP 범위의 호스트에만 응답한다.

```
# cat securenets
#
# Always allow access for localhost
255.0.0.0 127.0.0.0
# This line gives access to everybody. PLEASE ADJUST!
0.0.0.0 0.0.0.0
```

모든 설정이 완료되면 아래와 같이 ypserv 데몬을 실행한다.

```
# /etc/init.d/ypserv start
```

<table>
<tr><td>명령어</td><td colspan="3">zcat</td><td>OS</td><td>L=U</td></tr>
<tr><td>키워드</td><td>압축된 파일 내용</td><td>경로</td><td>/bin/zcat</td><td>중요도</td><td>☆☆</td></tr>
<tr><td>요약</td><td colspan="5">압축되어 있는 텍스트 파일의 내용을 출력한다</td></tr>
</table>

❶ 이렇게 써요

```
zcat [옵션] [파일...]
```

-c --stdout --to-stdout : 압축 파일을 변환하지 않고 출력한다.

-d --decompress : 압축을 해제한다.

-f --force : 출력 파일을 강제로 덮어쓴다.

-h --help : 사용법을 출력한다.

-l --list : 압축된 파일들의 목록을 출력한다.

-L, --license : 소프트웨어 라이센스 정보를 출력한다.

-n --no-name : 원본 파일의 이름과 시간을 저장하지 않는다.

-N --name : 원본 파일의 이름과 시간을 저장한다.

-q --quiet : 경고 메시지를 출력하지 않는다.

-r --recusive : 현재 디렉터리를 기준으로 하위 모든 디렉터리까지 동작한다.

-S .suf -suffix .suf : .suf 확장자로 압축한다.

-t --test : 압축된 파일을 체크하기 위해 테스트한다.

-v --verbose : 상세한 정보를 출력한다.

-1 --fast : 좀 더 빠른 속도로 압축한다.

-9 --best : 압축률을 높인다.

❶ 설명 및 예제

zcat 명령어는 gzip과 compress 명령어로 압축한 파일의 내용을 출력한다. 이는 **gunzip -c** 옵션과 같다.

아래와 같이 gzip으로 압축한 파일이 있다고 가정하자.

```
$ file backup.tar.gz
backup.tar.gz: gzip compressed data, from Unix, last modified: Sun Jul
4 17:38:15 2010
```

zcat 명령은 gzip으로 압축한 파일의 내용을 출력한다.

```
$ zcat backup.tar.gz | more
myproject/


0000000
```

```
if SERIAL_SPEED_SIMULATION
SERIAL_FLAGS = -DSUPPORT_SERIAL=1 -DSIMULATE_SLOWNESS_OF_SERIAL=1
else
SERIAL_FLAGS = -DSUPPORT_SERIAL=1
endif
```

-l 옵션은 압축한 파일의 목록과 정보를 출력한다.

```
$ zcat -l backup.tar.gz
        compressed        uncompressed  ratio uncompressed_name
         1147003              4679680  75.5% backup
```

❶ 관련 명령어

gzip : 파일을 압축하거나 해제한다.
gunzip : 압축된 파일을 해제한다.

<table>
<tr><td>명령어</td><td>zcmp, zdiff</td><td></td><td>OS</td><td>L</td></tr>
<tr><td>키워드</td><td>압축한 파일 비교</td><td>경로</td><td>/usr/bin/zcmp</td><td>중요도</td><td>☆☆</td></tr>
<tr><td>요약</td><td colspan="4">압축한 파일의 내용을 비교한다</td></tr>
</table>

❶ 이렇게 써요

```
zcmp [옵션] 파일1 파일2
```

❶ 설명 및 예제

zcmp과 zdiff 명령어는 cmp 혹은 diff 명령어와 동일하게 압축한 파일 내용을 비교하여 차이점을 출력한다. 하나의 인자만 지정하면 file1.gz 파일을 자동으로 압축 해제한 후에 file1 파일과 비교한다.

```
$ zcmp file1.gz
cmp: file: No such file or directory
```

아래와 같이 인자로 지정한 두 압축 파일을 비교하여 출력한다. file1.gz 내용 중 2번째에서 7번째 행은 file2.gz 파일에는 없는 내용이다.

```
# zcmp file1.gz file2.gz
- /tmp/gz.sByTng differ: char 17, line 2

# zdiff file1.gz file2.gz
2,7d1
<
< # Get the aliases and functions
< if [ -f ~/.bashrc ]; then
< . ~/.bashrc
< fi
<
```

❶ 관련 명령어

cmp : 파일 비교 명령어(diff 명령의 간단한 버전)
diff : 두 파일 간의 차이점을 보여주는 명령어

| 명령어 | **zdump** | | | OS | L=U |

<table>
<tr><td>명령어</td><td colspan="3">zdump</td><td>OS</td><td>L=U</td></tr>
<tr><td>키워드</td><td>타임 존 덤프</td><td>경로</td><td>/usr/sbin/zdump</td><td>중요도</td><td>☆</td></tr>
<tr><td>요약</td><td colspan="5">타임 존의 시간을 출력한다</td></tr>
</table>

❶ 이렇게 써요

```
zdump [옵션] [zonename]
```

-v : 자세한 정보를 출력한다.

❶ 설명 및 예제

zdump 명령어는 아래와 같이 타임 존에서 해당하는 시간 정보를 출력한다.

```
$ zdump EST
EST  Sun Jul  4 19:57:49 2010 EST
```

아래는 KST 타임 존의 시간을 출력한다.

```
$ zdump KST
KST  Mon Jul  5 00:57
53 2010 KST
```

아래와 같이 타임 존의 디렉터리에는 모든 zone 데이터를 포함하고 있다.

```
$ ls -F /usr/share/zoneinfo/
Africa/      Canada/    Factory    Iceland    MST7MDT    Portugal    W-SU
America/     Chile/     GB         Indian/    Mexico/    ROC         WET
Antarctica/  Cuba       GB-Eire    Iran       Mideast/   ROK         Zulu
Arctic/      EET        GMT        Israel     NZ         Singapore   iso3166.tab
Asia/        EST        GMT+0      Jamaica    NZ-CHAT    SystemV/    localtime@
Atlantic/    ST5EDT     GMT-0      Japan      Navajo     Turkey      posix/
Australia/   Egypt      GMT0       Kwajalein  PRC        UCT         posixrules
Brazil/      Eire       Greenwich  Libya      PST8PDT    US/         right/
CET          Etc/       HST        MET        Pacific/   UTC         zone.tab
CST6CDT      Europe/    Hongkong   MST        Poland     Universal
```

<table>
<tr><td>명령어</td><td>zmore</td><td>OS</td><td>Ⓛ</td></tr>
<tr><td>키워드</td><td>텍스트 압축 파일</td><td>경로</td><td>/usr/bin/zdump</td><td>중요도</td><td>☆☆</td></tr>
<tr><td>요약</td><td colspan="5">텍스트로 압축한 파일을 화면 단위로 출력한다</td></tr>
</table>

❶ 이렇게 써요

```
zmore [파일...]
```

❶ 설명 및 예제

zmore 명령어는 텍스트 문서 형식의 압축 파일을 하나의 화면 단위로 출력한다. zmore 명령어를 이용하면 텍스트로 이루어진 디렉터리를 압축한 backup.tar.gz 파일 내용을 출력할 수 있다.

```
$ zmore backup.tar.gz
myproject/

0000000



if SERIAL_SPEED_SIMULATION
SERIAL_FLAGS = -DSUPPORT_SERIAL=1 -DSIMULATE_SLOWNESS_OF_SERIAL=1
else
SERIAL_FLAGS = -DSUPPORT_SERIAL=1
endif
```

명령어	**znew**			OS	Ⓛ
키워드	.gz로 변환	경로	/usr/bin/znew	중요도	☆☆☆
요약	.Z 파일을 .gz로 변환한다				

❶ 이렇게 써요

```
znew [옵션] [파일명.Z]
```

-f : .gz 파일이 있더라도 .Z파일을 .gz파일로 다시 압축한다.

-t : 원본 파일을 삭제하기 전에 새로운 파일을 테스트한다.

-v : 상세한 정보를 출력한다.

-9 : 속도는 늦어지지만 압축률을 높인다.

-K : 원본 파일이 .gz 파일보다 작다면 그냥 원래대로 유지한다.

-P : 파이프를 이용한다.

❶ 설명 및 예제

znew 명령어는 compress 명령으로 압축한 .Z 파일을 gzip 명령어로 압축한 .gz 파일로 변환한다. 아래 예제는 compress 명령어로 foo 파일을 압축하고, znew 명령어로 압축된 foo.Z 파일을 foo.gz 파일로 변환한다.

```
# compress foo
# ls
foo.Z
# znew foo.Z
# ls
foo.gz
```

2부

데몬 및 서버설정

유닉스나 리눅스의 수많은 서비스 중 우리 눈에 보이는 것은 일부분에 지나지 않는다. 우리가 모르는 사이에 동작하며 서비스를 제공하고 시스템을 조화롭게 돌아가도록 하는 것이 바로 데몬이다. 사용자가 잊어 버릴 정도로 조용하지만 주어진 상황에서의 요청을 하나씩 처리해 내는 데몬을 살펴보자.

데몬이란?

터미널 세션과 연결되어 있지 않은 백그라운드 프로세스이다. 예약된 시간이나 이벤트의 요청이 발생했을 때 지정된 서비스가 실행 된다. 데몬 서비스 실행 스크립트들은 /etc/init.d 디렉터리 아래에 있다. 일부 다른 배포판은 /etc/rc.d/init.d 디렉터리로 소프트 링크가 되어 있다.

서버 실행 모드와 슈퍼 데몬

데몬 실행 방법에는 슈퍼 데몬 모드와 독립 실행 모드가 있다. 슈퍼 데몬은 xinetd라는 하나의 서버 데몬으로 여러 서비스를 한꺼번에 관리하여, 서비스 요청이 많지 않은 서비스들을 모아서 같이 관리할 때 유용하다. 요구가 뜸한 서비스들을 하나의 xinetd 데몬에서 관리하면, 그 만큼 불필요한 리소스 사용을 줄일 수 있기 때문이다. 관련된 서비스 설정은 /etc/xinetd 디렉터리에 있는 파일들을 수정해야 한다. 참고로 레드햇 7.0 버전이전에서는 inetd라는 이름으로 /etc/inetd.conf 파일에서 설정한다.

각 서비스 데몬을 하나씩 독립적으로 실행하는 것을 독립 실행 모드Standalon라고 한다. 이는 서비스 요청이 많은 서비스일 때 사용하며 보통 웹, 메일, 네임 서버 등이 이에 해당한다.

아래 디렉터리에서는 서버나 시스템과 관련된 많은 데몬 서비스를 볼 수 있다.

```
# ls /etc/init.d/
FreeWnn dhcpd kadmin mcserv ptal-init sendmail xfs adsl functions
kdcrotate mysqld pxe single xinetd amd gated keytable named radvd smb
ypbind anacron gpm killall netfs random snmpd yppasswdd apmd halt kprop
network rarpd squid ypserv arpwatch httpd krb524 nfs rawdevices sshd
ypxfrd atd identd krb5kdc nfslock reconfig syslog autofs ipchains kudzu
nscd routed tux bcm5820 iptables ldap ntpd rstatd ups bootparamd irda
linuxconf pcmcia rusersd vmware crond iscsi lpd portmap rwalld vncserver
dhcp-relay kWnn mars-nwe proftpd rwhod webmin
```

서버 데몬은 구동할 때 start 인자를, 멈출 때 stop을 사용한다.

```
# /etc/init.d/httpd start
# /etc/init.d/httpd stop
```

또는 아래와 같은 방법으로 service 명령을 이용하여 서비스 데몬을 구동한다.

```
# service httpd start
# service httpd stop
```

서비스 데몬을 재실행은 start, stop 대신 restart를 사용한다.

```
# /etc/init.d/httpd restart
Stopping httpd ...........................[OK]
Starting httpd ...........................[OK]
```

레드햇 배포판에서는 ntsysv 명령을 사용하여 부팅 시 실행 데몬을 관리한다. chkconfig 명령으로도 설정할 수 있지만 ntsysv는 메뉴방식을 제공하므로 설정이 더 쉽다.

```
# ntsysv
```

서비스를 실행 데몬으로 등록하고 싶다면 ntsysv에서 실행할 데몬을 찾아 스페이스바로 선택한 후 확인 버튼을 누르면 된다. 실행 데몬을 해제하는 방법은 등록 방법과 같다.

데몬 이름	설명
adsl	ADSL 접속 스크립트
amd	디바이스 마운트 및 NFS 호스트 자동 마운트 데몬
anacron	전원이 꺼져 있던 중 실행되지 않는 cron을 실행하는 스크립트
apmd	배터리 상태를 모니터링하고, syslog에 로그를 남긴다.
	배터리가 적을 때는 시스템을 셧다운시킬 수 있다.
arpwatch	이더넷/IP 어드레스 조합을 추적 유지하는 arpwatch 명령 데몬
atd	지정된 시간에 맞춰 실행되는 at 명령 실행 스케쥴링을 위한 데몬
autofs	파일 시스템을 자동 마운트해주는 데몬
comsat	diff 클라이언트에서 새로운 메일이 왔을 때 알려주는 데몬(슈퍼데몬)
crond	지정된 사용자 프로그램을 주기적인 예약된 시간에 실행하는 데몬
dhcp-relay	DHCP 릴래이 에이전트을 위한 스크립트
dhcpd	DHCP 서버 데몬
finger	원격 사용자가 접속된 시스템의 로그인 이름과 마지막으로 로그인한 시간 등의 정보를 볼 수 있게 허락하는 서비스 데몬(슈퍼 데몬)

gated	라우팅 데이터베이스와 다중 라우팅을 지원하는 프로토콜 모듈의 핵심 서비스로 구성되어 있는 데몬
gpm	텍스트 기반의 어플리케이션에서 마우스를 사용할 수 있도록 해주는 마우스 서버 데몬
httpd	apache 웹서버 데몬
identd	누가 어떤 TCP 서비스를 수행하는지 추적하는 데몬
imap	IMAP은 메일 서버에서 메일 클라이언트로 메일을 전달하는 표준의 하나로, IMAP을 지원하는 서비스 데몬
pop3	pop3는 메일 서버에서 메일 클라이언트로 메일을 전달하는 표준의 하나로, pop3를 지원하는 서비스 데몬
iptables	커널 2.4.X 이상에서 지원하는 패킷 필터링 기반 방화벽 서비스 데몬
irda	IrDA 지원을 실행/정지하는 하는 셸 스크립트
iscsi	iSCSI 데몬
kdcrotate	/etc/krb5.conf의 KDCs의 목록을 교대시키는 셸 스크립트
keytable	/etc/sysconfig/keyboard에 설정된 키보드 매핑 정보를 읽어오는 데몬. 키보드 매핑 정보 변경은 kbdconfig 유틸리티를 사용
kudzu	하드웨어 검사 및 추가, 변경된 하드웨어를 찾는 스크립트
ldap	LDAP[Lightweight Directory Access Procotol]는 표준 디렉터리 서비스를 실행/정지하는 셸 스크립트
linuxconf	시스템 설정에 필요한 다양한 작업을 하는 linuxconf의 정책을 적용하는 데몬
lpd	프린터 작업을 위한 프린터 데몬
mysqld	mysql 데이터베이스 데몬
named	네임 서버 데몬
network	부팅할 때 모든 네트워크 인터페이스를 작동시키는 스크립트
nfs	NFS 서버 데몬
nfslock	NFS 파일 잠금 서비스를 실행/정지하는 셸 스크립트
pcmcia	PCMCIA 기기를 지원하는 서비스 데몬
portmap	RPC[Remote Procedure Call] 포트매퍼 NFS, NIS, amd, mcserv 등 RPC를 사용하는 프로그램을 위해 실행하는 중요 데몬
proftpd	FTP 서버 서비스 데몬
random	시스템에 필요한 난수를 발생/저장하는 스크립트
rarpd	RARP[Reverse Address Resolution Protocol]을 요청하는 서비스 데몬
rawdevices	초기 디바이스를 블록 디바이스(하드 드라이브 피티션 같은)로 할당하는 셸스크립트로 /etc/sysconfig/rawdevices 파일을 불러와 매핑한다.

reconfig	/etc/reconfigSys 파일을 재설정하는 셸 스크립트
routed	자동 IP 라우터를 위한 데몬
rsync	파일 크기의 변화나 시간의 변화 등을 이용하여 파일을 동기화하는 데몬
rwhod	원격 사용자가 접속되어 있는 사용자 현황을 볼 수 있는 rwho 명령을 위한 데몬
sendmail	메일 서버 데몬
smb	삼바 네트워크 파일 서버 데몬
snmpd	네트워크 상황을 모니터링하는 SNMP[Simple Network Management Protocol] 서비스 데몬
squid	HTTP, FTP, gopher 등의 서비스의 캐싱 속도를 높여주는 데몬
sshd	Open SSH 서비스 데몬
swat	삼바 웹 어드민 도구로 웹페이지를 통해 삼바를 관리할 수 있도록 해주는 데몬
syslog	시스템의 다양한 사건을 로그로 정보를 저장하는 데몬
talk	다른 시스템의 유저와의 채팅을 위한 데몬
telnet	텔넷 서비스를 위한 데몬
tftp	TFTP[Trivial File Transfer Protocol] 서비스 데몬
webmin	시스템 관리를 위한 웹 도구인 webmin 서비스 데몬
xfs	X 폰트 서버. X윈도우에서 폰트를 쓰거나 서비스를 위한 폰트 서비스 데몬
xinetd	접속 제어 매커니즘, 확장 로깅 호환, 서버수 제한 등의 기능으로 inetd를 대체하는 슈퍼 데몬
ypbind	NIS / YP 클라이언트 측에서 실행하는 서버 데몬
yppasswdd	NIS 클라이언트 사용자가 패스워드를 변경할 수 있도록 해주는 NIS 서버 측 데몬
ypserv	표준 NIS / YP 네트워킹 프로토콜 서버

데몬	**dhcpd**			OS	L≠U
키워드	동적 IP 주소 제공	경로	/etc/init.d/dhcpd	중요도	☆☆☆
요약	bootp의 확장 프로토콜로서 클라이언트들이 부팅할 때 자동으로 동적인 IP 주소와 네트워크 정보를 가질 수 있게 하는 DHCP 서버 데몬				

❗ 설명 및 예제

DHCP란? Dynamic Host Configuration Protocol의 약자로 클라이언트에서 IP 주소를 요구하면 서버에서 IP 주소를 할당한다. 이는 초기 적재 통신 규약을 확장한 통신 규약으로서 할당된 IP 주소에 임대 기간을 설정할 수 있는 점이 초기 적재 통신 규약과 다르다.

초기 적재 통신 규약은 일반적으로 BOOTP[Bootstrap Protocol]라고 부른다. 네트워크 상에서 시스템 부팅을 제공하는 프로토콜이다.

dhcp 서버를 위한 설정은 /etc/dhcpd.conf이다. 만일 파일이 없다면 생성해보자.

```
# cat /etc/dhcpd.conf
default-lease-time 600;
max-lease-time 7200;
option subnet-mask 255.255.255.0;
option broadcast-address 192.168.0.255;
option routers 192.168.0.1;
option domain-name-servers 61.40.233.122;
option domain-name "ns.hanbitbook.co.kr";
subnet 192.168.0.0 netmask 255.255.255.0 {
range 192.168.0.10 192.168.0.30;
range 192.168.0.42 192.168.0.62;
}
```

> **주의**
> /etc/dhcpd.conf 파일에서 설정 문법 뒤에는 반드시 세미콜론(;)을 적어야 한다.

명령	설명
default-lease-time	IP 주소의 기본 임대 기간을 초 단위로 지정한다.
max-lease-time	IP 주소의 최대 임대 기간을 초 단위로 지정한다.
options subnet-mask	클라이언트 범위를 지정할 넷마스크를 설정한다.
options broadcast-address	지정한 넷마스크의 범위에 안에서 IP 대역대의 제일 마지막 IP를 지정한다.
options router	DHCP IP를 받을 클라이언트의 게이트웨이를 지정한다.

| **options domain-name-servers** | 네임 서버를 지정한다. |
| **options domain-name** | 네임 서버를 도메인 네임으로 지정한다. |

지정한 IP 대역 중 클라이언트에게 부여할 IP 범위를 지정할 수 있다.

```
subnet 192.168.0.0 netmask 255.255.255.0 {
range 192.168.0.10 192.168.0.30;
range 192.168.0.42 192.168.0.62;
}
```

위에서는 192.168.0.10~192.168.0.30와 192.168.0.42~192.168.0.62를 클라이언트에 부여했다.

```
host dhcp {
hardware ethernet 00:50:BF:28:2A:4A;
fixed-address 192.168.0.100;
}
```

네트워크 카드의 하드웨어 주소$^{MAC\ Address}$를 지정하여 이 카드에 고정적인 IP를 부여할 수도 있다.

/etc/dhcpd.conf 파일을 설정한 다음, **/etc/rc.d/init.d/dhcpd start** 명령으로 데몬을 실행한다.

```
# service dhcpd start
```

사용중인 DHCP 서버의 설정을 수정했다면 수정된 내용의 적용을 위해 서비스 데몬을 다시 시작해야 한다.

```
# /etc/init.d/dhcpd restart
```

데몬	**ftpd**			OS	L=U
키워드	ftp 데몬	경로	/etc/init.d/ftpd	중요도	☆☆
요약	파일 전송 프로토콜ftp의 서버 데몬				

❗ 이렇게 써요

```
ftpd [옵션]
```

-A : AUTH 메카니즘을 통해 인증된 사용자만 접속을 허용한다.

-d : syslog에 디버깅 로그를 저장한다.

-l : 성공하거나 실패한 각각의 ftp 세션 정보를 syslog에 로그를 저장한다.

-T timeout : 클라이언트의 최대 타임 아웃 시간(timeout, 초)을 지정한다. 기본값은 2시간이다.

-t timeout : 클라이언트가 동작하지 않고 있다가 타임아웃 시간(timeout, 초)을 지정한다.

-u umask : ftpd 프로세스의 umask를 설정한다. 기본값은 027이다.

❗ 설명 및 예제

ftpd는 DARPA 인터넷 파일 전송 프로토콜 서버 역할을 한다. 서버는 TCP 프로토콜을 사용하며 ftp 서버로 지정한 특정 포트에서 오는 요청을 기다린다.

ftp 서버는 아래에 설명한 요청을 지원한다.

FTP 요청

ABOR	이전 명령을 중지한다.
ACCT	지정한 사용자를 무시한다.
ALLO	비어있는 저장공간을 할당한다.
APPE	파일에 추가한다.
CDUP	현재 작업 디렉터리를 부모 디렉터리로 이동한다.
CWD	작업 디렉터리를 이동한다.
DELE	파일을 삭제한다.
HELP	사용법을 출력한다.
LIST	디렉터리의 파일 목록을 출력한다.
MKD	디렉터리를 생성한다.
MDTM	파일의 마지막 변경시간을 출력한다.
MODE	데이터 전송 모드를 지정한다.
NLST	디렉터리의 파일 목록만 출력한다.
NOOP	아무것도 하지 않는다.

PASS	패스워드를 지정한다.
PASV	서버간의 전송을 비교한다.
PORT	데이터 연결 포트를 지정한다.
PWD	현재 작업 중인 디렉터리를 출력한다.
QUIT	세션을 종료한다.
REST	불완전한 전송을 재시도한다.
RETR	파일을 수정한다.
RMD	디렉터리를 삭제한다.
RNFR	지정한 파일에서 파일명을 변경한다.
RNTO	지정한 파일로 파일명으로 변경한다.
SIZE	파일 크기를 출력한다.
STAT	서버의 상태를 출력한다.
STOR	파일을 저장한다.
STOU	특정한 이름으로 파일을 저장한다.
STRU	데이터 전송 구조를 지정한다.
SYST	서버 시스템의 OS 타입을 출력한다.
TYPE	데이터 전송 타입을 지정한다.
USER	사용자명을 지정한다.

데몬	**httpd**			OS	Ⓛ=Ⓤ
키워드	아파치 웹 서버	경로	/etc/init.d/httpd	중요도	☆☆☆
요약	아파치 웹 서버 데몬				

❶ 설명 및 예제

웹 서버 서비스의 구성을 위해서 가장 많이 사용되는 아파치 웹 서버를 설치한다. 대부분의 리눅스 배포판에는 기본적으로 설치되어 있다. 만약 설치되어 있지 않다면 httpd.apache.org에서 내려받자.

아파치 설정 파일은 /etc/httpd/conf/httpd.conf이다. 내용에서 #은 주석을 뜻한다.

```
# cat /etc/httpd/conf/httpd.conf | more
# Based upon the NCSA server configuration files originally by Rob
McCool.
#
# This is the main Apache server configuration file. It contains the
# configuration directives that give the server its instructions.
# See for detailed information about
# the directives.
#
# Do NOT simply read the instructions in here without understanding
# what they do. They're here only as hints or reminders. If you are
unsure
# consult the online docs. You have been warned.
#
# After this file is processed, the server will look for and process
# /etc/httpd/conf/srm.conf and then /etc/httpd/conf/access.conf
# unless you have overridden these with ResourceConfig and/or
# AccessConfig directives here.
#
# The configuration directives are grouped into three basic sections:
# 1. Directives that control the operation of the Apache server process
as a
# whole (the 'global environment').
# 2. Directives that define the parameters of the 'main' or 'default'
server,
# which responds to requests that aren't handled by a virtual host.
--More--
```

아파치 설정 파일은 크게 3가지 섹션으로 구분할 수 있다.

Global Environment

ServerRoot	서버의 루트를 결정한다.
LockFile	잠금 파일의 위치를 기록한다.
ScoreBoardFile	서버 프로세스의 상태를 기록하는 파일의 위치를 지정한다.
PidFile	서버가 동작할 때 생기는 프로세스의 PID를 기록하는 파일 위치를 지정한다.
Timeout	클라이언트가 서버로부터 파일을 받을 때 대기하는 최대 시간을 초단위로 지정한다.
KeepAlive On	자식 프로세스를 계속 유지하여 효율성을 증가시킨다.
MaxKeepAliveRequests	KeepAlive가 설정된 경우 몇 번의 연결 요청을 받을지 결정한다.
KeepAliveTimeout	KeepAlive가 설정된 경우 초 단위로 지정된 시간 후에 연결을 종료한다.
StartServers	몇 개의 프로세스로 시작할지 지정한다.
MinSpareServers, MaxSpareServers	서버 풀의 크기를 조절한다.
MaxClients	동시에 접속할 수 있는 클라이언트 최대 개수로, 최대 프로세스의 수를 지정한다.
MaxRequrestPerChild	하나의 자식 프로세스가 처리하는 최대 연결 요청 수를 설정한다.
Listen	아파치의 포트를 설정한다. 기본값은 80이다.

Main server Configuration

User와 Group	아파치 서버를 사용할 사용자와 그룹을 지정한다.
ServerAdmin	서버에 문제가 생겼을 때 연락할 메일 주소를 지정한다.
ServerName	서버 이름을 지정한다.
DocumentRoot	웹 문서의 위치를 지정한다.
⟨Directory/⟩ ⟨/Directory⟩	각 디렉터리에 대한 접근 권한을 설정한다.
UserDir	사용자 홈페이지 디렉터리를 지정한다.
ErrorLog	에러 로그가 저장될 위치를 지정한다.
LogLevel	로그 레벨을 지정한다.
LogFormat	CustomLog에서 사용하는 로그 포맷 별칭을 정한다.
CustomLog	로그 파일 이름과 형식을 지정한다.

NameVirtualHost	버츄얼 호스트를 설정한다. 설정되어 있으면 자동으로 활성화된다.
〈VirtualHost *80〉 **〈/VirtualHost〉**	버츄얼 호스트 정보를 입력한다.

httpd.conf 파일 설정 후에 ServerRoot에서 지정한 html 루트 디렉터리에 index.html 파일을 저장한다. 아래 예제에서는 ServerRoot에서 지정한 html 루트 디렉터리가 /var/www/html이라고 가정했다.

```
# ls -al /var/www/html/
합계 28
drwxr-xr-x 5 admin admin 4096 7월  2 15:06 .
drwxr-xr-x 9 admin admin 4096 7월  2 15:11 ..
-rw-r--r-- 1 admin admin  408 7월  3 09:34 index.html
```

설정을 수정한 후에는 새로운 설정이 적용되도록 반드시 아파치 서버 데몬을 다시 시작해야 한다.

```
# /etc/rc.d/init.d/httpd stop
Stopping httpd ............ [OK]
# /etc/rc.d/init.d/httpd start
Starting httpd ............ [OK]
```

제대로 동작하는지 telnet 명령으로 웹서버 포트인 80에 접속하여 확인하자. 만일 아래 예제와 같이 "Connected …" 메시지가 나타나면, 아파치 서버가 제대로 실행된 것이다.

```
# telnet localhost 80
Trying 127.0.0.1...
Connected to localhost.localdomain (127.0.0.1).
Escape character is '^]'.
```

<table>
<tr><td>데몬</td><td colspan="4">named</td><td>OS</td><td>L=U</td></tr>
<tr><td>키워드</td><td>네임 서버 서비스</td><td>경로</td><td colspan="2">/etc/init.d/named</td><td>중요도</td><td>☆☆☆</td></tr>
<tr><td>요약</td><td colspan="6">네임 서버를 서비스하는 bind 서버의 데몬</td></tr>
</table>

❶ 설명 및 예제

네임 서버는 도메인 네임을 IP로 매핑한 데이터를 가지고 있다가, 클라이언트로부터 도메인에 대한 질의가 들어오면 해당하는 IP를 알려준다. 만약 네트워크 설정에서 네임 서버를 지정하지 않았거나 지정한 네임 서버에 이상이 있을 경우, 네트워크 회선에만 문제가 없다면 웹브라우저에서 URL로는 접근할 수 없지만 IP 주소로는 접근할 수 있다. 대표적인 네임 서버로는 BindBarkeley Internet Name Domain이 있다.

아래는 레드햇 배포판 기준으로 네임 서버 설정에 필요한 파일들의 목록이다.

- /etc/named.conf : 네임 서버의 설정 파일
- /etc/resolv.conf : 시스템에서 불러오는 DNS 서버 주소를 등록하는 파일
- /etc/hosts : 간단한 DNS의 설정을 제공하는 파일
- /etc/host.conf : hosts 파일과 resolv.conf 파일 중 우선적으로 호출할 순서를 정하는 파일
- /var/named/named.ca : 루트 네임 서버에 대한 정보가 있는 데이터베이스 파일 (캐시 파일)
- /var/named/named.local : localhost에 대한 설정 파일
- /var/named/forward.zone : Public Domain에 대한 Forward zone 파일로 새롭게 생성해야 함
- /var/named/reverse.zone : Inverse Domain에 대한 Reverse zone 파일로 새롭게 생성해야 함

> **주의**
>
> 데비안 계열 배포판에서의 기본 설정 파일은 /etc/bind/named.conf 이고, 기본 디렉터리는 /var/cache/bind이다. 그 중 named.conf 파일은 named.conf.default-zone, named.conf.local, named.conf.options 파일을 포함하고 있는데, 이중에 named.conf.default-zones 파일에 forward.zone 파일의 설정 내용을 추가해 주어야 한다.

❶ named.conf 설정

named.conf 파일은 네임 서버를 위한 환경 설정 파일로 기본적으로 캐시 파일과 localhost에 대한 설정을 제공한다. 이 파일에 사용자가 사용할 도메인의 forward.zone 파일과 reverse.zone 파일에 대한 설정을 추가해야 한다. 만일 /etc/named.conf 파일이 없다면 bindconf 명령으로 기본 설정 파일을 생성하거나, /usr/share/doc/bind-version/sample/etc/에 있는 named.conf 파일을 복사하자.

아래는 hanbitbook.co.kr 도메인을 192.168.1.122 IP 주소로 하는 네임 서버를 설정하는 예이다. /etc/named.conf 파일의 기본 설정에서 아래와 같이 굵게 볼드 처리된 내용과 같이 Forward zone인 hanbitbook.zone 파일과 Reverse zone인 hanbitbook.rev 파일 설정 내용을 추가하자.

```
# vi /etc/named.conf
// Red Hat BIND Configuration Tool
//
// Default initial "Caching Only" name server configuration
//

options {
        directory "/var/named";
        dump-file "/var/named/data/cache_dump.db";
        statistics-file "/var/named/data/named_stats.txt";
        /*
         * If there is a firewall between you and nameservers you want
         * to talk to, you might need to uncomment the query-source
         * directive below.  Previous versions of BIND always asked
         * questions using port 53, but BIND 8.1 uses an unprivileged
         * port by default.
         */
        // query-source address * port 53;
};
zone "." IN {
        type hint;
        file "named.root";
};

zone "localdomain." IN {
```

```
        type master;
        file "localdomain.zone";
        allow-update { none; };
};

zone "localhost." IN {
        type master;
        file "localhost.zone";
        allow-update { none; };
};

zone "0.0.127.in-addr.arpa." IN {
        type master;
        file "named.local";
};

zone "0.0.0.0.0.0.0.0.0.0.0.0.0.0.0.0.0.0.0.0.0.0.0.0.0.0.0.0.0.0.0.0.ip6.
arpa." IN {
        type master;
        file "named.ip6.local";
        allow-update { none; };
};

zone "255.in-addr.arpa." IN {
        type master;
        file "named.broadcast";
        allow-update { none; };
};

zone "0.in-addr.arpa." IN {
        type master;
        file "named.zero";
        allow-update { none; };
};

zone "hanbitbook.co.kr." IN {
type master;
file "hanbitbook.zone";
```

```
allow-update { none; };
};
zone "1.168.192.in-addr.arpa." IN {
type master;
file "hanbitbook.rev";
allow-update { none; };
};

include "/etc/rndc.key";
```

위와 같이 Forward zone 파일과 Reverse zone 파일을 지정하는데, 파일 이름은 신청한 도메인명을 따라 hanbitbook.zone과 hanbitbook.rev로 설정한다. 위 설정에서 1.168.192.in-addr.arpa.은 192.168.1.122 호스트의 Reverse zone 설정으로 반드시 IP를 역으로 입력해야 한다. 마지막 8비트는 입력하지 않는다.

❷ hanbitbook.zone 생성

named.conf 파일에서 신청한 도메인인 hanbitbook.co.kr에 대한 Forward zone 파일과 Reverser zone 파일은 각각 hanbitbook.zone과 hanbitbook.rev라는 이름의 파일을 /var/named 디렉터리에 생성한다. 이제 /var/named로 이동하여 파일들을 살펴보자. 먼저 named.local 파일을 hanbitbook.zone 파일로 복사한다.

```
# cd /var/named
# cp named.local hanbitbook.zone
```

형식에 맞게 hanbitbook.zone 파일을 편집한다.

```
# vi /var/named/hanbitbook.zone
$TTL    86400
@       IN      SOA     ns.hanbitbook.co.kr. root.ns.hanbitbook.co.kr. (
                                42              ; Serial
                                28800           ; Refresh
                                14400           ; Retry
                                3600000         ; Expire
                                86400 )         ; Minimum
        IN      NS      ns.hanbitbook.co.kr.
        IN MX 10        mail.hanbitbook.co.kr.
```

```
ns              IN    A     192.168.1.122
hanbitbook.co.kr.   IN  A  192.168.1.122
mail            IN  A  192.168.1.122
www             IN  A  192.168.1.122
ftp             IN  A  192.168.1.122
```

주의

(1) 편집할 때 도메인 이름 다음에는 반드시 .을 찍어야 한다.
(2) 관리자 메일주소는 root@ns.hanbitbook.co.kr.이 아니라 root.ns.hanbitbook.co.kr.과 같이 입력한다.
(3) MX가 낮게 설정된 서버가 먼저 메일을 받고 실패할 경우 그 다음 서버가 메일을 받는다.

형식	설명
;	주석
TTL^{Time to Live}	Time to Live. 캐시 활성 시간으로, 서버 정보를 자주 변경하는 경우는 보다 짧게 입력하자.
@	Origin을 뜻하는 특수문자이다.
IN^{Internet}	Internet. 네트워킹 주소 클래스
SOA^{Start Of Authority}	Start Of Authority. 네임 서버 관리자 메일 주소. 해당 도메인의 모든 리소스에 대한 권리를 알려 주는 레코드이다.
NS^{Name Server}	Name Server. 네임 서버를 알린다.
MX^{Mail Exchanger}	Mail Exchanger. 지정하는 메일 서버가 2개 이상일 때 우선순위를 지정한다.
A^{Address}	Address. 도메인을 IP로 매핑하는 가장 중요한 레코드이다.

그 외에도 CNAME과 HINFO 레코드가 있다. CNAME^{Canonical NAME}은 하나의 도메인을 알리아스로 사용할 수 있으며, HINFO^{Host INFOrmation}는 네임 서버의 설명을 나타낸다.

❸ hanbitbook.rev 생성

Forward zone 파일인 hanbitbook.zone을 생성했다면, Reverse zone 파일인 hanbitbook.rev 파일을 생성한다. 형식은 거의 같으며 A 레코드를 PTR 레코드로 지정하면 된다.

아래와 같이 hanbitbook.rev 파일을 생성하기 위해 named.local 파일을 복사한다.

```
# cp named.local hanbitbook.rev
```

hanbitbook.rev 파일을 다음과 같이 편집한다.

```
# vi /var/named/hanbitbook.rev
TTL     86400
@       IN      SOA     ns.hanbitbook.co.kr. root.ns.hanbitbook.co.kr. (
                                42          ; Serial
                                28800       ; Refresh
                                14400       ; Retry
                                3600000     ; Expire
                                86400 )     ; Minimum
        IN      NS      ns.hanbitbook.co.kr.
122     IN      PTR     ns.hanbitbook.co.kr.
```

기본 형식은 Forward zone 파일과 같으며 IP를 도메인으로 매핑할 수 있도록 A 레코드 대신 PTR[Pointer] 레코드를 사용한다.

❹ 그 외 설정

/etc/resolv.conf 파일에 다른 네임 서버의 주소를 등록한다. 네임 서버를 여럿 등록할 수도 있다. 여러 개의 네임 서버가 지정되면 입력된 순서대로 주소를 질의한다. 네임 서버는 NIC나 KRNIC 네임 서버를 등록하는 편이 좋다. IP 주소는 아래와 같다.

```
# cat /etc/resolv.conf
nameserver 192.168.1.122
nameserver 168.126.63.1
```

/etc/hosts 파일은 간단한 네임 서버의 역할을 하는 것으로써, 자주 쓰는 도메인에 대한 알리아스를 지정할 수도 있다.

```
# cat /etc/hosts
# Do not remove the following line, or various programs
# that require network functionality will fail.
127.0.0.1 localhost.localdomain localhost
192.168.1.122 ns.linuxroot.co.kr. ns
```

/etc/host.conf 파일에서 아래와 같이 hosts와 bind에 대한 동작 순서를 설정한다.

```
# cat /etc/host.conf
order hosts,bind
```

❺ 오류 확인 및 데몬 재실행

기본 설정을 마쳤다면 named-checkconf 명령으로 named.conf 파일의 문법을 검
사할 수 있다.

```
# named-checkconf /etc/named.conf
```

named-checkzone 명령은 zone 파일에 대한 문법을 검사할 수 있다.

```
# named-checkzone hanbitbook.co.kr /var/named/hanbitbook.zone
zone hanbitbook.co.kr/IN: loaded serial 42
OK
```

설정을 모두 마쳤다면 네임 서버 데몬을 재실행하자.

```
# /etc/init.d/named restart
```

설정 파일의 문법은 맞더라도 제대로 동작하는지는 nslookup 명령으로 재확인하는 편
이 좋다. 자세한 예제는 nslookup 명령어를 살펴보자.

데몬	**nfs**			OS	L=U
키워드	NFS 서버 서비스	경로	etc/init.d/nfs	중요도	☆☆☆
요약	NFS 서버를 구동하는 서버 데몬				

❶ 설명 및 예제

NFS$^{\text{Network File System}}$을 이용하면 유닉스 시스템 간에 파일시스템을 원격으로 마운트하여 공유 할 수 있다. 네트워크 파일 시스템의 공유 설정을 위해서 /etc/exports 파일을 수정해야 한다.

```
# vi /etc/exports
/hdc1 client.hanbitbook.co.kr(ro)
/movie 192.168.1.2(rw)
```

첫 번째 줄은 client.hanbit.book.co.kr 호스트가 /hdc1 디렉터리를 읽기 전용, 두 번째 줄은 192.168.1.2 호스트가 /movie 디렉터리를 읽기와 쓰기용으로 마운트할 수 있도록 허용하는 설정이다. 설정 파일에서 괄호 안에 자주 쓰이는 옵션은 다음과 같다.

옵션	설명
ro	읽기 전용으로 마운트를 허용한다. 기본값이다.
rw	읽기 및 쓰기로 마운트를 허용한다
noaccess	허용된 디렉터리 중 일부 디렉터리에 대해 허가를 제한한다.
root_squash	클라이언트에서의 root 요청을 서버의 nobody와 같은 익명 UID, GID로 지정하여 root 권한으로 접근을 거부한다. 기본값이다.
no_root_squash	root_squash와 반대로 서버와 클라이언트에서의 root 권한으로의 접근을 허용한다.
all_squash	root를 제외한 서버와 클라이언트의 사용자 UID, GID를 같은 권한으로 일치시킨다.
no_all_squash	all_squash와 반대로 모든 사용자의 UID, GID를 nobody로 지정한다.

설정을 수정한 후에는 nfs 데몬을 실행한다.

```
# /etc/init.d/nfs start
Starting nfs .............. [OK]
```

서버 설정이 에러 없이 끝났다면, 유저의 리눅스 시스템에서 아래와 같이 **mount –t nfs** 명령으로 원격 서버의 파일 시스템을 마운트해보자. 시스템 타입은 nfs로 지정하고, hanbitbook.co.kr NFS 서버 호스트에서 접근을 허용해 준 /hdc1 디렉터리를 클라이언트의 /mnt/data 디렉터리로 마운트한다.

```
# mount -t nfs hanbitbook.co.kr:/hdc1 /mnt/data
```


여기서 잠깐

관련 파일 위치

/var/lib/dpkg/available - 시스템에서 이용할 수 있는 패키지 정보

/var/lib/dpkg/status - 시스템에서 이용할 수 있는 패키지 상태 정보

/etc/apt/sources.list - APT 패키지 소스 목록

/etc/apt/apt.conf - APT 설정 파일

/etc/dpkg/dpkg.cfg - dpkg의 기본 옵션을 포함한 설정 파일

/var/chche/apt/archives - APT 패키지의 캐쉬 아카이브 파일 디렉터리

데몬	**proftpd**				OS	L~U
키워드	ftp 서버 서비스		경로	/etc/init.d/proftpd	중요도	☆☆☆
요약	ftp 서비스를 위한 proftp 서버 데몬					

❶ 설명 및 예제

FTP는 클라이언트와 서버 사이에 파일을 전송하기 위한 프로토콜이다. proftp 서버 관련 명령어들은 다음과 같다.

- /etc/ftpusers : ftp에 접속을 거부할 계정 리스트
- /etc/pam.d/ftp : ftp 보안 관련 설정 파일
- /etc/proftpd.conf or /etc/proftpd/proftpd.conf : proftpd 기본 설정 파일
- /etc/rc.d/init.d/proftpd : proftpd standalone 데몬
- /var/ftp/incoming : anonymous ftp 파일 업로드 디렉터리
- /var/ftp/pub : anonymous ftp 파일 다운로드 디렉터리
- /usr/bin/ftpcount : 각 proftpd server 설정에 접속되어 있는 user의 숫자 출력
- /usr/bin/ftpwho : 각 ftp user들의 현재 process 정보 출력
- /usr/bin/ftpls : ftp 디렉터리 목록 출력
- /usr/bin/ftpcopy : 목적지 ftp에서 파일 다운로드
- /var/log/xferlog : ftp 로그 파일

❶ /etc/ftpusers

ftpusers 파일에 등록된 유저는 ftp 접속 요청이 거부된다. 여기에는 시스템 유저도 포함되어 있다.

```
# cat /etc/ftpusers
root
bin
daemon
adm
lp
sync
---중략---
anonymous
```

anonymous 계정이 ftpusers에 포함되어 있으면, 이 서버는 익명 사용자의 접근을 거부한다.

❷ /etc/pam.d/ftp

PAM^{Pluggable Authentication Modules}은 시스템 관리자가 응용프로그램이 사용자를 인증하는 방법을 선택할 수 있는 공유 라이브러리 묶음이다.

```
# cat /etc/pam.d/ftp
# %PAM-1.0
auth required /lib/security/pam_listfile.so item=user sense=deny file=/etc/
ftpusers onerr=succeed
auth required /lib/security/pam_pwdb.so shadow nullok
# This is disabled because anonymous logins will fail otherwise,
# unless you give the 'ftp' user a valid shell, or /bin/false and add
# /bin/false to /etc/shells.
#auth required /lib/security/pam_shells.so
account required /lib/security/pam_pwdb.so
session required /lib/security/pam_pwdb.so
```

위에서 보듯이 file=/etc/proftpd/conf/ftpusers라고 설정되어 있기 때문에 ftpusers 파일에 있는 사용자들은 sense=deny에 의해 거부된다.

❸ /etc/proftpd.conf

```
# cat /etc/proftpd.conf
ServerName "Proftpd FTP Server"
ServerType standalone
DefaultServer on
Port 21
Umask 022
MaxInstances 30
User nobody
Group nobody
UseReverseDNS off
IdentLookups off
AuthPAMAuthoritative on
```

```
RootLogin off
DenyFilter \*.*/
DeferWelcome on
TimesGMT off
TimeoutIdle 0
TimeoutNoTransfer 0
TimeoutLogin 300
DisplayLogin /etc/proftpd/welcome.msg
DisplayFirstChdir .message
<Directory /*>
AllowOverwrite on
</Directory>
```

지시자	설명
ServerName	ftp 서버 이름
ServerType	ftp 데몬이 슈퍼데몬인 inetd에 의해 구동될 것인지, 단독실행 방식으로 ftp를 구동할 것인지 선택
DefaultServer	기본 ftp로 설정
Port	ftp 서버가 사용하는 포트를 지정. 기본값은 21
Umask	기본값은 022
MaxInstances	최대 자식 프로세스의 수 지정
User, Group	사용자와 그룹 지정
UseReverseDNS	접속한 IP 주소에 대한 Reverselookup 허용 여부
AuthPAM Authoritative	최종 단계로 PAM 인증 사용 여부
RootLogin	root의 ftp 접속 허용 여부
DenyFilter	어떤 명령어와도 일치되지 않는 정규표현식 지정 proftpd로 들어오는 명령어 조합을 막는데 유용
DeferWelcome	Client가 인증에 성공할 때까지 server에 대한 정보 전송 지연
TimesGMT	GMT 시각 사용 여부 설정
RateReadBPS	초당 전송 바이트 지정
RateReadFreeBytes	대역폭 제한 없이 전송되는 바이트 수
RateReadHardBPS	RateReadFreeBytes를 초과하는 용량이 전송되면, RateReadBPS에 정해진 만큼 대역폭 사용

TimeoutIdle	접속자가 입력없이 서버 연결이 유지되는 초 단위 시간
TimeoutNoTransfer	접속자가 파일 전송 없이 서버 연결이 유지되는 초 단위 시간
TimeoutLogin	접속자가 인증을 유지할 수 있는 시간을 초 단위로 지정
DisplayLogin Login	로그인할 때 나타나는 메시지 지정
DisplayFirstChdir	처음으로 디렉터리를 이동 했을 때 나타나는 메시지 지정
llowOverwrite on	새로 생성될 파일로 덮어쓰기 허용

❹ /etc/init.d/proftpd

설정을 수정한 후에는, 수정된 내용을 적용하기 위해 데몬을 다시 시작한다.

```
# /etc/init.d/proftpd stop
Shutting down proftpd: Suspending NOW [OK]
# /etc/init.d/proftpd start
Allowing sessions again [OK ]
```

데몬	**sendmail**			OS	Ⓛ=Ⓤ
키워드	메일 서버	경로	/etc/init.d/sendmail	중요도	☆☆☆
요약	메일 서비스를 위한 서버 데몬				

❶ 설명 및 예제

먼저 메일과 관련된 기본적인 용어를 살펴보자.

- SMTP$^{\text{Simple Mail Transfer Protocol}}$: 메일을 보낼 때 사용되는 프로토콜(포트 번호 25)
- POP3$^{\text{Post Office Protocol}}$: 서버에 있는 메일을 클라이언트로 가져올 때 사용되는 프로토콜(포트 110)
- IMAP$^{\text{Internet Message Access Protocol}}$: 서버에 있는 메일을 클라이언트로 가져올 때 사용되는 프로토콜. POP3는 메일을 가져 오는 기능만 수행 한다면 IMAP은 메일의 상태 정보를 메일 서버와 공유한다(포트 143).
- MUA$^{\text{Mail User Agent}}$: 메일을 보내기 위해 사용되는 프로그램

  예 아웃룩, 썬더버드
- MTA$^{\text{Mail Transfer Agent}}$: 메일을 전달받아 이를 외부로 전달하는 프로그램

  예 sendmail, Qmail
- MDA$^{\text{Mail Delivery Agent}}$: 전송 받은 메일을 분류하여 해당 사용자에게 전달하는 프로그램

기본 설정 파일은 /etc/mail/sendmail.cf 파일이고, 나머지 관련 파일들은 /etc/mail/ 디렉터리에 모두 모여 있다.

```
# ls -al /etc/mail
total 276
drwxr-xr-x   3 root root  4096 Jul 25 23:44 .
drwxr-xr-x 106 root root 12288 Jul 26 17:45 ..
-rw-r--r--   1 root root   355 Mar 31 13:49 access
-rw-r-----   1 root root 12288 Jul 25 23:40 access.db
-rw-r--r--   1 root root     0 Mar 31 13:49 domaintable
-rw-r-----   1 root root 12288 Jul 25 23:40 domaintable.db
-rw-r--r--   1 root root  5521 Mar 31 13:49 helpfile
-rw-r--r--   1 root root    64 Mar 31 13:49 local-host-names
-rw-r--r--   1 root root     0 Mar 31 13:49 mailertable
-rw-r-----   1 root root 12288 Jul 25 23:40 mailertable.db
-rw-r--r--   1 root root  1048 Mar 31 13:49 Makefile
-rw-r--r--   1 root root 58290 Mar 31 13:49 sendmail.cf
```

```
-rw-r--r--    1 root root  7205 Mar 31 13:49 sendmail.mc
drwxr-xr-x    2 root root  4096 Jul 25 23:44 spamassassin
-r--r--r--    1 root root 41371 Mar 31 13:49 submit.cf
-rw-r--r--    1 root root   940 Mar 31 13:49 submit.mc
-rw-r--r--    1 root root   127 Mar 31 13:49 trusted-users
-rw-r--r--    1 root root     0 Mar 31 13:49 virtusertable
-rw-r-----    1 root root 12288 Jul 25 23:40 virtusertable.db
```

❶ sendmail.cf 파일 설정

sendmail.cf 파일은 설정 파일 자체가 암호화된 것과 같다. 전문적인 기능을 구현하지 않는 경우라면 기본 설정을 유지하자. 참고로 sendmail.cf 파일의 Cwlocalhost는 메일 서버의 수신을 받기 위한 도메인을 지정하는 부분으로 /etc/mail/local-host-names와 같은 역할을 한다.

❷ /etc/mail/local-host-names 설정

네임 서버로 가상도메인 서비스를 운영 중인 경우 local-host-names에 서비스하고 있는 도메인을 추가로 적어 준다.

❸ /etc/mail/access 설정

메일 서버에 대한 접근을 설정한다. sendmail 서버에서의 보안 설정을 통해 릴레이나 수발신 요청을 응답하거나 거부할 수 있다. 메일 서버를 사용할 사내 네트워크 대역(보통 C클래스)을 추가한다.

```
Connect:localhost.localdomain        RELAY
Connect:localhost                    RELAY
Connect:127.0.0.1                    RELAY
Connect:61.40.233.                   RELAY
```

보안 설정값

제어 옵션	설명
OK	지정한 호스트나 도메인에 대한 허용
RELAY	RELAY 허용
REJECT	수신 및 발신 거부(반송)
DISCARD	받은 메일 폐기
501 message	특정 사용자 및 주소에 대한 메시지 반송 접근 거부
550 message	특정 도메인에 대한 메시지 반송
570 message	특정 도메인 또는 특정 메일에 대한 경고 메시지 및 메일 거부

스팸 메일 서버로 악용되는 것을 막기 위해 makemap hash /etc/mail/access 〈 /
etc/mail/access 명령으로 access 데이터베이스를 갱신한다.

```
# makemap hash /etc/mail/access < /etc/mail/access
```

설정을 수정한 후에는 아래와 같이 sendmail 서비스를 재실행하자.

```
# /etc/init.d/sendmail stop
Stopping sendmail .................. [OK]
# /etc/init.d/sendmail start
Starting sendmail ................. [OK]
```

여기서 잠깐

특정 도메인/호스트에 대한 접근 제어

아래와 같은 형식으로 특정 도메인이나 호스트에 대해 접근을 제어할 수 있다.

Connect:linuxroot.co.kr REJECT : 특정 도메인 접근 거부

Connect:mail.linuxroot.co.kr REJECT : 특정 호스트 접근 거부

Connect:61.40.233.122 REJECT : 특정 IP 주소 접근 거부

Connect:admin@ REJECT : 특정 사용자 접근 거부

데몬	**smb**			OS	L=U
키워드	삼바 서비스	경로	/etc/init.d/smb	중요도	☆☆☆
요약	윈도우와 공유 디렉터리를 설정을 위한 데몬				

❶ 설명 및 예제

리눅스와 유닉스에서 삼바를 이용하면 공유 디렉터리나 프린터 등의 자원을 윈도우 시스템과 공유하여 사용할 수 있다. 삼바 서버의 설정 파일은 /etc/samba/smb.conf 파일에서 할 수 있다.

```
#----------------------- Global Settings
[global]
workgroup = WORKGROUP ⇐ 윈도우의 작업그룹과 동일한 그룹을 지정한다.
server string = File Server ⇐ 리눅스 컴퓨터에 대한 설명
; hosts allow = 192.168.1. 192.168.2. 127. ⇐ 접근을 허용할 네트워크 범위
printcap name = /etc/printcap
load printers = yes
printing = lprng
guest account = pcguest
log file = /var/log/samba/%m.log
max log size = 0
security = share
encrypt passwords = yes
smb passwd file = /etc/samba/smbpasswd
socket options = TCP_NODELAY SO_RCVBUF=8192 SO_SNDBUF=8192
dns proxy = no
#------------------------- Share Definitions
[homes]
comment = Home Directories
browseable = no
writable = yes
valid users = %s
create mode = 0664
[printers]
comment = All Printers
path = /var/spool/samba
browseable = no
# Set public = yes to allow user 'guest account' to print
```

```
guest ok = no
printable = yes
[public] ⇐ 공유할 디렉터리명
comment = Public Stuff ⇐ 설명
path = /home/samba ⇐ 삼바 공유 디렉터리
public = yes
writable = yes
printable = no
[movie]
comment = movie's directory
path = /home/movie
valid users = jkwoo
public = no
writable = yes
printable = no
```


설정 파일은 크게 [global] 영역과 공유 설정을 위한 [homes], [printers], [public], [movie] 영역으로 되어 있다.

❶ global 설정 지시어

지시어	설명
workgroup	서버가 속할 네트워크 그룹을 지정한다.
server string	서버가 네트워크에서 구분될 이름을 지정한다.
host allow	서버에 접근을 허용할 클라이언트 대역폭을 지정한다.
printcap name	printcap 이름을 지정한다.
load printers	프린터 시스템을 지원한다.
guest account	게스트 사용자의 접근을 허용한다.
log file	저장할 로그 파일을 지정한다.
max log size	로그 파일 크기를 제한한다.
security	user, share, server의 시큐리티 등급을 지정한다.
encrypt passwords	패스워드를 암호화한다.
smb passwd file	삼바 패스워드 파일의 위치를 지정한다.
socket options	지정된 소켓 옵션을 사용한다. 설정된 소켓 옵션이 최적의 성능 향상을 가져온다.

❷ homes

사용자 홈 디렉터리에 대한 공유 설정이다. 위 파일에 설정 기본값을 사용하면 된다.

❸ printers

CUPS 프린트 시스템이라면 각 프린트의 정의를 새로 설정해 줄 필요가 없다. 다만 public = yes라고 지정하면 게스트 사용자(여기서는 pcguest)도 프린트를 할 수 있다.

❹ public

위 설정에서는 /home/samba 디렉터리를 윈도우와 공용으로 사용하는 디렉터리로 지정했다. 그 외 옵션은 직관적으로 이해할 수 있으니 설명하지 않겠다.

❺ movie

위 설정에서 /home/movie 디렉터리를 jkwoo 사용자에게만 접근할 수 있게 했다.

모든 설정을 완료한 후 삼바 서비스 데몬을 실행한다.

```
# /etc/init.d/smb start
```

참고로 웹 브라우저를 통하여 삼바 서버를 쉽게 설정할 수 있는 SWAT이라는 프로그램이 있다. SWAT을 사용하기 위해 /etc/xinetd.d/swat 파일을 열어, disable = no로 수정하고, /etc/rc.d/init.d/xinetd 데몬을 재실행하자.

```
# cat /etc/xinetd.d/swat
# default: off
service swat
{
        disable = no
        port = 901
        socket_type = stream
        wait = no
        only_from = 127.0.0.1
        user = root
        server = /usr/sbin/swat
        log_on_failure += USERID
}
```

SWAT 서버 포트는 901로 지정되어 있으므로 브라우저에서 **http://서버주소:901**을 입력한다.

데몬	**sshd**			OS	L=U
키워드	OpenSSH 서버 서비스	경로	/etc/init.d/sshd	중요도	☆☆☆
요약	시큐어 셸 서버 데몬				

❶ 설명 및 예제

SSH는 두 호스트 간의 통신 암호화와 사용자 인증을 위해서 공개 열쇠 암호 기법을 사용한다. 세션 하이재킹Session Hijacking과 DNS 스푸핑을 방지해 준다. 원격 호스트에 로그인하거나 호스트끼리 데이터를 복사할 때 사용한다. 보안을 위해서 텔넷보다는 SSH를 사용하기를 권한다.

SSH 서버 설정 파일은 /etc/ssh/sshd_config 파일이다.

```
# ls -alh /etc/ssh
total 228K
drwxr-xr-x   2 root root 4.0K Jul 25 23:58 .
drwxr-xr-x 106 root root  12K Jul 26 17:45 ..
-rw-------   1 root root 130K Mar 31 18:24 moduli
-rw-r--r--   1 root root 1.8K Mar 31 18:24 ssh_config
-rw-------   1 root root 3.3K Mar 31 18:24 sshd_config
-rw-------   1 root root  672 Jul 25 23:58 ssh_host_dsa_key
-rw-r--r--   1 root root  590 Jul 25 23:58 ssh_host_dsa_key.pub
-rw-------   1 root root  963 Jul 25 23:58 ssh_host_key
-rw-r--r--   1 root root  627 Jul 25 23:58 ssh_host_key.pub
-rw-------   1 root root 1.7K Jul 25 23:58 ssh_host_rsa_key
-rw-r--r--   1 root root  382 Jul 25 23:58 ssh_host_rsa_key.pub
```

서비스를 시작하기 위해 설정 파일에서 특별히 변경할 내용은 없다. 기본적인 설정 지시어는 다음과 같다.

지시어	설명
Port	SSH 서비스의 포트를 지정한다(기본값은 22).
ListenAddress	접속을 허용할 클라이언트 주소를 입력한다(기본값은 any).
MaxConections	최대 접속 가능한 클라이언트 수를 지정한다.
UserConfigDirectory	사용자 정보 디렉터리를 지정한다.
PermitRootLogin	root 로그인을 허용할지 여부를 지정한다(기본값은 no).

PasswordAuthenticatio	패스워드 인증이 허용되는지 지정한다(기본값은 yes).
UsePAM	PAM 인증을 활성화할지 지정한다(기본값은 yes).
X11Forwarding	SSH 클라이언트에서 서버의 X윈도우 프로그램을 실행할지 지정한다(기본값은 yes).
ubsystem	sftp에 대한 설정이다.

참고로 /etc/ssh/denyuser 파일에는 SSH 서버로에 접근을 금지하는 사용자 이름을 추가할 수 있다. SSH 서버 설정을 모두 마쳤다면 적용을 위해 데몬을 재실행한다.

```
# /etc/init.d/ssh restart
```

SSH 서버에 접속하기 위한 SSH 클라이언트 사용법은 다음과 같다. 접속할 계정명은 admin이고, 접속할 SSH 서버가 localhost이라고 가정하자. **-l 계정명**이나 **계정명@접속호스트주소**를 입력한다.

```
# ssh -l admin localhost
```

또는

```
# ssh admin@localhost
```

위 명령을 실행하면 다음과 같은 메시지가 출력된다.

```
The authenticity of host 'linuxroot.co.kr (61.40.23.122)' can't be
established.
RSA key fingerprint is fa:42:1b:b3:64:1b:23:1c:56:d5:70:69:e4:a6:86:56.
Are you sure you want to continue connecting (yes/no)?
```

위 메시지는 ssh로 해당 서버에 처음 접속할 때에만 나오며, 접속할 서버의 호스트 키가 ~/.ssh/known_hosts(ssh2는 known_hosts2) 파일에 저장된다.

yes를 입력하게 되면 호스트 키를 받게 되고 패스워드를 입력하면 로그인할 수 있다.

```
Warning: Permanently added 'localhost' (RSA) to the list of known hosts.
root@localhost's password:
```

데몬	**syslog**			OS	L=U
키워드	로그 서버	경로	/etc/init.d/syslog	중요도	☆☆☆
요약	시스템에 발생하는 다양한 로그를 기록하는 데몬				

❶ 설명 및 예제

시스템 로그는 커널과 여러 주요 시스템 관련 에러와 메시지가 쌓여 있다. 따라서 시스템의 오류나 정보를 파악하는 데 아주 유용하고 중요하다. 로그 정보는 /var/log 디렉터리에 파일로 저장하게 되는데 이 역할을 하는 것이 syslog 데몬이다.

원격 호스트에 로그 기록하기

로그 기록은 시스템의 중요한 정보이다. 따라서 시스템이 해킹을 당하더라도 로그를 다른 시스템에 기록하여, 로그 정보를 확인할 수 있도록 설정해 보자.

❶ 로그 기록을 보내는 서버에서의 설정

```
# cat /etc/syslog.conf
# Log all kernel messages to the console.
# Logging much else clutters up the screen.
#kern.*                                          /dev/console

# Log anything (except mail) of level info or higher.
# Don't log private authentication messages!
*.info;mail.none;news.none;authpriv.none;cron.none    /var/log/messages

# The authpriv file has restricted access.
authpriv.*                                       /var/log/secure

# Log all the mail messages in one place.
mail.*                                           -/var/log/maillog

# Log cron stuff
cron.*                                           /var/log/cron

# Everybody gets emergency messages
*.emerg                                                *
```

```
# Save news errors of level crit and higher in a special file.
uucp,news.crit                                      /var/log/spooler

# Save boot messages also to boot.log
local7.*                                            /var/log/boot.log

#
# INN
#
news.=crit                                  /var/log/news/news.crit
news.=err                                   /var/log/news/news.err
news.notice                                 /var/log/news/news.notice
```

모든 로그 기록을 로그서버로 보내기 위해서는 설정 파일에 다음을 추가한다.

```
*.* @logserver
```

mail에 관련된 로그를 로그서버로 보내기 위해서는 다음을 설정 파일에 추가한다.

```
mail* @logserver
```

❷ 로그를 받는 서버에서 필요한 설정

/etc/init.d/syslog 데몬 스크립트에서 SYSLOGD_OPTIONS 변수를 -m o로 지정
하고 **daemon syslogd** 명령어에 -r -h 옵션을 추가한다.

```
# vi /etc/init.d/syslog
if [ -f /etc/sysconfig/syslog ] ; then
    ./etc/sysconfig/syslog
else
    SYSLOGD_OPTIONS = "-m 0"
    KLOGD_OPTIONS = "-2"
fi
RETVAL = 0
umask 077
start( ) {
    echo -n $"Starting system logger: "
    daemon syslogd $SYSLOGD_OPTIONS -r -h
```

```
     RETVAL = $?
echo
```

- -m 0 : 지정한 시간(분 단위) 동안 MARK라고 로그 파일에 기록한다. 0이면 기록하지 않는다.
- -r : 인터넷 도메인 소켓을 이용해 네트워크에서 메시지를 받는 옵션
- -h : 기본적으로 syslogd는 원격 호스트에서 받은 메시지를 로그 기록으로 전송하지 않는다. 이 옵션을 사용하여 받은 쪽의 로그 파일에 기록한다.

설정을 수정 한 후에는 데몬을 다시 시작한다.

```
# /etc/init.d/syslog restart
커널관련 기록을 종료함: [ 확인 ]
시스템 기록을 종료하고 있습니다: [ 확인 ]
시스템 기록을 시작하고 있습니다: [ 확인 ]
커널관련 기록을 시작함: [ 확인 ]
```

<table>
<tr><td>데몬</td><td colspan="4">xinetd</td><td>OS</td><td>L=U</td></tr>
<tr><td>키워드</td><td>슈퍼 데몬</td><td>경로</td><td colspan="2">/etc/xinetd.d</td><td>중요도</td><td>☆☆☆</td></tr>
<tr><td>요약</td><td colspan="6">여러가지 서비스 데몬이 모여 있는 슈퍼 데몬</td></tr>
</table>

❶ 설명 및 예제

대부분 네트워크 서버들은 요청을 기다리며 대기하고 있는 서브 프로세스가 없다. 이 일은 inetd라는 인터넷 슈퍼 서버가 대신하게 된다. inetd는 설정된 모든 네트워크 포트에서 기다리고 있다가 요청이 오면 해당 서버에 이를 전달한다. 참고로 레드햇 7.0 이전 버전에서의 inetd 설정 파일은 /etc/inetd.conf이다. 이후 버전에서는 /etc/xinetd.d 디렉터리에 각 서비스의 설정 파일이 있다.

xinetd에서 관리하고 있는 서비스는 설정 파일 목록으로 알 수 있다.

```
# ls /etc/xinetd.d/
chargen-dgram    discard-dgram    eklogin        krb5-telnet    time-dgram
chargen-stream   discard-stream   ekrb5-telnet   kshell         time-stream
```

한 예로 rsync 서비스의 설정 파일을 열어 수정해 보자. disable 옵션을 no로 변경하여 rsync를 사용할 수 있게 해보자.

```
# default: off
# description: The rsync server is a good addition to an ftp server, as it ₩
#        allows crc checksumming etc.
service rsync
{
        disable = no
        socket_type     = stream
        wait            = no
        user            = root
        server          = /usr/bin/rsync
        server_args     = --daemon
        log_on_failure  += USERID
}
```

설정을 수정했으므로 데몬을 다시 시작하자.

```
# /etc/init.d/xinetd restart
```

3부

RPM & DEB

RPM과 DEB는 리눅스 패키지 매니저의 양대 산맥으로 거의 모든 리눅스 배포판에서 사용한다. 패키지 매니저는 특정 소프트웨어를 구성하는 최소단위의 묶음으로 쉽고 빠르게 소프트웨어의 설치, 관리, 삭제를 수행할 수 있다.

RPM & DEB

리눅스 배포판은 크게 두 가지, 즉 데비안 계열과 레드햇 계열로 살펴 볼 수 있다. 데비안 패키지 확장자는 .deb이며 관리 툴로는 apt, aptitude, dpkg, dpkg-deb, dselect, synaptic가 있다. 레드햇 패키지 확장자는 .rpm이며 관리 툴로는 rpm과 yum이 있다.

- apt : 사용자 친화 패키지 관리 툴로 데비안 패키지를 다운로드 및 인스톨하는 **apt-get** 명령어를 주로 사용한다.
- aptitude : APT 하이 레벨의 텍스트 기반의 인터페이스이다.
- dpkg : 데비안 패키징 툴로써 패키지 다운로드 및 인스톨은 대개 apt-get으로 사용하고 dpkg 명령어를 호출하는 형태이다.
- dpkg-buildpkg : 데비안 빌드 패키징 툴이다.
- dpkg-deb : 로우 레벨의 데비안 패키징 툴이다.
- dselect : dpkg 상호 대화형 프론트엔트 툴이다.
- synaptic : APT 그래픽 프론트엔트 툴이다.
- rpm : 레드햇 패키지 매니저The RedHat Package Manager이다.
- rpmbuild : 레드햇 패키지를 빌드하는 명령어이다.
- yum : 인스톨, 업데이트, 삭제 및 패키지 관리를 포함한 RPM 관련 시스템이다.

<table>
<tr><td>명령어</td><td>apt-cache</td><td>OS</td><td>L</td></tr>
<tr><td>키워드</td><td>APT 패키지 핸들 유틸리티 경로</td><td>경로</td><td>/usr/bin/apt-cache</td><td>중요도</td><td>☆ ☆ ☆</td></tr>
<tr><td>요약</td><td colspan="5">APT 패키지의 다양한 캐쉬 작업을 지원한다</td></tr>
</table>

❶ 이렇게 써요

```
apt-cache [옵션] 명령
apt-cache [옵션] add 파일1 [파일2 ...]
apt-cache [옵션] showpkg 패키지1 [패키지2 ...]
apt-cache [옵션] showsrc 패키지1 [패키지2 ...]
```

명령

add : 소스 캐시에 패키지 파일을 추가한다.

gencaches : 패키지 캐시 및 소스 캐시를 만든다.

showpkg : 한 개의 패키지에 대한 일반적인 정보를 출력한다.

showsrc : 소스 기록을 출력한다.

stats : 기본적인 통계를 출력한다.

dump : 전체 파일을 간략한 형태로 출력한다.

dumpavail : 사용 가능한 파일을 표준출력에 표시한다.

unmet : 맞지 않는 의존성을 출력한다.

search : 정규식 패턴에 맞는 패키지 목록을 찾는다.

show : 패키지에 대해 읽을 수 있는 기록을 출력한다.

depends : 패키지에 대해 의존성 정보를 그대로 출력한다.

rdepends : 패키지의 역 의존성 정보를 출력한다.

pkgnames : 시스템에 들어 있는 패키지의 이름을 모두 출력한다.

dotty : GraphViz용 패키지 그래프를 만든다.

xvcg : xvcg용 패키지 그래프를 만든다.

policy : 정책 설정을 출력한다.

❶ 설명 및 예제

apt-cache는 APT 패키지 캐쉬의 다양한 작업을 제공한다. 시스템 통계 관리는 지원하지 않지만 패키지의 메타 데이터에서 찾기 혹은 일부분만을 출력할 수 있다. 예를 들어 특정 패키지를 설치할 때 패키지명을 알고 있어야 apt-get 명령으로 설치할 수 있다. 이때 패키지명을 찾기 위해서는 **apt-cache search** 명령을 사용하면 된다.

```
# apt-cache search linux-image
linux-image-2.6.32-22-386 - Linux kernel image for version 2.6.32 on i386
linux-image-2.6.32-22-generic - Linux kernel image for version 2.6.32 on
x86/x86_64
linux-image-2.6.32-22-generic-pae - Linux kernel image for version 2.6.32 on x86
```

```
linux-image-2.6.32-22-virtual - Linux kernel image for version 2.6.32 on
x86/x86_64
```


apt-cache showpkg 명령은 지정한 패키지의 일반적인 정보를 출력한다.

```
$ apt-cache showpkg linux-image-2.6.32-22-generic-pae
Package: linux-image-2.6.32-22-generic-pae
Versions:
2.6.32-22.33· (/var/lib/apt/lists/kr.archive.ubuntu.com_ubuntu_dists_
lucid-updates_main_binary-i386_Packages) (/var/lib/dpkg/status)
 Description Language:
                 File: /var/lib/apt/lists/kr.archive.ubuntu.com_ubuntu_
dists_lucid-updates_main_binary-i386_Packages
            MD5: d93f6cc34725ce4e0149e704fd727801
Reverse Depends:
  linux-image-generic-pae,linux-image-2.6.32-22-generic-pae
  linux-image-2.6.32-22-virtual,linux-image-2.6.32-22-generic-pae
   linux-backports-modules-wireless-2.6.32-22-generic-pae,linux-image-
2.6.32-22-generic-pae
   linux-backports-modules-alsa-2.6.32-22-generic-pae,linux-image-2.6.32-
22-generic-pae
Dependencies:
```

apt-cache stats 명령어는 시스템의 전체 패키지에 대한 기본적인 통계를 출력한다.

```
# apt-cache stats
전체 패키지 이름 : 39368 (1,575k)
    일반 패키지: 29859
    순수 가상 패키지: 360
    단일 가상 패키지: 2912
    혼합 가상 패키지: 296
    빠짐: 5941
개별 버전 전체: 31229 (1,749k)
개별 설명 전체: 31229 (749k)
전체 의존성: 199481 (5,585k)
전체 버전/파일 관계: 32661 (523k)
전체 설명/파일 관계: 31229 (500k)
전체 제공 매핑: 5317 (106k)
```

```
전체 패턴 문자열: 149 (1,938)
전체 의존성 버전 용량: 993k
전체 빈 용량: 59.1k
차지하는 전체 용량: 9,599k
```

캐쉬에 등록된 패키지의 전체 이름을 출력하려면 **apt-cache pkgnames**를 사용한다.
아래는 wc 명령으로 캐쉬에 등록된 전체 패키지의 개수를 확인하는 예제다. 이는 **apt-cache stats** 명령으로 확인했던 전체 패키지 수인 39,368과 같다.

```
# apt-cache pkgnames|sort|wc
  39368    39368   606003
```

패키지 의존성을 확인하기 위해서는 **apt-cache depends** 명령을 사용한다.

```
$ apt-cache depends linux-image-2.6.32-22-generic-pae
linux-image-2.6.32-22-generic-pae
  의존: initramfs-tools
 |의존: coreutils
  의존: <fileutils>
  의존: module-init-tools
  의존: wireless-crda
  미리의존: dpkg
  제안: fdutils
 |제안: <linux-doc-2.6.32>
  제안: linux-source-2.6.32
  제안: linux-tools
 |추천: grub-pc
 |추천: grub
  추천: lilo
  충돌: <hotplug>
  망가뜨림: lvm2
```

<table>
<tr><td>명령어</td><td>apt-file</td><td></td><td></td><td>OS</td><td>L</td></tr>
<tr><td>키워드</td><td>APT 패키지 찾기</td><td>경로</td><td>/usr/bin/apt-file</td><td>중요도</td><td>☆☆</td></tr>
<tr><td>요약</td><td colspan="5">APT 패키지를 찾는다</td></tr>
</table>

❶ 이렇게 써요

```
apt-file [옵션] 명령 [패턴]
```

옵션

--sources-list, -s 〈file〉 : sources.list 위치를 지정한다.

--cache, -c 〈dir〉 : 캐쉬 디렉터리를 지정한다.

--architecture, -a 〈arch〉 : 지정한 아키텍쳐(arch)를 사용한다.

--CD-ROM-mount, -d 〈CD-ROM〉 : 지정한 CD-ROM 마운트 포인트를 사용한다.

--non-interactive, -N : 사용자 입력 스키마를 사용하지 않는다(cron 작업에 유용).

--package-only, -l : 패키지명만 출력한다.

--fixed-string, -F : 패턴을 확장하지 않는다.

--ignore-case, -i : 대소문자를 구분하지 않는다.

--regexp, -x : 정규표현식 패턴을 사용한다.

--verbose, -v : 상세한 정보를 출력한다.

--dummy, -y : 더미 모드로 실행한다.

--help, -h : 사용법을 출력한다.

--version, -V : 버전 정보를 출력한다.

명령

update : apt-sources로 부터 컨텐츠 파일을 가져와서 업데이트한다.

search|find 〈pattern〉 : 패키지 파일명을 찾는다.

list|show 〈pattern〉 : 패키지와 관련된 파일 목록을 출력한다.

purge : 캐쉬 파일을 삭제한다.

❶ 설명 및 예제

하나의 소스를 컴파일한다고 가정하자. 컴파일 도중에 아래의 메시지는 /usr/include/cups/cups.h와 ppd.h 헤더가 없다는 내용이다. 이와 관련하여 개발 패키지를 설치해야 하는데 메시지에 해당하는 위치에 설치되는 패키지명을 먼저 알아야 한다. 이 때 사용하는 명령어가 apt-file이다. apt-file은 설치하려는 패키지의 설치 경로만 알고 패키지명을 알지 못할 때 사용한다.

```
$ make
fxlinuxprint.c:29:23: error: cups/cups.h: No such file or directory
fxlinuxprint.c:30:22: error: cups/ppd.h: No such file or directory
```

먼저 **apt-file update**으로 캐쉬 디렉터리 정보를 업데이트한다.

```
# apt-file update
apt-file is now using the user's cache directory.
If you want to switch back to the system-wide cache directory, run 'apt-
file purge'
Downloading complete file http://kr.archive.ubuntu.com/ubuntu/dists/
lucid/Contents-i386.gz
  % Total    % Received % Xferd  Average Speed   Time    Time     Time
Current
                                 Dload  Upload   Total   Spent    Left Speed
100 16.8M  100 16.8M    0     0  2110k      0  0:00:08  0:00:08 --:--:-- 2165k
-------- 이하 생략 -------
```

다음으로 **apt-file search** 명령으로 해당 패키지명을 찾자.

```
# apt-file search cups/cups.h
libcups2-dev: /usr/include/cups/cups.h
lsb-build-base3: /usr/include/lsb3/cups/cups.h
```

지정한 파일과 관련한 패키지의 전체 목록은 **apt-file list**로 확인할 수 있다.

```
# apt-file list libcups2-dev
libcups2-dev: /usr/bin/cups-config
libcups2-dev: /usr/include/cups/adminutil.h
libcups2-dev: /usr/include/cups/array.h
libcups2-dev: /usr/include/cups/backend.h
libcups2-dev: /usr/include/cups/cups.h
libcups2-dev: /usr/include/cups/dir.h
libcups2-dev: /usr/include/cups/file.h
libcups2-dev: /usr/include/cups/http.h
libcups2-dev: /usr/include/cups/i18n.h
libcups2-dev: /usr/include/cups/ipp.h
-------- 이하 생략 -------
```

두 개의 패키지가 출력되었는데, 이 중 libcups2-dev 패키지 정보를 **apt-cache show** 명령으로 확인해 보자.

```
$ apt-cache show libcups2-dev
Package: libcups2-dev
Priority: optional
Section: libdevel
Installed-Size: 772
Maintainer: Ubuntu Developers <ubuntu-devel-discuss@lists.ubuntu.com>
Original-Maintainer: Debian CUPS Maintainers <pkg-cups-devel@lists.
alioth.debian.org>
Architecture: i386
Source: cups
Version: 1.4.3-1
Replaces: libcupsys2-dev (<< 1.3.7-6)
Provides: libcupsys2-dev
Depends: libcups2 (= 1.4.3-1), libgnutls-dev, libkrb5-dev | heimdal-dev
Conflicts: libcupsys2-dev (<< 1.3.7-6)
Filename: pool/main/c/cups/libcups2-dev_1.4.3-1_i386.deb
Size: 202224
MD5sum: 9ff4d792508c7b5f696cb445cadb4551
SHA1: 4a761aa06acd10637509547b6689c188a3386e9c
SHA256: 1e6acb14705656d397309edffed499d912f46c742473a675346e8b77cda1ca57
Description: Common UNIX Printing System(tm) - Development files CUPS
library
The Common UNIX Printing System (or CUPS(tm)) is a printing system and
general replacement for lpd and the like.  It supports the Internet
Printing Protocol (IPP), and has its own filtering driver model for
handling various document types.

This package provides the files necessary for developing CUPS-aware
applications and CUPS drivers, as well as examples how to communicate
with cups from different programming languages (Perl, Java, and PHP).
Bugs: https://bugs.launchpad.net/ubuntu/+filebug
Origin: Ubuntu
Supported: 18m
```

이 패키지는 **apt-get install** 명령으로 설치할 수 있다.

```
# apt-get install libcups2-dev
패키지 목록을 읽는 중입니다... 완료
```

의존성 트리를 만드는 중입니다
상태 정보를 읽는 중입니다... 완료
다음 새 패키지를 설치할 것입니다:
  libcups2-dev
0개 업그레이드, 1개 새로 설치, 0개 지우기 및 44개 업그레이드 안 함.
0바이트/202k바이트 아카이브를 받아야 합니다.
이 작업 후 791k바이트의 디스크 공간을 더 사용하게 됩니다.
전에 선택하지 않은 libcups2-dev 패키지를 선택합니다.
(데이터베이스 읽는중 ...현재 147170개의 파일과 디렉터리가 설치되어 있습니다.)
libcups2-dev 패키지를 푸는 중입니다 (.../libcups2-dev_1.4.3-1_i386.deb에서) ...
man-dɔ에 대한 트리거를 처리하는 중입니다 ...
libcuɔs2-dev (1.4.3-1) 설정하는 중입니다 ...

<table>
<tr><td>명령어</td><td colspan="2">apt-get</td><td>OS</td><td>L</td></tr>
<tr><td>키워드</td><td>명령행 APT 패키지 관리 유틸리티</td><td>경로 /usr/bin/apt-get</td><td>중요도</td><td>☆☆☆</td></tr>
<tr><td>요약</td><td colspan="4">명령행에서 APT 패키지를 관리한다</td></tr>
</table>

❶ 이렇게 써요

```
apt-get [옵션] 명령
apt-get [옵션] install|remove 패키지1 [패키지2 …]
apt-get [옵션] source 패키지1 [패키지2 …]
```

옵션

-h : 사용법을 출력한다.

-q : 로그 메시지를 출력한다(진행 상태는 표시되지 않는다).

-qq : 메시지를 출력하지 않는다(단, 오류는 출력한다).

-d : 다운로드만 한다(설치나 압축 해제는 하지 않는다).

-s : 실제 동작은 하지 않고, 시뮬레이션만 수행하도록 한다.

-y : 모든 질문에 대해 예(yes)로 대답하고, 물어보지 않는다.

-f : 의존성이 깨진 시스템을 고치려 시도한다.

-m : 압축 파일을 찾을 수 없을 경우 계속해서 시도한다.

-u : 업그레이드된 패키지 목록을 출력한다.

-b : 패킹한 후에 소스 패키지를 빌드한다.

-V : 버전 번호를 출력한다.

-c=? : 이 설정 파일을 읽는다.

-o=? : 다른 설정 옵션(예를 들어 -o dir::cache=/tmp)

명령

update : 새로운 패키지 목록을 검색한다.

upgrade : 업그레이드를 수행한다.

install : 새로운 패키지를 설치한다(패키지는 libc6.deb가 아닌 libc6 형태야 한다).

remove : 패키지 제거한다.

autoremove : 사용하지 않는 모든 패키지를 자동으로 제거한다.

purge : 패키지와 설정 파일들을 제거한다.

source : 소스를 다운로드한다.

build-dep : 소스 패키지에 대한 빌드 의존성을 설정한다.

dist-upgrade : 배포판 업그레이드를 실행한다.

dselect-upgrade : dselect 선택을 따른다.

clean : 다운로드한 압축 파일들을 제거한다.

autoclean : 다운로드한 오래된 압축 파일들을 지운다.

check : 깨진 의존성이 없는지 검토한다.

apt-get은 패키지를 지정한 저장소로부터 내려받고 패키지를 설치하기 위한 간편한 명령행 인터페이스 명령어이다. update와 install 명령이 자주 사용된다.

패키지 관리를 위한 첫 번째 할일은, **apt-get update** 명령으로 /etc/apt/sources.list 에 등록된 저장소에서 캐쉬 정보를 업데이트하는 것이다.

```
# apt-get update
기존 http://kr.archive.ubuntu.com lucid Release.gpg
받기:1 http://kr.archive.ubuntu.com/ubuntu/ lucid/main Translation-ko [208kB]
기존 http://security.ubuntu.com lucid-security Release.gpg
무시http://security.ubuntu.com/ubuntu/lucid-security/main Translation-ko
무시http://security.ubuntu.com/ubuntu/lucid-security/restricted Translation-ko
무시http://security.ubuntu.com/ubuntu/lucid-security/universe Translation-ko
무시http://security.ubuntu.com/ubuntu/lucid-security/multiverse Translation-ko
기존 http://security.ubuntu.com lucid-security Release

------ 중간 생략 -------
기존 http://kr.archive.ubuntu.com lucid-updates/restricted Packages
기존 http://kr.archive.ubuntu.com lucid-updates/main Sources
기존 http://kr.archive.ubuntu.com lucid-updates/restricted Sources
기존 http://kr.archive.ubuntu.com lucid-updates/universe Packages
기존 http://kr.archive.ubuntu.com lucid-updates/universe Sources
기존 http://kr.archive.ubuntu.com lucid-updates/multiverse Packages
기존 http://kr.archive.ubuntu.com lucid-updates/multiverse Sources
내려받기 399k바이트, 소요시간 4초 (90.4k바이트/초)
패키지 목록을 읽는 중입니다... 완료
```

등록한 저장소에서 패키지를 설치하려면 **apt-get install** 명령에 설치할 패키지명을 지정한다.

```
# apt-get install nmap
패키지 목록을 읽는 중입니다... 완료
의존성 트리를 만드는 중입니다
상태 정보를 읽는 중입니다... 완료
다음 패키지를 더 설치할 것입니다:
  liblua5.1-0
다음 새 패키지를 설치할 것입니다:
```

```
  liblua5.1-0 nmap
0개 업그레이드, 2개 새로 설치, 0개 지우기 및 0개 업그레이드 안 함.
1,671k바이트 아카이브를 받아야 합니다.
이 작업 후 6,541k바이트의 디스크 공간을 더 사용하게 됩니다.
계속 하시겠습니까 [Y/n]? y
받기:1 http://kr.archive.ubuntu.com/ubuntu/ lucid/main liblua5.1-0 5.1.4-5
[82.2kB]
받기:2 http://kr.archive.ubuntu.com/ubuntu/ lucid/main nmap 5.00-3 [1,589kB]
내려받기 1,671k바이트, 소요시간 4초 (364k바이트/초)
전에 선택하지 않은 liblua5.1-0 패키지를 선택합니다.
(데이터베이스 읽는중 ...현재 148192개의 파일과 디렉터리가 설치되어 있습니다.)
liblua5.1-0 패키지를 푸는 중입니다 (.../liblua5.1-0_5.1.4-5_i386.deb에서) ...
전에 선택하지 않은 nmap 패키지를 선택합니다.
nmap 패키지를 푸는 중입니다 (.../archives/nmap_5.00-3_i386.deb에서) ...
man-db에 대한 트리거를 처리하는 중입니다 ...
liblua5.1-0 (5.1.4-5) 설정하는 중입니다 ...
nmap (5.00-3) 설정하는 중입니다 ...
libc-bin에 대한 트리거를 처리하는 중입니다 ...
ldconfig deferred processing now taking place
```

시스템에 설치한 패키지를 삭제하려면 **apt-get remove** 명령을 사용한다

```
# apt-get remove nmap
패키지 목록을 읽는 중입니다... 완료
의존성 트리를 만드는 중입니다
상태 정보를 읽는 중입니다... 완료
다음 새 패키지가 전에 자동으로 설치되었지만 더 이상 필요하지 않습니다:
  liblua5.1-0
이들을 지우기 위해서는 'apt-get autoremove'를 사용하십시오.
다음 패키지를 지울 것입니다:
  nmap
0개 업그레이드, 0개 새로 설치, 1개 지우기 및 0개 업그레이드 안 함.
이 작업 후 6,328k바이트의 디스크 공간이 비워집니다.
계속 하시겠습니까 [Y/n]? y
(데이터베이스 읽는중 ...현재 148315개의 파일과 디렉터리가 설치되어 있습니다.)
nmap 패키지를 지우는 중입니다 ...
man-db에 대한 트리거를 처리하는 중입니다 ...
```

시스템에 nmap 패키지를 설치할 때 의존성을 가진 패키지도 같이 설치되었다.

아래와 같이 의존성이 있는 패키지도 같이 제거하려면 **apt-get autoremove** 명령을 사용한다. nmap은 remove 명령으로 이미 제거되었지만, autoremove 명령으로 의존성을 가졌던 패키지도 같이 삭제할 수 있다.

```
$ sudo apt-get autoremove nmap
패키지 목록을 읽는 중입니다... 완료
의존성 트리를 만드는 중입니다
상태 정보를 읽는 중입니다... 완료
nmap 패키지를 설치하지 않았으므로, 지우지 않습니다
다음 패키지를 지울 것입니다:
  liblua5.1-0
0개 업그레이드, 0개 새로 설치, 1개 지우기 및 0개 업그레이드 안 함.
이 작업 후 213k바이트의 디스크 공간이 비워집니다.
계속 하시겠습니까 [Y/n]? y
(데이터베이스 읽는중 ...현재 148197개의 파일과 디렉터리가 설치되어 있습니다.)
liblua5.1-0 패키지를 지우는 중입니다 ...
libc-bin에 대한 트리거를 처리하는 중입니다 ...
ldconfig deferred processing now taking place
```

apt-get 명령은 지정한 패키지의 소스도 내려받을 수 있다. 이 경우는 **apt-get source** 명령을 사용한다. 아래는 시스템에 설치된 커널 이미지를 확인하고 관련된 소스를 내려받는 예이다.

```
# dpkg -S /boot/vmlinuz-2.6.32-22-generic-pae
linux-image-2.6.32-22-generic-pae: /boot/vmlinuz-2.6.32-22-generic-pae

# sudo apt-get source linux-imge-2.6.32-22-generic-pae
```

아래와 같이 커널 소스가 내려받아진 것을 알 수 있다.

```
$ ls *2.6.32*
linux_2.6.32-22.33.diff.gz  linux_2.6.32-22.33.dsc  linux_2.6.32.orig.tar.gz
linux-2.6.32:
COPYING        MAINTAINERS      arch      debian.master   include   lib
scripts   ubuntu
```

```
CREDITS           Makefile              block    drivers               init       mm
security  usr
Documentation  README             crypto  firmware        ipc       net       sound
virt
Kbuild            REPORTING-BUGS  debian  fs                 kernel    samples  tools
```

만일, 아래와 같이 **apt-get source** 명령에서 아래와 같은 메시지를 출력한다면, 메시지를 확인하고 필요한 패키지를 설치한다.

```
sh: dpkg-source: not found
압축 풀기 명령 'dpkg-source -x linux_2.6.32-22.33.dsc' 실패.
'dpkg-dev' 패키지가 설치되었는지를 확인하십시오.
E: 하위 프로세스가 실패했습니다
# apt-get install dpkg-dev
```

apt-get dist-upgrade 명령은 새로운 버전으로 배포판 전체를 업그레이드할 때 사용한다. 예를 들어 우분투 9.09 버전에서 10.04 버전으로 배포판을 업그레이드할 경우에는 아래와 같이 dist-upgrade 명령을 쓸 수 있다.

```
# apt-get dist-upgrade
```

<table>
<tr><td>명령어</td><td colspan="4">dpkg</td><td>OS</td><td>L</td></tr>
<tr><td>키워드</td><td>데비안 패키지 매니저</td><td>경로</td><td>/usr/bin/dpkg</td><td></td><td>중요도</td><td>☆☆☆</td></tr>
<tr><td>요약</td><td colspan="5">데비안 패키지 매니저</td><td></td></tr>
</table>

❶ 이렇게 써요

dpkg [〈옵션〉 ...] 〈명령〉

옵션

-i|--instal 〈.deb 파일 이름〉 ... | -R|--recursive 〈디렉터리〉 ... : 패키지를 설치한다.

--unpack 〈.deb 파일 이름〉 ... | -R|--recursive 〈디렉터리〉 ... : 패키지의 패킹을 해제한다.

-A|--record-avail 〈.deb 파일 이름〉 ... | -R|--recursive 〈디렉터리〉 ... : 패키지 파일의 정보를 dpkg나 dselect에서 사용하는 available로 업데이트한다.

--configure 〈패키지〉 ... | -a|--pending : 패킹이 해체된 패키지를 다시 설정한다.

--triggers-only 〈패키지〉 ... | -a|--pending₩n" : 트리거만 프로세싱한다.

-r|--remove 〈패키지〉 ... | -a|--pending : 설치한 패키지를 제거한다.

-P|--purge 〈패키지〉 ... | -a|--pending : 의존성을 포함하여 모든 패키지를 제거한다.

--get-selections [〈패턴〉 ...] : 선택 목록을 표준출력으로 보낸다.

--set-selections : 선택 목록을 표준입력으로 받는다.

--clear-selections : 필수가 아닌 패키지는 선택을 모두 지운다.

--update-avail 〈Packages-파일〉 : 사용할 수 있는 패키지 정보를 대체한다.

--merge-avail 〈Packages-파일〉 : 파일에 있는 정보와 합친다.

--clear-avail : 기존 정보를 삭제한다.

--forget-old-unavail : 사용할 수 없고 설치가 안 된 패키지 목록을 삭제한다.

-s|--status 〈패키지〉 ... : 사용할 수 있는 패키지 세부사항을 출력한다.

-p|--print-avail 〈패키지〉 ... : 사용할 수 있는 버전 정보를 출력한다.

-L|--listfiles 〈패키지〉 ... : 패키지가 소유하는 파일의 목록을 출력한다.

-l|--list [〈패턴〉 ...] : 패키지들을 간결하게 출력한다.

-S|--search 〈패턴〉 ... : 파일들을 소유하고 있는 꾸러미들을 찾는다.

-C|--audit : 망가진 패키지를 찾는다.

--print-architecture : dpkg의 구조를 표시한다.

--compare-versions 〈a〉 〈연산자〉 〈b〉 : 버전 정보를 비교한다.

--force-help : 강제명령에 관한 사용법을 출력한다.

-Dh|--debug=help : 디버깅에 관한 사용법을 출력한다.

-h|--help : 사용법을 출력한다.

--version : 버전 정보를 출력한다.

--license|--licence : 저작권 정보를 출력한다.

명령

--admindir=〈디렉터리〉 : /var/lib/dpkg 대신에 〈디렉터리〉를 사용한다.

--root=〈디렉터리〉 : 지정한 다른 루트 디렉터리에 설치한다.

--instdir=〈디렉터리〉 : 관리 디렉터리를 변경하지 않고 설치 디렉터리를 변경한다.

-O|--selected-only : 설치하거나 업그레이드하기로 한 패키지는 생략한다.

-E|--skip-same-version : 같은 버전이 설치된 패키지는 생략한다.

-G|--refuse-downgrade : 설치된 것보다 이전 버전인 패키지는 생략한다.

-B|--auto-deconfigure : 다른 패키지를 망가뜨릴 수 있더라도 설치한다.

--[no-]triggers : 트리거를 건너 뛰거나 강제로 처리한다.

--no-debsig : 패키지 서명을 확인하지 않는다.

--no-act|--dry-run|--simulate : 미리 할 행동을 보여주기만 하고 실제로 실행하지는 않는다.

-D|--debug=〈8진수〉 : 디버깅을 활성화한다(-Dhelp이나 --debug=help 참고).

--status-fd 〈n〉 : 파일 디스크립터로 상태 변경 내역을 보낸다.

--log=〈파일이름〉 : 상태 변경이나 행동을 〈파일이름〉에 로그로 남긴다.

--ignore-depends=〈패키지〉,... : 〈패키지〉와 관련된 의존관계를 무시한다.

--force-... : 문제점을 무시한다(--force-help 참고).

--no-force-...|--refuse-... : 문제가 발생했을 경우 멈춘다.

--abort-after 〈n〉 : 지정한 수치보다 많은 오류가 발생하면 멈춘다.

아래는 아카이브에서 사용하는 명령이다.

-b|--build 〈디렉터리〉 [〈deb〉] : 아카이브를 빌드한다.

-c|--contents 〈deb〉 : 내용 목록을 출력한다

-l|--info 〈deb〉 [〈파일〉 ...] : 정보를 표준출력에 표시한다.

-W|--show 〈deb〉 : 패키지 정보를 출력한다.

-f|--field 〈deb〉 [〈필드〉 ...] : 지정한 필드를 출력한다.

-e|--control 〈deb〉 [〈디렉터리〉] : 컨트롤 정보를 출력한다.

-x|--extract 〈deb〉 〈디렉터리〉 : 지정한 파일을 출력한다.

-X|--vextract 〈deb〉 〈디렉터리〉 : 파일 목록을 출력한다.

--fsys-tarfile 〈deb〉 : 파일 시스템 tar 파일을 출력한다.

-h|--help : 사용법을 출력한다.

--version : 버전 정보를 출력한다.

--license|--licence : 저작권 정보를 출력한다.

❶ 설명 및 예제

dpkg는 시스템에 설치된 데비안 패키지를 인스톨, 빌드, 제거 및 관리하는 툴이다 (dpkg보다 사용자 친화적인 프론트엔드는 aptitude가 있다). dpkg 명령어는 명령행 파라미터로 정확하게 하나의 명령을 지정하여 실행하거나, 혹은 하나 이상의 옵션과 함께 실행한다.

내려받은 패키지를 설치할 경우 -i 옵션을 , 제거할 경우 -r 옵션을 사용한다. -i 옵션에 의존성 등의 문제로 에러가 발생하더라도 이들을 무시하고 강제적으로 설치하고 싶다면 -force-all 옵션을 사용하자.

```
# dpkg -i - force-all linux-image-2.6.32-22-generic-pae
```

시스템에 설치된 전체 패키지 목록을 보려면 -l 옵션을 사용한다. 현재 시스템에 1,461 개의 패키지가 설치되어 있음을 확인할 수 있다.

```
$ dpkg -l
Desired=Unknown/Install/Remove/Purge/Hold
| Status=Not/Inst/Cfg-files/Unpacked/Failed-cfg/Half-inst/trig-aWait/
Trig-pend
|/ Err?=(none)/Reinst-required (Status,Err: uppercase=bad)
||/ 이름          버전          설명
+++==========================================
ii  acpi-support  0.136           scripts for handling many ACPI events
ii  acpid              1.0.10-5ubuntu Advanced Configuration and Power
Interface e
ii  adduser          3.112ubuntu1   add and remove users and groups
ii  adium-theme-ub 0.1-0ubuntu1  Adium message style for Ubuntu
ii  aisleriot        1:2.30.0-0ubun Solitaire card games
------- 이하 생략
$ dpkg -l |wc
   1461   12562   185428
```

시스템에 설치된 일부 파일을 추적하여 이와 관련한 패키지명을 알고자 하는 경우에는 -S 옵션을 사용한다.

```
$ ls -al /boot/vmlinuz-2.6.32-22-generic-pae
-rw-r--r-- 1 root root 4158880 2010-04-29 03:39 /boot/vmlinuz-2.6.32-22-
generic-pae
$ dpkg -S /boot/vmlinuz-2.6.32-22-generic-pae
linux-image-2.6.32-22-generic-pae: /boot/vmlinuz-2.6.32-22-generic-pae
```

지정한 패키지가 포함하고 있는 전체 파일 목록을 살펴볼 경우에는 -L 옵션을 사용한다.

```
$ dpkg -L linux-image-2.6.32-22-generic-pae |more
/.
/boot
/boot/vmlinuz-2.6.32-22-generic-pae
```

```
/boot/config-2.6.32-22-generic-pae
/boot/abi-2.6.32-22-generic-pae
/boot/System.map-2.6.32-22-generic-pae
/boot/vmcoreinfo-2.6.32-22-generic-pae
/lib
/lib/modules
/lib/modules/2.6.32-22-generic-pae
/lib/modules/2.6.32-22-generic-pae/kernel
/lib/modules/2.6.32-22-generic-pae/kernel/arch
/lib/modules/2.6.32-22-generic-pae/kernel/arch/x86
/lib/modules/2.6.32-22-generic-pae/kernel/arch/x86/crypto
```

-l 옵션에 패키지명을 지정하면 패키지의 간략한 설명을 확인할 수 있다.

```
$ dpkg -l linux-image-2.6.32-22-generic-pae
Desired=Unknown/Install/Remove/Purge/Hold
| Status=Not/Inst/Cfg-files/Unpacked/Failed-cfg/Half-inst/trig-aWait/
Trig-pend
|/ Err?=(none)/Reinst-required (Status,Err: uppercase=bad)
||/ 이름                          버전              설명
+++-=========================================
ii  linux-image-2.6.32-22-generic-pae  2.6.32-22.33    Linux kernel image
for version 2.6.32 on x86
```

-s 옵션은 -l 옵션과 달리 패키지가 포함하고 있는 자세한 정보를 모두 출력한다.

```
$ dpkg -s linux-image-2.6.32-22-generic-pae |more
Package: linux-image-2.6.32-22-generic-pae
Status: install ok installed
Priority: optional
Section: admin
Installed-Size: 94856
Maintainer: Ubuntu Kernel Team <kernel-team@lists.ubuntu.com>
Architecture: i386
Source: linux
Version: 2.6.32-22.33
Provides: fuse-module, ivtv-modules, kvm-api-4, linux-image, linux-
image-2.6, ndiswrapper-modules-1.9, redhat-cluster-modules
```

```
Depends: initramfs-tools (>= 0.36ubuntu6), coreutils | fileutils (>=
4.0), module-init-tools (>= 3.3-pre11-4ubuntu3), wireless
-crda
Pre-Depends: dpkg (>= 1.10.24)
```

-c 옵션은 다운로드한 패키지의 파일목록을 미리 살펴 볼 수 있다.

```
$ dpkg -c linux-image-2.6.32-22-generic-pae_2.6.32-22.33_i386.deb |more
tar: 레코드 크기 = 8 블럭
drwxr-xr-x root/root           0 2010-04-29 03:42 ./
drwxr-xr-x root/root           0 2010-04-29 03:39 ./boot/
-rw-r--r-- root/root     4158880 2010-04-29 03:39 ./boot/vmlinuz-2.6.32-22-
generic-pae
-rw-r--r-- root/root      116302 2010-04-29 03:39 ./boot/config-2.6.32-22-
generic-pae
-rw-r--r-- root/root      643984 2010-04-29 03:39 ./boot/abi-2.6.32-22-
generic-pae
-rw-r--r-- root/root     1728514 2010-04-29 03:39 ./boot/System.map-2.6.32-
22-generic-pae
-rw-r--r-- root/root        1200 2010-04-29 03:42 ./boot/vmcoreinfo-2.6.32-
22-generic-pae
drwxr-xr-x root/root           0 2010-04-29 03:42 ./lib/
drwxr-xr-x root/root           0 2010-04-29 03:40 ./lib/modules/
```

-c 옵션으로 확인한 패키지를 -i 옵션으로 설치하지 않고, -x 옵션으로 지정한 디렉터리
에 풀 수 있다. 만일 디렉터리를 지정하지 않으면 현재 디렉터리에 푼다.

```
$ dpkg -x linux-image-2.6.32-22-generic-pae_2.6.32-22.33_i386.deb ~/test/
$ ls -alh ~/test
합계 20K
drwxr-xr-x  5 user user 4.0K 2010-04-29 03:42 .
drwxr-xr-x 50 user user 4.0K 2010-05-15 17:06 ..
drwxr-xr-x  2 user user 4.0K 2010-04-29 03:39 boot
drwxr-xr-x  4 user user 4.0K 2010-04-29 03:42 lib
rwxr-xr-x  3 user u
er 4.0K 2010-04-29 03:42 usr
```

<table>
<tr><td>명령어</td><td colspan="2">dpkg-buildpackage</td><td>OS</td><td>L</td></tr>
<tr><td>키워드</td><td>데비안 패키지 빌드</td><td>경로</td><td colspan="2">/usr/bin/dpkg-buildpackage</td></tr>
<tr><td>요약</td><td colspan="4">데비안 패키지 빌드</td></tr>
</table>

❶ 이렇게 써요

```
dpkg-buildpackage [〈옵션〉 ...]
```

옵션

-r〈gain-root-command〉: 루트 권한을 획득한다(기본값은 fakeroot).

-R〈rules〉: 지정한 파일을 실행한다(기본값은 debian/rules).

-p〈sign-command〉: 소스 컨트롤을 사인하기 위해 GPG나 PGP를 실행한다.

-d : 빌드 의존성과 충돌을 검사하지 않는다.

-D : 빌드 의존성과 충돌을 검사한다.

-k〈keyid〉: 지정한 사인키를 사용한다.

-sgpg : GPG 사인 명령을 호출한다.

-spgp : PGP 사인 명령을 호출한다.

-us : 소스를 사인하지 않는다.

-uc : .changes 파일을 사인하지 않는다.

-a〈arch〉: 지정한 데비안 아키텍쳐로 빌드한다.

-b : 소스를 생성하지 않고 바이너리만 생성한다.

-B : 바이너리만 생성하고, 아키텍쳐 의존 파일은 생성하지 않는다.

-A : 바이너리와 아키텍쳐 의존 파일만 생성한다.

-S : 바이너리는 생성하지 않고 소스 패키지만 생성한다.

-z〈level〉: 소스의 압축 레벨을 지정한다.

-Z〈compressor〉: 소스의 압축 유틸리티를 지정한다.

-nc : 소스 트리를 지우지 않는다(-b 옵션에 포함).

-tc : 끝나고 소스 트리를 깨끗이 지운다.

-ap : 시그너쳐 프로세스 전에 잠시 멈춘다.

--admindir=〈directory〉: 관리자 디렉터리를 변경한다.

-h, --help : 사용법을 출력한다.

--version : 버전 정보를 출력한다.

❶ 설명 및 예제

apt-get source 명령으로 패키지의 소스를 내려받고 나서 이를 나만의 패키지로 재빌드할 수 있다. 이때 **dpkg-buildpackage** 명령을 사용할 수 있다. 여러 옵션이 있지만 보통 -b 옵션으로 바이너리를 생성한다. 만일 에러가 발생한다면 의존성을 강제적으로 하여 -d 옵션을 사용한다.

아래 예제와 같이 커널 소스를 내려받고 나서 시스템에 맞게 수정하고 재빌드해 보자.

```
$ sudo apt-get source linux-image-2.6.32-22-generic-pae
$ cd linux-2.6.32
$ sudo dpkg-buildpackage -b -d
[sudo] password for user:
dpkg-buildpackage: CFLAGS 를 기본값으로 설정합니다 : -g -O2
dpkg-buildpackage: CPPFLAGS 를 기본값으로 설정합니다 :
dpkg-buildpackage: LDFLAGS 를 기본값으로 설정합니다 : -Wl,-Bsymbolic-
functions
dpkg-buildpackage: FFLAGS 를 기본값으로 설정합니다 : -g -O2
dpkg-buildpackage: CXXFLAGS 를 기본값으로 설정합니다 : -g -O2
dpkg-buildpackage: 원본 패키지 linux
dpkg-buildpackage: 원본 버전 2.6.32-22.33
dpkg-buildpackage: 다음에 의해 원본 변경되었습니다 Andy Whitcroft <apw@
canonical.com>
dpkg-buildpackage: 호스트 아키텍처 i386
 debian/rules clean
rm -rf/home/user/src.dpkg/linux-2.6.32/debian/build/modules
/home/user/src.dpkg/linux-2.6.32/debian/build/firmware     ₩
        /home/user/src.dpkg/linux-2.6.32/debian/build/kernel-versions
/home/user/src.dpkg/linux-2.6.32/debian/build/package-list     ₩
        /home/user/src.dpkg/linux-2.6.32/debian/build/debian.master
mkdir -p /home/user/src.dpkg/linux-2.6.32/debian/build/modules/i386/
 ------- 이하 생략 -------
```

패키지 빌드가 성공하면, 빌드한 상위 디렉터리에 관련 패키지들이 생성된다.

```
$ ls ../*.deb
linux-doc_2.6.32-22.33_all.deb
linux-headers-2.6.32-22-386_2.6.32-22.33_i386.deb
linux-headers-2.6.32-22-generic-pae_2.6.32-22.33_i386.deb
linux-headers-2.6.32-22-generic_2.6.32-22.33_i386.deb
linux-headers-2.6.32-22_2.6.32-22.33_all.deb
linux-image-2.6.32-22-386_2.6.32-22.33_i386.deb
linux-image-2.6.32-22-generic-pae_2.6.32-22.33_i386.deb
linux-image-2.6.32-22-generic_2.6.32-22.33_i386.deb
linux-image-2.6.32-22-virtual_2.6.32-22.33_i386.deb
linux-libc-dev_2.6.32-22.33_i386.deb
linux-source-2.6.32_2.6.32-22.33_all.deb
```

명령어	**rpm**			OS	L
키워드	레드햇 패키지 매니저	경로	/usr/bin/amixer	중요도	☆☆☆
요약	레드햇 기반의 패키지를 관리한다				

❶ 이렇게 써요

```
rpm [옵션]
```

-vv : 상세한 디버깅 정보를 출력한다.

--keep-temps : 임시 파일을 삭제하지 않는다(/tmp/rpm-*). rpm을 디버깅할 때만 주로 사용한다.

--quiet : 에러 메시지만 출력한다.

--help : 사용법을 출력한다.

--version : 버전 정보를 출력한다.

--rcfile 〈파일〉 : /etc/rpmrc 또는 $HOME/.rpmrc을 사용하지 않고 〈file〉을 사용하도록 한다.

--root 〈dir〉 : 모든 동작에 대하여 최상위 디렉터리를 주어진 디렉터리로 설정하고 작업한다.

설치 모드　rpm -i [설치옵션] 〈패키지 파일〉+
질문 모드　rpm -q [질문옵션]
검증 모드　rpm -V|-y|--verify [검증옵션]
서명 확인 모드　rpm --checksig 〈패키지파일〉+
제거 모드　rpm -e 〈패키지명〉+
제작 모드　rpm -bO [제작옵션] 〈패키지스펙〉+

많이 사용하는 옵션은 위에서 설명했지만, 여기에서는 각각의 옵션에 대해 자세히 살펴보자.

설치 옵션

rpm 설치 명령의 일반적인 형태는 다음과 같다.

> **rpm -i [설치옵션들] 〈패키지파일〉**

- force : --replacepkgs, --replacefiles, --oldpackage를 모두 사용한 것과 같다.
- h, --hash : 패키지를 풀 때 해쉬마크(#)를 표시한다. 표시되는 해시마크 총 수는 50개다. 더 상세한 출력을 위해서는 -v를 함께 사용한다.
- oldpackage : 새로운 패키지를 지우고 더 예전 패키지로 교체할 때 사용한다.
- percent : 패키지 파일을 풀 때 진행률을 퍼센트로 표시를 한다.
- replacefiles : 이미 설치된 다른 패키지의 파일을 덮어쓰면서 패키지를 강제로 설치한다.
- replacepkgs : 패키지가 이미 설치되어 있더라도 다시 설치한다.
- root 〈디렉터리〉 : 〈디렉터리〉를 루트로 하는 시스템에 설치를 수행한다. 데이터베이스는 〈디렉터리〉 밑에서 갱신되고 pre 또는 post 스크립트는 〈디렉터리〉로 chroot()한 후 실행함을 의미한다.
- noscripts : preinstall, postinstall 스크립트를 실행하지 않는다.
- excludedocs : 문서라고 표시되어 있는 파일(맨페이지와 texinfo문서)은 설치하지 않는다.

- includedocs : 문서 파일을 포함한다. 이 옵션은 rpmrc 파일에 excludedocs:1 이라는 것이 명시되어 있을 때만 필요하다.
- nodeps : 패키지를 설치하기 전에 의존성을 검사하지 않는다.
- noscripts : preinstall, postinstall 스크립트를 실행하지 않는다.
- excludedocs : 문서라고 표시되어 있는 파일(맨 페이지와 texinfo 문서)은 설치하지 않는다.
- includedocs : 문서 파일을 포함한다. 이 옵션은 rpmrc 파일에 excludedocs:1 이라는 것 명시되어 있을 때만 필요하다.
- test : 패키지를 실제로 설치하지 않고 충돌 사항이 있는지만 점검하고 보고한다.
- -U, --upgrade : 현재 설치되어 있는 패키지를 새로운 버전의 RPM으로 업그레이드한다. -i 옵션과 같지만 예전 버전의 것이 자동으로 지워진다는 점이 다르다.

질문 옵션

rpm 질문 옵션의 일반적인 형식은 다음과 같다.

> **rpm -q [질문옵션]**

여기에서는 패키지 정보가 표시할 형식을 결정해 주어야 한다. --queryformat 옵션 뒤에 형식 문자열을 적어준다. 질문 형식은 표준 printf 형식을 약간 변형한 것이다. 형식은 정적 문자열과 (개행 문자, 탭, 그리고 다른 특수문자에 대한 표준 C 문자 이스케이프 표기) printf 형식 지정자로 구성되어 있다. rpm은 이미 출력 형태를 알고 있으므로 타입 지정자는 생략하고 {} 문자로 묶어서 헤더 태그의 이름으로 바꾸어야 한다. 태그명 중 RPMTAG_ 부분은 생략해야 하며 태그명 앞에는 - 문자를 적어준다.

예를 들어 질문 대상 패키지의 이름만 출력하려면 **%{NAME}**을 형식 문자열로 사용해야 한다. 패키지명과 배포판 정보를 두 개의 열로 출력하려면 **%-30{NAME}%{DISTRIBUTION}** 형태로 적는다. rpm은 --querytags 옵션으로 인식하고 있는 모든 태그의 목록을 출력한다. 질문 옵션에는 패키지 선택과 정보 선택 두 가지가 있다. 먼저 패키지 선택 옵션을 살펴보자.

- 〈패키지명〉 : 지정한 패키지에 대한 질문을 수행한다.
- a : 모든 패키지에 대하여 질문을 수행한다.
- whatrequires 〈기능〉 : 제대로 작동하기 위해서는 지정한 기능을 쓰는 모든 패키지에 대하여 질문을 수행한다.
- whatprovides 〈가상〉 : 지정한 가상 기능을 제공하는 모든 패키지에 대하여 질문을 수행한다.
- f 〈파일〉 : 지정한 파일을 포함하는 패키지에 대하여 질문을 수행한다.
- F : -f 와 같지만 파일명을 표준입력에서 읽는다.
- p 〈패키지파일〉 : 설치된 또는 설치되지 않은 〈패키지파일〉에 대하여 질문을 수행한다.
- P : -p와 같지만 패키지 파일명을 표준입력에서 읽는다.

다음은 정보 선택 옵션을 살펴보자.

- -i : 패키지 이름, 버전, 설명 등의 정보를 출력한다. 만약 --queryformat 옵션이 있다면 포맷 형식을 이용하여 출력한다.
- R : 현재 패키지가 의존하는 패키지 목록을 출력한다(--requires와 같음).
- provides : 패키지가 제공하는 기능을 출력한다.
- l : 패키지 안의 파일을 출력한다.
- s : 패키지 안에 든 파일의 상태를 출력한다(-l 포함). 각 파일의 상태는 normal(정상), not installed(설치되지 않음), replaced(교체)의 값을 갖는다.
- d : 문서 파일만 출력한다(-l 포함).
- c : 설정 파일만 출력한다(-l 포함).
- scripts : 설치, 제거 과정에 사용되는 셸 스크립트가 있다면 그 내용을 출력한다.
- dump : 다음과 같은 파일 정보를 덤프한다. 경로 크기 수정일, MD5 체크섬, 모드, 소유자, 그룹, 설정 파일 여부, 문서 파일 여부, rdev, 심볼릭 링크 여부. 최소한 -l, -c, -d 이들 옵션 중 하나가 사용되어야 한다.

검증 옵션

rpm 검증 옵션의 일반적인 형태는 다음과 같다.

```
rpm -V|-y|--verify [검증옵션]
```

설치되어 있는 파일에 대하여 rpm 데이터베이스에 저장한 내용과 오리지널 패키지의 내용을 비교한다. 검증 내용은 크기, MD5 체크섬, 퍼미션, 타입, 소유자, 그룹 등이다. 차이점이 발견되면 출력한다. 패키지 지시 옵션은 패키지 질문 옵션에서와 같다. 출력 형식은 8자의 문자열이다. c는 설정 파일을 의미하며 파일명을 출력한다. 각각의 8개 문자는 RPM 데이터베이스에 저장된 속성과 비교한 결과를 나타낸다. '.'(피리어드) 문자는 이상 없음을 나타낸다. 비교 결과 문제점이 발견되면 다음과 같은 문자가 나타난다.

```
5  MD5 체크섬
S  파일 크기
L  심볼릭 링크
T  갱신일
D  장치
U  사용자
G  그룹
M  퍼미션과 파일 타입을 포함한 모드
```

서명 확인

rpm 서명 확인 명령은 다음과 같다.

```
rpm --checksig 〈패키지파일〉+
```

패키지의 오리지널 여부를 가려내기 위하여 패키지 안에 든 PGP 서명을 점검한다. PGP 설정 정보는 /etc/rpmrc에서 읽어온다.

제거 옵션

rpm 제거 명령의 일반적인 형태는 다음과 같다.

> rpm -e 〈패키지파일〉+

- noscripts : preunistall, postuninstall 스크립트를 실행하지 않는다.
- nodeps : 패키지 제거 시 의존성을 검사하지 않는다.
- test : 실제로 패키지를 제거하는 것은 아니고 테스트만 해본다.

제작 옵션

rpm 제작 명령의 일반적 형식은 다음과 같다.

> rpm -bO [제작옵션] 〈패키지 스펙〉+

-bO는 제작 단계와 제작할 패키지를 나타내는 것으로서 다음 중 하나의 값을 갖는다.

- bp : 스펙 파일의 %prep 단계를 실행한다. 보통 소스를 풀고 패치하는 작업이다.
- bl : 목록 점검을 수행한다. %files 섹션은 확장 매크로이다. 이 파일들이 존재하는지 여부를 출력한다.
- bc : %build 단계를 수행한다(prep 단계를 한 후). 보통 make에 해당하는 일을 해낸다.
- bi : %install 단계를 수행한다(prep, build 단계를 거친 후). 보통 **make install**에 해당하는 일을 한다.
- bb : 바이너리 패키지를 만든다(prep, build, install 단계를 수행한 후).
- ba : 바이너리와 소스 패키지를 만든다(prep, build, install 단계를 수행한 후). 다음 옵션도 사용할 수 있다.
- short-circuit : 중간 단계를 거치지 않고 지정한 단계로 직접 이동한다. -bc와 -bi하고만 쓸 수 있다.
- timecheck : 시간 점검을 0(불가능)으로 설정한다. 이 값은 rpmrc의 timecheck로 설정할 수 있다. 시간 점검 값은 초로 표시하는데 파일이 패키징에 걸리는 최대 시간을 정한다. 시간을 초과하는 파일들에 대하여 경고 메시지가 출력된다.
- clean : 패키지를 만든 후 build 디렉터리를 지운다.
- test : 어떠한 build 단계도 거치지 않는다. 스펙 파일을 테스트할 때 유용하다.
- sign : 패키지 안에 PGP 서명을 넣는다. 패키지를 누가 만들었는지 확인할 수 있다.
- rpm --recompile 〈소스패키지파일〉 또는 rpm --rebuild 〈소스패키지파일〉 : rpm은 주어진 소스 패키지를 설치하고 prep, 컴파일, 설치를 해준다. rebuild는 새로운 바이너리 패키지도 만들어준다. 제작을 마치면 build 디렉터리는 --clean 옵션에서와 마찬가지로 지워진다. 패키지로부터 나온 소스와 스펙 파일은 삭제된다.

기존의 RPM에 서명하기

> rpm --resign 〈바이너리패키지파일〉+

패키지 파일에 새로운 서명을 한다. 기존의 서명은 삭제된다. 서명 기능을 사용하기 위해 서는 PGP를 사용할 수 있어야 한다. 그리고 RPM 공개키를 포함하는 공개키를 찾을 수 있어야 한다. 기본적으로 RPM은 PGPPATH에서 지시하는 PGP 기본 설정을 사용한다. PGP가 기본적으로 사용하는 키 링을 갖고 있지 않을 때는 /etc/rpmrc 파일에 설정해 두어야 한다. pgp_path는 /usr/lib/rpm 대신 쓰일 경로 이름이다. 이 경로에는 사용자의 키 링을 포함해야 한다. 사용자가 만든 패키지에 서명하려면, 자신의 공개키와 비밀키 한 쌍을 만들어 두어야 한다(PGP 매뉴얼 참고). /etc/rpmrc에 적는 것 외에 다음 사항을 추가해야 한다.

- signature : 서명 유형. 현재로서는 pgp만 지원한다.
- pgp_name : 사용자의 패키지에 서명할 사용자명을 적는다. 패키지 제작 시 sign 옵션을 추가한다. 사용자의 입력을 받고 나면 패키지가 만들어지고 동시에 서명된다.

데이터베이스 재생성 옵션

```
rpm -rebuilddb
```

RPM 데이터베이스를 다시 만드는 명령이다. 패키지에서 나온 소스와 스펙 파일은 삭제된다.

❶ 설명 및 예제

RPM은 강력한 패키지 관리자로서 각각의 소프트웨어 패키지를 만들고 설치하고 질문하고 검증하고 갱신하며 제거할 수 있다. 패키지란 설치할 파일들과 이름, 버전, 설명 등의 패키지 정보를 포함하는 저장 파일이다. 설치, 질문, 검증, 서명 확인, 제거, 제작, 데이터베이스 재생성 모드가 있으며 각각 다른 옵션이 있다.

❶ RPM 파일 읽는 법

패키지 이름은 일정한 규칙으로 되어 있다. 한 예로 다음과 같은 아파치 RPM 패키지가 있다고 가정한다.

```
apache-1.3.26.i686.rpm
```

- apache : RPM 패키지 이름이다.
- 1.3.6 : 리눅스 패키지의 버전이다.
- i686 : 실행 바이너리의 시스템 아키텍쳐이다.

❷ RPM 패키지 설치

보통 RPM을 설치하려면, **rpm -ivh** 옵션으로 설치하려는 패키지명을 지정한다.

```
# rpm -ivh apache-1.3.22.i686.rpm
```

하지만 위의 명령처럼 쉽게 설치되면 다행이지만, 설치 시 기존 파일이나 의존성 관계 등을 조사하기 때문에 때에 따라 각가지 에러가 날 수도 있다. 크게 세 경우로 나누어 에러 메시지별 해결법을 알아보자

이미 동일 패키지가 설치되어 있는 경우

```
# rpm -ivh apache-1.3.22.i686.rpm
apache package apache-1.3.22 ls already installed
error : apache-1.3.22.i686.rpm cannot be installed
```

--replacepkgs 옵션을 설치 시 추가로 입력하여, 기존 패키지를 덮어쓴다.

설치될 패키지의 파일이 충돌하는 경우

```
# rpm -ivh apache-1.3.22.i686.rpm
apache /usr/lib/xxx.a conflicts with file from mod_ssl-2.8.4
error : apache-1.3.22.i686.rpm cannot be installed
```

패키지에 포함된 파일의 라이브러리가 있는데, 현재 설치하는 패키지가 동일한 라이브러리의 다른 버전을 설치하려는 경우로, 차근차근 원인을 해결해야 한다. replacepkgs 옵션으로 강제 설치하는 방법이 있다.

의존성 문제가 발생하는 경우

의존성 문제가 나타나는 패키지를 먼저 설치하여야 한다.

❸ 패키지 제거

RPM 패키지 제거는 **rpm -e** 명령을 사용한다.

```
# rpm -e apache
```

하지만 이 또한 의존성 문제로 에러 메시지를 출력할 수도 있다.

```
# rpm -e apache
removing these packages would break dependencies:
linux is needed by mod_ssl-2.8.4
```

의존성이 걸리는 패키지를 먼저 삭제하여야 한다. 만일 의존성을 무시하려면 --nodeps
옵션으로 지정한 패키지만 삭제할 수 있다. 이 작업에는 세심한 주의가 요구된다.

❹ 패키지 업그레이드

이미 설치된 패키지를 새로 나온 패키지로 업그레이드할 때는 **rpm -Uvh** 옵션을 사용한다.

```
# rpm -Uvh apache-1.3.26.i686.rpm
```

만일 다운그레이드를 해야 한다면 --oldpackage 옵션을 사용하자. .

❺ 패키지 정보 확인

```
# rpm -q apache
apache-1.3.22-i686.rpm
```

rpm -ql 명령으로 지정한 패키지의 설치된 디렉터리와 파일을 살펴 볼 수 있다.

```
# rpm -ql apache
/etc/httpd
/etc/httpd/conf
/etc/httpd/conf/access.conf
/etc/httpd/conf/httpd.conf
/etc/httpd/conf/magic
rpm 467
/etc/httpd/conf/srm.conf
```

rpm –qf는 설치된 파일이 어떤 패키지에 포함되는지 알아볼 때 사용한다. 출력 결과로
지정한 파일에 해당하는 패키지명을 출력한다.

```
# rpm -qf /etc/httpd/conf/httpd.conf
apache-1.3.22.i686.rpm
```

아직 설치하지 않은 패키지의 내용을 살펴볼 때는 -p 옵션을 추가한다. 설치할 패키지의
정보를 살펴본다.

```
# rpm -qpi apache-1.3.22.i686.rpm
```

설치할 패키지의 디렉터리와 파일 목록을 살펴본다.

```
# rpm  - qpl apache-1.3.22.i686.rpm
```

설치할 패키지의 의존성을 확인할 때는 - qpR 옵션이 유용하다.

```
# rpm  - qpR apache-1.3.22.i686.rpm
```

여기서 잠깐

rpm 관련 파일

1. rpmrc 설정 파일

  /usr/lib/rpm/rpmrc : 전반적인 rpmrc 설정
  /usr/lib/rpm/redhat/rpmrc : redhat 배포판에 의존적인 rpmrc 설정
  ~/.rpmrc : 사용자 의존적인 rpmrc 설정

2. 매크로 설정 파일

  /usr/lib/rpm/macros : 시스템 전반의 매크로 설정
  /usr/lib/rpm/redhat/macros : redhat 배포판에 의존적인 매크로 설정
  ~/.rpmmacros : 사용자 의존적인 매크로 설정

명령어	**rpmbuild**			OS	L
키워드	RPM 패키지 빌더	경로	/usr/bin/rpmbuild	중요도	☆☆☆
요약	RPM 패키지를 빌드 하는 명령어				

❶ 이렇게 써요

```
rpmbuild [-ba|-bb|-bp|-bc|-bi|-bl|-bs] [rpmbuild-options] 스펙파일 …
rpmbuild [-ta|-tb|-tp|-tc|-ti|-tl|-ts] [rpmbuild-options] 타르볼 …
rpmbuild [--rpmbuild|--recompile] 소스패키지 …
rpmbuild --showrc
```

일반옵션

-?, --help : 사용법을 출력한다.

--version : 버전 정보를 출력한다.

--quiet : 가능한 적은 에러 메시지를 출력한다.

-v : 상세한 정보를 출력한다.

-vv : 많은 디버그 정보를 출력한다.

--rcfile : 지정한 rcfile를 사용한다.

--root DIRECTORY : 지정한 디렉터리를 빌더 루트 디렉터리로 사용한다.

빌드옵션

-ba : 바이너리와 소스 패키지를 빌드한다(%prep, %build, %install 단계 후).

-bb : 바이너리를 빌드한다(%prep, %build, %install 단계 후).

-bp : spec 파일 내 %prep 단계만 수행한다. 패치 파일이 적용된 소스를 BUILD 디렉터리에서 확인할 수 있다.

-bc : %build 단계를 수행한다(%prep 단계 후). make와 같다.

-bi : %install 단계를 수행한다(%prep, %build 단계 후). make install과 같다.

-bl : list check를 실행한다. %files 섹션으로 확장된다.

-bs : 단지 소스 패키지만 빌드한다.

--buildroot DIRECTORY : 패키지를 빌드할 때, BuildRoot 플래그를 덮어쓴다.

--clean : 패키지 생성 후 빌드 트리를 삭제한다.

--nobuild : 빌드 단계를 실행하지 않는다. spec 파일을 테스트 할 때 유용하다.

--rmsource : 빌드 후 소스를 삭제한다(예, **rpmbuild --rmsource foo.spec**).

--rpmspec : 빌드 후 spec 파일을 삭제한다(예, **rpmbuild --rmspec foo.spec**).

--sign : GPG 사인을 패키지에 포함한다.

--target PLATFORM : PLATFORM을 arch-vendor-os로 인식하고, 매크로 %_target, %_target_cpu, %_target_os를 알맞게 설정한다.

리빌드 및 재컴파일 옵션

rpmbuild --rebuild|--recompile SOURCEPKG … : --rebuild 옵션은 새로운 바이너리 패키지를 생성하고, SOURCES 및 SPEC 디렉터리를 삭제한다.

rpmbuild 명령은 레드햇 패키지를 생성하기 위해 필요한 명령어이다. 간단하게 소스 패키지를 내려받고 컴파일하는 절차를 살펴보도록 하자. 먼저 아래와 같이 bash 패키지의 소스를 yumdownloader 명령으로 내려받아보자.

```
$ yumdownloader -source bash
```

홈 디렉터리에 .rpmmacros 파일을 생성하고, 빌드 루트 디렉터리를 위해 %_topdir 매크로를 /home/user로 지정한다. 이는 rpmbuild의 기본 빌드 루트 디렉터리인 /usr/src/redhat을 사용하지 않고, 사용자가 지정한 홈 디렉터리를 빌드 루트로 삼겠다는 의미이다.

```
$ echo "%_topdir /home/user" > ~/.rpmmacros
```

소스 패키지를 아래 명령으로 디렉터리에 설치한다.

```
$ rpm -Uvh bash-3.2-23.fc9.src.rpm
```

아래 예제에서 빌드에 필요한 디렉터리들이 생성된 것을 확인할 수 있다. spec 파일은 /home/user/SPECS 디렉터리에, 관련 원본 파일은 /home/user/SOURCES 디렉터리에 설치한다.

```
$ ls /home/user
$ BUILD RPMS SOURCES SPECS SRPMS
$ ls /home/user/SPECS
$ bash.spec
```

소스 수정 후 패치 파일을 소스 디렉터리에 복사하고, SPECS 디렉터리로 이동한다. 사용자가 적용하고자 하는 spec 파일을 수정하고, **rpmbuild –ba** 명령으로 패키지를 빌드할 수 있다.

```
$ rpmbuild -ba bash.spec
```

만일 소스 및 spec 파일 수정 후 빌드가 성공적으로 이루어지면, RPMS 디렉터리와 SRPMS 디렉터리에 각각 바이너리와 소스 패키지가 생성된다.

명령어	**yum**			OS	L
키워드	RPM 업데이터	경로	/usr/bin/yum	중요도	☆☆☆
요약	rpm 기반의 시스템에서 업데이터 기능을 제공한다				

❶ 이렇게 써요

```
yum [옵션] [명령] [패키지 …]
```

옵션

-h, --help : 사용법을 출력한다

-C : 캐쉬 정보에서 실행하지만, 캐쉬는 갱신하지 않는다.

-c [config file] : 설정 파일을 지정한다.

-R [minutes] : 최대 명령어 대기 시간

-d [debug level] : 디버깅 출력 레벨

--showduplicates : 목록이나 찾기 명령에서 최신 버전만 출력하는 대신, 저장소와 중복된 것도 출력한다.

-e [error level] : 에러 출력 레벨

-q, --quiet : 에러를 출력하지 않는다.

-v, --verbose : 상세한 정보를 출력한다.

-y : 모든 물음에 yes로 대답한다.

--version : yum 버전 정보를 출력한다.

--installroot=[path] : 인스톨 루트 디렉터리를 설정한다.

--enablerepo=[repo] : 하나 이상의 저장소를 활성화한다(와일드카드 허용).

--disablerepo=[repo] : 하나 이상의 저장소를 비활성화한다(와일드카드 허용).

-x [package], --exclude=[package] : 이름이나 패턴 매칭으로 패키지를 제외한다.

--disableexcludes=[repo] : 설정 파일에서 지정한 제외를 비활성화한다.

--obsoletes : 업데이트 동안 yum의 쓸모없는 프로세스 로직을 활성화한다.

--noplugins : yum 플러그인을 비활성화한다.

--nogpgcheck : gpg 시그너쳐 체크를 비활성화한다.

--disableplugin=[plugin] : 이름으로 플러그인을 비활성화한다.

--enableplugin=[plugin] : 이름으로 플러그인을 활성화한다.

--skip-broken : 의존성 문제를 가진 패키지를 건너뛴다.

--color=COLOR : 색깔을 사용할지 컨트롤한다.

명령

check-update : 가능한 패키지 업데이트가 있는지 체크한다.

clean : 캐쉬 데이터를 제거한다.

deplist : 패키지 의존성 목록을 출력한다.

downgrade : 패키지를 다운그레이드한다.

erase : 시스템에서 패키지나 패키지들을 제거한다.

groupinfo : 패키지 그룹에 관한 상세 정보를 출력한다.

groupinstall : 시스템에 그룹으로 패키지를 설치한다.

grouplist : 가능한 패키지 그룹 목록을 출력한다.

groupremove : 시스템에서 그룹의 패키지를 제거한다.

help : 사용법을 출력한다.

history : 트랜잭션 히스토리를 출력하거나 사용한다.

info : 패키지나 패키지 그룹의 상세한 정보를 출력한다.

install : 시스템에 패키지나 패키지들을 설치한다.

list : 패키지나 패키지 그룹 목록을 출력한다.

localinstall : 로컬 RPM을 설치한다.

makecache : 메타 데이터 캐쉬를 생성한다.

provides : 주어진 값에 제공하는 패키지를 찾는다.

reinstall : 패키지를 재설치한다.

repolist : 설정 소프트웨어 저장소를 출력한다.

resolvedep : 주어진 의존성에서 제공하는 패키지를 결정한다.

search : 주어진 문자열에 대한 패키지의 상세한 정보를 찾는다.

shell : 상호작용 yum 셸을 실행한다.

update : 시스템에 패키지나 패키지들을 업데이트한다.

upgrade : **update –obsoletes**와 같다.

version : 버전 정보를 출력한다.

❗ 설명 및 예제

apt-get이 .deb로 끝나는 데비안 계열의 저장소에서 패키지를 관리하는 명령이라면 yum은 .rpm으로 끝나는 레드햇 계열의 저장소에서 패키지를 관리하는 명령이다.

yum으로 업데이트를 하려면 먼저 **yum check update** 명령으로 저장소 목록을 업데이트 한다.

```
# yum check update
```

yum search 명령은 다운로드 가능한 패키지를 검색할 수 있다.

```
# yum search kernel
```

서버에서 패키지를 설치하려면 **yum install** 명령을 사용한다.

```
# yum install kernel
```

만약 설치할 패키지의 일부 아키텍쳐 버전만 설치하려면 '패키지 이름.arch'로 지정한다.

```
# yum install kernel.i586
```

yum install 명령에서 여러 패키지를 나열하여 한꺼번에 설치할 수 있다.

```
# yum install kernel gcc g++
```

시스템에 설치된 패키지를 삭제하려면 **yum remove** 명령을 사용한다.

```
# yum remove gcc
```

서버에서 업데이트 가능한 전체 패키지를 **yum update** 명령으로 한꺼번에 업데이트할 수 있다. 만일 패키지 이름을 지정하면 지정한 패키지만 업데이트한다.

```
# yum update
# yum update kernel
```

패키지를 업데이트하기 전에 업데이트된 패키지가 있는지 확인한다.

```
# yum check-update
```

업데이트 목록을 다운로드하면 실제로 설치할지를 확인하지만 -y 옵션은 이를 무조건 yes로 대답한다.

```
# yum update  - y
```

시스템에 설치된 패키지나 저장소 서버에 있는 패키지는 **yum list** 명령으로 확인할 수 있다. 시스템에 설치한 전체 패키지를 확인하려면 **rpm -qa** 또는 **yum list** 명령을 사용한다.

```
# rpm  -qa
# yum list installed
```

시스템에 설치된 일부 패키지는 다음과 같이 확인할 수 있다.

```
# rpm -qa|grep kernel
# yum list installed kernel
```

시스템에 설치 가능한 저장소 서버의 패키지 목록을 모두 출력하려면 다음과 같다.

```
# yum list all
```

모든 패키지는 그룹으로 관리된다. 패키지가 어떤 그룹에 해당되는 확인하려면 **yum grouplist** 명령을 사용한다.

```
# yum grouplist
```

yum groupinstall 명령은 해당하는 그룹에 속한 모든 패키지를 설치한다.

```
# yum groupinstall "Development Tools"
```

그룹에 속한 패키지 전체를 업데이트하려면 **yum groupupdate** 명령을 사용한다.

```
# yum groupupdate "Development Tools"
```

그룹에 해당되는 패키지를 모두 삭제하려면 **yum groupremove** 명령을 사용한다.

```
# yum groupremove "Development Tools"
```

설치된 파일에서 이에 해당하는 패키지 이름을 역추적하려면 **rpm -qf** 혹은 **yum provides**나 **yum whatprovides**를 사용한다.

```
# rpm -qf /boot/vmlinuz-2.6.32-22-generic
# yum provides /boot/vmlinuz-2.6.32-22-generic
```

yum info 명령은 저장소 서버 목록에 있는 패키지 정보를 출력할 수 있다.

```
# yum info kernel
```

최근에 업데이트한 패키지 정보는 아래 명령으로 확인할 수 있다.

```
# yum info updates
```

여기서 잠깐

yum 관련 파일

/etc/yum.conf : yum 기본 설정 파일
/etc/yum.repos.d : 저장소 설치 디렉터리
/etc/yum/pluginconf.d/ : 플러그인 설정 파일 디렉터리
/var/cache/yum : 로컬 캐쉬 디렉터리

4부

VI 에디터

이미 GUI 환경의 운영체제와 소프트웨어가 자리잡은지 오래이기 때문에 텍스트 기반의 에디터가 낯설어 보이는 것은 당연하다. 그러나 아직까지도 서버 관리나 리눅스 혹은 유닉스 기반에서 개발할 때는 터미널 환경을 사용한다. 터미널 환경에서 VI 에디터만큼 빠르고 능률적인 작업을 할 수 있는 툴도 드물다. 원본 VI 에디터는 물론이고 다양한 VI 클론에서도 사용할 수 있는 VI 에디터의 사용법을 설명하고, VI 에디터를 사용하면서 유용하게 사용할 수 있는 단축키를 소개하고자 한다.

VI란?

VI는 유닉스와 리눅스에서 가장 널리 사용되고 있는 텍스트 에디터이다. 많이 쓰이는 이유는 터미널에서 작동하는 빠른 에디터라는 점도 있지만 무엇보다 텍스트 에디터가 갖추어야 할 충분하고 다양한 기능을 가지고 있기 때문이다. 그러나 명령어 입력 방식으로 사용해야 하기 때문에 윈도우 메모장 등에 길들어진 사용자가 처음 접하면 불편함을 느낄 것이다. 하지만 일단 손에 익으면 간단한 문서 편집 작업은 모두 VI 에디터에서 하고 싶어 질 것이다.

이 책은 리눅스 VIM(vi IMproved)을 기준으로 작성되었다. VIM은 VI 에디터에 편리하면서 막강한 기능을 추가한 에디터다. 대부분의 리눅스 배포판에는 VIM이 기본적으로 포함되어 있고 VI 명령으로 알리아스되어 있다. 따라서 VI를 실행하면 실재로는 VIM이 자동으로 실행된다. 그러나 아직 일부 유닉스에서는 VI만 설치되어 있다. 이런 경우라 할지라도 이 책에서 설명한 대부분의 기본 기능은 똑같이 지원하므로 별도로 학습할 필요는 없다.

이 장에서는 VI의 주요 기능을 다루었다. VI 에디터는 다른 텍스트 에디터와 마찬가지로 입력과 저장 기능만 알아도 충분히 사용할 수 있다. 간단한 기능을 익혀 사용해 나가면서 차차 다양한 기능을 익히도록 하자.

1. VI 실행

VI 에디터는 터미널에서 VI 명령으로 실행한다.
VI 에디터의 실행 명령은 새 문서 열기, 편집 문서 열기, 문서 복구로 구분할 수 있다.

새 문서 열기

```
# vi
# vi 새_파일명
```

새로운 문서를 작성하고자 한다면 vi를 실행하거나 **vi 새_파일명**으로 새 문서를 시작한다. 여기서 새 파일명은 기존에 없는 파일명을 써준다. 파일명 없이 VI 명령만으로 에디터를 실행하면 사용 중인 VI 에디터의 버전 정보를 확인할 수 있다. 입력/편집 모드로 전환하면 버전 정보는 사라진다.

```
# vi <Enter>
~
~
```

```
~                        VIM - Vi IMproved
~
~                        version 7.0.237
~                     by Bram Moolenaar et al.
~              Vim is open source and freely distributable
~
~                     Help poor children in Uganda!
~            type  :help iccf<Enter>        for information
~
~            type  :q<Enter>              to exit
~            type  :help<Enter>  or  <F1>  for on-line help
~            type  :help version7<Enter>   for version info
~
0,0-1 All
```

편집 문서 열기

· vi 파일명 : 편집 문서 열기
· vi +n 파일명 : 편집 문서를 열고, 커서를 n번째 줄로 이동 시킴.
· vi +/키워드 file : 편집 문서를 열고, 키워드를 검색하여 커서를 검색된 키워드가 있
   는 줄로 이동시킴.
· vi -R 파일명 : 읽기 전용으로 문서 열기.

특정 파일을 편집하고자 할 경우 **vi 파일명** 명령으로 파일을 연다. **vi -R 파일명** 명령은
읽기 전용으로 파일을 열기 때문에 편집이 가능할 수 없다.

VI 에디터는 파일을 열 때 수정하고자 하는 부분을 빨리 찾아 편집 작업을 효율적으로
할 수 있도록 도와주는 기능을 지원한다. **vi +/키워드**는 찾고자 하는 키워드를 지정하여
파일이 열리는 것과 동시에 검색된 키워드 위치로 커서를 이동시킨다. 아래 예제에서는
grub.conf 파일을 VI 에디터로 열 때 sda라는 키워드를 찾아 파일을 열고 커서를 검색
된 줄로 이동시킨다.

```
# vi +/sda /etc/grub.conf
# grub.conf generated by anaconda
#
# Note that you do not have to rerun grub after making changes to this file
# NOTICE:  You do not have a /boot partition.  This means that
```

```
#          all kernel and initrd paths are relative to /, eg.
#          root (hd0,0)
#          kernel /boot/vmlinuz-version ro root = /dev/sda1
#          initrd /boot/initrd-version.img
#boot = /dev/sda
default = 0
timeout = 5
splashimage = (hd0,0)/boot/grub/splash.xpm.gz
hiddenmenu
title CentOS (2.6.18-194.el5xen)
        root (hd0,0)
        kernel /boot/xen.gz-2.6.18-194.el5
        module /boot/vmlinuz-2.6.18-194.el5xen ro root=LABEL=/1 rhgb quiet
        module /boot/initrd-2.6.18-194.el5xen.img
title Other
        rootnoverify (hd1,0)
        chainloader +1
~
~
/sda
```

검색된 결과가 여러 개일 경우 첫 번째 검출된 줄로 커서가 이동된다. 키보드의 [n] 키를 누르면 다음 검색된 결과값으로 이동한다.

문서 저장/닫기

· :w(!) : 문서 저장 (강제 명령)

· :q(!) : vi 닫기 (강제 명령)

· :wq(!), ZZ(!) : 저장 후 닫기 (강제 명령)

문서 편집 중간에는 :w 명령을 이용하여 문서를 저장하고 :q 명령으로 VI를 끝낼 수 있다. 편집된 문서를 저장과 동시에 닫기를 원하면 :wq 명령을 사용한다.

문서를 편집하였으나 저장하지 않고 닫기 위해 :q 명령을 사용하면 "No write since last change (use ! to override)"라는 수정된 문서를 저장하지 않았다는 메시지가 출력된다. 이 때는 :q! 명령을 사용하여 수정된 문서를 저장하지 않고 강제로 종료할 수도 있다.

문서 복구

· # vi -r 파일명 : 문서 복구

파일 편집 중 전원이 갑자기 꺼지거나 오류로 인해 컴퓨터가 비정상 종료된 때는 스왑 파일을 통해 복구할 수 있다. 편집 중인 파일을 스왑 파일에 자동으로 저장하기 때문이다.

아래 예제와 같이 웹 서버의 설정 파일인 /etc/httpd/conf/httpd.conf 파일을 수정하던 중 갑자기 전원이 나간 경우 다시 전원을 켜고 **vi -r 파일명**으로 편집 중이던 문서를 복구할 수 있다.

· # vi -r /etc/httpd/conf/httpd.conf

복구 명령을 실행하면 복구하려는 파일의 스왑 파일명과 복구에 대한 설명이 출력된다. 복구 파일은 별도의 이름으로 저장하고 원본 파일과의 차이점을 비교해 편집이 누락되었거나, 오류가 있는지를 확인한 후 저장해야 한다. 설정 파일을 수정하는 경우 언제나 원본 파일은 별도로 백업해두는 습관을 들이는 것이 좋다. Enter 를 입력하면 복구하려는 파일이 열린다.

```
Using swap file "/etc/httpd/conf/.httpd.conf.swp"
Original file "/etc/httpd/conf/httpd.conf"
Recovery completed. You should check if everything is OK.
(You might want to write out this file under another name
and run diff with the original file to check for changes)
Delete the .swp file afterwards.

Hit ENTER of type command to confinue
```

2. 문서 편집

입력/편집 모드와 명령 모드로의 전환

VI에는 입력과 편집을 할 수 있는 입력/편집 모드와 여러 편리한 기능을 실행할 수 있는 명령 모드가 있다. 처음 VI를 접하는 사용자가 가장 어렵게 느끼는 것이 모드 사이의 전환이다. 에디터가 실행되었는데도 특정한 키를 누르기 전에는 입력이 안되고 입력이나 편집 후 저장하고 나가려면 명령 모드로 빠져 나와야 하는데 이런 일련의 과정이 윈도우 메모장의 메뉴처럼 눈에 보이는 것도 아니므로 어렵게 느껴지는 것이 당연하다. 그러나 입력/편집 모드에서 명령 모드로 전환하는 것은 어렵지 않으며 자주 사용하는 명령어 몇 개만 기억하면 그 어느 에디터보다 편리하게 사용할 수 있다.

입력/편집 모드

· i : 현재 커서 위치에서 입력 모드로 전환

VI는 명령 모드 상태로 시작된다. 이 상태에서 ⓘ 키를 입력하면 창 아래 "--INSERT--" 표시가 보이고, 이때부터 입력이나 편집을 할 수 있다. 다시 명령 모드로 복귀 하려면 [Esc] 키를 누른다.

입력/편집 모드는 새로 문서를 작성하거나 기존 문서를 편집할 때 사용한다. VI 에디터 가 익숙하지 않은 사용자도 ⓘ 키를 눌러 입력 모드로 전환하는 방법만 알면 VI 에디터 를 사용할 수 있다. 여러 가지 입력/편집 모드 전환 방식이 있지만 그것들은 초기 입력되 는 위치를 이동하여 좀 더 편집이 용이한 위치로 조정해 주는 기능일 뿐이다. 물론 적절 한 입력/편집 모드 전환 방식을 사용하면 빠르게 문서 편집을 할 수 있다.

아래 예제에서는 접속을 허가하고자 하는 외부 컴퓨터의 IP 주소를 등록하여 서버 접속 을 제어하는 /etc/hosts.allow 파일을 열어 입력 모드로 전환한다.

· # vi /etc/hosts.allow

문서가 열리면 명령 모드 상태이므로 본문을 편집할 수 없다. 이때 ⓘ를 누르면 화면 아래 "--INSERT—"라고 뜨는 것을 확인할 수 있다. 비로서 본문에 입력과 편집을 할 수 있다.

```
#
# hosts.allow This file describes the names of the hosts which are
# allowed to use the local INET services, as decided

# by the '/usr/sbin/tcpd' server.
#
# Only allow connections within the hanb.co.kr domain.


ALL: hanb.co.kr



-- INSERT -- 1,1 All
```

VI 에디터는 입력/편집 모드로 전환하는 다양한 방법을 제공한다. 아래의 키들을 상황에 맞게 적절히 사용하면 좀 더 편리하고 빠르게 문서를 편집 할 수 있다.

a	현재 커서에서 한 칸 오른쪽 위치에서 입력 모드 전환
i	현재 행의 가장 앞에서 입력 모드 전환
A	현재 행의 가장 뒤에서 입력 모드 전환
o	현재 행 다음에 한 줄 삽입 후 입력 모드 전환
O	현재 행 위에 한 줄 삽입 후 입력 모드 전환
s	현재 커서 위치의 한 글자를 삭제 후 입력 모드 전환
S	현재 행을 삭제 후 입력 모드 전환
R	문서 수정 모드로 입력 모드 전환

명령 모드

명령 모드는 GUI 환경의 프로그램에서 메뉴에 등록된 기능들을 명령어 입력을 통해 수행한다. 메뉴들이 눈에 보이지 않지만 걱정하지 말라! GUI 프로그램의 메뉴에 있는 기능들도 단축키 기능을 지원하여 메뉴를 마우스로 클릭하지 않고도 기능을 실행시킬 수 있지 않은가? VI 에디터에서는 이 단축키 기능이 명령 모드라고 이해하면 된다. 메모장에서 Ctrl + C 나 Ctrl + V 단축키를 사용한 경험은 누구나 있을 것이다.

VI 에디터는 시작 상태가 명령 모드이며 가장 아래 "--INSERT--" 혹은 "--REPLACE--"가 보이지 않으면 명령 모드 상태이다. 만약 에디터가 입력/편집 모드 상태인 경우 Esc 를 눌러 명령 모드로 전환할 수 있다.

실행 취소/재실행

· u : 실행한 작업을 취소한다.
· :redo : 취소한 작업을 재실행한다.

u 키를 누르면 앞서 실행한 작업을 취소한다. 삭제하였거나 잘못된 명령을 실행했다면 u 를 눌러 바로 전으로 되돌리자. 이 명령을 명령 모드의 여러 명령어 중 처음으로 설명하는 데는 다 이유가 있다. 가장 많이 사용되는 명령 중 하나이며, 앞으로 설명할 다양한 명령을 사용해 보고, 원본으로 다시 쉽게 되돌릴 수 있도록 하기 위해서이다. 물론 중요한 문서라면 원본 백업을 잊지 말자!

아래 예제에서는 접속 제한 IP 주소를 등록하여, 서버 접속을 제어하는 /etc/hosts.deny 파일을 이용하였다.

```
# vi /etc/hosts.deny
#
# hosts.deny This file describes the names of the hosts which are
# *not* allowed to use the local INET services, as decided
# by the '/usr/sbin/tcpd' server.
#
# the new secure portmap uses hosts.deny and hosts.allow. In particular
# you should know that NFS uses portmap!

"/etc/hosts.deny" 9L, 347C 1,1 All
```

키보드의 방향키를 이용하여 커서를 가장 마지막 줄로 이동시킨 후 o 키를 누르면 다음 열이 삽입되면서 입력 모드로 바뀐다. 입력 모드에서 아래의 굵은 글씨로 된 텍스트를 그대로 입력해 보자. 입력이 끝나면 Esc 를 눌러 명령 모드로 돌아온다.

```
#
# hosts.deny This file describes the names of the hosts which are
# *not* allowed to use the local INET services, as decided
# by the '/usr/sbin/tcpd' server.
#
# The portmap line is redundant, but it is left to remind you that
# the new secure portmap uses hosts.deny and hosts.allow. In particular
# you should know that NFS uses portmap!

# deny all by default, only allowing hosts or domains listed in hosts.allow.

    ALL: ALL


2,9 All
```

그리고 u 키를 눌러보자. 입력된 내용이 모두 취소되어 사라진 것을 확인할 수 있다.

```
#
# hosts.deny This file describes the names of the hosts which are
# *not* allowed to use the local INET services, as decided
```

```
# by the '/usr/sbin/tcpd' server.
#
# The portmap line is redundant, but it is left to remind you that
# the new secure portmap uses hosts.deny and hosts.allow. In particular
# you should know that NFS uses portmap!
~
1,1 All
```


삭제된 내용을 다시 살리기 위해서는 재실행 명령어인 **:redo**를 명령 모드에서 실행한다.

커서 이동에 관한 키

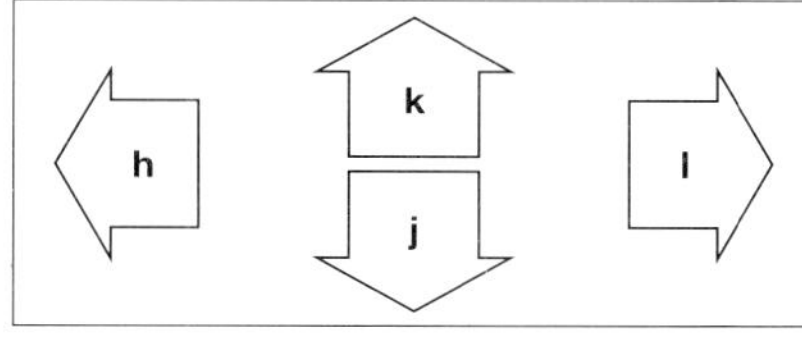

k	위로 한 행 이동
h	왼쪽으로 한 칸 이동
l	오른쪽으로 한 칸 이동
j	아래로 한 행 이동

커서의 이동은 명령 모드에서 이루어진다. 물론 방향키를 이용한 이동도 가능하다. 방향키는 명령 모드와 입력 모드에 상관없이 사용할 수 있다. 그러나 일부 유닉스 시스템에서는 VI 에디터 사용 중에 방향키가 작동하지 않는 경우도 있다. 또한 방향 이동 문자키와 숫자를 조합하여 사용하면 커서를 한 번에 여러 칸 이동시킬 수도 있다. 그러므로 문자키를 이용한 이동 명령어를 두루 익혀 두는 편이 좋다.

숫자와 이동키 조합

· [숫자] [명령키]

숫자와 명령키를 붙여 쓰면, 지정한 횟수만큼 반복하여 명령을 실행한다. 예를 들어 숫자와 커서 이동 키를 같이 쓰면 커서를 한 번에 많이 이동시킬 수 있다.

```
오른쪽으로 4칸 이동 : 4l
위로 3행 이동 : 3k
```

행 안에서 처음과 끝으로 이동

키보드의 Home 이나 End 키를 누르면, 커서가 행의 맨 앞이나 맨 뒤로 이동한다.

· 0 : 커서를 행의 맨 앞으로 이동

· $: 커서를 행의 맨 뒤로 이동

단어 단위 이동

· w : 커서를 오른쪽으로 한 단어 이동
· b : 커서를 왼쪽으로 한 단어 이동

단어 단위의 이동도 숫자와 조합하여 한 번에 많이 이동시킬 수 있다.

> 커서를 오른쪽으로 3 단어 이동 : 3w
> 커서를 왼쪽으로 6 단어 이동 : 6b

행 이동

· 행번호g : 커서를 지정한 행으로 이동

스크립트 에러 혹은 컴파일 에러를 보면 몇 번째 행에서 오류가 발생했다고 결과를 출력한다. 이럴 때는 행 번호가 필요한데, 명령 모드에서 **: set nu**를 실행하면 볼 수 있다. 특정 행으로 곧바로 이동하고 싶다면 아래와 같이 [g] 키를 이용하면 된다.

> 66 행으로 이동 : 66g

문서의 처음과 끝으로 이동

· gg : 커서를 문서의 첫 행으로 이동
· G : 커서를 문서의 마지막 행으로 이동

영역 지정

· v : 알파벳 문자 단위로 영역을 지정
· V : 행 단위로 영역을 지정

영역을 지정하여 복사/삭제 등을 하는데 사용된다. 윈도우에서 마우스를 드레그하여 영역을 잡는 것과 같은 기능이다.

[v]는 행 단위로 영역을 지정한다. 아래 예제에서는 문서의 첫 행부터 마지막 행까지 영역을 지정하고, 시스템의 sort 명령으로 행을 정렬할 것이다. 문서의 첫 행에서 [v] 키를 누르면 VI 에디터 아래에 "--VISUAL LINE--" 이라고 뜨면서 커서가 있는 행이 하일라이트된다.

```
2. 국민의례
3. 교장 선생님 훈시
1. 애국가
4. 국민 체조
5. 대표 선수 선서

-- VISUAL LINE --
```

이 상태에서 g 키를 누르면 커서가 문서의 마지막 행으로 이동하면서, 모든 행이 하일라이트된다.

```
2. 국민의례
3. 교장 선생님 훈시
1. 애국가
4. 국민 체조
5. 대표 선수 선서

-- VISUAL LINE --
```

여기서 **:**을 입력하면 "--VISUAL LINE--"이 보이던 자리에 **:'<,'>**가 보이고 **!sort**를 입력하고 Enter 를 누르면 영역으로 지정된 행들이 정렬된다.

```
2. 국민의례
3. 교장 선생님 훈시
1. 애국가
4. 국민 체조
5. 대표 선수 선서

:'<,'>!sort
```

!는 VI 에디터 외부에 시스템 명령어를 VI 에디터 내에서 사용하겠다는 선언이므로 sort는 VI 에디터의 기능이 아닌 시스템 명령어이다.

복사/삭제/붙여넣기

복사/삭제/붙여넣기는 텍스트 에디터로서 기본적이면서 중요한 기능이다. 복사/삭제 기능은 앞에서 익힌 커서 이동 키와 같이 사용하거나 영역을 지정하여 사용한다.

· c : 삭제 후 입력 모드로 전환. 다른 키와 조합하여 사용

· cc : 행 전체를 삭제 후 입력 모드로 전환

· d : 삭제. 다른 키와 조합하여 사용

· dd : 행 전체 삭제

· y : 텍스트 복사. 다른 키와 조합하여 사용됨

· p : 복사나 삭제된 내용 붙여넣기

지정 영역 삭제

아래 문서에서 "대표"를 삭제하고 싶으면, '대' 글자로 커서를 이동한 후 v 키를 눌러 영역지정을 시작한다. 그리고 오른쪽으로 한 칸을 이동하여 "대표"를 영역 지정 후 d 키를 눌러 삭제한다.

```
  1. 애국가
  2. 국민의례
  3. 교장 선생님 훈시
  4. 국민 체조
  5. 대표 선수 선서
-- VISUAL --
```

같은 방법으로 영역 지정 후 y 키를 누르면, 지정한 영역이 복사된다.

복사/삭제 키 + 방향 키

복사/삭제 키와 방향키를 조합하면 복사/삭제가 적용되는 범위를 방향키로 지정할 수 있다.

복사/삭제 키	방향키	조합 키	기능 설명
c	h(좌), l(우), j(아래), k(위)	ch, cl, cj, ck	선택한 방향의 텍스트를 삭제 후 입력 모드 전환(위/아래의 경우 현재 행과 선택한 방향의 행 삭제)
	w(단어)	cw	선택한 단어를 삭제 후 입력 모드 전환
	c	cc	현재 행 삭제 후 입력 모드 전환
d	h(좌), l(우), j(아래), k(위)	dh, dl, dj, dk	선택한 방향의 텍스트 삭제(위/아래의 경우 현재 행과 선택한 방향의 행 삭제)
	w(단어)	dw	선택한 단어 삭제
	d	dd	현재 행 삭제

y	h(좌), l(우), j(아래), k(위)	yh, yl, yj, yk	선택한 방향의 텍스트 복사(위/아래의 경우 현재 행과 선택한 방향의 행 복사)
	w(단어)	yw	선택한 단어 복사
	y	yy	현재 행 복사

proftp 서버 설정 파일인 /etc/proftpd/proftpd.conf를 열어 보자.

```
ServerName "Proftpd FTP Server"
ServerType standalone
DefaultServer on
Port 21
Umask 022
MaxInstances 30
User nobody
Group nobody
UseReverseDNS off
"/etc/proftpd/proftpd.conf" 69L, 1281C 2,15-34 Top
```

첫 줄의 ServerName을 변경해 보자. 현재 커서 위치는 "Proftpd FTP Server"의 P 자에 위치하고 있다. 여기서부터 세 단어를 삭제 후 입력 모드로 전환해보자. c3w를 입력하면 된다.

```
ServerName " "
ServerType standalone
DefaultServer on
Port 21
Umask 022
MaxInstances 30
User nobody
Group nobody
UseReverseDNS off
-- INSERT -- 2,15-34 Top
```

위와 같이 삭제 후 바로 입력 모드로 전환되었다.

문자 하나 삭제

· x : 알파벳 문자 하나 삭제

· s : 알파벳 문자 하나 삭제 후 입력 모드로 전환

텍스트에서 한 글자만 수정할 때 사용한다. 다시 /etc/proftpd/proftpd.conf 파일을
열어 x 키를 이용하여 문자 하나만 삭제해 보자.

```
IdentLookups off
AuthPAMAuthoritative on

RootLogin off
DenyFilter \*.*/
DeferWelcome on
TimesGMT off
#RateReadBPS 256
#RateReadFreeBytes 5120
#RateReadHardBPS on
TimeoutIdle 0
TimeoutNoTransfer 0
18,1 Top
```

여러 옵션들 앞에 #으로 주석 처리되어 있는 것을 볼 수 있다. 주석을 제거하고 싶다면 #
에 커서를 두고 x 키로 한 문자만 지워 준다. 숫자와 조합하면 N개만큼 삭제할 수도 있
다. 예를 들어 4개의 문자를 삭제하기 원한다면 4x 라고 입력한다.

s 도 x 같이 한 문자를 삭제 하지만 s 는 삭제 후 에디터가 입력 모드로 전환된다. 부
팅 모드를 결정하는 /etc/inittab 파일을 열어 부팅 모드를 바꿔보자.

```
id:5:initdefault:
# System initialization.
si::sysinit:/etc/rc.d/rc.sysinit
l0:0:wait:/etc/rc.d/rc 0
l1:1:wait:/etc/rc.d/rc 1
l2:2:wait:/etc/rc.d/rc 2
"/etc/inittab" 57L, 1755C 18,4 20%
```

현재부팅 기본 모드는 "id:5:initdefault:"로 설정 되어 있어, X윈도우 환경인 런레벨5
로 부팅된다. 이것을 런레벨 3, 즉 터미널 환경으로 부팅되게 하려면 5를 3으로 변경하

면 된다. 5 위에 커서를 위치하고 s 를 누르면 한 문자가 지워지고 입력 모드로 전환된
다. 3을 입력 후 Esc 로 빠져 나온다.

```
id:3:initdefault:
# System initialization.
si::sysinit:/etc/rc.d/rc.sysinit

l0:0:wait:/etc/rc.d/rc 0
l1:1:wait:/etc/rc.d/rc 1
l2:2:wait:/etc/rc.d/rc 2
"/etc/inittab" 57L, 1755C 18,4 20%
```

여기서 잠깐

런레벨이란?

부팅의 계층을 나눠 놓았다고 생각하면 편하다. 각각 해당 부팅마다 실행되는 프로세스를 달리할 수 있으며 원하
는 환경으로 부팅할 수 있다. 0, 1, 6 번은 시스템에 예약된 런레벨runlevel이며 나머지 런레벨은 아래와 같이 규정
되어 있고 프로세서의 추가와 삭제도 할 수 있다.

런레벨 0

시스템을 종료할 때 사용된다.

런레벨 1

싱글 모드 부팅이라고도 부른다. 최소의 시스템 서비스가 부팅되어 root 권한을 갖는다. 시스템의 root 패스워
드를 잊어 버렸을 때 사용할 수도 있다. 그러므로 중요한 시스템이라면 부트로더에서 패스워드를 설정하여 보안
을 강화하는 편이 좋다.

런레벨 2

NFS를 지원하지 않는 다중 사용자 모드 부팅이다. 네트워크를 지원하지 않을 뿐 런레벨 3과 같다.

런레벨 3

네트워크를 지원하는 다중 사용자 모드 부팅이다. X윈도우를 사용하지 않는 시스템의 기본 설정 레벨이다.

런레벨 4

사용자 정의 런레벨이다. 사용자가 원하는 서비스를 등록하여 사용한다.

런레벨 5

X윈도우 부팅을 지원하는 런레벨이다. 현재 X윈도우를 사용 중이라면 이 모드로 부팅한 것이다.

런레벨 6

시스템 재부팅 런레벨이다.

기타 편집기능

- ~ : 대소문자 전환
- . : 마지막 실행한 명령을 반복 실행

~ 문자는 대소문자를 변경에 사용한다. 숫자와 조합하면 여러 문자를 한꺼번에 전환할 수도 있다.

"/etc/issue.net"를 열어 대소문자 변경을 해보자. 이 파일은 클라이언트가 텔넷 등으로 서버에 접속 했을 때, 클라이언트 화면에 출력하는 서버 시스템의 정보 등이 담고 있다. **#vi /etc/issue.net**을 입력하자.

```
welcome to pirania system
Kernel 2.4.13-1hl on an i686
~
1,0-1 All
```

현재 커서는 "welcome"의 가장 앞 문자에 위치하고 있다. "welcome"은 총 일곱 문자이므로, 모두 대문자로 바꾸려면 **7~**라고 입력한다.

```
WELCOME to pirania system
Kernel 2.4.13-1hl on an i686
~
1,0-1 All
```

같은 명령을 반복하고 싶으면 `.` 키를 입력한다. 방금 실행한 명령이 반복된다

```
WELCOME TO PIRania system
Kernel 24.13-1hl on an i686
~
~
1,0-1 All
```

위와 같이 **7~** 명령이 다시 실행되어 이어지는 7글자가 대문자로 변경되었다.

3. 찾기와 찾아/바꾸기

찾기

· /찾을 내용 : 찾을 내용을 문서에서 찾아 하일라이트로 표시
· n : 문서 아래쪽으로 다음 찾을 내용을 검색해 하일라이트로 표시
· N : 문서 위쪽으로 다음 찾을 내용를 검색해 하일라이트로 표시

편집 모드 상태에서 /찾을 내용을 입력하고 Enter 를 누르면, 문서를 검색하여 찾은 단어를 하일라이트로 표시한다. 검색된 첫 번째 단어에서 문서 아래쪽으로 다음 찾을 내용을 검색하려면 n 을 누르고, 문서 위쪽으로 다음 찾을 내용을 검색하려면 N 을 입력한다.

웹서버 설정 파일인 /etc/httpd/conf/httpd.conf 파일을 VI 에디터로 열어, "httpd"를 찾아 보자.

```
/httpd <Enter>
# Do NOT add a slash at the end of the directory path.
#
ServerRoot " /etc/httpd "
#
# The LockFile directive sets the path to the lockfile used when Apache
# is compiled with either USE_FCNTL_SERIALIZED_ACCEPT or
# USE_FLOCK_SERIALIZED_ACCEPT. This directive should normally be lef
t at
# its default value. The main reason for changing it is if the logs
# directory is NFS mounted, since the lockfile MUST BE STORED ON A
LOCAL
# DISK. The PID of the main server process is automatically appended to
# the filename.
#
LockFile /var/run/httpd.lock
#
# PidFile: The file in which the server should record its process
# identification number when it starts.
#
PidFile /var/run/httpd.pid
78,18 3%
```

커서가 있는 위치에서 ☐n 키를 치면 아래쪽 찾은 내용으로 이동하고 ☐N 키를 치면 위쪽 찾은 내용으로 이동한다.

찾아 / 바꾸기

- : s/찾을내용/바꿀내용 : 찾은 내용을 바꿀 내용으로 바꿔준다. 시작 위치부터 첫 번째로 검색된 내용만 바꾼다.

- : %s/찾을내용/바꿀내용/g : 찾은 내용을 바꿀 내용으로 바꿔준다. 전체 문서에서 찾은 모든 내용을 바꿀 내용으로 바꾼다.

- : %s/찾을내용/바꿀내용/gc : 사용자 확인 후 찾은 내용을 바꿀 내용으로 바꿔준다. 전체 문서에서 찾은 내용을 하나하나 사용자에게 변경을 원하는지 확인한 후 바꾼다.

VI 에디터에서 가장 유용하게 쓰이는 명령 중 하나이다. 예를 들어 변수명이 변경되어 전체 소스에서 기존 변수명을 찾아 모두 변경해야 할 때 사용할 수 있다.

이 찾아/바꾸기 명령은 ex 에디터에서 사용하던 방법과 같다. VI 에디터는 ex 기반의 에디터이기 때문에 ex 에디터에서 사용하던 명령어 거의 모두를 사용할 수 있다.

4. VI 에디터 명령어 정리표

이동명령어

명령어	기능
문자	
h, j, k, l	왼쪽, 아래, 위, 오른쪽으로 이동
단어/문자열	
w, W, b, B	한 단어 오른쪽, 왼쪽으로 이동
e, E	단어의 끝으로 이동
), (	다음 문장, 전 문장의 처음으로 이동
}, {	다음 문단, 전 문단의 처음으로 이동
]], [[	다음 절, 전 절의 시작으로 이동
행	
Enter	다음 행의 공백이 아닌 처음으로 이동
0, $	현재 행의 처음(0)과 끝($)으로 이동
^	현재 행의 공백이 아닌 처음으로 이동
+, -	다음 행과 이전 행의 공백이 아닌 처음으로 이동
nl	현재 행의 n째 열로 이동

H	화면 맨 위 행으로 이동
M	화면 중간 행으로 이동
L	화면 맨 아래 행으로 이동
nH	화면 맨 윗 행에서 n째 행으로 이동
nL	화면 맨 아래 행에서 n째 행으로 이동

스크롤링

+F, +B	한 화면 다음으로, 한 화면 이전으로 이동
+D, +U	반 화면 아래로, 반 화면 위로 이동
+E, +Y	화면이 한 행 위, 아래로 이동
z	커서가 있는 행을 화면의 맨 첫 행으로 이동
z.	커서가 있는 행을 화면의 중간으로 이동
z-	커서가 있는 행을 화면의 맨 아래로 이동
+L	스크롤링 없이 화면을 리로드

찾기

| /찾을 내용 | 커서 오른쪽으로 찾을 내용 검색 |

?찾을 내용	커서 왼쪽으로 찾을 내용 검색
n, N	마지막으로 찾은 내용에서 아래 방향 혹은 위 방향으로 반복 찾기
/, ?	이전의 검색을 커서 오른쪽, 왼쪽으로 반복
fx	현재 행에서 문자 x의 오른쪽을 검색
Fx	현재 행에서 문자 x의 왼쪽을 검색
tx	현재 행에서 문자 x 이전의 문자를 오른쪽으로 검색
Tx	현재 행에서 문자 x 이전의 문자를 왼쪽으로 검색
;	현재 행에서 이전 검색을 반복
,	현재 행에서 이전 검색을 반대 방향으로 검색

행번호

nG	n째 행으로 이동
G	파일의 마지막 행으로 이동
:n	파일에서 n째 행으로 이동

북마크

mx	현재 위치를 북마크하여 x에 저장, 다른 알파벳으로도 저장 가능
`x	커서를 북마크 한 x 위치로 이동(그레이브 엑센트)
``	이전의 북마크나 이동하기 전 위치로 이동 (그레이브 엑센트 두 개)
'x	커서를 북마크 한 x가 포함된 행의 맨 앞으로 이동(작은 따옴표)
''	이전의 북마크나 이동하기 전 행의 맨 앞으로 이동(작은 따옴표 두 개)

편집 명령어

명령어	기능
입력	
i, a	텍스트를 커서 앞, 뒤에 입력
I, A	텍스트를 행의 처음, 마지막에 입력
o, O	커서가 있는 행의 아래, 위에 새로운 행을 입력

변경, 문자변경

cw	단어 변경
cc	현재 행 변경
cmotion	커서와 motion 대상 사이의 텍스트를 변경
C	커서 위치부터 그 행 끝까지 변경
R	문자 덮어쓰기
s	문자를 지우고 새로운 텍스트 입력
S	현재 행을 지우고 새로운 텍스트 입력

삭제, 이동

x	커서가 위치한 문자를 삭제
X	커서 앞의 문자를 삭제
dw	단어 삭제
dd	현재 행 삭제
dmotion	커서와 motion 대상 사이의 텍스트를 삭제
D	커서 위치부터 그 행 끝까지 삭제
p, P	커서 오른쪽, 왼쪽에 지운 텍스트를 삽입
"np	삭제된 최종 9개 버퍼 중 n번째 삭제 버퍼의 텍스트를 커서 뒤에 붙임

복사

yw	단어 복사
yy	현재 행 복사
"ayy	현재 행을 a라는 이름의 버퍼(버퍼명은 a부터 z까지 가능)에 복사
ymotion	커서와 motion 대상 사이의 텍스트를 복사
p, P	커서 오른쪽, 왼쪽에 복사한 텍스트를 붙여넣기
"aP	커서 왼쪽에 버퍼 a의 텍스트를 붙여넣기

그 외 명령어

.	가장 최근의 편집 명령을 반복
u,	마지막 편집 명령을 되돌리고 현재 행을 복구
J	두 행 합치기

ex 편집 명령어

:d	행 삭제
:m	행 이동
:co 또는 :t	행 복사
:.,$d	현재 행부터 파일의 마지막까지 삭제
:30,60m0	30행부터 60행까지를 파일 처음으로 이동
:.,/pattern/co$	커서가 있는 행부터 패턴을 포함한 행까지를 파일의 맨 끝에 복사

종료 명령어

명령어	기능
ZZ	파일을 수정했을 때 저장 후 종료
:wq	파일을 수정했을 때 저장 후 종료

| :q! | 파일을 저장하지 않고 종료 |

저장 명령어

명령어	기능
:w	파일 저장
:w!	무조건 파일 저장
:30,60w newfile	30행부터 60행까지를 새파일(newfile)로 저장
:30,60w》file	30행부터 60행까지를 지정된 파일(file)에 추가
:w %.new	현재 버퍼의 파일명을 file.new로 저장
Q	VI를 종료하고, ex로 전환
:e file2	VI를 종료하지 않고 file2를 편집
:r newfile	새파일(newfile)의 내용을 현재 파일에서 읽기
:n	다음 파일을 편집
:e!	현재 파일을 마지막으로 저장한 상태로 되돌리기
:e#	파일을 번갈아 편집
:vi	ex에서 VI를 호출
:	VI에서 ex 명령을 호출
%	현재 파일명(ex 명령행에 치환)
#	다음 파일명(ex 명령행에 치환)

5. 솔라리스 VI 명령 모드의 태그 명령어

명령어	기능
^]	태그 파일에서 커서가 있는 곳의 위치를 찾고, 그 위치로 이동. 만약 태그 스태킹 기능이 작동하고 있으면 현재 위치는 자동으로 태크 스택에 저장
^T	태그 스택에서 이전 위치로 전환

6. VI 에디터 실행 옵션

명령어	기능
vi file	VI에서 파일을 연다
vi file1 file2	순차적으로 파일을 연다
view file	읽기 전용 모드로 파일을 연다
vi -R file	읽기 전용으로 파일을 연다
vi -r file	작업 중에 비정상적으로 종료된 파일을 복원한다
vi -t tag	태그를 검색하고 검색한 위치에서 편집한다
vi -w n	창의 크기를 n으로 지정한다. 접속 상태가 느릴 때 유용하다
vi + file	파일을 열 때 커서가 파일 마지막 행에 위치한다
vi +n file	파일을 열 때 커서가 n번째 행에 위치한다
vi -c command file	파일을 열고 검색 명령이나 행 번호에 관련된 일반적인 명령을 실행한다(POSIX)
vi +/pattern file	패턴 위치에서 파일을 연다
ex file	파일을 ex 에디터로 불러온다
ex - file 〈 script	정보를 제공하는 메시지와 커서는 숨기고 스크립트에서 명령을 받아 파일을 ex 에디터로 불러온다
ex -s file 〈 script	정보를 제공하는 메시지와 커서는 숨기고 스크립트에서 명령을 받아 파일을 ex 에디터로 불러온다(POSIX)

7. 그 밖의 ex 명령어

명령어	기능
단축 명령	
map x sequence	명령어 시퀀스로 키 x를 정의한다. x는 다중 문자로 사용할 수 있다
:map! x sequence	삽입 모드에서 명령어 시퀀스로 키 x를 정의한다
:unmap x	x의 매핑을 해제한다
:unmap! x	삽입 모드에서 x의 매핑을 해제한다
:ab abbr phrase	abbr을 phrase의 축약형으로 정의한다. abbr을 삽입 모드에서 입력하면 단어 하나하나 구절로 대치된다
:unab abbr	abbr의 정의를 해제한다
환경 최적화	
:set option	옵션을 활성화한다
:set option=value	옵션에 값(value)를 할당한다
:set nooption	옵션을 비활성화한다

:set	사용자가 설정한 옵션을 표시한다
:set all	현재의 옵션 설정, 기본값, 사용자 설정값 모두 표시한다
:set option?	옵션값을 표시한다

시스템 명령어 사용

:sh	셀을 불러온다
^D	셀에서 에디터로 다시 돌아간다
:! command	유닉스 명령을 에디터에서 실행한다
:n,m! command	n에서 m행까지의 내용을 유닉스 명령으로 필터링한다
:r !command	유닉스 명령의 출력값을 현재 파일로 읽어들인다

5부

SVN & Git

SVN과 Git는 소스 코드의 버전을 관리하는 소프트웨어이다. 소스 버전 관리 시스템 Source Version Control System은 소스 코드를 저장하는 서버로 등록된 날짜, 시간 등의 정보를 코드와 같이 저장한다. 또한 새로운 소스 코드로 갱신 시에 수정 사항에 대한 로그를 저장하여 과거 소스로 복원하거나 버전별로 수정된 사항을 추적 비교할 수 있다. 소개하는 두 소프트웨어는 오픈 소스로서 대부분 오픈 소스 개발 프로젝트는 물론, 많은 소프트웨어 개발에 사용되고 있으므로 사용법을 익혀 두면 매우 유용하다.

Subversion

Subversion은 소스 코드의 버전 관리 시스템으로, 시차를 두고 등록한 모든 소스 코드 혹은 파일을 저장하고, 변경된 내용에 대한 로그를 기록한다. 누가, 언제, 어떻게 그리고 왜 소스를 편집, 삭제, 추가했는지를 알 수 있으며, 실수를 하여 과거로 돌아가고 싶다면 기존 파일로 복원할 수 있다. 소스 코드는 파일 DB 혹은 버클리 DB 형태로 저장되며, 저장된 파일 혹은 디렉터리를 통상적으로 소스 저장소Source Repository라고 부른다.

❶ 본 책에서는 SVN의 설치와 설정에 대해서는 다루지 않는다. SVN의 설치는 SVN 웹사이트에서 제공하는 설치 패키지를 사용하라. 리눅스 배포판을 사용한다면 온라인 어플리케이션 설치 관리자를 통해 쉽게 설치할 수 있다.

1. SVN의 구조

기본 적으로 SVN은 아래와 같이 가장 상위에 3개 디렉터리로 나누어져 있다.

trunk	**현재의 개발 소스 보관소.** 현재 개발 중인 소스를 등록(commit)하는 저장소이다. 메인 소스 트리라고 한다.
branches	**개발 관리를 위한 소스 보관소.** 새로운 기능을 개발할 때 주로 사용한다. 새로운 기능을 추가할 때 초기 단계부터 메인 소스 트리에서 개발하면, 메인 소스에까지 버그가 영향을 끼칠 수 있다. 따라서 새로운 기능은 보통 브랜치를 만들어 개발하고 안정화되고 나면 메인 소스 트리에 해당 기능을 통합한다.
tags	**릴리즈된 소스의 보관소.** 릴리즈된 소프트웨어의 소스 버전을 구분하여 버전별로 소스를 효율적으로 관리할 수 있으며 문제 발생 시 추적 확인이 용이하다.

2. 소스 코드의 생명 주기

소스 버전 관리 시스템의 사용에 낯선 분들의 이해를 돕기 위해 소스 코드의 생명 주기Lifecycle부터 정리해 보자. 소스 코드 관리 생명 주기를 크게 본다면, '소스 생성 및 등록', '소스의 발전과 수정', '릴리즈와 클로우징' 3단계로 나눌 수 있다. 그 중 개발자가 하는 대부분의 일은 '소스의 발전과 수정'이며 이 작업을 효율적으로 관리해 주는 것이 VCS의 주요 역할이다.

3. 소스의 발전과 수정

소스 코드의 생명 주기 중 개발이 가장 활성화되어 소스의 변경이 가장 많은 단계가 '소스의 발전과 수정'이고, 이 단계에서 VCS를 사용하면 효율적이고 안전하게 소스를 관리할 수 있다.

SVN 사용 절차

일반적으로 ① SVN 서버 접속 → ② 소스 목록 확인 → ③ 원하는 소스 코드 받아오기
→ ④ 소스 작성 및 수정 → ⑤ 소스 코드 추가 → ⑥ 변경 내용을 메모하여 서버에 올리
기 순서로 이루어진다. 아래는 각 절차별로 사용법을 설명하였다. 아래의 요약된 내용만
익혀도 SVN을 사용하는데 큰 무리가 없다.

❶ SSH를 통한 SVN 서버 접속

먼저 체크인 시 메모를 남기는 기능을 수행하기 위해 SVN_EDITOR 환경 변수에 VIM
을 등록해 준다.

```
$ export SVN_EDITOR=/usr/bin/vim
```

서버 접속 정보를 환경 변수로 저장하면, 매번 긴 주소를 치는 번거로움을 줄일 수 있다.

```
$ export SR=svn+ssh://your_account@SVN 서버 주소/project/SVN
```

TIP

export로 등록한 환경 정보
는 시스템이 꺼질 때 마다 지
워져서 다시 입력해야 한다.
자신계정/.bashrc 파일에
export로 시작하는 명령어
를 등록해 놓으면 시스템이
시작할 때마다 자동으로 명
령을 실행시켜 준다.

❷ 소스 목록 확인(View List)

소스 코드를 받아 오지 않고 소스 저장소의 디렉터리 구조를 알고
싶으면 아래의 명령어를 사용한다. 여기서 "$SR"을 사용할 수 있는
것은, 먼저 "export"로 서버 주소를 SR 변수에 저장해 놓았기 때
문이다. 만약 먼저 서버 주소를 등록해 놓지 않았다면 "$SR" 위치에
서버 주소를 써주어야 한다.

```
$ svn list $SR
        pirania@10.1.0.98's password:
        branches/
        tags/
        trunk/
```

하부 디렉터리의 내용을 확인하고자 할 때는 하부 디렉터리 경로를 써준다.

```
$ svn list $SR/tags
        pirania@10.1.0.98's password:
        AX_1_0_B1/
        AX_1_0_B2/
        AX_1_0_B3/
        AX_1_0_RC/
        AX_1_0_RC2/
        AX_1_0_RC2_REAL/
        AX_1_0_RC3/
        initiately/
        try/
```

❸ 원하는 소스 받아오기(Check out)

다음의 명령어를 이용하여 원하는 소스를 받아 올 수 있다. 아래는 trunk 아래에 있는
모든 정보를 가져오는 명령어다.

```
$ svn co $SR/trunk
```

로컬 시스템에 미리 trunk 디렉터리를 만들어 놓지 않았더라도 자동으로 생성된다. 만
약 특정 디렉터리 혹은 소스 코드만 내려받고 있을 때에는 아래와 같이 경로를 모두 써주
면 된다.

```
$ svn co $SR/trunk/zlib
```

소스를 내려받을 로컬 시스템의 디렉터리를 지정할 수 있다.

```
$ svn co $SR/trunk/zlib ~/pirania/SVN/trunk/zlib/
```

❹ 소스 코드 작성 및 수정

개발자가 로컬 시스템에서 개발을 진행하는 단계이다. 새로 소스를 작성하거나, 내려받
은 소스 코드를 수정한다. 소스 코드의 수정 작업은 VCS와 아무런 관련이 없으므로 익숙
한 개발 툴을 이용하면 된다. 이왕이면 이클립스처럼 SVN 같은 VCS와 연동되는 Plug-
in을 사용할 수 있는 툴을 사용하면 편리하게 소스 코드를 관리할 수 있다.

❺ 소스 코드 추가(Add)

소스 작성이나 수정이 마무리되면, 먼저 로컬 시스템의 SVN에 어떤 파일이 변경되었는지 알려 주어야 한다. 이 작업을 하는 명령어가 **add**이다. 아래와 같이 파일 하나를 로컬 시스템에 있는 SVN 소스 트리에 복사하고 SVN 디렉터리로 이동한다.

```
$ cp zlib.patch ~/pirania/SVN/trunk/zlib/
$ cd ~/pirania/SVN/trunk/zlib/
```

svn add 명령으로 zip 디렉터리 아래에 있는 모든 변경된 내용을 업데이트할 수 있다.

```
$ svn add zlib -m "your comment"
        A zlib
        A zlib/1.1.14
        A       zlib/1.1.14/zlib.spec
        A       zlib/1.1.14/zlib.patch
```

❻ 변경 내용 메모 후, 서버에 올리기

파일을 올릴 때는 추가 명령 후 체크인 절차를 꼭 거쳐야 저장소 서버에 최종적으로 업로드된다. 이때 -m 옵션을 사용하여 수정 사항을 메모한다.

```
- changed someting
        $ svn add something
        $ svn ci zlib -m "your comment"
        - modified someting
        $ vi zlib.spec
        $ svn ci zlib.spec -m "your comment"
```


여기서 잠깐

http 웹서버를 통한 svn 서버 접속

http를 통한 svn 서버 접속은 SSH를 사용하는 것에 비해 쉽다. 예를 들어 SVN 서버 주소가 아래와 같다면 웹 브라우저로 접속하여 소스 코드를 내려받을 수 있다.

예) http://svn.apache.org/viewvc/xml

<table>
<tr><td>명령어</td><td colspan="5">svn add</td></tr>
<tr><td>키워드</td><td>디렉터리 혹은 파일 추가</td><td>원격 서버 접근</td><td>X</td><td>중요도</td><td>☆☆☆</td></tr>
<tr><td>요약</td><td colspan="5">변경된 디렉터리 혹은 파일을 추가한다.</td></tr>
</table>

❶ 이렇게 써요

```
svn add PATH...
```

--force : 기존 중복 디렉터리를 무시하고 추가한다.

--non-recursive (-N) : 하위 디렉터리에 있는 파일은 같이 추가하지 않는다.

--quiet (-q) : 아무런 결과 메시지를 출력하지 않는다.

❶ 설명 및 예제

변경된 파일 혹은 디렉터리를 로컬 SVN 시스템에 등록한다. 추가된 디렉터리와 파일은 다음 커밋 시 저장소에 저장된다.

```
$ svn add zlib
      A zlib
      A zlib/1.1.14
      A       zlib/1.1.14/zlib.spec
      A       zlib/1.1.14/zlib.patch
```

추가 명령을 사용할 때 --non-recursive 옵션을 사용하지 않으면 하위 파일까지 모두 추가된다. 현재 디렉터리 내용만 저장소에 등록하고 싶다면 아래와 같이 옵션을 사용한다.

```
$ svn add --none-recursive zlib
      A zlib
```

SVN은 디렉터리를 추가할 때 중복되는 이름이 있는 경우 같은 이름의 디렉터리는 추가하지 않는다. 만약 중복 디렉터리도 같이 업로드해주고 싶다면 --force 옵션을 사용한다.

```
$ svn add --force zlib
      A zlib
...
```

<table>
<tr><td>명령어</td><td colspan="5">svn blame</td></tr>
<tr><td>키워드</td><td>작성자와 리비전 정보 출력</td><td>원격 서버 접근</td><td>○</td><td>중요도</td><td>☆☆☆</td></tr>
<tr><td>요약</td><td colspan="5">각 리비전별 작성자와 메시지를 출력한다</td></tr>
</table>

❗ 이렇게 써요

```
svn blame TARGET…
```

--password PASS : SVN 서버의 접속 ID에 해당하는 패스워드(PASS)를 입력한다.

--revision (-r) REV : 지정된 리비전만 출력한다.

--username USER : SVN 서버의 접속 ID가 설정된 경우 ID(USER)를 입력한다.

❗ 설명 및 예제

지정된 파일 혹은 주소에 등록된 소스들의 작성자와 리비전 정보를 출력한다.

```
$ svn brame $SR/zlib/1.1.14/zlib.spec
pirania@10.1.0.98's password:
      3        brian This is spec file from Fedora.
      6        pirania Build server and requirements are modified for
               zeus server.
```

여기서 잠깐

리비전

리비전^{revision}은 소스 변경 이력을 구분하는 코드이다. 소스 코드를 하나만 수정했든 여러 파일이 수정되었든 상관 없이 커밋이 발생할 때마다 고유 번호가 부여된다.

복사본

복사본$^{working\ copy}$은 원격 저장소로부터 내려받은 파일 혹은 디렉터리를 뜻한다.

<table>
<tr><td>명령어</td><td colspan="3">svn cat</td></tr>
<tr><td>키워드</td><td>소스 내용 출력</td><td>원격 서버 접근   O</td><td>중요도   ☆☆☆</td></tr>
<tr><td>요약</td><td colspan="3">지정된 소스 내용을 출력한다</td></tr>
</table>

❶ 이렇게 써요

```
svn cat TARGET...
```

--password PASS : SVN 서버의 접속 ID에 해당하는 패스워드(PASS)를 입력한다.

--revision (-r) REV : 지정된 리비전만 출력한다.

--username USER : SVN 서버의 접속 ID가 설정 된 경우 ID(USER)를 입력한다.

❶ 설명 및 예제

체크아웃하지 않은 상태에서 저장소에 있는 소스의 내용을 출력한다. 시스템에서 **cat** 명령으로 복사본의 파일을 열 경우 마지막 내려받은 파일 내용을 출력하지만 **svn cat**을 이용하면 원격 서버로부터 최신 파일을 불러와 출력한다.

```
$ cat zlib/1.1.14/zlib.spec
Summary: Write and read zip files and buffers
Name: perl-IO-Compress-Zlib
Version: 1
Release: 1.14.1
...


$ svn cat zlib/1.1.14/zlib.spec
pirania@10.1.0.98's password:
Summary: Write and read zip files and buffers
Name: perl-IO-Compress-Zlib
Version: 1
Release: 1.14.2
License: Artistic/GPL
...
```

<table>
<tr><td>명령어</td><td colspan="5">svn checkout</td></tr>
<tr><td>키워드</td><td>저장소로부터 소스 내려받기</td><td>원격 서버 접근</td><td>O</td><td>중요도</td><td>☆☆☆</td></tr>
<tr><td>요약</td><td colspan="5">저장소로부터 지정한 소스들을 내려 받는다</td></tr>
</table>

❶ 이렇게 써요

```
svn checkout URL... [PATH]
```

--non-recursive (-N) : 디렉터리 하위의 파일을 같이 추가하지 않는다.

--password PASS : SVN 서버의 접속 ID에 해당하는 패스워드(PASS)를 입력한다.

--revision (-r) REV : 리비전을 지정한다.

--username USER : SVN 서버의 접속 ID가 설정 된 경우 ID(USER)를 입력한다.

❶ 설명 및 예제

저장소로부터 소스를 내려받아 지정된 디렉터리에 복사한다. 로컬 시스템에 내려받은 소스를 복사본이라 부른다.

```
$ svn checkout $SR/zlib ~/pirania/SVN/trunk/zlib/
pirania@10.1.0.98's password:
        A       zlib/1.1.14
        A       zlib/1.1.14/zlib.spec
        A       zlib/1.1.14/zlib.patch
Checked out revision 6.
```

만약 체크아웃 도중 로컬 시스템이 갑자기 정지했거나 SVN 명령어를 중지시켜 일부 소스를 받지 못할 때는 **svn update** 명령으로 누락된 파일들을 모두 가져 올 수 있다.

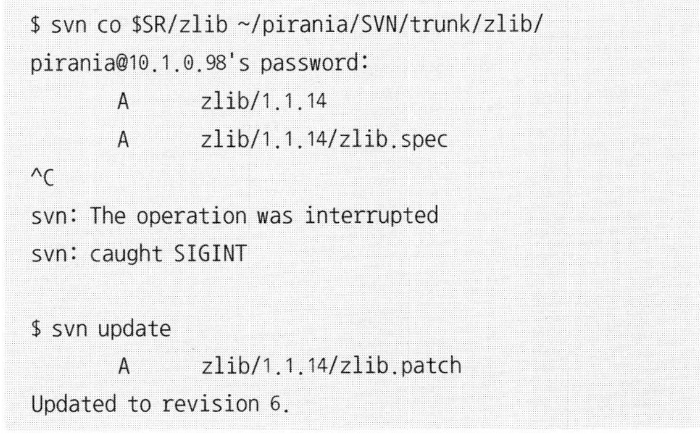

```
$ svn co $SR/zlib ~/pirania/SVN/trunk/zlib/
pirania@10.1.0.98's password:
        A       zlib/1.1.14
        A       zlib/1.1.14/zlib.spec
^C
svn: The operation was interrupted
svn: caught SIGINT

$ svn update
        A       zlib/1.1.14/zlib.patch
Updated to revision 6.
```

TIP

checkout 명령어는 **co**로 줄여 쓸 수 있다.

<table>
<tr><td>명령어</td><td colspan="5">svn cleanup</td></tr>
<tr><td>키워드</td><td>복사본 락 제거</td><td>원격 서버 접근</td><td>X</td><td>중요도</td><td>☆☆☆</td></tr>
<tr><td>요약</td><td colspan="5">복사본의 락을 제거한다</td></tr>
</table>

❶ 이렇게 써요

svn cleanup [PATH]

❶ 설명 및 예제

로컬에 저장된 복사본에 설정된 락들을 제거하고 완료되지 않은 동작을 재시작하는 명령어이다. 작업 내용과 결과는 출력되지 않으며 [PATH]를 입력하지 않은 경우, 현재 위치의 디렉터리(.)에서 **cleanup**을 수행한다.

```
$ svn clreanup
```

여기서 잠깐

KVM

Kernel-based Virtual Machine. 인텔과 AMD CPU의 가상화 확장 기능을 이용한 커널 기반의 가상화 솔루션이다. 가상화는 한 대의 컴퓨터 위에 독립적인 여러 컴퓨터를 동작시키는 기술로 하드웨어의 성능이 좋아지면서 효율적 관리와 보안성 강화를 위해 많이 사용되고 있다. 예를 들어 웹 서버와 메일 서버로 각각 유닉스와 MS Exchange를 사용하고 싶을 때, 과거에는 두 대의 컴퓨터에 설치하고 운용해야만 했다. 그러나 가상화 기술을 이용하면 한 대의 컴퓨터 위에 둘 다를 설치 및 운용할 수 있다. 현재 KVM은 인텔과 AMD 등 x86 기반의 아키텍처에서만 동작하지만 미래에는 PowerPC, ARM 등의 다양한 CPU를 지원할 예정이다.

<table>
<tr><td>명령어</td><td colspan="5">svn commit</td></tr>
<tr><td>키워드</td><td>수정 내용을 서버에 복사</td><td>원격 서버 접근</td><td>O</td><td>중요도</td><td>☆☆☆</td></tr>
<tr><td>요약</td><td colspan="5">복사본에서의 수정 내용을 서버에 복사한다</td></tr>
</table>

❶ 이렇게 써요

```
svn commit [PATH]
```

--file (-F) FILE : 변경된 내용에 대한 메시지가 저장된 파일을 지정한다.

--force-log : -F 옵션으로 불러오는 로그 메시지 파일이 SVN 디렉터리 아래에서 버전 관리되고 있으면, 커밋할 때 로그 메시지를 갱신할 수 없어 에러가 출력된다. 이때는 --force-log 옵션으로 예외 사항이라는 것을 알려준다.

--message (-m) TEXT : 변경된 내용에 대한 메시지를 기록한다.

--password PASS : SVN 서버의 접속 ID에 해당하는 패스워드(PASS)를 입력한다.

--username USER : SVN 서버의 접속 ID가 설정된 경우 ID(USER)를 입력한다.

❶ 설명 및 예제

로컬에 저장된 복사본를 수정한 후 다시 서버에 복사하고자 할 때 사용하는 명령어이다. 서버에 복사할 때는 수정한 내용에 대한 메시지를 같이 남겨서 로그 관리를 해야 한다.

커밋 시 리비전이 갱신된다. 해당 시점에 **commit** 명령 후 바로 서버로 복사되는 모든 소스에 대해 같은 리비전 번호가 매겨지게 된다.

```
$ svn commit zlib -m "New patchs are updated. 1.1.14.2"
Sending        zlib/1.1.14/zlib.patch
Sending        zlib/1.1.14/zlib.spec
Transmitting file date .
Committed revision 7.
```

수정한 내용에 대한 설명이 들어있는 파일을 등록하는 것으로 메세지를 남기는 일을 대신할 수 있다.

```
$ svn ci zlib --file zip.log
Sending        zlib/1.1.14/zlib.patch
Sending        zlib/1.1.14/zlib.spec
Transmitting file date .
Committed revision 8.
```

> **TIP**
> **commit** 명령은 **ci**로 줄여 쓸 수 있다.

만약 수정 내용을 담은 메시지 파일이 버전 관리 시스템에 있다면 아래와 같은 에러 메시지를 만날 것이다. 이 경우는 --force-log 옵션을 같이 사용하여 해결한다.

```
$ svn ci zlib --file zip.log
svn : The log message file is under version control
svn : Log message file is a versioned file; use '--force-log' to
override.

$ svn ci zlib --file-force --file zip.log
Sending        zlib/1.1.14/zlib.patch
Sending        zlib/1.1.14/zlib.spec
Transmitting file date .
Committed revision 9.
```

<table>
<tr><td>명령어</td><td colspan="5">svn copy</td></tr>
<tr><td>키워드</td><td>파일, 디렉터리 복사</td><td>원격 서버 접근</td><td>O</td><td>중요도</td><td>☆☆☆</td></tr>
<tr><td>요약</td><td colspan="5">서버 혹은 복사본에 있는 파일, 디렉터리를 복사한다</td></tr>
</table>

❶ 이렇게 써요

```
svn copy SOURCE TARGET
```

- --file (-F) FILE : 변경된 내용에 대한 메시지가 저장된 파일을 지정한다.
- --force-log : -F 옵션으로 불러오는 로그 메시지 파일이 SVN 디렉터리 아래에서 버전 관리되고 있으면, 커밋할 때 로그 메시지를 갱신할 수 없어 에러가 출력된다. 이때는 --force-log 옵션으로 예외 사항이라는 것을 알려준다.
- --message (-m) TEXT : 변경된 내용에 대한 메시지를 기록한다.
- --password PASS : SVN 서버의 접속 ID에 해당하는 패스워드(PASS)를 입력한다.
- --revision (-r) : 지정한 리비전 때의 소스를 복사한다.
- --username USER : SVN 서버의 접속 ID가 설정된 경우 ID(USER)를 입력한다.

❶ 설명 및 예제

저장소와 복사본 안에 있는 파일이나 디렉터리를 복사한다. 소스를 분기하여 브랜치로 옮기거나 제품을 릴리즈를 하여 Tags로 옮기고 싶을 때 주로 사용된다. 복사본 내에서의 복사는 서버에 바로 반영되지 않고, 다음 커밋 시 반영된다.

```
$ svn copy zlib.spec zlib.spec.org
A     zlib.spec.org
```

> **TIP**
> **copy**는 **cp**로 줄여 쓸 수 있다.

svn copy는 로컬의 복사본에 있는 파일을 바로 원격 저장소로 복사할 수 도 있다. 이 경우 커밋도 같이 이루어지므로 로그 메시지를 남겨야 한다.

```
$ svn copy zlib.spec.org $SR/zlib -m "Original file copy"
Committed revision 10
```

아래와 같이 원격 서버의 저장소 안에서 파일을 복사할 수 있다. 서버에서 **svn copy**를 사용할 때는 언제나 커밋 로그 메시지를 남겨 주어야 한다. 제품의 릴리즈 시점의 소스 코드들은 Tags 디렉터리에 복사하여 따로 관리한다.

```
$ svn cp $SR/trunk $SR/tags/1.1.14-release -m "1.1.14 release tag"
Committed revision 13
```

만약 릴리즈 시점에 Tags로 복사하는 것을 누락했다면, 릴리즈 시점의 리비전을 지정하여 그 시점의 소스 코드를 복사할 수 있다.

```
$ svn cp -r 11 $SR/trunk $SR/tags/1.1.13-release -m "1.1.13 release tag"
Committed revision 15
```

여기서 잠깐

표준입력과 표준출력

어떤 명령어을 사용할 때 파일 이름이나 필요한 다른 요소를 함께 적어 줄 것이다. 명령어를 실행하면 결과는 아래와 같이 화면에 출력된다.

```
# cat test.txt
이 파일은 표준입력과 표준출력을 설명하기 위한 것이다.
표준입력은 test.txt이다.
```

여기에서, cat 명령의 뒤에는 test.txt라는 파일 이름이 들어갔다. 이것은 test.txt의 내용을 받아 읽어 화면에 출력하라는 명령이다. 즉 test.txt는 원하는 작업을 하는 데 필요한 입력 요소이며, 이 명령의 실행 결과 text.txt의 내용인 두 줄의 문장이 화면에 출력되었다.

여기에서 test.txt와 같이 명령을 실행하기 위해 필요한 입력을 표준입력, 그리고 명령의 실행 결과를 표준출력이라 한다. 또한 표준입력은 STDIN, 표준출력은 STDOUT로 표시하기도 한다. 이것은 표준입력Standard Input과 표준출력Standard Output의 약자인 동시에 미리 정의된 핸들러의 이름이다. 표준입력을 받아 프로세스가 작업을 마치면, 화면에 출력하는 명령행 프로그램이 이 내용을 표준출력으로 내보낸다.

<table>
<tr><td>명령어</td><td colspan="5">svn diff</td></tr>
<tr><td>키워드</td><td>수정 사항 출력</td><td>원격 서버 접근</td><td>O</td><td>중요도</td><td>☆☆☆</td></tr>
<tr><td>요약</td><td colspan="5">파일 사이 혹은 리비전 사이의 차이점을 출력한다</td></tr>
</table>

❶ 이렇게 써요

```
svn diff -r N:M URL
svn diff -r [-r N[:M] [--old OLD-TGT] [--new NEW-TGT] [PATH]
svn diff [-r N[:M]] URL1[@N] URL2[@M]
```

--diff-cmd CMD : 시스템에 있는 diff 명령어를 사용하여 파일 사이의 차이점을 출력한다.

--extensions (-x) "ARGS" : 시스템의 diff 명령에 옵션을 사용한다.

--password PASS : SVN 서버의 접속 ID에 해당하는 패스워드(PASS)를 입력한다.

--revision (-r) REV : 리비전 번호를 지정한다.

--username USER : SVN 서버의 접속 ID가 설정 된 경우 ID(USER)를 입력한다.

❶ 설명 및 예제

소스를 FTP 서버나 공유 폴더 등에 담아서 관리하는 것과 비교하여 소스 버전 관리 시스템의 가장 큰 장점은 수정한 내용이 리비전별로 서버에 저장되어 있어, 수정한 내용을 과거 파일과 비교해 볼 수 있다는 것이다. SVN은 다양한 방법으로 수정된 내용을 확인할 수 있게 해준다.

다음은 복사본과 원격 저장소 사이에 어떤 차이점이 있는지를 확인하는 명령어이다. 현재 갖고 있는 복사본에 수정 사항이 있는지 혹은 서버에 최신 소스가 등록되었는지를 확인하고 싶을 때 가장 유용하게 쓰이는 명령어이다.

```
$ svn diff zlib.spec
Index: zlib.spec
===================================================================
--- zlib.spec       (revision 17)
+++ zlib.spec       (working copy)
```

TIP
diff는 **di**로 줄여 쓸 수 있다.

복사본 파일과 특정 리비전 파일과 비교하여 다른 점이 있는지를 확인할 때는 **-r 리비전 번호**를 지정해 준다.

```
$ svn diff -r 10 zlib.spec
Index: zlib.spec
===================================================================
--- zlib.spec       (revision 10)
+++ zlib.spec       (working copy)
```

아래는 두 특정 리비전 사이에 차이점이 있는지를 확인하는 명령어이다. 사용 방식은 다르나 결과는 같다. 편한 방법을 선택하여 사용하면 된다.

```
$ svn diff -r 10:17 $SR/zlib.spec
Index: zlib.spec
================================================================
--- zlib.spec       (revision 10)
+++ zlib.spec       (revision 17)
$ svn diff $SR/zlib.spec@10 $SR/zlib.spec@17
================================================================
--- zlib.spec       (revision 10)
+++ zlib.spec       (revision 17)
```

만약 복사본으로 갖고 있는 파일의 리비전을 확인하고자 한다면 서버에 접속하지 않고도 가능하다.

```
$ svn diff -r 10:17 zlib.spec
Index: zlib.spec
================================================================
--- zlib.spec       (revision 10)
+++ zlib.spec       (revision 17)
```

시스템에 있는 diff 명령을 사용하면 더 자세히 파일 비교 결과를 알 수 있다. 이때 시스템의 **diff** 명령에서 사용하는 옵션도 그대로 사용할 수 있다.

```
$ svn diff --diff-cmd /usr/bin/diff -x " -i -b " zlib.spec
Index: zlib.spec
================================================================
0a10,2
> Release 1.1.14
```

명령어	**svn export**				
키워드	소스 트리 내보내기	원격 서버 접근	O	중요도	☆☆☆
요약	서버 혹은 저장소에 지정한 소스 트리를 내보낸다				

❶ 이렇게 써요

```
svn export [-r REV] URL [PATH]
svn export PATH1 PATH2
```

--force : 강제로 내보낸다.

--password PASS : SVN 서버의 접속 ID에 해당하는 패스워드(PASS)를 입력한다.

--revision (-r) REV : 리비전 번호를 지정한다.

--username USER : SVN 서버의 접속 ID가 설정된 경우 ID(USER)를 입력한다.

❶ 설명 및 예제

서버 및 복사본에서 디렉터리를 지정하여 버전 정보나 플러그인 등이 없는 순수한 소스 트리만을 내보낸다. 리비전 번호를 지정하지 않으면 최종 리비전을, 지정하면 해당 리비전의 소스 트리를 내보낸다.

```
$ svn export $SR/ export_dir
A export_dir/zlib.spec
A export_dir/zlib.patch
...
Exported revision 25
```

<table>
<tr><td>명령어</td><td colspan="5">svn import</td></tr>
<tr><td>키워드</td><td>파일 불러오기</td><td>원격 서버 접근</td><td>O</td><td>중요도</td><td>☆☆☆</td></tr>
<tr><td>요약</td><td colspan="5">지정한 파일을 서버로 불러온다</td></tr>
</table>

❶ 이렇게 써요

```
svn import [PATH] URL
```

--file (-F) FILE : 변경된 내용에 대한 메시지가 저장된 파일을 지정한다.

--force-log : -F 옵션으로 불러오는 로그 메시지 파일이 SVN 디렉터리 아래에서 버전 관리되고 있으면, 커밋할 때 로그 메시지를 갱신할 수 없어 에러가 출력된다. 이때는 --force-log 옵션으로 예외 사항이라는 것을 알려준다.

--message (-m) TEXT : 변경된 내용에 대한 메시지를 기록한다.

--password PASS : SVN 서버의 접속 ID에 해당하는 패스워드(PASS)를 입력한다.

--username USER : SVN 서버의 접속 ID가 설정 된 경우 ID(USER)를 입력한다.

❶ 설명 및 예제

로컬에 있는 지정된 파일을 서버로 불러오는 명령어다. 서버에 바로 커밋되므로 커밋 로그 메시지도 함께 입력해 주어야 한다.

```
$ svn import -m " Imported zlib2.patch " zlib $SR/
Adding        zlib/zlib2.patch
Transmitting file date ················.
Committed revision 37.
```

키워드	복사본 파일의 정보 출력	원격 서버 접근	X	중요도	☆☆☆
요약	복사본의 파일 정보를 출력한다				

❶ 이렇게 써요

```
svn info [PATH]
```

--targets FILENAME : 지정된 파일의 정보를 출력한다.

❶ 설명 및 예제

지정한 소스 파일 혹은 디렉터리의 정보를 출력하는 명령어다. 경로, 이름, 서버주소, 리비전 등의 정보를 한 번에 불러와 출력한다.

```
$ svn info zlib.spec
Path: zlib.spec
Name: zlib.spec
URL: svn+ssh://10.1.0.8/zlib/zlib.spec
Revision: 47
Node Kind: file
Schedule: normal
Last Changed Author: pirania
Last Changed Rev: 47
Last Changed Date: 2010-05-12 16:43:13 -0600 (Wed, 12 May 2010)
Text Last Updated: 2010-05-12 21:18:16 -0600 (Wed, 12 May 2010)
Properties Last Updated: 2010-05-12 21:18:16 -0600 (Wed, 12 May 2010)
Checksum: /3L38YwzhT93BWvgpdF6Zw==
```

<table>
<tr><td>명령어</td><td colspan="5">svn list</td></tr>
<tr><td>키워드</td><td>소스 목록 출력</td><td>원격 서버 접근</td><td>○</td><td>중요도</td><td>☆☆☆</td></tr>
<tr><td>요약</td><td colspan="5">원격 저장소의 소스 목록 출력한다</td></tr>
</table>

❶ 이렇게 써요

```
svn list [TARGET]
```

--password PASS : SVN 서버의 접속 ID에 해당하는 패스워드(PASS)를 입력한다.

--revision (-r) REV : 리비전 번호를 지정한다.

--username USER : SVN 서버의 접속 ID가 설정 된 경우 ID(USER)를 입력한다.

--verbos (-v) : 자세한 내용을 출력한다.

❶ 설명 및 예제

자주 사용되는 아주 유용한 명령어이다. 서버에 있는 파일과 디렉터리 목록을 내려받지 않고 볼 수 있다.

```
$ svn list $SR/zlib
zlib.spec
zlib.patch
...
```

자세한 파일 정보를 같이 출력하고 싶으면 --verbos 옵션을 사용한다.

```
$ svn list $SR/zlib
    12 pirania          28361 May 16 21:11 zlib.spec
    35 pirania           3491 May 18  5:26 zlib.patch
```

<table>
<tr><td>명령어</td><td colspan="5">svn merge</td></tr>
<tr><td>키워드</td><td>소스 통합</td><td>원격 서버 접근</td><td>O</td><td>중요도</td><td>☆☆☆</td></tr>
<tr><td>요약</td><td colspan="5">두 소스 간의 차이점을 복사본에 통합한다</td></tr>
</table>

❶ 이렇게 써요

```
svn merge sourceURL1[@N] sourceURL2[@M] [Working copy PATH]
svn merge -r N:M SOURCE [PATH]
```

--dry-run : 가상으로 머지한 결과를 출력한다. 실제로 머지하는 것은 아니다.

--force : 강제로 통합한다.

--password PASS : SVN 서버의 접속 ID에 해당하는 패스워드(PASS)를 입력한다.

--revision (-r) REV : 리비전 번호를 지정한다.

--username USER : SVN 서버의 접속 ID가 설정된 경우 ID(USER)를 입력한다.

--verbos (-v) : 자세한 내용을 출력한다.

❶ 설명 및 예제

SVN은 일반적으로 trunk, branches, tags 세 메인 디렉터리 구조를 가진다. 이중 trunks는 메인 소스 트리이고 파생되는 소스를 branches에 옮겨서 작업하게 된다. 소스가 branches로 분기되어 각각 개별적으로 개발이 되다가 개발이 완료되어 다시 trunk 쪽으로 통합하고자 할 때 이 명령어를 사용하며 소스를 통합한다.

예를 들어 리비전 38에서 소스가 branches로 분기되었고 trunk에 복사본이 있으면, 아래와 같은 방법으로 branches에서 수정된 소스를 찾아 trunk에 통합시킬 수 있다.

merge 명령은 소스가 branches로 분기된 시점과 branches의 최신 소스인 HEAD 를 비교한다. 분기된 시점의 리비전 번호를 잊어 버렸다면, **svn log --stop-on-copy** 명령을 이용하자. **svn log**는 복사된 원본의 로그까지 추적하지만 이 옵션을 사용하면, 복사된 시점부터의 로그만 보여주기 때문에 분기된 시점을 알 수 있다.

```
$ svn merge -r 38:HEAD $SR/branches/
U zlib/zlib.spec
U zlib/zlib.patch
```

만약 머지 도중에 충돌이 발생하면 개발자가 직접 소스 코드를 리뷰하면서 충돌된 내용 을 수정해 주어야 한다. 그런데 충돌을 해결하고 난 후에도 머지 도중에 생성된 여러 임 시 파일이 남아 있게 된다. 이때는 **svn resolved 충돌_파일명**을 해주면 임시 파일들이 지워진다.

<table>
<tr><td>명령어</td><td colspan="5">svn update</td></tr>
<tr><td>키워드</td><td>복사본 갱신</td><td>원격 서버 접근</td><td>O</td><td>중요도</td><td>☆☆☆</td></tr>
<tr><td>요약</td><td colspan="5">복사본을 서버의 최신 소스로 갱신한다</td></tr>
</table>

❶ 이렇게 써요

```
svn update [PATH]
```

--password PASS : SVN 서버의 접속 ID에 해당하는 패스워드(PASS)를 입력한다.

--revision (-r) REV : 리비전 번호를 지정한다.

--username USER : SVN 서버의 접속 ID가 설정된 경우 ID(USER)를 입력한다.

❶ 설명 및 예제

SVN에서 자주 사용되는 명령어 중 하나로, 서버의 최신 변경 사항을 복사본에 반영한다. 업데이트 중 각 라인에 첫 번째 나오는 알파벳의 의미는 다음과 같다.

A	D	U	C	G
추가Added	삭제Deleted	업데이트Updated	충돌Conflict	통합Merged

아래 업데이트 명령의 결과 README 파일이 서버로부터 새로 추가되었고 zlib.spec과 zlib.patch가 업데이트되었다. 그리고 ChangeLog는 삭제되었다.

```
$ svn update
A zlib/README
U zlib/zlib.spec
U zlib/zlib.patch
D zlib/ChangeLog
updated to revision 56
```

특정 리비전으로 업데이트할 수 있다.

```
$ svn update -r55
A zlib/README
D zlib/ChangeLog
updated to revision 55.
```

> **TIP**
> **update**는 **up**으로 축약될 수 있다.

Git

Subversion이 중앙 서버에서 모든 소스 코드를 보관 관리하는 시스템이라면, Git는 분산 소스 버전 관리 시스템 Distributed VCS으로서 서버를 분산시켜 구축할 수 있다.

1. 실전 프로젝트

이제부터 분산 소스 버전 관리 시스템의 필요성을 가상의 개발 환경을 만들어 설명해보겠다.

개발 팀의 구성

· 리눅스 배포판 개발 프로젝트

· 커널, 라이브러리, 킬러 어플리케이션 등을 분야별로 분리하여 개발팀 구성

· 개발팀은 한국, 중국, 일본 회사에서 분야 별로 1~2명씩의 개발자가 참여. 서버는 중국에 둠.

· 소스 버전 관리 시스템(VCS)에 올려진 소스를 패키징하여 리눅스 배포판으로 만드는 시스템이 구축 되어 있음. VCS에 잘못된 소스가 올려져 있으면 제품 품질에 곧바로 영향을 미치기 때문에 소스 관리가 중요함.

소스 코드 관리 이슈

이 프로젝트에서는 여느 다른 프로젝트보다 VCS에 있는 소스 코드 관리의 중요도가 더 높다. 왜냐하면 업무 효율성을 위해 배포판 자동 빌드 시스템이 구축 되어 있고, 리눅스 배포판에 포함되는 패키지 수는 몇 천 개나 되므로, 오류 발견이 쉽지 않기 때문이다.

네트워크 속도(문제점 B) 이슈

각기 한국, 중국, 일본에서 개발하고, 서버는 중국에 있기에, 소스 코드를 받아 오는데 오랜 시간이 걸린다.

SVN으로 시도하기

소스 관리 문제를 해결하기 위하여 이메일을 이용한 커밋 승인 절차를 쓴다. 소스 코드를

VCS에 커밋하기 전에 언제나 기존 소스와 수정된 소스의 Diff를 만들고 설명을 첨부하여 메일로 담당 개발팀 매니저에게 리뷰를 받는다. 리뷰 후 이상이 없다고 판단되면 총개발 매니저에게 같은 방식으로 메일을 보내 승인을 얻어야 최종적으로 커밋할 수 있다.

이 방법은 개발자 실수를 줄이는 데 일조할 수 있지만 몇 가지 문제를 야기시킨다. 첫째, 개발자가 메일을 통해 보낸 Diff 파일과는 다른 소스 코드가 커밋될 때가 있다. 이를 방지하기 위해 개발 팀장은 커밋 후 더 많은 시간을 들여 VCS를 확인해야 한다. 둘째, 개발자가 커밋을 위해 드는 비용도 너무 많다.

이를 개선하기 위해 수정된 소스나 Diff 파일을 메일로 전달 받아 개발팀장의 검토 후 커밋하는 방법을 고려해 봤지만, 소스 코드 수정자에 대한 이력 관리가 너무 어렵다.

해결책

이 문제를 한 방에 해결해 줄 분산 소스 버전 관리 시스템이 있었으니, 바로 Git다! Git는 개발자의 시스템에 있는 복사본 디렉터리를 하나의 저장소 서버로 삼을 수 있다. 개발자는 수정 후 개발 팀장의 저장소로 수정된 소스를 푸시^{Push}한다. 개발 팀장은 수정된 소스를 리뷰한 후 문제가 없다고 판단되면 바로 중앙 서버에 커밋한다. 여러 개발자가 수정한 소스를 개발 팀장의 복사본 디렉터리에 보내면 Git는 강력해진 통합^{merge} 기능으로 각 소스를 통합하여 중앙 서버로 한 방에 커밋하는 기능을 제공한다.

속도 문제 또한 개선된다. SVN을 사용할 때는 중국에 위치한 SVN 서버의 네트워크 속도가 느리고, 개발자의 커밋 요구가 많을 때, 커밋를 걸어 놓고 시간을 허비했으나, Git를 도입하고 나서는 분기된 저장소를 로컬에 두었기 때문에 자연스럽게 중앙 서버의 속도에 영향을 덜 받게 된다.

2. Quick Start 가이드

❶ 본 책에서는 Git의 설치와 설정에 대해 다루지 않는다. Git의 설치는 리눅스 배포판을 사용하는 경우 애플리케이션 설치 관리자를 통해 쉽게 설치 할 수 있다. 또는 Git 공식 홈페이지(http://git-scm.com)를 방문하면 RPM과 DEB 등의 다양한 설치 패키지를 내려 받을 수 있다.

❶ 기본 환경 설정

Git 서버에 접속하기에 앞서 두 설정 값을 정해야 한다. 아래 설정은 전체 Git에 대한 설정 값이므로 새로운 저장소를 추가할 때 재설정할 필요는 없다.

```
$ git config --global user.name ' Andrew Hanbit '
$ git config --global user.email ' andrew6@hanb.co.kr '
```

❷ 소스 다운로드

먼저 공개된 저장소에 있는 소스를 받아오는 방법을 알아보자. 아래는 Android Git 저장소에 있는 device/common 소스를 받아 오는 방법이다.

```
$ mkdir -p /tmp/android/device
$ cd /tmp/android/device
$ git clone git://android.git.kernel.org/device/common.git
Initialize common/.git
Initialized empty Git repository in /tmp/mydroid2/device/common/.git/
remote: Counting objects: 21, done.
remote: Compressing objects: 100% (6/6), done.
remote: Total 21 (delta 13), reused 21 (delta 13)
Receiving objects: 100% (21/21), done.
Resolving deltas: 100% (13/13), done.
```

❸ 저장소 생성

로컬 시스템에 "projectone"이라는 저장소를 만들고 테스트 파일을 만들어 저장소로 등록해보자.

```
$ mkdir -p /tmp/projectone
$ cd /tmp/projectone
$ git init
Initialized empty Git repository in /tmp/projectone/.git/
$ echo ' Enjoy Git ' > test.txt
$ git add .
$ git init
Initialized empty Git repository in /tmp/projectone2/.git/
create mode 100644 test.txt
```

❹ 저장소 이력보기

git log로 파일 추가 기록을 확인할 수 있다.

```
$ git log
commit ef459646311bb8372324bb992ab91f81e16a81f7
Author: Andrew Hanbit <andrew6@hanb.co.kr>
Date:   Mon Jul 19 10:18:26 2010 -0400

    added test.txt
```

❺ 저장소 공유

이미 서버를 운영한다는 가정 하에 Git 계정을 생성해보자. 그리고 원본 저장소의 소스를 /home/git 아래에 **clone** 명령으로 생성하자. 이때 --bare 옵션으로 bare 저장소를 생성해 준다. bare 저장소는 실제 소스가 있는 곳이 아니라 Git 데이터베이스의 위치이다. 다른 사용자와의 저장소 공유는 이 bare 저장소를 통해야 한다.

```
$ git clone --bare /tmp/projectone /home/git/projectone.git
Initialize /home/git/projectone.git
Initialized empty Git repository in /home/git/projectone.git/
```

다음으로 사용자 그룹별로 저장소 접근 권한을 설정하는 방법을 알아보자. projectone 이라는 사용자 그룹을 만들어 그 그룹 사용자가 생성된 저장소를 이용할 수 있도록 권한을 조정한다.

```
$ cd /home/git/projectone.git/
$ git config core.shareRepository group
$ chgrp -R projectone/ home/git/projectone.git/
$ chmod -R g+rwX
```

이제 projectone 그룹에 속한 사용자들은 이 저장소의 클론을 생성하거나 푸시, 풀^{pull} 등의 수행할 수 있다.

❻ Git 호스팅 서비스

원격 사용을 위해서 Git 데몬을 운영하거나 Gitosis, Git Shell을 사용한다. 별도로 서버를 운영하기 어렵다면 Git 호스팅 서비스를 이용할 수도 있다. Git Hub(http://github.com)는 상용 서비스지만 오픈 소스 프로젝트에 대해서는 무료 호스팅을 지원하므로 Git Hub에 계정을 만들어 사용법을 익혀 보는 것을 추천한다.

<table>
<tr><td>명령어</td><td colspan="5">git add</td></tr>
<tr><td>키워드</td><td>디렉터리 혹은 파일 추가</td><td>원격 서버 접근</td><td>X</td><td>중요도</td><td>☆☆☆</td></tr>
<tr><td>요약</td><td colspan="5">변경된 디렉터리 혹은 파일을 추가한다</td></tr>
</table>

❗ 이렇게 써요

```
git add 파일명
```

-f (force) : 기존 중복 디렉터리를 무시하고 추가한다.
-p (partial) : 수정한 부분에 대해서만 추가한다.
-v (verbose) : 자세한 실행 과정과 결과를 출력한다.

❗ 설명 및 예제

수정되거나 추가된 파일을 인덱스에 업데이트 한다. **add**를 했다고 서버에 즉시 반영되지는 않는다. 추가 후에는 커밋을 꼭 해주어야 한다. **commit**은 추가된 파일만 일괄 처리하므로, 최초 추가 후 소스에 변경이 있다면 반드시 **add**를 다시 수행해 주어야 한다.

디렉터리 안의 모든 수정된 파일을 추가하기 위해서는 다음 명령어를 사용한다.

```
$ svn add .
```

특정 파일을 지정해서 추가할 수 있다.

```
$ svn add test.txt
```

만약 수정된 부분에 대해서만 추가하고 싶으면 다음 -p 옵션을 사용한다.

```
$ echo 'Hello git!' >> test.txt
$ git add -p test.txt
diff --git a/test.txt b/test.txt
index 3632c3..d3ac5b3 100644
--- a/text.txt
+++ b/text.txt
@@ -1 +1,2 @@
Hello git!
Stage this hunk [y,n,q,a,d,/,e,?]?y
```

<table>
<tr><td>명령어</td><td colspan="6">git archive</td></tr>
<tr><td>키워드</td><td>압축 파일 생성</td><td>원격 서버 접근</td><td>X</td><td>중요도</td><td>☆☆</td></tr>
<tr><td>요약</td><td colspan="5">저장소의 소스를 압축하여 압축 파일을 만든다</td></tr>
</table>

❗ 이렇게 써요

> git archive 옵션 〉 파일명

--format=tar|zip: 압축 포맷을 지정한다.

--list : 압축 파일 포맷의 종류를 출력한다.

--remote=저장소 주소 : 원격 저장소의 주소를 등록하면, 지정된 저장소가 압축된다.

❗ 설명 및 예제

로컬 혹은 원격에 있는 저장소에서 소스를 가져와 압축 파일로 만든다. 특정 버전의 소스를 묶어서 백업하거나 전달할 때 유용하게 쓰인다. 압축 파일 포맷은 tar를 기본으로 하며 zip으로도 만들 수 있다.

압축하려는 소스의 리비전은 꼭 적어 주어야 한다. 만약 가장 최근 소스를 압축하고 싶다면 HEAD라고 적는다.

> 사실 tar는 압축 파일이 아니라 파일의 묶음이다. gzip과 함께 써서 압축 파일을 만든다.

```
$ git archive HEAD 〉 test.tar
```

특정 압축 포맷을 지정하여 압축할 수 있다.

```
$ git archive --list
tar
zip
$ git archive HEAD --format=zip 〉 test.zip
```

원격 저장소 서버의 소스를 바로 압축 파일로 만들 수 있으며, tar로 묶인 파일을 파이프를 통하여 gzip으로 바로 압축할 수도 있다.

```
$ git archive --remote=github.com:pirania/test.git | gzip 〉 common.tgz
```

<table>
<tr><td>명령어</td><td colspan="5">git branch</td></tr>
<tr><td>키워드</td><td>브랜치 관리</td><td>원격 서버 접근</td><td>O</td><td>중요도</td><td>☆☆☆</td></tr>
<tr><td>요약</td><td colspan="5">브랜치의 생성, 삭제, 이름 변경 등을 관리한다</td></tr>
</table>

❶ 이렇게 써요

> git branch 옵션

브랜치 목록 확인

이 명령을 옵션이나 브랜치명을 지정하지 않고 사용하면 로컬 저장소에 있는 브랜치 목록을 출력한다.

-a : 로컬과 원격 서버의 브랜치 목록을 모두 출력한다.

-r : 원격 서버의 저장소 브랜치 목록을 출력한다.

--contains commit : 주어진 커밋이 포함된 브랜치만 출력한다.

브랜치 삭제

삭제 옵션에 -r을 같이 써주면 브랜치명은 원격 서버에 있는 이름이다(.git/refs/remotes/*/*). 만약 -r 옵션이 없으면 로컬에 있는 브랜치명이 된다(.git/refs/heads/*).

-d 브랜치명 : 브랜치의 소스가 현재 해드^{HEAD}에 적용이 되었는지 확인한 후, 적용되었을 경우만 삭제한다.

-D 브랜치명 : 해드에 적용되어 있는지를 확인하지 않고 바로 삭제한다.

브랜치명 변경

기존 브랜치명을 지정한 신규 명칭으로 변경한다.

-m 기존_브랜치명 신규브랜치명 : 신규 브랜치명이 이미 존재하면 덮어 쓰지 않고 오류 메시지를 출력한다.

-M 기존_브랜치명 신규브랜치명 : 신규 브랜치명이 이미 존재하면 덮어 쓴다.

브랜치 생성

옵션 없이 브랜치명을 지정하면 새로운 브랜치를 생성한다. 그리고 브랜치명 뒤에 **commit**이 수반되면 해당 커밋으로 브랜치가 생성된다. 기본적으로는 최신 소스인 해드를 이용해 브랜치를 생성한다.

-f : 이 옵션을 사용하면 신규 브랜치가 기존 중복된 이름의 브랜치를 덮어 쓰게 된다.

--track 신규_브랜치명 원격서버_브랜치명: 이 옵션은 새로운 버전에 Git에서는 기본 옵션이다. 이 옵션과 함께 원격 서버의 브랜치명을 써주면 원격 서버 브랜치를 추적^{tracking}하게 된다. 이후에 **git merge** 혹은 **git pull**을 사용할 때 별도로 저장소_주소를 지정하지 않아도 추적 중인 브랜치 정보를 이용하여 저장소의 수정 사항을 머지한다.

❶ 설명 및 예제

브랜치는 버전 관리 시스템 (VCS)에서 가장 중요한 기능 중의 하나이다. 브랜치는 말 그대로 가지치기라고 생각하면 된다.

현재 로컬 저장소의 모든 브랜치를 확인해 보자.

```
$ git branch -a
* android-2.6.27
  origin/HEAD
  origin/android-goldfish-2.6.27
  origin/android-goldfish-2.6.29
```

브랜치를 추가해 보자. 브랜치 목록을 볼 때 -a 옵션을 사용하지 않는 경우 로컬에 있는
브랜치 목록만 출력한다.

```
$ git branch projectone
$ git branch
* android-2.6.27
projectone
```

추가된 브랜치를 삭제해보자.

```
$ git branch -d projectone
Deleted branch projectone.
```

--track 옵션으로 projectone2라는 브랜치를 새로 만들면서 원격 저장소에 있는
origin/android-goldfish-2.6.29 브랜치와 연결시킬 수 있다. 이렇게 하면 **git
merge** 또는 **git pull** 명령어로 원격 저장소의 수정사항을 쉽게 머지할 수 있다.

```
$ git branch --track projectone2 origin/android-goldfish-2.6.29
git branch projectone2 origin/android-goldfish-2.6.27
Branch projectone2 set up to track remote branch refs/remotes/origin/
android-goldfish-2.6.27.
```

브랜치를 옮길 때는 체크아웃을 사용한다. 브랜치 명령의 결과를 살펴보면 * 표시가
projectone2로 옮겨 간 것을 확인할 수 있다.

```
$ git checkout projectone2
Switched to branch "projectone2"
$ git branch
  android-2.6.27
* projectone2
```

<table>
<tr><td>명령어</td><td colspan="5">git checkout</td></tr>
<tr><td>키워드</td><td>저장소로부터 파일 복사</td><td>원격 서버 접근</td><td>O</td><td>중요도</td><td>☆☆☆</td></tr>
<tr><td>요약</td><td colspan="5">저장소의 소스를 로컬에 복사한다</td></tr>
</table>

❶ 이렇게 써요

```
git checkout [revision]
```

-b 신규_브랜치명 원격_브랜치명 : 신규 브랜치를 생성하고, 원격 저장소의 브랜치와 연결되도록 한다.

-f (force) : 강제로 명령을 수행한다.

-q (quiet) : 메시지를 출력하지 않고 조용히 명령을 수행한다.

❶ 설명 및 예제

기본적으로 체크아웃은 저장소로부터 소스를 가져와 로컬에 복사본을 만드는 역할을 한다. 그러나 '명령어를 사용할 때 리비전과 경로를 같이 입력해 주는가 아닌가'에 따라서 실형 결과가 달라진다.

리비전	경로	설명
O	X	브랜치가 리비전명으로 변경된다. 만약 복사본 내에 수정된 파일이 있다면 새로운 브랜치에서도 변경된다.
X	O	복사본의 경로에 있는 모든 파일과 디렉터리가 최신 파일로 변경된다.
O	O	복사본의 경로에 있는 모든 파일과 디렉터리가 지정한 리비전 파일로 교체된다.
X	X	변경 사항은 없다. 복사본에서 수정된 파일들의 목록을 출력한다.

(O : 입력, X : 입력 하지 않음)

기본적으로 체크아웃은 지정한 경로의 파일과 디렉터리를 서버의 최신 파일로 갱신해 준다.

```
$ git checkout arch
```

-b 옵션을 사용하면 신규 브랜치를 생성하고, 원격 저장소의 브랜치와 연결한다.

```
$ git checkout -b new_projectone origin/master
Checking out files: 100% (41071/41071), done.
Branch new_projectone set up to track remote branch refs/remotes/
origin/master.
Switched to a new branch "new_projectone"
```

체크아웃을 이용하여 브랜치 간 이동할 수 있다.

```
$ git branch
  master
* new_projectone
$ git checkout master
Switched to branch "master"
$ git branch
* master
  new_projectone
```

<table>
<tr><td>명령어</td><td colspan="5">git clone</td></tr>
<tr><td>키워드</td><td>복사본 생성</td><td>원격 서버 접근</td><td>O</td><td>중요도</td><td>☆☆☆</td></tr>
<tr><td>요약</td><td colspan="5">저장소의 복사본을 생성해 준다</td></tr>
</table>

❶ 이렇게 써요

```
git clone 저장소_주소 로컬_디렉터리
```

    --no-hardlink : 하드링크를 사용하지 않는다.

❶ 설명 및 예제

가장 많이 사용되는 명령어 중의 하나로, 원격이나 로컬에 있는 저장소로부터 소스를 복사해서 로컬에 복사본을 만든다. 만약 로컬에 있는 저장소라면 기본적으로 하드링크로 복사본을 생성한다.

android git 서버에 있는 소스를 가져와 로컬에 복사본을 만들어 보자.

```
$ mkdir /tmp/android/device
$ git clone git://android.git.kernel.org/device/common.git /tmp/android
/device/common
Initialize /tmp/android/device/common/.git
Initialized empty Git repository in /tmp/android/device/common/.git/
remote: Counting objects: 21, done.
remote: Compressing objects: 100% (6/6), done.
remote: Total 21 (delta 13), reused 21 (delta 13)
Receiving objects: 100% (21/21), done.
Resolving deltas: 100% (13/13), done.
```

<table>
<tr><td>명령어</td><td colspan="5">git commit</td></tr>
<tr><td>키워드</td><td>수정 사항 기록</td><td>원격 서버 접근</td><td>○</td><td>중요도</td><td>☆☆☆</td></tr>
<tr><td>요약</td><td colspan="5">수정된 내역을 기록한다</td></tr>
</table>

❗ 이렇게 써요

> git commit 옵션

-a : 모든 파일을 커밋한다.
-F commit_messagefile : 커밋 메시지가 담긴 파일의 내용을 커밋한다.
-m commit_message, --message=commit_message : 커밋 메시지를 넣는다.

❗ 설명 및 예제

가장 많이 사용되는 명령어 중 하나로, 수정한 파일을 추가한 후, 수정 사항에 대해 기록을 남긴다. 수정된 사항에 대해 기록을 남기는 것은 소스 코드에 주석 만큼이나 소프트웨어 개발 관리 상 중요한 일이다. 개발 이력 관리 및 문제 발생 시 버그 추적에 큰 도움을 준다. 다음은 -a 옵션으로 수정된 모든 파일을 커밋하며, -m 옵션으로 명령과 동시에 커밋 메시지를 추가한다.

```
$ git add .
$ git commit -a -m 'New book items added.'
Created commit b52da31: New book items added.
 2 files changed, 2 insertions(+), 0 deletions(-)
 create mode 100644 books/commands
```

<table>
<tr><td>명령어</td><td colspan="5">git config</td></tr>
<tr><td>키워드</td><td>Git 설정</td><td>원격 서버 접근</td><td>X</td><td>중요도</td><td>☆☆☆</td></tr>
<tr><td>요약</td><td colspan="5">Git를 설정한다</td></tr>
</table>

❶ 이렇게 써요

```
git config [--global] 설정_이름 설정값
```

--global : Git 서버 전체의 설정 값을 설정한다(~/.gitconfig). 이 옵션을 사용하지 않으면 현재 이용하고 있는
Git 저장소에 대해서만 설정한다(.git/config).
--list : 현재 설정 내용을 확인한다.

❶ 설명 및 예제

Git의 설정 내용을 출력하거나 등록, 변경할 때 사용한다. 명령어를 사용하지 않고 설정
파일 자체를 수정해 사용해도 결과는 같다.

· ~/.gitconfig : Git 전역 설정
· .git/config : 특정 저장소 설정

Git를 처음 사용할 때 꼭 사용자 이름과 이메일 주소를 등록해 주어야 한다.

```
$ git config --global user.name ' Andrew Hanbit '
$ git config --global user.email ' andrew6@hanb.co.kr '
```

--list 옵션으로 현재 설정 내용을 확인할 수 있다.

```
$ git config --global --list
user.name=Andrew Hanbit
user.email= andrew6@hanb.co.kr '
```

<table>
<tr><td>명령어</td><td colspan="5">git diff</td></tr>
<tr><td>키워드</td><td>변경 내용 비교</td><td>원격 서버 접근</td><td>O</td><td>중요도</td><td>☆☆☆</td></tr>
<tr><td>요약</td><td colspan="5">원본 소스와 수정된 소스 사이에 변경 내용을 비교해준다</td></tr>
</table>

❶ 이렇게 써요

```
git diff first-commit [second-commit]
```

> first-commit : 지정하지 않은 경우 기본적으로 해드가 된다.
> second-commit : 지정하지 않은 경우 기본적으로 로컬의 복사본이 된다.
>
> --stat : 변경된 내용의 통계를 출력한다.
> --cached : 원본과 추가가 완료된 소스 사이의 차이를 출력한다. 커밋하기 전에 추가된 내용을 확인하는 데 유용하다.

❶ 설명 및 예제

diff는 리비전 사이, 태크 사이 혹은 원격 서버와 로컬의 복사본 간의 차이점을 출력한다.

diff의 동작을 확인하기 위해 먼저 **clone** 명령으로 리눅스 커널 저장소를 가져오자.

```
$ git clone git://git.kernel.org/pub/scm/linux/kernel/git/torvalds/
linux-2.6.git linux-2.6
```

로컬의 linux-2.6 디렉터리 안에 복사본이 만들어지면 그 디렉터리로 이동하여 태크별 차이점을 확인해 본다.

```
$ git diff v2.6.35 v2.6.35-rc1
```

--stat는 변경된 내용에 대한 통계를 출력한다.

```
$ git diff --stat v2.6.35 v2.6.35-rc1
```

--cached는 원본과 추가가 완료된 소스 사이에 차이를 출력한다. 커밋하기 전에 추가된 내용을 점검하는 데 유용하다.

```
$ echo 'test2' >> README
$ git add README
$ git diff --cached
diff --git a/README b/README
index bb86df5..e7852bc 100644
```

```
--- a/README
+++ b/README
@@ -1 +1,2 @@
 hanbit book
+test2
```

여기서 잠깐

스택 Stack

데이터 삽입과 제거 시 한쪽 방향으로만 가능한 순서가 있는 리스트 구조이다. 삽입과 제거가 한쪽에서만 가능하므로 먼저 삽입된 데이터가 뒤에 제거되는 FILO First-In-Last-Out 구조이다. 이런 스택에서 데이터를 입출력하는 것은 다음 두 가지 작업을 이용한다.

- 푸시 push : 하나의 데이터를 스택에 추가한다.
- 팝 pop : 하나의 데이터를 스택에서 꺼낸다.

push는 스택 자료구조에 하나의 데이터를 추가하는 작업이며, 보통 푸시된 데이터는 스택의 최상단 top에 저장된다. 팝은 스택에서 하나의 데이터를 꺼내는 작업으로 스택의 최상단에 있는 데이터를 가져온다.

가장 나중에 들어온 데이터가 먼저 나간다. LIFO Last In First Out 스택은 가장 나중에 들어온 데이터가 먼저 나간다는 특성을 가진 자료구조이다. 일반적으로 함수의 호출과 복귀와, 백 트래킹과 같이 자신이 거쳐왔던 길을 다시 되돌아 가서 해결해야 하는 문제에 적합하다.

명령어	**git fetch**				
키워드	소스 가져오기		원격 서버 접근	O	중요도 ☆☆☆
요약	원격 저장소로부터 소스를 가져 온다				

❶ 이렇게 써요

```
git fetch 원격_저장소_주소 [원격저장소_브랜치명:로컬저장소_브랜치명]
git fetch remote-name
```

❶ 설명 및 예제

fetch는 원격 저장소로부터 소스를 가져오는 명령어이다. 원격 저장소의 project_server이라는 브랜치를 로컬 저장소로 가져와 project_local이라는 브랜치를 만들어 보자.

```
$ git fetch git@github.com:pirania/hanbit2.git project_server:project_local
```

현재 시점으로 원격 저장소에서 최종 변경된 소스를 가져와 보자. 가져온 소스는 FETCH_HEAD라는 이름의 브랜치로 자동 생성된다.

```
$ git fetch git://android.git.kernel.org/device/common.git common master
From git://android.git.kernel.org/device/common.git
* branch            master -> FETCH_HEAD
$ git diff FETCH_HEAD
```

연결된 원격 서버의 브랜치를 모두 가져오는 명령은 다음과 같다. 기본 remote-name은 origin이다.

```
$ git fetch origin
```

<table>
<tr><td>명령어</td><td colspan="5">git init</td></tr>
<tr><td>키워드</td><td>저장소 생성</td><td>원격 서버 접근</td><td>×</td><td>중요도</td><td>☆☆☆</td></tr>
<tr><td>요약</td><td colspan="5">현재 디렉터리에 Git 저장소를 생성한다</td></tr>
</table>

❶ 이렇게 써요

```
git init
```

> --bare : bare 저장소를 만든다.
> --shared=false|group|all : 누구와 공유할 것인가를 결정한다. false 공유 안 함, group은 같은 Unix group
> 의 사람들과 공유, all은 모두와 공유한다는 의미이다.

❶ 설명 및 예제

현재 디렉터리에 Git 저장소를 생성하는 명령어이다. 기본 설정으로 현재 디렉터리에 Git
저장소를 만든다.

```
$ git init
```

--bare 옵션을 이용하여 bare 저장소를 만든다. bare 저장소는 Git 데이터베이스 형태
로 되어 있다.

```
$ git init  --bare
```

<table>
<tr><td>명령어</td><td colspan="5">git log</td></tr>
<tr><td>키워드</td><td>로그 출력</td><td>원격 서버 접근</td><td>X</td><td>중요도</td><td>☆☆☆</td></tr>
<tr><td>요약</td><td colspan="5">commit 히스토리 로그를 출력 한다</td></tr>
</table>

❶ 이렇게 써요

```
git log 리비전 파일_경로
```

> --graph : 브랜치나 태그된 소스 트리를 그림으로 표현하여 출력한다.
> --grep=키워드 : 키워드가 포함된 로그만 출력한다.

❶ 설명 및 예제

Git의 소스 변경 이력history을 출력하는 명령이다. 파일이나 디렉터리의 경로를 지정하면, 그와 관련된 로그만 출력한다.

git log를 실행하면 현재 사용 중인 저장소의 모든 변경 이력을 출력한다. 파일을 지정하여 해당 파일의 변경 이력을 출력할 수도 있다.

```
$ git log hanbit3.txt
commit 2648a7c7d3f0a970144c1b06e1e27b3975122ba1
Author: Andrew Hanbit <andrew6@hanb.co.kr>
Date:    Mon Sep 6 03:53:39 2010 +0900

    Added Modification

commit 52966bddc86075fdd77ad09d8f24215e58319e7f
Author: Andrew Hanbit <andrew6@hanb.co.kr>
Date:    Mon Sep 6 03:12:17 2010 +0900

    Hello Hanbit3!
```

grep을 사용하면 특정 키워드를 검색하여 키워드가 포함된 로그만 출력한다.

```
$ git log --grep=Local_repo --all
commit f77768420aee757e9b427a57e32cc93d9b8ad92e
Author: Andrew Hanbit <andrew6@hanb.co.kr>
Date:    Mon Sep 6 07:29:07 2010 +0900

    Local_repo
```

<table>
<tr><td>명령어</td><td colspan="5">git merge</td></tr>
<tr><td>키워드</td><td>소스 통합, 머지(merge)</td><td>원격 서버 접근</td><td>×</td><td>중요도</td><td>☆☆☆</td></tr>
<tr><td>요약</td><td colspan="5">여러 브랜치를 해드에 통합한다</td></tr>
</table>

❶ 이렇게 써요

```
git merge commit
```

> -m 메시지 : 머지에 대한 메시지를 남긴다.
>
> --squash : 브랜치의 로그를 삭제한다. 일반적으로 머지는 각 브랜치의 로그도 같이 통합한다. 가능하면 각 브랜치의 로그를 남길 것을 권장한다.

❶ 설명 및 예제

merge는 하나 혹은 여러 개의 브랜치를 메인 소스트리의 해드에 통합하는 명령어다. Git의 머지 기능은 SVN과는 비교할 수 없이 강력하면서고 유용하다. 한 개 혹은 그 이상의 브랜치를 현재의 해드에 자동으로 머지한다. 만약 소스 코드에 충돌conflict이 발생하면, 해당 파일의 자동 머지는 실패하며 개발자가 손수 확인하여 별도로 커밋해야 한다. 여러 브랜치를 같이 머지하는 기능도 제공하며 이것을 옥토퍼스 머지octopus merge라고 한다. 그러나 여러 브랜치를 한 번에 머지하게 되면 소스 코드 상에 충돌 문제가 여럿 발생할 수 있으므로 하나 혹은 두 개의 브랜치 정도만 머지하는 것을 권장한다. 사용법은 간단하다. **merge** 뒤에 머지를 원하는 브랜치명을 적어 주면 된다.

```
$ git merge project1
```

브랜치명을 나열하면 여러 브랜치를 한꺼번에 머지할 수 있다.

```
$ git merge project1 project2
```

머지 중에 수정된 소스 코드에 충돌이 발생하면 해당 소스 코드를 직접 수정하여 수동으로 추가와 커밋을 해 주어야 한다.

```
$ git merge origin master
Auto-merged test.txt
CONFLICT (content): Merge conflict in test.txt
Automatic merge failed; fix conflicts and then commit the result.
```

대부분 충돌 문제는 하나하나 수작업으로 비교하기 어렵다. 이때는 머지 툴을 이용하면 충돌된 파일 사이에 다른 점을 쉽게 파악하여 수정할 수 있다. 시스템마다 다른 머지 툴이 설치되어 있다.

Git는 시스템에 설치된 머지툴을 찾아 선택할 수 있게 해 준다. 대부분의 머지툴은 두 소스간 차이가 나는 부분을 찾아 비교하고 고칠 수 있게 해주는 단순한 기능을 제공하고 있으므로 자신에게 편한 툴을 설치해 사용하면 된다.

```
$ git mergetool
merge tool candidates:  opendiff emerge vimdiff
Merging the files: test.txt

Normal merge conflict for 'test.txt':
  {local}: modified
  {remote}: modified
Hit return to start merge resolution tool (vimdiff):
```

 유닉스 리눅스 명령어 사전(개정판)

<table>
<tr><td>명령어</td><td colspan="5">git mv</td></tr>
<tr><td>키워드</td><td>파일명 변경/이동</td><td>원격 서버 접근</td><td>×</td><td>중요도</td><td>☆☆☆</td></tr>
<tr><td>요약</td><td colspan="5">파일명을 변경하거나 이동한다</td></tr>
</table>

❶ 이렇게 써요

```
git mv oldfile newfile
```

-f : 새로운 파일명이 이미 존재하면 덮어 쓴다.

❶ 설명 및 예제

파일의 이름을 변경하거나 파일을 다른 디렉터리로 이동할 때 쓴다. **git mv** 명령을 사용하면 변경된 파일 정보가 자동으로 추가된다.

README 파일을 books 디렉터리로 이동하고 커밋 전에 변경된 정보를 확인해 보자.

```
$ git mv README books
$ git diff --cached
diff --git a/README b/README
deleted file mode 100644
index e7852bc..0000000
--- a/README
+++ /dev/null
@@ -1,2 +0,0 @@
-hanbit book
-test2
diff --git a/books/README b/books/README
new file mode 100644
index 0000000..e7852bc
--- /dev/null
+++ b/books/README
@@ -0,0 +1,2 @@
+hanbit book
+test2
```

<table>
<tr><td>명령어</td><td colspan="5">git pull</td></tr>
<tr><td>키워드</td><td>수정된 소스 가져오기</td><td>원격 서버 접근</td><td>O</td><td>중요도</td><td>☆☆☆</td></tr>
<tr><td>요약</td><td colspan="5">수정된 소스를 저장소로부터 가져온다</td></tr>
</table>

❶ 이렇게 써요

```
git pull
git pull 저장소_주소 branch
```

git pull : 인수나 옵션 없이 실행하면 현재 로컬에 등록된 추적 중인 브랜치에 해당하는 소스 모두를 가져온다.

git pull 저장소_주소 branch : 저장소_주소에 등록된 최신 소스를 가져와 지정한 브랜치에 저장한다.

--no-commit : 커밋 없이 소스를 가져와 로컬에 저장한다.

❶ 설명 및 예제

git pull은 **git fetch**와 **git merge**가 하는 일을 한 번에 수행한다.

```
$ git pull origin master
remote: Counting objects: 10, done.
remote: Compressing objects: 100% (4/4), done.
remote: Total 6 (delta 2), reused 0 (delta 0)
Unpacking objects: 100% (6/6), done.
From github.com:pirania/hanbit3
 * branch            master     -> FETCH_HEAD
Updating 7dbbb4e..89c0713
Fast-forward
 test.txt |    3 +++
 1 files changed, 3 insertions(+), 0 deletions(-)
```

만약 pull 사용 시 충돌이 발생하면 **git merge**를 참고하여 해결하자.

<table>
<tr><td>명령어</td><td colspan="5">git push</td></tr>
<tr><td>키워드</td><td>수정한 소스 원격 저장소 등록</td><td>원격 서버 접근</td><td>○</td><td>중요도</td><td>☆☆☆</td></tr>
<tr><td>요약</td><td colspan="5">수정한 소스를 원격 저장소에 등록한다</td></tr>
</table>

❶ 이렇게 써요

```
git push 옵션 로컬_저장소 원격_저장소
```

--all : 모든 로컬 브랜치의 변경 사항을 원격 저장소에 등록한다.
--tags : 모든 로컬 태크의 변경 사항을 원격 저장소에 등록한다.

❶ 설명 및 예제

git push는 로컬에서 수정된 소스를 원격 저장소에 등록하는 명령어이다. 원격 저장소 주소를 써주지 않으면 origin에 등록된 서버로 소스 코드를 등록한다. 만약 로컬 저장소 주소를 지정해 주지 않으면 현재 원격 저장소의 브랜치를 추적하도록 등록된 브랜치의 변경 사항이 원격 저장소로 저장된다.

git push는 커밋 후 사용한다. 만약 로컬의 모든 커밋 내용이 푸시되어 있다면 "Everything up-to-date"를 출력한다.

```
$ git push --all git@github.com:pirania/hanbit3.git
Counting objects: 5, done.
Delta compression using up to 2 threads.
Compressing objects: 100% (2/2), done.
Writing objects: 100% (3/3), 262 bytes, done.
Total 3 (delta 1), reused 0 (delta 0)
To git@github.com:pirania/hanbit3.git
   89c0713..f99845d  master -> master

$ git push --all git@github.com:pirania/hanbit3.git
Everything up-to-date
```

push 명령이 거부[reject]된다면 원격 저장소의 변경 사항이 로컬 저장소에 제대로 반영되지 않은 경우이니 **git pull** 혹은 **git fetch/git merge**로 변경 사항을 로컬 저장소 파일에 머지한 후 다시 시도해 보자.

<table>
<tr><td>명령어</td><td colspan="5">git remote</td></tr>
<tr><td>키워드</td><td>원격 저장소 등록</td><td>원격 서버 접근</td><td>O</td><td>중요도</td><td>☆☆☆</td></tr>
<tr><td>요약</td><td colspan="5">파일명을 변경하거나 이동한다</td></tr>
</table>

❶ 이렇게 써요

```
git remote add
git remote rm
git remote show
git remote prune
git remote update
```

git remote add 이름 저장소_주소 : 새로운 원격 저장소를 등록한다. -f 옵션과 같이 쓰면, **git fetch**가 함께 실행된다.

git remote rm 이름 : 등록된 원격 저장소를 삭제한다.

git remote show 이름 : 지정한 원격 저장소의 정보를 출력한다.

git remote prune 이름 : 더 이상 사용하지 않는 원격 저장소의 추적 브랜치를 삭제한다. 예기치 않은 데이터 손실을 막기 위해 이 명령이 수행되기 전에는 원격 추적 브랜치의 로컬 저장소는 절대로 삭제하지 않는다.

git remote update 이름 : **git fetch** 이름을 실행할 때와 마찬가지로 원격 저장소의 소스를 가져온다. 만약 이름을 지정하지 않으면 등록된 모든 원격 저장소 소스를 가져 온다.

❶ 설명 및 예제

git remote는 원격 저장소를 등록하는 명령어다. 원격 저장소를 **git remote add 이름 저장소_주소**로 등록하면, 이 후로는 긴 저장소_주소를 입력하지 않아도 등록한 이름을 이용하여 fetch/push/pull 등의 명령을 수행할 수 있어 편리하다.

현재 원격 저장소 목록을 확인해 보자. 그리고 show 옵션을 통해 원격 저장소의 주소와 추적 중인 브랜치 목록을 출력한다.

```
$ git remote
origin
$ git remote show origin
* remote origin
  URL: git@github.com:pirania/hanbit3.git
  Remote branch merged with 'git pull' while on branch master
    master
  Tracked remote branches
    master pirania
```

다른 원격 저장소를 등록해 보자. -f 옵션을 같이 사용하면 **git fetch**도 함께 수행된다.

```
$ git remote add -f pirania6 git@github.com:pirania/hanbit3.git
Updating pirania6
remote: Counting objects: 4, done.
remote: Compressing objects: 100% (2/2), done.
remote: Total 3 (delta 1), remote: reused 0 (delta 0)
Unpacking objects: 100% (3/3), done.
From git@github.com:pirania/hanbit3
 * [new branch]      master     -> pirania6/master
 * [new branch]      pirania    -> pirania6/pirania
```

<table>
<tr><td>명령어</td><td colspan="5">git status</td></tr>
<tr><td>키워드</td><td>작업 내용 확인</td><td>원격 서버 접근</td><td>X</td><td>중요도</td><td>☆☆☆</td></tr>
<tr><td>요약</td><td colspan="5">현재 저장소에서의 작업 내용을 확인한다</td></tr>
</table>

❶ 이렇게 써요

```
git status 경로
```

❶ 설명 및 예제

현재 작업 상태를 출력한다.

README 파일을 books 디렉터리로 이동하고 커밋하지 않은 상태라면 다음과 같이 출력한다.

```
$ git status
# On branch master
# Changes to be committed:
#   (use "git reset HEAD <file>..." to unstage)
#
#       renamed:    README -> books/README
#
```

커밋한 후에는 다음과 같이 변경된다.

```
$ git commit -m 'mv'
Created commit 8041dda: mv
 1 files changed, 0 insertions(+), 0 deletions(-)
 rename README => books/README (100%)
$ git status
# On branch master
nothing to commit (working directory clean)
```

경로에 파일명을 지정하면 해당 파일의 수정된 상태를 확인할 수 있다.

<table>
<tr><td>명령어</td><td colspan="5">git tag</td></tr>
<tr><td>키워드</td><td>태그 설정</td><td>원격 서버 접근</td><td>X</td><td>중요도</td><td>☆☆☆</td></tr>
<tr><td>요약</td><td colspan="5">태그의 설정과 태그 리스트를 확인한다</td></tr>
</table>

❶ 이렇게 써요

```
git tag 옵션 tag명
```

git tag [-a|-s|-u gpg-key-id] [-m 메시지|-F 메시지_파일] tag명 commit : 새로운 태그를 지정한 커밋 기반으로 입력한 태그명으로 생성한다.

-a : 태그에 주석은 달지만 gpg 키로 사인하지는 않는다.

-s|-u gpg-key-id : 태그에 주석도 달고 gpg 키로 사인도 한다. -s는 이미 등록된 공개키로 사인하며, -u 옵션을 이용하면 지정한 공개키로 사인한다.

-m 메시지 -F 메시지_파일 : 커밋 메시지를 추가한다. -m은 직접 메시지를 입력하고, -F는 파일로 된 커밋 메시지를 추가한다.

git tag -d tag명 : 로컬 저장소에서 지정한 태그를 삭제한다. 만약 태그가 벌써 원격 저장소에 푸시 되었다면 삭제되지 않는다.

git tag -l [glob-pattern] : -l : 모든 태그를 출력한다. 혹은 glob-pattern(와일드 카드)를 넣어서 검색되어 나오는 태그의 범위를 좁힐 수 있다.

git tag -v tag명 : 지정한 태그의 gpg 시그니처를 검증한다.

❶ 설명 및 예제

tag는 소스 코드의 버전을 관리하는데 매우 유용하다. 태그의 명칭과 생성 일정은 소프트웨어 개발 계획에 맞게 일관성있게 지정되고 관리되어야 한다. 현재 저장소에 등록된 태그 목록을 확인해 보자. 와일드 카드로 검색 결과의 범위를 좁힐 수 있다.

```
$ git tag -l
android-2.2_r1
android-2.2_r1.1
android-cts-2.2_r1
android-cts-2.2_r2
$ git tag -l 'android-cts-*'
android-cts-2.2_r1
android-cts-2.2_r2
```

현재까지 최종적으로 수정된 내용으로 로컬 저장소에 새로운 태그를 생성해 보자.

태그를 만들 때 -a는 주석은 남기지만 gpg 키로 사인을 하지는 않는다는 것을 의미한다. -m으로 메세지 옵션을 달고 작은 따옴표 안에 이 태그에 대한 설명을 작성한다. 다음으로 신규 태그의 이름을 써주고, 어떤 소스를 이용하여 태그를 만들 것인지를 지정한다.
아래는 HEAD를 지정하여 최신 소스로 태그를 만든다.

```
$ git tag -a -m 'test' android-cts-2.2_r2.1 HEAD
$ git tag -l ' 'android-cts-2.2_r2*'
android-cts-2.2_r2
android-cts-2.2_r2.1
```

앞에서는 android-cts-2.2_r2가 최종 태그 였으나 git tag -l 명령으로 다시 확인하면
android-cts-2.2_r2.1이 새로 만들어진 것을 확인할 수 있다.

여기서 잠깐

안드로이드의 역사

2005.07 : 구글 미국 캘리포니아 주에 있는 안드로이드사 인수

2007.11.5 : 리눅스 커널 2.6에 기반한 첫 번째 모바일 기기 플랫폼 안드로이드 발표

2008.09.23 : 안드로이드 1.0 SDK 릴리즈 및 배포

2008.10.21 : 안드로이드를 아파치 라이센스로 오픈 소스 선언. 전체 소스 공개

2009.02 : 안드로이드 1.1 SDK R1 배포

2009.04 : 안드로이드 1.5(Cupcake) SDK R1, R2, R3 배포

2009.06 : 안드로이드 NDK R1 배포

2009.09 : 안드로이드 1.6(Donut) SDK R1 배포

2009.09 : 안드로이드 NDK R2 배포

2009.10 : 안드로이드 2.0(Eclair) SDK R1 배포

2009.12 : 안드로이드 2.0.1 SDK R1 배포

2010.01 : 안드로이드 2.1 SDK R1 배포

2010.03 : 안드로이드 NDK R3 배포

2010.05 : 안드로이드 2.2(Froyo) SDK R2 배포

2010.06 : 안드로이드 NDK R4 배포

2010.07 : 안드로이드 2.2(Froyo) SDK R2 배포

안드로이드 코드명은 알파벳의 제일 첫 글자를 순서대로 증가 시킨다. 재미있는 것은 이들 코드명이 디저트 음식의 이름이라는 점이다.

Cupcake (1.5) -〉 Donut(1.6) -〉 Eclair(2.0) -〉 Froyo(2.2) -〉 Gingerbread -〉 Honeycomb?

6_부

셸 프로그래밍

하나의 작업 명령을 반복적으로 실행하거나 다양한 명령어를 조합하여 사용할 때는 지루할 뿐만 아니라 오랜 시간이 걸릴 수 있다. 이럴 때 셸 프로그래밍Shell Programming을 사용하면 한 번의 작업으로 시간과 작업을 절약할 수 있다. 이 장에서 셸 프로그래밍의 모든 것을 말하지는 않는다. 일반적으로 많이 사용하는 내용을 중심적으로 차례대로 짚을 것이며, 본문의 내용만 알아도 개발에 많은 도움이 될 것이다.

셸이란?

셸은 리눅스/유닉스 셸은 텍스트 기반에서 사용자가 원하는 작업을 실행하고 그 명령을 운영체제를 통하여 수행하고 다시 사용자에게 결과를 출력하여 보여준다. bash는 그 중 가장 많이 사용하는 셸 중에 하나이다.

이 책을 통해 셸 스크립트를 처음으로 익히고 사용하고자 하는 사용자를 위해 먼저 간단하게 셸 스크립트를 왜 배우는지에 대해 살펴보자.

쉽다

셸 스크립트는 쉽다. 지금 이 책을 읽는 독자가 오늘 처음 셸을 접하고 있더라도 원하는 작업을 셸 스크립트로 바로 만들어 사용할 수 있을 정도이다. 물론 고급 기능의 스크립트를 작성하기 위해서는 많은 경험과 지식이 필요하지만, 사용자가 필요한 몇 개의 명령어를 나열하는 것만으로도 스크립트를 만들어 사용할 수 있다. 일단 단순 반복적인 작업을 하는 몇 개의 명령어를 등록하고 사용해 보자. 현재 디렉터리의 권한을 750으로, 사용자를 hanbit으로, 그룹을 hanbitgroup으로 바꿔보자.

```
#chmod 750 *
#chown hanbit:hanbitgroup *
```

이 작업을 자주 사용해야 한다면 에디터를 열고 아래와 같이 작성해 보자. 이는 위에서 입력한 명령들을 나열한 것으로 얼마나 스크립트를 만들기 쉬운지 알 수 있다.

```
#!/bin/bash
chmod 750 *
chown hanbit:hanbitgroup *
```

어렵게 생각하지 말자. 일단 이렇게 시작하고 재미를 느끼게 되었다면, 이미 스크립트 중독에 한 발 들여놓은 것이나 다름 없다.

편리하다

셸 스크립트는 편리하다. 정말 다양한 용도로 편리하게 사용할 수 있다. 위의 예제가 좋은 예가 될 것 같다. 여러 명령어를 한 번에 실행하거나 편리하게 시스템을 관리하는 데 사용할 수 있어 작업을 효율적으로 할 수 있다. 또한 기능을 쉽게 추가할 수 있으며, 디버 깅이 편리하다. 위의 예제를 실행한 뒤 현재 디렉터리의 파일들이 잘 변경되었는지 확인 하려면 **ls -al** 명령을 사용해야 한다. 이 명령을 스크립트에 포함하면 한 번 실행에 파일 목록까지 확인할 수 있다.

```
#!/bin/bash
chmod 750 *
chown hanbit:hanbitgroup *
ls -al
```

재미있다

어떤 한 사용자의 예를 들어보자. 그 사용자는 오늘 처음 셸을 접했다. GUI 환경만 사용 하던 사용자는 당황스럽고 딱딱하게 느껴진다. 앞서 설명한 chmod, chown 작업을 반복하여 실행해야 한다. 그런데 동일한 작업을 스크립트로 만들어 보니 한 번 실행하는 것만으로 전체 작업을 편리하게 수행할 수 있다. 또한 스크립트를 만드는 데 특별한 지식 이 필요했던 것도 아닌데다가 결과가 바로 보여 흥미로웠다. 이것이 셸 프로그래밍에 매 혹되는 첫 단계이다.

이렇듯 셸 스크립트는 리눅스/유닉스 시스템을 쉽고 편리하게 관리할 수 있게 도와 준다. 출발은 쉽게 시작하자. 간단한 명령어들과 루틴을 모아 훌륭한 기능을 하는 스크립트를 완성할 수 있을 것이다.

화면에 hello world 출력하기

처음 프로그래밍을 할 때 등장하는 단골손님은 hello world를 출력하는 예제이다. 우 리도 화면에 hello world를 출력하는 간단한 스크립트를 만들어 보자.

```
#!/bin/bash
echo hello world
```

이 스크립트는 단지 두 줄로 되어 있을 뿐이지만, 스크립트로서 갖추어야 할 기본적인 요소는 갖추고 있다. 먼저 첫 번째 줄에는 셸 스크립트 언어 파일을 실행하기 위해 필요 한 프로그램의 경로를 명시했다. 아마도 다들 알고 있겠지만, bash란 셸의 일종이며, /

bin/bash는 이 셸의 실행 파일이 있는 경로이다. 셸은 명령어 해석기로 들어오는 명령을 해석하여 이것이 내부 명령어라면 바로 실행하고, 외부 명령어라면 해당 실행 파일을 찾아 메모리에 필요한 부분을 적재한다. 이 부분이 없다면 다음에 오는 명령을 실행할 수 없다.

두 번째 줄은 실질적으로 명령을 내리는 부분이다. 여기에서는 "Hello World"라는 문자열을 터미널에 출력하라는 명령을 내렸다. 물론 다른 말로 바꾸어도 좋을 것이다.

파일 디스크립터와 리디렉션

파일 디스크립터는 보통 stdin(표준 입력), stdout(표준 출력), stderr(표준 에러)라는 세 가지로 나누어진다. 여기서 표준 출력이란 프로그램의 실행 결과로서 화면에 나타나는 요소를 뜻하며, 표준 입력이란 어떤 프로그램을 실행할 때 함께 입력해 주는 꼭 필요한 요소를 뜻한다. 이 때 〉나 〈와 같은 기호를 사용하여 파일 디스크립터를 다른 파일 디스크립터로 바꾸어 줄 수 있다. 먼저 다음과 같은 경우를 생각해 보자.

```
# ls -l > ls-l.txt
```

위의 명령은 **ls -l** 명령의 실행 결과를 파일에 저장하라는 뜻이다. 이 내용을 실행하고 나면, 화면에 **ls -l** 명령의 실행 결과가 출력되는 대신 ls-l.txt라는 파일이 생성된다. 이 파일을 열어 보면 **ls -l**을 실행한 결과의 내용이 그대로 저장되어 있다. 지정한 파일이 이미 존재한다면, 이전의 내용을 새로운 출력 내용이 덮어 쓰므로 주의하자. 표준 출력이라면 위와 같은 방법만으로 충분하지만, 표준 에러의 경우에는 아래와 같이 저장할 수 있다.

```
# grep da * 2> grep-errors.txt
```

앞서 표준 출력을 파일로 보냈을 때와 마찬가지로, grep-errors.txt 파일이 만들어지며 출력 내용을 화면에 출력하는 대신 파일에 에러 메시지를 저장한다. 여기에서 숫자 2는 표준 에러를 뜻하는 파일 디스크립터이다. 2가 들어가지 않으면 표준 출력을 저장한다.

파이프

파이프pipes는 정말 간단한 방법으로 한 프로그램의 출력 내용을 다른 프로그램의 입력으로 보낸다. 이렇게 '흘려 보내기' 때문에 파이프라는 이름이 붙었다고 생각하면 된다. 다음의 예를 살펴보자. 아마도 이 방법이 **ls -l *.txt**를 사용할 때보다 까다롭긴 하지만 파이프에 대해서 만큼은 확실히 보여준다.

```
# ls -l | grep "\.txt$"
```

여기서 **ls -l**의 결과는 grep 명령으로 넘어가, "\.txt$"라는 조건에 맞는 값만을 화면에 출력한다. 이 결과는 **ls -l *.txt**와 같다.

변수

다른 프로그래밍 언어를 사용할 때와 마찬가지로, 셸 프로그래밍에서도 변수를 사용할 수 있다. 게다가 데이터 타입을 미리 정할 필요 없이, 숫자나 문자, 혹은 문자열을 지정할 수 있다. 어떤 변수가 처음 사용되는 순간 참조가 생성되므로 변수를 따로 선언할 필요는 없다. 그러면 문자열 변수를 선언하여 이 변수에 담긴 문자열을 화면에 출력해 보자.

```
#!/bin/bash
STR="Hello World!"
echo $STR
```

2번째 줄에서 STR이라는 이름의 변수가 생성되며 "Hello World!"를 받았다. 이 변수에 들어있는 값을 출력하기 위해서는 $를 변수 이름 앞에 사용하여 이것이 변수라는 사실을 알려 주어야 한다. 변수 이름 앞에 $를 빼놓았을 경우에는 예상과는 다른 결과가 나올 것이다. 예컨대 이런 경우 셸은 이 변수 자체를 문자열로 인식해 버리기 때문에 주의해야 한다.

조건문

조건문은 어떤 일을 수행하는가 혹은 하지 않는가의 문제를 표현하기 위한 방법이다. 조건문은 다양한 형식으로 표현할 수 있지만 가장 대중적으로 사용하는 것은 다음과 같은 형식이다.

```
if 조건
    then 실행
```

'실행'은 '조건'이 충족되었을 때만 실행된다. 이것의 발전된 형태는 다음과 같다.

```
if 조건
    then 실행1
else 실행2
```

이것 역시 다른 프로그래밍 언어에서 사용하는 것과 같은 방식이다. '조건'이 충족되면 '실행1'이 실행되고, 그렇지 않으면 '실행2'가 실행되는 방식이다. 앞서 말한 것보다 조금 더 진화된 형태를 살펴보자면 다음과 같다. 이것은 여러 개의 조건을 사용할 수 있는 방법이다.

```
if 조건1
    then 실행1
else if 조건2
    then 실행2
else 실행3
```

그러면 간단한 문법 형식을 보도록 하자. if를 사용할 때에는 다음과 같이 작성한다.

```
if [조건];
    then 조건이 참일 때 실행할 코드
fi
```

순환문

순환문을 사용할 수 있는 방법은 for, while, until 등으로 다양하지만, 여기에서는 for를 사용하는 방법만 다루도록 하겠다. for를 사용한 순환문의 경우 일반적인 프로그래밍 언어를 사용할 때와 약간 다른 점이 있다. 예컨대 문자열에서의 각 단어를 거쳐가며 문자열이 끝날 때까지 루프를 사용할 수 있다.

```
#!/bin/bash
for i in $( ls ); do
    echo item: $i
done
```

두 번째 줄에서 특이한 변수를 하나 볼 수 있다. 이것은 ls의 실행 결과를 통째로 변수로 받고 있다. 여기에서 $i는 ls의 실행 결과를 순서대로 한 단어씩 받는다. 세 번째 줄은 루프가 진행되는 동안 실행할 내용이다. 여기에서는 한 줄짜리로 되어 있지만 필요에 따라 몇 줄이고 추가할 수 있다. 얼마든지 추가한 다음, 마지막 내용의 다음 줄에 done을 입력하여 루프가 끝이라고 알려 주면 된다. 마지막 줄의 done은, $i가 지금 받아서 사용한 변수는 폐기하고 새로운 변수를 받아야 한다는 뜻이다. done 이전에 있던 내용은 실행되었고, 이제 다시 새 변수를 넣어 같은 내용을 진행할 것이다.

이 스크립트는 정말 단순하기 짝이 없지만, 루프에 대해 필요한 내용은 다 구색이 갖춰져 있다. 이 내용만 제대로 이해해도 기본적으로 루프를 사용하는 데에는 어려움이 없을 것이다.

또한 일반적인 프로그래밍 언어에서 사용하는 방식으로 사용하는 for도 한 번 생각해 보자.

```
#!/bin/bash
for i in `seq 1 10`;
do
    echo $i
done
```


셸 스크립트 디버깅

어떤 프로그램이 이해할 수 없는 동작을 할 경우, 프로그램의 첫 줄을 다음과 같이 수정한다.

```
#!/bin/bash -x
```

이런 옵션은 실행 과정에서의 정보를 하나하나 출력해 주어 디버그에 도움을 준다. 각 행이 실행될 때의 결과를 모두 볼 수 있어, 어느 부분에서 문제가 일어났는지를 확인할 수 있다.

<table>
<tr><td>명령어</td><td>#!</td><td>OS</td><td>L=U</td></tr>
<tr><td>키워드</td><td>셸 선언</td><td>중요도</td><td>☆☆☆</td></tr>
<tr><td>요약</td><td>어떤 셸로 동작할지를 지정한다</td><td></td><td></td></tr>
</table>

❗ 이렇게 써요

```
#![셸의절대경로]
```

❗ 설명 및 예제

스크립트의 첫 번째 줄 부분에 사용되어 스크립트가 어떤 셸에서 동작할지를 지정한다. 물론 유닉스, 리눅스의 셸 프로그래밍은 어느 셸을 사용하더라도 기본적으로 비슷하게 작성할 수 있지만, 세부적인 부분에서 달라지는 점이 있기 때문에 정확하게 셸을 지정해 주어야 한다. /bin/sh로 지정할 경우에는 시스템에서 기본적으로 링크로 지정한 기본 셸을 사용할 수 있다.

아래는 사용할 수 있는 각 셸에 대한 설명이다.

#!**/bin/bash**	bash 셸로 동작
#!**/bin/tcsh**	tc 셸로 동작
#!**/bin/sh**	대개의 경우 시스템 기본 셸로 동작
#!**/bin/csh**	c셸로 동작

<table>
<tr><td>명령어</td><td>break</td><td>OS</td><td>L=U</td></tr>
<tr><td>키워드</td><td>정지</td><td>중요도</td><td>☆☆☆</td></tr>
<tr><td>요약</td><td>루프를 빠져 나간다</td><td></td><td></td></tr>
</table>

❶ 이렇게 써요

```
break [n]
```

❶ 설명 및 예제

break는 셀 스크립트 문법에서 for, while, until 등의 루프 제어문을 빠져나가는데 쓰인다.

다음은 while 문으로 이루어진 루프문을 보여주는 예제이다. break를 사용하지 않을 경우 변수 j가 1부터 3까지 출력되며, break를 사용하는 경우 1을 출력하고 다시 while로 돌아가 변수를 조건과 비교하지 않고 바로 루프를 빠져나가게 된다.

break 스크립트(파일명 : breakscript)

스크립트	설명
#!/bin/bash	bash 셀로 스크립트가 실행
j="0"	변수 j 를 0으로 선언
while ["$j" != "3"]	while loop로 변수 j가 3이 아니면(!=) 참이다.
do let "j += 1" echo "$j" # break 1	while 문이 참일 경우 do를 실행한다. break가 없는 경우도 테스트하기 위해 앞에 주석(#) 처리한 후 실행한다. 또, "#"을 삭제하여 break를 넣고 테스트한다.
done	변수 j가 3일 경우 done 아래를 실행한다.
echo "스크립트 종료"	echo "스크립트 종료"

break를 사용하지 않은 경우

주석(#) 처리된 "#break 1"는 break를 수행되지 않아 다음과 같은 결과가 출력된다.

```
#./breakscript
1
2
3
스크립트 종료
```

break를 사용한 경우

만일 주석을 해제하여 "break 1"이 실행되면 다음과 같은 결과가 출력된다.

```
#./breakscript
1
스크립트 종료
```

여기서 잠깐

루씬 lucene

lucene.apache.org에서 공개한 오픈 소스 검색 소프트웨어 프로젝트이다. 이는 Java, Solr, Lucene.Net, PyLucene, Open Relevance Project, Droids 등의 하위 프로젝트를 포함하고 있다. 웹 사이트나 회사의 인트라넷을 포함하여 많은 어플리케이션을 위한 강력한 오픈 소스 검색 솔루션이다. 지정한 페이지를 찾아 인덱스하여 검색할 수 있도록 한다.

<table>
<tr><td>명령어</td><td>case</td><td>OS</td><td>L=U</td></tr>
<tr><td>키워드</td><td>다중 분기문</td><td>중요도</td><td>☆☆☆</td></tr>
<tr><td>요약</td><td>케이스 조건을 검사한다</td><td></td><td></td></tr>
</table>

❶ 이렇게 써요

```
case 문자열
in
비교문자열)
command
esac
```

❶ 설명 및 예제

case는 문자열을 비교하여 문자열과 같은 문자열의 아래에 있는 명령어를 실행한다.

case 스크립트(파일명 : casescript)

스크립트	설 명
#!/bin/bash	bash 셸로 스크립트를 실행
case	$1을 문자열로 받아 비교한다. $1은 이 스크립트를 실행할 때 받아 오는 첫 번째 인수를 뜻한다. 예를 들어 #)./casescript case1로 실행하면 case1을 $1로 받아 오게 된다.

case1)
  echo "case1 - 외로워도 슬퍼도"
;;
case2)
  echo "case2 - 고바리안 고바리안"
;;
*)
  echo "잘못 고르셨어요"
;;
	$1이 받아온 문자열과 비교하여 같은 문자열이 있는 곳에 명령어를 실행한다.
	
	*)은 다른 모든 문자열을 뜻한다. 같은 문자열이 없을 경우 *)에 있는 명령을 실행하게 된다.

esac	case를 종료한다.

스크립트 실행

다음과 같은 형태로 실행한다.

```
# ./casescript 문자열
```

직접 실행해 보자. 결과는 다음과 같다.

```
# ./casescript case1
case1 - 외로워도 슬퍼도
# ./casescript case2
case2 - 고바리안 고바리안
# ./casescript case3
잘못 고르셨어요
# ./casescript
잘못 고르셨어요
```

<table>
<tr><td>명령어</td><td>dirs</td><td>OS</td><td>L=U</td></tr>
<tr><td>키워드</td><td>기억 디렉터리 보기</td><td>중요도</td><td>☆☆☆</td></tr>
<tr><td>요약</td><td colspan="3">현재 기억하고 있는 디렉터리를 출력한다. pushd/popd 연산과 관련있다</td></tr>
</table>

❶ 이렇게 써요

```
dirs [옵션]
```

+entry : 디렉터리 목록의 시작부터 entry 번째의 목록을 출력한다(시작은 0).

-entry : 디렉토터리 목록의 끝부터 entry 번째의 목록을 출력한다.

-l : 긴 목록을 출력한다.

❶ 설명 및 예제

pushd를 이용하여 디렉터리를 기억한다. popd로 기억된 디렉터리로 이동하는데 이제까지 이동했던 디렉터리 목록을 보고 싶을 때 사용한다. 옵션을 이용하여 시작에서부터 몇 번째라고 지정하면 그 위치에 기억된 디렉터리를 출력한다.

push를 이용한 디렉터리 저장

```
#pushd /tmp
#push /home/hanbit
#push /root
```

마지막부터 두 번째 기억된 디렉터리 보여주기

아래와 같이 '-1'를 사용하여 끝에서 두 번째 저장 내용을 출력할 수 있다.

```
#dirs -1
/home/hanbit
```

<table>
<tr><td>명령어</td><td>exit</td><td>OS</td><td>L=U</td></tr>
<tr><td>키워드</td><td>종료</td><td>중요도</td><td>☆☆</td></tr>
<tr><td>요약</td><td colspan="3">명령행이나 셸 스크립트를 종료한다</td></tr>
</table>

❶ 이렇게 써요

```
exit [n]
```

❶ 설명 및 예제

셸 스크립트 문장 내에서 스크립트를 종료한다. exit 0은 성공적인 종료를, 0이 아닐 때는 실패를 나타낸다. 터미널 상에서 명령어로 사용할 경우 터미널을 종료시키거나 로그인 된 셸을 빠져나온다.

exit 스크립트(파일명 : exitscript)

스크립트	설명
#!/bin/bash	bash 셸로 스크립트가 실행
echo "스크립트 시작"	"스크립트 시작"을 화면에 출력한다.
#exit 0	현재 # 표시로 주석 표시가 되어있다. #을 제거할 경우 스크립트를 종료하고 나가게 된다.
echo "스크립트 종료"	"스크립트 종료"를 화면에 출력한다.

스크립트 실행

먼저 exit를 사용하지 않았을 경우를 생각해보자.

```
# ./exitscript
스크립트 시작
스크립트 종료
```

그리고 exit를 사용한 경우를 생각해 보자. 스크립트를 끝까지 실행하지 않고, exit를 만난 시점에서 빠져 나온다.

```
# ./exitscript
스크립트 시작
```

<table>
<tr><td>명령어</td><td colspan="2">exports</td><td>OS</td><td>L~U</td></tr>
<tr><td>키워드</td><td colspan="2">변수 지정</td><td>중요도</td><td>☆☆☆</td></tr>
<tr><td>요약</td><td colspan="2">변수를 설정한다</td><td></td><td></td></tr>
</table>

❶ 이렇게 써요

```
export [옵션] 변수명=설정
```

-f : 함수를 가리킨다.
-p : export 목록을 출력한다.
-n : export 속성을 제거한다.

❶ 설명 및 예제

변수를 지정하는 명령어이다. 현재 시스템에 설정되어 있는 변수 목록을 볼 수 있다.

```
$ export
declare -x COLORTERM="gnome-terminal"
declare -x DBUS_SESSION_BUS_ADDRESS="unix:abstract=/tmp/dbus-Lg0Ay77NC
b,guid=cca702fd90ca007962d524c84cdfad90"
declare -x DEFAULTS_PATH="/usr/share/gconf/gnome.default.path"
declare -x DESKTOP_SESSION="gnome"
declare -x DISPLAY=":0.0"
declare -x GDMSESSION="gnome"
declare -x GDM_KEYBOARD_LAYOUT="us"
declare -x GDM_LANG="ko_KR.utf8"
declare -x GNOME_DESKTOP_SESSION_ID="this-is-deprecated"
declare -x GNOME_KEYRING_CONTROL="/tmp/keyring-n8421B"
declare -x GNOME_KEYRING_PID="1575"
declare -x GTK_IM_MODULE="ibus"
declare -x GTK_MODULES="canberra-gtk-module"
declare -x HOME="/home/user"
declare -x LANG="ko_KR.utf8"
declare -x LESSCLOSE="/usr/bin/lesspipe %s %s"
declare -x LESSOPEN="| /usr/bin/lesspipe %s"
declare -x LOGNAME="user"
```

시스템의 qt 디렉터리를 가리키는 변수인 QTDIR을 설정해 보자.

```
$ export QTDIR="/usr/lib/qt-4.7"
$ export | grep QTDIR
declare -x QTDIR="/usr/lib/qt-4.7"
```

export의 목록을 파이프(|)로 받아 grep 명령어로 "QTDIR" 문자열을 검사해 해당 줄
만 출력한다. export되어 있음을 확인할 수 있다.

<table>
<tr><td>명령어</td><td colspan="4">false</td><td>OS</td><td>L=U</td></tr>
<tr><td>키워드</td><td>항상 실패</td><td>경로</td><td colspan="2">/bin/false</td><td>중요도</td><td>☆</td></tr>
<tr><td>요약</td><td colspan="6">결과값을 실패나 거짓으로 반환한다</td></tr>
</table>

❶ 이렇게 써요

```
false [옵션]
```

--help : 사용법을 출력한다.
--version : 버전 정보를 출력한다.

❶ 설명 및 예제

false는 아무런 작업을 하지 않고 실행 결과값을 실패로만 반환한다. 주로 셸 스크립트 문법에서 사용하고 실패 처리를 테스트하거나 디버깅할 때 사용한다.

echo $? 명령어는 마지막 실행한 명령의 성공(0), 실패(1)를 출력한다.

```
# echo $?
0
# false
# echo $?
1
```

<table>
<tr><td>명령어</td><td colspan="3">for</td><td>OS</td><td>L=U</td></tr>
<tr><td>키워드</td><td colspan="3">for 루프</td><td>중요도</td><td>☆☆☆</td></tr>
<tr><td>요약</td><td colspan="5">for를 이용한 루프문</td></tr>
</table>

❶ 이렇게 써요

```
for x in 목록
do
명령행
done
```

❶ 설명 및 예제

for는 목록에 있는 것을 하나씩 변수(x)에 넣어 do를 실행한다. 목록은 모두 do 아래의 명령행을 실행하고 빠져나간다.

스크립트	설명
#!/bin/bash	bash 셀로 스크립트가 실행
for i in test1 test2 test3	for문으로 test1부터 test3까지 차례로 변수 i에 넣으면서 루프를 돈다.
do 　　**echo "$i"**	i에 받은 값을 do 아래 명령에서 실행한다. echo로 i가 무엇인지 출력한다.
done	test3까지 마치면 done 아래를 실행한다.

스크립트 실행

위 스크립트를 실행해 보자.

```
# ./forscript
test1
test2
test3
```

루프에 들어가는 목록은 위와 같이 지정해 줄 수 있으며, sed나 awk 등의 라인 편집기에서 한 줄씩 입력받아 사용한다.

아래 예제는 ftp서버에 접속한 /var/log/xferlog 파일의 로그를 분석하여, 그 중 pirania 사용자의 로그 정보만을 따로 분리하는 스크립트이다. 이는 awk 명령어로 xferlog 파일에서 pirania가 검색되는 라인을 추출하여 그 중 아홉 번째 필드의 로그를 변수 j로 저장하여 File 디렉터리에 저장한다.

```bash
#!/bin/bash
mkdir File <= File 디렉터리를 만든다.
for j in 'awk '/pirania/ {print $9}' /var/log/xferlog'
do
        cp --parents $j File/  <= $j 내용을 File 디렉터리에 경로와 함께 복사한
다.
done
```

여기서 잠깐

하둡hadoop

hadoop.apache.org에서 공개한 오픈소스 프로젝트로 아파치 루씬의 하부 프로젝트로 분산 컴퓨팅을 위한 소프트웨어의 일종이다. 대량의 자료를 처리하는 클러스터에서 동작하는 분산 응용 프로그램을 지원한다. 구글 파일 시스템(GFS)에서 착안하여, PC급 서버를 여러 대 연결하여 연산한 결과를 취합하는 맵리듀스 MapReduce 알고리즘을 오픈 소스로 구현한 결과물이다.

<table>
<tr><td>명령어</td><td>help</td><td>OS</td><td>L=U</td></tr>
<tr><td>키워드</td><td>내부 명령어 도움말</td><td>중요도</td><td>☆☆☆</td></tr>
<tr><td>요약</td><td>내부 명령어의 도움말을 출력한다</td><td></td><td></td></tr>
</table>

❶ 이렇게 써요

```
help [옵션] 문자열
```

-s : 지정한 문자열을 포함하는 명령어를 모두 출력한다.

❶ 설명 및 예제

help는 내부 명령어의 사용법을 출력한다.

```
# help fg
fg: fg [job_spec]
Place JOB_SPEC in the foreground, and make it the current job. If
JOB_SPEC is not present, the shell's notion of the current job is
used.
```

-s 옵션은 지정된 문자열을 포함한 내부 명령어를 검색하고 간단한 사용법을 출력한다.

```
# help -s time
time: time [-p] PIPELINE
times: times
```

<table>
<tr><td>명령어</td><td>history</td><td>OS</td><td>L=U</td></tr>
<tr><td>키워드</td><td>이전 명령어</td><td>중요도</td><td>☆☆☆</td></tr>
<tr><td>요약</td><td colspan="3">명령어 히스토리를 출력한다</td></tr>
</table>

❶ 이렇게 써요

```
history [숫자] [옵션]
```

> 숫자 : 최근 사용한 명령어를 숫자만큼 출력한다.
> -c : 모든 히스토리를 삭제한다.
> -d offset : 히스토리 리스트 중 삭제하고 싶은 오프셋(offset)을 지정하여 삭제한다.
> -w 파일명 : 현재 히스토리 내용을 지정한 파일에 저장한다.
> -r 파일명 : 히스토리 파일을 읽어서 출력한다.
> -a 파일명 : 지정한 히스토리 파일에 현재 로그인 섹션의 히스토리를 추가한다.
> -n 파일명 : 지정한 히스토리 파일 목록을 다시 읽는다.

❶ 설명 및 예제

history 명령어는 이전에 사용했던 명령어 목록을 보여준다. 히스토리는 HISTFILE에 저장된다. HISTFILE의 크기는 HISTFILESIZE을 넘지 않는다. 그럼 현재 시스템의 지정된 HISTFILE과 HISTFILESIZE를 살펴보자.

```
$ echo $HISTFILE
/home/hanbitbook/.bash_history
$ echo $HISTFILESIZE
1000
```

위 예제에서 히스토리 파일은 홈 디렉터리 아래 .bash_history가 지정되어 있다. 또한 히스토리 파일 사이즈는 1,000으로 설정되어 있는데 1,000은 히스토리에 쌓여있는 명령어 수이다.

아래와 같이 하면 최근에 사용한 명령어 다섯 개를 지정하여 볼 수 있다.

```
$ history 5
1048 ls -a
1049 history
1050 ssh -l root 168.126.198.50
1051 !
1052 history 5
```

이벤트 지시자

이벤트 지시자Event Designators는 히스토리를 검색하여 사용했던 명령어를 실행한다.

지시자	설명
!!	바로 전에 실행한 명령어를 실행한다. !-1과 같다.
!n	히스토리의 n 번째 명령을 실행한다. history에서 나오는 명령어 리스트의 번호를 지정한다.
!-n	최근 실행한 명령어부터 그 전으로 순서를 매겨 n번째 명령어를 실행한다.

!문자열	지정한 문자열로 시작하는 가장 최근 명령어를 실행한다.
	가장 최근 사용한 ssh 명령어를 실행한다.
	
	`# !ssh`
	`ssh -l root www.hanbitbook.co.kr`
	`root@www.hanbitbook.co.kr's password:`

!?문자열[?]	문자열을 포함하는 가장 최근 명령을 가리킨다.
	가장 최근에 사용한 www.hanbitbook.co.kr가 포함된 명령어를 실행한다.
	
	`# !?www.hanbitbook.co.kr`
	`ssh -l root www.hanbitbook.co.kr`
	`root@www.hanbitbook.co.kr's password:`

^문자열1^
문자열2^
	바로 이전 명령어에 포함된 "문자열 1"을 "문자열 2"로 치환한다. "!!:s/문자열1/문자열2/"와 같다. 바로 이전의 명령어가 **ls -al**이었다면 "-al"옵션을 "-a"옵션으로 변경하여 실행하자.
	
	`# ^-al^-a^`
	`ls-a`

!#	셸 명령행에서 Enter 키를 입력하기 전까지 입력한 전체 명령을 다시 출력한다.

명령어	**if**		OS	Ⓛ=Ⓤ
키워드	if 조건문		중요도	☆☆
요약	if 조건문 형식으로 명령문을 실행하는 스크립트 문법이다			

❶ 이렇게 써요

```
if test 조건1
then
     명령행 1
elif test조건2
     명령행 2
...
else
     명령행
fi
```

❶ 설명 및 예제

if 조건문은 if의 조건에서 참일 경우 then 이하를 실행하고 거짓일 경우 else 이하를 실행한다. 조건문에 들어 갈 수 있는 표현식은 test 명령어 페이지를 참고하자.

if 스크립트(파일명 : ifscript)

스크립트	설명
#!/bin/bash	배시 셸로 스크립트가 실행
if [-f "/root/.bash_history"]	if 조건문으로 조건을 검사한다. -f는 test 명령어로 파일이 있으면 참을 반환하고 파일이 없으면 거짓을 반환한다.
then echo "히스토리 파일이 존재합니다."	히스토리 파일이 있을 경우 "히스토리 파일이 존재합니다."를 출력한다.
fi	조건문을 마친다.

스크립트실행

```
#>./ifscript
히스토리 파일이 존재합니다.
```

<table>
<tr><td>명령어</td><td>let</td><td>OS</td><td>L=U</td></tr>
<tr><td>키워드</td><td>산술연산</td><td>중요도</td><td>☆☆☆</td></tr>
<tr><td>요약</td><td colspan="3">수학 연산자를 이용하여 산술연산을 한다</td></tr>
</table>

❗ 이렇게 써요

```
let 인수[인수...]
```

❗ 설명 및 예제

let은 수학 연산자를 이용해 산술연산을 한다. 스크립트 내에 let이 없이 산술연산을 사용하면 명령행으로 인식하여 원하는 결과를 얻을 수 없다.

다음은 루프문에 자주 응용되는 가장 간단한 변수 연산이다.

```
#!/bin/bash
i=" "
let "i = i + 10"
echo "$i"
```

스크립트 실행

```
#. /letscript1
10
```

산술연산 우선순위

산술연산	설명
- , +	부호 (plus, minus)
! , ~	논리적 그리고 비트수준 부정
* , / , %	곱하기, 나누기, 나머지 연산
+ , -	더하기, 빼기
《 , 》	왼쪽, 오른쪽 비트 쉬프트
<= , >= , < , >	비교
== , !=	같다, 같지 않다
&	비트수준 AND
^	비트수준 배타적 exclusive OR

`	`	비트수준 OR
`&&`	논리적 AND
`||`	논리적 OR
`=, *=, /=, %=, +=, -=, <<=, >>=, &=, ^=,	=`	지정

* 아래로 갈수록 우선순위가 낮아진다.

여기서 잠깐

클라우드cloud

복수의 거대한 데이터센터를 통합하여, 개인에게 가상화된 통합 서비스 환경을 인터넷을 통하여 제공한다. 가상화를 기반으로 사용자의 데스크톱뿐만 아니라 기업의 업무 PC 및 대용량 정보 처리 등의 서비스를 제공할 수 있다. 대표주자로는 사용자의 메일과 일정관리 그리고 워드 엑셀 등의 작업을 인터넷으로 서비스 하고 있는 구글과 세일즈포스닷컴을 들 수 있다.

<table>
<tr><td>명령어</td><td>test</td><td></td><td></td><td>OS</td><td>L=U</td></tr>
<tr><td>키워드</td><td>테스트</td><td>경로</td><td>/usr/bin/test</td><td>중요도</td><td>☆☆☆</td></tr>
<tr><td>요약</td><td colspan="5">파일 유형을 점검하고 값을 비교한다</td></tr>
</table>

❶ 이렇게 써요

```
test [표현식]
test [옵션]
```

--help : 사용법을 출력한다.
--version : 버전 정보를 출력한다.

❶ 설명 및 예제

test 명령어는 주로 셸 스크립트의 조건문에서 사용한다. test 다음에 나오는 파일 또는 문자열의 인수를 검사하여, 참인 경우 0, 거짓인 경우 0이 아닌 값을 반환한다. test 명령어 자체로 어떤 실행을 하기보다는 조건문와 함께 파일이나 문자열을 판단하는 기준으로 주로 사용한다.

```
# if test -e "mbox"; then echo "참" ; fi
참
```

간단한 if 조건문이다. if 조건문을 모를 경우 if 명령어 페이지를 참고하자. 위 예제에서 -e는 표현식으로 파일의 존재를 확인하고, 파일이 있으면 참값을 반환한다. 여기에서는 "mbox"라는 파일이 존재하면 then 이후에 '참'을 보여주고 존재하지 않으면 그냥 종료한다. 결과값으로 '참'의 출력은 "mbox" 파일이 있음을 판단할 수 있다. 아래는 파일이나 문자열을 판단하는 표현식이다.

표현식	설명
-b 파일	만약 블록 특수 파일인 경우 참이다.
-c 파일	만약 문자 장치 파일인 경우 참이다.
-d 파일	만약 디렉터리면 참이다.
-e 파일	만약 파일이면 참이다.
-f 파일	만약 보통 파일이면 참이다.
-g 파일	만약 set-group-id 파일이면 참이다.
-k 파일	만약 "sticky" 비트 파일이면 참이다.
-L 파일	만약 심볼 링크 파일이면 참이다.

-p 파일	만약 파이프 파일이면 참이다.
-r 파일	만약 읽기 가능한 파일이면 참이다.
-s 파일	만약 0보다 큰 크기를 갖는 파일이면 참이다.
-t [fd]	만약 fd가 터미널 상에서 열려 있으면 참이다. 만약 fd가 생략되면 기본값은 1이다.
-u 파일	만약 파일이 존재하고 set-user-id 비트 설정을 가지면 참이다.
-w 파일	만약 쓰기가 가능한 파일이면 참이다.
-x 파일	만약 실행이 가능한 파일이면 참이다.
-O 파일	만약 파일이 존재하고 유효 사용자 ID의 소유이면 참이다.
-G 파일	만약 파일이 존재하고 유효 그룹 ID의 소유이면 참이다.
파일1 -nt 파일2	만약 파일1이 파일2보다 최근에 생겼거나 수정되었다면 참이다.
파일1 -ot 파일2	만약 파일1이 파일2보다 오래된 것이면 참이다.
파일1 -ef 파일2	만약 파일1과 파일2가 같은 장치, 같은 아이노드 번호를 갖는다면 참이다.
-z 문자열	만약 문자열의 길이가 0이면 참이다.
-n 문자열	문자열의 길이가 0이 아니라면 참이다.
문자열1 = 문자열2	두 문자열이 같으면 참이다.
문자열1 != 문자열2	두 문자열이 같지 않으면 참이다.
! 표현식	표현식이 거짓이면 참이다.
표현식1 -a 표현식2	표현식1과 표현식2가 둘 다 참이면 참이다.
표현식1 -o 표현식2	표현식1 또는 표현식2 중에 하나라도 참이면 참이다.

<table>
<tr><td>명령어</td><td>true</td><td></td><td></td><td>OS</td><td>L=U</td></tr>
<tr><td>키워드</td><td>참(0)을 반환</td><td>경로</td><td>/bin/true</td><td>중요도</td><td>☆☆</td></tr>
<tr><td>요약</td><td colspan="5">언제나 반드시 참 값을 반환한다</td></tr>
</table>

❶ 이렇게 써요

```
true [옵션]
```

--help : 사용법을 출력한다.
--version : 버전 정보를 출력한다.

❶ 설명 및 예제

언제나 참 값을 반환하는 명령어이다. 주로 셸 스크립트에서 조건문 중 참을 반환할 때 쓰인다. 참일 경우에는 "0"을 반환한다.

여기서 잠깐

멀티태스킹

컴퓨터 프로그래밍에서 태스크란 운영체제가 제어하는 프로그램의 기본 단위를 말한다. 멀티태스킹이란 여러 태스크를 동시에 실행하고 교대로 컴퓨터의 자원을 사용할 수 있게 하는 것으로 현재 대부분의 운영체제에서 지원한다.

선점형 멀티태스킹에서 각 태스크는 상대적 중요도, 자원 소모량 및 기타 다른 요인들에 따라 우선순위가 매겨진다. 운영체제는 낮은 우선순위의 작업의 실행을 막고 높은 우선순위의 작업에 기회가 가도록 조치한다. 협력적 멀티태스킹은 동시에 여러 태스크를 관리하기 위한 운영체계의 능력이지만, 강제적으로 태스크를 선점하는 능력은 없다.

<table>
<tr><td>명령어</td><td colspan="2">while</td><td>OS</td><td>L=U</td></tr>
<tr><td>키워드</td><td colspan="2">while 루프문</td><td>중요도</td><td>☆☆☆</td></tr>
<tr><td>요약</td><td colspan="2">while을 이용한 루프문</td><td></td><td></td></tr>
</table>

❗ 이렇게 써요

```
while
do
        명령행
done
```

❗ 설명 및 예제

while을 이용한 루프문으로 조건이 참이면 do를 실행하고 거짓이 입력될 때까지 루프를 돈다. test 명령어를 이용한 조건 검사도 실행한다(test 명령어 페이지 참고).

while 스크립트(파일명 : whilescript)

스크립트	설명
#!/bin/bash	배시 셸로 스크립트가 실행
j="0"	변수 j를 0으로 선언
while ["$j" != "3"]	while 루프로 변수 j가 3이 아니면(!=) 참이다.
do 　　let "j += 1" 　　echo "$j" done	while 이 참일 경우 실행한다. let 명령은 수식을 처리한다. echo로 현재 변수 j의 값을 보여준다. done변수 j가 3일 경우 done 아래를 실행한다.
echo "스크립트 종료"	"스크립트 종료" 문자열을 출력한다.

스크립트 실행

```
# ./whilescript
1
2
3
스트립트 종료
```

셸

시스템 관리

패키지 관리

프로세스 관리

하드웨어

'여기서 잠깐' 찾기

'여기서 잠깐' 찾기

리눅스 명령어	유닉스 명령어
df	df -k
dump2fs	ufsdump
fdisk -l	prtvtoc
free	swap -l
	prtconf
insmod	modload
linuxconf	admintool
lpq	lpstat
lsmod	modinfo
netconf	sys-unconfig
procinfo -a	prtdiag
cat /proc/cpuinfo	
cat /proc/bus/pci	
cat /proc/scsi/scsi	
rmmod	modunload
rpm -e package (redhat)	pkgrm
dpkg -r package (debian)	
rpm -i package (redhat)	pkgadd
dpkg -i package (debian)	
rpm -qa (redhat)	pkginfo
dpkg -l (debian)	
rpm -qf file (redhat)	pkgchk -l -p path
dpkg -S file (debian)	
rpm -qi package (redhat)	pkgchk -i -p path
dpkg -s package (debian)	

리눅스 명령어	유닉스 명령어
rpm -qpl package (redhat)	pkginfo
dpkg -c package <target_dir> (debian)	
rpm -V package (redhat)	pkginfo -i
	pkginfo -p
rpm2cpio package | cpio -id (redhat)	pkgadd
dpkg -x package (debian)	
runlevel	who -r
swapon -a	swap -a
sysctl -a | grep net	ndd /dev/[tcp|ip] \?
uname -m	uname -imp
yum	patchadd
apt-get	patchrm
up2date	

리눅스 유닉스 기능 비교표

기능	리눅스	솔라리스
CD-ROM 디바이스명	/dev/cdrom	/dev/dsk/c0t6d0s0
CD-ROM 파일시스템명	iso9660	hsfs
NFS 서버 데몬	/etc/init.d/nfs	/etc/init.d/nfs.server
NFS 설정 파일	/etc/exports	/etc/dfs/dfstab
네트워크 부팅 스크립트	/etc/init.d/network /etc/init.d/networking	/etc/init.d/inetinit
네트워크 이너넷 디바이스명	eth0	le0 hme0
디바이스 디렉터리	/dev	/devices
디스크 디바이스명	/dev/hda0 /dev/sda0	/dev/dsk/c0t0d0s0
부팅 스타트업 스트립트	/etc/init.d/rc	/sbin/rc[0|1|2|3|4|5|6]
시스템 명령 디렉터리 위치	/sbin /usr/sbin	/usr/sbin
커널 이미지 위치	/boot/vmlinuz	/kernel/genunix
텔넷 세션 이슈 설정 파일	/etc/issue /etc/issue.net	/etc/default/telnetd
파일 설정 파일	/etc/fstab	/etc/vfstab
패키지 소프트웨어 디렉터리	/var/lib/rpm /var/lib/dpkg	/var/sadm`